U0333118

低浓度有机废水强化臭氧氧化

——原理、技术与应用

曹宏斌　谢勇冰　王郁现　杨忆新　著

科学技术文献出版社
SCIENTIFIC AND TECHNICAL DOCUMENTATION PRESS
·北京·

图书在版编目（CIP）数据

低浓度有机废水强化臭氧氧化：原理、技术与应用 / 曹宏斌等著. —北京：科学技术文献出版社，2021. 10（2022.8重印）

ISBN 978-7-5189-7441-2

Ⅰ. ①低… Ⅱ. ①曹… Ⅲ. ①有机废水—臭氧化—研究 Ⅳ. ① X703

中国版本图书馆 CIP 数据核字（2020）第 250128 号

低浓度有机废水强化臭氧氧化——原理、技术与应用

策划编辑：孙江莉　　责任编辑：李　鑫　　责任校对：文　浩　　责任出版：张志平

出 版 者　科学技术文献出版社
地　　址　北京市复兴路15号　邮编　100038
编 务 部　（010）58882938，58882087（传真）
发 行 部　（010）58882868，58882870（传真）
邮 购 部　（010）58882873
官方网址　www.stdp.com.cn
发 行 者　科学技术文献出版社发行　全国各地新华书店经销
印 刷 者　北京虎彩文化传播有限公司
版　　次　2021 年 10 月第 1 版　2022 年 8 月第 2 次印刷
开　　本　787×1092　1/16
字　　数　498千
印　　张　23.5
书　　号　ISBN 978-7-5189-7441-2
定　　价　88.00元

序　一

改革开放40多年来，我国工业实现了跨越发展，建成了世界最完整的工业体系，但也承受了粗放式发展带来的负面影响，尤其是重化工行业造成的环境污染。目前，我国工业过程的水污染控制仍以末端达标和无害化处理为主，遇到的瓶颈问题是有毒有害污染物的环境风险等不到有效控制、治理成本高。

正是基于解决工业水污染控制重大难题的应用需求，近年来高级氧化水处理方法受到高度关注，成为环境领域重要的研究方向之一。高级氧化技术一般以臭氧、过氧化氢、过硫酸盐等为氧化剂，在均相/非均相催化剂、声、光、电、高温高压等反应条件下激发产生活性氧化物种，实现有机物的深度氧化去除。20多年来，国内外不少科研团队对此开展研究，推动了以催化臭氧氧化为代表的高级氧化处理技术长足进步。但目前界面活化臭氧的反应机制尚不清楚，低成本高效的商业催化剂缺乏，成为制约催化臭氧氧化技术发展和应用的主要瓶颈。

中科院过程工程研究所曹宏斌研究员及其领导的团队长期从事工业工程污染控制研究，近10年来在基于臭氧的高级氧化领域开展了系统的工作。以污染物结构和催化剂活性点位的交互影响规律为基础，以水中污染物的安全降解和高效去除为重点，以技术发展和实际应用为目标，推动并实现了工业废水非均相催化臭氧氧化处理技术的规模化应用，解决了困扰行业多年的焦化废水达标排放难题，并拓展至钢铁综合废水、煤化工废水处理领域，建立了多套示范工程，部分支撑了水污染防治行动计划对工业水污染防治的要求。

本书是对该团队在臭氧氧化处理有机废水方面相关研究成果的系统总结，内容涵盖了多种臭氧氧化过程，各章节兼顾了材料合成与表征、界面催化反应机制、过程操作参数优化、实际废水处理效果等内容。由点到面深入系统地介绍了非均相催化臭氧氧化、光催化臭氧氧化过程中臭氧产活性氧的界面作用原理，以及两种反应体系中不同类型催化剂的构效关系，并初步提出了污染物结构对降解过程的影响规律，对于其他高级氧化过程也有借鉴意义。结合团队开展的其他研究工作，本书还介绍了国内外学者在过氧化氢、电化学、有机/无机膜与臭氧联合方面的最新进展。本书以非均相催化臭氧反应体系为主，涵盖的技术范围广，兼具理论和实际指导价值，可为相关的学术研究和工程应用提供重要参考和借鉴。

作为同行，本人很高兴看到曹宏斌研究员带领团队对臭氧氧化水处理的理论创新和技术发展，他们在工业废水处理领域实现规模化应用的积极实践更令我钦佩。希望本书的出版能为进一步提升工业水污染治理技术水平、改善我国水环境质量做贡献。

序　二

随着我国经济高速发展，工业废水和生活污水的排放总量逐年增加。水资源稀缺和水污染问题已成为制约我国工业生态文明建设的关键瓶颈。工业有机废水组分复杂、毒性高，对生态环境和人体健康的潜在危害巨大，成为我国水污染防治亟待解决的难题。近年来，依赖强氧化性自由基的高级氧化技术应运蓬勃发展，为深度处理难降解有机废水提供了有效的解决方案。臭氧氧化技术处理周期短、无二次污染，辅以催化产生的自由基可对有机污染物进行高效、深度矿化，最终使其分解成小分子酸、二氧化碳和水等无害物质。此外，臭氧氧化技术易与其他水处理技术，如光催化、电催化、膜催化等进行耦合强化，进一步提升其处理效能。虽然在水处理中使用臭氧进行消毒和氧化的历史悠久，但多数研究偏重于关注均相臭氧氧化及其过程中有机物转化历程，对非均相催化臭氧氧化的处理特性及其催化反应机制关注较少。

中国科学院过程工程研究所曹宏斌研究员及其领导的团队长期致力于工业有毒有害污染物全过程控制，通过交叉融合化工、冶金和环境等学科的原理和方法，创新构建了基于污染源解析与控污策略—清洁生产过程减排—末端无害化解毒—多过程优化集成的工业污染全过程综合控制技术系统，解决了一系列复杂组分深度分离、有毒污染物安全解毒、工程放大等技术难题。近年来，特别是在基于催化臭氧的高级氧化领域开展了系统性的理论创新及工艺开发工作。该团队研发的规模化非均相催化臭氧氧化技术成功地应用于钢铁行业焦化废水、钢铁综合废水、煤化工废水的达标处置，并建立了多套示范性工程。

本书从催化臭氧氧化理论、材料、技术及其在有机废水处理中的应用等多个方面进行了深入的探讨。在简单介绍非均相催化臭氧氧化的基本原理后，本书重点讲解金属氧化物、碳材料、金属/碳材料复合的非均相催化臭氧氧化过程，和其他方法强化非均相催化臭氧氧化过程，包括光催化强化、过氧化氢强化、电化学强化、膜处理强化等；系统总结了曹宏斌研究团队在臭氧氧化处理有机废水（特别是低浓度工业有机废水）领域相关研究成果和工业应用实例；同时介绍了国内外学者在非均相催化臭氧氧化及过氧化氢、电化学、有机/无机膜强化非均相催化臭氧氧化领域的最新研究进展。除此之外，本书还以催化活性位点为线索详细探讨了非均相催化臭氧氧化中臭氧的活化过程，总结了自由基氧化和非自由基氧化过程中活性物种的产生、作用机制及对它们的检测方法。本书涵盖非均相催化臭氧氧化及其应用的最新进展，兼具理论深度和实践广度，可为相关学术研究和工程应用提供重要参考和借鉴。

前 言

水污染是人类社会物质文明发展到一定阶段后形成的副产物。我国工业和农业在过去的30年内快速发展，满足了广大居民从解决温饱问题到步入小康社会而不断提升的物质和精神需求。伴随着中国人口逐步增长和工业规模不断扩大，带来的水环境污染问题非常突出。步入21世纪后，我国每年产生的废水达2000亿t，以市政废水、工业废水和农村废水等为主。其中，每年排放的工业废水规模约为20亿t，是水污染治理的重点对象。由于工业废水一般采取集中排放的形式，且污染物浓度较高，与面源污染治理相比，治理成效更加明显。工业废水的组成远比市政废水和农村污水复杂，且毒性高，水质也易受到生产原料和生产工艺的影响，处理难度非常大。近10年来，西方发达国家逐渐将重污染工业的产能转移至中国，对于本国内工业废水管控的标准、方法和尺度与中国均存在较大差异。在此背景下，难降解工业水污染治理是我国现有国情下的实际需求，在国际上也无更多的先进经验可以借鉴。

工业废水中所含的污染物种类较多，包括有机物、氨氮、重金属、氰化物、石油类等，其中有机污染物存在范围广、浓度变化大、毒性强，是最难治理的对象之一。有机污染物去除可采用萃取、精馏、膜过滤等分离方法，生化处理法及化学氧化法。分离方法仅将有机污染物转移至其他项或其他介质中，生化处理法所用的菌种易受到废水中有毒物质侵害而失活，化学氧化法则因为较强的氧化能力受到广泛青睐。特别是以羟基自由基氧化为主的高级氧化技术，作为预处理工艺或深度处理工艺，与生化处理法联用后大幅提高有机污染物的去除效果。臭氧是一种具有强氧化能力的小分子，广泛应用于各种杀菌过程和水体消毒，具有良好的应用前景。但在处理工业废水时，仍存在有机污染物去除效率偏低、成本居高不下等问题，严重影响了技术应用。

由于臭氧分子选择性进攻含不饱和 C ═C 双键的部分有机物，形成的降解中间产物难以进一步脱除，一般需通过加入催化剂、其他化学药剂或能量场，活化臭氧产生其他活性氧化物种（简称“活性氧”）。在 web of science 上搜索与臭氧氧化处理废水相关的研究论文，2010—2019 年发表论文和专利共计 7000 余篇，初步分类统计结果如图1所示。可以看出，将近一半的研究成果与直接臭氧氧化有关（48%），其他强化臭氧氧化的方法包括：催化臭氧氧化（14%）、臭氧 - 过氧化氢（12%）、臭氧 - 膜过程（10%）、臭氧 - 光催化（9%）、臭氧 - 电化学（3%）、臭氧 - 超声（2%）及其他臭氧氧化过程（2%）。其中臭氧 - 过氧化氢反应体系也称为过臭氧化反应，绝大部分是不加催化剂的均相反应体系；臭氧 - 膜过程包括了以陶瓷膜为代表的无机膜过滤及同步膜催化臭氧氧化过程，以及（催化）臭氧氧化 - 有机膜分离相结合的分步处理过程。

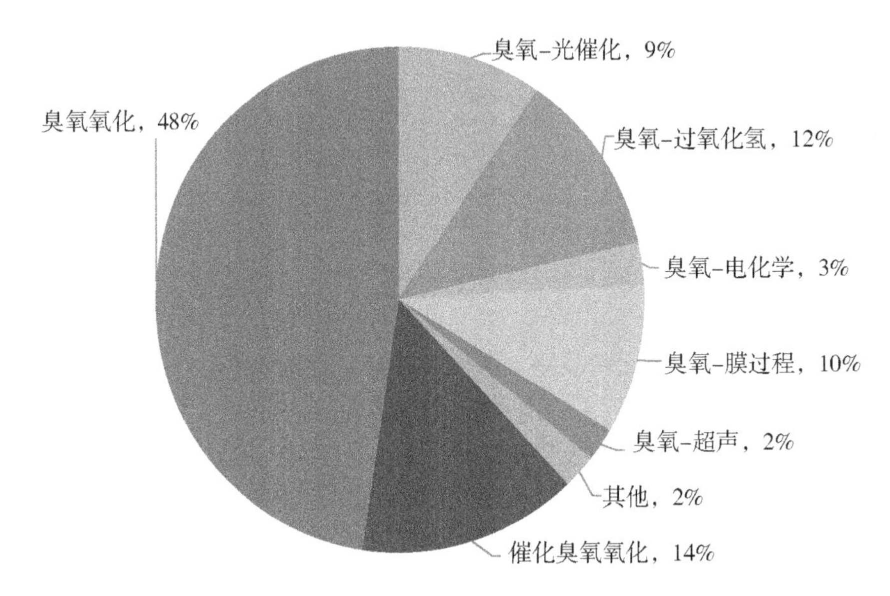

图1 2010—2019年臭氧氧化技术分类文献检索分布情况（web of science 数据库）

在大部分强化臭氧氧化反应过程中，非均相催化剂均发挥了极其重要的作用，可以直接活化臭氧分解产活性氧，产生电子还原臭氧/氧气分子，或传递电子还原臭氧/氧气，以及其他界面催化反应等，这些功能均与反应机制密切相关。除了催化剂的性质之外，各种操作参数也会对不同臭氧氧化过程的处理效果产生直接影响，如催化剂用量、溶液 pH、臭氧用量、光照强度、电流强度、微波功率等。

本书几位主要作者长期从事臭氧氧化相关的理论研究和技术开发工作，对各种臭氧氧化过程有一定的理论认识。本书综述了近年来臭氧氧化相关领域的整体发展态势和最新进展，系统总结了作者团队在臭氧氧化领域的研究成果，并兼顾了国内外主要研究团队的主要成果。全书主要内容如下：第一章为臭氧氧化处理污染物基础，第二章为非均相催化臭氧氧化原理与技术应用，第三章为光催化耦合强化臭氧氧化原理与技术应用，第四章为其他耦合强化臭氧氧化原理与技术应用。与均相臭氧氧化反应体系不同，本书对催化剂合成、表征及催化反应过程有所侧重，分析了几种主要操作参数对不同臭氧氧化过程的影响，并简单介绍了这些臭氧氧化技术处理实际废水的效果及工程应用情况，希望能够帮助不同层次的读者快速、全面地认识整个领域的发展。

本书可供环境化学、环境工程、化学工程等人员参考阅读。由于时间有限，认识不足及疏漏之处在所难免，恳请各位同行提出宝贵意见。

目 录

第一章　臭氧氧化处理污染物基础

第一节　臭氧物化性质

臭氧是氧气的同素异形体，因具有鱼腥味而得名，它的分子式为 O_3。臭氧的分子结构可看作由一个氧分子携带一个氧原子组成，即 OO_2。根据价键理论，臭氧分子中的中心原子 O 通过 sp^2 不等性杂化形成 3 个杂化轨道，其中 1 个轨道占据一对孤对电子，另外 2 个轨道各有 1 个未成对电子，分别与 2 个配位原子 O 的 2p 未成对电子形成 2 个 σ 键。由于 sp^2 杂化轨道的空间构型为平面三角形，因此，3 个氧原子在一个平面上，空间结构呈 V 型（图 1－1－1）。另外，中心原子 O 还有 1 对未杂化的 2p 电子，而 2 个配位原子 O 也各有 1 个未成对的 2p 电子，且均垂直于 V 型所在的平面，相互平行构成 1 个三中心四电子的大 π 键。由于大 π 键的缺电子性和不稳定性，臭氧的氧化能力比氧气强，是氧元素的不稳定存在形态，在常温下可以还原为氧气。

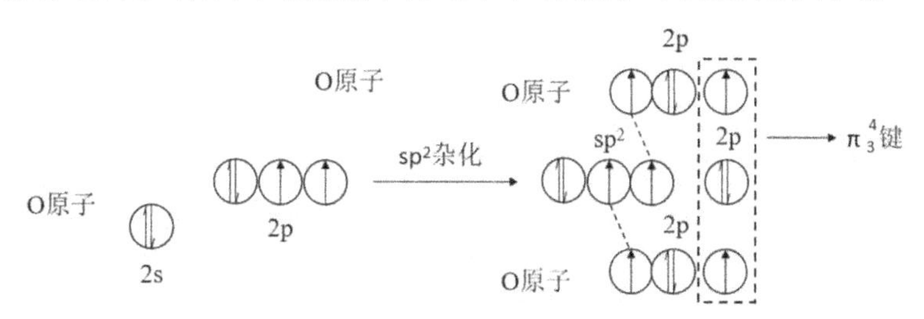

图 1－1－1　臭氧分子的成键电子排布示意

臭氧在常温常压下为浅蓝色气体，液化后显深蓝色，固态时呈紫黑色。它的基本物理化学性质如表 1－1－1 所示。当臭氧浓度大于 10% 时可能发生爆炸，因此，操作高浓度臭氧时应注意安全。

表 1－1－1　臭氧的物理化学性质

物理性质	分子量/Da	偶极矩/D	键长/Å	键角	熔点/℃	沸点/℃	爆炸阈值	嗅阈值/（mL/m^3）
数值	48	0.537	1.28	117°	－192.7	－110.5	10%	0.02

臭氧在水中的溶解度大约是氧气的 10 倍，常压下臭氧在不同温度下的溶解度如表 1－1－2 所示[1]。溶液温度越低，臭氧的溶解度越大，臭氧在 0 ℃ 的溶解度大约是室温下的 2 倍。

表 1－1－2 臭氧在纯水中的溶解度

温度/℃	0	10	20	30	40	50	60
溶解度/（mmol/L）	22	16.3	11.9	8.5	5.8	4.0	3.3

臭氧具有吸光性，水溶液中的臭氧对波长为590 nm的可见光有微弱吸收，因此高浓度臭氧水溶液显蓝色；另外，臭氧在紫外光区有一个较强的吸收谱带，最大吸收波长为260 nm，臭氧在紫外光区的吸收特性可用于测试臭氧浓度。

第二节 臭氧氧化机制及动力学

一、臭氧氧化机制

臭氧具有强氧化性，在酸性条件下，它的标准氧化还原电位为 +2.07 V，在自然界中仅低于 F_2（+2.87 V），高于 Cl_2（+1.36 V）和 ClO_2（+1.50 V）。臭氧能杀灭细菌、病毒等微生物，还能氧化多种有机物和无机物，因此，被广泛用于饮用水消毒和污水深度处理。

臭氧与有机物的反应主要包括两种方式：①加氧反应，臭氧分子加成在碳碳双键上生成环氧加成物，碳碳双键变为碳碳单键，随后碳碳键断裂生成相应的羰基、羟基氧化物，如臭氧与烯烃反应生成1，3－环加成物（Criegee 机制）；②夺氢反应，臭氧夺取有机烃中的氢原子，破坏其结构稳定性，如臭氧使甲酸根离子脱氢，使它矿化为二氧化碳。

臭氧与常见有机污染物的反应速率常数如表 1－2－1 所示。

表 1－2－1 臭氧与常见有机污染物的反应速率常数

化合物名称	分子式	k/[L/(mol·s)]	参考文献
卡马西平	$C_{15}H_{15}N_2O$	3×10^5	[2]
地西泮	$C_{16}H_{13}ClN_2O$	0.75	[2]
碘美普尔	$C_{17}H_{22}I_3N_3O_8$	<0.8	[2]
碘普罗胺	$C_{18}H_{24}I_3N_3O_8$	<0.8	[2]
苯扎贝特	$C_{19}H_{20}ClNO_4$	590	[2]
头孢氨苄	$C_{16}H_{17}N_3O_4S$	8.7×10^4	[3]
青霉素	$C_{16}H_{18}N_2O_4S$	4.8×10^3	[3]
布洛芬	$C_{13}H_{18}O_2$	7.2	[4]
阿米卡星	$C_{22}H_{43}N_5FN_3O_3$	1.8×10^3	[5]
万古霉素	$C_{66}H_{76}Cl_3N_9O_{24}$	6.1×10^5	[5]

续表

化合物名称	分子式	k/[L/(mol·s)]	参考文献
四环素	$C_{22}H_{24}N_2O_8$	1.9×10^6	[5]
环丙沙星	$C_{17}H_{18}O$	9×10^5	[6]
阿奇霉素	$C_{38}H_{72}N_2O_{12}$	1.1×10^5	[6]
罗红霉素	$C_{41}H_{76}N_2O_{15}$	6.3×10^4	[6]
恩诺沙星	$C_{19}H_{22}FN_3O_3$	1.5×10^5	[6]
磺胺甲噁唑	$C_{10}H_{11}N_3O_3S$	4.7×10^4	[6]
醋丁洛尔	$C_{18}H_{28}N_2O_4$	2.9×10^5	[7]
阿替洛尔	$C_{14}H_{22}N_2O_3$	6.3×10^5	[7]
美托洛尔	$C_{15}H_{25}NO_3$	8.6×10^5	[7]
克拉霉素	$C_{38}H_{69}NO_{13}$	4×10^4	[8]
大观霉素	$C_{14}H_{25}ClN_2O_7$	1.3×10^6	[9]
萘普生	$C_{14}H_{14}O_3$	$\sim2\times10^5$	[10]
柱孢藻毒素	$C_{15}H_{21}N_5O_7S$	$\sim2.5\times10^6$	[11]
微囊藻毒素	$C_{49}H_{74}N_{10}O_{12}$	4.1×10^5	[11]
β-紫罗兰酮	$C_{13}H_{20}O$	1.6×10^5	[12]
异狄氏剂	$C_{12}H_8Cl_6O$	<0.02	[13]
呋喃丹	$C_{12}H_{15}NO_3$	640	[13]
涕灭威	$C_7H_{14}N_2O_2S$	4.4×10^4	[13]
杀线威	$C_7H_{13}N_3O_3S$	620	[13]
西玛津	$C_7H_{12}ClN_5$	4.8	[13]
敌草隆	$C_9H_{10}Cl_2N_2O$	14.7	[14]
利谷隆	$C_9H_{10}Cl_2N_2O_2$	3	[14]
绿麦隆	$C_{10}H_{13}ClN_2O$	50.5	[14]
毒草胺	$C_{11}H_{14}ClNO$	0.94	[14]
莠去津	$C_8H_{14}ClN_5$	6.0	[15]
扑灭通	$C_{10}H_{19}N_5O$	<12	[16]
苯	C_6H_6	2	[17]
甲苯	C_7H_8	14	[17]
乙苯	C_8H_{10}	14	[17]

续表

化合物名称	分子式	k/[L/(mol·s)]	参考文献
异丙基苯	C_9H_{12}	11	[18]
甲氧基苯	C_7H_8O	290	[17]
硝基苯	$C_6H_5NO_2$	9×10^{-2}	[17]
2，4－二硝基甲苯	$C_7H_6N_2O_4$	<14	[16]
2，6－二硝基甲苯	$C_7H_6N_2O_4$	<14	[16]
间二甲苯	C_8H_{10}	94	[18]
邻二甲苯	C_8H_{10}	90	[18]
对二甲苯	C_8H_{10}	140	[18]
氯苯	C_6H_5Cl	0.75	[17]
1，3－二氯苯	$C_6H_4Cl_2$	0.57	[13]
1，4－二氯苯	$C_6H_4Cl_2$	$<<3$	[18]
苯酚	C_6H_6O	1300	[18]
邻甲酚	C_7H_8O	1.2×10^4	[18]
间甲酚	C_7H_8O	1.3×10^4	[18]
对甲酚	C_7H_8O	3×10^4	[18]
2，3－二甲基苯酚	$C_8H_{10}O$	2.47×10^4	[19]
2，4－二甲基苯酚	$C_8H_{10}O$	1.95×10^4	[19]
2，6－二甲基苯酚	$C_8H_{10}O$	9.88×10^4	[19]
3，4－二甲基苯酚	$C_8H_{10}O$	9.88×10^4	[19]
2－氯苯酚	C_6H_5OCl	1100	[18]
对氯苯酚	C_6H_5OCl	600	[18]
2，3－二氯苯酚	$C_6H_4OCl_2$	<2000	[18]
2，4－二氯苯酚	$C_6H_4OCl_2$	<1500	[18]
2，4，6－三氯苯酚	$C_6H_3OCl_3$	$<1\times10^4$	[18]
邻苯二酚	$C_6H_6O_2$	5.2×10^5	[20]
间苯二酚	$C_6H_6O_2$	$>3\times10^5$	[18]
对苯二酚	$C_6H_6O_2$	1.8×10^6	[20]
对硝基苯酚	$C_6H_5NO_3$	<50	[18]
双酚 A	$C_{15}H_{16}O_2$	7×10^5	[21]

续表

化合物名称	分子式	k/［L/（mol·s）］	参考文献
萘	$C_{10}H_8$	3000	［17］
喹啉	C_9H_7N	51	［22］
吡啶	C_5H_5N	~3	［18］
咪唑	$C_3H_4N_2$	4×10^5	［18］
苯并三唑	$C_6H_5N_3$	36	［4］
苯胺	C_6H_7N	9×10^7	［17］
二甲基苯胺	$C_8H_{11}N$	2×10^9	［23］
甲基氯胺	CH_4NCl	810	［24］
二甲基氯胺	C_2H_6NCl	1.9×10^3	［25］
甲基二氯胺	CH_3NCl_2	$<1\times10^{-2}$	［24］
二甲基甲酰胺	C_3H_7ON	0.24	［23］
二甲基磺酰胺	$C_3H_9SO_2N$	~20	［26］
甲醇	CH_4O	~0.02	［17］
乙醇	C_2H_6O	0.37	［17］
1－丙醇	C_3H_8O	0.37	［17］
2－丙醇	C_3H_8O	1.9	［17］
1－丁醇	$C_4H_{10}O$	0.6	［27］
叔丁醇	$C_4H_{10}O$	3×10^{-3}	［17］
环戊醇	$C_5H_{10}O$	2.0	［17］
乙醚	$C_4H_{10}O$	1.1	［17］
丙酮	C_3H_6O	3.2×10^{-2}	［17］
2－丁酮	C_4H_8O	0.7	［17］
2－戊酮	$C_5H_{10}O$	~0.02	［17］
甲醛	CH_2O	0.1	［17］
丙醛	C_3H_6O	2.5	［17］
辛醛	$C_8H_{16}O$	8	［17］
丙酸	$C_3H_6O_2$	$<4\times10^{-4}$	［18］
丁酸	$C_4H_8O_2$	$<6\times10^{-3}$	［18］
醋酸	$C_2H_4O_2$	$<3\times10^{-5}$	［18］

续表

化合物名称	分子式	k/[L/(mol·s)]	参考文献
丙二酸	$C_3H_4O_4$	<4	[18]
琥珀酸	$C_4H_6O_4$	<3	[18]
氯贝酸	$C_{10}H_{11}ClO_3$	<20	[21]
乙酸丙酯	$C_5H_{10}O_2$	0.03	[17]

臭氧在水溶液中是不稳定的，容易发生分解反应并产生氧化能力更强的羟基自由基（·OH，$E_0 = +2.33$ V）。羟基自由基非常活泼，与有机物的反应速率常数普遍在 $10^8 \sim 10^9$ L/(mol·s)[27]，可对溶液中的有机污染物进行快速、彻底、无选择性地降解。相对于臭氧分子与有机物的直接氧化反应外，羟基自由基与有机物的氧化反应被称为臭氧的间接氧化反应。

羟基自由基与有机物的反应主要包括两种模式：①加成反应，羟基自由基在有机物的碳碳双键、碳氮双键、硫氧双键上加成，生成羟基化产物或富氧中间体，是最常见的反应方式，反应速率非常快，接近于扩散控制；②夺氢反应，羟基自由基与较弱的碳氢单键、硫氢单键反应，夺取其中氢原子。

在 Staehelin 和 Hoigné 的开创性工作中[28]，最早提出了臭氧分解反应的引发剂、促进剂、终止剂的概念。氢氧根离子（OH^-）是最重要的引发剂之一，因此臭氧在碱性溶液中非常不稳定。OH^-引发臭氧分解的过程可用以下几个反应式表示：

$$O_3 + OH^- \rightarrow HO_2^- + O_2 \quad k = 70\ \text{L/(mol·s)} \tag{1-2-1}$$

$$O_3 + HO_2^- \rightarrow \cdot OH + \cdot O_2^- + O_2 \quad k = 2.8 \times 10^6\ \text{L/(mol·s)} \tag{1-2-2}$$

$$O_3 + \cdot O_2^- \rightarrow \cdot O_3^- + O_2 \quad k = 1.6 \times 10^9\ \text{L/(mol·s)} \tag{1-2-3}$$

pH≤8 时：

$$\cdot O_3^- + H^+ \underset{k_-}{\overset{k_+}{\rightleftharpoons}} \cdot HO_3 \quad k_+ = 5 \times 10^{10}\ \text{L/(mol·s)},\ k_- = 3.3 \times 10^2\ \text{L/(mol·s)} \tag{1-2-4}$$

$$\cdot HO_3 \rightarrow \cdot OH + O_2 \quad k = 1.4 \times 10^5\ \text{L/(mol·s)} \tag{1-2-5}$$

pH≥8 时：

$$\cdot O_3^- \underset{k_-}{\overset{k_+}{\rightleftharpoons}} \cdot O^- + O_2 \quad k_+ = 2.1 \times 10^3\ \text{L/(mol·s)},\ k_- = 3.3 \times 10^9\ \text{L/(mol·s)} \tag{1-2-6}$$

$$\cdot O^- + H_2O \rightarrow \cdot OH + OH^- \quad k = 10^8\ \text{L/(mol·s)} \tag{1-2-7}$$

$$\cdot OH + O_3 \rightarrow \cdot HO_2 + O_2 \quad k = 1 \times 10^8 \sim 2 \times 10^9\ \text{L/(mol·s)} \tag{1-2-8}$$

O_3与 OH^- 发生反应式（1-2-1）的速率并不快，可是该反应一旦被引发并生成 HO_2^-，后续一系列的自由基生成、转化反应发生地非常迅速，逐级快速传递下去，因此，臭氧分解反应也称为链式分解反应。在链式反应中，$\cdot O_2^-$、$\cdot O_3^-$、$\cdot HO_3$、$\cdot HO_2$、·OH 之间的相互转化促使链反应持续进行。

除了 OH^-，溶液中还有其他物质可以生成 HO_2^-、$\cdot O_3^-$，也可引发臭氧链式分解反应，如 H_2O_2、腐殖质、无机金属离子（Fe^{2+}、Co^{2+}、Mn^{2+}）等。相关反应式如下：

$$H_2O_2 \rightarrow HO_2^- + H^+ \tag{1-2-9}$$

$$HS + O_3 \rightarrow HS^+ + \cdot O_3^- \tag{1-2-10}$$

$$Fe^{2+} + O_3 \rightarrow Fe^{3+} + \cdot O_3^- \tag{1-2-11}$$

如果水溶液中的某些物质可以与 O_3 或 $\cdot OH$ 反应并生成 $\cdot O_2^-$，则上述链式反应中的自由基被不断再生，链式反应可持续进行下去。这类物质被称为臭氧分解反应的促进剂，包括脂肪醇、芳烃、甲酸盐、腐殖质等。其中，甲醇是典型的促进剂，它的促进过程可用以下反应式表示：

$$CH_3OH + O_3 \rightarrow \cdot OOCH_2OH + \cdot OH \tag{1-2-12}$$

$$\cdot OOCH_2OH \rightarrow CH_2O + \cdot HO_2 \tag{1-2-13}$$

$$\cdot OOCH_2OH + OH^- \rightarrow CH_2O + H_2O + \cdot O_2^- \tag{1-2-14}$$

反之，若溶液中的某些物质与自由基反应后不再生成自由基，则链反应会停止，这类物质被称为臭氧分解反应的终止剂，包括叔丁醇、CO_3^{2-}、HCO_3^-、PO_4^{3-}、NO_2^- 等。

二、臭氧氧化动力学

臭氧氧化降解有机污染物的动力学过程受到研究者们普遍关注，考虑到臭氧氧化过程的直接反应和间接反应，有机物的降解过程可用以下方程式描述：

$$-d[M]/dt = k_{M,O_3}[M][O_3] + k_{M,\cdot OH}[M][\cdot OH] \tag{1-2-15}$$

其中，[M] 代表有机物浓度，$[O_3]$ 代表溶液中臭氧浓度，$[\cdot OH]$ 代表溶液中羟基自由基浓度，k_{M,O_3} 代表有机物与臭氧反应的速率常数，$k_{M,\cdot OH}$ 代表有机物与羟基自由基反应的速率常数。

由于 $\cdot OH$ 与水中各种物质的反应活性都很高，因而它在臭氧氧化过程中的稳态浓度非常低，一般情况下，无法直接测量它的浓度。在溶液中加入 $\cdot OH$ 的指示性物质（与 O_3 不发生反应，但可被 $\cdot OH$ 迅速氧化的物质，如对氯苯甲酸），通过测试指示物的浓度变化来衡量 $\cdot OH$ 的浓度。为了计算方便，von Gunten 引入了 R_{ct} 的概念[29]，即在一段时间内水溶液中羟基自由基累积量和臭氧累积量的比值，它的表达式如下：

$$R_{ct} = \int[\cdot OH]\,dt / \int[O_3]\,dt \tag{1-2-16}$$

基于经验概念，在特定体系中，R_{ct} 是一个常数，因此，羟基自由基与臭氧的浓度比可被认为是一个常数。根据水质条件的不同，R_{ct} 值通常在 $10^{-8} \sim 10^{-9}$。

将式（1-2-16）代入式（1-2-15），得到式（1-2-17）：

$$-d[M]/dt = (k_{M,O_3} + k_{M,\cdot OH} \times R_{ct})[M][O_3] \tag{1-2-17}$$

对式（1-2-16）进行积分，得到：

$$\ln([M]/[Mo]) = -(k_{M,O_3} + k_{M,\cdot OH} \times R_{ct})\int[O_3]\,dt \tag{1-2-18}$$

根据式（1-2-18），如果溶液中的臭氧浓度处于稳定状态，有机物的降解过程符合伪一级反应动力学规律。

第三节 臭氧氧化强化方法

臭氧是一种清洁、高效、安全的强氧化剂，在水处理领域具有广阔的应用前景。然而，臭氧气体在水溶液中的溶解度低、稳定性差，因此，臭氧在工艺中的利用效率普遍不高。另外，臭氧对水中难降解有机物的去除效果较差，而·OH却几乎可以降解全部有机污染物。因此，为了降低处理成本、提高臭氧利用效率，研究者采用一系列强化技术来促进 O_3 转化为·OH。

OH^-、H_2O_2、Fe^{2+}、Co^{2+}、Mn^{2+} 等是臭氧链式分解反应的引发剂，最早被研究者用作臭氧氧化工艺的催化剂，收到了良好的强化效果。但是这些均相催化剂不便回收再利用，并且金属离子对水溶液造成了二次污染。随后研究者发现，Fe、Mn、Co、Cu等过渡金属的氧化物及活性炭等固相材料也具有催化臭氧氧化活性。目前，随着材料制备和表征技术的不断提高，催化臭氧氧化研究也在不断深入。复合型、负载型金属氧化物、石墨烯、碳纳米管等新兴碳材料受到了研究者的广泛关注，有关催化剂的活性、稳定性及催化作用机制等方面已积累了大量研究成果。

臭氧具有紫外吸收活性，在紫外光的照射下，臭氧可分解产生激发态氧原子，它在水溶液中经过一系列反应生成 H_2O_2 和·OH。因此，臭氧/紫外光也是一种潜在的高级氧化技术。紫外光激发的 TiO_2 光催化氧化过程是20世纪最引人注目的高级氧化技术。研究者发现，在光催化氧化系统中引入臭氧，可使光催化氧化与臭氧氧化两个过程相互协同促进，得到更好的处理效果。由于紫外光的穿透力较弱、应用成本较高，近年来，随着 C_3N_4、WO_3、$BiVO_4$ 等光敏催化剂的开发应用，采用可见光驱动的光催化臭氧氧化过程得到了更多研究。

臭氧具有较强的得电子能力，在电场作用下有更快的电子传递速率，因此，电化学氧化过程和臭氧氧化过程也具有良好的协同效应。此外，膜催化臭氧氧化过程也受到越来越多的关注，膜材料具有的微孔、纳孔结构有助于提高臭氧的传质效率和接触反应效率。膜与臭氧偶合工艺集催化、氧化、过滤于一体，可在较大程度上节省水处理成本。

采用催化、光激发、电激发等多种强化手段可有效提高臭氧的氧化效率，在国内外众多学者的努力下，基于臭氧的高级氧化技术有望在工业废水有机污染处理方面获得高效应用。为了进一步促进该技术的研究和应用，本书后续章节将对非均相催化臭氧氧化、光催化强化臭氧氧化、电化学强化臭氧氧化、过氧化氢强化臭氧氧化、过硫酸盐强化臭氧氧化、膜催化臭氧氧化等技术的研究现状进行总结和分析。

参考文献

[1] MIZUNO T, TSUNO H. Evaluation of solubility and the gas – liquid equilibrium coefficient of high concentration gaseous ozone to water [J]. Ozone: science & engineering, 2010 (32): 3 – 15.

[2] HUBER M M, CANONICA S, PARK G Y, et al. Oxidation of pharmaceuticals during ozonation and advanced oxidation processes [J]. Environmental science & technology, 2003 (37): 1016 – 1024.

[3] DODD M C, RENTSCH D, SINGER H P, et al. Transformation of β – lactam antibacterial agents during aqueous ozonation: reaction pathways and quantitative bioassay of biologically – active oxidation products [J]. Environmental science & technology, 2010 (44): 5940 – 5948.

[4] VEL LEITNER N K, ROSHANI B. Kinetic of benzotriazole oxidation by ozone and hydroxyl radical [J]. Water research, 2010 (44): 2058 – 2066.

[5] DODD M C. Characterization of ozone – based oxidative treatment as a means of eliminating target – specific biological activities of municipal wastewater – borne antibacterial compounds [D] . Zürich: Dissertation, ETH, Zürich, 2008.

[6] DODD M C, BUFFLE M O, VON GUNTEN U. Oxidation of antibacterial molecules by aqueous ozone: moiety – specific kinetics and application to ozone – based wastewater treatment [J]. Environ mental science & technology, 2006 (40): 1969 – 1977.

[7] BENNER J, SALHI E, TERNES T, et al. Ozonation of reverse osmosis concentrate: kinetics and efficiency of beta blocker oxidation [J] . Water research, 2008 (42): 3003 – 3012.

[8] LANGE F, CORNELISSEN S, KUBAC D, et al. Degradation of macrolide antibiotics by ozone: a mechanistic case study with clarithromycin [J]. Chemosphere, 2006 (65): 17 – 23.

[9] QIANG Z, ADAMS C, SURAMPALLI R. Determination of the ozonation rate constants for lincomycin and spectinomycin [J]. Ozone: science & engineering, 2004 (26): 525 – 537.

[10] HUBER M M, GÖBEL A, JOSS A, et al. Oxidation of pharmaceuticals during ozonation of municipal waste water effluents: a piolt study [J]. Environmental science & technology, 2005 (39): 4290 – 4299.

[11] ONSTAD G D, STRAUCH S, MERILUOTO J, et al. Selective oxidation of key functional groups in cyanotoxins during drinking water ozonation [J]. Environmental science & technology, 2007 (41): 4397 – 4404.

[12] PETER A, VON GUNTEN U. Oxidation kinetics of selected taste and odor compounds during ozonation of drinking water [J]. Environmental science & technology, 2007 (41): 626 – 631.

[13] YAO C C D, HAAG W R. Rate constants for direct reactions of ozone with several drinking water contaminants [J]. Water research, 1991 (25): 761 – 773.

[14] DE LAAT J, MAOUALA – MAKATA P, DORE M. Rate constants of ozone and hydroxyl radicals with several phenyl – ureas and acetamides [J]. Environmental technology, 1996 (17): 707 – 716.

[15] ACERO J L, STEMMLER K, VON GUNTEN U. Degradation kinetics of atrazine and its degradation products with ozone and OH radicals: a predictive tool for drinking water treatment [J]. Environmental science & technology, 2000 (34): 591 – 597.

[16] CHEN W R, WU C, ELOVITZ M S, et al. Reaction of thiocarbamate, triazine and urea herbicides,

RDX and benzenes on EPA contaminant candidate list with ozone and with hydroxyl radicals [J]. Water research, 2008 (42): 137 - 144.

[17] HOIGNÉ J, BADER H. Rate constants of reactions of ozone with organic and inorganic compounds in water Ⅰ: non - dissociating organic compounds [J]. Water research, 1983 (17): 173 - 183.

[18] HOIGNÉ J, BADER H. Rate constants of reactions of ozone with organic and inorganic compounds in water Ⅱ: dissociating organic compounds [J]. Water research, 1983 (17): 185 - 194.

[19] GUROL M D, NEKOUINAINI S. Kinetic behavior of ozone in aqueous solutions of substituted phenols [J]. Ind Eng Chem Fundam, 1984 (23): 54 - 60.

[20] MVULA E, VON SONNTAG C. Ozonolysis of phenols in aqueous solution [J]. Org Biomolec Chem, 2003 (1): 1749 - 1756.

[21] GOMES J, COSTA R, QUINTA - FERREIRA R M. Application of ozonation for pharmaceuticals and personal care products removal from water [J]. Science of the total environment, 2017(586): 265 - 283.

[22] WANG X, HUANG X, ZUO C, et al. Kinetics of quinoline degradation by O_3/UV in aqueous phase [J]. Chemosphere, 2004 (55): 733 - 741.

[23] LEE C, SCHMIDT C, YOON J, et al. Oxidation *N* - nitrosodimethylamine (NDMA) precursors with ozone and chlorine dioxide: kinetics and effect on NDMA formation potential [J]. Environmental Science & Technology, 2007 (41): 2056 - 2063.

[24] HAAG W R, HOIGNÉ J. Ozonation of bromide - containing water: kinetics of formation of hypobromous acid and bromated [J]. Environmental science & technology, 1983 (17): 261 - 267.

[25] HAAG W R, HOIGNÉ J. Ozonation of water containing chlorine or chloramines: reaction products and kinetics [J]. Water research, 1983 (17): 1397 - 1402.

[26] VON GUNTEN U, SALHI E, SCHMIDT C K, et al. Kinetics and mechanisms of *N* - nitrosodimethylamine formation upon ozonation of *N*, *N* - dimethylsufamide - containing waters: bromide catalysis [J]. Environmental science & technology, 2010 (44): 5762 - 5768.

[27] PRYOR W A, GIAMALVA D H, CHURCH D F. Kinetics of ozonation 2: amino acids and model compounds in water and comparison to rates in nonpolar solvents [J]. Journal of the American chemical society, 1984 (106): 7094 - 7100.

[28] STAEHELIN J, HOIGNÉ J. Decomposition of ozone in water in the presence of organic solutes acting as promoters and inhibitors of radical chain reactions [J]. Environmental science & technology, 1985 (19): 1206 - 1213.

[29] ELOVITZ M S, VON GUNTEN U. Hydroxyl radical / ozone ratios during ozonation processes. I. The R_{ct} concept [J]. Ozone: science & engineering, 1999 (21): 239 - 260.

第二章　非均相催化臭氧氧化原理与技术应用

第一节　金属氧化物催化剂

金属氧化物的催化臭氧氧化活性在20世纪八九十年代就被研究者广泛发现，至今仍被不断证实。过渡金属氧化物是最常用的催化剂，如 MnO_2、TiO_2、Fe_2O_3、CuO、ZnO、Co_3O_4等。除此以外，部分主族金属元素的氧化物也具有催化活性，如 Al_2O_3、MgO 等。

金属氧化物催化臭氧氧化过程的机制包括3种[1]：①臭氧与有机污染物同时被金属氧化物表面吸附，由于固液界面上臭氧和有机物分子的局部富集效应使反应速率更高，在固相表面上直接发生臭氧对有机污染物的氧化降解反应；②臭氧分子被金属氧化物表面的 Lewis、Bronsted 酸位上催化活化生成活性较高的单原子氧，并在水溶液中经过一系列反应生成羟基自由基、超氧自由基、单线态氧等氧化能力极强的活性含氧物质，从而对溶液中/固体表面的有机物进行高效降解；③有机物分子中含孤对电子的官能团与金属氧化物表面的中心阳离子形成络合物，它比原有机物更容易被臭氧攻击，从而被快速氧化降解。金属氧化物的催化臭氧氧化活性与它的晶型、形貌、比表面积、孔隙率、等电点等物理化学性质相关；除此以外，臭氧氧化效率还受有机物种类、反应溶液 pH、反应体系无机离子等因素的影响。

一、过渡金属氧化物催化剂

（一）氧化锰催化剂

溶液中的 Mn^{2+} 可以引发臭氧链式分解反应并产生羟基自由基，具有良好的催化性能。因此，锰元素的氧化物是最受关注的非均相催化剂之一，锰氧化物在臭氧氧化过程中优良的催化活性也得到了国内外学者的研究。锰氧化物的催化作用机制有两种观点：其一，锰氧化物可引发溶液中臭氧的链式分解反应，并产生高活性自由基，类似于 Mn^{2+} 的催化作用；其二，锰氧化物可与目标有机物生成更易被臭氧攻击的络合物，从而提高了臭氧氧化效率。

Ma 发现 Mn^{2+} 在催化臭氧氧化降解溶液中莠去津的过程中起到了关键的催化作用[2]，Mn^{2+} 被 O_3 氧化生成了新生态水合 MnO_2。值得注意的是，相比新生态水合 MnO_2，商业化的 MnO_2 没有表现出催化作用。新生态水合 MnO_2 处于胶体状态，具有良好的吸附作用，它的 $pH_{pzc}=2.8\sim4.5$，因此当反应溶液 pH 在 5 ~ 11 时，胶状水合 MnO_2表面吸附了大量 OH^-，表面带负电，有助于引发 O_3在水合 MnO_2表面的分解从而产生羟基自由基[3]。作者还发现，相比臭氧及活性含氧物种的氧化作用，莠去津在新生态水合 MnO_2表面的吸附量小于 10%，说明催化剂的吸附几乎可以忽略不计。

Andreozzi[4]采用 MnO_2催化臭氧氧化降解溶液中的乙二酸，发现增大 MnO_2的投加量可以提高乙二酸的去除率。作者认为，乙二酸在 MnO_2表面形成络合物，与溶液中或固相表面的 O_3反应使乙二酸被降解。随着溶液 pH 的降低（4.1 ~ 6.0），乙二酸的氧化速率明显加快。MnO_2 的 pH_{pzc} 为 5.6，它在水溶液中的羟基化表面存在着 MnO^-、MnOH、$MnOH^{2+}$三者之间的平衡。当溶液 pH 高于等电点时，MnO_2 表面呈负电性（MnO^-），反之呈正电性（$MnOH^{2+}$）。乙二酸的二级离解常数分别为：$pK_{a1}=1.2$，$pK_{a2}=4.2$。显然，乙二酸解离生成的负电性酸根离子在 $MnOH^{2+}$ 表面更容易被吸附形成络合物，因此，较低的 pH 条件更有利于催化臭氧氧化反应的进行。

早期研究中，学者们几乎没有关注 MnO_2晶型的影响；近年来逐渐有研究者发现，不同晶型 MnO_2有可能在催化活性方面存在差异。Tong[5]分别考察了 $\beta-MnO_2$、$\gamma-MnO_2$和 Mn^{2+} 催化臭氧氧化降解磺基水杨酸、丙酸的效率。在溶液 pH = 1 时，$\beta-MnO_2$、$\gamma-MnO_2$对臭氧氧化磺基水杨酸均有一定的催化作用，且催化效果几乎没有差别，均低于 Mn^{2+}的催化活性。作者推测，Mn^{2+}体系中生成的新生态 MnO_2更具有高强的催化作用。$\beta-MnO_2$、$\gamma-MnO_2$的 pH_{pzc}分别为 3.3 和 3.7，当溶液 pH 为 6.5 和 8.5 时，$\beta-MnO_2$、$\gamma-MnO_2$失去催化功能，作者推测 $\beta-MnO_2$、$\gamma-MnO_2$的催化机制与 Andreozzi 研究的反应体系相似[4]。磺基水杨酸氧化降解的终产物为乙二酸，在较低 pH 时乙二酸的浓度先升高后降低，在中性 pH 条件下乙二酸出现了积累。该实验结果也间接证实了 $\beta-MnO_2$、$\gamma-MnO_2$在低 pH 条件下具有更好的催化作用。另外，$\beta-MnO_2$、$\gamma-MnO_2$和 Mn^{2+}对丙酸的臭氧氧化过程均无催化效果，说明催化剂的活性也与目标有机物的性质有关。

Jia[6]采用水热合成法制备了 $\alpha-MnO_2$、$\beta-MnO_2$、$\gamma-MnO_2$ 3 种晶型的 MnO_2，并考察了它们催化分解气相臭氧分子的活性。由图 2-1-1 可以看出，3 种 MnO_2的微观形貌都是纤维状，其中 $\alpha-MnO_2$是相互连接的纳米纤维，直径 20 ~ 50 nm，长 100 nm 至 2 μm；$\beta-MnO_2$是规律聚集的纳米纤维，直径 20 ~ 200 nm，长 0.1 ~ 1.5 μm；$\gamma-MnO_2$是无序聚集的纳米纤维，直径 10 ~ 20 nm，长 200 nm 至 1 μm。3 种 MnO_2的比表面积（BET）、H_2-TPR、NH_3-TPD 分析结果列于表 2-1-1 中，$\alpha-MnO_2$的比表面积最大（80.7 m^2/g），其次为 $\gamma-MnO_2$（74.6 m^2/g），$\beta-MnO_2$的比表面积最小（13.8 m^2/g）。H_2-TPR 分析用来比较 3 种 MnO_2的还原性，根据还原过程中 H_2的消耗量，证明它们的还原性高低顺序为：$\alpha-MnO_2>\gamma-MnO_2>\beta-MnO_2$。采用 NH_3-TPD 分析 MnO_2的表面酸性，其强弱顺序为：$\gamma-MnO_2>\alpha-MnO_2>\beta-MnO_2$。显然，$MnO_2$晶格排布方式的不同使表面 Mn 元素的占比不同，因此，它们表面 Lewis 酸性位的数量不同。3 种 MnO_2 的 O_2-TPD 表征结果如图 2-1-2 所示，350 ℃以下出现的氧解吸峰

代表表面活性氧或者化学吸附氧分子，400～650 ℃解吸峰代表亚表层氧原子的逸出，700 ℃以上解吸峰代表晶格氧原子的脱离[7-8]。由图2－1－2可以看出，$\alpha-MnO_2$和$\gamma-MnO_2$表面含有大量松散键合的氧原子，而$\beta-MnO_2$表面的吸附氧原子较少。3种催化剂XPS表征结果如图2－1－3所示，Mn $2p_{3/2}$图谱中结合能为641.9 eV、642.8 eV的峰分别代表Mn^{3+}、Mn^{4+}，据此量化计算表面$n(Mn^{3+})/n(Mn^{4+})$的结果如表2－1－1所示，其中$\alpha-MnO_2$具有最高的表面$n(Mn^{3+})/n(Mn^{4+})$，$\beta-MnO_2$表面$n(Mn^{3+})/n(Mn^{4+})$最低。表面$n(Mn^{3+})/n(Mn^{4+})$也间接反映了MnO_2的还原性，可以看出，XPS计算结果与H_2－TPR分析结果一致。为了保持静电平衡，Mn^{3+}伴随着氧空位的出现[9]，由此可以推测，表面氧空位的密度高低顺序为：$\alpha-MnO_2>\gamma-MnO_2>\beta-MnO_2$。根据Mn 3s图谱中双峰结合能之差$\Delta E_s$来计算Mn元素的平均氧化值（AOS）（$AOS=8.956-1.126\Delta E_s$）[8]，如表2－1－1所示，$\alpha-MnO_2$中Mn元素的平均氧化值最低。

将3种MnO_2分别与O_3气体接触，它们在不同温度下催化分解臭氧的效率如图2－1－4所示。可以看出，3种MnO_2催化分解臭氧的能力有较大差别。$\alpha-MnO_2$即使在低温条件下（5 ℃）也可使O_3分子全部分解，$\gamma-MnO_2$和$\beta-MnO_2$则分别在60 ℃、100 ℃时才能使臭氧完全分解。作者认为，表面氧空位是催化剂的关键活性位，臭氧在氧空位上被吸附并产生过氧化物，其随后被分解从而使表面氧空位得到复原，$\alpha-MnO_2$表面氧空位密度最高，因此，它分解臭氧的效率最高。实验结果说明，氧化锰的多种晶型使它们具有差异化的表面性质[9]，因此，在催化臭氧氧化过程中表现出不同的催化活性。

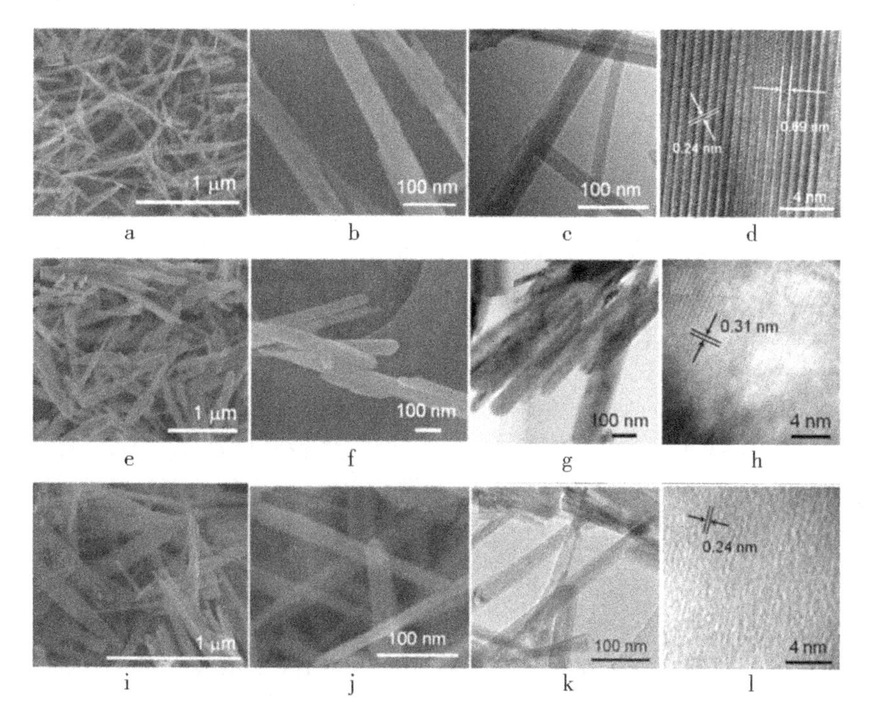

图2－1－1　3种MnO_2的SEM、TEM、HRTEM表征

（a～d为$\alpha-MnO_2$；e～h为$\beta-MnO_2$；i～l为$\gamma-MnO_2$）

表 2-1-1　3 种 MnO_2 的 BET、H_2-TPR、NH_3-TPD 分析结果

催化剂	BET（m^2/g）	H_2消耗量（mmol/g）	NH_3消耗量（μmol/g）	$n(Mn^{3+})/n(Mn^{4+})$	Mn 平均氧化值（AOS）
$\alpha-MnO_2$	80.7	8.09	82.0	0.76	3.63
$\beta-MnO_2$	13.8	11.0	20.6	0.41	3.88
$\gamma-MnO_2$	74.6	9.20	103.0	0.62	3.82

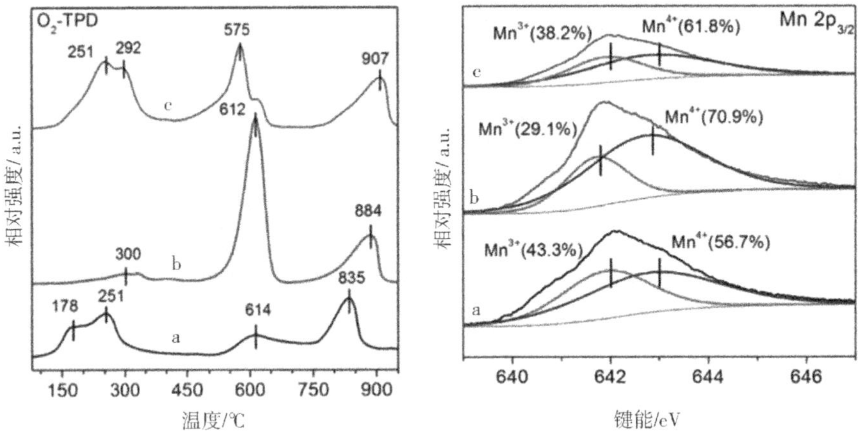

图 2-1-2　3 种 MnO_2 的 O_2-TPD 表征

（a　$\alpha-MnO_2$；b　$\beta-MnO_2$；c　$\gamma-MnO_2$）

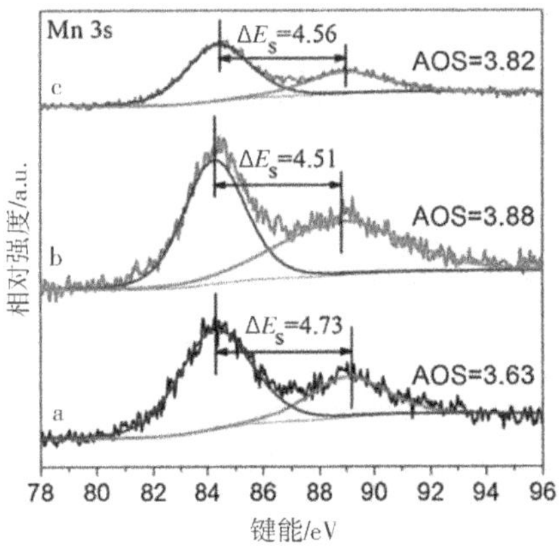

图 2-1-3　3 种 MnO_2 的 XPS 表征

（a　$\alpha-MnO_2$；b　$\beta-MnO_2$；c　$\gamma-MnO_2$）

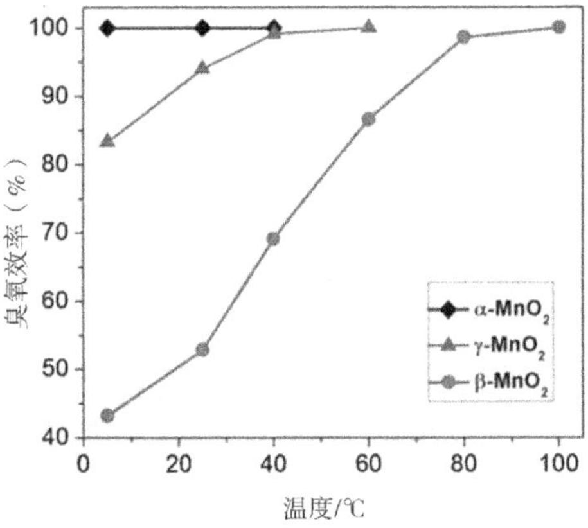

图 2-1-4　3 种 MnO_2 在不同温度下催化分解臭氧的效率

（O_3 进气浓度 14 mg/L，反应时间 2 h）

Nawaz 合成了 α、β、δ、γ、λ、ε 等 6 种晶型 MnO_2，它们的微观形貌如图 2-1-5 所示[10]。可以看出，$\alpha-MnO_2$ 呈棒状结构，直径 30～80 nm，长 1～3μm，表面平整；$\beta-MnO_2$ 呈纳米管结构，直径 100～300 nm；$\delta-MnO_2$ 的结构与 $\beta-MnO_2$ 类似，直径 10～50 nm，长 100～500 nm；$\gamma-MnO_2$ 呈空心球形态，由直径 5～10 nm、长 20～50 nm 的纳米棒有序排列而成；$\lambda-MnO_2$ 呈树叶状，长 50～100 nm；$\varepsilon-MnO_2$ 如更小的树叶状，长 10～100 nm。

6 种晶型 MnO_2 的物理化学性质如表 2-1-2 所示，可以看出，$\beta-MnO_2$ 的比表面积最低，仅为 27.2 m^2/g，其次为 $\varepsilon-MnO_2$，比表面积为 79.6 m^2/g，其他几种 MnO_2 的比表

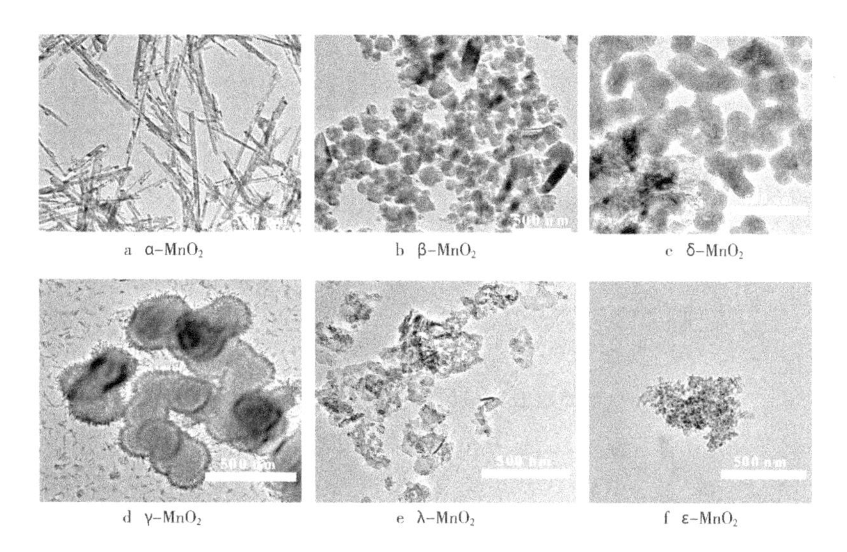

图2-1-5　6种不同晶型MnO_2的微观形貌

面积均在115~125 m^2/g。不同晶型MnO_2的等电点也有较大差别，β-MnO_2的等电点在中性范围，其他几种MnO_2的等电点均在酸性范围内，其中α-MnO_2的等电点最低，约为2.3。Mn元素平均氧化值采用电位伏安滴定法测试[11]，其中α-MnO_2中Mn元素平均氧化值最高。值得注意的是，Jia在研究中发现α-MnO_2中Mn元素平均氧化值是3种晶型中最低的[6]，推测是由于合成方法、测试方法的不同导致结论不同。

表2-1-2　6种晶型MnO_2的物理化学性质

催化剂	比表面积（m^2/g）	等电点（pH_{pzc}）	Mn平均氧化态
α-MnO_2	115.3	2.3	3.52
β-MnO_2	27.2	7.3	3.44
γ-MnO_2	115.6	3.7	3.49
δ-MnO_2	118.7	3.5	3.51
ε-MnO_2	79.6	4.1	3.48
λ-MnO_2	123.6	5.4	3.46

采用4-硝基苯酚作为目标污染物研究不同晶型MnO_2催化降解4-硝基苯酚降解的活性及其去除体系中TOC的效率，结果如图2-1-6所示。6种MnO_2均表现出了良好的催化活性，它们的强弱顺序为：α-MnO_2>δ-MnO_2>γ-MnO_2>λ-MnO_2>ε-MnO_2>β-MnO_2。α-MnO_2的催化能力最强，反应45 min，4-硝基苯酚的去除率达99.3%，反应90 min，TOC去除率达82.4%。β-MnO_2的催化活性最低，这与它的比表面积较低有关。另外，催化剂的等电点显然也是一个关键影响因素。4-硝基苯酚的pK_a为7.2，那么它在酸性介质中呈质子化形式，β-MnO_2的等电点位于中性范围，它在酸性介质中的羟基化表面显正电性，而另外几种MnO_2表面呈负电状态，而质子化的4-硝基苯酚显然与荷负电的催化剂表面具有更强的结合能力，因此更容易被催化臭氧氧化降解。α-MnO_2的等电点最低，Mn元素平均氧化值最高，表现出了最佳的催化臭氧氧化活性。

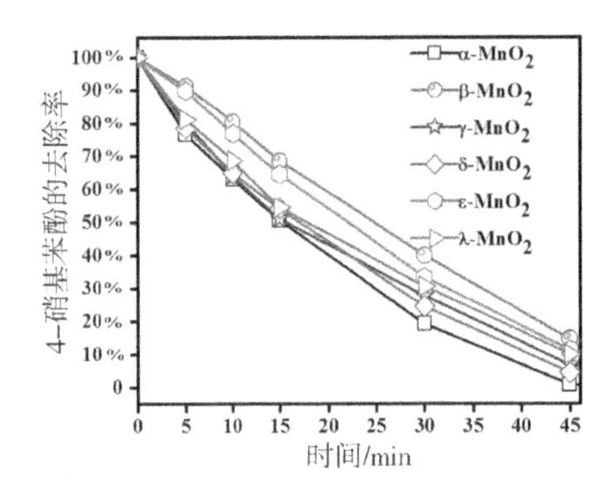

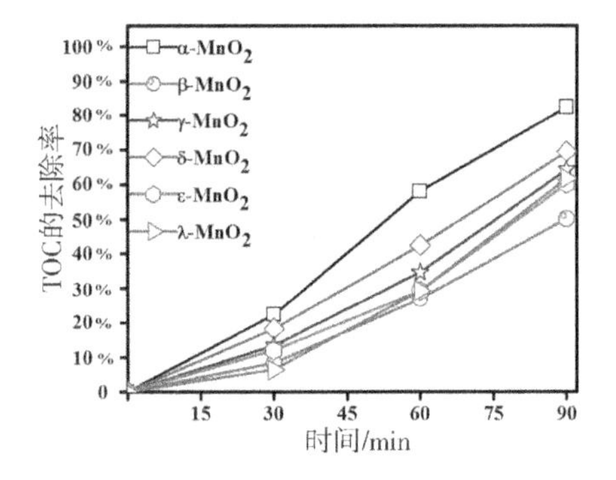

图 2-1-6 不同晶型 MnO_2 催化臭氧氧化降解 4-硝基苯酚

{[4-硝基苯酚] = 50 mg/L,[O_3] = 50 mg/L,[催化剂] = 0.1 g/L}

分别采用叔丁醇（t-BA）、对苯醌（p-BQ）、叠氮化钠（NaN_3）作为羟基自由基、超氧自由基、单线态氧的抑制剂，考察 α-MnO_2 催化臭氧氧化过程中的活性氧物种，结果如图 2-1-7 所示。10 mmol/L 的 t-BA 对 4-硝基苯酚的降解几乎没有影响，而 p-BQ 的抑制作用非常显著（反应 45 min，4-硝基苯酚去除率由 99.3% 降至 30.6%），NaN_3 也展现了一定的抑制作用。根据实验结果，超氧自由基和单线态氧是使 4-硝基苯酚氧化降解的主要活性氧化物质，而非羟基自由基。

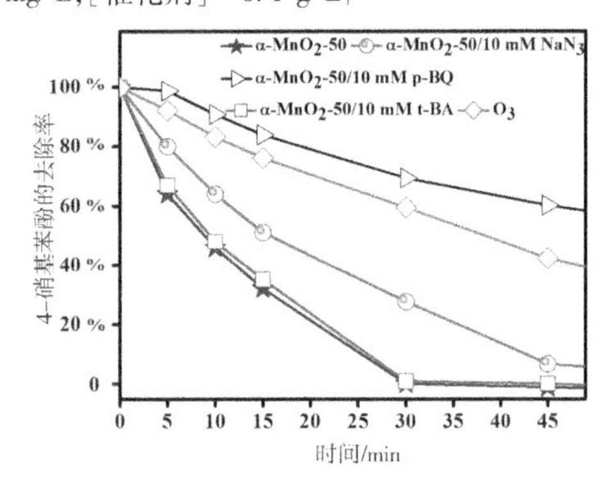

图 2-1-7 自由基抑制剂对 α-MnO_2 催化臭氧氧化过程的影响

{[4-硝基苯酚] = 50 mg/L,[O_3] = 50 mg/L,[催化剂] = 0.1 g/L}

为了进一步研究 Mn 元素氧化值与催化活性之间的相关性，作者制备并对比了 MnO_2、Mn_2O_3、Mn_3O_4 的催化臭氧氧化活性。催化剂的比表面积对比如表 2-1-3 所示，以苯酚（Ph）、对甲基苯酚（Ph-CH_3）、对氯苯酚（Ph-Cl）为目标物（酚类污染物），3 种锰氧化物的催化臭氧氧化降解酚类污染物效率如图 2-1-8 所示。反应 30 min，MnO_2、Mn_2O_3、Mn_3O_4 催化臭氧氧化过程中 Ph 的去除率分别为 76.1%、66.8%、58.4%。Ph-CH_3 和 Ph-Cl 的去除效果与 Ph 类似，反应 60 min，3 种酚类物质均被彻底去除。3 种锰氧化物的催化活性强弱顺序为：MnO_2 > Mn_2O_3 > Mn_3O_4，这与它们的比表面积大小顺序一致，也与 Mn 元素氧化值的高低顺序一致。在上述 6 种晶型 MnO_2 的

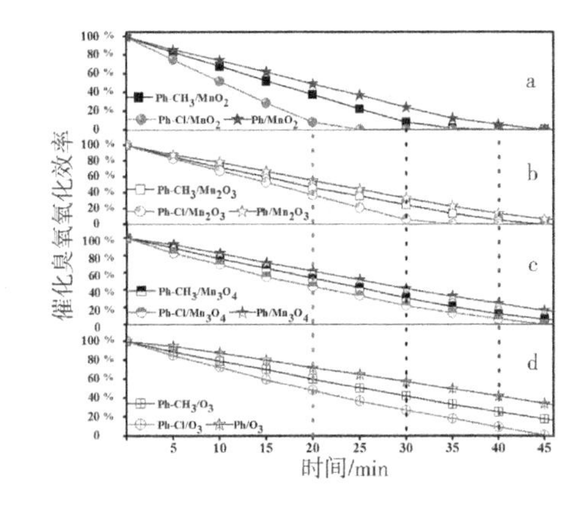

图 2-1-8 MnO_2、Mn_2O_3、Mn_3O_4 催化臭氧氧化降解酚类污染物效率

{[Ph] = 0.25 mmol/L;[Ph-CH_3] = 0.25 mmol/L;[Ph-Cl] = 0.25 mmol/L;[O_3] = 2.5 mg/min;[催化剂] = 0.2 g/L}

活性对比研究中，$\alpha-MnO_2$具有最高的平均氧化值，同时具有最强的催化活性。对比3种锰氧化物，MnO_2具有最高氧化值，其催化活性也明显高于Mn_2O_3和Mn_3O_4。因此可以推测，锰氧化物中Mn元素的氧化值越高，其催化臭氧氧化活性越强。

表2-1-3　MnO_2、Mn_2O_3、Mn_3O_4的比表面积对比

催化剂	MnO_2	Mn_2O_3	Mn_3O_4
BET（m^2/g）	81.8	26.9	5.3

（二）二氧化钛催化剂

二氧化钛（TiO_2）作为催化剂已被广泛应用在光催化氧化领域，常见晶型包括锐钛矿和金红石，锐钛矿的光催化活性优于金红石。近年来，研究者发现TiO_2在臭氧氧化过程中也具有催化活性。

Beltrán[12]采用锐钛矿晶型TiO_2（等电点6.4）催化臭氧氧化降解溶液中的草酸，在溶液pH为2.5的条件下，臭氧发生自分解并产生羟基自由基的可能性较低，而臭氧几乎不与草酸发生直接反应［$k << 0.04\ L/(mol \cdot s)$］，因此，单独臭氧氧化对草酸的去除率接近于零，$TiO_2$催化剂的存在却使草酸的去除率提高至78%左右[12]。作者认为，臭氧被吸附在TiO_2固相表面并产生表面束缚氧原子［式（2-1-1）、式（2-1-2)］，草酸同时也被催化剂吸附［式（2-1-3)］，二者在固相界面上发生进一步的氧化降解反应［式（2-1-4)］。由于作者没有通过实验证明溶液中的臭氧和草酸分子同时被TiO_2表面吸附，因此关于反应机制的推测缺乏有力的支撑。

$$O_3 + S \rightleftharpoons O=O—O—S \tag{2-1-1}$$

$$O=O—O—S \longrightarrow O—S + O_2 \tag{2-1-2}$$

$$B + S \rightleftharpoons B—S \tag{2-1-3}$$

$$O—S + B—S \longrightarrow 2CO_2 + H_2O + 2S \tag{2-1-4}$$

式中，S代表催化剂表面，B代表草酸分子。

Pines以商品化TiO_2（Degussa P25，晶型：80%锐钛矿+20%金红石；BET：50 m^2/g；平均粒径：30 nm）为催化剂，考察它催化臭氧氧化降解对氯苯甲酸（p-CBA，羟基自由基指示物）的效能[13]。在溶液pH为7的条件下，TiO_2催化剂的存在对液相臭氧浓度和p-CBA的去除率均没有较大影响。这意味着，TiO_2既没有促进溶液中的臭氧分解反应，也没有促进羟基自由基的生成，即它在该反应体系中并没有催化活性。

Ye对比了TiO_2（Degussa P25）在光催化氧化、催化臭氧氧化、光催化臭氧氧化等过程中对溶液4-硝基氯苯的降解情况[14]。溶液pH为6.8，反应时间30 min，单独臭氧氧化使TOC降低了39.7%，而$TiO_2/O_2/UV$、TiO_2/O_3、$TiO_2/O_3/UV$分别使TOC的去除率达39.5%、50.6%、91.8%。可以看出，TiO_2光催化氧化过程和单独臭氧氧化过程的效率非常接近，TiO_2催化臭氧氧化的效率比单独臭氧氧化提高了约11%，TiO_2光催化臭氧氧化过程则使目标有机物得到更彻底降解。显然，TiO_2在臭氧降解4-硝基氯苯过程中体现了促进和催化作用，光催化氧化和催化臭氧氧化结合的过程也体现了协同作用。作者采用DMPO（5，5-二甲基-1-吡咯啉-*N*-氧化物）捕获各反应体系中的羟基自由基，并用电子自旋共振波（EPR）检测 TiO_2 光催化氧化和催化臭氧氧化过程的羟基自由基，结果如图 2－1－9 所示。几种反应体系中均出现了羟基自由基的特征峰，从信号强度来看，$O_3 < TiO_2/O_3 < TiO_2/O_2/UV < TiO_2/O_3/UV$。可以发现，$TiO_2$ 光催化氧化过程中产生的羟基自由基约是催化臭氧氧化过程的 2 倍，但是催化臭氧氧化降解 4－硝基氯苯的效率却明显高于光催化氧化过程。作者认为，TiO_2 催化臭氧氧化过程中不仅生成了羟基自由基，可能还存在超氧自由基、氧原子自由基等活性氧化物质（研究中未检测），因此，它对目标有机物的降解效率高于光催化氧化过程。

Rosal 研究了 TiO_2（Degussa P25，等电点 6.6）催化臭氧氧化降解溶液中萘普生和卡马西平的活性[15]。如表 2－1－4 所示，溶液 pH 分别为 3、5、7 时，TiO_2 催化臭氧氧化降解萘普生的反应速率常数分别是单独臭氧氧化的 3.51 倍、1.78 倍和 0.44 倍；卡马西平的反应速率常数分别是单独臭氧氧化的 4.07 倍、1.49 倍和 0.44 倍。溶液 pH 为 3 和 5 时，TiO_2 催化剂的存在使两种药物的降解反应速率加快，但当溶液 pH 为 7 时，加入的 TiO_2 却降低了反应速率。液相臭氧分解反应的速率常数如表 2－1－5 所示，与两种药物分子的降解反应规律相类似，当溶液 pH 为 3 和 5 时，TiO_2 催化剂提高了臭氧分解反应速率，而当溶液 pH 为 7 时，催化剂在一定程度上抑制了臭氧的分解反应。这个实验结果与 Pines 的结论一致[13]，TiO_2 在溶液 pH 为 7 的条件下没有催化臭氧氧化活性。显然，TiO_2 在适宜的 pH 条件下才表现出催化能力，即 $pH < pH_{pzc}$。当溶液 pH＝5 时，两种药物分子获得了最佳降解效果，反应 120 min，TiO_2 催化臭氧氧化过程分别使萘普生、卡马西平溶液的 TOC 降低了约 55%、75%，比单独臭氧氧化过程分别提高了约 15%、35%。另外，作者发现在催化臭氧氧化过程中，两种药物分子的降解产物——草酸在溶液中的积累速率显著低于单独臭氧氧化过程，说明催化臭氧氧化过程对目标有机物的降解产物也进行了彻底降解。作者还考察了 TiO_2 催化剂对两种药物分子的吸附过程，发现吸附作用导致的药物分子去除率较低（5%～15%），说明催化剂的吸附过程并不是药物分子降解反应的关键步骤。并且溶液的 pH 对卡马西平的吸附情况没有较大影响，而萘普生的吸附过程明显受溶液 pH 条件的影响。这是因为萘普生和卡马西平的 pK_a 分别为 4.6、14.0，实验考察的 pH 范围为 3～7，因此，卡马西平在实验过程中均处于质子化状态，而萘普生在溶液 pH＝5 的条件下为显负电性的解离态，此时催化剂的羟基化表面显正电性，二者之间的静电引力使萘普生的吸附作用增强。

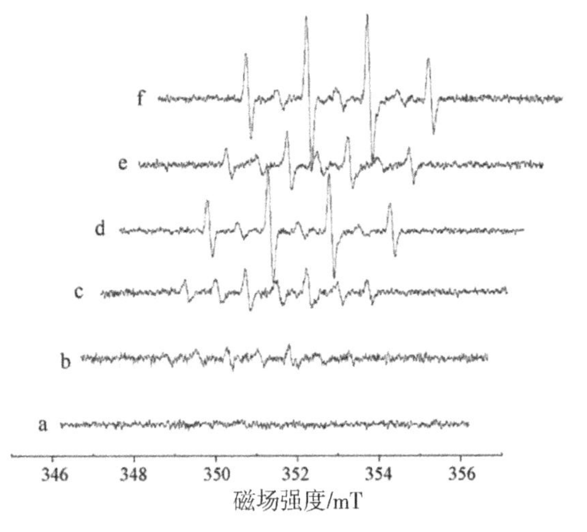

图 2－1－9 EPR 检测 TiO_2 光催化氧化和催化臭氧氧化过程的羟基自由基

（a UV/air；b O_3；c TiO_2/O_3；d $TiO_2/UV/O_2$；e UV/O_3；f $TiO_2/UV/O_3$）

表 2-1-4　萘普生、卡马西平的氧化降解反应速率常数

溶液 pH	萘普生 k/［L/（mmol·s）］		卡马西平 k/［L/（mmol·s）］	
	单独臭氧氧化	催化臭氧氧化	单独臭氧氧化	催化臭氧氧化
3	0.00167	0.00587	0.00068	0.00277
5	0.00437	0.00776	0.00285	0.00425
7	0.0105	0.00458	0.00616	0.00271

表 2-1-5　液相臭氧分解反应一级速率常数

溶液 pH	纯水		萘普生溶液		卡马西平溶液	
	k_d/s^{-1}	$k_{cd}/(kg^{-1}\cdot s^{-1})$	k_d/s^{-1}	$k_{cd}/kg^{-1}\cdot s^{-1}$	k_d/s^{-1}	$k_{cd}/kg^{-1}\cdot s^{-1}$
3	3.07×10^{-4}	4.72×10^{-4}	9.9×10^{-4}	9.9×10^{-4}	2.6×10^{-4}	9.6×10^{-4}
5	9.93×10^{-4}	1.45×10^{-3}	1.2×10^{-3}	1.04×10^{-3}	3.2×10^{-3}	1.10×10^{-3}
7	8.83×10^{-3}	1.27×10^{-3}	1.8×10^{-3}	ND	4.2×10^{-3}	ND

注：ND—未确定，k_d—臭氧自分解，k_{cd}—臭氧催化分解，TiO_2投加量—1 g/L。

Wu 研究了 TiO_2（晶型：未说明，BET：31.5 m^2/g，平均粒径：38 nm，孔容：0.88 cm^3/g，孔隙率：2.4%）催化臭氧氧化降解溶液中氰苷毒素类物质——环精胺的效能，结果如图 2-1-10 所示[16]。溶液 pH 为 7，反应时间为 20 min，单独臭氧氧化使环精胺去除率约达 60%，而催化臭氧氧化使它的去除率达 97.8%。在前文中已述，Pines 和 Rosal 的实验结果均证明 TiO_2在 pH 为 7 的溶液中没有催化臭氧氧化能力，而 Wu 的实验结论与之不同。Pines 和 Rosal 都采用商品 Degussa P25 作为催化剂，与 Wu 的催化剂来源不同，由此说明，TiO_2催化剂的晶型、表面性质等差异可能影响到它们在臭氧氧化过程中的催化机制。作者考察了 TiO_2投加量对臭氧分解速率常数、环精胺降解反应总速率常数、反应体系 R_{ct}的影响，结果如表 2-1-6 所示。可以看出，提高催化剂投加量有助于加快臭氧氧化反应速率。TiO_2投入量为 500 mg/L，环精胺降解反应总速率常数和 R_{ct}分别是单独臭氧氧化过程的 5.45 倍和 67.59 倍。EPR 检测 TiO_2 催化臭氧氧化过程的羟基自由基的实验结果如图 2-1-11 所示，TiO_2催化臭氧氧化体系的羟基自由基信号明显强于单

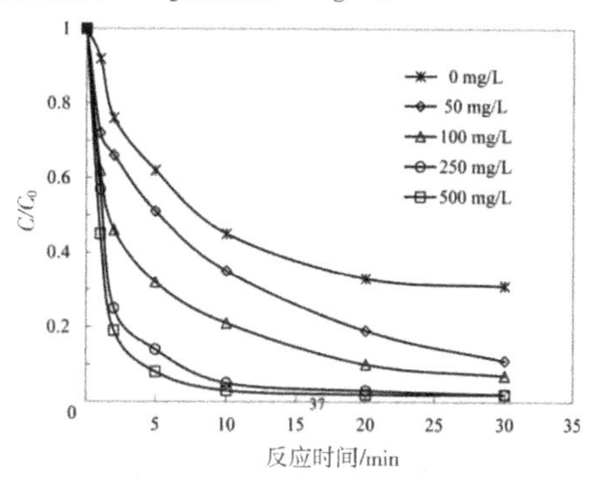

图 2-1-10　TiO_2催化臭氧氧化降解环精胺的效能

{pH = 7，[环精胺] = 2.5 mg/L，[O_3] = 1 mg/L}

图 2-1-11　EPR 检测 TiO_2催化臭氧氧化过程的羟基自由基

{pH = 7，[TiO_2] = 500 mg/L}

独臭氧氧化过程，更进一步证实了TiO_2的催化作用。作者采用发光细菌检测环精胺溶液的急性生物毒性变化，TiO_2投加量对环精胺溶液急性生物毒性的影响如图2－1－12所示，单独臭氧氧化过程和TiO_2投加量为50 mg/L的催化臭氧氧化过程使发光细菌的半数致死浓度降低，说明环精胺在反应初始阶段生成了毒性更强的中间产物。然而当TiO_2投加量为100 mg/L、250 mg/L、500 mg/L时，随着催化臭氧氧化反应的进行，发光细菌的半数致死浓度不断升高，说明环精胺的有毒中间产物也在快速降解，从而使溶液的急性生物毒性不断降低。根据实验结果可知，TiO_2催化剂的应用不仅可提高臭氧氧化效率，还可提高臭氧处理工艺的生物安全性。

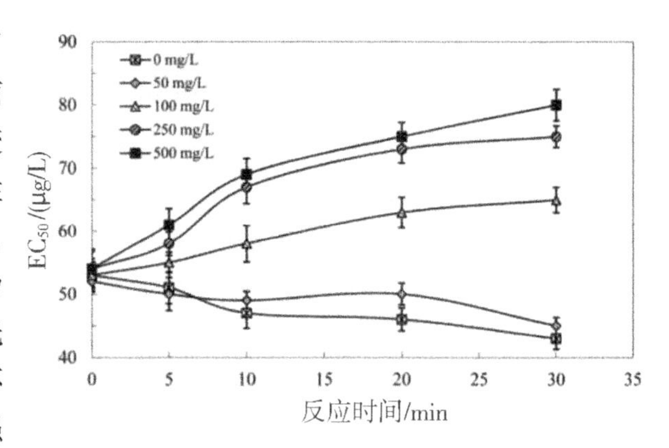

图2－1－12 TiO_2投加量对环精胺溶液急性生物毒性的影响

表2－1－6 TiO_2投加量对臭氧分解速率常数环精胺降解反应总速率常数和R_{ct}的影响

TiO_2投加量/（mg/L）	臭氧分解 k_d/s^{-1}	环精胺降解 $k_总$/［mol/（$L^{-1}\cdot s^{-1}$）］	R_{ct}
0	3.04×10^{-3}	3.22×10^{-3}	1.87×10^{-8}
50	3.96×10^{-3}	4.38×10^{-3}	9.54×10^{-8}
100	6.83×10^{-3}	6.92×10^{-3}	32.45×10^{-8}
250	11.28×10^{-3}	12.80×10^{-3}	87.63×10^{-8}
500	16.53×10^{-3}	17.56×10^{-3}	126.40×10^{-8}

注：环精胺浓度为6×10^{-6} mol/L，O_3浓度为2.1×10^{-5} mol/L，pH为7。

Mansouri以邻苯二甲酸二乙酯（DEP）为目标有机物，对比了TiO_2光催化氧化过程和催化臭氧氧化过程的效率，另外，比较了TiO_2（Degussa P25）、Al_2O_3（BET＞40 m^2/g，等电点9.4～10.1）、活性炭（BET：933 m^2/g，等电点10.68）3种催化剂的催化臭氧氧化活性[17]。TiO_2光催化氧化对邻苯二甲酸二乙酯的去除率19%～26%，单独臭氧氧化可使去除率达70%，TiO_2催化臭氧氧化使去除率进一步提高至78%，TiO_2表现出了一定程度的催化臭氧氧化作用。TiO_2、Al_2O_3、活性炭的催化臭氧活性对比如图2－1－13所示，相对来说，Al_2O_3和活性炭具有更佳的催化臭氧氧化能力。作者认为，Al_2O_3、活性炭具有更高的催化活性可能与它们的较高等电点有关。

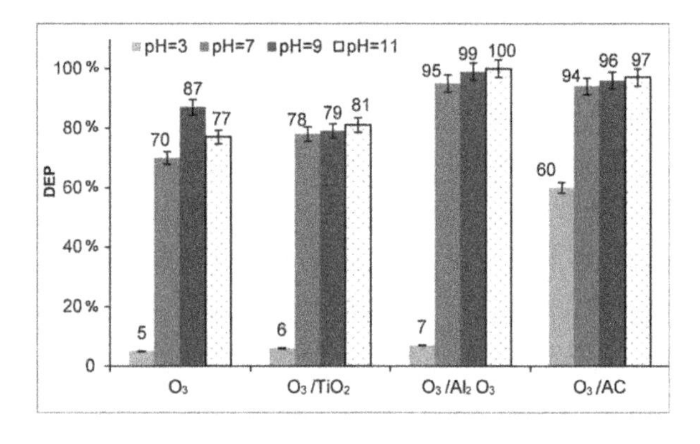

图2－1－13 TiO_2、Al_2O_3、活性炭的催化臭氧氧化活性对比

{［DEP］＝200 mg/L，［O_3］＝45 g/m^3，反应时间为30 min}

Yang 通过溶胶 - 凝胶法制备纳米 TiO_2，通过控制焙烧温度得到不同晶型的 TiO_2催化剂，并以硝基苯为目标物考察它们的催化臭氧氧化效能[18-19]。焙烧温度对 TiO_2晶型、粒径、比表面积、等电点等性质均产生了影响，如表 2-1-7 所示。未经过焙烧的 TiO_2以无定形态存在，300 ℃焙烧得到纯锐钛矿晶型，随着焙烧温度的升高，锐钛矿逐渐向金红石转变，直至 700 ℃得到纯金红石晶型。根据 Scherrer 公式计算[20]，无定形 TiO_2的粒径只有 5 nm，随着焙烧温度的升高，颗粒粒径逐渐增大，说明 TiO_2的晶相转变过程中伴随着晶粒凝聚，700 ℃焙烧 TiO_2的粒径约达 30 nm。同样，TiO_2粒径增大导致它的比表面积急剧减小，无定形 TiO_2的比表面积约为 224 m^2/g，而 700 ℃焙烧 TiO_2的比表面积仅为 3 m^2/g。无定形 TiO_2的等电点在酸性范围内，说明钛的酯类前驱物在水解过程中产生了有机酸类和醇类，这些物质的残留使无定形 TiO_2的等电点降低[21]。随着 TiO_2焙烧温度的升高，催化剂表面残留的酸性基团不断分解，因此它的等电点逐渐升高，700 ℃焙烧 TiO_2的等电点达到中性范围。

表 2-1-7　焙烧温度对 TiO_2晶型、表面性质等的影响

焙烧温度/℃	无定形	锐钛矿	金红石	粒径/nm	BET/（m^2/g）	等电点$_{pzc}$
0	100%	0	0	5	224.44	2.50
300	0	100%	0	6	113.81	3.82
400	0	73%	27%	7	81.79	4.48
500	0	65%	35%	20	40.13	6.40
600	0	6%	94%	25	11.59	6.88
700	0	0	100%	30	3.04	7.32

纳米 TiO_2催化臭氧氧化降解硝基苯的效率如图 2-1-14 所示，可以看出，未焙烧的无定形 TiO_2及 500～700 ℃焙烧 TiO_2的催化活性明显优于 300 ℃、400 ℃焙烧 TiO_2的，500 ℃焙烧 TiO_2的催化效率最高，反应 20 min，硝基苯的去除率为 55.7%。由于 300 ℃、400 ℃焙烧 TiO_2以锐钛矿晶型为主，500～700 ℃焙烧 TiO_2以金红石晶型为主，根据实验结果可以推测，金红石比锐钛矿更适用于催化臭氧氧化过程。

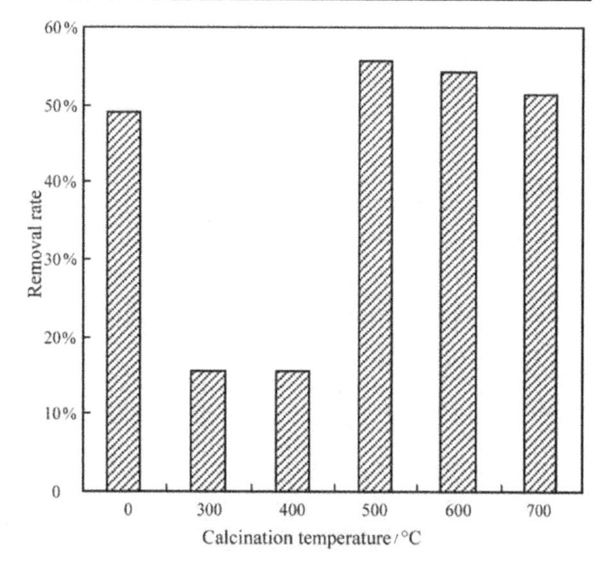

图 2-1-14　纳米 TiO_2催化臭氧氧化降解硝基苯的效率

{[硝基苯]=60.1 μg/L;[O_3]=0.367 mg/L;[催化剂]=0.1 g/L;反应时间为 20 min;反应温度为 20 ℃}

溶液 pH 对 TiO_2吸附、单独臭氧氧化、TiO_2催化臭氧氧化过程均有影响。如图 2-1-15 所示，实验中采用 500 ℃焙烧 TiO_2（pH_{pzc} =

6.4）作为催化剂进一步研究，当溶液 pH 为 6 时，催化剂对硝基苯的吸附作用最强。硝基苯为非离子化有机物，中性催化剂表面最有利于它的吸附，因此，当溶液 pH 接近催化剂的等电点时，硝基苯的吸附去除率最高。单独臭氧氧化过程中硝基苯的去除率随溶液 pH 的升高而升高，可能是因为在碱性条件下 OH^- 引发 O_3 分解产生·OH，而臭氧分子很难直接氧化硝基苯［$k=0.09\pm0.02$ L／（mol·s）］。但是，当溶液 pH = 12 时，硝基苯去除率在一定程度上降低。作者推测当溶液 pH 过高时，·OH 相互碰撞淬灭的概率增大，导致自由基过多消耗。溶液 pH 对 TiO_2 催化臭氧氧化过程的影响趋势与单独臭氧氧化相似。

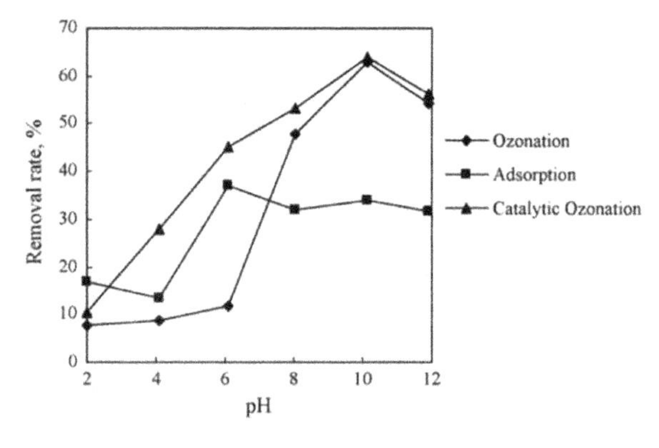

图 2－1－15　溶液 pH 对硝基苯去除率的影响

{［硝基苯］= 60.1 μg/L；［O_3］= 0.367 mg/L；［催化剂］= 0.1 g/L；反应时间为 20 min；反应温度为 20 ℃}

实验利用叔丁醇（t－BA）作为羟基自由基的淬灭剂并结合 EPR 实验发现，t－BA 对单独臭氧氧化和 TiO_2 催化臭氧氧化过程均出现了不同程度的抑制；且催化臭氧体系羟基自由基的信号强度是单独臭氧氧化体系的 2 倍，结果如图 2－1－16 和图 2－1－17 所示。

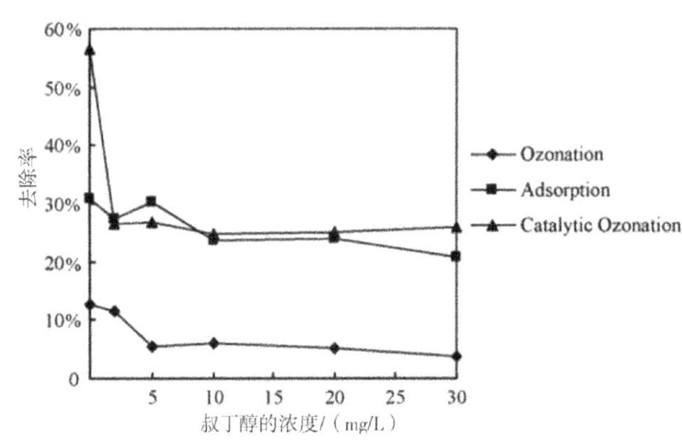

图 2－1－16　叔丁醇对硝基苯去除率的影响

{［硝基苯］= 60.1 μg/L；［O_3］= 0.367 mg/L；［催化剂］= 0.1 g/L；反应时间为 20 min；反应温度为 20 ℃}

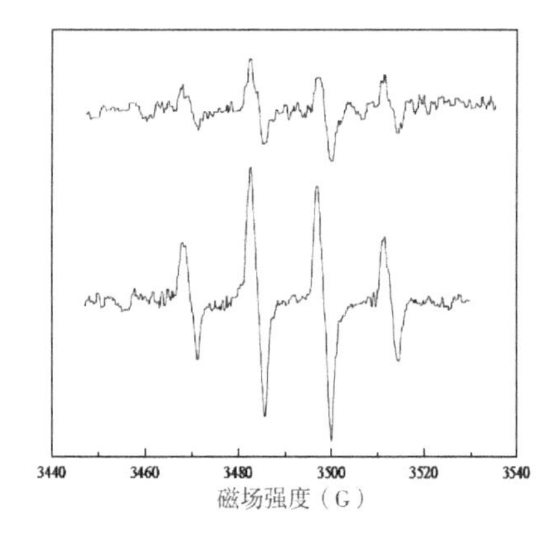

图 2－1－17　EPR 检测 TiO_2 催化臭氧氧化过程中的羟基自由基

（三）铁氧化物催化剂

铁氧化物是化学反应过程中常用的催化剂，也是较早用于催化臭氧氧化领域的催化剂。铁氧化物包括多种价态和形态，具有价格低廉、容易合成、安全无毒等优势，可作为优良的催化剂或载体，如 Fe_3O_4、Fe_2O_3、FeOOH 等。

Fe_3O_4 包含铁元素的两种价态 Fe^{2+} 和 Fe^{3+}，并且具有磁性、方便分离，因此，它在催化领域应用受到了较多关注。Zhu 合成了介孔 Fe_3O_4 和纳米 Fe_3O_4，它们的表面性质如表 2-1-8 所示[22]。介孔 Fe_3O_4 具有更大的孔容及更高的比表面积（154.2 m^2/g），比表面积约是纳米 Fe_3O_4 的 16 倍。纳米 Fe_3O_4 的等电点接近中性（6.86），介孔 Fe_3O_4 的等电点稍低一些（5.65）。研究以莠去津（ATZ）为目标物，反应 10 min，单独臭氧氧化过程中 ATZ 的去除率为 9.1%，纳米 Fe_3O_4 使 ATZ 的去除率提高至 25%，而介孔 Fe_3O_4 具有更强的催化活性，催化臭氧氧化可使 ATZ 去除率达到 82%。介孔 Fe_3O_4 优异的催化性能可能与它具有更大的比表面积有关。采用 t-BA 作为羟基自由基的淬灭剂，结果如图 2-1-18 所示。2 mmol/L t-BA 使 ATZ 的去除率降低了 28.1%；当 t-BA 浓度增加至 50 mmol/L 时，ATZ 的降解反应几乎被完全抑制，这说明羟基自由基是介孔 Fe_3O_4 催化臭氧氧化 ATZ 过程中的主要活性氧化物质。

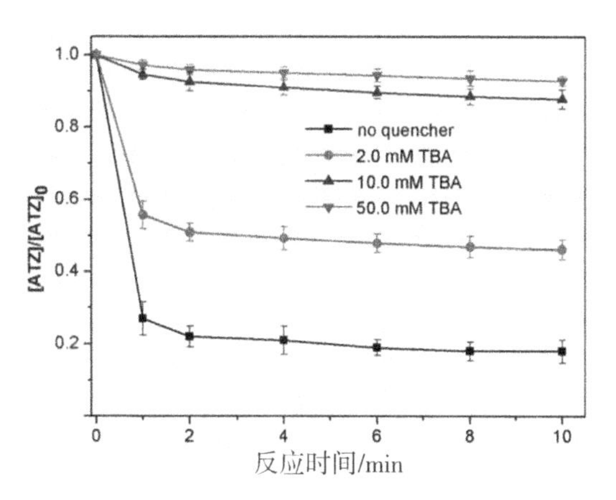

图 2-1-18 叔丁醇对介孔 Fe_3O_4 催化臭氧氧化降解莠去津的抑制作用

{[O_3] = 0.1 mmol/L, [ATZ] = 5 μmol/L, [催化剂] = 0.2 g/L, pH 为 5.5}

表 2-1-8 纳米 Fe_3O_4 和介孔 Fe_3O_4 的表面性质

催化剂	BET/（m^2/g）	孔容/（cm^3/g）	孔径/nm	pH_{pzc}
纳米 Fe_3O_4	9.5	0.06	2.8	6.86
介孔 Fe_3O_4	154.2	0.44	6.2	5.65

介孔 Fe_3O_4 的 XPS 表征如图 2-1-19 所示，711.2 eV、724.6 eV 的位置峰分别代表 Fe $2p_{3/2}$、Fe $2p_{1/2}$ 电子轨道，在新制备的介孔 Fe_3O_4 催化剂中，Fe^{2+}、Fe^{3+} 分别占 71.6%、28.4%，而经过催化臭氧氧化反应之后，Fe^{2+}、Fe^{3+} 的占比变为 68.4%、31.6%。XPS 表征结果说明，在与臭氧进行接触反应时，介孔 Fe_3O_4 中的 Fe^{2+} 被氧化成了 Fe^{3+}。作者推测，Fe^{2+} 和 Fe^{3+} 之间的循环转化是促进臭氧转化为羟基自由基的关键步骤，介孔 Fe_3O_4 的催化作用机制可能如式（2-1-5）至式（2-1-10）所示。采用 HPLC-MS/MS 分析 ATZ 的降解产物，分别识别了 ATZ 的脱氯、脱烷基产物，然而并没有发现 ATZ 的开环产物，说明它的三嗪环非常稳定。作者据此推测了 ATZ 的催化臭氧氧化降解路径，如图 2-1-20 所示。

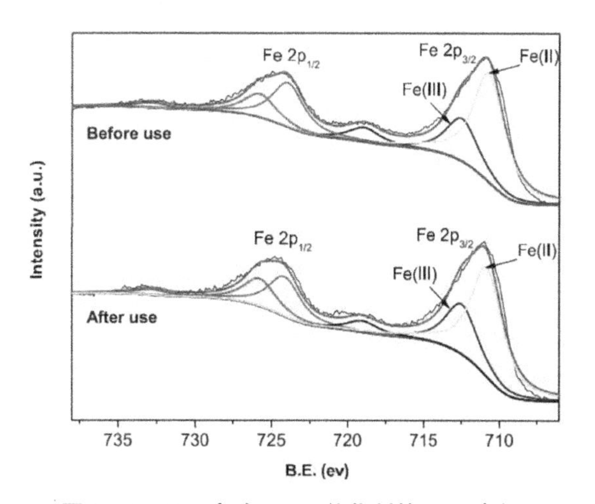

图 2-1-19 介孔 Fe_3O_4 催化剂的 XPS 表征

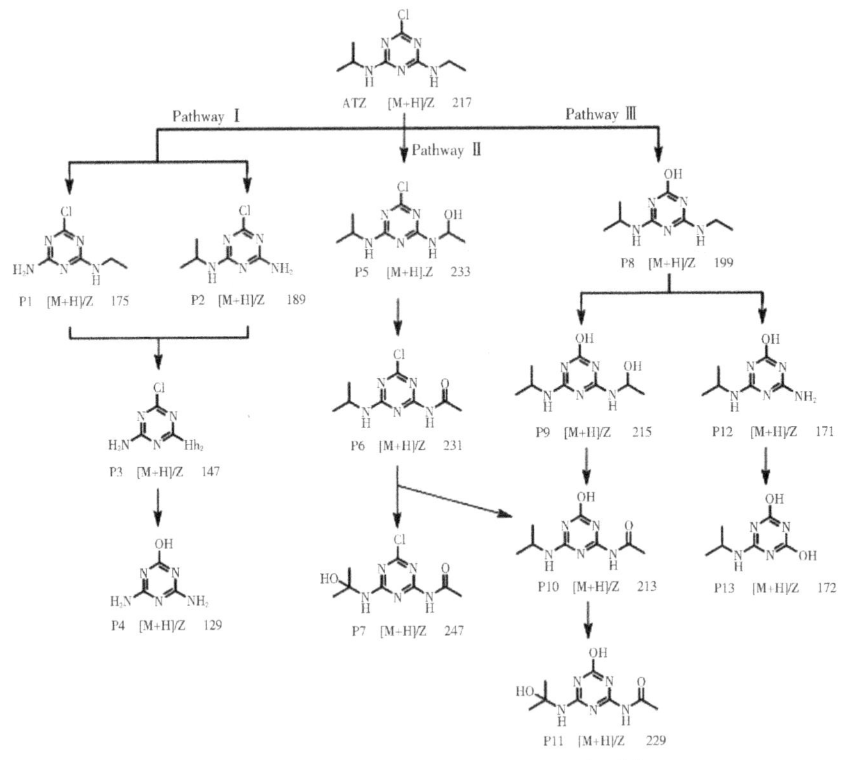

图 2-1-20 ATZ 的催化臭氧氧化降解路径

$$Fe^{2+} + O_3 \longrightarrow FeO^{2+} + O_2 \tag{2-1-5}$$

$$FeO^{2+} + H_2O \longrightarrow Fe^{3+} + \cdot OH + OH^- \tag{2-1-6}$$

$$Fe^{3+} + O_3 + H_2O \longrightarrow FeO^{2+} + \cdot OH + O_2 + H^+ \tag{2-1-7}$$

$$\cdot OH + ATZ \longrightarrow [\cdots] \longrightarrow CO_2 + H_2O \tag{2-1-8}$$

$$Fe^{3+} + \cdot O_2^- \longrightarrow Fe^{2+} + O_2 \tag{2-1-9}$$

$$Fe^{3+} + \cdot HO_2^- \longrightarrow Fe^{2+} + H^+ + O_2 \tag{2-1-10}$$

金属氧化物的表面羟基往往是催化分解臭氧的活性位，FeOOH 自身结构中含有羟基，因此具有较强的催化臭氧氧化有机物的能力。Zhang 制备了 α、β、γ 3 种晶型 FeOOH，以硝基苯为目标物研究了 FeOOH 的表面羟基与催化活性之间的关系[23]。催化活性强弱顺序为：α-FeOOH > β-FeOOH > γ-FeOOH > γ-AlOOH。几种催化剂的表面性质和催化臭氧氧化体系的 R_{ct} 分别列入表 2-1-9、表 2-1-10 中，可以发现，虽然 α-FeOOH 的表面羟基密度和比表面积最低，但它的催化活性却最强。实验结果表明，FeOOH 的表面羟基密度和它的催化能力并不成正比，并非所有表面羟基基团都有催化活性。

表 2-1-9 几种催化剂的表面性质

催化剂	表面羟基密度/（mmol/g）	pH_{pzc}	BET/（m^2/g）	孔容/（mL/g）
α-FeOOH	0.50	7.0	68.4	0.25
β-FeOOH	1.21	7.3	132.4	0.27
γ-FeOOH	0.74	6.6	100.3	0.63
γ-AlOOH	1.15	7.5	120.1	0.14

表 2-1-10　几种催化剂催化臭氧氧化体系的 R_{ct}

催化体系	R_{ct}	r^2
O_3	$(7.34 \pm 1.27) \times 10^{-9}$	0.96
$O_3/\alpha-FeOOH$	$(1.11 \pm 0.22) \times 10^{-7}$	0.95
$O_3/\beta-FeOOH$	$(9.27 \pm 2.11) \times 10^{-8}$	0.94
$O_3/\gamma-FeOOH$	$(4.13 \pm 1.01) \times 10^{-8}$	0.93
$O_3/\gamma-AlOOH$	$(2.02 \pm 0.39) \times 10^{-8}$	0.95

作者采用 ATR-FTIR 图谱分析几种 FeOOH 催化剂在溶液中的表面状态（实验中用 D_2O 取代 H_2O），结果如图 2-1-21 所示。α-FeOOH、β-FeOOH、γ-FeOOH、γ-AlOOH表面 MeO—D 键的伸缩振动峰分别位于 2523 cm^{-1}、2568cm^{-1}、2608cm^{-1}、2642cm^{-1}。催化剂表面 MeO—D 键的伸缩频率由高到低的顺序：α-FeOOH < β-FeOOH < γ-FeOOH < γ-AlOOH，该顺序恰好和催化剂的活性强弱顺序相反。α-FeOOH表面的 FeO—H 键较弱，似乎更有利于它发挥对臭氧的催化作用。O_3分子具有偶极性，可同时表现出亲电性和亲核性。当它接近催化剂的表面羟基 FeO—H，其亲核端、亲电端分别与表面羟基的 H、O 原子结合，导致它分解并产生羟基自由基。较弱的表面 FeO—H 键使 O_3分子与 H、O 原子结合地更紧密，因此 α-FeOOH 具有最佳催化活性。

改变溶液 pH，α-FeOOH 表面羟基的荷电状态也随之发生改变，从而影响它的催化活性。由图 2-1-22 可以看出，溶液 pH 在 6.4~7.5，α-FeOOH 催化臭氧氧化体系的 R_{ct}高于单独臭氧氧化体系，尤其当 pH 为 6.9 时，它的催化作用最突出。但是当溶液 pH <4 或 pH >9 时，α-FeOOH 几乎没有表现出催化能力。根据 α-FeOOH 的滴定曲线，作者采用线性外推法计算出它的固有酸度常数[24]，$pK_{a1}^{int}=5.5$，$pK_{a2}^{int}=8.6$，据此可以绘出不同荷电状态的表面羟基的相对含量随溶液 pH 的变化曲线，如图 2-1-23 所示。溶液 pH 在 6.4~7.5，90% 以上的表面羟基基团处于电中性状态，该条件下 α-FeOOH的催化能力最强。当溶液 pH <4、pH >9 时，质子化和去质子化的表面羟基含量分别占据优势，而该条件下 α-FeOOH 几乎没有催化活性。显然，α-FeOOH 的电中性表面羟基是促进臭氧分解并产生羟基自由基的活性基团。作者认为，质子化削弱了表面羟基中 O 原子的亲核性，从而降低了它对臭氧分子的作用力。而去质子化表面羟基中的亲电性 H 原子逸散入溶液中，与臭氧分子接触的概率较低。因此，质子化和去质子化的表面羟基基团都无法有效地发挥催化作用。

Oputu 采用水热合成法制备了超细β-FeOOH 纳米棒，直径 2~6 nm，长 35~45 nm[25]。它的表面性质如表 2-1-11 所示，可以看出，β-FeOOH 纳米棒具有较大的比表面积，约为 125 m^2/g。将β-FeOOH 分别与臭氧、水溶液接触，干燥之后进行 FT-IR 表征，结果如图 2-1-24 所示，3357~3384 cm^{-1}和 1630~1700cm^{-1}波段的吸收峰是吸附水分子的O—H键的振动峰，841~892 cm^{-1}、681~688 cm^{-1}、496~570 cm^{-1}波段的吸收峰是 FeO_6 八面体的伸缩振动峰。比较有趣的是，与臭氧分子接触之后，β-FeOOH的 FTIR 图谱在 1380 cm^{-1}处出现了一个新峰，作者推测它是 O_3在 β-FeOOH 表面 Lewis 酸性位上吸附所产生的振动峰[26]。

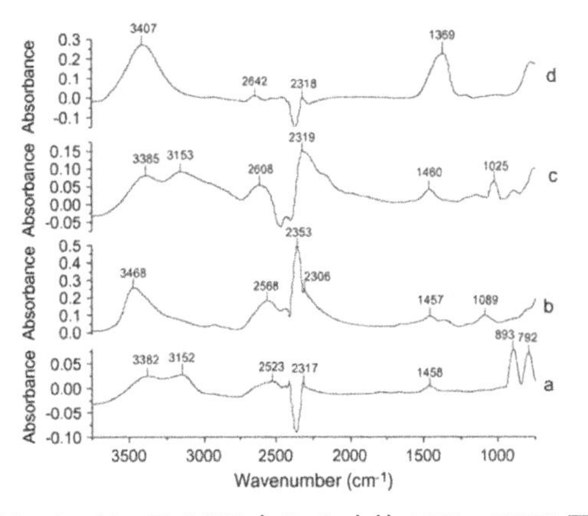

图 2-1-21 FeOOH 在 D_2O 中的 ATR-FTIR 图谱

(a O_3/α-FeOOH，b O_3/β-FeOOH，c O_3/γ-FeOOH，d O_3/γ-AlOOH)

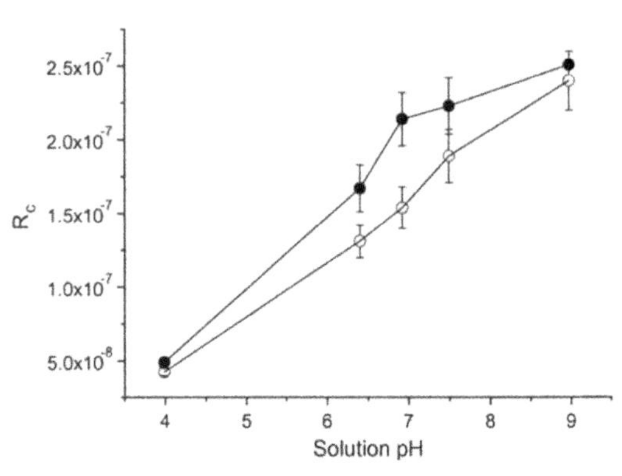

图 2-1-22 溶液 pH 对 α-FeOOH 催化臭氧氧化效率的影响

{[O_3] = 1.66 mg/L，[硝基苯] = 1.58 μmol/L，[α-FeOOH] = 100 mg/L，反应温度为 22 ℃}

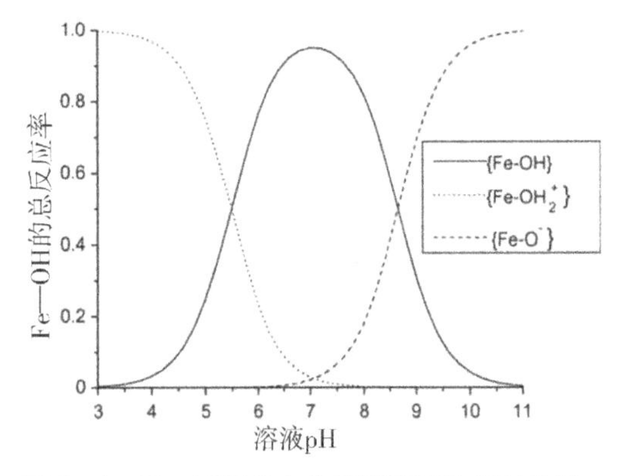

图 2-1-23 不同状态的表面羟基的相对含量随溶液 pH 的变化曲线

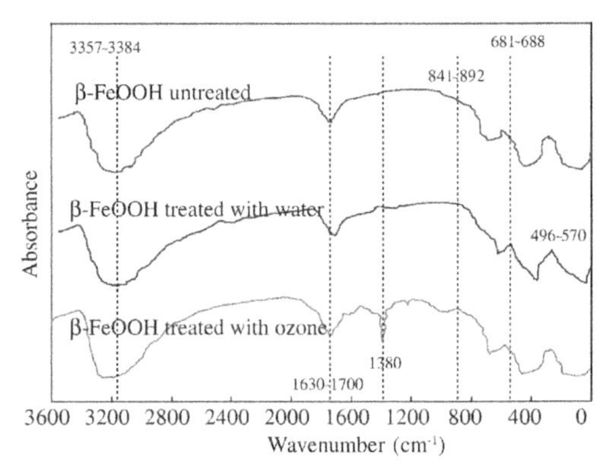

图 2-1-24 β-FeOOH 的 FTIR 表征

表 2-1-11 超细 β-FeOOH 纳米棒的表面性质

指标	比表面积/（m^2/g）	孔容/（cm^3/g）	平均粒径/（nm）	pH_{pzc}
数值	125	0.35	5	9

以 4-氯苯酚为目标物，反应 40 min，β-FeOOH 吸附过程的去除率仅有 3%，单独臭氧氧化过程的去除率为 67%，而 β-FeOOH 催化臭氧氧化过程的去除率达 99%。对比可知，超细 β-FeOOH 纳米棒具有良好的催化活性。溶液 pH 对 β-FeOOH 催化臭氧氧化降解效率的影响如图 2-1-25 所示，单独臭氧氧化反应遵循一级反应动力学规律，反应速率常数会随溶液 pH 的升高而增加。在溶液 pH 为 7、10 的条件下，催化臭氧氧化过程也可用一级反应动力学描述，溶液 pH 对反应速率常数的影响规律与单独臭氧氧化过程相似。但是当溶液 pH 为 3.5 时，催化臭氧氧化过程的反应动力学曲线可分为两个阶段，第二阶段的起点大概在反应 30 min，反应速率常数突然增高，明显高于第一阶段。采用原子吸收光谱仪监测溶液中 Fe^{2+} 浓度，发现 Fe^{2+} 浓度在反应 30 min 后持续升高，说明 β-FeOOH 中有 Fe 元素溶出。跟踪测试溶液 pH，发现它随着催化臭氧氧化反应的进行而降

低，反应 30 min 时，溶液 pH 降至 2.4。由此说明，在溶液 pH 较低的情况下，Fe^{2+} 易于从催化剂中溶解释出，图 2-1-25 中 30 min 处反应速率突然增大，说明 Fe^{2+} 的均相催化作用显著促进了 4-氯苯酚的降解，如式（2-1-11）、式（2-1-12）、式（2-1-13）所示。

$$\beta-FeOOH + 3H^{+} + e^{-} \longrightarrow Fe^{2+} + 2H_2O \quad (2-1-11)$$

$$O_3 + Fe^{2+} \longrightarrow FeO^{2+} + O_2 \quad (2-1-12)$$

$$FeO^{2+} + H_2O \longrightarrow Fe^{3+} + \cdot OH + OH^{-} \quad (2-1-13)$$

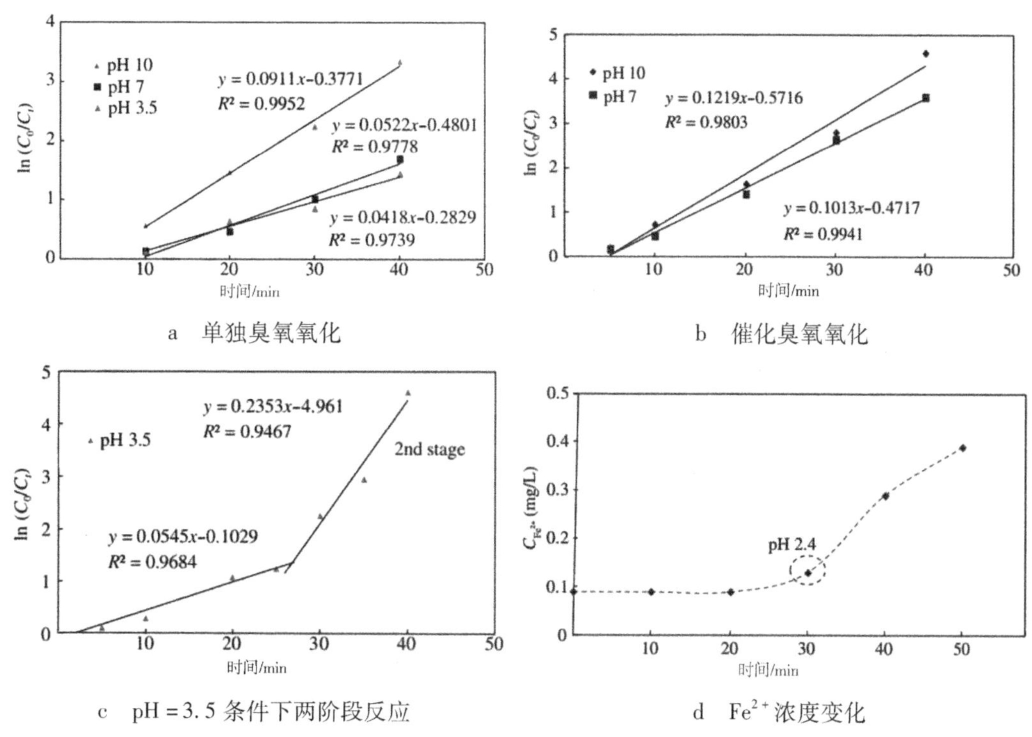

图 2-1-25　溶液 pH 对 β-FeOOH 催化臭氧氧化降解效率的影响

（四）其他过渡金属催化剂

除了氧化锰、氧化钛、氧化铁以外，还有一些过渡金属氧化物也是研究者们比较关注的催化剂，如氧化钴、氧化铜、氧化锌、氧化铈等。它们既可以用作催化剂，也可成为催化助剂，在臭氧氧化过程中发挥催化促进作用。

Dong 采用水热合成法制备了粒径分别为 3.5 nm、19 nm、70 nm 的 Co_3O_4 催化剂，由图 2-1-26 可以看出，纳米 Co_3O_4 催化剂的粒径均一、形貌规整[27]。Co_3O_4 催化臭氧氧化降解苯酚的效果如图 2-1-27 所示，与单独臭氧氧化过程相比，纳米 Co_3O_4 催化剂的存在明显提高了苯酚的去除率；而且，纳米 Co_3O_4 的粒径越小，它的催化活性越高。相比之下，平均粒径为 3.5 nm 的 Co_3O_4 催化剂表现出了最强的催化臭氧氧化苯酚的能力，这是因为它的比表面积较大，因此与臭氧的接触反应效率更高。反应 45 min，单独臭氧氧化过程使溶液中的苯酚浓度由 100 mg/L 降低至 42 mg/L，粒径 3.5 nm 的 Co_3O_4 催化剂可使苯酚浓度进一步降低至 18 mg/L。反应 60 min 后，单独臭氧氧化过程使溶液 COD 降低了 36.2%，而 Co_3O_4催化臭氧氧化过程使 COD 去除率达 53.3%。实验结果说明，纳米 Co_3O_4具有良好的催化臭氧氧化活性。

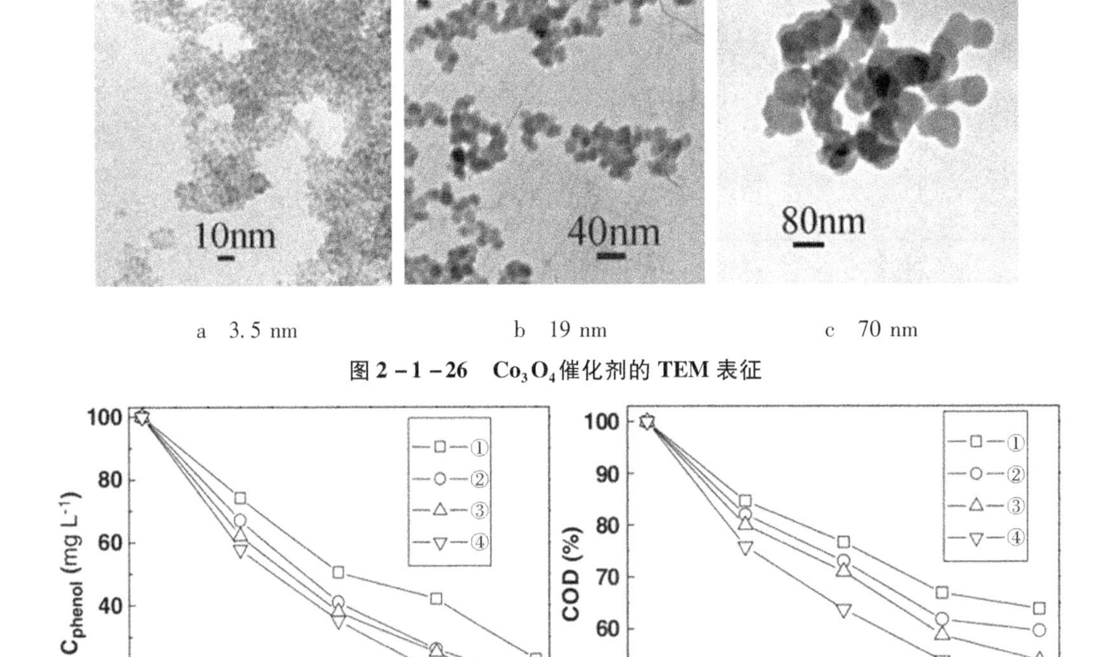

图 2-1-26 Co_3O_4催化剂的 TEM 表征

图 2-1-27 Co_3O_4催化臭氧氧化降解苯酚（a）苯酚去除率和（b）COD 去除率

（① O_3，② 3.5 nm Co_3O_4/O_3，③ 19 nm Co_3O_4/O_3，④ 70 nm Co_3O_4/O_3）

Yuan 使用纳米 ZnO（nZnO，粒径20～40 nm、BET 32.24 m^2/g）催化臭氧氧化降解溶液中的莠去津（ATZ），并用市售分析纯 ZnO（ZnO－AR）和它进行对比，实验结果如图 2－1－28 所示[28]。nZnO 对 ATZ 的吸附去除作用几乎可以忽略不计，反应 5 min，单独臭氧氧化使 ATZ 去除率达 57.1%，ZnO－AR、nZnO 催化臭氧氧化分别使 ATZ 去除率达 89.5% 和 98.9%，显然 nZnO 具有更强的催化能力。增大 nZnO 的投加量有助于提高 ATZ 的去除率，如图 2－1－29 所示，nZnO 的投加量由 50 mg/L 增大至 100 mg/L，ATZ 去除率由 62.7% 提

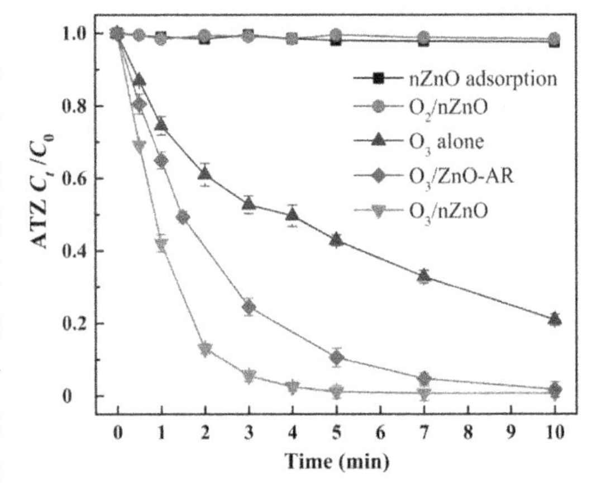

图 2－1－28 纳米 ZnO 催化臭氧氧化降解 ATZ
{[ATZ] = 2 mg/L，[O_3] = 10 mg/L，[nZnO] = 250 mg/L，pH 为 6}

高至97.2%（反应时间2 min）。ATZ的催化臭氧氧化降解过程遵循伪一级反应动力学规律，反应速率常数与nZnO投加量之间存在线性关系（图2-1-29插图）。由于ATZ较难被臭氧氧化，却可快速与羟基自由基发生反应[29]，据此推测，臭氧转化生成羟基自由基的比例与nZnO的投加量成线性正相关。

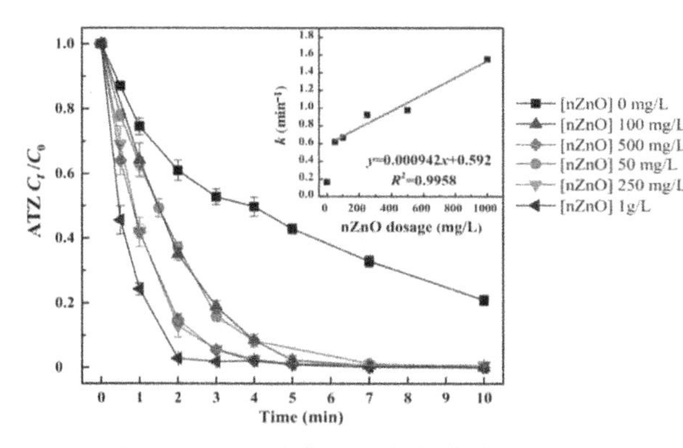

图2-1-29　纳米ZnO投加量对ATZ去除率的影响

{[ATZ]=2 mg/L,[O_3]=10 mg/L,pH为6}

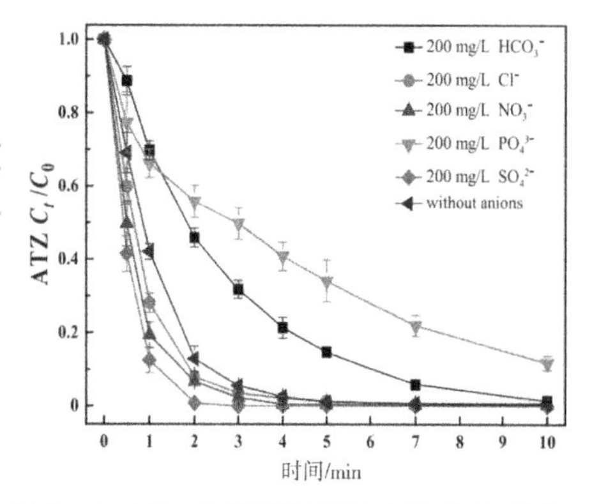

图2-1-30　无机阴离子对纳米ZnO催化臭氧氧化过程的影响

{[ATZ]=2 mg/L,[O_3]=10 mg/L,[nZnO]=250 mg/L,pH为6}

研究还发现，PO_4^{3-}和HCO_3^-对ATZ的降解过程存在抑制作用，而Cl^-、NO_3^-、SO_4^{2-}产生了促进作用，结果如图2-1-30所示。PO_4^{3-}是一种强配体，可与过渡金属离子生成配位化合物，并且它的Lewis碱性比水分子强，很容易取代nZnO表面的羟基基团并与Zn（Ⅱ）生成新的配位键，因此抑制了nZnO对臭氧的催化作用[30-31]。实验结果间接证明，nZnO表面的Lewis酸性基团是催化活性位。HCO_3^-是一种典型羟基自由基淬灭剂[32]，它在溶液中竞争消耗羟基自由基，因而使ATZ的去除率降低。作者推测溶液中的Cl^-、NO_3^-、SO_4^{2-}等离子使臭氧更容易转化为超氧自由基[33]，因此，在一定程度上促进了ATZ的降解过程。

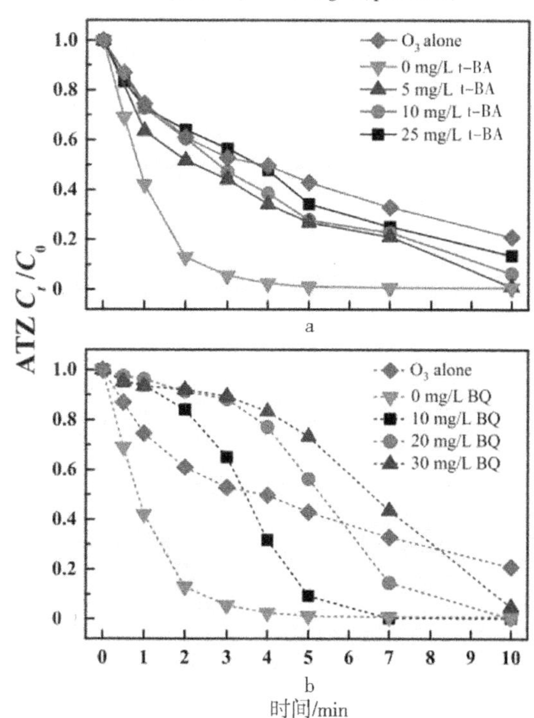

图2-1-31　t-BA（a）、苯醌（b）对ATZ降解过程的抑制实验

{[ATZ]=2 mg/L,[O_3]=10 mg/L,[nZnO]=250 mg/L,pH为6}

采用叔丁醇（t-BA）、苯醌（BQ）抑制实验考察反应体系中的活性氧化物质，结果如图2-1-31所示。t-BA、p-BQ可分别争夺溶液中的羟基自由基和超氧自由基，它们对ATZ的催化臭氧氧化降

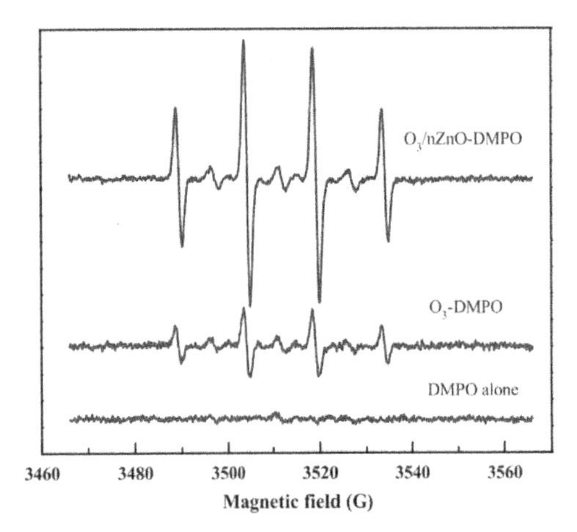

图 2-1-32 采用 EPR 检测羟基自由基实验

解过程均体现出了明显的抑制作用，尤其在反应初始阶段具有强烈的抑制效果。实验结果说明，ATZ 的降解过程由羟基自由基和超氧自由基主导。采用 EPR 检测羟基自由基，实验结果如图 2-1-32 所示。单独臭氧氧化和催化臭氧氧化体系均有羟基自由基的信号，nZnO 催化臭氧氧化体系中的羟基自由基信号强度约为单独臭氧氧化体系的 3.5 倍，证明 nZnO 确实可促进臭氧转化为羟基自由基。

监测溶液中 H_2O_2 的浓度变化情况，发现在催化臭氧氧化反应过程中伴有 H_2O_2 的生成，反应 5 min，H_2O_2 的累积浓度达到峰值，随后又逐渐降低。作者推测，H_2O_2 参与了羟基自由基和超氧自由基的生成、传递过程如式（2-1-14）~（2-1-24）所示。采用 UPLC-MS/MS 检测到 ATZ 的 3 种脱烷基产物，分别为脱乙基莠去津、脱异丙基莠去津、脱乙基异丙基莠去津，但没有发现 ATZ 的脱氯、脱氨基产物，说明它的分子结构比较稳定。根据实验结果，作者概括了 nZnO 催化臭氧氧化降解 ATZ 的过程机制，如图 2-1-33 所示，nZnO 的表面羟基基团与臭氧发生相互作用，经过一系列电子传递过程生成羟基自由基和超氧自由基，进而对溶液中的 ATZ 进行氧化降解。

$$2\cdot O_2^- + 2H^+ \longrightarrow H_2O_2 + O_2 \tag{2-1-14}$$

$$O_2 + e \longrightarrow \cdot O_2^- \tag{2-1-15}$$

$$H^+ + \cdot O_2^- \longrightarrow \cdot HO_2 \tag{2-1-16}$$

$$2\cdot HO_2 \longrightarrow H_2O_2 + O_2 \tag{2-1-17}$$

$$H_2O_2 \longrightarrow HO_2^- + H^+ \tag{2-1-18}$$

$$HO_2^- + O_3 \longrightarrow \cdot HO_2 + \cdot O_3^- \tag{2-1-19}$$

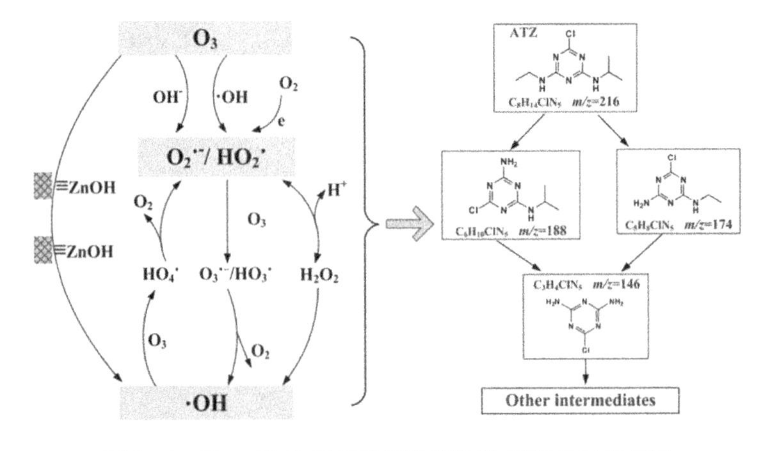

图 2-1-33 nZnO 催化臭氧氧化降解 ATZ 的过程机制

$$H^+ + \cdot O_3^- \longrightarrow \cdot HO_3^- \longrightarrow O_2 + \cdot OH \quad (2-1-20)$$

$$2O_3 + H_2O_2 \longrightarrow 2\cdot OH + 3O_2 \quad (2-1-21)$$

$$\cdot O_2^- + O_3 \longrightarrow \cdot O_3^- + O_2 \quad (2-1-22)$$

$$\cdot O_3^- + H^+ \longrightarrow \cdot HO_3^- \quad (2-1-23)$$

$$\cdot HO_3^- \longrightarrow O_2 + \cdot OH \quad (2-1-24)$$

二、主族金属氧化物催化剂

（一）氧化铝催化剂

Al_2O_3常被用作催化剂的载体，它自身的催化活性在早期并不被研究者关注。例如，Lin 等发现 Al_2O_3不能促进溶液中的臭氧发生分解，而臭氧的分解反应一般被视为催化臭氧氧化反应的第一步，因此，Al_2O_3被认为没有催化臭氧氧化的活性[34]。但是 Cooper 在研究中发现，Al_2O_3的存在可以提高臭氧氧化草酸、氯乙醇、氯酚等有机物的效率[35]，随后 Al_2O_3的催化活性逐渐引起广大学者的注意。

Kasprzyk - Hordern 发现 Al_2O_3［粒径：60 目，比表面积（BET）：190 m^2/g，平均孔径：4.78 nm］使臭氧在溶液中的分解速率提高 1 倍，然而对于甲基叔丁基醚、异丙醚、乙基叔丁基醚、甲基叔戊基醚等醚类物质的臭氧氧化降解过程却没有表现出促进作用[36]。单独臭氧氧化可使上述 4 种醚类物质去除率分别达 10.6%、26.2%、23.2%和 13.8%，而 Al_2O_3的存在并没有提高目标有机物的去除率[37]。作者还研究了甲苯、氯苯、异丙基苯等苯类物质的催化臭氧氧化过程[38]，当溶液 pH 为 4、5 时，Al_2O_3催化臭氧氧化与单独臭氧氧化对几种苯类物质的降解效率相似，甚至更低。但当溶液 pH 为 2、3 时，臭氧氧化过程的效率较低，Al_2O_3可使苯类物质的去除率提高 10% ~27%。在上述研究中，Al_2O_3表面对溶液中的醚类、苯类物质几乎没有吸附作用。作者又考察了 Al_2O_3［粒径：14 目，比表面积（BET）：190.2 m^2/g，平均孔径：8.37 nm，孔容：0.40 cm^3/g，等电点 8.7］催化臭氧氧化降解溶液中天然有机物（NOM）的情况[39]。与醚类、苯类物质不同，NOM 的主要成分为富里酸，它可被吸附在 Al_2O_3表面。NOM 溶液的 pH_{pzc}介于 7.9 ~8.2，低于 Al_2O_3的等电点，此时 Al_2O_3的水化表面显正电性，因此，对溶液中显负电性的酸根阴离子有较强的吸附作用力。当臭氧投加量为 1.7 ~ 2.4 mg O_3/mg DOC，反应 3 h，单独臭氧氧化使 DOC 去除率达 24%，而 Al_2O_3催化臭氧氧化使 DOC 去除率达 50%，Al_2O_3的催化作用使 NOM 的降解率提高了 1 倍。催化剂经过 62 次循环使用后，催化效率几乎没有降低。作者认为 Al_2O_3催化剂对醚类、苯类和 NOM 表现出不同催化作用的原因在于，目标有机物在 Al_2O_3表面具有不同的吸附行为。也就是说，NOM 被 Al_2O_3表面吸附是整个催化臭氧氧化反应的一个重要步骤。另外，作者还推测 NOM 的吸附使 Al_2O_3的外表面形成了疏水层，由于臭氧属于非极性分子，因此，疏水层可对臭氧产生更强的吸引力，增强臭氧在层内的溶解和向固相界面的迁移，从而使 NOM 得到更有效的氧化降解。

Kasprzyk - Hordern 的研究中并没有指明所用 Al_2O_3催化剂的晶型，Ernst[40]采用 γ -

Al_2O_3［比表面积（BET）：139.9 m^2/g，等电点 8.8］开展相关研究，得出了与 Kasprzyk - Hordern 截然不同的结论[40]。选择了几种难降解酸类作为目标有机物，分别是草酸、乙酸、水杨酸、琥珀酸。其中草酸、水杨酸可在一定程度上与臭氧发生直接反应（TOC 去除率分别为 26.5%、38.6%），但是乙酸、琥珀酸几乎不能被单独臭氧氧化过程降解。4 种酸在 $\gamma-Al_2O_3$表面的吸附情况也不相同，草酸、水杨酸的吸附程度较高（TOC 去除率分别为 71.9%、60.8%），而乙酸、琥珀酸的吸附程度较低（TOC 去除率分别为 5.1%、24.2%）。酸在 Al_2O_3表面的吸附过程可以用配体交换反应解释，有机酸分子或阴离子通过取代 Al_2O_3的表面羟基基团而被黏附在固相表面。因此，酸在 Al_2O_3表面的吸附行为不仅取决于酸的 pK_a，还取决于表面铝离子与配体结合的牢固程度[41]。草酸、乙酸在 $\gamma-Al_2O_3$催化臭氧氧化过程中的去除率约等于吸附过程的去除率，水杨酸去除率约等于单独臭氧氧化和吸附去除率的加和，但对琥珀酸来说，$\gamma-Al_2O_3$催化臭氧氧化过程去除率比单独臭氧氧化和吸附去除率的加和还高出 57.5%。可以看出，虽然 $\gamma-Al_2O_3$对琥珀酸的吸附较弱，但 $\gamma-Al_2O_3$催化臭氧氧化降解琥珀酸的活性却较高。在该反应体系中，有机物的吸附过程并不是决定催化剂活性的关键因素，此结论与 Kasprzyk - Hordern 的研究结论相悖。作者认为 $\gamma-Al_2O_3$表面的羟基基团是与臭氧作用的活性位，因此，有机物的吸附过程可部分取代催化剂的表面羟基基团，在一定程度上反而不利于催化臭氧氧化反应的进行。

Álvarez[42]发现 $\gamma-Al_2O_3$［平均粒径：4 mm，比表面积（BET）288 m^2/g，平均孔径：7.4 nm，等电点 8.1］对丙酮酸的吸附过程符合 Freundlich 等温方程式，最大吸附容量可达到 0.173 mmol/g。在初始 pH 为 2.5 的条件下，通过吸附可去除高于 55% 的丙酮酸，然而单独臭氧氧化过程的去除率低于 10%，在 $\gamma-Al_2O_3$的催化下丙酮酸可被完全去除。磷酸盐缓冲剂（维持溶液 pH 2.5）可抑制丙酮酸的吸附及催化降解，吸附去除率降低至 20%，催化臭氧氧化去除率降低至 56%。磷酸根离子可与丙酮酸竞争 Al_2O_3表面的羟基基团，说明了 $\gamma-Al_2O_3$对有机物的吸附过程是整个降解反应中的一个关键步骤。作者推测 $\gamma-Al_2O_3$的催化机制为：被 $\gamma-Al_2O_3$吸附的丙酮酸分子更易与溶液中或固相表面的臭氧发生氧化还原反应，因此提高了丙酮酸的去除率。

Qi 选择 3 种铝氧化物（γ - AlOOH、$\gamma-Al_2O_3$、$\alpha-Al_2O_3$）作为催化剂催化臭氧氧化 2，4，6 - 三氯苯甲醚，它们的表面性质如表 2 - 1 - 12 所示[43]。2，4，6 - 三氯苯甲醚为非解离型有机物，3 种铝氧化物对它的吸附作用均较低。反应 10 min，单独臭氧氧化过程使目标有机物去除率达 37.3%，而在 γ - AlOOH、$\gamma-Al_2O_3$、$\alpha-Al_2O_3$催化臭氧氧化过程中 2，4，6 - 三氯苯甲醚的去除率分别为 80.3%、60%、59%。3 种铝氧化物均表现出了催化活性，其中 γ - AlOOH 的催化作用最强。以 t - BA 淬灭实验证明了 3 种铝氧化物催化臭氧氧化过程的活性氧化物质为羟基自由基。监测溶液中的臭氧浓度，发现 γ - AlOOH 对臭氧的分解作用最强。结合催化剂的表面性质可以发现，3 种铝氧化物的催化活性和它们的表面羟基密度呈正相关。γ - AlOOH 的表面羟基密度最大，它的催化活性也最高。另外，当溶液 pH 接近催化剂的等电点时，它的催化能力最强，意味着催化剂表面的中性羟基基团在催化过程中具有重要作用。鉴于臭氧具有

Bronsted 碱性，作者认为催化剂表面的 Bronsted 酸位是与臭氧发生作用的关键位置。通过绘制 3 种催化剂的质子结合等温线，发现铝氧化物表面 Bronsted 酸性的强弱顺序为：$\gamma-AlOOH > \gamma-Al_2O_3 > \alpha-Al_2O_3$，与它们催化活性的强弱顺序一致。根据实验结果推测，铝氧化物的表面羟基和 Bronsted 酸位是催化臭氧氧化反应的关键活性位，可诱发臭氧分子发生分解并产生羟基自由基[44]，从而对 2，4，6－三氯苯甲醚进行有效降解。

$\gamma-AlOOH$、$\gamma-Al_2O_3$ 也可用于催化臭氧氧化降解溶液中二甲基异莰醇[45]，与 2，4，6－三氯苯甲醚有所不同，二甲基异莰醇在 $\gamma-AlOOH$、$\gamma-Al_2O_3$ 上的吸附不可忽视。二甲基异莰醇在 $\gamma-Al_2O_3$ 表面的吸附速率常数是 $\gamma-AlOOH$ 的 3.4 倍，然而它的解吸常数是 $\gamma-AlOOH$ 的 2.53 倍（Elovich 方程）。实验结果也证实，二甲基异莰醇在 $\gamma-Al_2O_3$ 表面发生快速地吸附、解吸过程，而在 $\gamma-AlOOH$ 上的吸附作用强于 $\gamma-Al_2O_3$，在 $\gamma-AlOOH$ 表面被稳定地吸附。反应 30 min，单独臭氧氧化过程中二甲基异莰醇去除率达 29.1%，而在 $\gamma-AlOOH$、$\gamma-Al_2O_3$ 催化臭氧氧化过程的去除率分别为 27.5%、98.4%。对比可知，$\gamma-AlOOH$ 在臭氧氧化降解 2，4，6－三氯苯甲醚的过程中表现出优越的催化活性，但对二甲基异莰醇的降解过程则几乎没有催化作用。作者认为，铝氧化物的表面羟基是催化臭氧分解的活性位，也是有机物的吸附位。二甲基异莰醇通过配位交换挤占催化剂的表面羟基，由于它在 $\gamma-AlOOH$ 表面覆盖比较牢固，因此，影响了臭氧的催化分解反应，导致 $\gamma-AlOOH$ 的催化活性被屏蔽。而被 $\gamma-Al_2O_3$ 表面吸附的二甲基异莰醇可以快速解吸，因此 $\gamma-Al_2O_3$ 表现出良好的催化能力。

Yang 合成了介孔 $\gamma-Al_2O_3$（BET：287 m^2/g，等电点 8.5），并进行了催化臭氧氧化降解布洛芬的实验[26]。介孔 $\gamma-Al_2O_3$ 对布洛芬的吸附去除率约为 5%，反应 9 min 后，单独臭氧氧化和催化臭氧氧化过程的去除率分别为 50%、80%。反应 40 min 后，单独臭氧氧化和催化臭氧氧化过程分别使溶液 TOC 降低了 20%、54%。实验结果表明，介孔 $\gamma-Al_2O_3$ 具有良好的催化活性。对比 $\gamma-Al_2O_3$ 与臭氧接触前后的 FTIR 图谱，发现在 1380 cm^{-1} 处出现了新峰，作者推测它代表臭氧分子在催化剂表面的 Lewis 酸性位上发生吸附、解离之后所形成的单氧原子。ATR－FTIR 分析表明，溶液中的水分子通过氢键被 $\gamma-Al_2O_3$ 表面化学吸附，臭氧可加强水分子的化学吸附。由于磷酸根离子的 Lewis 碱性强于水分子，它会优先占据 $\gamma-Al_2O_3$ 表面的 Lewis 酸性位，从而影响水分子的化学吸附。作者在催化臭氧氧化体系中加入磷酸根离子，发现 $\gamma-Al_2O_3$ 的催化能力急剧降低，侧面证实了 $\gamma-Al_2O_3$ 表面 Lewis 酸性位在催化臭氧氧化过程中的重要性。根据实验结果推测，水分子在 $\gamma-Al_2O_3$ 表面的 Lewis 酸性位进行化学吸附并解离成羟基基团，它是对臭氧氧化发挥催化作用的活性位。另外，表 2－1－12 给出了 3 种铝氧化物的表面性质。

表 2－1－12　3 种铝氧化物的表面性质

催化剂	比表面积/（m^2/g）	平均孔径/nm	等电点	表面羟基密度/（mmol/g）
$\gamma-AlOOH$	119.08	5.00	7.3	9.32
$\gamma-Al_2O_3$	265.89	7.23	8.3	8.43
$\alpha-Al_2O_3$	47.75	17.76	9.4	0.13

（二）氧化镁催化剂

MgO 结构稳定、毒性低、表面活性强，因此也常被用作臭氧氧化过程中的催化剂。Zhu 采用均相沉淀法制备了纳米 MgO，它的表面性质如表 2－1－13 所示[46]。以溶液中的喹啉为目标物，如图 2－1－34 所示，纳米 MgO 催化剂对喹啉几乎没有吸附作用，但它的存在可使喹啉的去除率从单独臭氧氧化过程的 53.8% 提高至 90.7%。

表 2－1－13　纳米 MgO 的表面性质

性质	比表面积/（m^2/g）	孔容/（cm^3/g）	粒径/nm	pH_{pzc}
数值	56.1	0.152	10～50	7.2

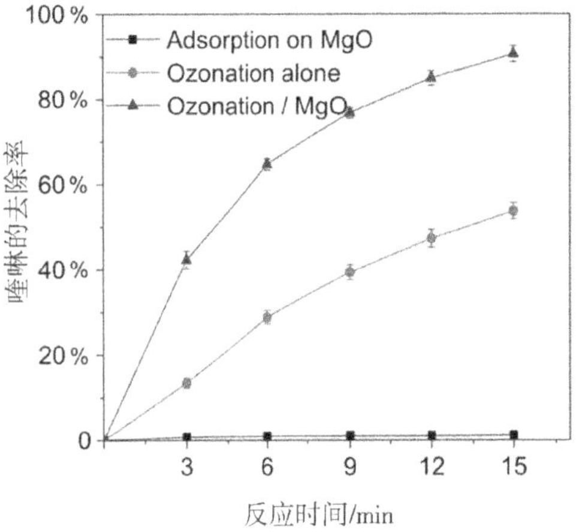

图 2－1－34　纳米 MgO 催化臭氧氧化降解喹啉
{[喹啉] = 20 mg/L, [O_3] = 80 mg/h, [MgO] = 0.2 g/L, pH 为 6.8}

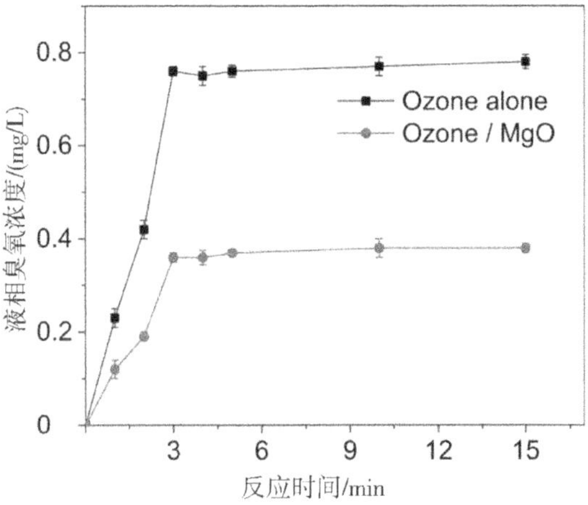

图 2－1－35　纳米 MgO 催化剂对液相臭氧浓度的影响
{[O_3] = 80 mg/h, [MgO] = 0.2 g/L, pH 为 6.8}

纳米 MgO 催化剂对液相臭氧浓度的影响如图 2－1－35 所示，在溶液中持续通入臭氧气体，3 min 后液相臭氧浓度达 0.78 mg/L，而纳米 MgO 的加入却使液相臭氧浓度大幅降低。显然，纳米 MgO 催化剂可促进溶液中的臭氧分子发生分解反应。向溶液中加入 1 g/L t－BA，喹啉的催化臭氧氧化去除率降低了 64.2%。t－BA 的强烈抑制作用证明了羟基自由基是纳米 MgO 催化反应体系中的主要活性氧化物质。溶液 pH 对纳米 MgO 催化臭氧氧化过程的影响如图 2－1－36所示，当溶液 pH 接近催化剂的等电点时（7.2），喹啉的去除率最高，说明纳米 MgO 的中性表面羟基是催化反应的活性位。

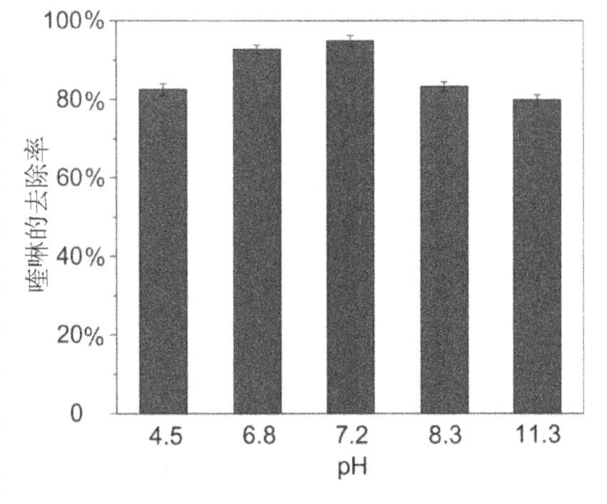

图 2－1－36　溶液 pH 对纳米 MgO 催化臭氧氧化过程的影响
{[喹啉] = 20 mg/L, [O_3] = 80 mg/L, [MgO] = 0.2 g/L}

实验通过 LC － MS/MS、GC － MS、IC

研究了喹啉的降解产物，结果如表2－1－14所示。作者据此推测了喹啉的催化臭氧氧化降解路径，如图2－1－37所示，喹啉分子中的C2、C8原子首先被羟基自由基进攻，生成加羟基产物——2－羟基喹啉和8－羟基喹啉；它们继续被氧化并生成了单环产物——邻氨基苯甲醛、水杨酸、喹啉酸、*N*－苯基－甲酰胺；单环产物进一步降解开环，生成甲酸、乙酸、草酸。可以看出，毒性强、生化性差、结构复杂的喹啉分子经过纳米MgO催化臭氧氧化降解之后，转变为可生化的小分子羧酸，证明纳米MgO催化剂具有高效和安全的特点。

表2－1－14　喹啉的降解产物

产物名称	出现时间/min	检测手段
2－羟基喹啉	13.12	LC － MS/MS
8－羟基喹啉	4.16	LC － MS/MS
邻氨基苯甲醛	11.48	LC － MS/MS
水杨酸	14.81	LC － MS/MS
喹啉酸	1.10	LC － MS/MS
N－苯基－甲酰胺	14.03	GC － MS
甲酸	—	IC
醋酸	—	IC
草酸	—	IC

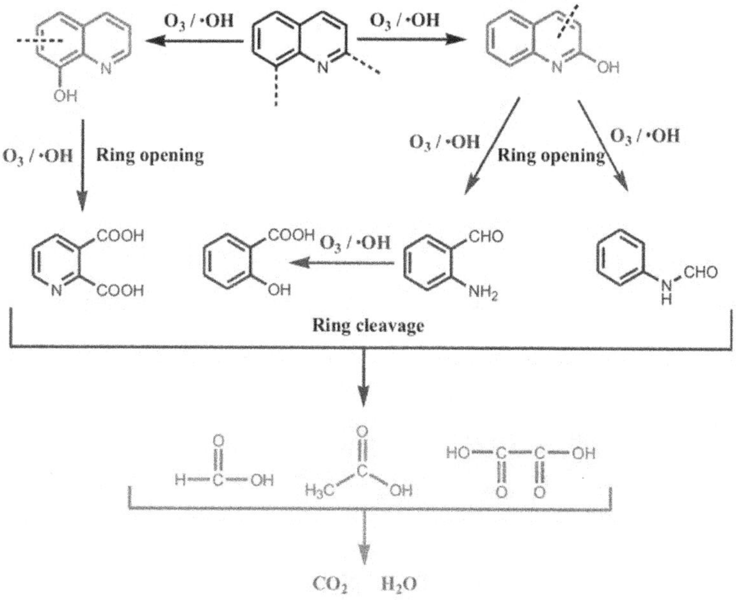

图2－1－37　喹啉催化臭氧氧化降解路径

第二节 碳基非金属催化剂

碳基材料作为臭氧氧化催化剂中的重要组成部分，具有比表面积大、耐酸碱、吸附性强、催化性强、易再生、易回收等优点，这样的特性也使得碳基材料既可以直接充当臭氧催化剂，亦可作为负载金属氧化物的载体而被广泛应用。碳基材料的表面官能团（酸性和碱性基团）和组织结构（缺陷结构和结构性质）对碳基材料的催化活性有很大影响，可以加速臭氧转化为羟基自由基[47]。目前，常见的用于催化臭氧氧化的碳基材料是活性炭、纳米碳材料等。活性炭（AC）是一种比表面积大、价格低廉的多孔材料。研究表明，活性炭有利于臭氧和一些中间产物（如 H_2O_2）转化为自由基等活性氧物种[48]。但其活性位点并未充分暴露或不能有效地催化臭氧及中间产物的分解。同时反应过程中活性位点会逐渐被氧化从而减少，使催化剂失活。因此，对活性炭的表面进行改性非常关键。常用的改性方法有氧化改性、还原改性等。在改性过程中，活性炭表面官能团和孔径分布发生了相应的变化，从而影响了活性炭的吸附容量和催化活性。

纳米碳与活性炭相比，其两者化学成分相似，结构有所不同。纳米碳材料具有良好的导电性和储存/释放电子的能力，有利于催化反应中的电子转移速率，提高了整体反应速率。比活性炭更具有优势的是，纳米碳材料具有更高的比表面积和中孔体积，并且比常规材料具有更多的表面活性中心，反应物分子在孔中的扩散速率更快，因此纳米碳材料通过反应物分子在中孔中更快地扩散来提高催化性能。其中，石墨烯是一种由单层碳原子以 sp^2 杂化方式形成的周期蜂窝状点阵结构的二维碳纳米材料，具有比表面积大、吸附性能好、电子迁移率高等特性[49]，它在环境领域的研究已取得了重要进展。石墨烯作为一种性能优异的碳材料，可以作为助催化剂和其他材料进行复合，可以提高材料的电子传递效率及催化活性。碳纳米管（CNTs）是一种新型的纳米级碳材料，由多个六边形碳原子组成的，具有特殊腔型结构，因此具有高比表面积、良好的导电性、稳定性等，在制备复合材料、储能材料、纳米电子器件、电化学催化剂及载体等被广泛应用[50]。根据碳纳米管层数的多少可以分为单壁碳纳米管（SWCNTs）和多壁碳纳米管（MWCNTs）。碳纳米管作为催化剂或催化剂载体在众多催化反应中均得到了研究与应用[51]。

本节对碳材料催化臭氧氧化进行了总结。首先对活性炭的氧化改性、还原改性进行了介绍，探究了不同改性方法对催化活性炭表面酸碱度、表面官能团、活性物种及降解路径的影响；其次介绍了以石墨烯为主体的纳米碳材料的催化活性、活性位、活性特种等，并讨论了非金属杂原子掺杂对活性及催化臭氧机制的影响；此外，本节同时介绍了 CNTs 和改性 CNTs 在催化臭氧氧化降解有机污染物的研究，并且讨论了碳纳米管的表面性质与催化活性之间的关系[52]。另外，其他纳米碳材料，如碳纳米球、石墨相氮化碳，氧原子掺杂氮化碳的催化活性、活性位、活性物种和反应机制也有涉及。

一、活性炭催化剂

（一）商业活性炭

非均相臭氧氧化过程中的常见催化剂有金属氧化物催化剂、碳基材料催化剂等。到目前为止，各种金属基催化剂（如 MnO_2、CuO、ZnO 等）在非均相催化臭氧氧化方面表现出良好的性能，但金属溶出限制了它们在水处理中的实际应用。碳基材料催化臭氧氧化作为一种高效的高级氧化水处理方法而备受关注。其中活性炭是一种黑色多孔材料，具有丰富的孔隙结构、较大的比表面积和良好的吸附性能，能有效促进臭氧和有机物吸附到催化剂表面，提高有机物的降解速率。活性炭具有价格低廉、催化活性高和稳定性较好等优点，并且其自身就具有催化臭氧分解生成羟基自由基的作用，常被用作臭氧催化氧化的催化剂，在废水处理领域具有良好的应用前景。

哈尔滨工业大学课题组[53]等对商业颗粒活性炭（GAC）进行研磨，筛选出 2 ~ 3 mm 的 GAC，然后洗涤、干燥，并探究了其在催化臭氧氧化降解对硝基苯酚（PNP）过程中的活性及反应机制。

由图 2 – 2 – 1a 可看出，在酸性条件下，单独臭氧氧化 PNP 的速率受到了限制，随着 pH 的升高，单独臭氧氧化 PNP 的速率加快。此种现象说明，在酸性条件下臭氧分子直接攻击 PNP 的氧化效率较低；在碱性条件下，OH^- 促进 O_3 分解产生·OH[54]，从而提高了降解速率。由图 2 – 2 – 1b 可以看出，GAC 吸附污染物的效率随着 pH 的升高而降低。在酸性条件下，GAC 吸附污染物起主导作用，而催化臭氧氧化过程（图 2 – 2 – 1c）主要在碱性条件下起作用。由于反应机制不同，碱性条件下溶液 COD 降解曲线的趋势与酸性条件的不同。在酸性条件下吸附起主导作用，GAC 快速吸附污染物导致 COD 的去除。因此在酸性条件下，反应的初始阶段去除有机物速率较快。而在碱性条件下，反应是基于·OH 氧化等一系列自由基反应过程进行的[55]，由于·OH的亲电攻击，PNP 迅速转化为中间体，因此，在碱性条件下刚开始阶段去除有机物的速率较慢，在反应后期逐渐变快。

该工作检测了液相臭氧浓度随反应的变化。在图 2 – 2 – 2a 中，溶解的臭氧浓度在前 10 ~ 15 min 迅速增加，然后逐渐趋于平稳。在溶液 pH 10.0 的平衡臭氧浓度远低于 pH 4.0，说明在碱性条件下 OH^- 浓度的增加促进了臭氧分解。在臭氧氧化过程中，过氧化氢（H_2O_2）通常是由臭氧分解或臭氧直接攻击芳香环的过程中产生的。如图 2 – 2 – 2a所示，H_2O_2浓度在开始的 10 min 内迅速增加，然后逐渐降低。在给定的时间内，pH≥10.0 时 H_2O_2的浓度低于 pH≥4.0 时，这表明在碱性条件下更有利于过氧化氢分解产生自由基，从而促进了 PNP 的氧化去除[56]。

更进一步，为了探究不同 pH 下·OH 对污染物降解的作用，该工作进行了以 t – BA为·OH 淬灭剂的自由基抑制实验。如图 2 – 2 – 2b 所示，在酸性条件下，t – BA 对反应过程几乎不产生影响，表明在酸性溶液中，·OH 氧化不起主导作用。在溶液 pH 为 10.0 的条件时，向体系中加入 t – BA 会显著降低反应速率，说明在碱性条件下主要是·OH。图 2 – 2 – 3 为不同 pH 条件下，GAC 表面主要反应的示意。在酸性条件

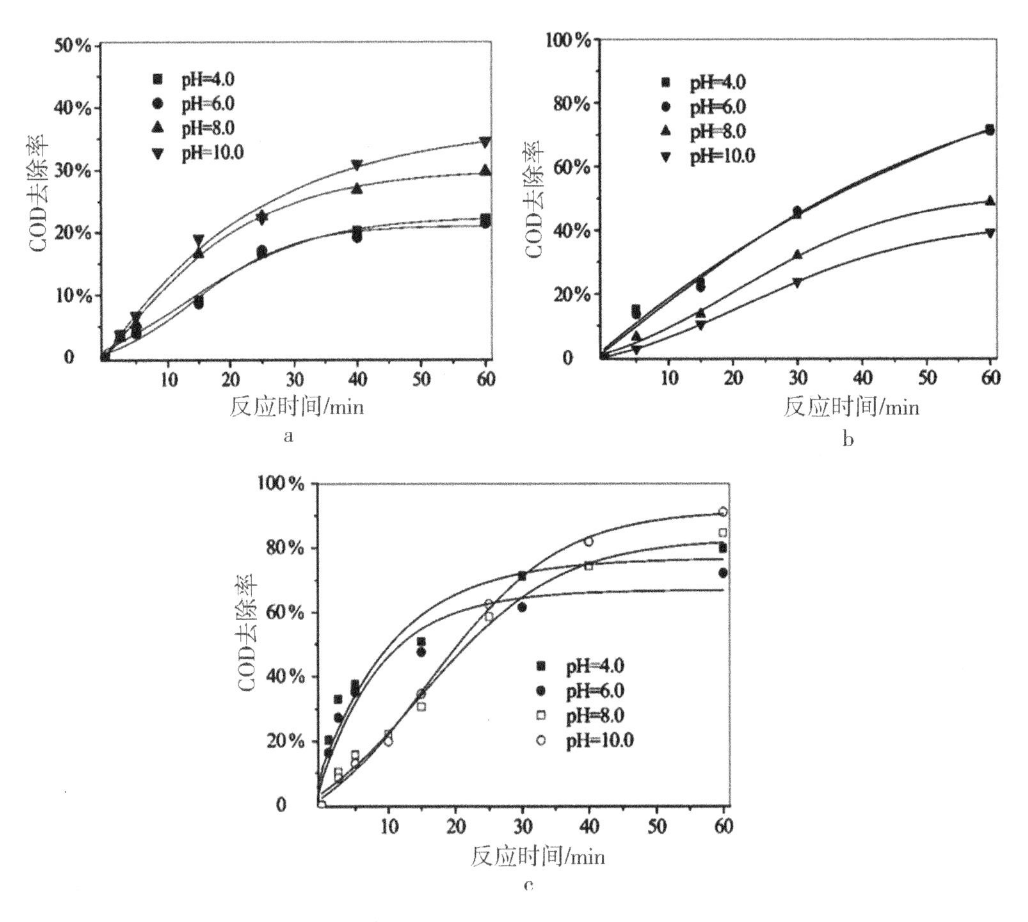

图2-2-1 pH对（a）单独臭氧氧化过程（b）GAC吸附污染物过程中去除COD和（c）活性炭臭氧氧化污染物过程中去除COD的影响

{臭氧剂量为2.53 g/h，GAC剂量为10 g/L；反应温度为25 ℃，[初始COD]=1560 mg/L}

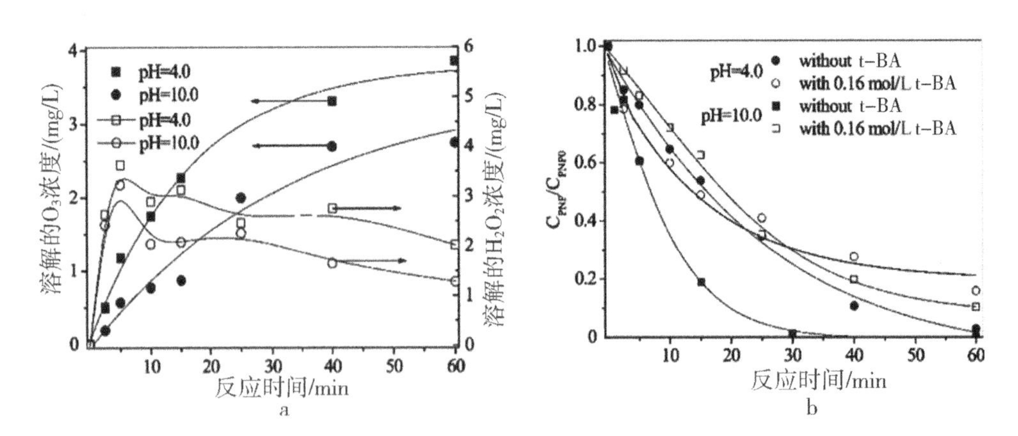

图2-2-2（a）溶解的O_3和H_2O_2浓度；（b）t-BA对GAC催化臭氧氧化PNP的影响

{臭氧剂量为2.53 g/h，GAC剂量为10 g/L，反应温度为25 ℃；[初始PNP]=1000 mg/L；[t-BA]=0.16 mol/L}

下，GAC 的吸附作用导致 COD 浓度迅速降低。在碱性条件下，活性炭与臭氧氧化过程显示出强大的协同作用，活性炭催化臭氧和过氧化氢催化分解产生 ·OH，从而提高了污染物去除率。主要反应过程如式（2-2-1）至式（2-2-8）所示[57-58]：

$$有机物 + O_3 \longrightarrow 中间产物 + H_2O_2 \quad (2-2-1)$$

$$H_2O_2 \longrightarrow HO_2^- + H^+ \quad (2-2-2)$$

$$HO_2^- + O_3 \longrightarrow HO_2\cdot + O_3^{\cdot -} \quad (2-2-3)$$

$$O_3 + H_2O + 2e^- \longrightarrow O_2 + 2OH^- \quad (2-2-4)$$

$$O_3 + OH^- \longrightarrow O_2^{\cdot -} + HO_2\cdot \quad (2-2-5)$$

$$O_3 + HO_2\cdot \longrightarrow 2O_2\cdot + HO\cdot \quad (2-2-6)$$

$$GAC + 2H_2O \longrightarrow GAC - H_3O^+ + OH^- \quad (2-2-7)$$

$$O_3 + GAC - H_3O \longrightarrow O_3 - GAC + HO\cdot \quad (2-2-8)$$

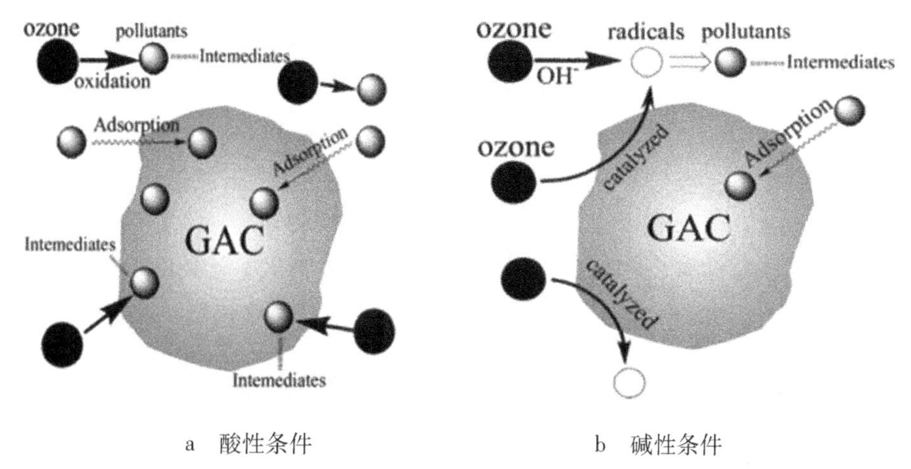

a 酸性条件　　　　b 碱性条件

图 2-2-3 GAC 表面主要反应的示意

浙江大学雷乐成课题组对高浓度化工废水进行综合处理，通过比较不同 pH 条件下单独臭氧氧化、商业颗粒活性炭（GAC）吸附及 GAC 催化臭氧氧化过程来阐明反应机制，并分析了不同 pH 条件下 GAC 样品的催化臭氧氧化效能。[59]

图 2-2-4a 探究了 pH 对 COD 去除率的影响，结果表明，当反应在碱性（pH > 7.0）条件下进行时，污水中的 COD 去除率可达 80%，显示出良好的有机污染物去除效果。但是在酸性条件下（pH < 7.0），COD 去除率远低于碱性条件。为了进一步探究活性炭催化臭氧氧化过程中 COD 的去除机制，该工作在 pH 4.0 ~ 12.0 对单独臭氧氧化、GAC 吸附及 GAC 催化臭氧氧化过程进行了分析。图 2-2-4b 表明，在单独臭氧氧化过程中，COD 的去除率随着溶液 pH 的增大而增加，这因为 OH^- 浓度的增加能够促进臭氧与水溶液中各种有机污染物反应的发生。随着 pH 的升高，GAC 吸附作用明显减弱，原因可能是溶液的 pH 会影响 GAC 的 pH_{pzc}[60-61]。在碱性条件下，GAC 催化臭氧分解的活性要比在酸性条件下更显著[16]。在碱性条件下 GAC 促进臭氧分解产生 ·OH，提高了氧化有机污染物的活性。另外，当反应在不同 pH 下进行时，出水的 pH 有所不同。当反应在 pH 4.0 进行时，出水的 pH 从 4.0 升至 5.0；当反应在pH 12.0

进行时，pH 从 12.0 迅速下降至 9.1，废水 pH 的迅速降低表明反应中产生了有机酸。

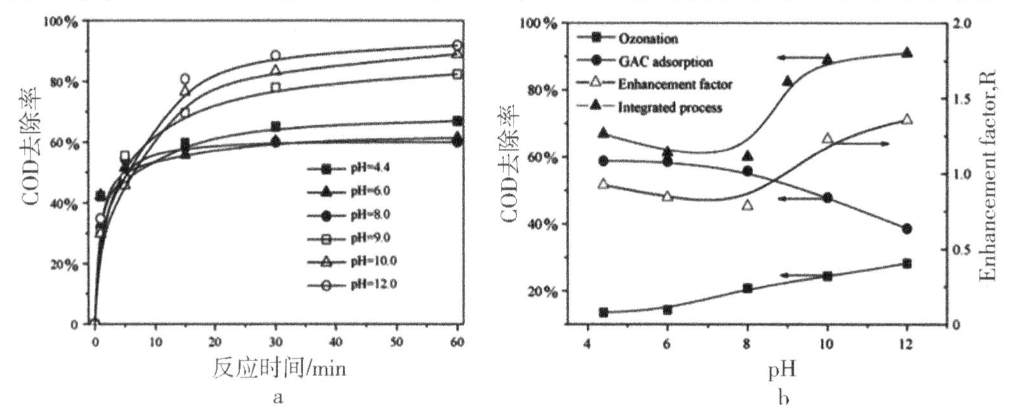

图 2-2-4　(a) pH 对 COD 去除率的影响（臭氧流速为 60 L/h，GAC 剂量为 30 g）；(b) 在不同 pH 下单独臭氧氧化，GAC 吸附及活性炭臭氧氧化的比较（臭氧流速为 60 L/h，GAC 剂量为 30 g）

GAC 样品的 FTIR 表征结果显示（图 2-2-5a），在 pH = 4.4 时，反应 5 min 后的 GAC 与原始 GAC FTIR 的光谱曲线有所不同，并且以 1820 cm^{-1}、2500 cm^{-1}、2912 cm^{-1} 和 2848 cm^{-1} 波长及 2000 ~ 2300 cm^{-1} 为中心的波段强度值显著增强，表明反应中 GAC 表面发生了一些变化。中心在 2912 cm^{-1} 和 2848 cm^{-1} 处的谱带是由于酮、醛或羧基的不对称和对称的 C—H 拉伸振动所致，而这些变化主要是由于 GAC 表面上的有机污染物引起的，也证实了在酸性条件下的吸附-氧化再生机制。

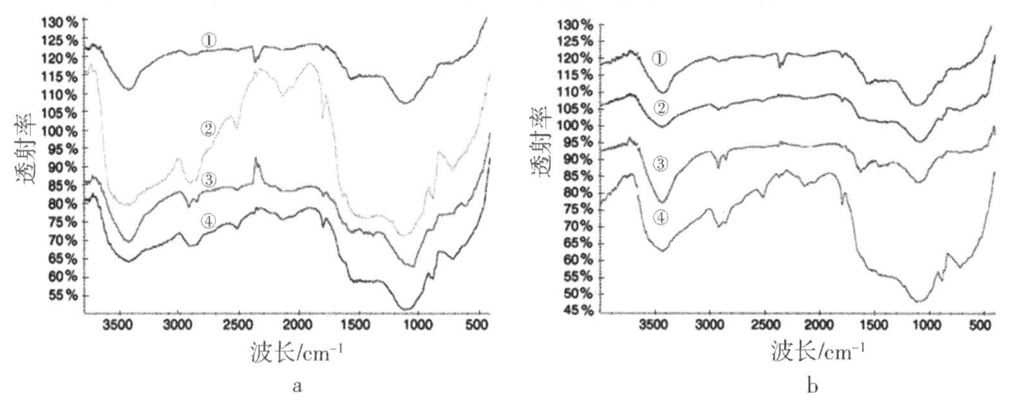

图 2-2-5　在 pH = 4.4 (a) 与 pH = 10.0 (b) 下不同 GAC 样品的 FTIR 光谱

（①原始 GAC，②反应 5 min 时的 GAC，③反应 15 min 时的 GAC，④反应 60 min 时的 GAC）

在 pH = 10.0 时，随着反应的进行，光谱中谱带的强度逐渐增强（图 2-2-5b），并且趋势与pH = 4.4 时相反，表明 GAC 表面上 C═O 和 C—H 基团增加。由于在碱性条件下吸附作用低，所以能带强度的提高归因于 · OH 对 GAC 表面的氧化。此外，在 2000 ~ 2300 cm^{-1} 区域中能带强度的增强表明在此过程中仍会发生吸附作用。在碱性条件下，GAC 将臭氧分解为非选择性 · OH。如先前的研究所示，碱性基团的离域 π 电子是反应的催化中心，反应过程如式（2-2-9）至式（2-2-12）所示[58,62]：

$$C_{\pi} + 2H_2O \longrightarrow C_{\pi} - H_3O^{+} + OH^{-} \quad (2-2-9)$$

$$O_3 + H_2O + 2e^- \longrightarrow O_2 + 2OH^- \tag{2-2-10}$$

$$O_3 + OH^- \longrightarrow O_2^{\cdot -} + HO_2 \cdot \tag{2-2-11}$$

$$O_3 + HO_2 \cdot \longrightarrow 2O_2 + HO \cdot \tag{2-2-12}$$

GAC 表面也被生成的·OH 氧化，从而引起表面形态和结构的变化，这些变化导致了 GAC 在碱性 pH 条件下吸附能力的丧失。

图 2-2-6 显示了原始 GAC 样品及在 pH 4.4 和 pH 10.0 下反应后 GAC 样品的 SEM 图像。原始 GAC 的 SEM 图像呈腔隙形态，而在 pH 4.4 时反应60 min 后 GAC 样品使用的 SEM 图像显示，GAC 的腔隙形态消失，出现海绵状形貌，但表面的孔结构仍然存在，说明氧化发生在表面。相反，在 pH 10.0 条件下使用60 min 后，GAC 的表面变得光滑。这些差异证实了在不同 pH 条件下臭氧催化氧化具有不同的反应机制。

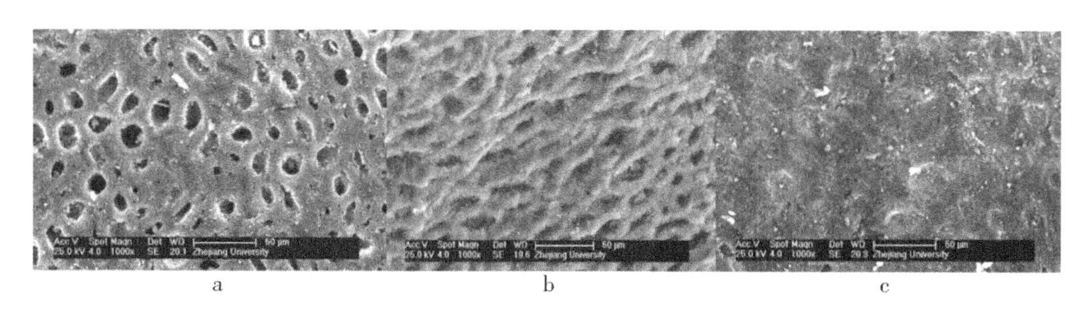

图 2-2-6　不同 GAC 样品的 SEM 图像

（a　纯 GAC，b　GAC 在 pH 4.4 下使用60 min，c　GAC 在 pH 10.0 下使用60 min）

Fernando J. Beltran 等对商业活性炭催化臭氧氧化草酸进行了动力学研究[57]。为了排除其他因素对臭氧分子分解产生的·OH 与草酸反应之间的影响，研究中将草酸溶液的 pH 调整为2.5，因为高分子化合物，如芳香烃或酚类催化臭氧氧化的最终主要产物为羧酸类，会使水溶液呈酸性[63-64]（图 2-2-7）。

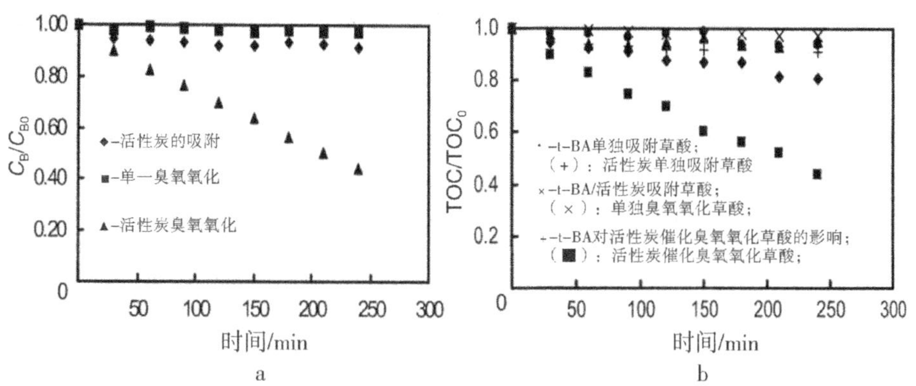

图 2-2-7　(a)残留草酸浓度随时间的变化{[草酸]=8×10⁻³ mol/L；[臭氧]=30 mg/L，15 L/h；[活性炭]=1.25 g/L，1.0～1.6 mm；搅拌速度为 200 r/min；温度为 20 ℃；pH=2.5}；(b)草酸的 TOC 的变化趋势{C_{B0}=720 mg/L；[臭氧]=30 mg/L；pH=2.5，[C_{cat}]=1250 mg/L，[t-BA]=10^{-3}mol/L}

该工作同时探究了活性炭吸附、单独臭氧氧化及催化臭氧氧化草酸的情况。如图2－2－7a所示，单独臭氧氧化和活性炭吸附过程基本上不能去除草酸，而活性炭催化臭氧氧化过程可以去除大约55%的草酸。由图2－2－7b的结果来看，单独臭氧氧化、吸附及活性炭催化臭氧氧化对草酸TOC的去除率分别为5%、6%和50%。活性炭和臭氧的联合使用可以显著提高草酸的去除率和矿化效率。在活性物种的鉴别方面，t－BA的存在会显著抑制草酸的降解过程，说明在活性炭催化臭氧氧化过程中产生了·OH。然而这种抑制也可能是由于t－BA吸附在活性炭表面，减少可用于吸附臭氧或草酸的活性中心的数量，从而降低草酸的氧化速率。该工作还在含有和不含有草酸的情况下对t－BA进行了吸附实验，以确定t－BA是否与草酸发生竞争吸附。实验结果表明t－BA不会吸附在活性炭表面。

（二）改性活性炭

普通活性炭由于孔容相对较小、微孔分布过宽、表面官能团种类不受调控，因此，其吸附性能和催化性能相对有限，而对活性炭进行改性可以弥补上述缺点。活性炭表面官能团是影响活性炭催化臭氧氧化性能的重要因素，由于臭氧分子属于亲电型攻击，在活性炭表面引入电子密度较大的官能团可以促进其与臭氧分子的接触，从而提高活性炭的催化活性，并且不同类型的官能团决定了它对不同物质的吸附能力，包括表面氧化改性、表面还原改性和负载金属改性等。活性炭的表面氧化改性，可在活性炭表面引入氧原子，氧含量增加易产生更多的表面含氧官能团，提高活性炭的酸性强度。常用于氧化改性的氧化剂包括HNO_3、O_3、H_2O_2、$HClO_3$和H_2SO_4等。活性炭的表面还原改性，可在活性炭表面增加表面含氧碱性基团和羟基官能团，提高活性炭的表面非极性，常用的还原剂包括H_2、N_2、NaOH、KOH和氨水等[65－67]。

P. C. C. Faria探究了在不同pH条件下，活性炭及改性活性炭催化臭氧氧化降解草酸和草氨酸的情况[68]。该工作用6 mol/L的HNO_3在沸腾条件下对商业活性炭（AC_0）进行氧化处理，得到样品（$ACHNO_3$），并对样品AC_0和$ACHNO_3$的物理和表面化学性质进行分析。根据程序升温脱附（TPD）结果（表2－2－1），$ACHNO_3$释放出的CO和CO_2含量远远高于AC_0，这表明$ACHNO_3$表面的含氧官能团含量高于样品AC_0。

表2－2－1　活性炭样品表征

样品	BET比表面积/(m^2/g)	介孔面积/(m^2/g)	微孔体积/(cm^3/g)	酸性/(μmol/g)	碱性/(μmol/g)	pH_{pzc}	TPD中CO释放量/(μmol/g)	TPD中CO_2释放量/(μmol/g)
AC_0	909	100	0.332	211	352	8.5	579	63
$ACHNO_3$	827	88	0.304	1003	77	3.0	2122	559

由图2－2－8a可观察到，在AC_0/O_3体系中加入t－BA对催化活性基本无影响，并且单独臭氧也无法氧化草氨酸，这种现象说明催化臭氧氧化反应可能发生在活性炭表面，而不是由羟基自由基主导。由图2－2－8b可以看出，加入磷酸盐对单独臭氧氧化与催化臭氧氧化降解草氨酸过程产生了抑制作用，这可能是由于磷酸盐与臭氧、草氨酸产生了竞争吸附，导致AC_0催化活性降低。

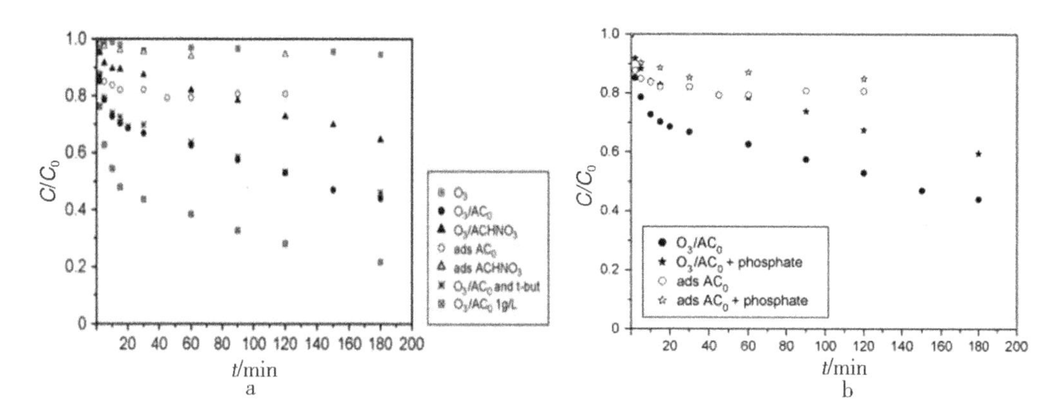

图 2-2-8　(a) 在 pH=3 时，单独臭氧氧化与催化臭氧氧化草氨酸情况 {[C_0] =1 mmol/L，[AC] =0.5 g/L 或 1 g/L，[C_{t-BA}] =10 mmol/L}；(b) 在 pH=3 时，磷酸盐对 AC_0 催化氧化草氨酸的影响 {[C_0] =1 mmol/L，[AC] =0.5 g/L}

如图 2-2-9a 所示，在 pH=3 时，AC_0 催化臭氧氧化反应不受 t-BA 的影响，这说明催化臭氧氧化反应主要在活性炭表面进行，而不是由产生的活性物种起作用。在 pH=7 时，加入 t-BA 明显抑制了 AC、$ACHNO_3$ 的催化活性，这说明 · OH 参与了反应过程，利用 t-BA 淬灭 · OH 后较大程度上降低了草酸的去除率（图 2-2-9b）。实验结果表明，催化臭氧氧化草酸存在两种反应路径：一种是发生在活性炭表面，涉及吸附、表面反应、解吸等；另一种是活性炭促进臭氧在溶液中分解生成活性物种（如 · OH），从而氧化降解污染物。pH 不仅会影响水溶液中的臭氧分解反应，还会影响活性炭的表面性质和有机分子在水中的解离状态。较高的 pH 能加速臭氧分解生成更多的活性物种，这些活性物种可能参与草酸的氧化机制。然而，在酸性条件下草酸对活性炭的亲和力要高于在中性条件下。因此，吸附也是活性炭催化臭氧氧化羧酸的重要途径。

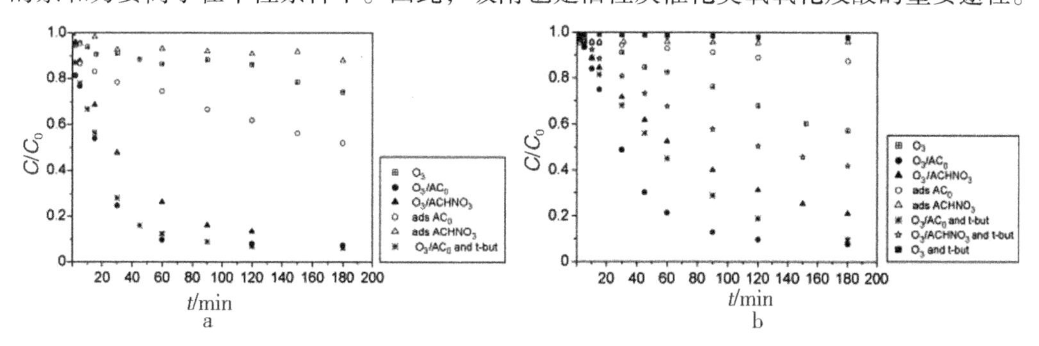

图 2-2-9　在 pH=3 (a) 和 pH=7 (b) 时，草酸浓度的变化情况

{[C_0] = 1 mmol/L，[AC] = 0.5 g/L，[C_{t-BA}] = 10 mmol/L}

草氨酸和草酸的臭氧氧化涉及活性炭表面反应和溶液中的反应，催化臭氧氧化过程的反应机制如下：

HO^- 的存在会引发 O_3 分解生成 · OH：

$$O_3 \xrightarrow{HO^-} \cdot OH \tag{2-2-13}$$

活性炭作为臭氧分解的引发剂，产生 · OH：

$$O_3 \xrightarrow{AC} \cdot OH \quad (2-2-14)$$

臭氧吸附在活性炭表面产生表面自由基：

$$O_3 + AC \longrightarrow AC—O \quad (2-2-15)$$

其中，AC—O 代表表面含氧活性物种。

活性炭表面的吸附物与表面含氧活性物种之间发生反应：

$$R + AC \longrightarrow AC—R \quad (2-2-16)$$

$$AC—R + AC—O \longrightarrow P \quad (2-2-17)$$

活性炭表面吸附物种有可能与溶解的 O_3 或溶液中的 · OH 发生反应：

$$AC—R + O_3 \longrightarrow P \quad (2-2-18)$$

$$AC—R + \cdot OH \longrightarrow P \quad (2-2-19)$$

$$R + \cdot OH \longrightarrow P \quad (2-2-20)$$

中科院过程所曹宏斌课题组采用氨基化还原法向活性炭表面引入碱性官能团，制得表面氨基化改性活性炭[69]。该课题组考察改性活性炭的物理化学性质对催化臭氧氧化草酸的影响，并以硝基化活性炭和酸预处理活性炭作对照，通过向反应体系中添加 t-BA，间接分析改性活性炭催化臭氧氧化草酸的机制。

该研究用 15% HCl 和 5% HF 溶液对商业活性炭（AC）进行预处理，然后将悬浮液搅拌 24 h，以去除灰分并消除其对催化臭氧氧化过程的影响，得到的样品命名为 AC—A。经过酸处理后，商业活性炭（AC）上的微量 Mg、Fe、Al、Co、Mn、Mo 和 Ti 被洗掉，总失重率≤1.2%，AC—A 的表面积从 1061 m^2/g 略增加到 1128 m^2/g。然后根据先前报道的方法[64]对 AC—A 样品进行了硝化改性，得到的样品标记为 AC—NO_2。对 AC—NO_2 样品进行了如下处理：将 AC—NO_2 样品与浓氨水混合再加入适量硼氢化钠后，搅拌 24 h。将固体过滤、洗涤、干燥，得到的样品标记为 AC—NH_2。

测试结果显示，AC—A、AC—NO_2 和 AC—NH_2 的 BET 比表面积分别为 1128 m^2/g、232 m^2/g 和 1023 m^2/g。这表明硝化后活性炭的表面积显著减小，然而经过胺化处理后活性炭的比表面积可以得到恢复，此发现与 Rivera-Utrilla 等[70]的报道一致。研究发现活性炭在 HNO_3 的沸腾溶液中或在强酸性条件下长期处理后，样品的比表面积（BET）明显降低，推测在处理 AC 的过程中，AC 孔隙壁被破坏及内表面积减少[71]。在目前的研究中，表面积是在胺化后得以恢复的。因此，可以合理地假设 AC—NO_2 表面积的减小是由于官能团占据了 AC 样品微孔入口处的位置，一些较大的孔隙被部分填充，而不是由微孔塌陷引起的。这些基团随后在胺化步骤中被移除或改性，从而使活性炭恢复了表面积。

表面官能团一般被认为是催化臭氧氧化的活性中心。在该研究中，用 HCl 溶液滴定法测试 AC 样品上基团的含量。经过硝化和胺化处理后，基团含量分别从 234.8 mmol/g 变为 186.2 mmol/g 和 764.5 mmol/g。用 Boehm 滴定法得到的相应的 pH_{pzc} 也证实了这一点。较高数量的表面官能团增加了 pH_{pzc}，反之亦然。AC—NO_2 的 pH_{pzc} 从 2.6 下降到 1.8，而 AC—NH_2 的 pH_{pzc} 则升至 7.0。这些变化趋势与文献[72-73]中报道的是一致的。

在升温过程中，不同 AC 样品的 CO 和 CO_2的解吸信号如图 2－2－10 所示。CO 主要来源于弱酸基团的分解。AC—NO_2在 723～973 K 表现出很强的 CO 峰，表明表面存在内酯、苯酚和酸酐基团[74]。在相同的温度范围内，这些基团在 AC—NH_2上的峰值强度更低。在 1223 K 处，AC—NH_2表现出较强的 CO 峰，这可能是由于存在吡喃酮基团[75]。在 AC—NO_2上 500 K 左右的 CO 峰可能是由于两个辅助羧基的缩合[76-77]。据报道，氢化物和内酯形成了 CO 和 CO_2的混合物[77]，如图 2－2－10a 和图 2－2－10b 所示，在 573 K、823 K 和 1233 K 左右，AC—NO_2有 3 个明显的峰，分别为羧基、内酯、酸酐和吡喃酮。在 AC—NH_2上 573 K 左右的峰几乎完全消失，表明经过硝化处理后样品表面产生了大量的羧酸，随后它们在胺化处理后消除。这些酸性基团，特别是羧酸，降低了 AC—NO_2的 pH_{pzc}。此 TPD 结果与先前报道的一致，在 AC—NO_2表面形成了大量的含氧基团，在 AC—NH_2表面形成了吡喃酮基团[72]。

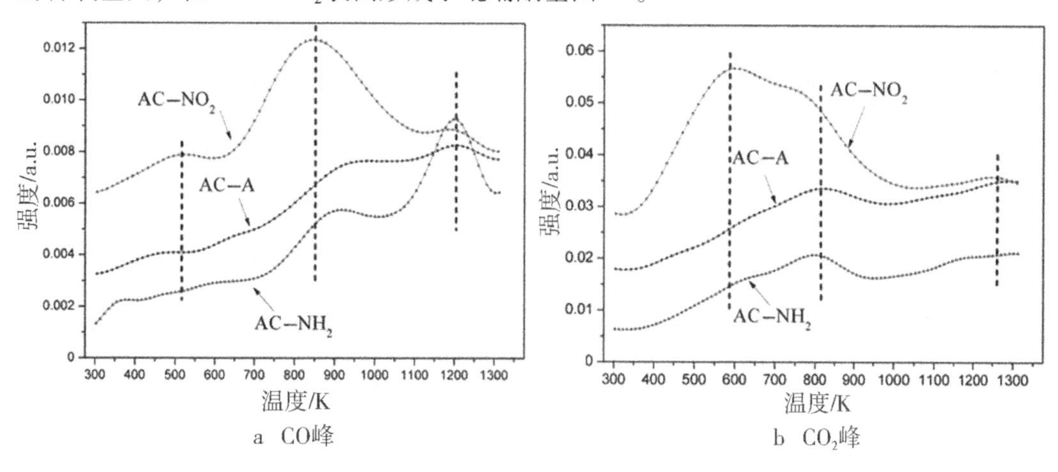

图 2－2－10　酸处理和表面改性后 AC 样品的 TPD

经过改性后 AC 表面的氮、氧含量均有所增加。根据 XPS N 1s 结合能可以确定出氮的存在形态如图 2－2－11 所示，AC—NO_2在 405.8 eV 处表现出较强的峰，表明存在高氧化状态的氮。结合能为 399.6 eV 的峰对应于 C—N—H 键[78-79]。胺化后 N—O 峰完全消失，表明样品的—NO_2被完全还原。

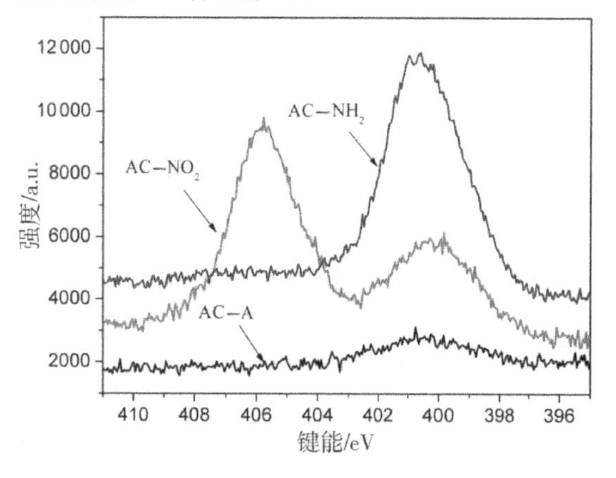

图 2－2－11　不同活性炭的 XPS 的 N 1s 峰

综上所述，在酸性预处理过程中 AC—A 的孔结构没有被破坏。经过硝化处理后，酸性含氧基团，如羧基和—NO_2连接到 AC—A 表面。这种连接增加了样品的酸度。在胺化步骤中，$NaBH_4$部分还原了 AC—NO_2上的含氧基团，而—NO_2完全还原为—NH_2，吡喃酮和—NH_2有利于提高样品的碱度。

如图 2-2-12 所示，该工作研究了在不同 pH 下 AC 样品对草酸的催化臭氧氧化情况。在 pH=3 条件下的单独臭氧氧化过程中，45 min 内仅 4% 的草酸被降解，而在中性溶液中，草酸的降解率增加至 25.4%。出现这一现象的原因是：在 pH=3 的条件下，臭氧很难直接攻击草酸 [$k_{O_3} \leq 0.04$ mol/（L·s）][79]，而当 pH>5 时，溶液中存在较多的 OH^-，从而促使臭氧分解产生·OH[80]。·OH [$k \cdot OH = 7.7 \times 10^6$ mol/（L·s）] 可以高效降解草酸，从而提高了草酸的去除率。在 pH=3 的条件下 AC 样品催化臭氧氧化草酸的效果要明显高于在中性条件下，并且 AC—NO_2 和 AC—NH_2 均比 AC—A 的活性要高。研究发现，在活性炭催化臭氧氧化过程中会同时发生表面催化反应和·OH 氧化情况，这些反应对有机物降解的程度取决于溶液 pH 和催化剂表面性质[81]。在 pH=3 时，AC 材料对 OA 的吸附量有所增加，从而通过表面催化反应提高对草酸的去除率；在 pH=7 时，臭氧分解产生·OH 速率减慢，并且在该条件下草酸与·OH 的反应速率较低，从而降低了对草酸的去除率。

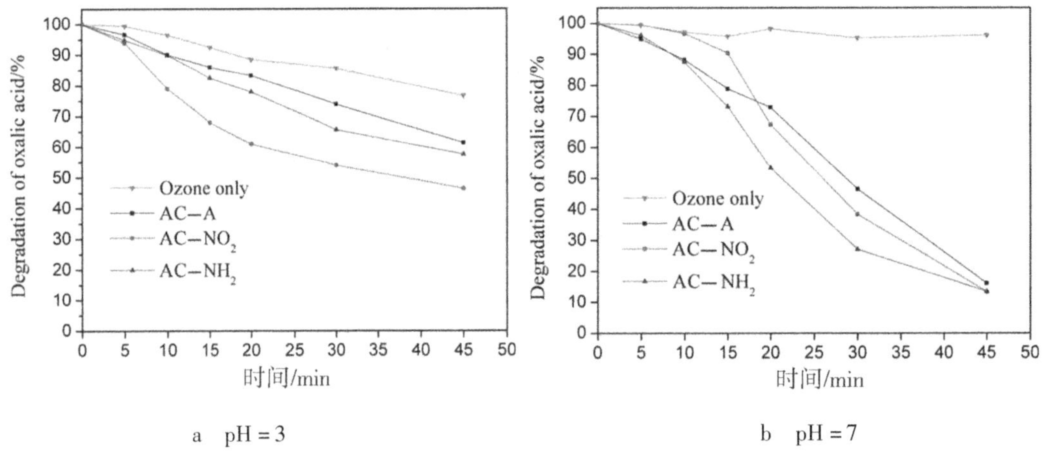

图 2-2-12 AC 样品{a:pH=7,b:pH=3,[C_0]=50 mg/L,[AC]=0.2 g/L,[C_{O_3}]=50 mg/L}对 OA 的臭氧氧化

当不投加催化剂时，由于臭氧与草酸的反应速率很低，系统中只消耗了微量的臭氧。当加入 AC 作为非均相催化剂时，会发现在溶液和尾气中的臭氧浓度都有所减少。图 2-2-13 为在 pH=3 时催化臭氧氧化过程中的臭氧尾气浓度和溶液中的臭氧浓度变化。经过 10 min 后，经过表面改性后的 AC 消耗臭氧速率加快，主要原因是 AC 经过改性后其分解臭氧的能力增强。

该工作在 AC/臭氧反应体系中研究了·OH 反应和表面反应的机制。图 2-2-14 结果表明，在 pH=3 和 pH=7 的草酸溶液中加入 t-BA 抑制了草酸的降解，说明·OH 在氧化草酸的过程中起着重要的作用。同时，在反应过程中发现草酸的浓度在增加，但是氧化 t-BA 并不会产生草酸，所以 AC 是唯一产生短链羧酸的碳源。这些短链羧酸可能来源于 AC 表面官能团的部分氧化。根据之前研究报道[82]发现，臭氧及·OH 会攻击 AC，造成其结构的破坏，从而提升了溶液中的 TOC。

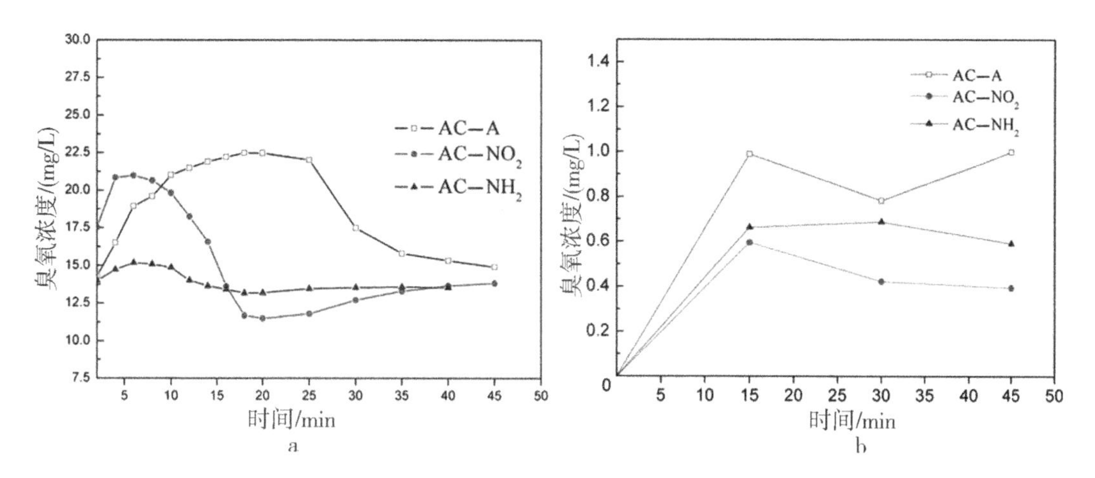

图 2-2-13　臭氧在尾气（a）和溶液（b）中的反应条件

{pH = 3, [C_0] = 50 mg/L, [AC] = 0.2 g/L}

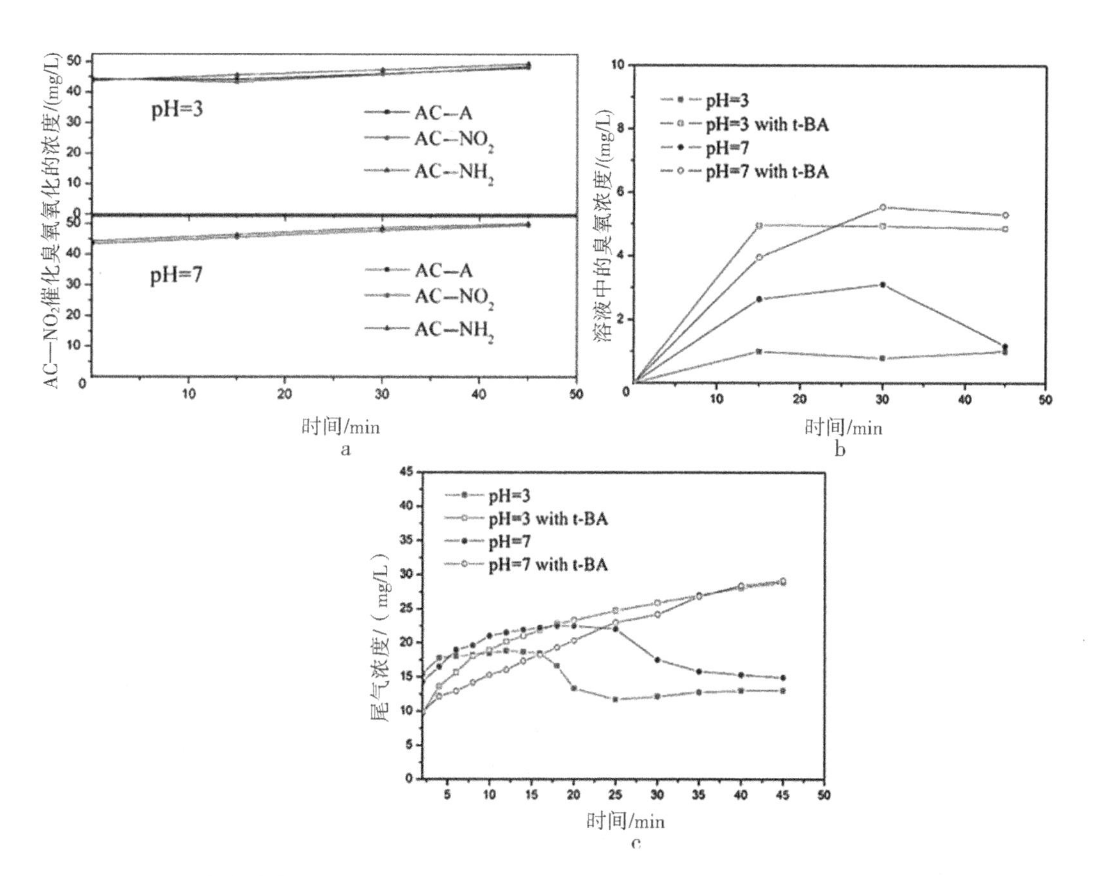

图 2-2-14　在溶液中加入 t-BA 后，AC-NO_2催化臭氧氧化草酸（a）、溶液中臭氧浓度（b）和尾气浓度（c）

{［C_0］ = 50 mg/L，［AC］ = 0.2 g/L，［C_{t-BA}］ = 2 mmol/L}

在另一篇文献中，曹宏斌课题组对活性炭进行还原改性，用 N_2、H_2和 NH_3在不同温度下对商业 AC 进行热处理，得到含有不同类型官能团的 AC[83]。这些样品被标记为 AC－X－Y，其中 X 和 Y 分别代表处理气氛和温度。该工作研究了草酸盐臭氧氧化反应的表面性质和结构，以及原始和改性后 ACs 的性能，并定量评价了 ACs 官能团类型和数量对催化臭氧氧化降解草酸的影响。

图 2－2－15 表明在 N_2、H_2和 NH_3气氛下，AC 经过热处理后表面碱度得到了提升。当处理温度从 500 ℃增加到 700 ℃时，N_2、H_2和 NH_3气氛下处理的 ACs 的pH_{pzc}显著增加，随着处理温度的进一步升高 AC－N_2－900 和 AC－H_2－900 的 pH_{pzc}只是略微增加，而 AC－NH_3－900 则有所下降。用 Boehm 滴定法测量 ACs 官能团数量，结果显示随着处理温度的升高，AC－NH_3－900 的官能团数急剧增加。另外，处理气氛也会影响 AC_S官能团的数量，经过 NH_3处理的 ACs 的官能团数最高，而 N_2处理的 ACs 在每个处理温度下最低。AC 的酸度是由于表面含氧基团的存在，如羧基、酸酐、羟基（酚）、羰基、内酯和邻位羟基内醚[84]。由于在较高温度下处理 AC 时，AC 上的酸性位点太少，无法用滴定法准确测量，可以通过 TG－MS 分析这些基团数。

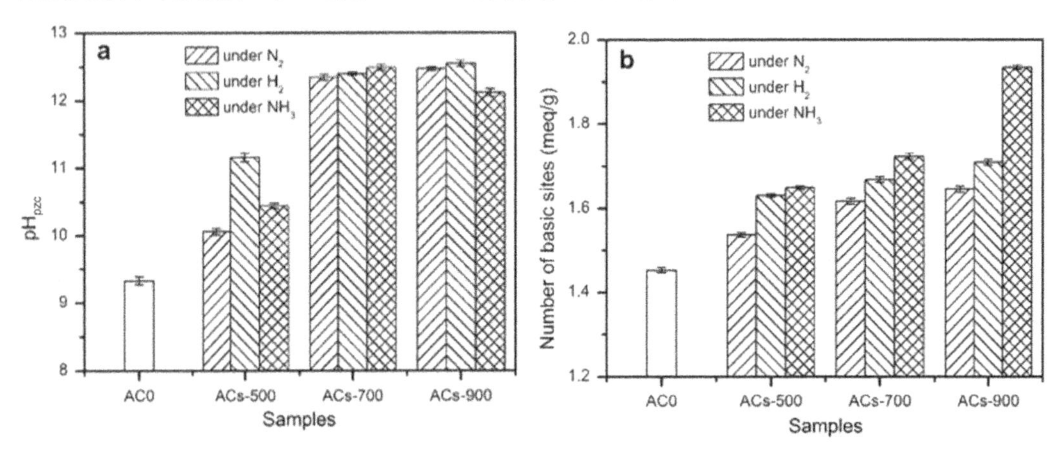

图 2－2－15　pH_{pzc}（a）和 ACs（b）活性位点数目

所有 ACs 的 TG－MS 分析结果如图 2－2－16 所示，对于改性后的 ACs，在 600 ℃以下 CO 和 CO_2峰几乎消失。这一结果表明，当 AC 在 500 ℃或 500 ℃以上的条件下被改性时，大多数羧酸、苯酚和酸酐基团会被分解。在约 782 ℃时，AC－N_2－500 的 CO 峰和 CO_2峰的强度、AC－H_2－500 的 CO 峰和 AC－NH_3－500 的 CO_2峰强度没有降低。这种例外情况可能是由于两个相邻羧酸脱水形成酸酐，或者由于羧酸和苯酚基团的脱水而形成内酯[77]。图 2－2－16g 至 2－2－16i 为经过 700 ℃和 900 ℃处理的 ACs 样品，大约在 400 ℃时出现脱 H_2O 峰，这些峰可能是由于 AC 上邻近羟基或酚类基因脱水产生的。Boehm 认为，当 AC 在 950 ℃或更高的温度下的真空或惰性气体下处理，然后冷却到室温暴露在空气中时，即使 AC 表面存在化学吸附氧和酸，也会表现出碱性表面特性[85]。在 AC－NH_3－900 样品中没有观察到脱 H_2O 峰，这是因为 AC 经过 NH_3处理后其表面活性位点被氮原子或氢原子占据，并且产生了较少数量的含氧基团。此结果与

AC－NH_3－900 的 CO_2和 CO 排放量较低是一致的。由图 2－2－16 a 至图 2－2－16f 看出，经过 H_2和 NH_3处理后的 ACs 的 CO 和 CO_2释放量均低于在 N_2气氛下处理的 ACs。出现此种现象的原因是含氧基团分解后形成的游离活性中心被氢原子、氮原子或含氮基团占据。这两种处理方法均有效地去除了 AC 的含氧基团，从而提高了其碱度。

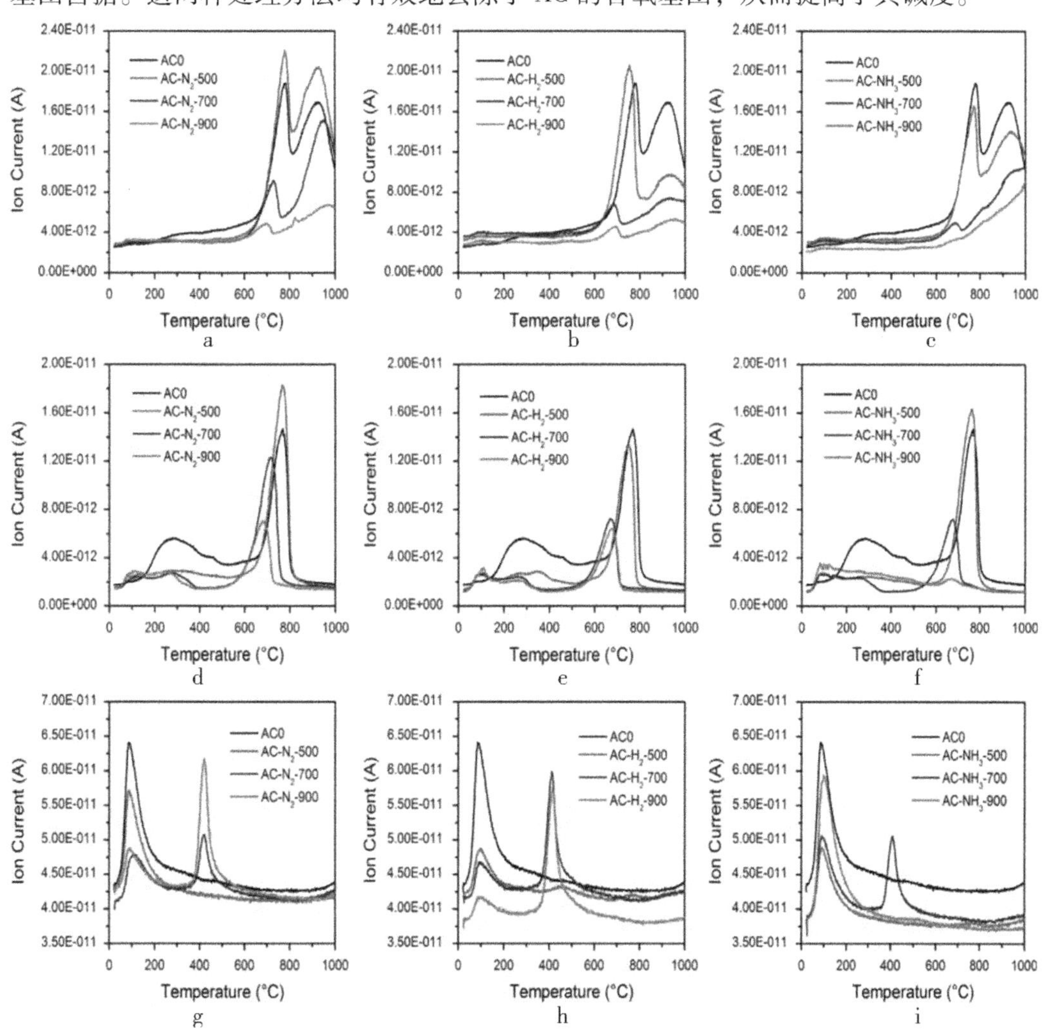

图 2－2－16　ACs 气体排放的 TG－MS 分析

（a～c CO，d～f CO_2，g～i H_2O）

该研究用 XPS 分析了经 NH_3处理后 AC 表面形成的含氮基团的情况。XPS 结果表明，在 3 种不同气氛下，随着处理温度的升高，ACs 表面的碳含量增加，而氧含量下降，表明改性后 ACs 的氧化程度降低[86]。表 2－2－2 所列 N 1s 峰的结果表明，随着处理温度从 500 ℃升至 900 ℃，AC 表面的氮含量增加[87]。含氮芳香环，如吡咯和吡啶类基团，在较高温度（＞600 ℃）下，在碳材料表面占主导地位[88]。因此，在 400.5 eV 处的峰代表了 AC－NH_3－500 的吡咯和吡啶基团的混合物，而对于 AC－NH_3－700 和 AC－NH_3－900 则对应于吡咯基团。在 NH_3中处理的 ACs 的碱度归因于含氮基团（如吡啶和吡咯）及表面碱性含氧基团。由于含氮基团的出现，在 AC－NH_3－900 表面形成较低数量的碱性含氧基团。这一结果表明，$AC-NH_3-900$ 的碱度更多依赖于含氮基团，而不是碱性含氧基团。

表 2-2-2　N 1s 区域的 XPS 结果

样品种类	键能/eV			活性炭中总氮含量
	398.5 ±0.2	399.5 ±0.2	400.5 ±0.2	
$AC-NH_3-500$	0.27	0.46	0.57	1.39%
$AC-NH_3-700$	0.97	n.d.	1.04	2.00%
$AC-NH_3-900$	1.21	n.d.	1.12	2.66%

如表 2-2-3 所示，当处理温度从 500 ℃提高到 900 ℃时，经过 H_2处理的 ACs 的比表面积和总孔容均有所增加，微孔体积及微孔面积也呈相同的增长趋势。这些结果表明活性炭经过 H_2处理后主要产生微孔结构。当处理温度从 500 ℃提高到 700 ℃时，经过 NH_3处理后 ACs 的微孔体积和微孔面积并没有显著的增加，但当温度达到 900 ℃时，微孔体积和微孔面积得以显著提升。这些现象说明，虽然活性炭在 NH_3气氛下的处理时间（1 h）比在 N_2或 H_2下的处理时间（3 h）更短，但其表面上发生的反应比在 N_2或 H_2下更强烈。原因可能是经过 NH_3处理的 ACs 上的碱基官能团数量高于其他气氛下处理的活性炭。

表 2-2-3　ACs 的结构特性

样品	比表面积/(m^2/g)	总孔体积/(cm^3/g)	微孔体积/(cm^3/g)	微孔面积/(m^2/g)
AC0	896.4	0.58	0.27	641.1
$AC-N_2-500$	950.7	0.61	0.28	661.2
$AC-N_2-700$	973.7	0.62	0.29	700.2
$002AC-N_2-900$	960.3	0.65	0.27	
$AC-H_2-500$	909.1	0.58	0.27	
$AC-H_2-700$	966.2	0.61	0.30	709.0
$002AC-H_2-900$	997.5	0.64	0.31	741.3
$AC-NH_3-500$	930.0	0.59	0.28	667.3
$AC-NH_3-700$	967.4	0.65	0.27	646.8
$AC-NH_3-900$	1155.6	0.75	0.34	789.6

由于草酸在 ACs 上的吸附量相对较小，因此，该研究采用较高浓度的 AC（2 g/L）和较长的吸附时间（5 h）来研究草酸吸附与 AC 性质的关系。当处理温度从 500 ℃提高到 700 ℃时，所有改性 ACs 对草酸的吸附量增加。当改性温度为 900 ℃时，在 N_2和 H_2处理的 ACs 上吸附的草酸盐的量几乎相同。草酸盐吸附的变化趋势与 pH_{pzc}的变化趋势相关。除了样品 $AC-NH_3-900$ 之外，草酸盐在 ACs 上的吸附与表面积成正相关。

虽然 AC - NH_3 - 900 的比表面积约比 AC - NH_3 - 700 大 20%，但 AC - NH_3 - 900 吸附草酸的能力仍然较低。这一结果表明，在草酸吸附中，AC 表面积的大小与静电力相比其影响力更小。

如图 2 - 2 - 17 所示，与 AC_0相比，所有经过改性处理的 ACs 都提高了对草酸的降解效率。对于经过 N_2和 H_2处理的 ACs，草酸降解率一般随着 AC 改性温度的升高而增加。图 2 - 2 - 17 分析了 t - BA 对催化臭氧氧化草酸的影响，并确定了 · OH 在氧化草酸中的重要性。在所有含有 AC 的臭氧氧化体系中，t - BA 都抑制了草酸的去除，这说明所有的体系中都涉及 · OH 在溶液中的氧化。AC 表面的吡咯基团可以被臭氧攻击，产生过氧化氢自由基。过氧化氢自由基可扩散到溶液中与臭氧进一步反应，加速其分解为 · OH[89-90]。值得说明的是，溶液中 · OH 对草酸的降解率在所有体系中均小于 26%，表明表面氧化是去除草酸的主要因素。对此研究人员推测草酸的表面发生氧化反应通过两种途径：草酸盐被表面自由基氧化或通过表面催化臭氧氧化。对于第一种途径，AC 的表面官能团和 π 电子可能通过自由基链式反应直接或间接引发臭氧分解，并在 AC 表面或附近产生 · OH。在这种情况下，AC 吸附容量的增加会提高其表面草酸的浓度，从而提高草酸盐氧化速率。对于第二种途径，AC 可以通过形成表面草酸盐配合物来催化臭氧氧化草酸盐。在这种情况下，吸附容量的增加意味着表面配合物形成的可能性更高，这将有助于通过表面催化臭氧氧化去除草酸盐。在 900 ℃下处理的 ACs 对草酸盐的去除率较高，但草酸盐的吸附量与 700 ℃下处理的 ACs 相似，甚至低于前者[91]。这一结果表明，除草酸盐吸附外，还涉及其他因素。在 900 ℃下处理的 ACs 具

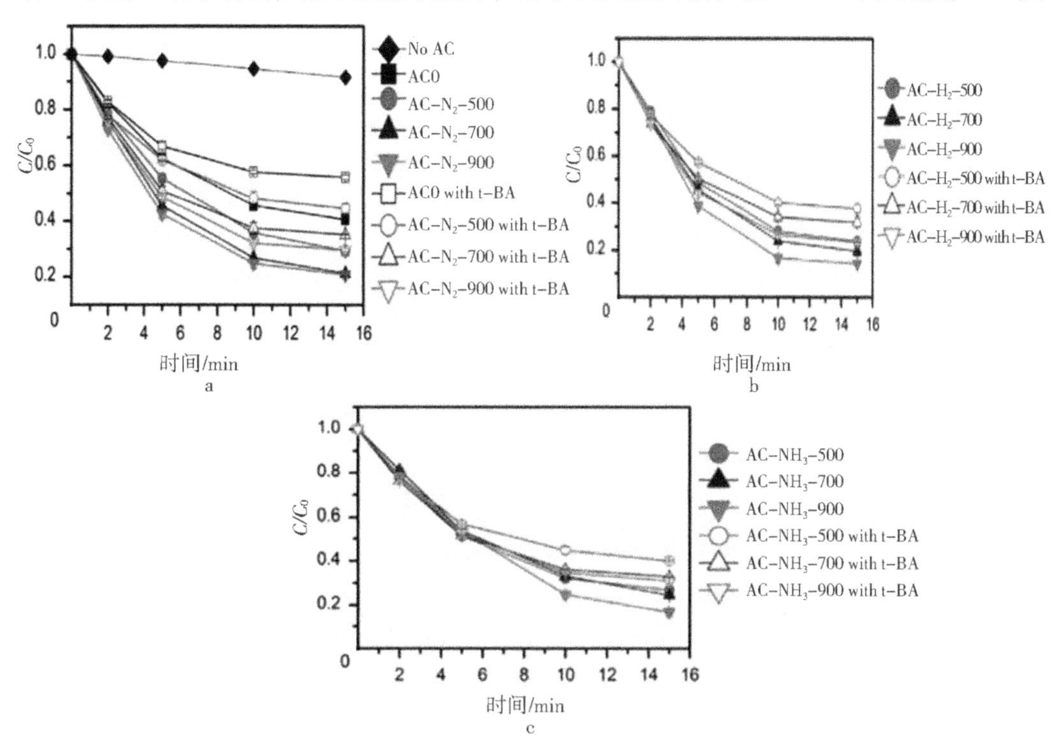

图 2 - 2 - 17 在 N_2（a）、H_2（b）和 NH_3（c）下热处理 ACs 和 AC_0臭氧氧化 OA

有较大的总孔隙体积，特别是中孔体积。大孔体积可以促进草酸和臭氧的扩散，从而促进草酸的去除。

该工作还探究了 AC 表面活性位点与表面氧化或溶液中·OH 氧化草酸之间的关系，如图2-2-18 所示，经过 N_2或 H_2处理的 ACs，其表面氧化对草酸的去除率随官能团数量呈线性增加。经过 NH_3处理的 ACs，其对草酸盐的去除率随着碱性官能团的增加而呈线性增加，直到达到 1.72 meq/g（AC-NH_3-700），随后草酸盐去除率减少（AC-NH_3-900）。

AC-NH_3-700 及 AC-NH_3-500 对草酸去除率的变化趋势均比经过 N_2 或 H_2 处理的 ACs 平缓，甚至 AC-NH_3-900 对草酸的去除率更低。因此，经过 N_2 或 H_2 处理的 ACs 样品主要含碱性氧基团，而在较高温度下经过 NH_3 处理得到的 AC—NH_3 样品，其中的含氮基团为主要的碱性位点。这些结果表明，含氮基团对表面氧化有抑制作用，碱性含氧基团对表面氧化起促进作用。据报道，碱性含氧基团有助于将臭氧转化为·OH，因此，这些官能团数量增多将导致 AC 表面或附近的·OH 浓度升高。碱性含氧基团也增加了 AC 对草酸的吸附能力，进一步促进了对草酸的表面氧化。在较高温度（900 ℃）下用 NH_3 处理得到的 AC-NH_3-900 样品，其吡啶环上的 N 原子具有吸电子效应，会降低吡啶环其他部分的电子密度，这使得臭氧与 AC 之间的亲电反应很难发生，从而降低了 AC 表面·OH 的生成，最终降低其对草酸的去除能力[91]。

图2-2-18b 结果表明，除 AC-NH_3-900 外，溶液中·OH 氧化草酸的效率随 AC 碱度的增加而降低。这一现象说明，AC 的碱性官能团可能不利于溶液中的·OH 氧化草酸。原因是这些·OH 可能首先在 AC 表面或表面附近产生，它们容易与 AC 表面吸附的草酸或 AC 表面官能团发生反应，因此·OH 很难从 AC 表面扩散至本体溶液。并且对 AC 进行热处理的过程中减少了其表面的酸性官能团，酸性官能团与臭氧反应可以产生·HO_2/·O_2^- 或 H_2O_2/HO_2^- 等活性物种，这些活性物种可以扩散到溶液中与臭氧反应生成·OH。AC 中的吡咯基团可以加速溶液中·OH 的产生，由图2-2-18b 观察到，对经过 NH_3 处理的 ACs，溶液中的·OH 氧化草酸的效率随着碱性基团数量的增

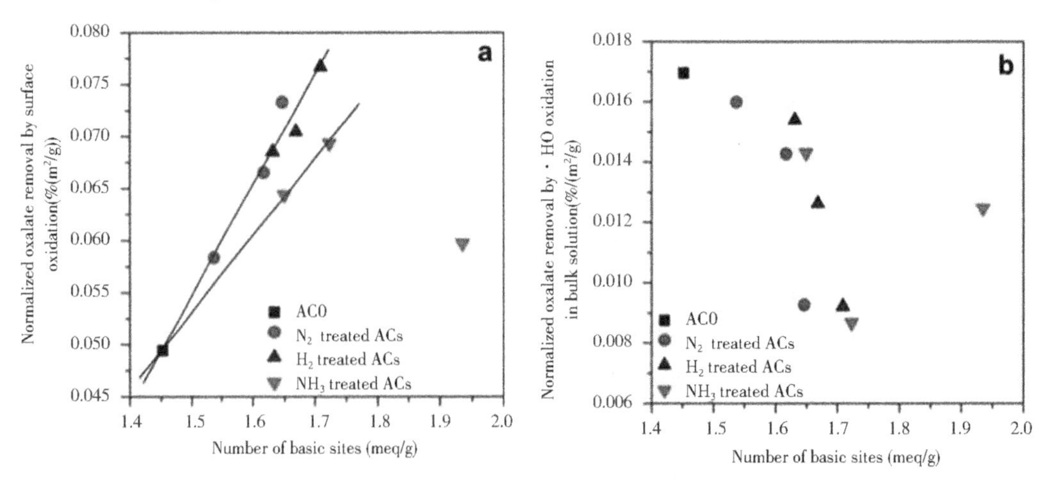

图2-2-18 对比通过表面氧化（a）和溶液中·OH 氧化的草酸盐（b）官能团数量

加而降低，同时随着处理温度的升高，其表面的吡咯基团增加，从而使溶液中的·OH氧化草酸的效率又有了提高。

综上所述，活性炭的表面氧化改性，可在活性炭表面引入氧原子，氧含量增加易产生更多的表面含氧官能团，提高活性炭的酸性强度。活性炭的表面还原改性，可在活性炭表面增加表面含氧碱性基团和羟基官能团，提高活性炭的表面非极性。碱性官能团有助于促进臭氧分解产生·OH，提高催化氧化性能。在改性过程中，活性炭表面官能团和孔径分布发生相应地变化，从而影响了活性炭的吸附容量和催化活性（表2-2-4）。

表2-2-4 活性炭及改性活性炭在臭氧氧化中的应用

序号	催化剂	主要活性物种	所降解污染物	参考文献
1	AC	·OH	丙酮酸	[90]
2	AC	pH=4为p-NP吸附在催化剂表面发生表面反应，pH=10为·OH	对硝基苯酚	[53]
3	AC	·OH、表面吸附含氧物种	草酸、草胺酸	[68]
4	AC-NO_2、AC-NH_2	·OH	草酸	[69]
5	AC-N_2、AC-H_2、AC-NH_3	·OH	草酸	[69]
6	商业活性炭	·OH	草酸	[57]
7	GAC	·OH	臭氧水	[62]
8	AC-NO_2	·OH	草酸	[92]
9	AC-NO_2	HO_2·、$O_2^{\cdot -}$	草酸	[93]
10	铈-活性炭复合材料	·OH	酸性偶氮染料	[66]
11	GAC	·OH	己二腈，苯酚	[59]
12	GAC	·OH	对硝基苯酚	[53]
13	Cu/AC	·OH	苯酚、草酸	[94]
14	Mn/AC	·OH	苯酚	[95]
15	Fe_2O_3/AC	·OH	草酸	[96]
16	Ni/AC	·OH	对氯苯甲酸	[97]
17	Fe-Ni/AC	·OH	2，4-二氯苯氧乙酸	[98]
18	N-rGO	·OH、O_3	苯酮苯丙酸	[99]
19	N-rGO	·OH、$O_2^{\cdot -}$、$^1O_2$	草酸	[100]
20	rGo	$O_2^{\cdot -}$、$^1O_2$	对氯苯甲酸	[101]
21	N-rGo/P-rGo/B-rGo	·OH、$O_2^{\cdot -}$、$^1O_2$	对氯苯甲酸、苯并三唑	[102]
22	N-rGo、P-rGo、B-rGo、S-rGO	·OH,、$O_2^{\cdot -}$	苯并三唑、对氯苯甲酸	[102]

续表

序号	催化剂	主要活性物种	所降解污染物	参考文献
23	rGO	$O_2^{\cdot -}$	对羟基苯甲酸	[101]
24	N - rGO	· OH	草酸	[103]
25	rGO、N - rGO	· OH、 · O_2^-	4 - 硝基苯酚	[104]
26	rGO	· OH、 · O_2^-	草酸、乙酸、甲酸、4 - 硝基苯酚、对羟基苯甲酸、乙酰水杨酸	[105]
27	rGO、N - rGO	· OH、 · O_2^-、$^1O_2$	草酸	[101]
28	F - CNTs	· O_2^-、$^1O_2$	草酸	[106]
29	MWCNTs	· OH、H_2O_2、表面氧化的自由基	草酸	[107 - 108]
30	MWCNTs	· OH、H_2O_2、表面氧化的自由基	草酸、草胺酸	[109]
31	MWCNTs	· OH	对氯苯甲酸、阿特拉津、异丁苯丙酸、DEET	[109]
32	氮掺杂空心球碳	· OH	酮洛芬	[99]
33	F - CNTs	· O_2^-	草酸	[106]
34	MWCNTs	· OH	草酸	[107]
35	CTN - HNO_3	· OH	草酸	[99]
36	F - CNTs	· O_2^-	草酸、苯酚、对氯苯酚、对硝基苯酚	[106]
37	CNT - BM - M - DT	—	草酸	[110]

二、石墨烯类催化剂

石墨烯是一种由单层碳原子以 sp^2 杂化方式形成的周期蜂窝状点阵结构的二维碳纳米材料，具有比表面积大、吸附性能好、电子迁移率高等特性，其结构如图 2 - 2 - 19 所示。石墨烯中每个碳原子与相邻的碳原子之间形成了相当牢固的 σ 键，而剩余的未成键 p 电子则在垂直于石墨烯平面的方向上形成了贯穿全层的大 π 键。π 电子可以在平面内自由移动，因此，石墨烯具有良好的导电性能。此外，石墨烯具有的高比表面积有利于物质的吸附及催化活性位点的暴露。因此，石墨烯及石墨烯基材料被当作一种高效的金属基催化剂的替代品用于各种催化反应中，是废水处理和环境催化修复领域的一种有效催化剂。

在环境修复方面，石墨烯基材料也广泛应用于过硫酸盐催化、光催化、电催化及催化臭氧氧化等领域，显示出对有机物优异的催化活性。石墨烯不仅完全规避了金属离子溶出所带来的二次污染问题，其表面的缺陷位含氧官能团也可以作为活性位点催化氧化物分解成高活性的氧化物种（ROS）。同时，在石墨烯结构中进行非金属杂原子的掺杂可进一步提升其催化性能及稳定性。然而，高活性石墨烯类纳米碳材料的合成成本较高，合成步骤复杂，并且产量较低。因此，寻求简便、经济、高效的合成方法具有重要的意义。

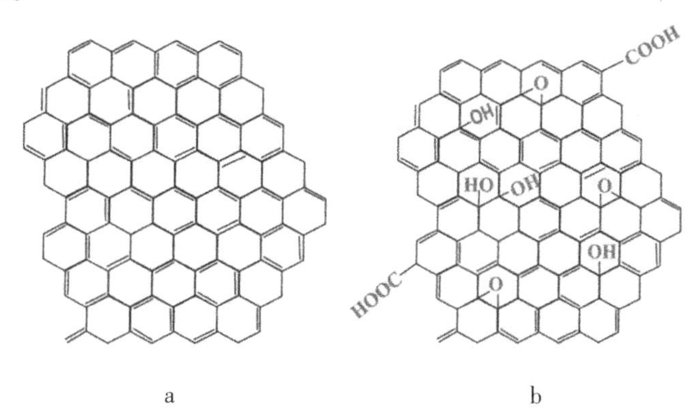

图 2-2-19　石墨烯（a）和氧化石墨烯（b）的结构示意

（一）石墨烯类催化剂

氧化法是实现石墨烯规模化生产的最有效手段之一，然而石墨在氧化过程中会引入一些化学基团，如羧基（COOH）、羟基（OH）、羰基（C＝O）和环氧基等含氧官能团。这些基团的引入改变了碳原子之间的结合方式，导致石墨烯的导电性急剧下降，其具有的各种优异性能也随之消失[111]。因此，为了获得更好的理化性质需要对氧化石墨烯进行还原，还原之后得到的产物即为还原氧化石墨烯（rGO）。还原的方法通常为热裂解。在热裂解过程中，含氧官能团会随着热解温度的升高挥发逸出，从而剥离堆叠的石墨片层，使其恢复 2D 形貌及相应的理化特性。此外，由于石墨片层的剥离，热还原后 rGO 的比表面积和孔隙体积也会明显增加，这有利于物质的吸附及催化活性的提高。因此，rGO 被广泛应用于催化臭氧氧化的研究中。

1. 商业石墨制备 rGO 及其催化活性的研究

中国石油大学（北京）王郁现课题组将对羟基苯甲酸（PHBA）作为目标污染物，考察了 rGO 催化臭氧氧化过程的催化活性[101]。该研究利用商业石墨通过改进的 Hummers方法制备了 GO，再将 GO 分别在空气（300 ℃）及氮气（700 ℃）氛围内热解制备得到 rGO，分别将其命名为 rGO-300 和 rGO-700[112]。

从 SEM 图像中可以观察到，与 GO 相比，rGO 表面含氧官能团的去除会导致氧化石墨烯纳米片的剥离（图 2-2-20）。GO 具有起皱和类丝片结构，而 rGO-300 和 rGO-700 都表现出高度剥离的石墨烯纳米片层。同时，在 rGO-700 石墨烯纳米片末端观察到部分聚集和皱褶结构，这是因为在较高温度下经过热处理后样品产生了更多的缺陷位点[113]。

氧化石墨烯纳米片的剥离使样品比表面积增大。经过热还原后，样品表面的官能团消失，rGO-300 和 rGO-700 的 BET 表面积分别从 40.3 m^2/g 增加到 305.4 m^2/g 和 265.4m^2/g。此外，热处理还增加了样品的总孔体积和平均孔径。

拉曼光谱中的 I_D/I_G 通常用来反映碳材料的石墨化程度[114]。如图 2-2-21 所示，在热还原后，rGO-300 和 GO 的 I_D/I_G 变化不大（0.84 vs. 0.86），表明空气中的低温热还原不会在石墨烯层上产生更多的缺陷位置。而 rGO-700 的 I_D/I_G 从 0.86 增加到 0.98，

a

b

图 2-2-20　rGO（a）和 GO（b）的 SEM 图像

表明在部分聚集的边缘上形成了更多的缺陷位点。但合成的 rGO 样品的 I_D/I_G 较低，表明 rGO 样品含有的缺陷位较少。

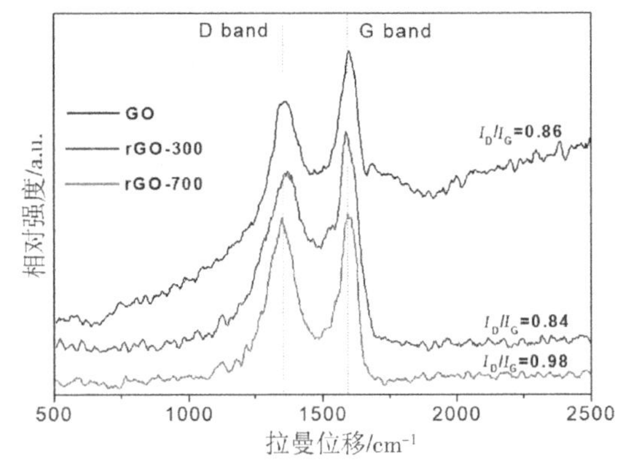

图 2-2-21　GO、rGO-300 和 rGO-700 的拉曼光谱

该研究采用 XPS 对制备样品的表面化学状态进行了分析。由图 2-2-22 可知，GO 氧含量最高（28.8%），羰基（C ═ O）是 GO 结构中的主要含氧基团（41.6%）。样品经过空气和 N_2 气氛下的热还原后都能显著降低 C ═ O 的含量，并将其转化为其他含氧基团，如羟基（C—OH）和酯基（C—O—C）。在空气中低温下的热还原可以将 C ═ O 的负载量从 41.6% 降低至 10% 左右，而高温 N_2 处理可进一步将 C ═ O 的含量降低至 8.42%。

在初始 pH 为 3.5 的 PHBA 溶液中，考察石墨烯催化臭氧氧化的性能（图 2-2-23）。尽管 rGO-300 和 rGO-700 具有较大的比表面积，但对 PHBA 的吸附可以忽略不计。rGO-300 和 rGO-700 的 pH_{pzc} 分别为 4.7 和 4.9，这表明它们在 pH = 3.5 的溶液中带正电荷。PHBA 的 pK_a 为 4.85，在该溶液中主要以分子形式存在，因此，催化剂对 PHBA 的物理吸附能力较低。

rGO-300 和 rGO-700 的催化活性相当，均在 30 min 内完全降解了 PHBA，TOC 去除率从 25% 显著提高到 95%，这表明 rGO 可以有效活化臭氧分子产生活性物种。rGO-300 比 rGO-700 的比表面积更大，然而 rGO-300 并没有表现出更高的吸附能力或催化活性，这说明吸附能力和催化活性与比表面积无关。rGO-700 比 rGO-300 的 I_D/I_G 更高，表明 rGO-700 含有的缺陷位比 rGO-300 更多。然而在 rGO-700 中，含氧基团的总量小于 rGO-300[113,115]。rGO-300 和 rGO-700 相当的催化活性可能是由缺陷位点和含氧基团共同引起的[113,115]。

通过动力学研究，计算得到 AC、rGO-300、rGO-700 和 GO 降解 PHBA 的一级反

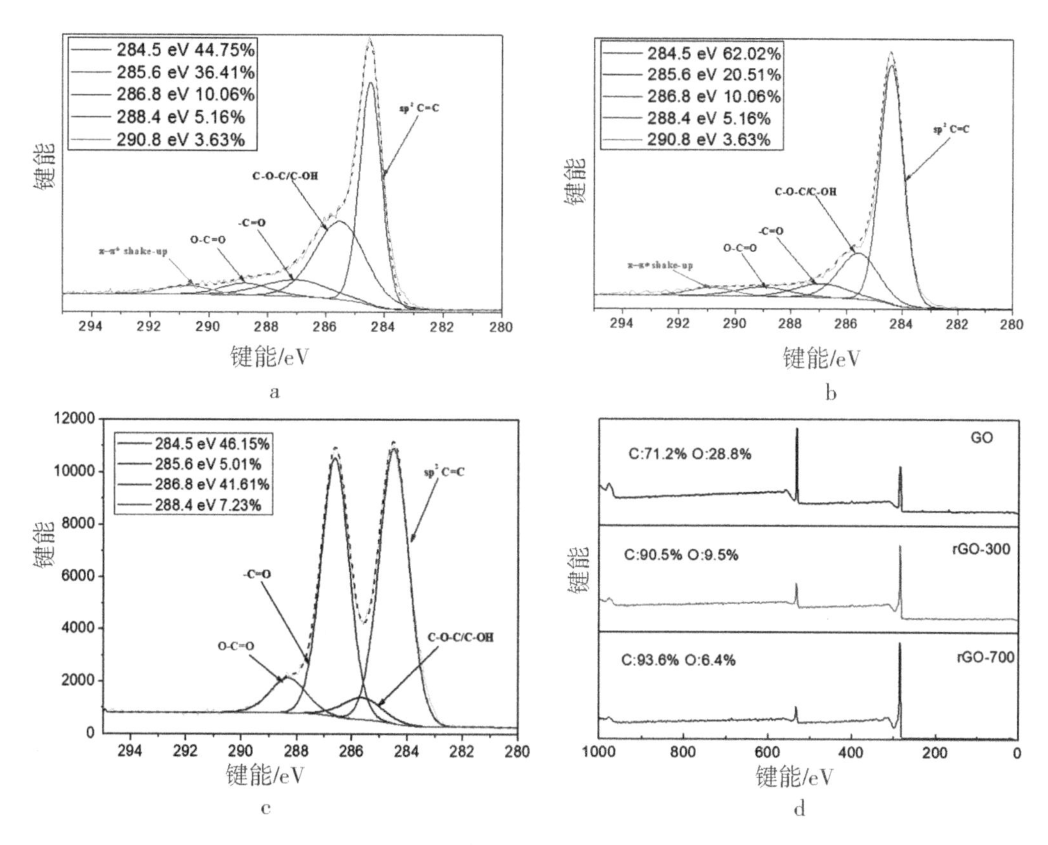

图 2-2-22　rGO-300（a）、rGO-700（b）和 GO（c）的 XPS-C 1s 图谱，GO、rGO-300 和 rGO-700（d）的 XPS 图谱

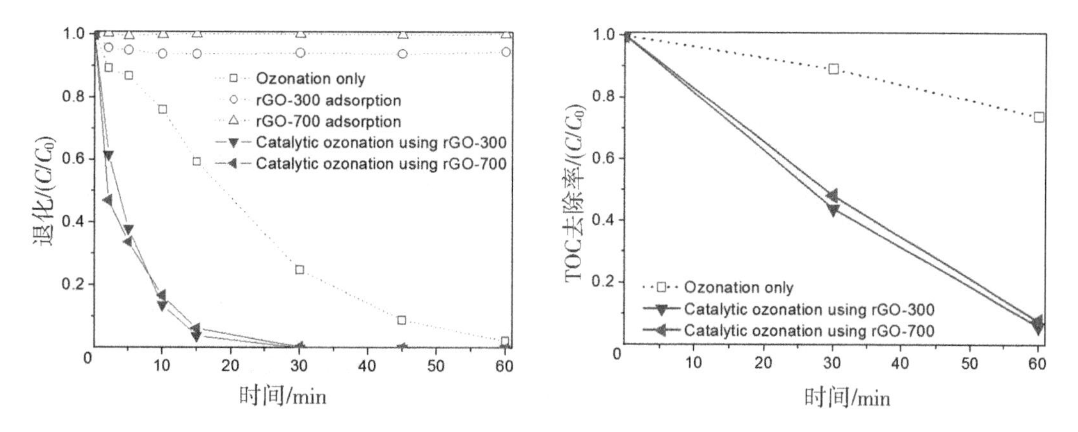

图 2-2-23　rGO-300 和 rGO-700 催化臭氧氧化降解 PHBA 的效果(a)及相应的 TOC 去除率(b)
{[PHBA] = 20 mg/L，催化剂负载量为 0.1 g/L，臭氧流速为 100 mL/min，[O_3] = 20 mg/L，温度为 25 ℃，pH = 3.5}

应速率常数（k）分别为 0.083 min^{-1}、0.19 min^{-1}、0.21 min^{-1}和 0.11 min^{-1}。与商业 AC 相比，rGO 材料的反应速率提高了 2 倍以上。此外，GO 的催化反应速率也低于 rGO。

以往研究报道的纳米碳催化剂，如 rGO 和掺杂-rGO，由于反应后催化剂表面化学性质发生变化及活性位点被反应中间产物覆盖，致使催化剂稳定性变差[115-116]。与未重复使用的催化剂相比，重复使用两次后的催化剂完全降解 PHBA 的时间从 20 min 延长到 45 min，TOC 去除率从 90% 下降到 60%（图 2－2－24）。这可能是由于 rGO 表面被进一步氧化（从—C ═ O 氧化到—COOH）。此外，rGO 总孔体积和平均孔径的减小，造成了活性中心的减少。

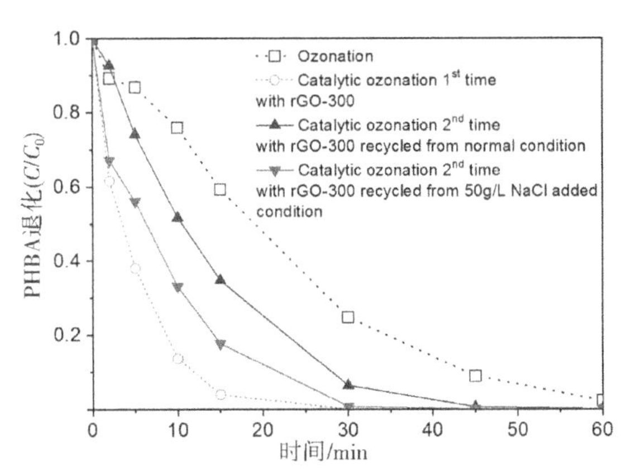

图 2－2－24　rGO－300 的稳定性试验

{[PHBA] = 20 mg/L，催化剂负载量为 0.1 g/L，臭氧流量为 100 mL/min，[臭氧] = 20 mg/L，温度为 25 ℃}

2. 废石墨制备 rGO 及其催化活性的研究

考虑到商业石墨价格昂贵，因此需要寻找更为廉价的前驱体制备 rGO。近年来，各种富含碳、低成本的废弃碳质材料已被重新利用来合成碳基材料[117]，这些废弃碳质材料可以进一步利用，已应用在制氢[118－119]、氧化还原反应（ORR）[120－121]和水资源修复[122－123]等。这些碳质材料大部分来源于废弃生物质，而废旧锂离子电池阳极中富含石墨材料并且数量庞大，但是其利用非常有限。因此，从废旧锂离子电池的阳极中回收石墨作为制备 rGO 的前驱体不仅可以节约成本，还能够实现资源的循环利用。

在近期研究中，王郁现课题组成功从废旧锂离子电池阳极中回收石墨，并利用其作为碳前驱体制备石墨烯材料[105]。由于使用过的电池阳极上含有许多金属和有机杂质，因此，需要通过一系列的纯化步骤将它们去除。在回收石墨的过程中，首先将阳极石墨研磨成粉末，然后用 250 目筛过滤。再将过滤后的粉末分别在 80 ℃的盐酸溶液（5%）和氢氧化钠溶液（5%）中浸滤过夜，以除去金属氧化物杂质。为了进一步去除有机杂质，将石墨粉末分散在二甲基甲酰胺（DMF）溶液中，并在 60 ℃下搅拌过夜。然后将精制的石墨粉末用乙醇/水洗涤 3 遍，以除去残留的 DMF 和有机杂质。最后，将纯化的石墨粉在 80 ℃的烘箱中干燥 6 h，用 250 目筛过滤后就得到了最终的石墨材料，记为 LIB－Graphite。之后，利用 LIB－Graphite 通过改进的 Hummers 方法制备得到 LIB－GO。将 LIB－GO 样品用热还原法、化学还原法[124]和水热法[51]分别制备得到3 种 rGO 样品，分别标记为 LIB－rGO、LIB－rGO－C 和 LIB－rGO－H。还用商业石墨作碳前驱体，使用 LIB－rGO 相同的制备流程，记作 C－rGO。

LIB－Graphite 的 SEM 图像如图 2－2－25a 所示，与商业石墨不同的是，LIB－Graphite 结构中含有半径为 50～100 nm 的堆叠薄片。LIB－rGO 则展现出高度剥离的石墨烯纳米片层结构（图 2－2－25b）。

该研究通过 XPS 分析了石墨烯材料的表面化学性质。LIB－GO 的含氧量最高（26.3%），说明在氧化过程中产生了较多的含氧官能团。LIB－GO 经过热处理后含氧量降至 17.2%，表明在热还原过程中有效地去除了部分含氧官能团。LIB－GO 上大部分羰基和羧基经过热还原过程被去除，而剩下的在 LIB－rGO 上被还原成羟基/环氧基

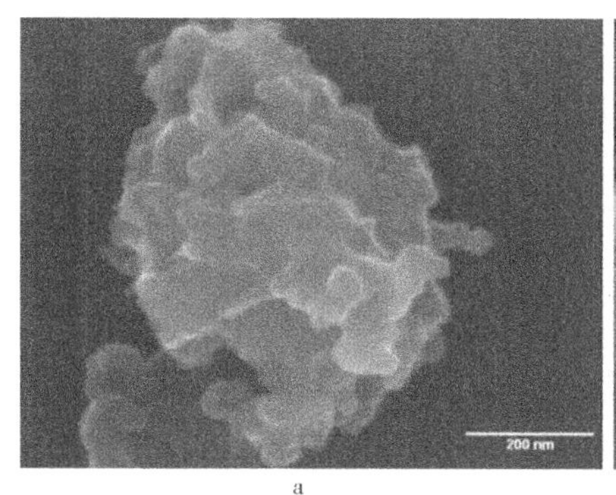

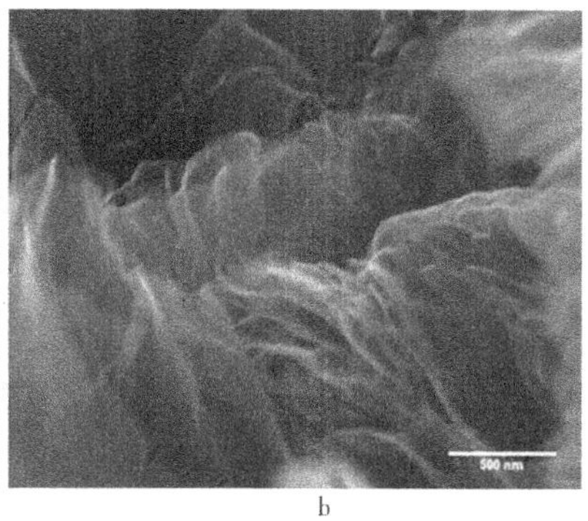

a　　　　　　　　b

图 2－2－25　LIB－Graphite（a）和 LIB－rGO（b）的 SEM 图像

团。LIB－GO 在经过热处理之后得到样品 LIB－rGO，比表面积和孔体积分别从 49.6 m^2/g 和 0.09 cm^3/g 增大至 362.4 m^2/g 和 0.92 cm^3/g。此外，热还原过程也会导致 sp^2 碳转化为 sp^3 碳，因而产生缺陷位点[125]。LIB－rGO 的 sp^3 碳含量从 10.95% 增加至 14.52%，表明 LIB－GO 经过热处理后形成了更多无序结构。由拉曼谱图可知（图 2－2－26），LIB－rGO 的 I_D/I_G（0.93）高于 LIB－GO（0.81），这也进一步证明了经过热处理后 sp^2 碳转化为 sp^3 碳。

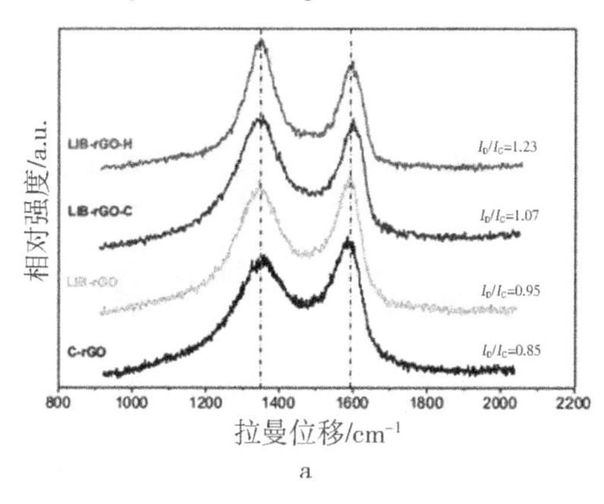

a

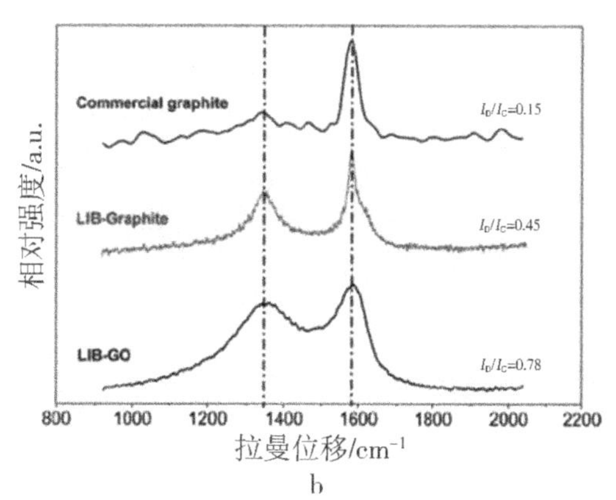

b

图 2－2－26　C－rGO、LIB－rGO、LIB－rGO－C 和 LIB－rGO－H 的拉曼光谱（a）；商业石墨、LIB－Graphite 和 LIB－GO 的拉曼光谱（b）

如图 2－2－27 所示，虽然 LIB－rGO 比 C－rGO 的催化活性更高，但其比表面积比 C－rGO 小。因此，该研究推测 LIB－rGO 中更高的缺陷程度导致了催化活性的提高。LIB－rGO、LIB－rGO－C 和 LIB－rGO－H 的氧含量相似（分别为 17.2%、15.3% 和 16.4%），但 sp^3 碳含量存在较大差异（分别为 14.5%、25.7% 和 29.4%）。而拉曼谱图表明 LIB－rGO、LIB－rGO－C 和 LIB－rGO－H 的 I_D/I_G 值比分别为 0.93、1.05 和 1.25。因此，这 3 种材料的缺陷程度大小为 LIB－rGO－H > LIB－rGO－C > LIB－rGO。通过比较这 3 种材料催化臭氧氧化活性，发现缺陷程度直接影响催化活性，缺陷位越多，催化活性越好（图 2－2－27 c）。LIB－rGO－H 的缺陷位和比表面积高于 LIB－rGO，其一级反应速率常数更大。所以该研究初步认为 rGO 上的结构缺陷（即空位和缺陷边缘）是臭氧活化的主要活性位点。

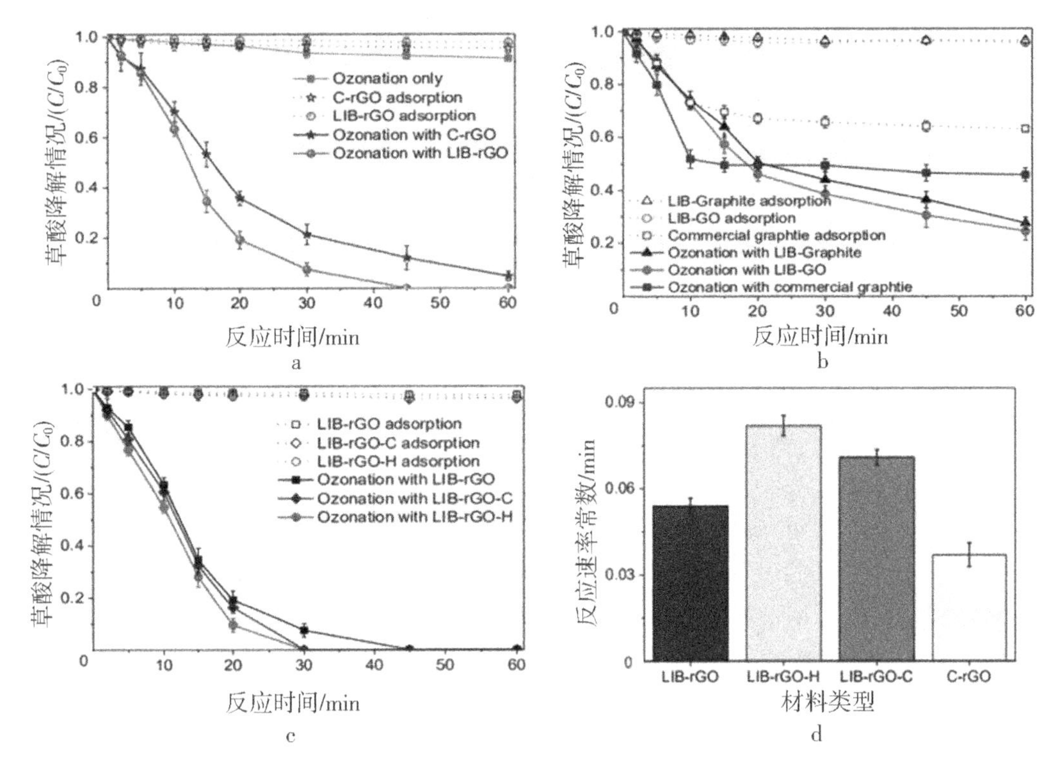

图 2-2-27 (a) LIB-rGO 和 C-rGO 催化臭氧氧化降解 OA 的性能；(b) 商业石墨、LIB-Graphite、LIB-GO 催化臭氧氧化降解草酸的性能；(c) LIB-rGO、LIB-rGO-C 和 LIB-rGO-H 催化臭氧氧化降解草酸的性能；(d) LIB-rGO、LIB-rGO-C、LIB-rGO-H 和 C-rGO降解草酸的反应速率常数

{[草酸]=50 mg/L,催化剂负载量为0.1 g/L,臭氧流速为100 mL/min,[O_3]=50 mg/L,反应温度为25℃;初始 pH 为 3.0}

3. 微波法制备 rGO 及其催化活性的研究

普通热解法制备 rGO 不仅处理时间长，并且需要提供较多的能量。近年来，可以提供快速且均匀加热环境的微波热解法引起了研究者的广泛关注。由于极性分子在交变电场中的重新定位，微波热解可以迅速产生大量热量。以往研究中采用微波还原法在 5 min 内就成功合成了单分散且形状受控的纳米晶体[126]。在该项研究中发现，微波还原法的快速加热主要加快了金属前体的还原和金属簇的成核，从而导致了单分散结构迅速形成。此外，Voiry 等[127]通过 1~2 s 的微波脉冲还原 GO 合成了 rGO，瞬时高温导致堆叠的石墨烯层脱落的同时，石墨烯晶格上大多数含氧官能团能够被快速去除。因此，与热解法相比，采用微波法制备 rGO 的过程更加方便，并且耗时和耗能更低。

王郁现课题组利用商业石墨合成 GO，并通过微波热解法制备了 MWI-rGO[100]。还在氩气氛中经过高温热解合成了 Argon-rGO，作为对比。由 Argon-rGO 和 MWI-rGO 的 SEM 图像可知（图 2-2-28），在微波热解或高温热解下，官能团氧将分解或蒸发成气相，从而形成了高度剥离和起皱的纳米片结构。这种剥离过程不仅会大幅增加 rGO 的比表面积（SSA），由于去除表面氧的过程会同时使六角形碳环上的碳原子被剥离，因此，还会产生大量的结构缺陷。根据 BET 结果可知，MWI - rGO 的 SSA 比 Argon - rGO 更高（分别为 734 m^2/g 和 654 m^2/g），这是因为微波法能够在瞬间产生较高的热量，导致了石墨片层产生更大程度的剥离。此外，MWI - rGO 的孔体积也大于 Argon - rGO（分别为 5.05 cm^3/g 和 4.81 cm^3/g）。XPS 结果表明，微波处理后的 rGO 上残留的氧较少，这进一步证明微波还原将导致 GO 更好剥落，并产生丰富的裸露边缘。

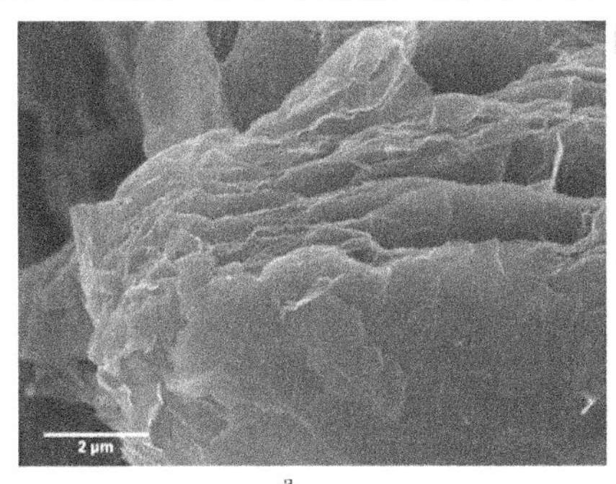

a

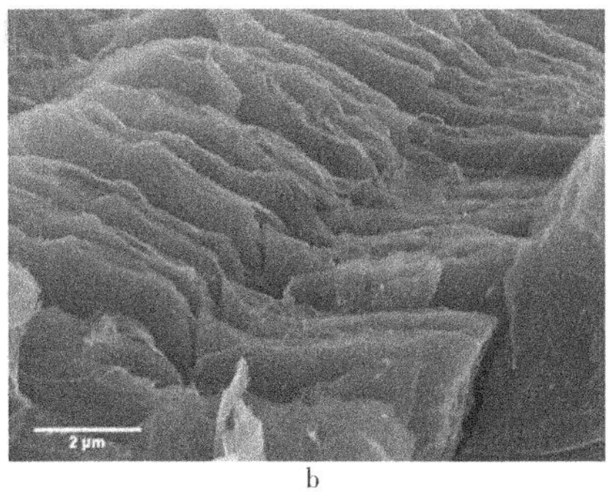

b

图 2 - 2 - 28　Argon - rGO（a）和 MWI - rGO（b）的 SEM 图像

从 rGO、Argon - rGO 和 MWI - rGO 的 XRD 谱图可知（图 2 - 2 - 29），由于含氧基团的去除，(002) 峰在热解和微波热解后都消失了，出现了一个中心在 25°附近的新特征峰。与氩气氛下合成的 rGO 上的特征峰相比，MWI - rGO 上出现的峰向更高的 2θ 角度移动，这表明去除表面氧后，MWI - rGO 形成了更高的还原度。

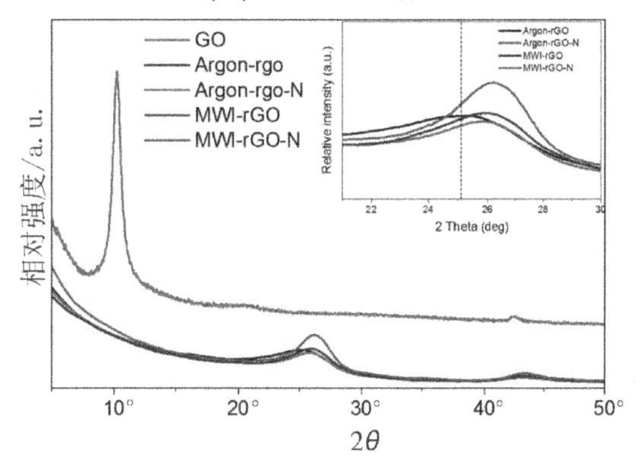

图 2 - 2 - 29　rGO、Argon - rGO 和 MWI - rGO 的 XRD 谱图

该研究通过催化臭氧氧化 4 - NP 来考察这些碳催化剂的催化性能（图 2 - 2 - 30）。在 MWI - rGO 和 Argon - rGO 的催化下，基本在 20 min 以内将 4 - NP 完全降解，并在 60 min 内去除了 80% 以上的 TOC。而微波热解合成的 rGO 比高温热解合成的 rGO 对 4 - NP 的降解效率和 TOC 去除率更高。将草酸作为目标污染物时（图 2 - 2 - 30c），观察到与 4 - NP 相似的降解曲线，这进一步表明微波还原比高温热解更有效。电子自旋共振波谱（EPR）结合 SEM 观察发现，微波热解能够形成更多的结构缺陷位点，如扶手形和锯齿形边缘，这些缺陷具有离域 π 电子和悬键，有利于调节所吸附反应物的表面反应性，从而提升臭氧分解产生 ROS 的催化潜力。

4. rGO 催化臭氧氧化中活性位点的研究

研究表明，rGO 结构中的含氧官能团、杂原子和缺陷位点（锯齿形边缘、非六角结构单元和空位缺陷）都可以作为催化过程中的活性位点。在含氧官能团中，富电子羰基（C ═ O）被证明是催化反应中主要的活性位点[52,113,115]。此外，由于石墨烯边缘结构中离域 π 电子的存在，也可以作为催化反应的活性位点。而杂原子掺杂，如 N 和 B 会破坏 rGO/石墨烯中原有 sp^2 碳结构中的电荷分布[113]，因此，会产生新的活性位点，

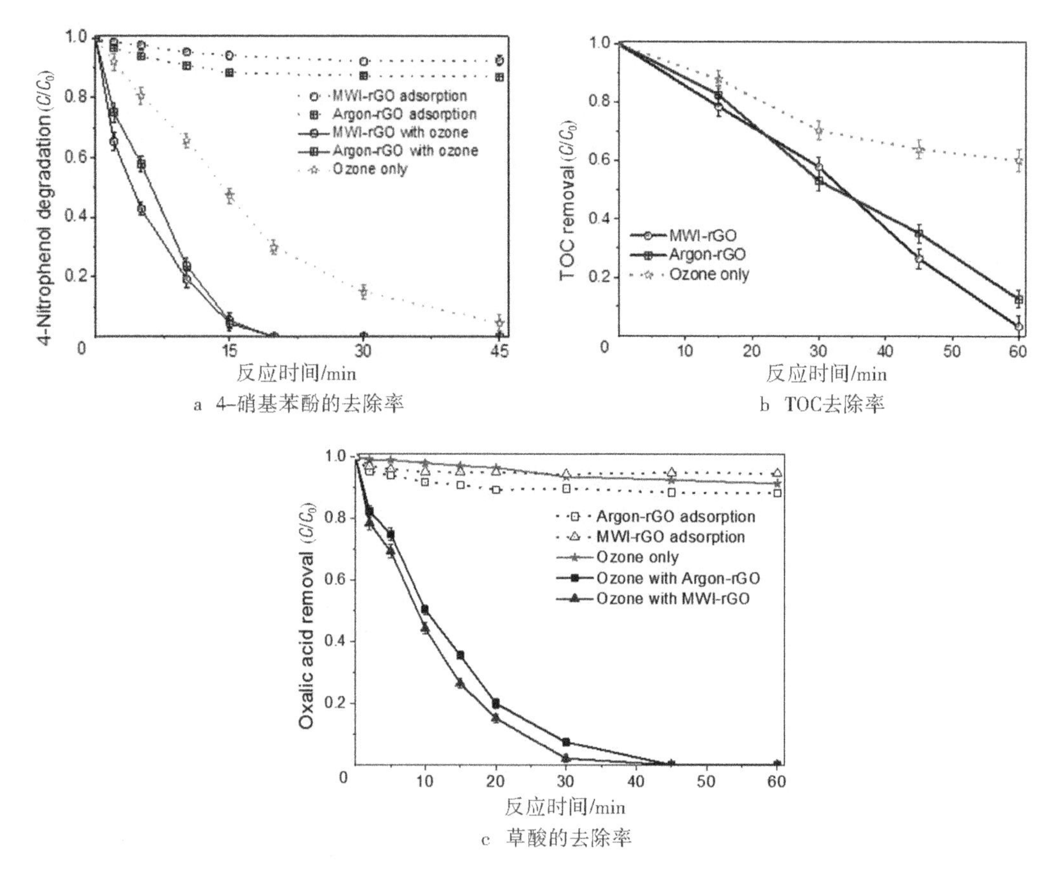

图 2-2-30 Argon-rGO 和 MWI-rGO 催化臭氧氧化

{催化剂负载量为 0.1 g/L，[4-NP] = 50 mg/L，臭氧流速为 100 mL/min，[臭氧] = 50 mg/L，温度为 25 ℃，初始为 pH 5.0，用 0.1 mol/L HCl/NaOH 溶液调节 pH}

最终改变 rGO/石墨烯的化学和物理性质[128-130]。

在商业石墨制备的 rGO 催化臭氧氧化的研究中，rGO 具有较低的 I_D/I_G值，说明无序结构和缺陷位点的数量较少，此外杂原子的作用也被排除[101]。因此，该研究推断 rGO 表面的羰基可能是催化降解 PHBA 的活性位点。为了进一步证明此推断，作者通过 XPS 分析了催化剂使用前后表面官能团的变化（图 2-2-31）。rGO-300 上的羟基（C—OH）和羰基（C ═ O）被氧化为羧基（O—C ═ O）。此外，rGO-300 中碳含量有所增加，这是因为氧化过程中碳结构发生了重建。然而，在 NaCl 溶液中回收的 rGO-300 中只有部分羟基被直接氧化成羧基，这是因为氯离子的存在抑制了羰基的氧化过程，因此，羰基的含量与新鲜催化剂接近（11.6% vs. 10.6%）。在 NaCl 溶液中臭氧氧化后得到的 rGO-300 只有轻微的失活。以上结果说明，羰基不仅不容易使催化剂失活，而且还是 rGO 中的主要活性位点。

XPS 研究表明，与 rGO 相比，GO 具有更高的氧含量。然而，GO 催化臭氧氧化对 TOC 的去除率比 rGO 的低。这是因为 GO 中过量的氧含量，特别是作为富电子羰基的氧含量，改变了它们与臭氧之间的相对电子电位，从而导致了电子转移效率的降低[115-116]。因此，为了进一步提高催化活性，需要通过更深入的研究，合成具有最佳氧含量的石墨烯，以增加电子的传递效率。

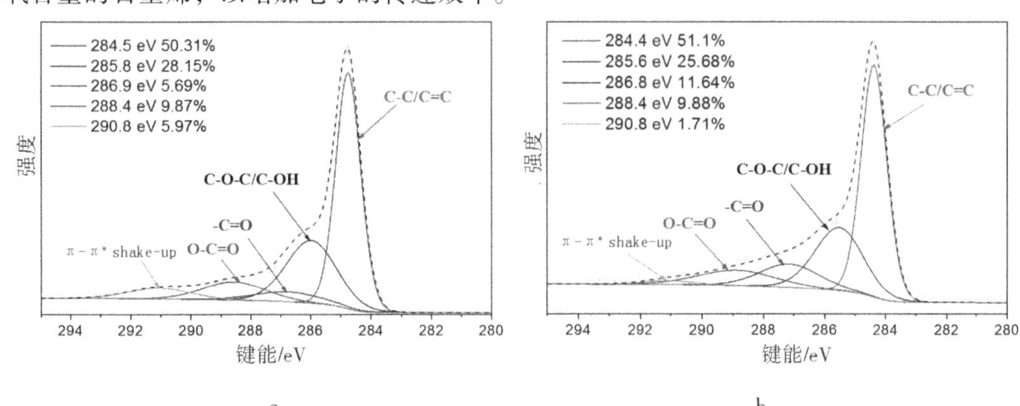

图 2－2－31　使用后的 rGO－300 XPS－C1s 谱图（a）和 NaCl 溶液中回收的 rGO－300 XPS－C1s 谱图（b）

虽然 XPS 能很好地表征催化剂表面的化学结构，但是对于研究催化过程的反应途径和催化剂的电子特性具有一定的局限性。近年来，密度泛函理论（DFT）作为一种新型的方法已被用于分析臭氧在催化剂表面的分解过程、ROS 的演变途径及催化剂表面的电子分布等。利用 DFT 计算 O_3在催化剂不同位置上的吸附能及催化剂结构的完整性，有助于寻找可能的催化活性位点。

在利用废石墨制备 rGO 的研究中，通过考察具有相似的氧含量但不同缺陷程度的 rGO 催化臭氧氧化对草酸的降解活性，并结合拉曼光谱初步判断缺陷位为该催化过程的活性位点[105]。为了更深入地研究石墨烯的表面性质和结构缺陷，该研究采用了密度泛函理论（DFT）模拟。如图 2－2－32 所示，当臭氧分子位于石墨烯基平面上方时，其分子结构保持不变，但是该臭氧分子内的氧－氧键长度（l_{o-o}）从 0.1286 nm 略微增加到 0.1316 nm。当臭氧分子位于结构缺陷（空位和边缘）附近时，单键氧原子自发地从臭氧结构上脱离并与石墨烯平面上碳原子结合形成羰基。同时，剩余的双键氧原子会以潜在 ROS 的形式转移到表面原子氧中，然后被电子捕获而活化。计算得到石墨烯结构中空位、锯齿形边缘和扶手椅形边缘上的臭氧吸附能分别为－3.88 eV、－5.69 eV 和－4.64 eV，明显低于石墨烯基面的吸附能（－0.32 eV）。较强的结合能和形成的活性氧分子表明，结构缺陷和边缘位置比完整的石墨烯平面更有利于臭氧吸附和分解。因此，在实际的 rGO/臭氧体系中，边缘部位可能具有更高的催化活性。

rGO 表面的含氧官能团也被广泛认为是碳材料催化中的关键活性位点[131－132]。为了考察含氧官能团在臭氧分解中的作用，该研究在石墨烯结构中可能位置（平面、结构空位、锯齿形/扶手椅边缘）上模拟了不同特征的官能团（羟基、酮基、羧基和环氧基）对臭氧分子吸附的影响（图 2－2－33）。臭氧分子在石墨烯模型中不同含氧官能团上的吸附能远高于具有结构缺陷的分子，从而保留了臭氧分子结构的完整性。然而，与游离臭氧分子相比，l_{o-o}明显变长，这表明含氧官能团在一定程度上具有活化臭氧产生高活性 ROS 的能力。在不同的构型中，石墨烯的锯齿形边缘上的羟基对臭氧的吸附能最低，并且 l_{o-o}最大，这表明羟基很可能作为催化活性位点。尽管臭氧分子与酮基之

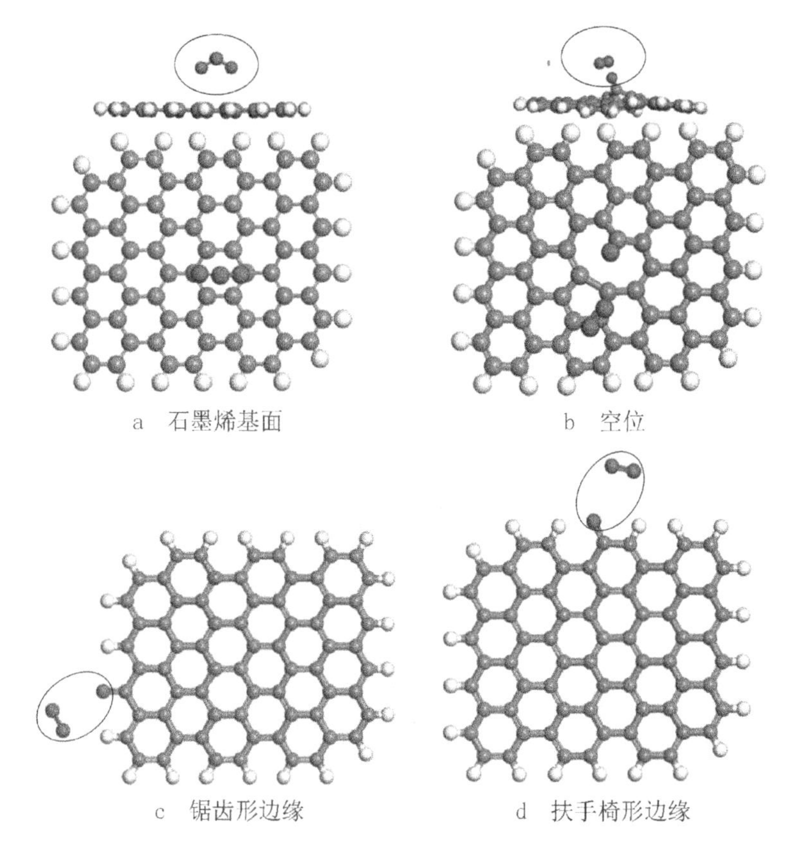

图 2-2-32 臭氧分子在原始石墨烯的不同位置上的吸附结构 DFT 模型

（黑色、白色和圈出来的原子分别是 C、H 和 O 原子）

间的吸附能明显低于羧基的，但是 l_{o-o} 的增加也说明了这些位置上臭氧分解的可能性。环氧基则具有与石墨烯基面相似的吸附能和 l_{o-o}，也表明其具有一定的活化能力。

基于上述实验和 DFT 计算结果，该研究推断废石墨制备的 rGO 结构中的缺陷位（空位和缺陷边缘）是臭氧活化的主要活性位点。表面羟基作为路易斯酸位点有利于臭氧的吸附和分解，而羰基则加速了臭氧活化过程中的电子转移。

5. rGO 催化臭氧氧化中活性物种的鉴别及作用

在非均相催化臭氧氧化过程中，基于自由基的氧化过程是降解有机污染物的最常见方式。臭氧分子在催化剂表面的活性位点上分解，生成·OH、$O_2^{\cdot -}$ 和 $^1O_2$ 等自由基降解有机物污染物。因此，确认并鉴别催化臭氧氧化过程中产生的包括自由基在内的 ROS，有利于加深对催化反应过程的认识。

在废石墨制备 rGO 的工作中，已证明石墨烯结构中的缺陷位是催化活性位点[105]。有研究表明，在催化臭氧氧化降解酚类化合物的过程中，ROS 随取代基的不同而发生改变[133]。该研究为了进一步探究催化臭氧氧化反应中的主要 ROS，开展了自由基淬灭实验。选择了 3 种脂肪族有机物［草酸（OA）、乙酸（AA）和甲酸（FA）］和 3 种酚类有机物［对硝基苯酚（4-NP）、对羟基苯甲酸（PHBA）和乙酰水杨酸（ASA）］作为目标污染物（图 2-2-34）。由于叔丁醇（t-BA）与·OH 的反应速率很快，而与

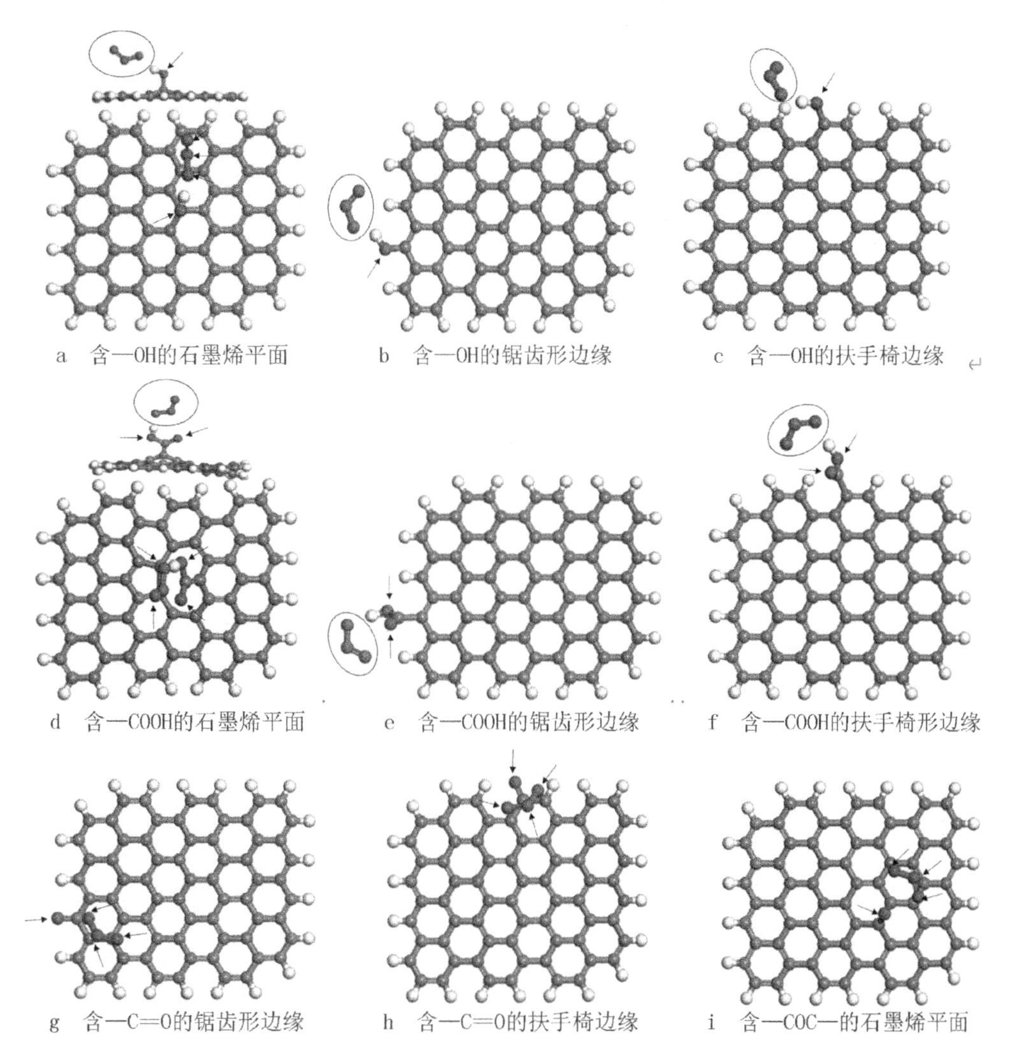

图2-2-33　臭氧分子在含—OH和—COOH基团的石墨烯不同位置上的吸附结构DFT模型

臭氧的反应速率较慢，因此，将t-BA作为·OH的淬灭剂。在3种脂肪族化合物的淬灭实验中，加入12 mmol/L的t-BA能有效地抑制降解过程，这表明·OH是脂肪族有机物降解过程中的主要ROS（图2-2-34a至图2-2-34c）。为了分析·OH和脂肪酸之间的反应，用二级反应动力学拟合相应的催化降解曲线。计算得到OA、AA和FA催化降解过程的二级速率常数分别为0.10 min^{-1}、0.048 min^{-1}和0.040 min^{-1}。该速率常数随着脂肪酸分子量的降低而降低，表明·OH对分子量较大的脂肪酸具有更大的亲和力。由图2-2-34e和图2-2-34f可知，12 mmol/L t-BA的加入对酚类污染物的降解没有影响，这说明·OH不是降解酚类有机物的主要ROS。

NaN_3和p-BQ分别用于考察催化臭氧氧化过程中$^1O_2$和$O_2^{\cdot -}$的影响。已有研究表明，在中性或碱性pH下，在臭氧氧化反应溶液中添加NaN_3会形成次叠氮化物（N_3O^-），会加速臭氧分子与叠氮化物之间的反应[134]。但是，在酸性溶液中，NaN_3和O_3之间的反应速率较慢，这会阻碍N_3O^-的生成，从而抑制O_3的进一步消耗。该研究

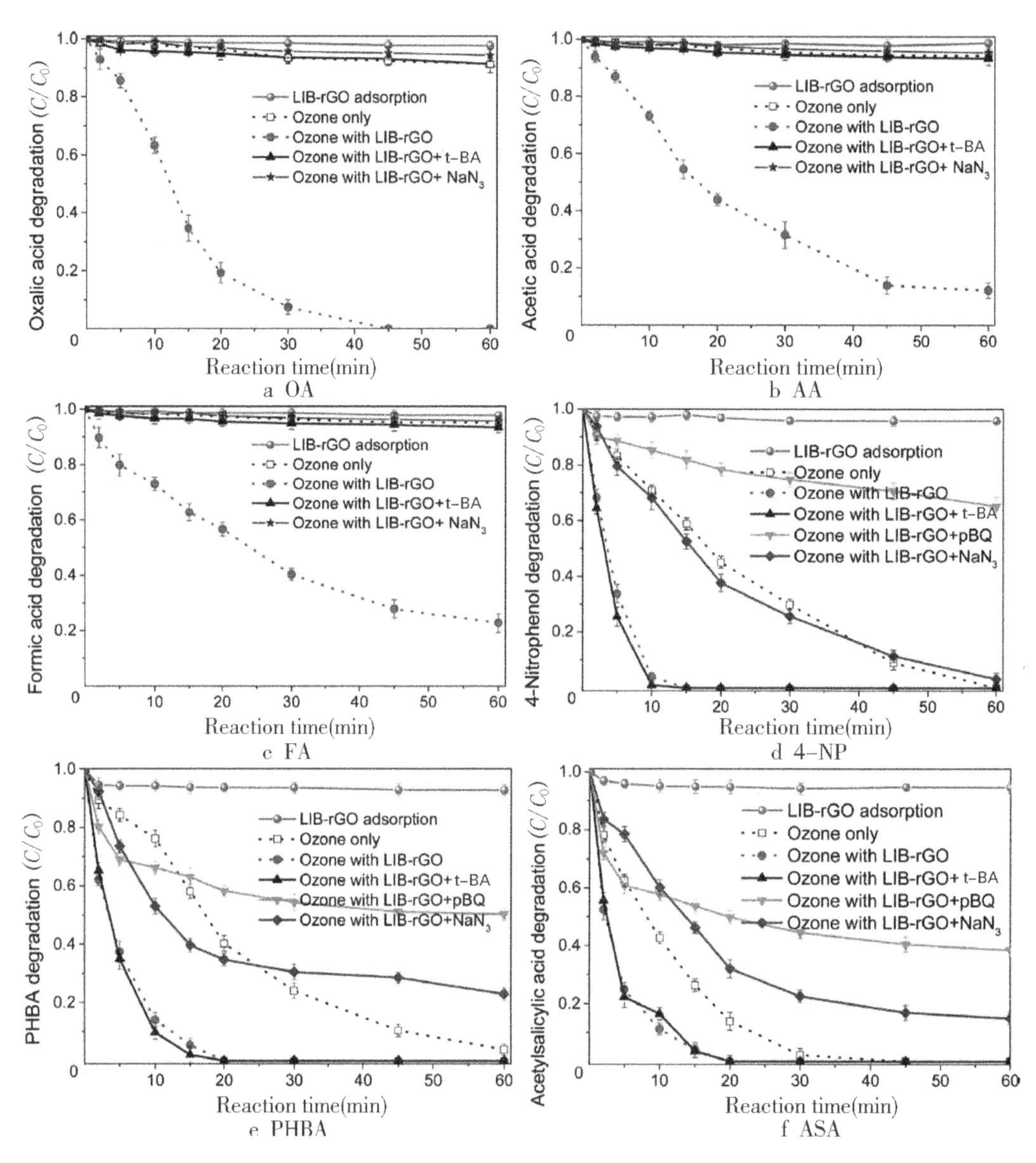

图2-2-34 不同的自由基淬灭剂对催化臭氧氧化降解效率的影响

{反应条件：[污染物] = 50 mg/L，催化剂负载量为0.1 g/L，臭氧流速为100 mL/min，[O_3] = 50 mg/L，反应温度为25 ℃，将初始溶液pH调节至3.0}

发现，酸性条件下（pH = 3），在臭氧氧化过程中加入NaN_3对有机物的降解效率几乎没有产生影响。因此，在酸性条件下，NaN_3可用作$^1O_2$的淬灭剂。然而，NaN_3不仅对$^1O_2$ [2×10^9 mol/（L·s）] 具有较高的反应速率，且与·OH的反应速率也较快 [1.2×10^9 mol/（L·s）][135-136]。由于·OH已被证明是脂肪类有机污染物降解过程中的主要ROS，因此，添加12 mmol/L的NaN_3也会导致降解效率显著下降，这与t-BA淬灭结果完全一致。因为·OH对酚类污染物的降解不起作用，因此NaN_3可以用来评估$^1O_2$对污染物降解的影响。在酚类污染物的降解实验中，加入NaN_3（12 mmol/L）产生了较大的抑制作用，这表明$^1O_2$是降解酚类污染物的活性氧物之一。在p-BQ淬灭$O_2^{\cdot-}$的实验中，尽管一部分的 p－BQ 与 O_3 反应被消耗，但 p－BQ 与目标污染物之间的竞争相对较小，剩余的 p－BQ 足够淬灭 $O_2^{\cdot -}$ [101]。由图 2－2－34d 至图 2－2－34f 可知，p－BQ 有效抑制了酚类污染物的降解，因此 $O_2^{\cdot -}$ 也是一种导致酚类污染物降解的 ROS。

为了进一步阐明催化臭氧氧化降解酚类和脂肪类有机物污染过程中所产生的活性物种，该研究进行了 EPR 测试，DMPO、BMPO 和 TEMP 作为自旋捕获剂分别检测 ·OH、$O_2^{\cdot -}$ 和 $^1O_2$ 的存在。当超纯水/无水乙醇用作反应溶液时，·OH、$O_2^{\cdot -}$ 和 $^1O_2$ 的特征峰均被检测到。由于 ROS 与目标有机物之间的反应速率很快，在 EPR 分析中，将稀释的有机物溶液作为 ROS 的淬灭剂。当使用 2 mg/L 的草酸溶液作为反应介质时，检测到强度减弱的 ·OH 自由基信号（图 2－2－35a），这表明大部分 ·OH 与草酸分子反应被消耗了。虽然也检测到很强的 $O_2^{\cdot -}$ 和 $^1O_2$ 信号（图 2－2－35b 和图 2－2－35c），但由于 $O_2^{\cdot -}$ 和 $^1O_2$ 氧化电位很低，不能氧化降解草酸[133]。因此，草酸最有可能是被 ·OH 氧化降解的。

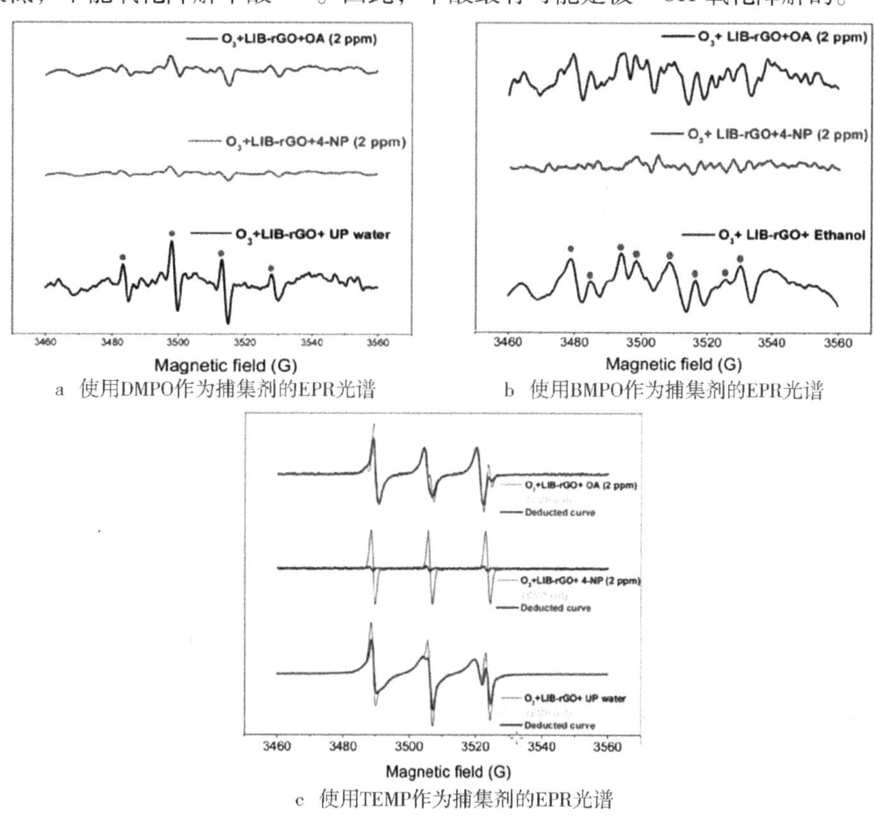

a 使用DMPO作为捕集剂的EPR光谱

b 使用BMPO作为捕集剂的EPR光谱

c 使用TEMP作为捕集剂的EPR光谱

图 2－2－35 采用不同捕集剂的 EPR 光谱

{反应条件：催化剂负载量为 0.2 g/L，臭氧流速为 100 mL/min，[O_3] = 5 mg/L，温度为 25 ℃}

将 2 mg/L 4－NP 作为反应介质时，没有观察到 $O_2^{\cdot -}$ 和 $^1O_2$ 的明显特征峰（图 2－2－35b 和图 2－2－35c）。这说明 $O_2^{\cdot -}$ 和 $^1O_2$ 在降解 4－NP 的过程中可能被消耗完了，这与自由基淬灭实验的结果完全一致。此外，还观察到了弱的 ·OH 信号，这表明 ·OH可能在降解 4－NP 的过程中被消耗，或者在 4－NP 存在时几乎不会生成 ·OH。但是，自由基淬灭实验表明在降解酚类有机物的过程中，·OH 不是主要的 ROS，与第一种推测矛盾。这表明在4-NP溶液中几乎不会产生·OH。因此，$O_2^{\cdot -}$和$^1O_2$是降解4-NP等酚类有机物的主要ROS。

（二）非金属原子掺杂石墨烯类催化剂

上述研究均展现了还原氧化石墨烯（rGO）在催化臭氧氧化降解有机污染物方面较好的催化性能。然而，Li等的研究表明rGO对双酚A的催化臭氧氧化过程没有任何催化活性[137]；Rivoira等发现对于对氯苯甲酸的催化臭氧氧化降解，rGO的催化活性很低[138]，这限制了它们在环境催化中的应用。因此，需要寻求其他方法进一步改善rGO的催化性能。杂原子掺杂是一种通过调节石墨烯的能带结构和电子转移能力来改变石墨烯的化学状态和电学性质的有效方法。引入的非金属原子（如N、S、P等）具有不同的原子半径、电子密度和电负性，因而可以改变碳材料表面的电荷分布，产生新的活性位点，从而有效地提高其催化活性。

据报道，非金属原子掺杂可以提高碳材料在氧化脱氢反应（ODH）[139]和氧化还原反应（ORR）[140]中的电化学催化活性、亲水性和选择性。在环境修复领域，Sun等发现将氮原子掺杂到rGO和碳纳米管中可以显著提高过硫酸盐的吸附能力和催化活性[141-142]。此外，在催化臭氧方面，Wang已证明通过改变制备方法，经过微波处理的rGO在催化氧化方面表现出更好的性能。而氮掺杂还会进一步提高该材料的催化活性及稳定性，微波热解也会促进更多的氮掺杂到碳表面。

在这项研究中，分别使用硝酸铵和GO作为氮和碳的前驱体，通过微波热解法制备了N掺杂的MWI-rGO-N[100]。另外，还在氩气氛中经过高温热解合成了N掺杂的Argon-rGO-N。由MWI-rGO和MWI-rGO-N的SEM图像可知（图2-2-36a和图2-2-36b），氮掺杂会改变石墨烯片的形态。与未掺杂的rGO相比，由于杂原子掺杂到碳骨架中，因此N掺杂石墨烯片的边缘更加皱。在TEM图像中观察到缠绕的石墨层，这可能是因为N原子在六边形碳环中的掺杂，破坏了石墨烯晶格的内部应变平衡（图2-2-36c）。

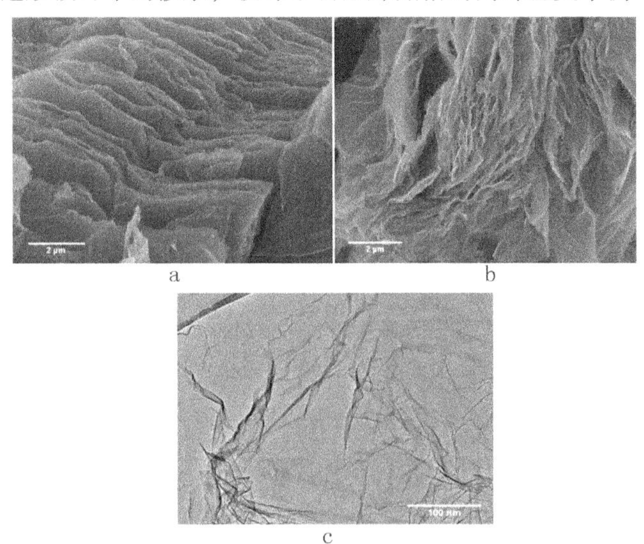

图2-2-36 MWI-rGO（a）和MWI-rGO-N（b）的SEM图；MWI-rGO-N（c）的TEM图

Argon - rGO、MWI - rGO、Argon - rGO - N 和 MWI - rGO - N 的拉曼光谱如图 2 - 2 - 37 所示，观察到一个以 1341 cm^{-1}为中心的强 D 波段和 1570 ~ 1585 cm^{-1}处的 G 波段。氮掺杂会导致石墨烯的 I_D/I_G降低，MWI - rGO - N 的 I_D/I_G从 0.95（MWI - rGO）降至 0.52（MWI - rGO - N）。这是因为 D 带仅出现在具有缺陷的 sp^2碳中，而 N 的掺杂会引入大量的拓扑缺陷[143]。与 Argon - rGO - N 相比，MWI - rGO - N 的 G 带表现出更好的洛伦兹线形，表明该石墨结构具有更高的结晶度[114]。G 带的位置可能受层数[144]、缺陷[145]、应变[146]和杂原子掺杂[147]等因素的影响。在该部分研究中，通过微波辐射和高温热解，石墨烯结构内的 N 掺杂导致 G 带下移，这与以前的研究非常吻合[148]。此外，氮掺杂的 rGO 上出现了一个 2D 峰，其强度受电子散射速率的影响，而与缺陷水平无关[149-150]。除了产生拓扑缺陷外，N 掺杂还会引入电子从而提高电子散射率[151]。MWI - rGO - N 的 2D 峰强度更高，表明 N 掺杂程度比 Argon - rGO - N 更高。而且与通过高温热解合成的 Argon - rGO - N 相比，微波辐射恢复了石墨烯的结晶度并增加了 sp^2结构区域。BET 结果显示，N 掺杂后 rGO 的比表面积减小，这与图 2 - 2 - 36 SEM 图和 TEM 图中 N 掺杂 rGO 含有的褶皱和多层结构一致。杂原子掺杂可能通过形成高度褶皱和边缘缺陷结构来影响石墨烯的结构[152]。

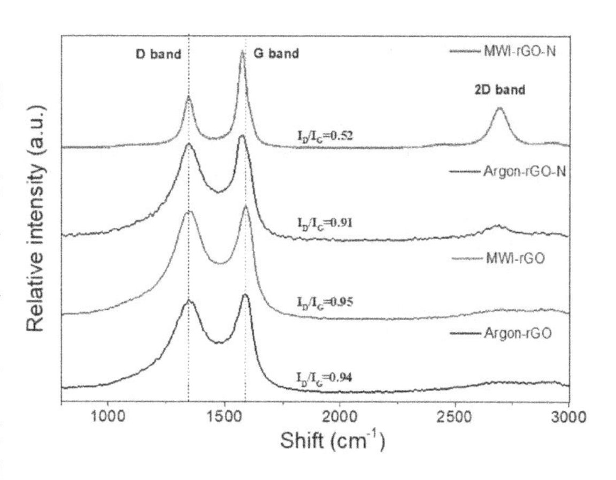

图 2 - 2 - 37　Argon - rGO、MWI - rGO、Argon - rGO - N 和 MWI - rGO - N 的拉曼光谱

该研究通过 XPS 进一步分析了石墨烯表面的化学组成，结果如图 2 - 2 - 38 所示。与 Argon - rGO - N（3.52%）相比，MWI - rGO - N 具有更高的氮掺杂量（4.56%），这与拉曼光谱结果一致，说明微波辐射有利于碳材料的 N 掺杂过程。由 N 1s 光谱可知，N 掺杂的 rGO 中存在吡啶氮、吡咯氮、石墨氮和氧化氮 4 种类型的氮[129,153]，石墨烯晶格内 N 掺杂物的示意如图 2 - 2 - 39 所示。MWI - rGO - N 中的石墨 N 含量明显高于 Argon - rGO - N（分别为 33.77% 和 24.74%），这表明通过微波还原法可以将更多的氮原子掺入石墨烯晶格中。此外，Argon - rGO - N 中的吡咯氮和吡啶氮含量更高，这也证明了拉曼光谱中 Argon - rGO - N 的 D 带强度明显强于 MWI - rGO - N 的。该研究利用 Cryo - ESR 探究碳材料的缺陷位点和悬键[154-155]。如图 2 - 2 - 38d 所示，由于结构缺陷和氮掺杂物中未成对电子的存在，与未掺杂的 rGO 相比，掺入氮后它的 EPR 信号强度明显增强。

该工作进一步考察了 rGO 催化臭氧氧化的性能，分别用 4 - NP 和草酸作为目标污染物。如图 2 - 2 - 40 所示，在 MWI - rGO - N 的催化作用下，在 15 min 内将 4 - NP 完全降解，并且在 45 min 内 TOC 的去除率达 95% 以上。当草酸作为目标污染物时，观察到与 4 - NP 相似的降解曲线。反应速率常数是 MWI - rGO 的 1.4 倍（0.24 min^{-1}和

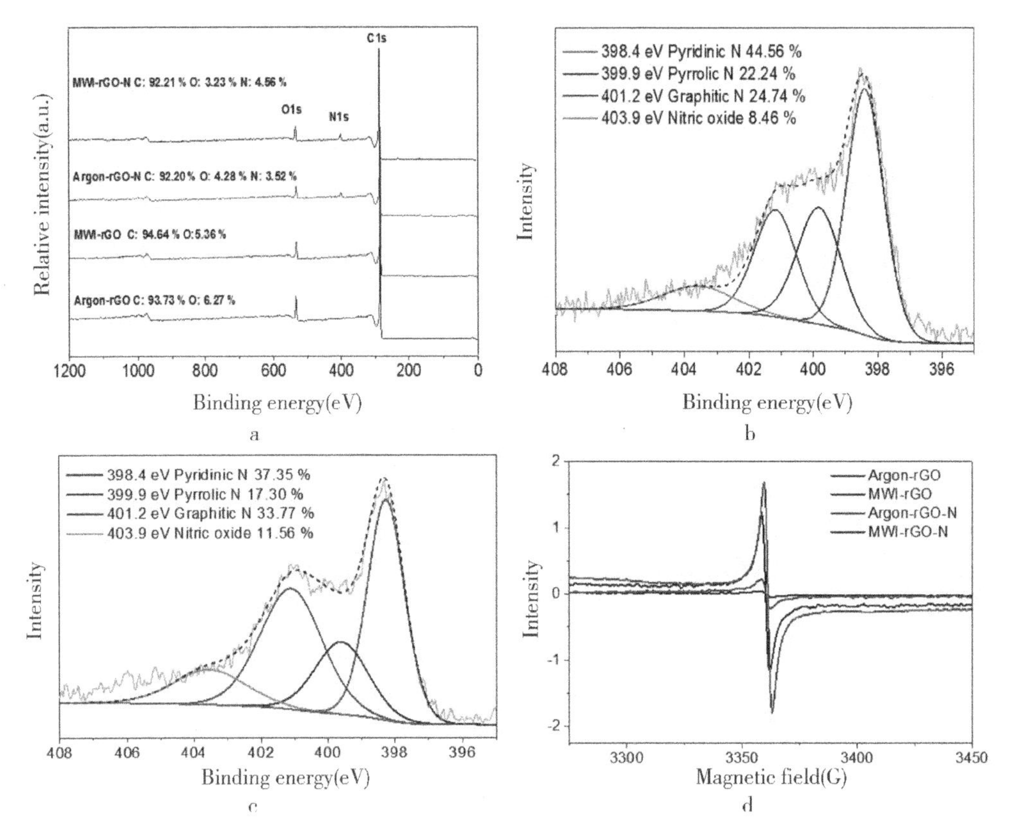

图 2-2-38　rGO 的 XPS 全谱图（a）、Argon-rGO-N 的 N 1s 谱图（b）、MWI-rGO-N 的 N 1s 谱图（c）和 rGO 的低温 EPR 光谱（d）

0.17 min^{-1}）。然而 MWI-rGO-N 的 SSA 比未掺杂的 rGO 小。研究表明，由于氮具有更大的电负性从而会促进相邻碳原子之间的电子转移，并且氮含有较高的电荷密度，这导致氮掺杂后 rGO 的催化活性显著增强[156-157]。

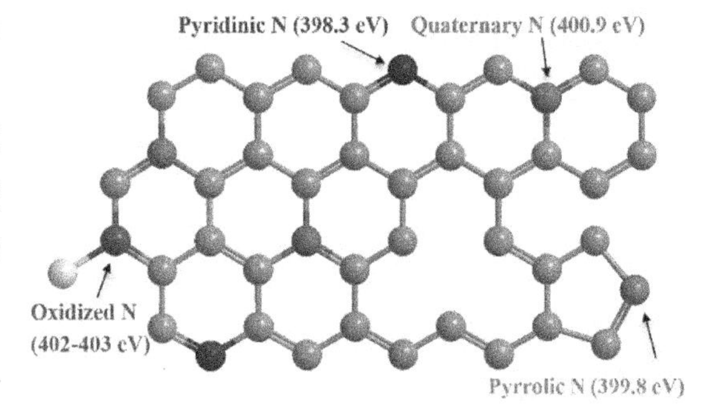

图 2-2-39　石墨烯晶格 N 掺杂示意

在臭氧氧化/催化臭氧氧化过程中，溶液 pH 会影响臭氧分子的稳定性。臭氧分子在碱性 pH 下易自分解产生活性物种，而在中性和酸性条件下臭氧自分解能力减弱[1]。因此研究不同 pH 下的催化臭氧氧化性能至关重要。图 2-2-41 分析了溶液初始 pH 对 4-NP 降解和矿化效率的影响。对于臭氧氧化和催化臭氧氧化过程来说，4-NP 降解速率都随着溶液 pH 的升高而增加。pH=3 时，降解效率较慢的原因可能是臭氧自分解的能垒较高。当溶液的 pH 提高到 9 时，臭氧自分解产生的活性物种有助于提高臭氧氧化/催化臭氧氧化的效率。由于 4-NP 的 pK_a 为 7.15，其在 pH=9 下带正电，而催化剂表面被去质子化后（pH_{pzc}=5.2）所产生的静电力将促进催化剂对 4-NP 的吸附，这有利于 4-NP 在石墨烯表面降解。就 TOC 矿化情况而言，在 pH 增加的过程中臭氧氧化效率得到了提高，但在催化

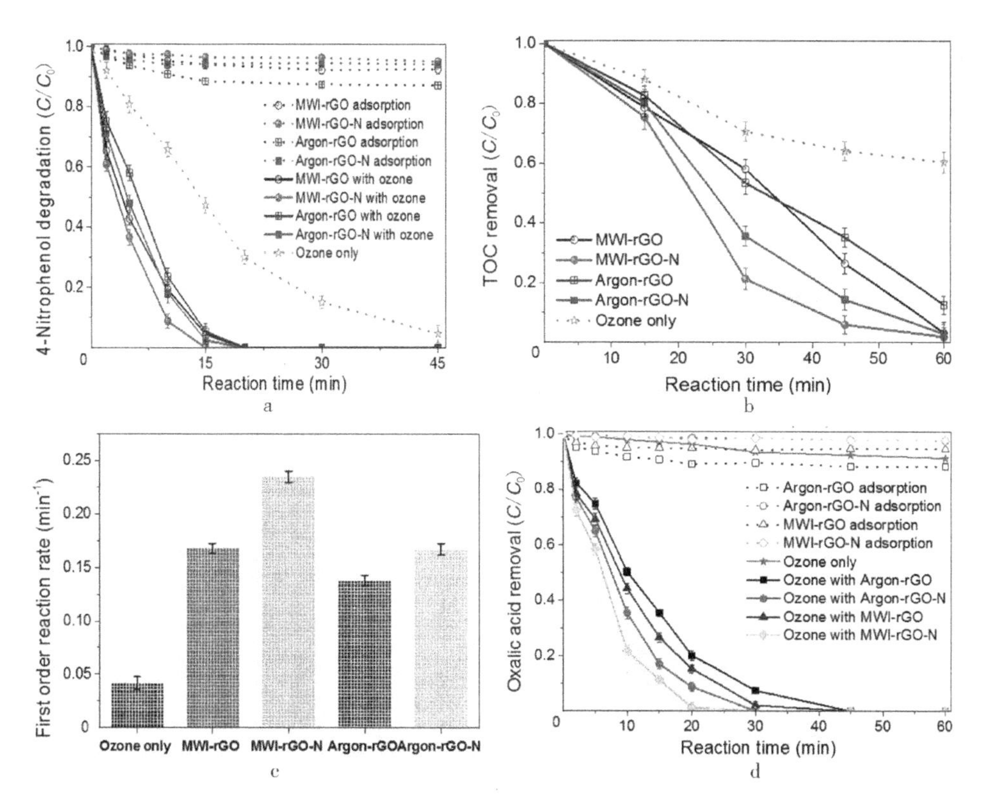

图 2-2-40　Argon-rGO-N 和 MWI-rGO-N 催化臭氧氧化 4-硝基苯酚的去除率（a）、TOC 去除率（b）、反应速率常数（c）和草酸的去除率（d）

{反应条件：催化剂负载量为 0.1 g/L，[4-NP] = 50 mg/L，臭氧流速为 100 mL/min，[O_3] = 50 mg/L，温度为 25 ℃，初始 pH 为 5.0，用 0.1 mol/L HCl/NaOH 溶液调节 pH}

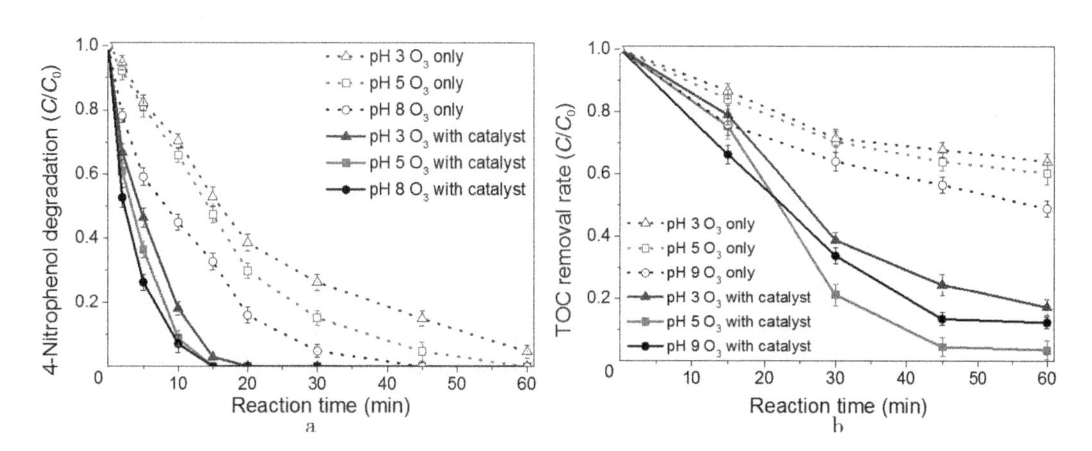

图 2-2-41　MWI-rGO-N 催化下溶液初始 pH 对污染物降解效率（a）和矿化效率（b）的影响

{反应条件：催化剂负载量为 0.1 g/L，[4-NP] = 50 mg/L；臭氧流速为 100 mL/min；[O_3] = 50 mg/L；反应温度为 25 ℃；用 0.1 mol/L HCl/NaOH 溶液调节 pH}

臭氧氧化过程中，pH =5 时 TOC 的去除率达到最大。此时溶液的 pH 接近催化剂的 pH_{pzc}（5.2），而当 pH 增加到 9 时 TOC 去除率降低至 88%，这表明催化剂表面带中性电荷比正电荷或负电荷更有利于对臭氧的活化。此外，在较高的 pH 范围内，臭氧和水分子之间的传质可能会受影响。

为了进一步探究不同氮掺杂类型的作用，Wang 等通过 DFT 计算深入模拟了活性 N 物种参与的催化臭氧氧化过程[103]。为了简化 DFT 模拟，在边缘分别用不同的 N 掺杂（吡啶 N、吡咯 N 和石墨 N）构建单层石墨烯模型。模拟结果表明，O_3分子在吡啶 N 附近时，可促进其自发解离，吸附能为 -1.32 eV（图 2 -2 -42a）。O_3分子与石墨烯基质形成较弱的 C—O 键，因而分解形成表面结合的原子氧（$*O_{ad}$）和游离的过氧化物（$*O_{2free}$）。根据计算结果，无论是臭氧分子内 O—O 键长度（l_{O-O}）还是吸附能，边缘石墨 N 的催化活性都优于内部石墨 N 和吡咯 N。与原始臭氧分子（0.1285 nm）相比，最终吸附状态时臭氧在边缘石墨 N、内部石墨 N 和吡咯 N 上的 l_{O-O}分别伸长至 0.1405 nm、0.1321 nm 和 0.1297nm，对应的吸附能分别为 -0.74 eV、 -0.58 eV 和 -0.24eV。

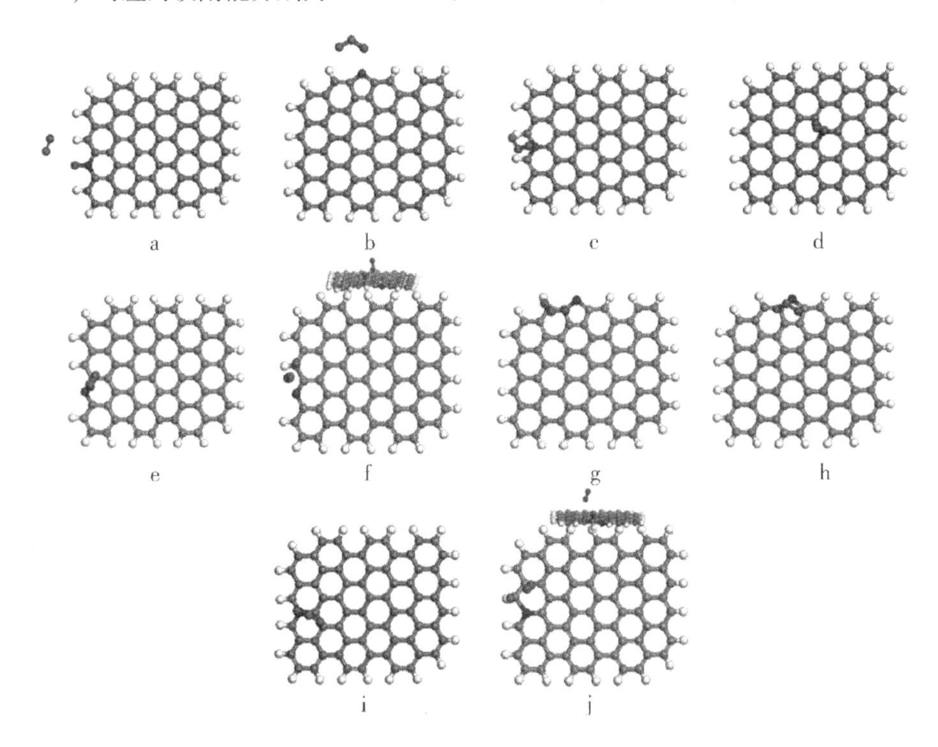

图 2 -2 -42 （a ~ d）石墨烯层中不同 N 掺杂位点上臭氧分子最优吸附结构的 DFT 模型及（e ~ j）石墨烯层中与不同 N 掺杂位点相邻的 C 原子上臭氧分子最优吸附结构的 DFT 模型

（a 吡啶 N、b 吡咯 N、c 边缘石墨 N 和 d 内部石墨 N；e 吡啶 N 的 C1 原子、f 吡啶 N 的 C2 原子、g 吡咯 N 的 C1 原子、h 吡咯 N 的 C2 原子、i 边缘石墨 N 的 C1 原子和 j 边缘石墨 N 的 C2 原子）

DFT 模拟显示，N 掺杂也改变了掺杂位点附近 C 原子的电荷分布（图 2 -2 -43）。为了评估对臭氧分解的影响，将 O_3置于具有低电荷密度（C1）和高电荷密度（C2）的相邻 C 位点。图 2 -2 -43 中显示了不同模型中详细的 C1 和 C2 原子分布。模拟结果表明，较高的电荷密度有利于臭氧分解。无论是吡啶 N 还是石墨 N，具有高电荷密度的 C2 原子都能催化 O_3分解为 $*O_{ad}$和 $*O_{2free}$。C1 原子的低电荷密度只引起了 O_3分子 l_{O-O}轻微的拉伸且吸附能较低。此外，石墨 N 模型中的 C2 原子对臭氧的吸附具有很高的活性，其吸附能为 -1.9 eV，高于吡啶 N 及其邻近的 C 原子。因此，与石墨 N 相邻、并具有高电荷密度的 C 原子在促进催化活性的提高上具有关键作用。然而，在吡咯 N 旁边的 C 原子则出现了不同的情况。虽然掺杂吡咯 N 改变了电子的分布，导致边缘结构具有更多的电子电荷，但五元环会阻碍电子转移过程，从而抑制臭氧的吸附。因此，除了 N 掺杂位点外，六元环中具有高电荷密度的相邻 C 原子，特别是与石墨 N 相连的 C 原子，是催化臭氧分解的可能活性位点。

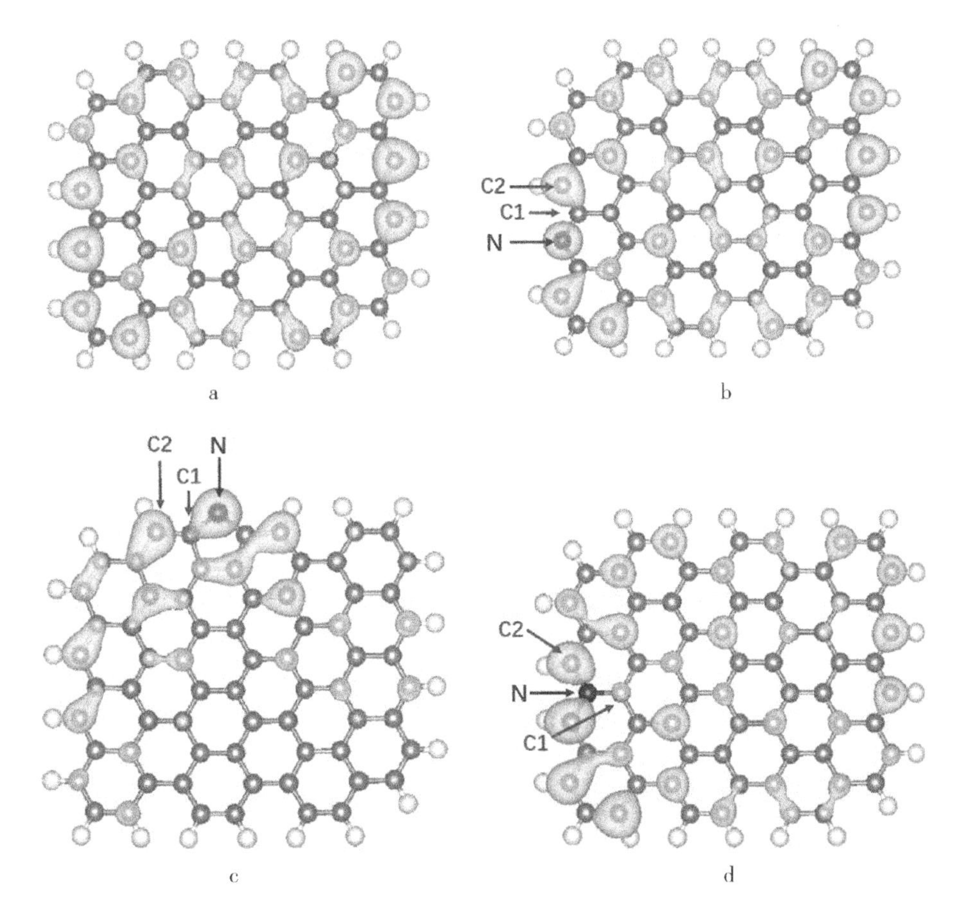

图 2-2-43　优化后原始石墨烯层的电荷密度分布：吡啶 N 掺杂石墨烯模型（a）、吡咯 N 掺杂石墨烯模型（b）和边缘石墨 N 掺杂石墨烯模型（c）及石墨烯的边缘被氢原子钝化（d）

为了确定 rGO 催化臭氧氧化降解 4-NP 过程中的 ROS，进行了液相 EPR 测试和自由基淬灭实验。DMPO 作为·OH 和 $O_2^{\cdot -}$ 的自旋捕获剂，结果如图 2-2-44a 所示。在 MWI-rGO-N 的催化下，将 0.1 mol/L DMPO 加入反应溶液中，出现了 DMPO-·OH 加合物的强信号，说明在该催化反应体系中产生了·OH。图中也观察到 DMPO-·OOH 加合物的信号，证明了 $O_2^{\cdot -}$ 的产生。氧化还原电位为 0.85 V 的单线态氧（$^1O_2$）也具有降解有机污染物的能力[158]，TEMP 用于验证$^1O_2$的存在（图 2－2－44b）。当 TEMP（0.1 mol/L）加入后，可以识别出具有特征性的三重态 TEMPO 信号，表明在催化臭氧氧化条件下还会产生$^1O_2$。

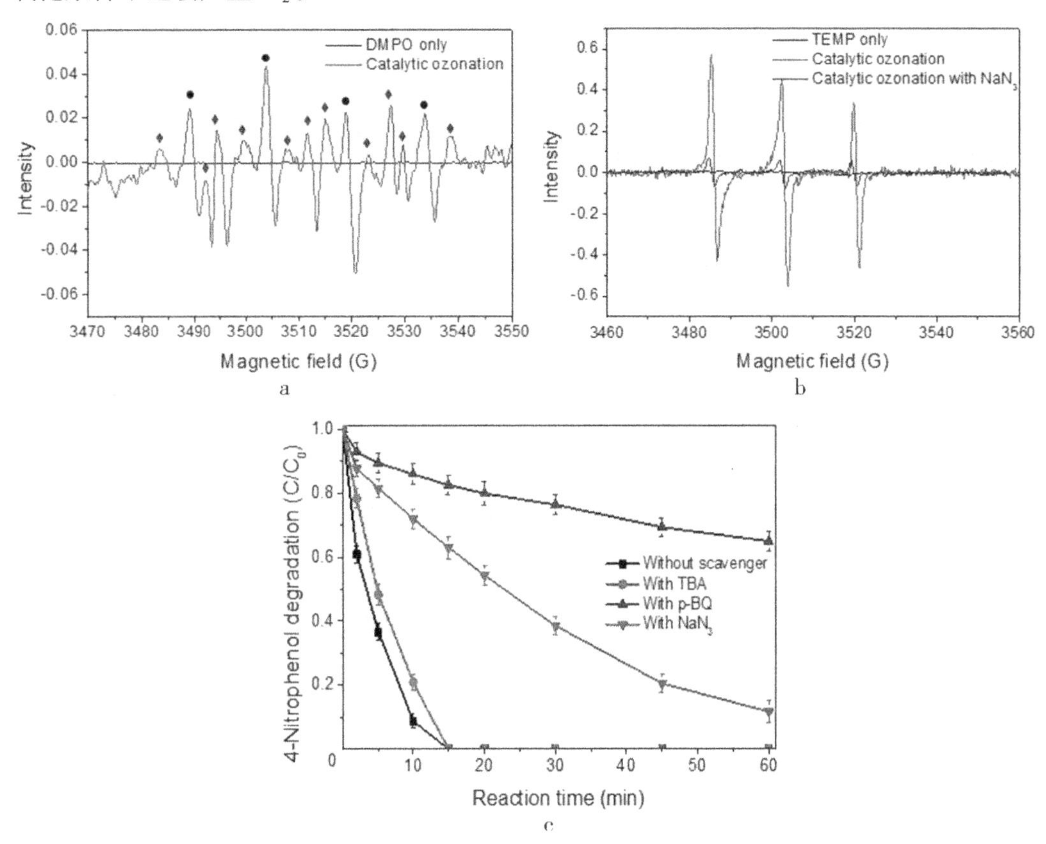

图 2－2－44 使用 DMPO 作为自旋捕获剂的液相 ESR 光谱（a）、使用 TEMP 作为自旋捕获剂的液相 ESR 光谱（b）和 MWI－rGO－N 催化臭氧氧化过程中的自由基淬灭实验（c）

{EPR 测试条件：中心场为 3510 G，扫描宽度为 100 G，微波频率为 9.87 GHz，调制频率为 10 GHz，功率为 18.11 mW。反应条件：催化剂负载量为 0.1 g/L，臭氧流速为 100 mL/min，臭氧浓度为 50 mg/L，温度为 25 ℃，［t－BA］＝12 mmol/L，［p－BQ］＝6 mmol/L，［NaN_3］＝12 mmol/L}

在自由基淬灭实验中，尽管加入·OH 淬灭剂 t－BA 后产生的细小气泡会提高传质速率，但加入 12 mmol/L 的 t－BA 仍会对 4－NP 的降解产生轻微的抑制作用（图 2－2－44c），这表明·OH 参与了催化臭氧氧化反应。将 p－BQ 用作 $O_2^{\cdot-}$ 的淬灭剂[159]，加入 6 mmol/L p－BQ 显著降低了 4－NP 的催化降解效率，60 min 后还有超过 75% 的 4－NP没有被降解。由于 p－BQ 含不饱和键，因此也可能会受到臭氧的攻击。但是与 4－NP的消耗相比，该竞争反应可以忽略不计，过量的 p－BQ 仍然可以淬灭 $O_2^{\cdot-}$[101]。因此，$O_2^{\cdot-}$是降解 4－NP 的另一种重要 ROS。叠氮化钠（NaN_3）被用作$^1O_2$的淬灭剂，在催化臭氧氧化反应溶液中加入 NaN_3可以大幅降低 TEMPO 的信号强度（图 2－2－44b），表明其具有很强的$^1O_2$淬灭能力，但是 NaN_3与$^1O_2$和·OH 的反应速率常数非常相似［2×10 mol/（L·s）和 1.2×10 mol/（L·s）］[135－136]。由于已经通过 t－BA 淬灭反应确认・OH 对 4 – NP 降解的贡献大小，并且发现添加 12 mmol/L NaN_3后会进一步降低 4 – NP 的去除率，因此，可以判断 $^1O_2$参与了 4 – NP 的降解。基于以上结果，在 MWI – rGO – N 催化臭氧氧化降解有机污染物的过程中，・OH、$O_2^{\cdot -}$ 和$^1O_2$均参与了 4 – NP 的降解。

以上研究表明，在经过微波处理的 rGO 中掺入 N 原子有利于催化活性的提高。为了进一步探究其他非金属原子掺杂的影响，Yin 等[160]分别合成了 N 和 P 掺杂的还原氧化石墨烯，并首次将其用于抗生素磺胺甲噁唑（SMX）的催化臭氧氧化降解。该工作采用改进 Hummers 法合成了氧化石墨烯（GO），分别将硝酸铵和磷酸二氢铵作为氮源和磷源，获得了 N 掺杂的 rGO（NGO）和 P 掺杂的 rGO（PGO）。

为了探究杂原子掺杂对 rGO 的结构与性质的影响，通过拉曼光谱表征碳材料的缺陷与无序程度。如图 2 – 2 – 45 所示，与 rGO 相比，NGO 和 PGO 中 D 带强度更高，这说明随着 N 和 P 的掺杂，石墨烯的结构无序性增加。NGO（0.987）与 PGO（0.898）的 D 带和 G 带的比值（I_D/I_G）均高于 rGO（0.868），证明了 N 和 P 的掺杂会导致更多缺陷位点的产生。

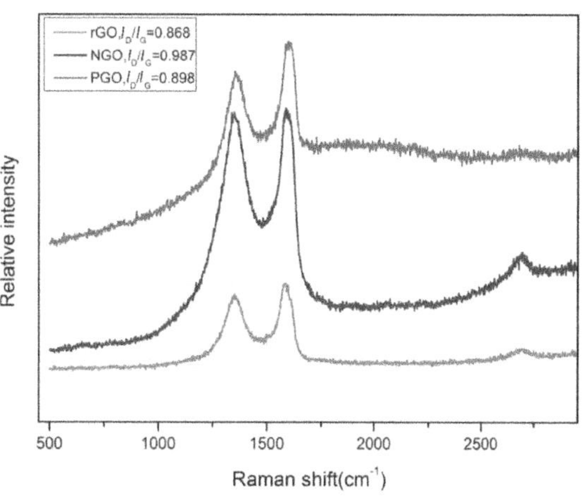

图 2 – 2 – 45　rGO、NGO 和 PGO 的拉曼光谱

XPS 谱图如图 2 – 2 – 46 所示，在 NGO 中 N 以吡啶 N、吡咯 N 与石墨 N（1.00：10.77：4.35）的形式存在，其中吡咯 N 为 NGO 主要掺杂构型。吡咯 N 和石墨 N 所占比例对催化活性有着重要的影响。在该研究中，NGO 中吡咯 N 和石墨 N 占 3/4，表明 NGO 中存在大量的电子传递媒介和活性位点，具有较高的催化性能。此外，PGO 也具有较高的 P 掺杂量（9.86%），主要以 P—O键的形式存在。

通过催化降解 SMX 来测试样品的催化活性，如图 2 – 2 – 47 所示，在臭氧氧化 5 min后，rGO、NGO 和 PGO 催化体系对 SMX 的降解率分别为 83%、95% 与 99%。表明 NGO 与 PGO 具有比 rGO 更高的催化臭氧氧化活性。通过伪一级反应模型模拟 NGO 与 PGO 的催化臭氧氧化反应动力学，rGO、NGO、PGO 催化臭氧氧化的速率常数分别为 0.3172 min^{-1}、0.4751 min^{-1}和 0.4888 min^{-1}。与未掺杂的 rGO 相比，NGO 和 PGO 的催化效率均提高了约 50%。这是因为具有孤对电子的 N 原子和 P 原子会破坏原有的 sp^2碳结构，产生更多的缺陷位点，从而促进臭氧分子的吸附和转移，显著提高催化臭氧氧化过程的效率。

上述研究证明，P 掺杂的 rGO 和 N 掺杂的 rGO 在磺胺甲噁唑的催化臭氧氧化中显示出良好的催化活性。然而，该研究没有详细分析杂原子掺杂的石墨烯在催化臭氧氧化中的催化活性位点及掺杂原子的作用。此外，除了 N 和 P 掺杂的石墨烯外，其他杂

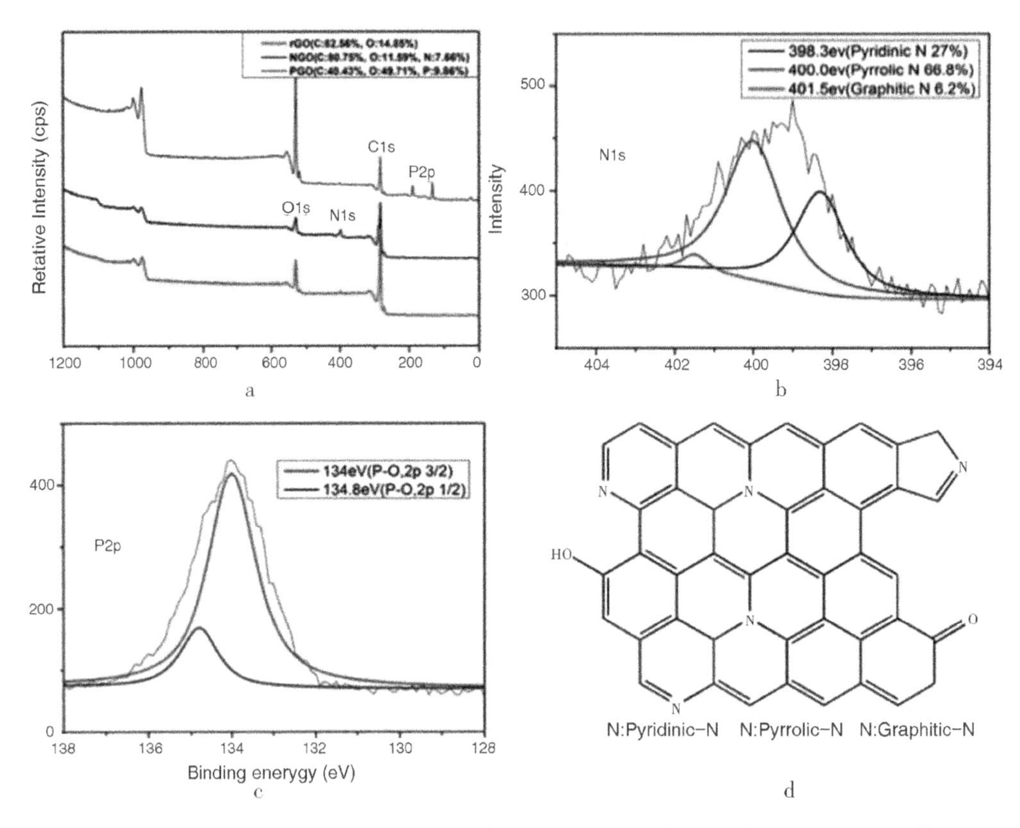

图 2-2-46　rGO、NGO 和 PGO 的 XPS 谱图（a）、NGO 的 N 1s 谱图（b）、PGO 的 P 2p 谱图（c）和不同掺杂类型的 N（d）

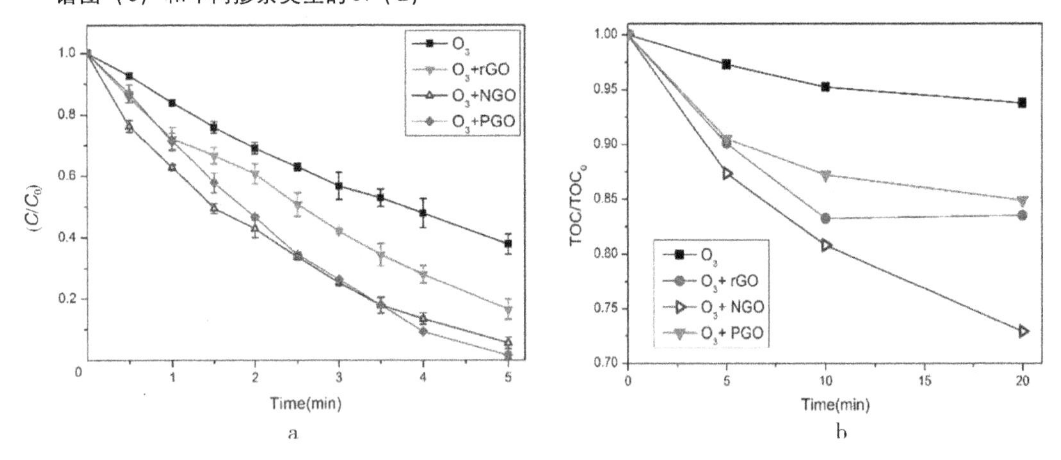

图 2-2-47　单独臭氧、rGO、NGO 和 PGO 催化臭氧氧化对(a)SMX 的降解效果和(b)TOC 去除率

{反应条件:[SMX]=50 mg/L,催化剂投加量为 1 g/L,臭氧流速为 2 g/h,pH=9,反应温度为(25±1)℃}

原子（如 B 和 S）的掺杂对石墨烯催化活性的影响也有必要进行考察。因此，为了进一步阐明掺杂杂原子石墨烯的催化臭氧氧化机制，Song 等[102]研究了掺氮、掺磷、掺硼和掺硫的 rGO（N-rGO、P-rGO、B-rGO、S-rGO）催化臭氧氧化降解苯并三唑（BZA）、对氯苯甲酸（PCBA）和溴酸盐（BrO_3^-）的过程，对该过程的催化活性位点和 ROS 等进行了系统的分析和总结。

该研究首先用 Hummers 法合成了 GO，将三聚氰胺、磷酸、硼酸和无水硫酸钠分别作为氮源、磷源、硼源和硫源，通过进一步的热还原处理合成了 N－rGO、P－rGO、B－rGO 和 S－rGO。SEM 图表明通过掺杂非金属原子，石墨烯片层剥落形成了高度缺陷的结构。其中，rGO 的比表面积（273.3 m^2/g）和孔体积（0.83 cm^3/g）最大。而掺杂杂原子会降低 rGO 的比表面积，这可能是由于掺杂后石墨烯片层更容易堆积并且颗粒发生了团聚。在掺杂过的 rGO 中，N－rGO 的比表面积最高（136.2 m^2/g），并且 N 原子的掺杂对 rGO 结构影响最小。然而，P－rGO、B－rGO 和 S－rGO 中的孔分布发生了明显变化，这可能会对 rGO 的结构稳定性产生不利影响。

掺杂杂原子的石墨烯催化臭氧氧化降解 BZA 和 PCBA 的降解效果对溴酸盐消除的影响如图 2－2－48 所示，结果表明 N－rGO、P－rGO 和 B－rGO 在 BZA 和 PCBA 的催化臭氧氧化中表现出很高的催化活性，计算得到的 k_{obs} 表明，催化活性的顺序为 N－rGO＞P－rGO＞B－rGO＞rGO＞S－rGO。溴酸盐（BrO_3^-）是催化臭氧氧化反应过程中一种典型的有毒副产物，可用来考察掺杂杂原子的石墨烯的催化性能。在单独臭氧氧化时，PCBA 溶液中 BrO_3^- 的含量为 84%，BZA 溶液中的含量为 58.5%。当加入杂原子掺杂的石墨烯后，BrO_3^- 浓度显著降低，其消除能力为 N－rGO＞P－rGO＞B－rGO＞

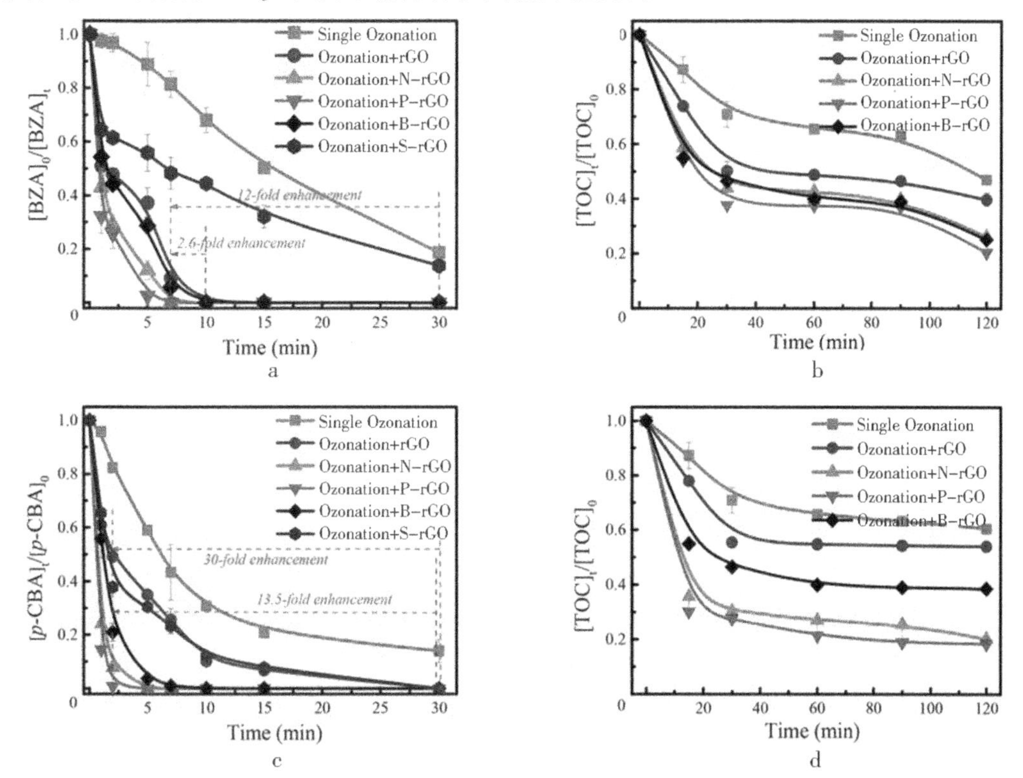

图 2－2－48　杂原子掺杂石墨烯催化臭氧氧化降解（a）BZA 和（b）PCBA 的降解效果及对（c～d）溴酸盐消除的影响

{反应条件：［Br^-］＝100 μg/L，［O_3］＝2 mg/L，［PCBA/BZA］＝0.084 mmol/L，催化剂投加量为 0.25 g/L，p－CBA 溶液初始 pH 为 4.75，BZA 溶液初始 pH 为 6.01}

rGO > S - rGO。以上结果表明，N - rGO 的催化能力最好，而 S 的掺杂对 rGO 的催化活性产生了负面影响。

三、碳纳米管类催化剂

碳纳米管（CNT）是一种一维的碳纳米材料，如图 2 - 2 - 49 所示，其具有石墨结构，可看作是单片的石墨卷曲起来形成的管状结构碳材料。根据碳纳米管层数的多少可以分为单壁碳纳米管和多壁碳纳米管。多壁碳纳米管（MWCNT）是由两个或多个不同直径的圆柱围绕着同一个空心轴形成的，相邻两管的层间距离约为 0. 34 nm。CNT 是中孔材料，不存在微孔，具有较大的外比表面积，这便于催化剂活性组分的分散，有利于减少反应物在液相中传质扩散的影响，促进有机物与催化剂之间的相互作用，从而有利于催化剂活性的提高。近年来，CNT 被广泛用作催化臭氧氧化的非均相催化剂以降解水体中的有机污染物，并且通过对 CNT 改性可以进一步提高其催化活性。

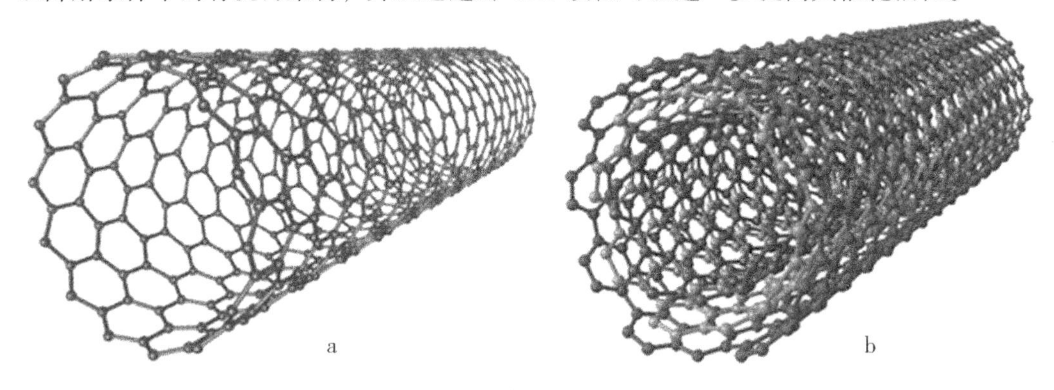

图 2 - 2 - 49　CNT（a）和 MWCNT（b）的结构示意

（一）碳纳米管催化剂

由于具有石墨结构的碳表面含有部分含氧官能团，当 CNT 在催化臭氧氧化体系中作为催化剂使用时，O_3 氧化会使其表面的含氧官能团的数量和种类都发生一定的变化，改变 CNT 的物理化学性质，进而对其催化活性产生影响。因此，Liu 等[107]研究了臭氧氧化预处理对 MWCNT 表面性能的影响，并以草酸为目标有机污染物探究了其对 MWCNT 催化活性的影响。讨论了碳纳米管的表面性质与催化活性之间的关系。

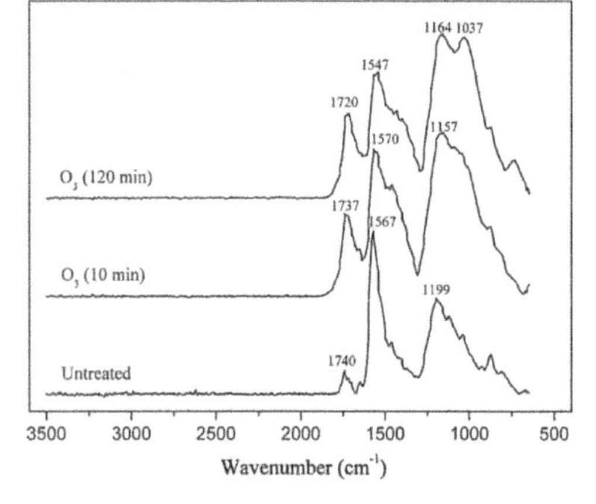

图 2 - 2 - 50　不同臭氧氧化预处理时间的 MWCNT 的红外光谱

该工作研究了不同的 O_3 氧化预处理时间对 MWCNT 的物理化学性质的影响。红外光谱（图 2 - 2 - 50）表明随着 O_3 氧化预处理时间的延长，MWCNT 表面上的羧基数目不断增加。并且 C ═C 双键易受 O_3 攻击，转化为羟基后可以进一步被氧化为羰基和羧基。并且通过 Boehm 滴定分析了不同的 O_3 氧化预处理时间下 MWCNT 的物理化学性质，结果如表 2－2－4 所示。可以发现，随着 O_3 氧化预处理时间的增加，MWCNT 表面的碱性官能团的数量不断减小，而酸性官能团的数量迅速增加。此外，在臭氧氧化预处理后，MWCNT 的比表面积和中孔体积略有增加。

表 2－2－4 MWCNT 的臭氧氧化预处理时间对其物理化学性质的影响

样品	比表面积/(m^2/g)	介孔体积/(cm^3/g)	酸性/(μmol/g)			碱性(μmol/g)	pH_{pzc}
			羧基	内酯	苯酚		
未作预处理	117.5	0.53	70	14	37	163	6.1
O_3(10 min)	125.1	0.56	196	67	39	70	3.9
O_3(120 min)	129.2	0.57	238	98	61	29	3.6

臭氧氧化预处理对 MWCNT 催化臭氧氧化降解草酸的影响如图 2－2－51 所示。与未经处理的 MWCNT 相比，O_3 氧化预处理后 MWCNT 的催化活性明显降低。并且 MWCNT 的催化活性随 O_3 氧化预处理时间的增加而降低。这与处理过的 MWCNT 表面基团的变化趋势一致（表 2－2－4）。因此，臭氧氧化预处理后 MWCNT 的活性损失主要是由于酸性官能团的增加和碱性官能团的减少。

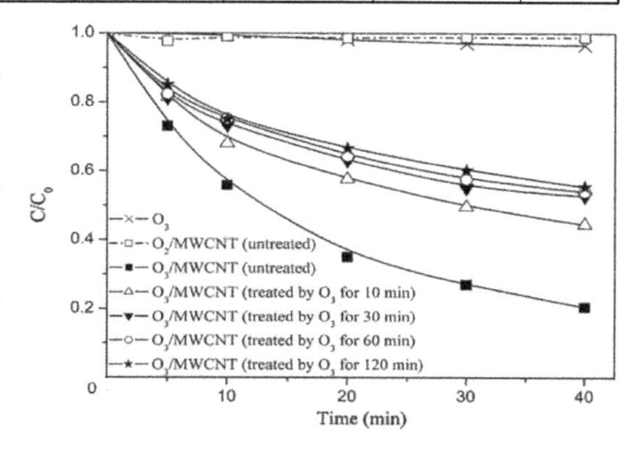

图 2－2－51 臭氧氧化预处理对 MWCNT 催化臭氧氧化降解草酸的影响

｛反应条件：反应温度为 293 K，初始 pH 为 3.0，[OA_0]＝1 mmol/L，气体流速为 480 mL/min，臭氧流速为 20 mg/min，催化剂用量为 100 mg/L｝

此外，该工作进一步对反应机制进行了探究。如图 2－2－52 所示，·OH 淬灭剂 t－BA 会降低 MWCNT 催化臭氧氧化过程对草酸的去除率。并且 t－BA 的存在并未对草酸在 MWCNT 表面的吸附产生明显的影响，t－BA 吸附量不超过 2%（图 2－2－52b）。这证明·OH 参与了 MWCNT 催化臭氧氧化去除草酸的过程。此外，与未经过处理的 MWCNT 相比，t－BA 对臭氧氧化预处理后的 MWCNT 的催化活性的抑制作用更显著，这是由于经过臭氧化预处理后 MWCNT 的表面性质发生了变化。

从另一个角度看，t－BA 在 MWCNT 上的吸附量很少，绝大部分 t－BA 都在液相中存在，因此可以完全抑制液相反应中产生的·OH 氧化草酸。然而，图 2－2－52 显示在 t－BA 的存在下，草酸依然存在一定的去除率。如果反应发生在 MWCNT 表面，t－BA 几乎不会影响草酸被·OH 氧化。因此，草酸臭氧氧化的自由基机制涉及在 MWCNT 上的表面反应和溶液本体中的反应。

MWCNT 催化臭氧氧化降解水溶液中草酸的主要反应途径如图 2－2－53 所示。在本体溶液中的反应有两种可能的自由基产生方式：一种是 MWCNT 在 O_3 转化为活性物质（如·OH）的过程中起到引发剂的作用；另一种是 O_3 与 MWCNT 的表面基团发生反

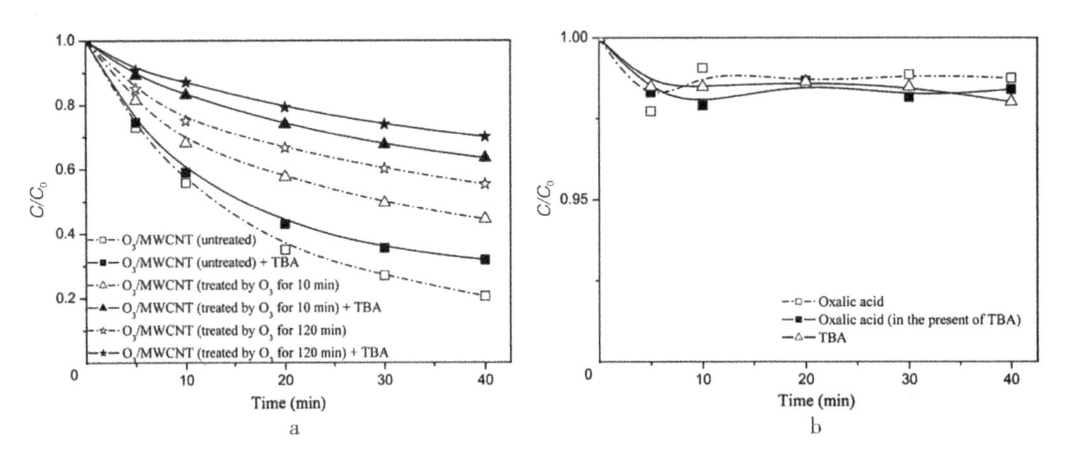

图 2-2-52　t-BA 对 MWCNT 催化草酸臭氧氧化的影响（a）及 t-BA 对草酸在 MWCNT 表面的吸附影响（b）

{反应条件：反应温度为293 K，初始 pH 为 3.0，草酸初始浓度为 1 mmol/L，气体流速为 480 mL/min，臭氧流速为 20 mg/min，[t-BA] =1 mmol/L，催化剂用量为 100 mg/L}

应生成过氧化氢，然后过氧化氢扩散到本体溶液中并与 O_3 反应生成 · OH。在 MWCNT 的表面反应，O_3 在 MWCNT 表面吸附并分解形成表面活性物质，进而将吸附在 MWCNT 表面上的草酸氧化成二氧化碳和水。

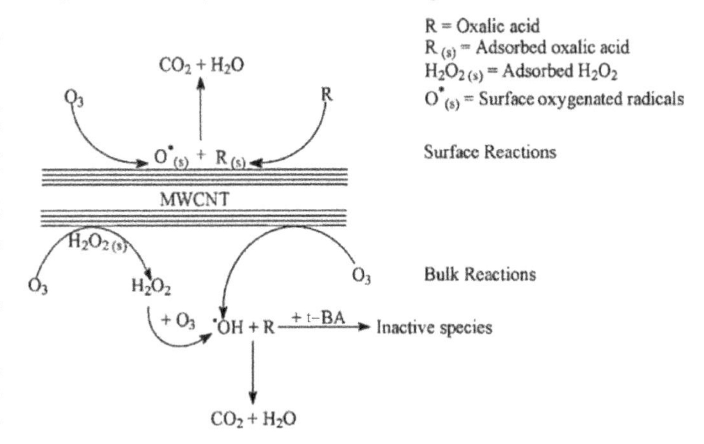

图 2-2-53　MWCNT 催化臭氧氧化降解水溶液中草酸的主要反应途径

如上所述，臭氧氧化预处理会导致 MWCNT 表面的酸性官能团增加及碱性官能团减少，从而使催化活性降低。该研究认为出现这种可能的原因有两种：第一种，MWCNT 表面碱性基团的减少和酸性基团的增加会抑制水溶液中的 O_3 转化为 · OH 的活性和过氧化氢的分解，因此，经过臭氧预处理的 MWCNT 不利于臭氧或过氧化氢的分解，以及高活性物质的形成，从而导致 MWCNT 的催化活性降低；第二种，MWCNT 的表面性质对草酸在其表面的吸附有显著影响，在臭氧氧化预处理后，MWCNT 表面上的正电荷会大幅减少，这会减少草酸阴离子在 MWCNT 表面上的吸附，从而削弱草酸在 MWCNT 表面的降解过程。

上述关于 O_3 氧化预处理对 MWCNT 催化活性影响的研究表明，O_3 氧化预处理会减少碱性官能团的数量，增加酸性官能团的数量，进而降低 MWCNT 的催化活性。由于温度和气体气氛均会对热处理过程中的碳材料性能产生重大影响，因此，Liu 等[108]通过催化臭氧氧化降解水溶液中的草酸，研究了两种气体气氛（N_2 和 H_2）和两种温度（450 ℃和 950 ℃）下不同热处理对 CNT 的表面性质及其催化性能的影响，同时考察了

CNT 的催化活性与其表面官能团之间的关系。由于未经预处理的 CNT 一般含有的官能团的数量较少，并且通常存在一些无定形碳和金属杂质，这可能会对该研究的实验结果产生不利影响。因此，该工作中首先采用 HNO_3对其进行预处理，增加其表面酸性官能团的数量。

表 2－2－5 总结了经不同预处理后 CNT 表面物理化学性质的变化。经 HNO_3预处理后，CNT 的 pH_{pzc}显著下降，这是因为 CNT 表面碱性官能团的减少和酸性官能团（内酯、苯酚、羧基）的增加。与 CNT－HNO_3相比，在 N_2或 H_2气氛热处理下，CNT 表面的酸性官能团数量显著减少，碱性官能团的数量明显增加，导致处理后的 CNT 的 pH_{pzc}显著增加。此外，经 HNO_3预处理后，CNT 的介孔体积（V_{meso}）明显增加，而表面积（S_{BET}）略有增加。热处理后，CNT－HNO_3的 S_{BET}和 V_{meso}分别略有下降。

表 2－2－5　不同预处理后 CNT 的物理化学性质的变化

样品	比表面积/(m^2/g)	介孔体积/(cm^3/g)	酸性/（μmol/g）			碱性/（μmol/g）	pH_{pzc}	燃烧损失率
				羧基				
商业材料 CNT	118	0.53	70	14	37	163	6.1	—
CNT－HNO_3	125	0.66	307	91	63	14	2.9	—
CNT－N_2－450	123	0.62	—	19	56	87	6.2	0.8%
CNT－N_2－950	119	0.6	—	—	—	193	8.9	4.1%
CNT－H_2－450	121	0.6	—	—	34	111	7.4	2.3%
CNT－H_2－950	115	0.58	—	—	—	208	9.2	16.7%

不同预处理条件下 CNT 催化臭氧氧化降解草酸性能时影响如图 2－2－54 所示，可以看出，与未经处理的 CNT 相比，HNO_3处理后其催化活性明显降低，而在经过热处理后，其催化活性明显提高。而且经过更高热处理温度（950 ℃）处理的 CNT 具有更高的催化活性。进一步分析发现，CNT 的 pH_{pzc}与草酸臭氧氧化的速率常数成线性关系。由于 H_2具有还原性，与 N_2气氛相比，H_2气氛处理下的 CNT 酸性基团的减少和碱性基团的增加更显著，这也导致了其对草酸更高的去除率。综合分析可知，CNT 的催化活性与其物理性质无直接相关性，但与其表面化学性质直接相关，碱性基团越多，pH_{pzc}越高，其催化活性就越高。

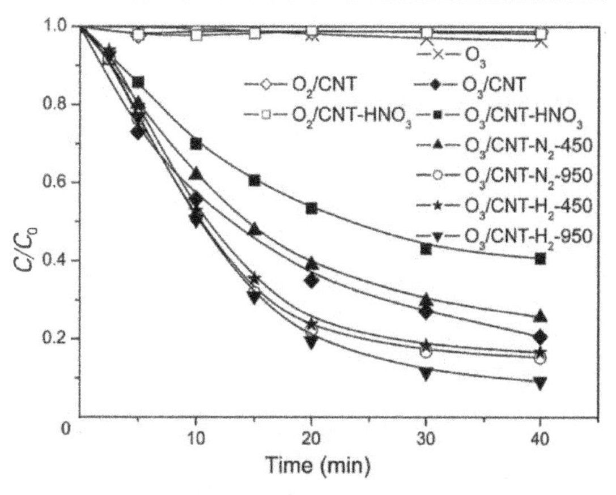

图 2－2－54　不同预处理对 CNT 催化臭氧氧化降解草酸性能的影响

（反应条件：反应温度为293 K，初始 pH 为 3.0，草酸初始浓度为 1 mmol/L，气体流速为 480 mL/min，臭氧浓度为 20 mg/min，催化剂用量为 100 mg/L）

为了探究 CNT 催化臭氧氧化的机制，该工作研究了 t－BA 对不同热处理的 CNT 催化臭氧氧化降解草酸的影响。如图2-2-55所示，加入t-BA后，CNT-HNO_3和CNT-N_2-450催化臭氧氧化降解草酸的去除率分别明显降低和轻微降低。然而，t-BA不会抑制CNT-N_2-950、CNT-H_2-450和CNT-H_2-950催化臭氧氧化降解草酸的活性。这可能是因为经过不同热处理后CNT的表面性质发生了变化。

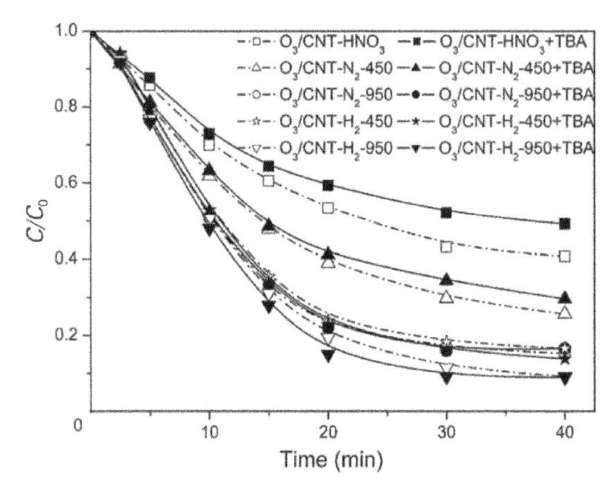

图2-2-55　t-BA对在CNT催化草酸臭氧氧化的影响

{反应条件：反应温度为293 K，初始pH=3.0，$[O_3]_0$=1 mmol/L，气体流速为480 mL/min，臭氧流速为20 mg/min，[t-BA]=1 mmol/L，催化剂用量为100 mg/L}

在催化臭氧氧化降解有机污染物的过程中，CNT上的表面反应一般为臭氧在CNT表面吸附和分解以产生活性物质，可将吸附的草酸氧化成二氧化碳和水，而CNT表面反应对草酸的降解活性主要由CNT的表面性质决定。如上所述，经热处理后CNT的碱性基团明显增加，这可能在两个方面影响表面反应：一方面，有利于将臭氧和某些中间产物（如H_2O_2）转化为活性物种（如·OH）；另一方面，由于热处理后CNT pH_{pzc}的增加导致了其表面正电荷的增加，这有利于草酸阴离子吸附在CNT表面上。因此，CNT上碱性基团的增加会导致CNT表面反应催化活性的提高。此外，随着热处理后CNT表面反应的增强，在溶液中·OH与草酸的反应对草酸降解的贡献会减少。此外，由于t-BA几乎不会吸附在CNT表面，t-BA对CNT表面降解草酸的反应影响很小。因此，与CNT-HNO_3相比，t-BA仅对CNT-N_2-450的催化活性产生轻微的抑制作用。CNT的表面性质对其催化臭氧氧化降解草酸的活性有重要影响，具有较多碱性基团的CNT更有利于催化臭氧氧化降解草酸。

（二）非金属掺杂碳纳米管催化剂

用非金属杂原子（如N、B和F）掺杂碳材料会改变原始碳材料的电子结构和电化学性能（图2-2-56），是一种提高碳材料催化活性的有效方法。由于不同原子间电负性的差异，改变了掺杂元素周围的电子云密度，从而提高了对臭氧分子的亲和性。此外，非金属杂原子掺杂会增加费米能级上的电子密度，提高电子传递的效率。

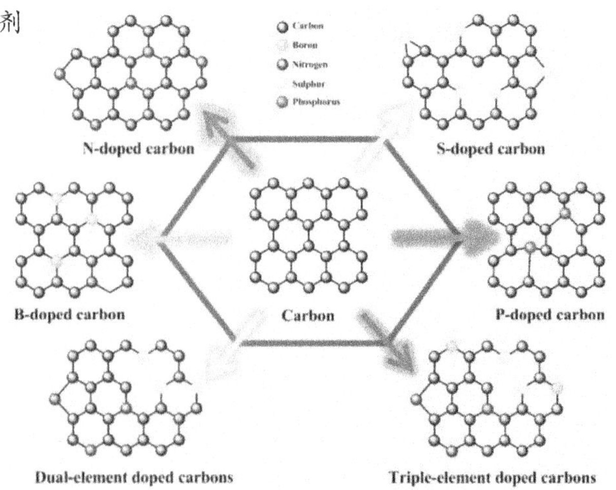

图2-2-56　不同杂原子掺杂碳的结构示意

已有研究表明，掺杂某些负电

性元素（如 N 和 O）可以改善碳材料的催化臭氧氧化性能，F 是电负性最强的元素，其电负性为 3.98，远高于 N（3.04）和 O（3.44）。F 掺杂具有强大的吸电子能力，与 N 掺杂或 O 掺杂相比，可在相邻 C 原子上产生相对较高的正电荷密度，从而进一步加速臭氧的活化。Wang 等[106]以 HF 为 F 前体，使用不同浓度的 HF 溶液合成了不同 F 含量的 F－CNTs。

原始碳纳米管和氟化碳纳米管的形态如图 2－2－57 所示，它们的 TEM 图显示出相似的管状结构，表明 F 掺杂不会明显破坏碳纳米管的结构。如表 2－2－6 所示，所有样品的比表面积（SSA）在 190～210 m^2/g。所有样品均为中孔结构，平均孔径为 10～12 nm。

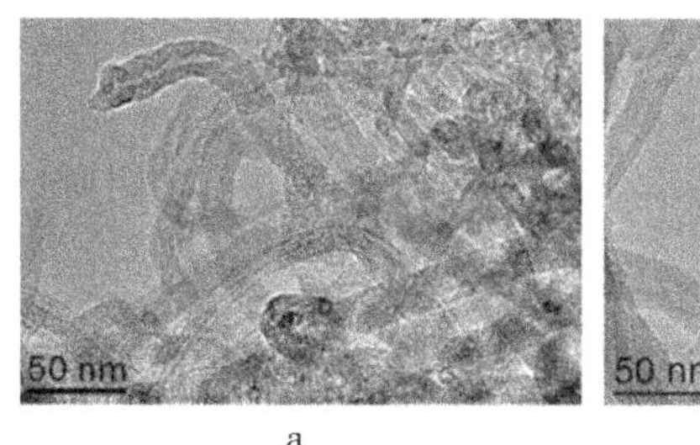

a

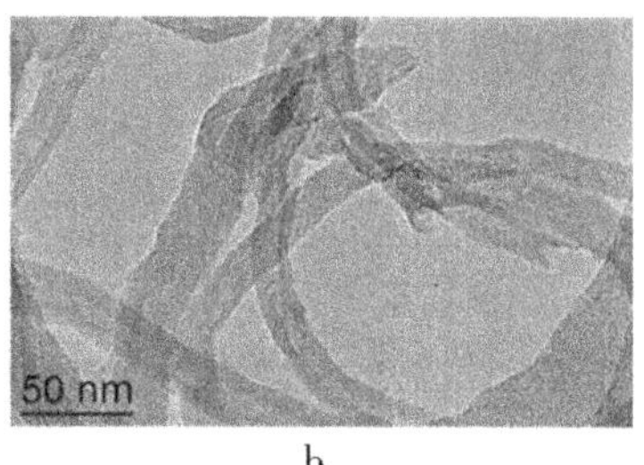

b

图 2－2－57　原始碳纳米管（a）和氟化碳纳米管（b）的形态

表 2－2－6　合成 F－CNTs 的结构性质

样品	比表面积/（m^2/g）	介孔体积/（cm^3/g）	平均孔径/nm
$CNTs_0$	204.0	0.619	11.72
F－CNTs－0.15	200.3	0.559	10.89
F－CNTs－0.30	190.5	0.633	12.04
F－CNTs－0.45	197.9	0.503	10.72
F－CNTs－0.60	195.4	0.548	11.94

原始碳纳米管和氟化碳纳米管的 XRD 表征如图 2－2－58a 所示，所有样品均在 $2\theta=26.0°$处显示出一个强的宽衍射峰，该峰对应于 CNT 六方石墨结构的（002）反射，表明 F－CNTs 样品保留了石墨的高度有序结构。F－CNTs 的拉曼谱图如图 2－2－58b 所示，分别约在 1340 cm^{-1}和 1570 cm^{-1}处观察到特征 D 带和 G 带。I_D/I_G取决于 sp^2/sp^3，由于原始和 F 掺杂 CNT 的 I_D/I_G几乎相同，因此 F 掺杂不会导致明显的结构缺陷。这表明 CNT 的氟化可能发生在 sp^3 C—C 位而不是 sp^2 C—C 位。

F－CNTs 的 XPS 谱图如图 2－2－59 所示，在掺入 F 原子后，sp^2 C—C 键的峰强度没有明显变化，然而含氧基团的峰强度明显降低。该结果证实了 CNT 的氟化发生在与含氧基团连接的 C 位上，这与拉曼谱图得出的结果一致。

因此，XPS 谱图和 Raman 谱图均表明，CNT 中 F 的掺杂几乎不会破坏 CNT 的 sp^2 C—C 结构。

不同 F 含量 F－CNTs 对催化臭氧氧化降解草酸活性的影响如图 2－2－60 所示。掺 F 的 CNT 比不掺 F 的 CNT 具有更好的催化臭氧氧化活性，F－CNTs－0.45 的催化臭氧

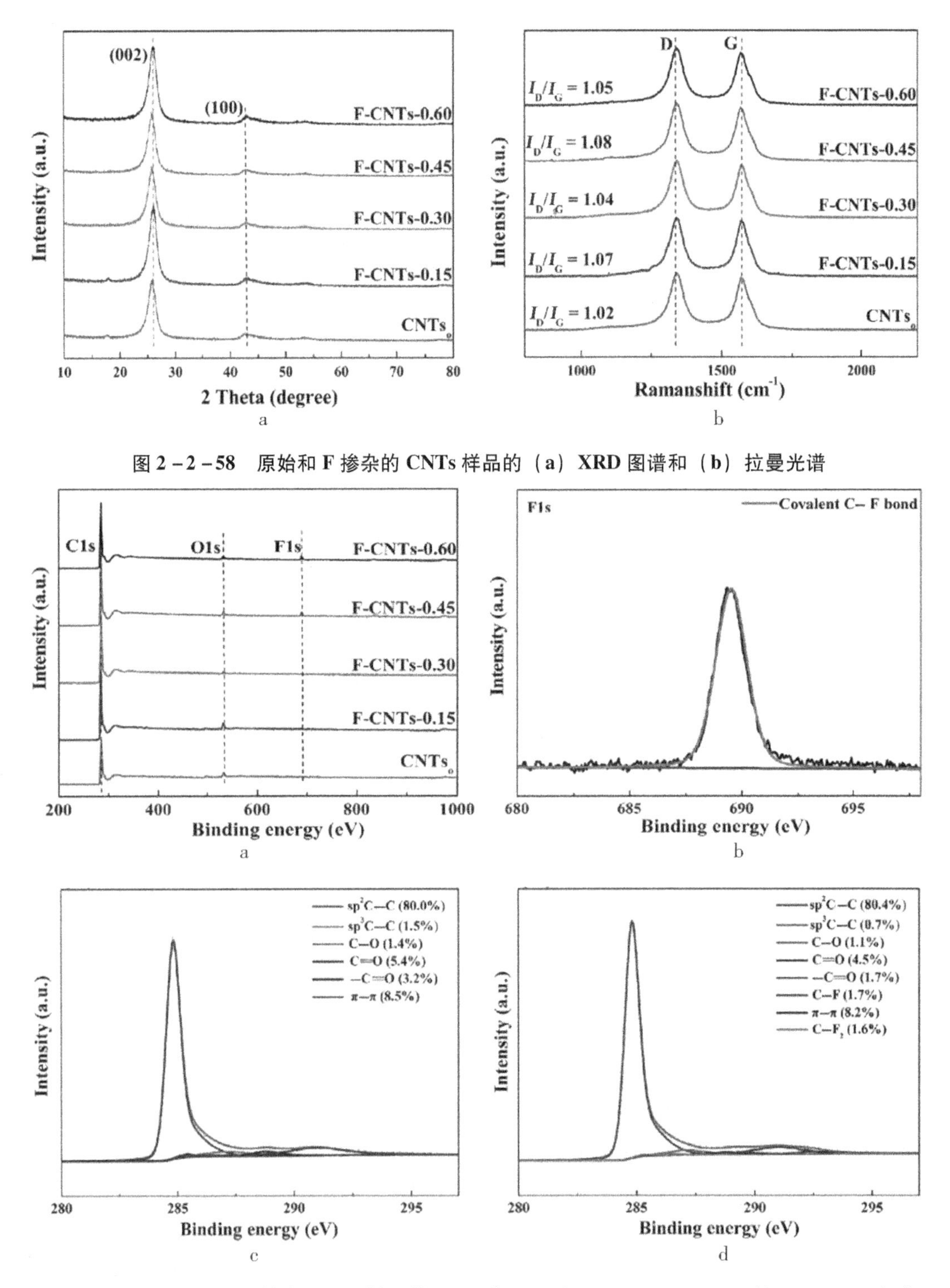

图 2-2-58　原始和 F 掺杂的 CNTs 样品的（a）XRD 图谱和（b）拉曼光谱

图 2-2-59　原始和 F 掺杂 CNTs 样品的 XPS 谱图（a）、F-CNTs-0.45 的 F 1s XPS 光谱（b）、原始 CNT 的 C 1s XPS 光谱（c）、F-CNTs-0.45 的 C 1s XPS 光谱（d）

氧化效果最好。此外，随着 F 含量的增加，F－CNTs 的催化活性先升高后降低，这可能与悬浮液中 F－CNT 的催化性能和分散性之间的相互依赖性有关。催化剂的分散性在液相催化过程中起着至关重要的作用，但是由于 C—F 键具有超强疏水性，掺 FCNT 的分散性比原始 CNT 更差。因此，需要合成具有高分散性的 F－CNTs 催化剂以进一步提高其催化活性。

为了探究催化臭氧氧化过程中的 ROS，以 DMPO 和 TEMP 作为自由基自旋捕集剂进行了 EPR 实验。结果表明，在催化臭氧氧化降解草酸的过程中 $O_2^{\bullet -}$ 和 $^1O_2$ 是主要的 ROS，并且 F 的掺杂会促进 $O_2^{\bullet -}$ 的生成。为了探究催化臭氧氧化过程中的活性部位，进行了 XPS 分析。如图 2－2－61a 所示，与原始 F－CNTs 比，使用过的 F－CNTs 羰基（C ═ O）含量从 4.5% 下降至 3.2%，而羧基（—C ═ O）含量从 1.7% 增加到 6.6%。此外，与原始 F－CNTs－0.45 比，使用过的 F－CNTs－0.45 的 pH_{pzc} 略有降低，这与其对 O_3 的催化性能相符。以上结果表明碳材料的表面酸碱性基团可能在其催化臭氧氧化过程中起重要作用。然而，F 掺杂的 CNT 和原始 CNT 相比，pH_{pzc} 几乎没有变化，而两者的催化性能具有明显的差异。这说明除表面酸碱性外，可能还有其他因素决定碳材料的催化性能。

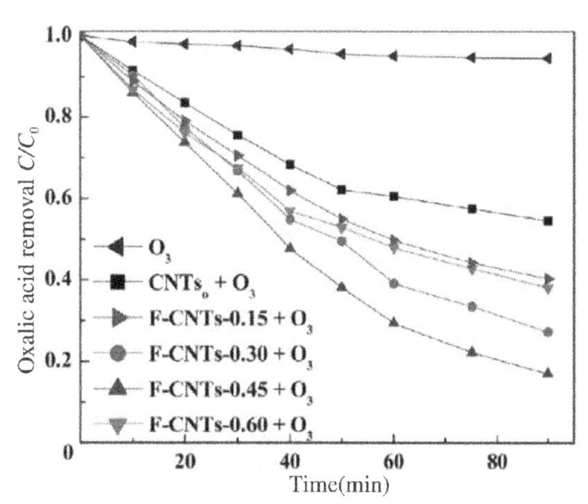

图 2－2－60　不同 F 含量 F－CNTs 对催化臭氧氧化降解草酸活性的影响

（反应条件：初始 pH 为 2.8，草酸初始浓度为 2 mmol/L，臭氧浓度为 4 mg/min，催化剂用量为 0.05/L）

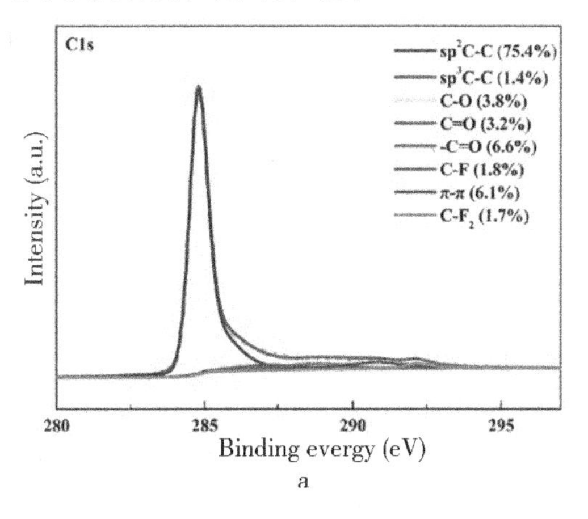

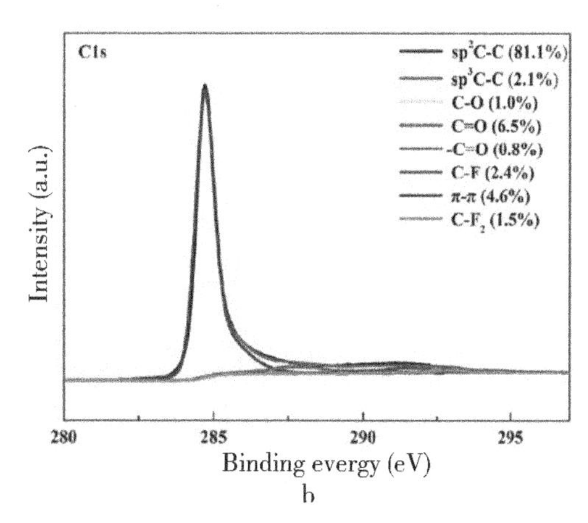

图 2－2－61　使用过的 F－CNTs－0.45（a）和热处理后的 F－CNTs－0.45（b）的 C 1s XPS 光谱

由于碳材料的电子性能与其非均相反应的催化性能密切相关，因此，该项研究推测由 F 掺杂引起的碳纳米管表面电子性能的变化也可能对其催化性能起关键作用

(图2-2-62)。此外，与原始 F-CNTs-0.45 相比，使用过的 F-CNTs-0.45 中 sp^2 C—C 和离域 π 键的含量显著降低。由于基面的广泛离域 π 电子与催化剂的电子转移能力密切相关，该工作推断 F-CNTs 中的离域 π 键是其具有良好的催化性能的另一个原因。综上所述，F 的掺杂，离域 π 电子和表面酸碱性基团的变化会共同影响 F-CNTs 的催化臭氧氧化性能。

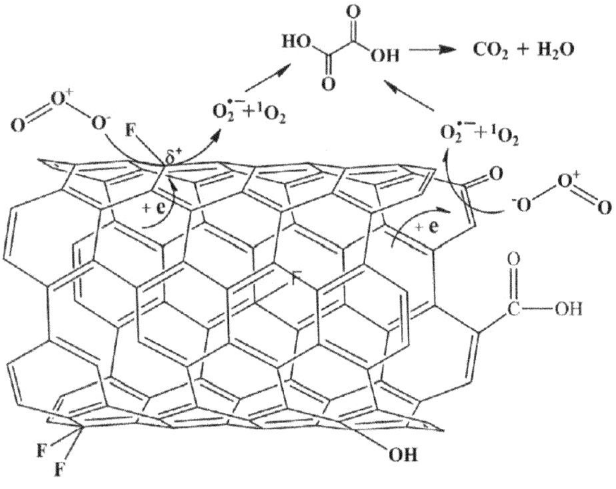

图2-2-62　F-CNTs 催化臭氧氧化降解草酸的机制示意

Soares 等采用三聚氰胺和尿素作氮前驱体，通过球磨技术合成了一种氮掺杂的碳纳米管[110]。结果表明，采用不同处理方法获得的样品的比表面积（S_{BET}）均低于 100 m^2/g。原始 CNT 经过球磨处理后，比表面积增加得最多（CNT-BM，391 m^2/g），而湿法处理后的样品比表面积最小（CNT-BM-M-WT 和 CNT-BM-U-WT）。TPD 结果表明，球磨样品的含 O 表面基团较少，因此，球磨处理不会促进带有含氧基团的碳纳米管的表面功能化。XPS 结果可知，CNT 的表面上掺入了大量的氮（0.2%~4.8%），样品都呈现出接近中性的特征（pH_{pzc}=6.4~6.8）。并且使用三聚氰胺作为前驱体制备的样品比使用尿素制备的样品具有更高的氮含量。不管使用哪种前驱体，在研磨步骤中使用溶剂都会对 N 官能团的附着产生不利影响。在 CNT 表面上的 N 官能团包括吡啶 N（N-6）、吡咯 N（N-5）和季氮（NQ）。

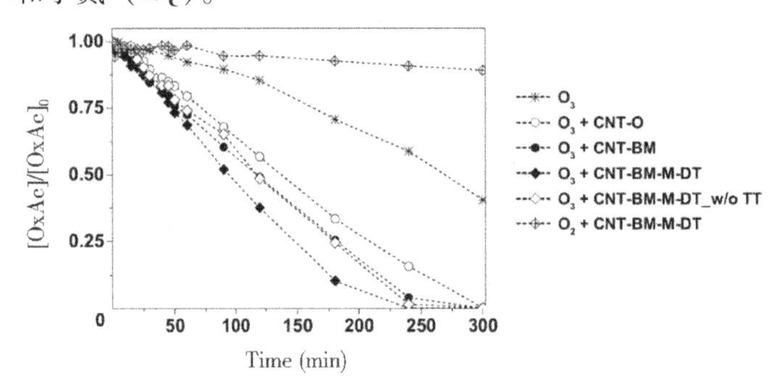

图2-2-63　不同 CNT 催化剂催化臭氧氧化过程中草酸浓度的变化

（反应条件：温度为室温，草酸初始浓度为 450 g/L，催化剂用量为 0.05 g/L）

不同 CNT 催化剂催化臭氧氧化过程中草酸浓度的变化如图2-2-63所示。从图中可看出，掺 N CNT 明显增强了催化臭氧氧化过程中草酸的矿化作用，并且球磨工艺可改善 CNT 的催化性能。由图可知，用三聚氰胺通过干法处理制备的 CNT（CNT-BM-M-DT）比 CNT-MB 样品对草酸的去除率更高。这表明通过干法处理掺杂到 CNT 表面上的 N 基团提高了球磨处理后 CNT 的催化活性。此外，还研究了球磨处理后在 600 ℃下进行的热处理对催化剂性能的影响。结果表明，未进行热处理（Without thermal treatment，w/o TT）的催化剂（CNT-BM-M-DT-w/oTT）的催化活性更低，这是由于样品表面上存在的所有氮都与三聚氰胺有关（C＝

N—C 和 C—NH_2)[161]。这进一步证明在 600 ℃的热处理过程中，通过三聚氰胺的分解引入 CNT 上的含 N 官能团（NQ，N－5 基因和 N－6 基团）在 CNT 的催化臭氧氧化降解草酸的活性中起重要作用。

四、其他纳米碳材料催化剂

除了利用还原氧化石墨烯（rGO）、多壁碳纳米管（MWCNTs）等进行掺杂和改性外，还可以通过其他的含碳前驱体（如 α－环糊精、β－环糊精等）合成纳米碳材料催化剂。在利用含碳前驱体合成纳米碳材料的过程中，含碳前驱体内所含有的 N 也会随之掺杂到纳米碳结构中，形成原位的 N 掺杂结构，从而使合成材料的催化性能得以改变。

（一）氮掺杂层状石墨碳材料催化剂

研究发现，纳米碳材料在能量转换、电化学应用和环境修复等方面均能够取得很好的效果，但传统的纳米碳材料往往合成成本高、工艺复杂且产量较低。因此，在合成纳米碳材料过程中寻求一种简便、经济、高效的制备方法具有举足轻重的意义。近年来，研究人员发现在碳骨架中进行杂原子掺杂可以显著增强纳米碳材料的催化活性，这是因为将 N、P、B 等杂原子引入碳骨架中，一方面，由于电负性的不同，导致掺杂元素周围电荷密度的重新分布，并引起 sp^2 碳能带结构的变化；另一方面，杂原子掺杂会使材料表面的费米能级发生改变，提高电子转移效率，从而增强碳质材料的催化活性及其稳定性。

Wang 等[103]利用 β－环糊精和三聚氰胺为前驱体，通过一步热解法合成了 N 掺杂层状石墨碳材料催化剂，并将其用于催化臭氧氧化。根据三聚氰胺与 β－环糊精的质量比的不同，分别命名为 N1C－1100 和 N3C－1100。此外，为了评价焙烧温度对催化剂活性的影响，还合成了焙烧温度为 600 ℃、800 ℃的样品，分别命名为 N3C－600 和 N3C－800，具体的合成路线示意如图 2－2－64a 所示。

在不掺杂 N 前驱体的情况下，将 β－环糊精在 N_2 气氛下热解并通过 SEM 图像观察发现，不掺 N 的碳材料形成了具有光滑表面和卷曲边缘的不规则块状结构，对比掺 N 后的碳材料发现（图 2－2－64b），N3C－1100 材料表面起皱，边缘脱落，N3C－1100 的比表面积也更大（78.9 m^2/g vs. 16.2 m^2/g），N 掺杂显著改变了碳质材料的表面形貌，提高了碳质材料的石墨化水平。前驱体 N/C 比例越高，比表面积和孔隙体积也越大，N3C－1100 的比表面积（78.9 m^2/g）是 N1C－1100（29.6 m^2/g）的 2.6 倍。高倍透射电镜（HRTEM）下观察到 N3C－1100 形成了有序的石墨晶格（图 2－2－64c），N3C－1100 的（002）层间间距比原始石墨大（0.38 nm vs. 0.34 nm），表明在石墨晶格中掺杂了 N 原子。取代的 N 原子打破了原有碳网的内部应变平衡，并诱导形成弯曲层[119,109－113,162－163]。

该研究以草酸（OA）为目标污染物对合成的纳米碳催化剂的催化性能进行了评价。由图 2－2－65a 可知，N1C－1100 比单独 CD－1100 具有更高的催化活性，并且进一步提高三聚氰胺/β－CD 的质量比，并没有引起催化活性的明显提高。催化剂的表面电荷是影响催化剂表面与目标污染物之间静电力的一个关键因素。N3C－1100 的 pH_{pzc} 为 3.7，在 pH 为 3.2 的溶液中，N3C－1100 略有质子化。而 CD－1100 的 pH_{pzc} 为 3.1，

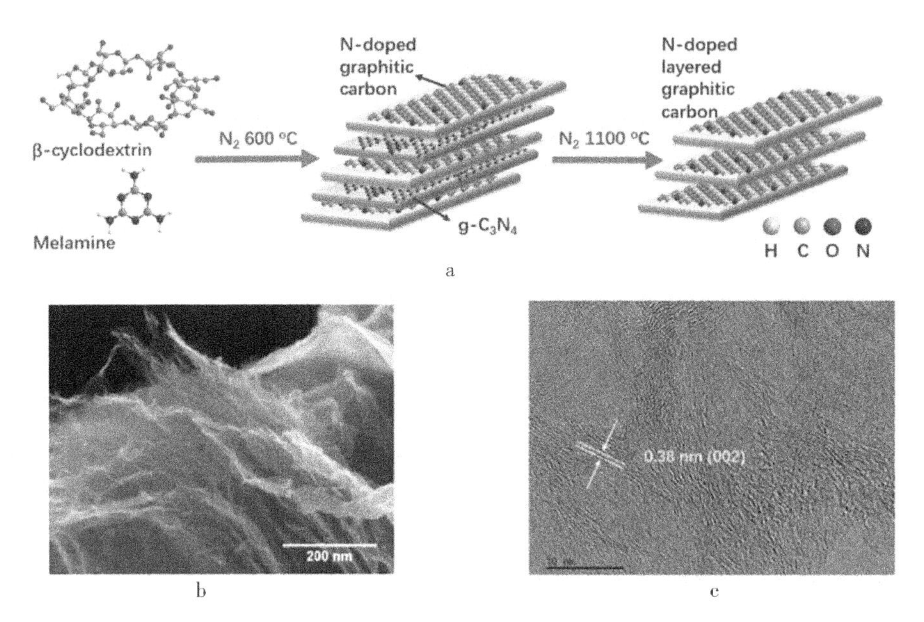

图 2-2-64　N3C-600 和 N3C-800 具体合成路线示意（a）、β-环糊精在 N_2 气氛下热解的 SEM 图（b）和 N3C-1100 的 HRTEM 图（c）

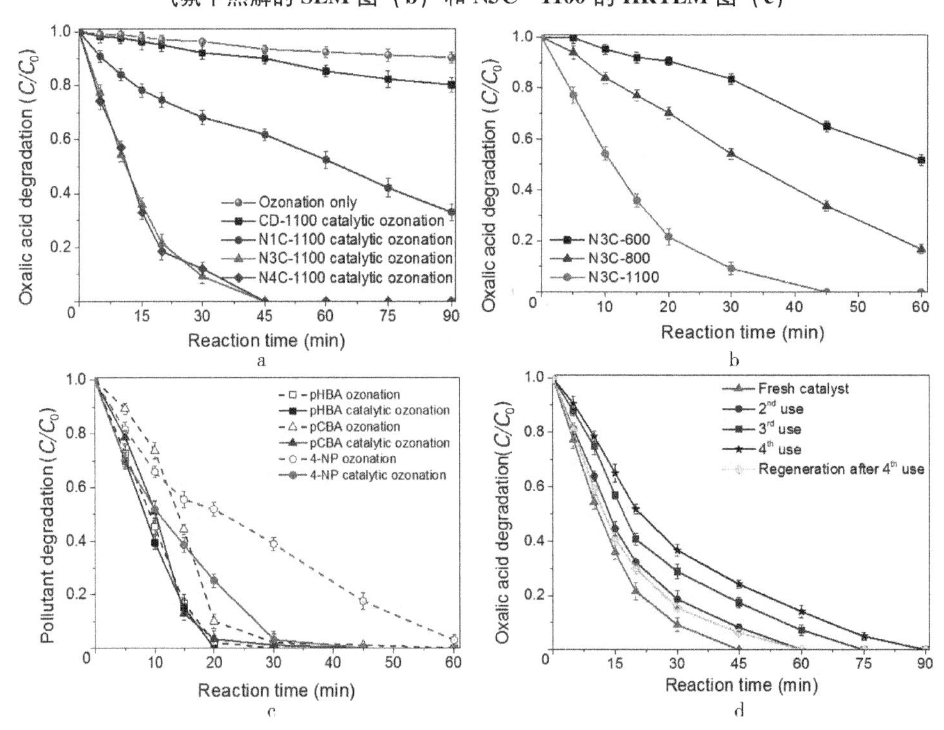

图 2-2-65　用不同的催化剂去除草酸（a）、热解温度对催化活性的影响（b）、N3C-1100 催化臭氧氧化降解各种污染物（c）、N3C-1100 去除草酸的催化稳定性及再生试验（d）

{催化剂用量为 0.1 g/L，$[OA]_0$ = 50 mg/L，$[PHBA]_0$ = 50 mg/L，$[PCBA]_0$ = 50 mg/L，$[4-NP]_0$ = 50 mg/L，臭氧流量为 100 mL/min，臭氧浓度为 25 mg/L，温度为 25 ℃，初始 pH 为 3.2（加入 0.01 mol/L HCl/NaOH 调节）}

因此，其表面的正电荷高于 N3C－1100，而 pK_a 为 1.47 的草酸分子在 pH 为 3.2 时带负电荷。因此，CD－1100 表面的正电荷越多，其吸附能力就越强。

该工作还探讨了温度对 N 掺杂催化剂活性的影响，如图 2－2－65b 所示，提高焙烧温度可以显著增强材料的催化臭氧氧化活性。图 2－2－65c 表明 N3C－1100/O_3体系对不同有机污染物［对氯苯酚（PCBA）、对硝基苯酚（4－NP）和对羟基苯甲酸（PH-BA）］的氧化能力，结果表明催化臭氧氧化生成的 ROS 对具有高度离域电子密度的吸电子基团（—Cl、—NO_2）的亲和力高于亲核性质的吸电子基团（—OH）。由重复利用性实验发现该催化剂经过多次循环使用后发生轻微失活（图 2－2－65d）。由表征结果发现，与未使用过的 N3C－1100 相比，使用过催化剂的表面积和孔体积均有轻微变化。这表明失活可能是由于活性位点的堵塞或催化剂表面的物理变化引起的。该催化剂经过温和热处理再生后催化活性得到极大恢复，经过 60 min 催化臭氧氧化过程可以完全去除溶液中的草酸。

该工作还用拉曼光谱对碳质材料的缺陷水平进行了评估（图 2－2－66a），发现与 CD－1100 相比，N 掺杂层状石墨碳材料催化剂的 I_D/I_G较高，说明 N 掺杂使其暴露了更多的边缘缺陷。N3C－600 的 I_D/I_G较高，但其催化活性最弱，因此，推测缺陷位可能不是该材料的催化活性位点，N 掺杂物种对催化活性可能起着关键作用。XPS 结果表明，掺 N 物种包含吡啶 N、吡咯 N、石墨 N 和氧化 N（图 2－2－66b）。N 掺杂物种

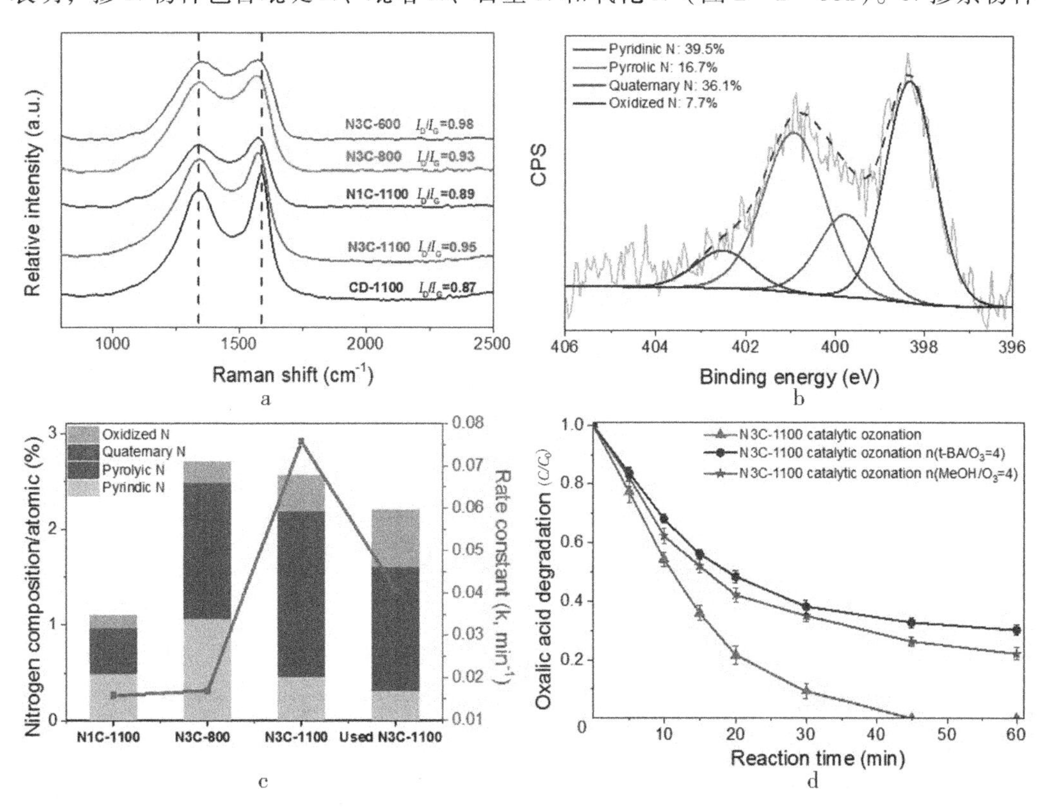

图 2－2－66　制备的碳质材料的拉曼光谱（a）、N3C－1100 的 N 1s 高分辨率 XPS 谱图（b）、N 种类及组成与伪一级反应速率的关系（c）和 N3C－1100 催化臭氧氧化的自由基淬灭试验（d）

与伪一级反应速率常数的关系如图 2－2－66c 所示，发现该材料的催化臭氧氧化活性与石墨 N 含量成正比，因此，石墨 N 是该催化剂催化臭氧氧化的主要 N 物种。

由淬灭实验可知，加入 t－BA 和甲醇后均产生了抑制作用，这说明 OA 的降解涉及·OH 氧化途径，与 EPR 实验结果一致。但是添加醇类后仅观察到部分抑制，说明 $N_3C－1100$ 可能会引发另一种非自由基反应途径（图 2－2－66d）。

原位拉曼谱图如图 2－2－67a 所示，在通入臭氧的情况下，924 cm^{-1}处出现了一个新峰，表示表面吸附的原子氧（$*O_{ad}$）[6]。$*O_{ad}$具有 2.43 V 的高氧化电位，可以直接破坏草酸分子结构[21,110－114,119－120,153,163－164]。之前的研究表明 O_3会在碳材料表面的活性位点上分解为$*O_{ad}$和游离的过氧化物（$*O_{2\ free}$），而 N 的掺杂可能也会促进$*O_2$的生成。由图 2－2－67b 可知，在 5 min 时臭氧消耗率迅速增加，达到 20%，然后逐渐减小并且保持稳定，说明臭氧在溶液中饱和后的消耗量较低。这说明臭氧不能有效地攻击草酸，在低 pH 条件下也具有较高的稳定性。对于 rGO/O_3催化体系，臭氧消耗速率略高，说明分解的臭氧分子较多。

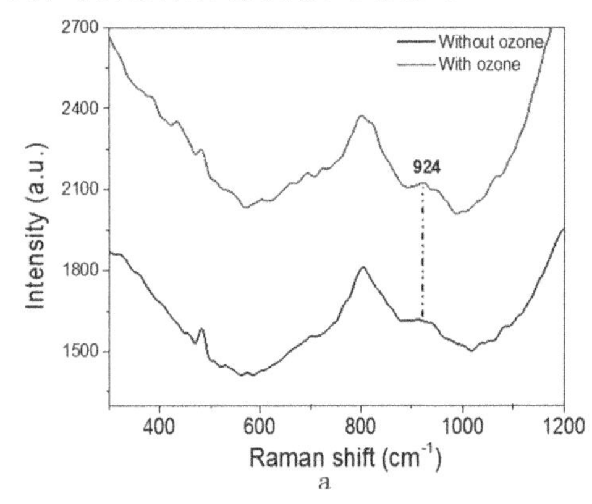

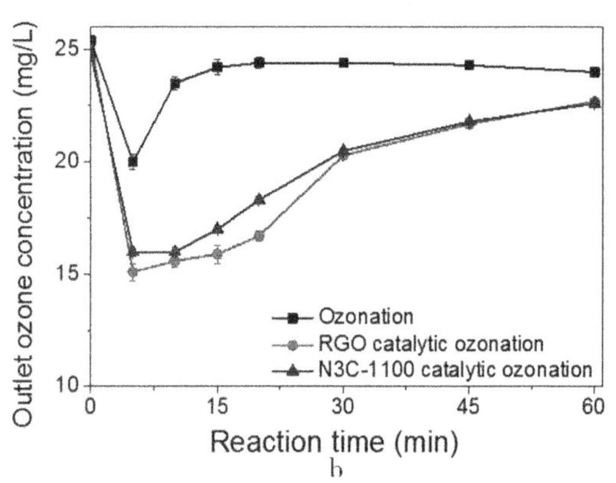

图 2－2－67　有无臭氧流动时 N3C－1100 的原位拉曼光谱(a){水中[O_3]＝4.5 mg/L，臭氧流速为 500 mL/min，[O_3]＝10 mg/L}和不同条件下臭氧尾气浓度的变化(b)

{臭氧流速为 100 mL/min，[O_3]＝25 mg/L，温度为 25 ℃，$[OA]_0$＝50 mg/L，初始 pH 为 3.2(通过向溶液中添加 0.01 mol/L HCl/NaOH 进行调整)}

基于以上研究结果发现，N 掺杂层状纳米碳降解 OA 是基于$*O_{ad}$所引发的表面氧化和基于·OH 的自由基氧化，同时 N 掺杂引起的电荷密度重新分布可能影响电子转移过程，并抑制后续自由基链反应形成自由基，如 $HO_2^{\cdot}$ 和·OH。

（二）内嵌碳管纳米碳材料催化剂

近年来，由廉价碳作为前驱体合成三维（3D）纳米碳化物引起了材料界的广泛关注。3D 结构中较大的比表面积（SSA）和多孔结构不仅有利于多相反应中的传质，而且可以最大化地暴露反应位点。

Wang 等利用低成本的 α－环糊精（α－CD）作为碳前驱体，与 Co 离子共热解合成了具有内嵌碳纳米管结构的非金属 3D 介孔材料（CPG），其制备流程如图 2－2－68 所示。α－CD 的空腔结构促进了氢键或静电相互作用对 Co 离子的吸附，促进了后续成核过程，使得碳前驱体转变为块状的石墨化结构。并且通过掺杂 Co 实现了多层（5～10 层）纳米管的原位生长。在超声和酸处理下，除了 Co 催化形成的孔隙外，石墨层下被包裹的 Co 都被去除，留下较大的空壳，形成了多孔结构。根据钴前驱体的用量（0.25 g、0.5 g 和 1.0 g），将合成产物分别记为 CPG－0.5、CPG－1 和 CPG－2。将单独 α－CD 按上述流程制备所合成的材料表示为 CD－1000。

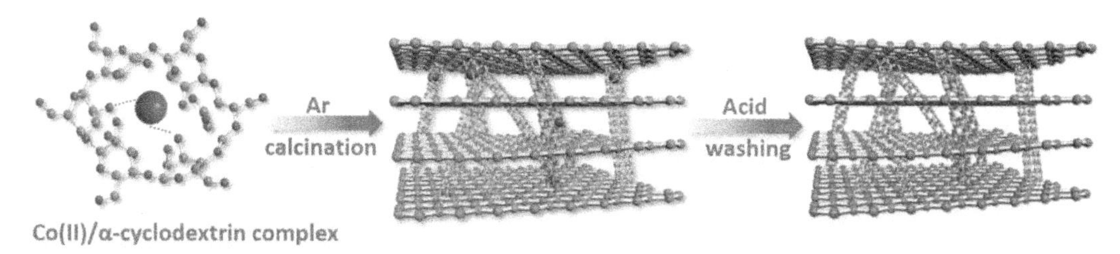

图 2－2－68　内嵌碳纳米管无金属石墨化骨架的合成路线

如图 2－2－69a 所示，α－CD 在碳化的过程中形成了表面凸起的块状结构，这些凸起结构即堆叠层。在图 2－2－69b 中可以观察到 CPG－2 具有薄壁和一定深度的介孔结构，这些介孔结构可能是由内嵌的纳米管构成的。在 TEM 和 HRTEM 图像中，因为 CPG－2 中孔结构的过度堆积和扭曲，所以很难观察到完整的纳米管。CPG－2 中具有中孔结构，而 CD－1000 中存在少量的微孔，其相应的比表面积为 78.2 m^2/g，微孔体积为 0.07 cm^3/g（图 2－2－69c）。较高的 Co 含量会使 CPG－2 的比表面积略微增加，是 CD－1000 的两倍。随着 Co 含量的增加，微孔倾向于发展成中孔，其孔径在 5～40 nm（图 2－2－69d）。

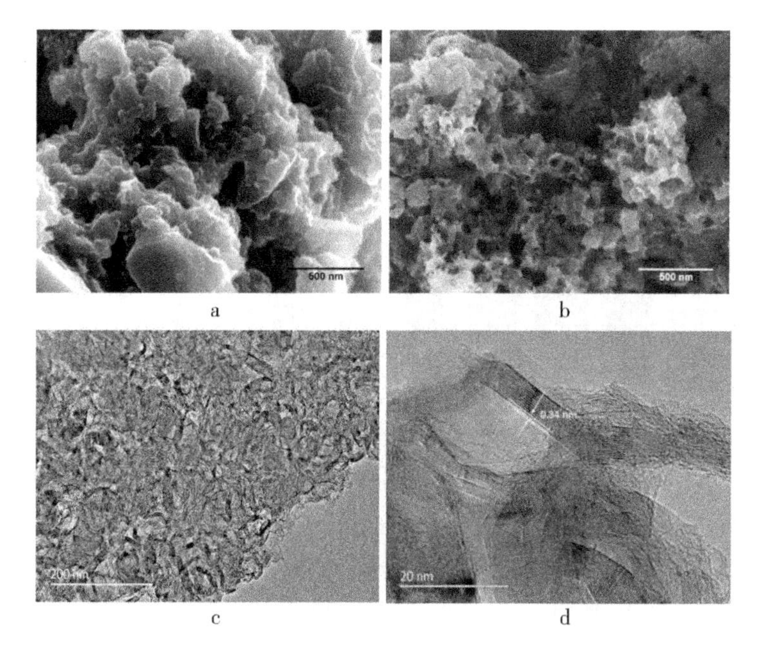

图 2－2－69　CD－1000（a）和 CPG－2（b）的 SEM 图像、CPG－2 的 TEM 图像（c）和 CPG－2 的 HRTEM 图像（d）

与 CD－1000 相比，CPGs 的 XRD 图谱中（002）峰强度明显升高，表明 Co 的加入可以提高碳催化剂的石墨化结晶度。并且 Co 前驱体的负载量越大，（002）峰强度越大。拉曼谱图结果显示 CPGs 的石墨化水平高于 CD－1000，掺杂 Co 后可以显著降低合成材料的 I_D/I_G，说明石墨化程度有所提高。XPS 结果表明，长时间的高温热解使 α－CD 表面的氧含量达 7.5%。加入前驱体 Co 后 CPG 氧含量急剧下降，CPG－2 仅有 1.4% 的表面氧。随着 Co 前驱体含量的增加，sp^2碳的含量也不断增加，说明较高的 Co 前驱体含量可以提高催化剂的石墨化程度。

该工作为以草酸（OA）为目标污染物来探究合成材料的催化活性。如图 2－2－70a 和图 2－2－70b 所示，与非金属商业石墨、rGO、CNTs、金属基 $LaMnO_3$ 钙钛矿等常见的催化臭氧氧化材料相比[163]，CPG－2 的催化臭氧氧化活性最高。CPG－2 催化活性的增强可能是因为 SSA 的增加及在石墨碳结构中生成的多层内嵌纳米管。CPG－2 的伪一级反应速率常数是 CD－1000 的 4 倍（图 2－2－70c）。CPG－2 的重复性如图 2－2－70d 所示，4 次重复使用后仅发生轻微失活，说明该催化剂的稳定性较好。

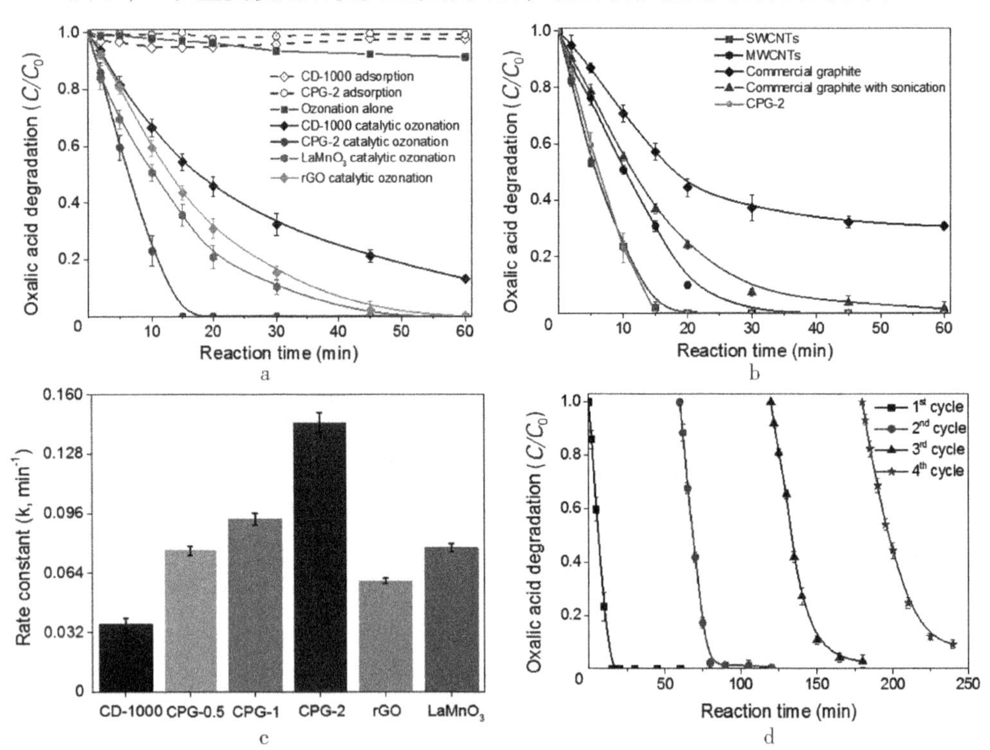

图 2－2－70 OA 降解概况（a）、石墨烯层厚度对催化活性的影响（b）、不同催化剂的拟一级反速率比较（c）和四周期可重复性性测试（d）

{反应条件：催化剂用量为 0.1 g/L，$[OA]_0$ = 50 mg/L，臭氧流量为 100 mL/min，$[O_3]$ = 25 mg/L，反应温度为 25 ℃，在 OA 溶液中加入 0.01 mol/L H_2SO_4/NaOH 调节初始 pH 至 3}

为了研究 CD－1000 和 CPG－2 在催化臭氧氧化 OA 的过程中产生的活性氧物种，进行了 EPR 测试。由图 2－2－71a 可知，CPG－2 的 DMPO－·OH 加合物的信号强度比 CD－1000 更高，说明 CPG－2 生成了更多的·OH。图中还发现了除·OH 特征峰之外的小峰，表明产生了超氧自由基（$\cdot HO_2/O_2^{\cdot -}$），该工作为了进一步区分出 $\cdot HO_2/O_2^{\cdot -}$ 信号，加入甲醇以减少·OH 的干扰（图 2－2－71b），发现 CPG－2/O_3 体系中 $\cdot HO_2/O_2^{\cdot -}$ 的量明显高于 CD－1000/O_3 中。加入 TEMP 作为自旋捕获剂产生了 $^1O_2$ 的特征信号，CPG－2 信号强度更高，说明生成的 $^1O_2$ 更多（图 2－2－71c）。

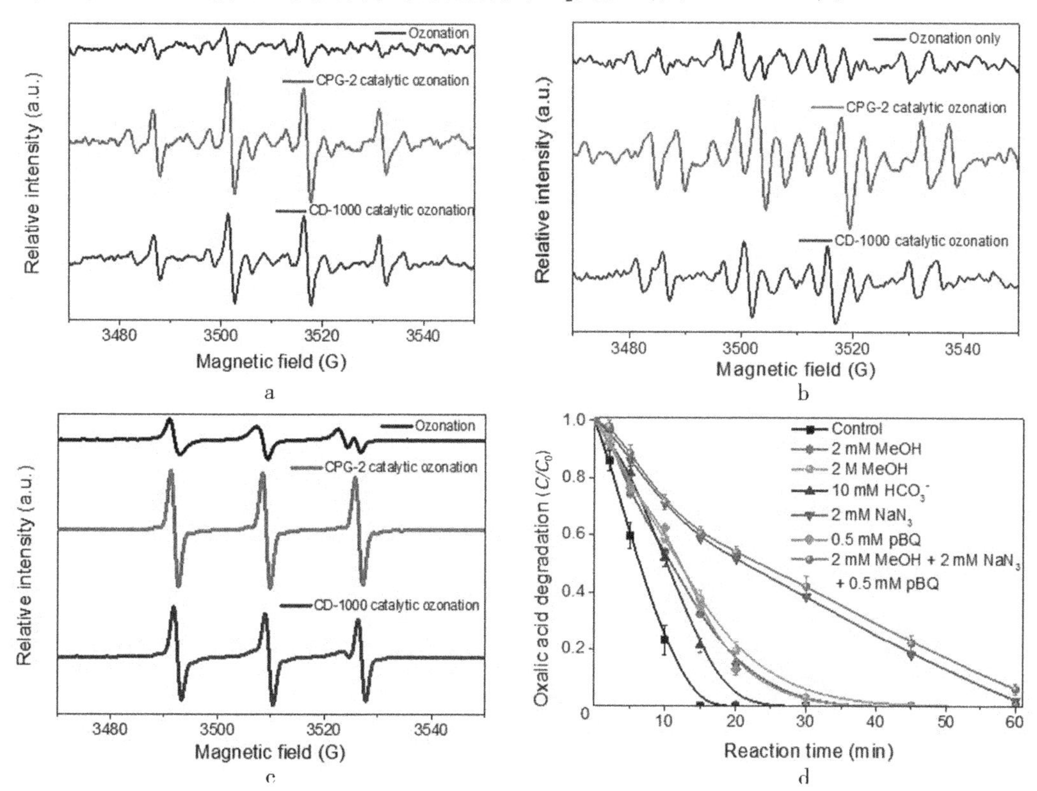

图 2－2－71 采用 DMPO 作为自旋捕获剂的 EPR 测试（a）、采用 DMPO 作为自旋捕获剂和甲醇（1 mol/L）进行 EPR 试验（b）、采用 TEMP 作为自旋捕获剂的 EPR 试验（c）和 N3C－1100 催化臭氧氧化自由基淬灭（d）

（臭氧流量为 100 mL/min，臭氧浓度为 25 mg/L，温度为 25 ℃，通过加入 0.01 mol/L H_2SO_4/NaOH 溶液将初始 pH 调节至 3.0。EPR 工作条件为中心磁场为 3490 G，扫描宽度为 100 G，微波频率为 9.057 GHz，调制频率为 100GHZ，功率为 20.0 MW）

为了进一步探究表面吸附原子氧对催化反应的作用，该工作在反应溶液中同时加入 NaN_3、MeOH 和 p－BQ。淬灭实验结果如图 2－2－71d 所示，反应溶液中加入甲醇（MeOH）或碳酸盐阴离子（HCO_3^-）均对草酸的降解产生了抑制作用，说明产生了·OH。加入 p－BQ 后草酸降解曲线与加入 MeOH 后的几乎重合，这说明 $\cdot HO_2/O_2^{\cdot -}$ 在草酸降解过程中所起的作用很低。在这些淬灭剂的共同作用下，60 min 内超过 95% 的草酸被降解，说明表面吸附的氧原子在 CPG－2/O_3 催化体系中起主导作用。因此，以上结果表明在该反应过程中除了自由基氧化和单线态氧氧化外，还包括基于表面氧化的非自由基氧化。

（三）其他纳米碳材料催化剂

活性炭、碳纳米纤维及还原氧化石墨烯等是催化臭氧氧化领域研究极其广泛的非金属催化剂，但传统的非金属催化剂存在用量大、结构稳定性差、催化活性低、污染物容易堵塞孔结构等问题。因此，为了提高非金属催化剂的催化活性及稳定性，研究发现，在碳材料中掺杂杂原子（F、N、B、P、S），由于电负性的差异，可以显著提高其催化活性，其中N掺杂有着极其优秀的效果。

N掺杂通常有2种方法：后处理和原位掺杂。后处理需要多步实现，并且可能涉及有毒性的原料；原位掺杂用含氮前驱体作为氮源进行后续合成。聚多巴胺（PDA）是一种无毒且广泛使用的有机物，它的结构中含有芳香碳和氮元素。Sun等以聚多巴胺（PDA）为前驱体合成了氮掺杂的纳米碳空心球（NHC）[99]。根据煅烧温度的不同，将其命名为NHC^{γ}（γ的100倍表示煅烧温度）。SEM图像显示该催化剂由单分散的小球组成，球直径约为300 nm。TEM图像显示NHC的结构是中空的，球壳厚度约为20 nm。

该工作采用酮洛芬（KTP）为目标污染物，研究了不同煅烧温度下样品的催化活性（图2-2-72a）。结果表明，升高温度有利于提高催化剂的活性，NHC^8具有最高的催化活性，但是温度进一步升高，催化活性反而会下降。并且该催化剂也具有较高的稳定性（图2-2-72b）。

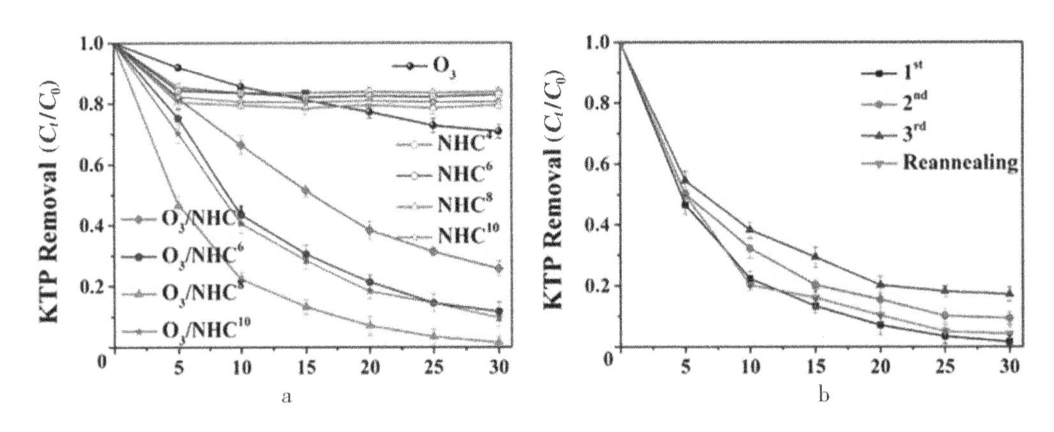

图2-2-72 不同条件下KTP随时间的去除曲线（a）和NHC^8的稳定性和再生测试（b）

{反应条件：$[O_3]$=20 mg/L，[KTP]=1 mg/L，[NHC]=10 mg/L，初始pH为7，反应温度为25 ℃}

该工作利用EPR实验和自由基淬灭实验研究了反应过程中的活性氧化物。图2-2-73a结果表明，NHC促进了臭氧分解，产生了更多的羟基自由基（·OH），但是$O_2^{\bullet -}$没有产生或者浓度很低。加入甲醇后发现出现了一个新的信号，因为·OH被甲醇完全淬灭，所以该信号是通过非自由基反应形成（图2-2-73b）。并且加入TEMP自旋捕捉剂检测$^1O_2$存在性时，没有发现相关信号，所以这可能是O_3/NHC体系中电子传递非自由基反应导致的。因此，该研究认为KTP的降解由·OH的氧化及电子传递非自由基反应之间的协同作用导致。

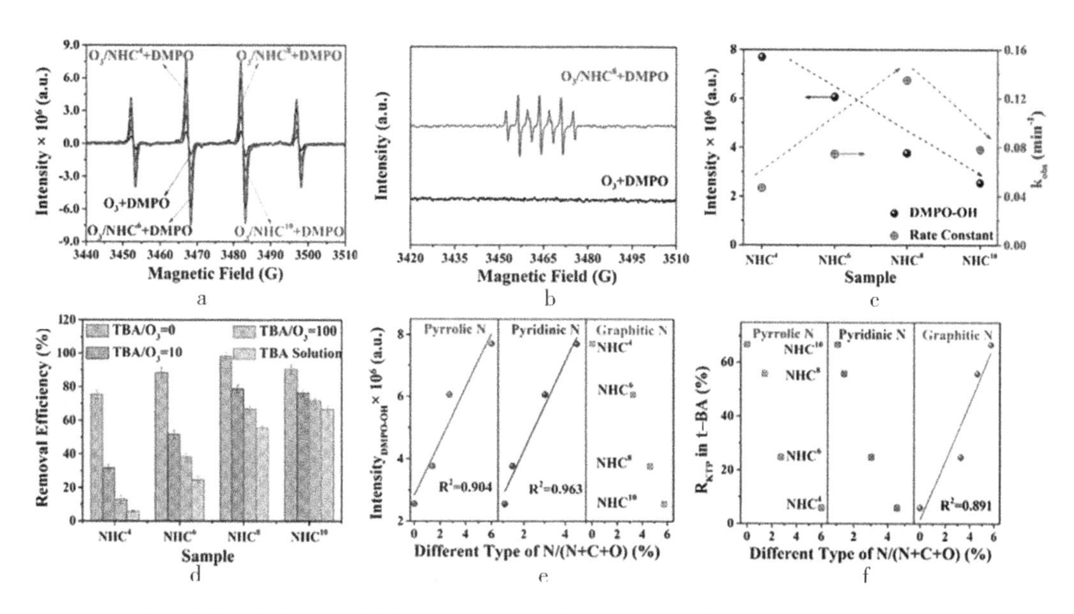

图 2-2-73　在不同条件下使用 DMPO 作为捕获剂得到的 EPR 谱图（a）在超纯水中（b）纯甲醇（c）使用不同 NHC^s 时 DMPO-OH 信号强度和速率常数（d）不同 t-BA/臭氧比例时淬灭效果（e～f）DMPO-OH/R_{KTP}（在 t-BA 溶液中）强度和 NHC^s 中不同 N 种类含量的关系

{反应条件：[O_3] = 3.6 mg/L，[KTP]$_0$ = 1 mg/L，[NHC]$_0$ = 10 mg/L，初始 pH 为 7，反应温度为25 ℃；[DMPO]$_0$ = 2 g/L，反应时间为 5 min，d 的反应时间为 30 min}

含氧官能团、缺陷位点和杂原子是碳基催化剂上的主要活性位点。NHC 具有较高的还原性，氧含量为 8.87% ～12.90%，其中 C ═ O 官能团仅有 0.10% ～1.38%。由于 N 的掺杂，含氧官能团会大幅减少，所以可以忽略含氧官能团的影响。此外，样品的缺陷程度（I_D/I_G）与 DMPO-OH 强度间呈负线性相关，说明在 O_3/NHC 体系中缺陷位并没有促进更多 · OH 的产生。因此，原位掺杂的 N 原子为 NHC 的催化活性位点，而酮洛芬（KTP）的降解则基于 · OH 的自由基氧化与内部电子传递的非自由基反应之间的协同作用，其机制如图 2-2-74 所示。在自由基反应中，吡咯 N 和吡啶 N 作为“自由基生成”区域，促进 O_3分解为 · OH。对于非自由基氧化，石墨 N 作为“电子迁移”区域，起到加速 O_3和 KTP 之间电子传递的作用。

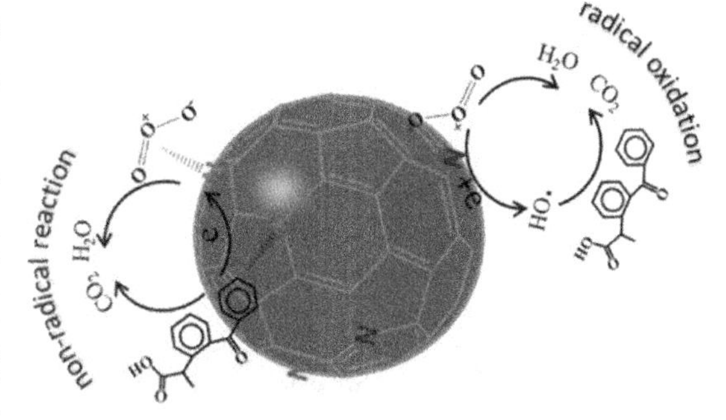

图 2-2-74　NHCs 催化臭氧氧化酮洛芬（KTP）的机制

石墨相氮化碳（g-C_3N_4）是一种十分高效的非金属催化剂，几项研究报道 g-C_3N_4 催化臭氧氧化对草酸的降解显示出非常低的活性[164]甚至没有活性[103]，这是由于草酸与臭氧/自由基之间的反应速率常数非常低。Yang 等[165]用对羟基苯甲酸作为目标污染物来评价 g－C_3N_4在光催化臭氧氧化反应中的催化活性，但是在没有光照射的情况下对羟基苯甲酸不能被降解。然而 Song 等[148]首次发现 g－C_3N_4在催化臭氧氧化降解难降解有机化合物和溴酸盐（BrO_3^-）的去除上具有较高的催化活性。该工作探究了 g－C_3N_4催化臭氧氧化降解4－氯苯甲酸（PCBA）和苯并三唑（BZA）的活性，以及不同前驱体对其性能的影响[166]。此外，系统地分析了层状纳米碳（LNC_S），包括 GO、rGO 和 g－C_3N_4在内的催化臭氧氧化反应机制。在 g－C_3N_4的制备过程中，分别使用三聚氰胺和尿素作为前驱体，通过马弗炉在空气中加热后制得，并分别命名为 M－g－C_3N_4和 U－g－C_3N_4。

g－C_3N_4使用前后的 SEM 图如图 2－2－75 所示，M－g－C_3N_4和 U－g－C_3N_4均具有折叠边缘的层状堆积结构，U－g－C_3N_4显示出比 M－g－C_3N_4更宽松的结构。催化臭氧氧化后，M－g－C_3N_4和 U－g－C_3N_4的层状结构得以保留，这证明 g－C_3N_4具有良好的结构稳定性。

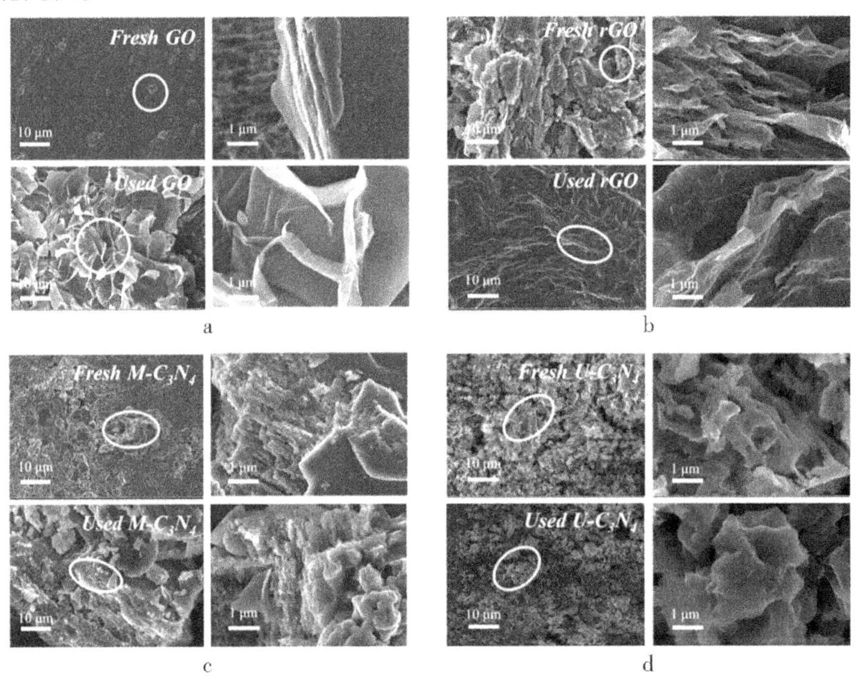

图 2－2－75　g－C_3N_4使用前后的 SEM 图

M－g－C_3N_4和 U－g－C_3N_4催化臭氧氧化降解 PCBA 和 BZA 的效果如图 2－2－76 所示。结果表明，尽管 g－C_3N_4催化臭氧氧化降解 PCBA/BZA 的活性低于 GO 和 rGO，但是与单独的臭氧氧化相比，U－g－C_3N_4降解 PCBA 和 BZA 的 k_{obs}值分别为 0.116 min^{-1}和 0.156 min^{-1}，高于单独臭氧氧化作用（分别为 0.069 min^{-1}和 0.057 min^{-1}）。BrO_3^-是污水经过臭氧消毒后产成的副产物，在 PCBA 溶液中，U－g－C_3N_4和 M－g－C_3N_4均能有效去除 BrO_3^-，前者表现出更好的活性。但是，U－g－C_3N_4在 BZA 溶液中不能去除 BrO_3^-，表明通过催化臭氧氧化去除 BrO_3^-的活性与物质的结构有关。

为了确定 g－C_3N_4催化臭氧氧化过程中的 ROS，采用 DMPO 为捕获剂进行了 EPR 实验（图 2－2－77a 和图 2－2－77b）。在 g－C_3N_4催化臭氧氧化过程中发现了 DMPO－

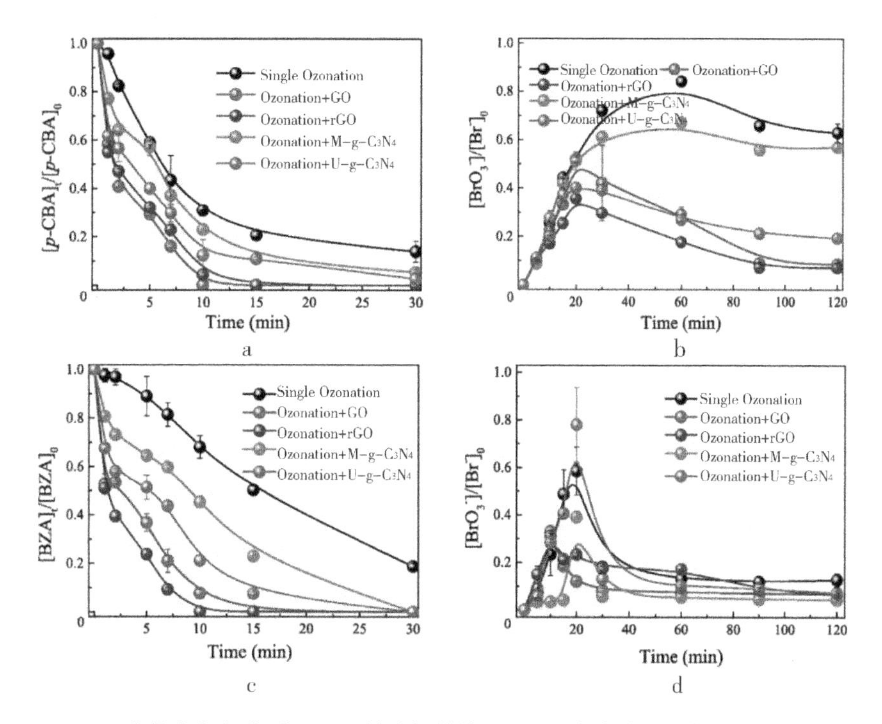

图 2-2-76　LNC 催化臭氧氧化对 PCBA 的降解性能（a）和溴酸盐消除性能（b），LNC 催化臭氧氧化对 BZA 的降解性能（c）和溴酸盐消除性能（d）

{反应条件：$[Br^-]=100$ mg/L，$[O_3]=20$ mg/L，[PCBA] = 0.084 mmol/L，[BZA] = 0.084 mmol/L，催化剂的用量为 0.5 g/L，反应温度为 293 K，p-CBA 溶液的初始 pH 为 4.7；BZA 溶液的初始 pH 为 6.0}

OH 和 DMPO-OOH 的特征峰，证实了臭氧分解过程中产生了·OH 和 $O_2^{\cdot -}$。由图 2-2-77c 和图 2-2-77d 可知，在 g-C_3N_4催化臭氧氧化中·OH 是主要的 ROS。与 M-g-C_3N_4相比，U-g-C_3N_4催化臭氧氧化过程中·OH 和 $O_2^{\cdot -}$ 的浓度更高，这也进一步解释了 U-g-C_3N_4具有更高催化活性的原因。

为了探究催化活性位点，该工作通过原位 EPR 实验分析了 g-C_3N_4在反应前后化学性质的变化（图 2-2-78）。原始 M-g-C_3N_4中观察到一个尖锐而高强度的共振峰（$g=2.001$），这与 s-三嗪单元组成的扩展 π 共轭结构有关。U-g-C_3N_4显示了相似的 EPR 信号轮廓，但是与 M-g-C_3N_4相比其信号强度更低。因此，M-g-C_3N_4比U-g-C_3N_4含有更多的离域电子和缺陷位点（氮空位）。在催化臭氧氧化反应后，M-g-C_3N_4和 U-g-C_3N_4中离域电子的数量降低，这表明结构缺陷和离域电子参与了催化臭氧氧化反应。

XPS 分析结果表明催化臭氧氧化反应之后，由于氮空位的减少，g-C_3N_4中 N—C═N 基团的数量显著增加。这种现象在 M-g-C_3N_4中更为明显（从 23.42% 到 53.87%）。此外，U-g-C_3N_4的 C═O 基团氧化成羧基（O—C═O），所以除氮空位外，C═O 基团是 U-g-C_3N_4的主要活性位点。图 2-2-78 表明，M-g-C_3N_4比U-g-C_3N_4具有更多的缺陷位点（氮空位），说明 M-g-C_3N_4中的氮空位参与催化臭氧氧化反应，氮空位是 M-g-C_3N_4表面主要的催化活性位点。

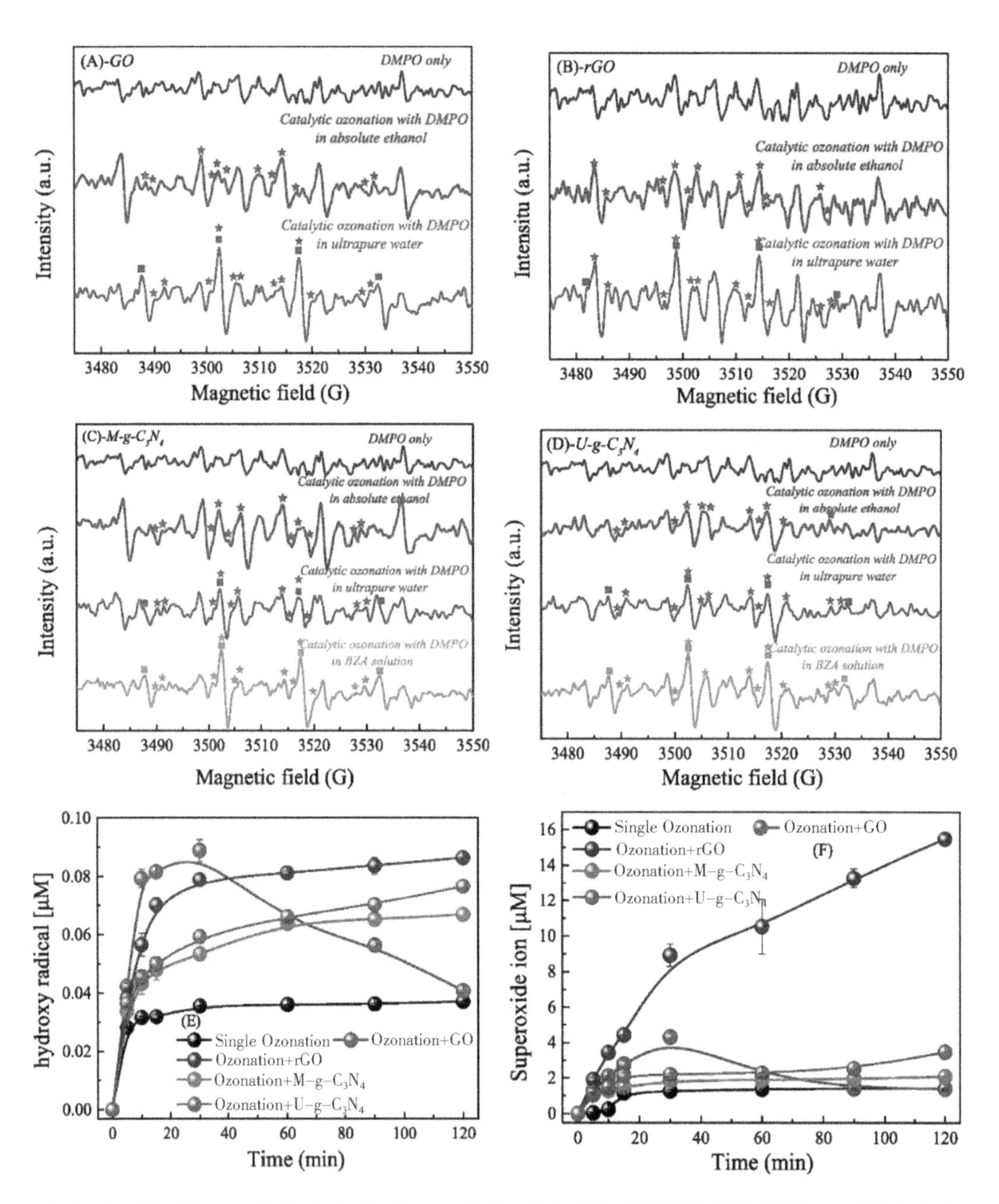

图 2-2-77　M-g-C_3N_4（a）和 U-g-C_3N_4（b）催化臭氧氧化 ESR 谱图，·OH（c）和·O_2^-（d）的产率随时间的变化曲线

{反应条件：[O_3] = 2 mg/L，[PCBA] = 0.084 mmol/L，[BZA] = 0.084 mmol/L，催化剂用量为 0.25 g/L，反应温度为 293 K，PCBA 溶液的初始 pH 为 4.75；BZA 溶液的初始 pH 为 6.01}

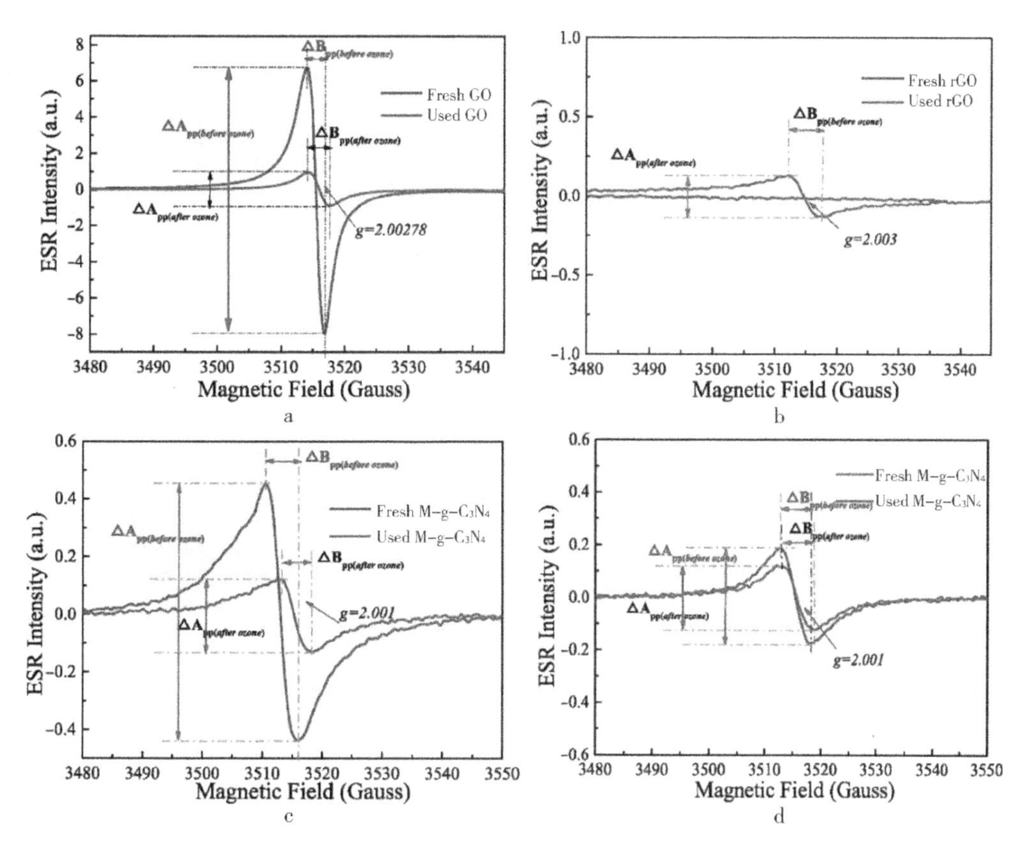

图 2-2-78　原始和使用过的 $g-C_3N_4$ 的原位 ESR 光谱

第三节　金属复合催化剂

一、金属复合及负载催化剂

（一）金属复合催化剂

研究发现，多种金属氧化物复合在一起可发挥协同作用，其催化活性比单金属氧化物催化剂更高，Fe/Mn、Co/Mn、Co/Mn/Fe 等是比较常见的复合金属催化剂组合方式[167-168]。例如，Tong 采用共浸渍法制备了 CoO/Fe_3O_4 复合金属氧化物，用于催化臭氧氧化降解 2-(2,4-二氯苯氧基) 丙酸。相比单独使用 CoO、Fe_3O_4，CoO/Fe_3O_4 大幅提高了 COD 的去除效果，有更强的催化能力[169]。

Lv 采用共沉淀法制备了 Co 元素掺杂的 Fe_3O_4 催化剂，用于催化臭氧氧化 2,4-二氯苯氧乙酸，TOC 去除率为 93%，高于单独臭氧氧化（33%）和 Fe_3O_4 催化（60%）时的 TOC 去除率。Co/Fe_3O_4 复合催化剂的活性相比 Fe_3O_4 显著提高[170]。

Nawaz[171] 采用共沉淀法制备了介孔 Fe_3O_4/MnO_2 复合氧化物催化剂，并研究了该复合金属氧化物的物理化学性质。

Fe_3O_4/MnO_2 复合催化剂的 TEM 表征如图 2－3－1 所示，其外观呈球形且为多孔结构，MnO_2 的粒径为 0.5～2.0 μm，纳米 Fe_3O_4 的粒径为 8～15 nm。SEM－EDS 光谱显示，纳米 Fe_3O_4 粒子在 MnO_2 表面均匀分布。

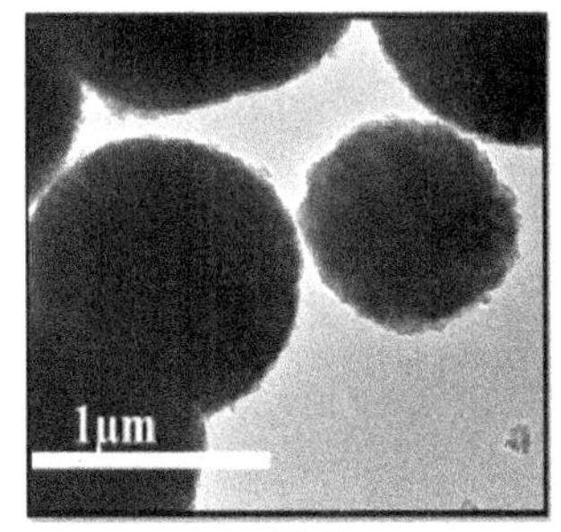

a MnO_2

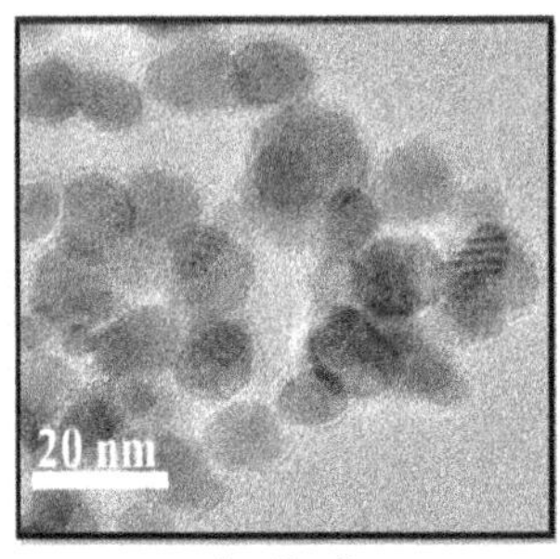

b Fe_3O_4

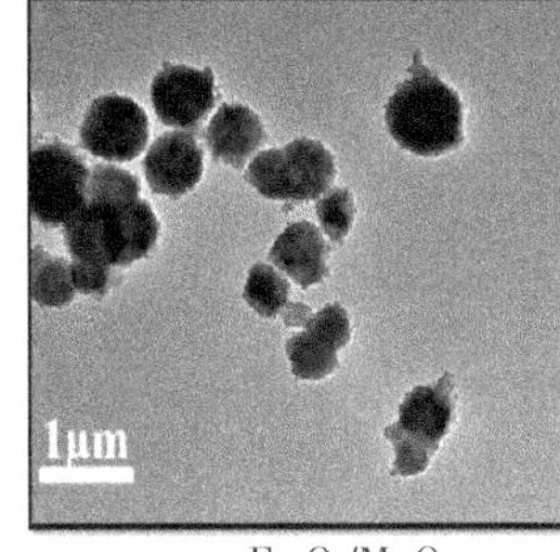

c Fe_3O_4/MnO_2

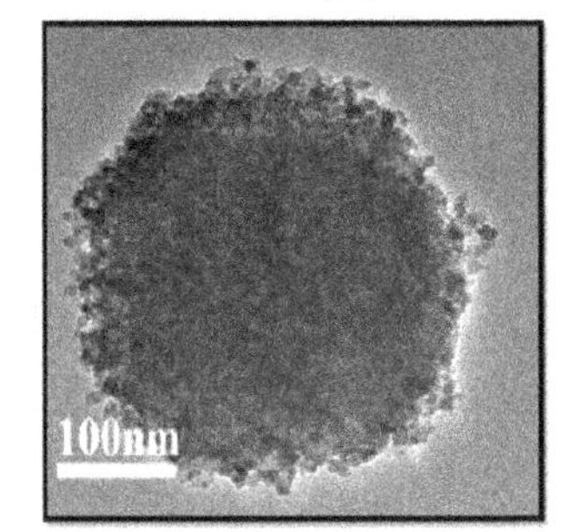

d Fe_3O_4/MnO_2

图 2－3－1　Fe_3O_4/MnO_2 复合催化剂的 TEM 表征

MnO_2、Fe_3O_4、Fe_3O_4/MnO_2 的物理吸附性质如表 2－3－1 所示，3 种材料均为介孔结构，MnO_2 的平均孔径较大，比表面积较小；Fe_3O_4 的孔径分布比较集中、平均孔径约为 5 nm，比表面积高于 MnO_2，约为 66.4 m^2/g；Fe_3O_4/MnO_2 的比表面积约为 103.2 m^2/g，远远高于 MnO_2 和 Fe_3O_4，说明复合催化剂在高温烧结过程中形成的丰富孔结构会使它的比表面积显著增大。

表 2－3－1　Fe_3O_4/MnO_2 复合催化剂的 BET 表征结果

催化剂	MnO_2	Fe_3O_4	Fe_3O_4/MnO_2
比表面积/（m^2/g）	35.1	66.4	103.2
平均孔径/nm	17	5	7

作者以对甲基苯酚（Ph－CH_3）、对氯苯酚（Ph－Cl）为目标污染物，研究了 Fe_3O_4/MnO_2 在催化臭氧氧化过程中的催化活性，结果如图 2－3－2 所示。在溶液 pH 为 9 的反应条件下，反应 30 min 后，单独臭氧氧化使溶液 TOC 降低 36.6%，MnO_2、Fe_3O_4、Fe_3O_4/MnO_2 催化臭氧氧化体系溶液 TOC 降低 63.7%、51.1%、80.6%。相比之下，Fe_3O_4/MnO_2 复合材料的催化活性明显高于单组分催化剂，说明 Fe_3O_4 和 MnO_2 之间存在协同催化作用。

Fe_3O_4/MnO_2 复合金属氧化物催化剂在弱酸性至弱碱性条件下均有较好的催化活性。如图 2－3－3 所示，溶液 pH 为 9、11 时，Ph－CH_3、Ph－Cl 的降解效率相对较高，反应 30 min 后两种酚类物质几乎被完全降解，60 min 内 TOC 去除率达到 80%；在碱性溶液中，OH^- 的均相催化作用有利于提高目标有机物的去除率。在弱酸性的 pH 范围内（5～7），溶液的 TOC 去除率也达到了 60%～70%。

在 Fe_3O_4/MnO_2 催化臭氧氧化反应之后，Ph－CH_3、Ph－Cl 混合溶液的 pH 大幅降低（表 2－3－2），说明两种酚类物质在降解过程中生成了羧酸类物质。通过检测

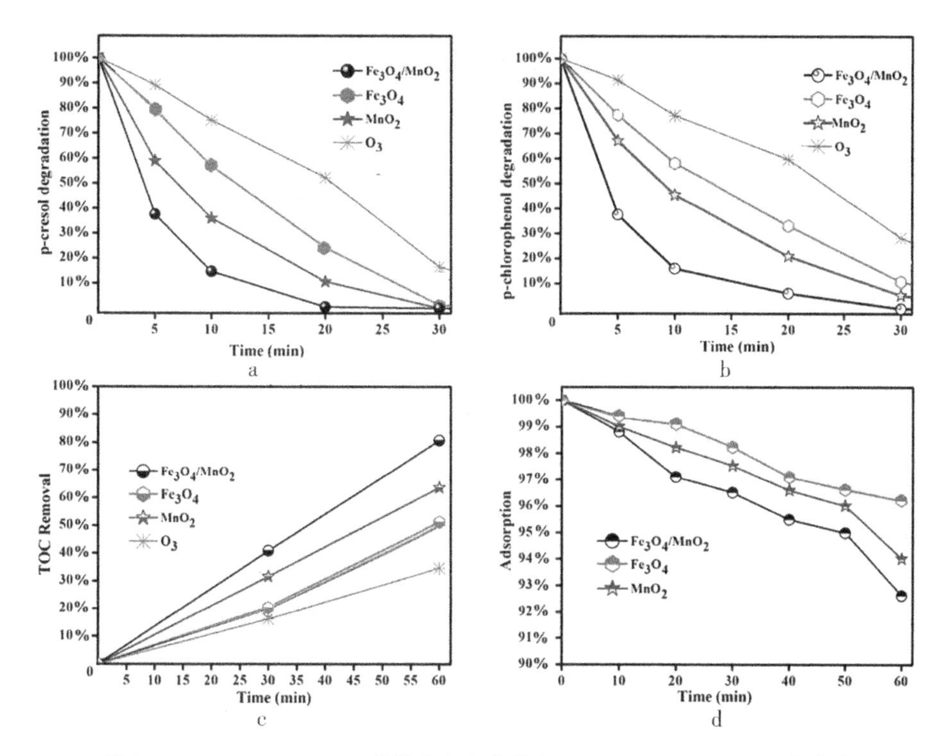

图 2-3-2　Fe_3O_4/MnO_2 催化臭氧氧化降解 Ph-CH_3、Ph-Cl 混合溶液

{[Fe_3O_4/MnO_2] = 0.2 g/L, [O_3] = 2.5 mg/min, [Ph-CH_3] = 1 mmol/L, [Ph-Cl] = 1 mmol/L, pH 为 9}

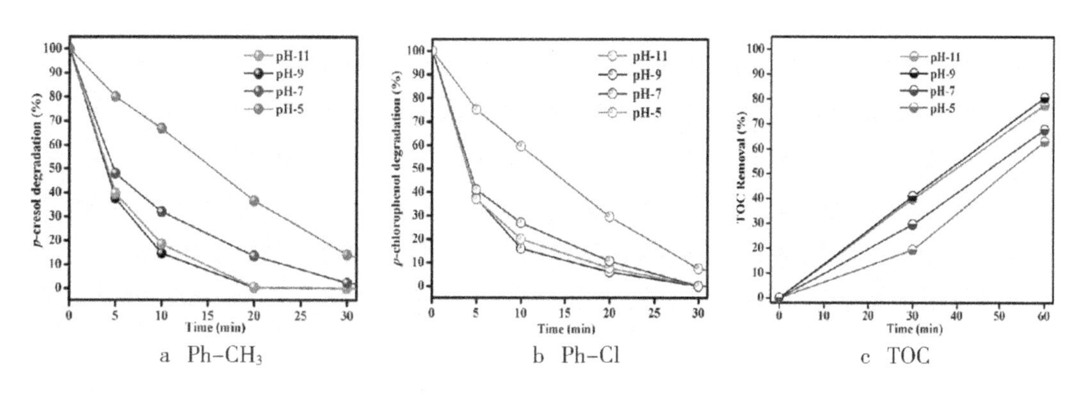

a　Ph-CH_3　　b　Ph-Cl　　c　TOC

图 2-3-3　溶液 pH 对 Fe_3O_4/MnO_2 催化臭氧氧化过程的影响

{[Fe_3O_4/MnO_2] = 0.2 g/L, [O_3] = 2.5 mg/min, [Ph-CH_3] = 1 mmol/L, [Ph-Cl] = 1 mmol/L}

Fe_3O_4/MnO_2复合氧化物催化剂在反应中金属离子的溶出情况，来研究不同 pH 条件下的稳定性，溶液初始 pH 为 5（反应后降至 2 ~ 3）时，反应后溶液中铁离子浓度为 0.6 mg/L，锰离子浓度 17.7 mg/L；初始 pH 为 7 时（反应后降至 3 ~ 4），铁、锰离子的溶出量减少；初始 pH 为 9、11 时，溶液中未检测出铁、锰离子。以上实验结果说明，Fe_3O_4/MnO_2复合催化剂在酸性溶液中有较严重的金属离子溶出现象，在碱性条件下比较稳定。

表 2-3-2 Fe_3O_4/MnO_2复合催化剂的金属离子溶出情况

催化剂	溶液初始 pH	溶液最终 pH	溶出 Fe/（mg/L）	溶出 Mn/（mg/L）
Fe_3O_4/MnO_2	5	2~3	0.60	17.7
Fe_3O_4/MnO_2	7	3~4	0.15	1.00
Fe_3O_4/MnO_2	9	4~5	0	0
Fe_3O_4/MnO_2	11	6~7	0	0

作者通过傅里叶变换衰减全反射红外光谱（ATR-FTIR）研究了臭氧分子在 Fe_3O_4/MnO_2 表面的吸附情况，并以重水作溶剂区分催化剂表面不同的羟基基团，结果如图 2-3-4 所示。Fe_3O_4/MnO_2 与重水结合所产生吸收峰的信号比 MnO_2 更强，可能是因为它具有更大的比表面积，所以吸附能力更强。在 Fe_3O_4/MnO_2 复合氧化物与重水组成的悬浊体系中通入臭氧气体，通入臭氧 5 min 后，重水分子的两个吸附峰的信号强度均明显降低，通入臭氧 10 min、15 min 后，两个吸附峰消失。实验结果说明，臭氧分子可被 Fe_3O_4/MnO_2 复合氧化物催化剂吸附，并且该过程中臭氧与催化剂表面水分子发生了竞争性吸附。

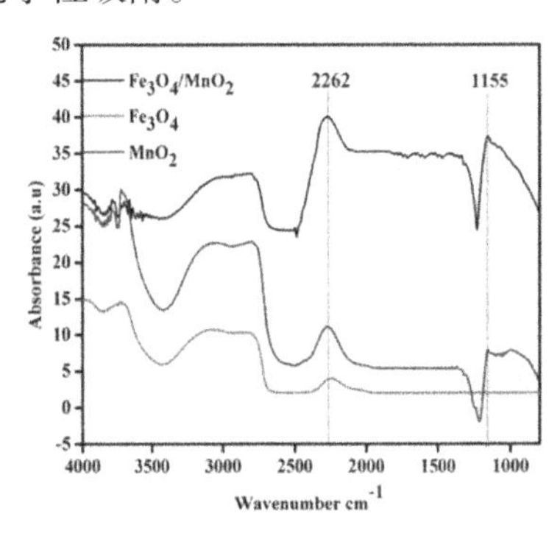

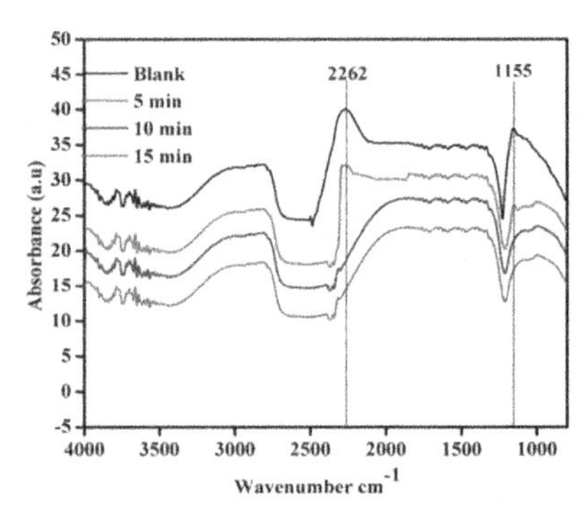

a 催化剂-重水体系 ATR-FTIR 图谱 b Fe_3O_4/MnO_2-重水-臭氧体系 ATR-FTIR 图谱

图 2-3-4 臭氧在 Fe_3O_4/MnO_2 复合催化剂表面吸附的 ATR-FTIR 分析图谱

溶液中的臭氧分子被催化剂吸附之后，可能经过氧化、还原反应完成分解过程[172]。在 pH 为 9 的溶液中，分别以 Fe_3O_4/MnO_2、Fe_3O_4、MnO_2为电极测试循环伏安曲线，结果如图 2-3-5 所示。3 种材料上的电流大小顺序为 $Fe_3O_4/MnO_2 > MnO_2 > Fe_3O_4$，该顺序与它们在催化臭氧氧化反应中的活性顺序一致。通入臭氧后，3 种材料上均出现了还原电流，说明臭氧分解过程发生了还原反应。Fe_3O_4/MnO_2复合氧化物催化剂中包含两个氧化还原电对：Fe^{3+}/Fe^{2+} 和 Mn^{4+}/Mn^{3+}，它们的氧化还原电势分别为 $E°(Mn^{4+}/Mn^{3+}) = 0.95$ V、$E°(Fe^{3+}/Fe^{2+}) = 0.77$ V、$E°(O_3/O_2) = 2.07$ V，根据氧化还原能力的高低，臭氧可将 Mn^{3+} 氧化至 Mn^{4+}，Fe^{2+} 可将 Mn^{4+} 还原至 Mn^{3+}。显然，Mn^{3+} 的循环再生过程是驱动 Fe_3O_4/MnO_2复合氧化物催化剂持续分解臭氧的一个关键步骤，因此，两种金属催化剂的共存作用使 Fe_3O_4/MnO_2复合催化剂具有更强的催化能力[173]。

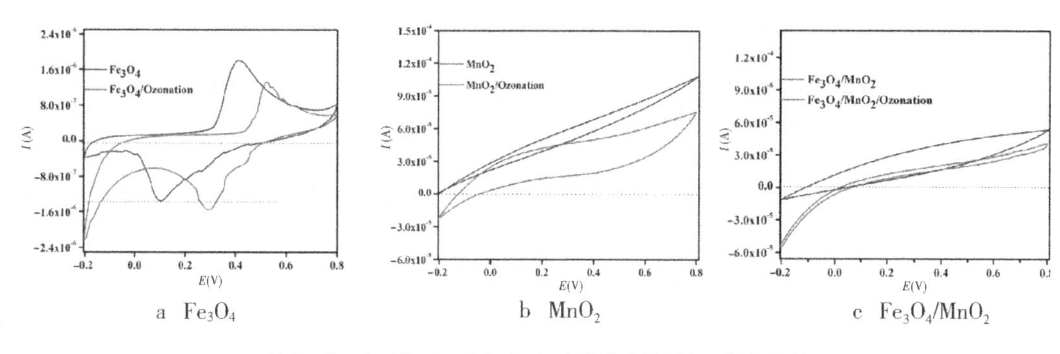

a　Fe_3O_4　　b　MnO_2　　c　Fe_3O_4/MnO_2

图 2-3-5　Fe_3O_4/MnO_2 复合催化剂的循环伏安曲线

（pH 为 9，扫描速率为 30 mV·s^{-1}，扫描时间为未加臭氧/通入臭氧 10 min 后）

研究中以叔丁醇（t-BA）、对苯醌（p-BQ）、叠氮钠（NaN_3）分别用作体系中的·OH、$O_2^{\cdot -}$、$^1O_2$ 的淬灭剂。由图 2-3-6a、图 2-3-6b 可以看出，当溶液中存在 10 mmol/L t-BA 时，反应 30 min 后，Ph-CH_3、Ph-Cl 的去除率分别降低了 66.5%、55.3%。t-BA 的抑制作用说明羟基自由基是 Fe_3O_4/MnO_2 催化臭氧氧化体系的主要活性氧化物质。p-BQ 对两种酚类物质的降解过程几乎没有影响，间接说明反应体系中并没有生成超氧自由基。当溶液中存在 5 mmol/L NaN_3 时，Ph-CH_3 和 Ph-Cl 的去除率分别降低了 12.8%、2%，说明单线态氧在 Ph-CH_3 的降解过程中有一部分贡献。图 2-3-6c为羟基自由基的电子自旋共振（EPR）检测图谱，单独臭氧氧化体系有非常微弱的羟基自由基信号，而 Fe_3O_4/MnO_2 复合催化剂在 pH 为 9、11 时可显著促进臭氧分解产生·OH，但在 pH 为 5、7 时催化作用较弱。根据实验结果可以确定羟基自由基是 Fe_3O_4/MnO_2催化臭氧氧化体系的主导活性氧化物种。

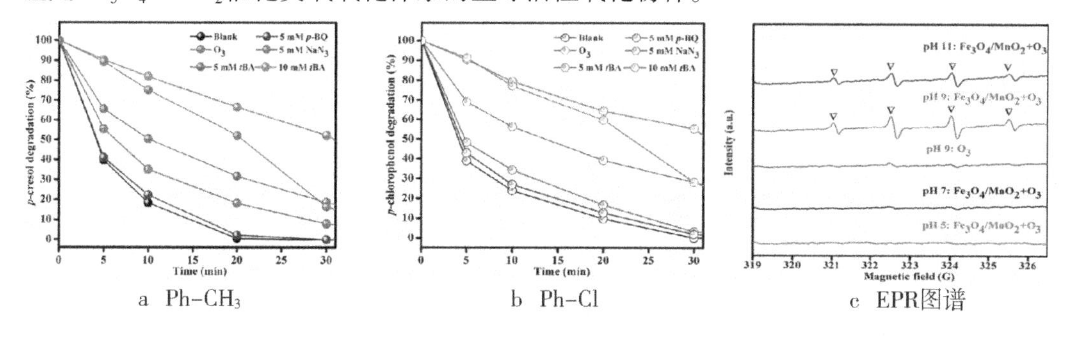

a　Ph-CH_3　　b　Ph-Cl　　c　EPR图谱

图 2-3-6　Fe_3O_4/MnO_2催化臭氧氧化过程的自由基抑制实验及 EPR 检测

{Fe_3O_4/MnO_2加入量 0.2 g/L，O_3进气量 2.5 mg/min，[Ph-CH_3] = 1 mmol/L，[Ph-Cl] = 1 mmol/L}

研究通过 GC-MS 分析了 Fe_3O_4/MnO_2催化臭氧氧化降解 Ph-CH_3、Ph-Cl 过程中的中间产物，并对照 NIST 98 数据库确定中间产物的种类，结果如图 2-3-7 和表 2-3-3 所示。由图 2-3-7 可以看出，催化臭氧氧化反应进行 5 min 后，Ph-CH_3和 Ph-Cl对应的峰强度开始降低，同时出现了 7 个新峰，分别为对苯二酚、己二烯二酸、对苯醌、苹果酸、羟基对苯二酚、氯马来酸、对氯邻苯二酚，说明部分酚类的芳环断裂并生成小分子有机酸。反应 30 min 时，Ph-CH_3和 Ph-Cl 被完全分解，对苯二酚、苹果酸、羟基对苯二酚、对氯邻苯二酚、氯马来酸、对氯邻苯二酚等几种产物峰也消

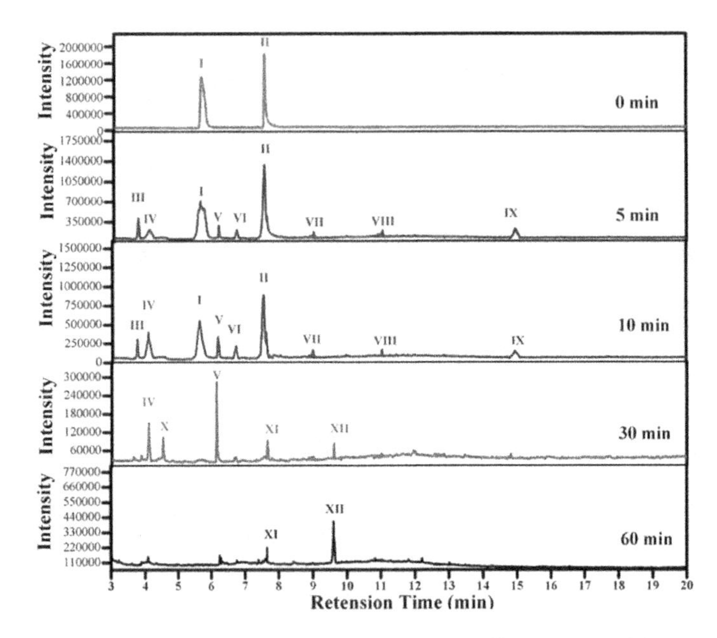

图 2-3-7 Ph-CH_3、Ph-Cl 降解产物的 GC-MS 分析

失，只留下对苯醌，并新出现了马来酸、草酸和甲酸的峰。反应 60 min 后，溶液中仅残留了少量甲酸和草酸。该工作根据中间产物的演化过程推测了 Ph-CH_3和 Ph-Cl 在 Fe_3O_4/MnO_2催化臭氧氧化过程中的降解途径如图 2-3-8 所示。

表 2-3-3 对甲基苯酚和对氯苯酚的降解产物

编号	产物名称	出峰时间/min	m/z（相对强度%）
Ⅰ	对甲基苯酚	5.6	107（100），108（91.7），77（25.9），79（21.3）
Ⅱ	对氯苯酚	7.4	128（100），127（31.1），65（30.3），64（13.7）
Ⅲ	对苯二酚	3.9	110（100），39（62.3），55（21.2），81（17.4）
Ⅳ	己二烯二酸	4.1	97（100），96（75.1），41（63.9），51（40.4）
Ⅴ	对苯醌	6.2	108（100），82（59.3），109（44.1），81（27.7）
Ⅵ	苹果酸	6.7	133（100），151（69.5），32（39.2），44（24.5）
Ⅶ	羟基对苯二酚	8.9	126（100），52（41.2），80（24.3），39（20.11）
Ⅷ	氯马来酸	11	149（100），32（80），44（60），177（25）
Ⅸ	对氯邻苯二酚	14.9	144（100），146（38.1），63（20.1），147（14.8）
Ⅹ	马来酸	4.5	72（100），45（57.0），55（30.7），43（17.0）
Ⅺ	草酸	7.6	44（100），57（81.3），43（43.5），56（18.5）
Ⅻ	甲酸	9.4	46（100），45（62.4），60（29.8），68（17.4）

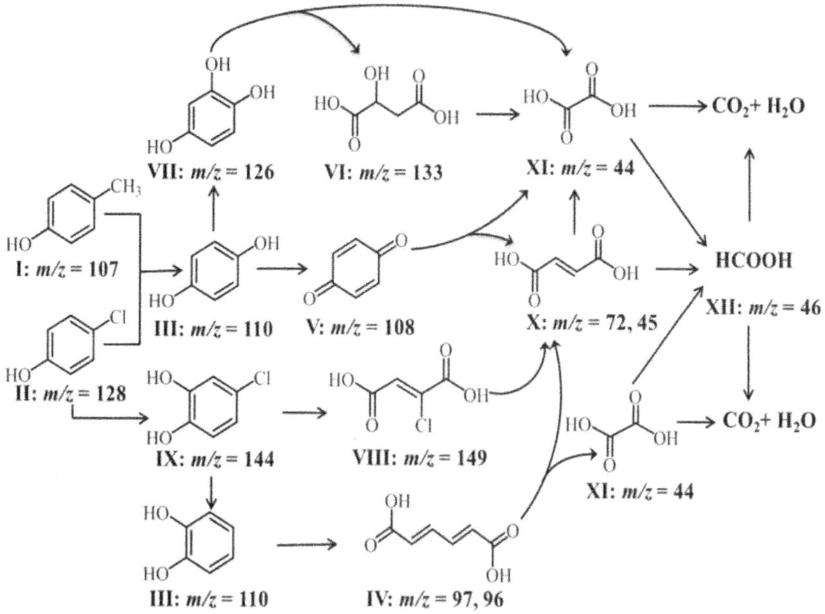

图 2-3-8　对甲基苯酚、对氯苯酚在 Fe_3O_4/MnO_2 催化臭氧氧化过程中的降解路径

（二）金属负载催化剂

纳米粉末催化剂具有较大的比表面积和较高的催化活性，但它在溶液中分散稳定、不易固液分离，需额外增加分离工艺来回收催化剂，导致催化剂难以重复利用或者处理成本增高。为了提高催化臭氧氧化工艺运行效率，往往需要将粒径较小的金属催化剂固定在尺寸较大的载体上。一般情况下，载体本身并不具有催化活性，但需有较大的比表面积和适宜的孔结构，使催化剂活性组分可在载体上分散均匀。常用载体包括活性氧化铝、分子筛、蜂窝陶瓷、陶粒、沸石、石英砂等材料。金属催化剂的负载方法包括浸渍法、溶胶凝胶法、离子交换法、共沉淀法等。金属负载催化剂的性能主要取决于金属活性成分的种类，并且受物理结构和性质的影响，表 2-3-4 中列举了近年来金属负载催化剂的相关研究。

表 2-3-4　近年来金属负载催化剂的相关研究

催化剂	载体	目标污染物	实验条件	去除率	参考文献
Co	Al_2O_3	苯酚	O_3:0.72 g/h;pH:5; t:420 min	100%	[174]
	Al_2O_3	苯酚	O_3:0.6 g/h;pH:5; t:240 min	55%	[175]
Ru	Al_2O_3	双酚 A	O_3:60L/h;pH:5.9; t:240 min	82%	[176]
Mn	Al_2O_3	苯酚	O_3:8.0 mg/min;pH:6.5; t:90 min	82.6%	[177]
Mn、Cu	Al_2O_3	苯并三唑	O_3:2.6 g/h;pH:7.4; t:30 min	Mn:84% Cu:92%	[178]
Ni	Al_2O_3	琥珀酸	O_3:300 mL/min;pH:8; T:60 min	100%	[179]
Mn-Fe	Al_2O_3	双酚 A	O_3:3.2 mg/min;pH:7; t:30 min	84.1%	[180]

续表

催化剂	载体	目标污染物	实验条件	去除率	参考文献
MnO_2-CuO	Al_2O_3	布洛芬	O_3:6.4 g/min;pH:5.6; t:60 min	55%	[181]
Cu - Mn	Al_2O_3	酸性红 B	O_3:4.26 mg/min;pH:8.5; t:20 min	99.35%	[182]
MnO_x	SBA - 15	氯贝酸	O_3:100 mg/h;pH:3.8; t:180 min	100%	[183]
MnO_x	SBA - 15	草酸	O_3:100 mg/h;pH:3.7; t:60 min	84.6%	[184]
MnO_x	SBA - 15	诺氟沙星	O_3:1.7 mg/min;pH:5; t:60 min	54%	[185]
Fe_2O_3/Al_2O_3	SBA - 15	布洛芬	O_3:30 mg/L;pH:7; t:60 min	90%	[186]
Fe	SBA - 15	草酸	O_3:100 mg/h ;pH:3.7 ; t:60 min	86.6%	[187]
Fe	SBA - 15	邻苯二甲酸二甲酯	O_3: 50 mg/h;pH:5.7; t:60 min	100%	[188]
CuO	SBA - 15	间苯二酚酸、草酸	O_3:5 g/h ;pH:8 ; t:30 min	100%	[189]
Ce	SBA - 15	邻苯二甲酸二甲酯	O_3: 100 mg/h;pH:5.7; t:60 min	88.7%	[190]
Ce	MCM - 48	氯贝酸	O_3:1.7 mg/min;pH:4; t:120 min	64%	[191]
Fe	MCM - 41	双氯芬酸	O_3: 100 mg/h;pH:7.0 ; t:60 min	76.3%	[192]
Mn、Ce	MCM - 41	草酸	O_3:21.8 mg/L ;t:30 min	92%	[193]
Ce	MCM - 41	对氯苯甲酸	O_3:100 mg/h;pH:4.5; t:60 min	86%	[194]
MnO_x	MCM - 41	硝基苯	O_3:0.39 mg/min;pH:6.91 ; t:10 min	88.9%	[195]
MgO	蜂窝陶瓷	乙酸	O_3:45.5 mg/min;pH:4; t:30 min	81.6%	[195]

活性氧化铝具有无毒、稳定、比表面积大、机械强度高等优点，因此常被用作金属催化剂的载体。例如，Roshani 采用浸渍法将 Mn、Cu 负载于 $\gamma-Al_2O_3$ 表面（BET：200 m^2/g，孔容：0.6 cm^3/g），制得 Mn/Al_2O_3、Cu/Al_2O_3 负载型催化剂，以苯并三唑（BTZ）为目标污染物，研究其催化活性[178]。反应 5 min 后，Mn/Al_2O_3 催化臭氧氧化去除了全部的 BTZ，而单独臭氧氧化仅可去除约 60% 的 BTZ。反应 30 min 后，Mn/Al_2O_3、Cu/Al_2O_3 催化臭氧氧化中溶液 TOC 分别降低了 84%、92%，负载型催化剂表现出了较高的催化活性。t - BA 可抑制 BTZ 的降解，证明 ·OH 发挥了重要作用，Al_2O_3 表面的 Mn、Cu 活性成分与臭氧之间的电子转移过程是催化反应的关键步骤。

Peng 采用化学镀烧法在 Al_2O_3 表面负载金属 Ni，得到负载型催化剂 Ni/Al_2O_3 - EPC，另外，采用浸渍法制备了 Ni/Al_2O_3 - IC[179]。反应 90 min 后，单独臭氧可氧化去除溶液中 41.2% 琥珀酸，Ni/Al_2O_3 - EPC、Ni/Al_2O_3 - IC 催化臭氧氧化过程中琥珀酸去除率达 100%、57.5%。传统浸渍法制备的 Ni/Al_2O_3 - IC 虽然也具有催化能力，但它的催化活性远低于 Ni/Al_2O_3 - EPC。根据催化剂的 BET 数据和 SEM 图像可得出以下结论：Ni/Al_2O_3 - EPC 比 Ni/Al_2O_3 - IC 有更大的比表面积和孔隙率，而且催化活性成分 NiO

在 Al_2O_3 表面分布更均匀。

介孔分子筛具有巨大的比表面积、规则的孔结构、均一的孔径尺寸，非常适合作催化剂载体，近年来 SBA－15、MCM－48、MCM－41 等分子筛材料常被用来制备金属负载催化剂。例如，Petre 采用浸渍法将氧化铜负载到 SBA－15 表面上，制得负载型催化剂 CuO/SBA－15（BET：643 m^2/g，孔容：0.52 cm^3/g，平均孔径：7.6 nm，CuO 负载量：11.2%，pH_{pzc}2.7）[188]。该研究以间苯二酚、草酸为目标污染物，在溶液 pH 为 3 的条件下，单独臭氧氧化中两种酸的去除率低于 10%，而 CuO/SBA－15 催化臭氧氧化过程中间苯二酚、草酸的去除率分别为 89%、100%。研究发现较低的 pH 条件更有利于催化臭氧氧化过程的进行，当溶液 pH 为 8 时，CuO/SBA－15 几乎没有体现出催化活性。作者推测，在 CuO/SBA－15 催化臭氧氧化反应中，两种酸首先被催化剂络合吸附，随后被臭氧分子氧化降解。

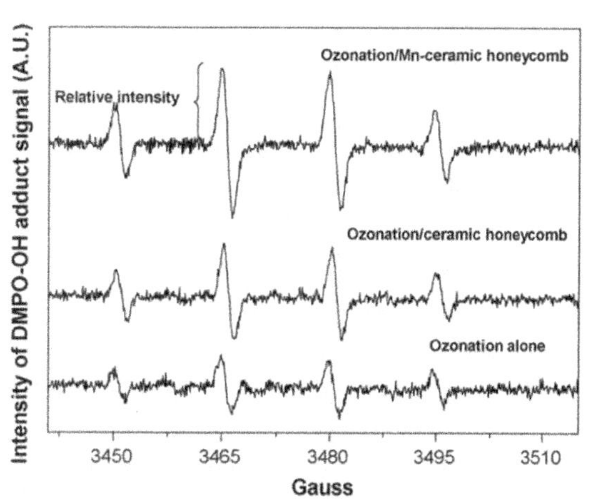

图 2－3－9　Mn－CH 催化臭氧氧化体系羟基自由基的 EPR 检测

{[O_3] = 1 mg/L，[硝基苯] = 50μg/L，[催化剂] = 60 g/L，pH 为 6.92，[DMPO] = 9.6 g/L}

蜂窝陶瓷（Ceramic Honeycomb，CH）是烧制成型的多孔陶瓷材料，耐高温、耐腐蚀、强度高、孔隙可调，在催化领域具有独特的应用优势。Zhao 采用浸渍法将 Mn 元素负载于堇青石蜂窝陶瓷上，制得负载型催化剂 Mn－CH，其中堇青石的组成为 $2MgO \cdot 2Al_2O_3 \cdot 5SiO_2$；Mn 元素以 MnO_2 形式存在，负载量约为 2%[196]。相比 CH，Mn－CH 的比表面积约提高了 7 倍（由 0.352 m^2/g 提高至 2.548 m^2/g），表面羟基密度约增大了 2 倍（由 0.91×10^{-5} mol/m^2 提高至 2.56×10^{-5} mol/m^2），等电点也略有提高（由 6.60 提高至 6.82）。该工作研究了溶液中硝基苯的氧化降解情况，反应 15 min 后，单独臭氧氧化中 25% 的硝基苯被降解，而 CH、Mn－CH 催化臭氧氧化过程中 47% 和 74% 的硝基苯被降解。实验结果表明，CH 具有一定的催化作用，且负载 MnO_2 可进一步提高其催化能力。该研究还发现 Mn－CH 在任何 pH 条件下均有较好的催化活性，在碱性溶液中，硝基苯的催化臭氧氧化降解效果相对更好。通过检测溶液中臭氧浓度的变化情况发现 Mn－CH 的存在使臭氧浓度迅速降低，说明它具有较强的分解臭氧的能力。H_2O_2 是臭氧分解、转化的重要中间物质[197－198]，该工作发现单独臭氧氧化过程和催化臭氧氧化反应过程中均产生了 H_2O_2 并存在不同程度的累积，反应 15 min 后，O_3、O_3/CH、O_3/Mn－CH 反应体系中的 H_2O_2 浓度分别达到了 0.0284 mg/L、0.0573 mg/L、0.0764 mg/L，这与催化剂的催化活性一致，说明 Mn－CH 催化 O_3 分解的效率最高，因此生成了更多的 H_2O_2。该研究采用 EPR 检测反应体系中的·OH，结果如图 2－3－9 所示，图中的特征峰证实了单独臭氧氧化和催化臭氧氧化过程中均产生了·OH，Mn－CH 催化臭氧氧化体系中·OH 的信号最强。根据实验结果可以推测，溶液中的臭氧分子在 Mn－CH 表面被吸附、分解，经过一系列转化生成 H_2O_2 和·OH。为了进一步探讨 Mn－CH 的催化作用机制，作者研究了 MnO_2 负载量与 Mn－CH 催化活性之间的相关性，结果表明，MnO_2 负载量越大，硝基苯的去除率越高、·OH 的信号越强。另外，Mn－CH 的表面羟基密度、pH_{pzc} 均随着 MnO_2 负载量的增大而提高。值得注意的是，Mn－CH 的表面羟基密度与·OH 信号强度呈线性关系，而 pH_{pzc} 与表面羟基密度之间也存在着线性相关。据此可以推测，Mn－CH 的表面羟基基团是促使臭氧分解的主要活性位，提高 MnO_2 负载量可使 Mn－CH 的表面羟基密度增大，进而增强了它催化活性。

二、碳材料负载催化剂

（一）活性炭负载

非均相催化臭氧氧化中通过添加金属和非金属催化材料可以明显提高臭氧的氧化性能。在前面已经对活性炭催化剂的催化性能进行了探究，发现活性炭可以在一定程度上提高臭氧氧化污染物的能力，而活性炭由于其高比表面积和发达的微孔结构，非常适合做金属及其氧化物的载体，已经有研究证明，使用活性炭负载金属所制得催化剂比单独活性炭催化剂有更好的催化效果[54]。本节介绍了活性炭负载锰、锌、铁、钴、镍等单一过渡金属或金属氧化物，活性炭负载两种或两种以上过渡金属或金属氧化物及活性炭负载铈及其氧化物的相关研究进展。

1. 活性炭负载过渡金属

本书已经对氧化锰的催化性能进行过探讨，锰元素的氧化物表现出了良好的催化性能，是最受关注的非均相催化剂之一，氧化锰负载在活性炭上形成了一种新型催化剂，它兼具锰氧化物的高催化活性及活性炭的良好吸附能力。

Ma 等[54]使用浸渍法将 MnO_x 负载在颗粒状活性炭（GAC）上制备了 MnO_x/GAC 催化剂。该实验表明，MnO_x/GAC 上负载的 MnO_x 是无定形的并且存在缺陷位，催化剂中 MnO_x 含量为 10.8%，催化剂的物理表征列于表 2－3－5。

表 2－3－5　GAC 和 MnO_x/GAC 的物理表征

样品	比表面积/（m^2/g）	平均孔径/nm	总孔隙体积/（cm^3/g）
GAC	764.9	2.087	0.399
MnO_x/GAC	512.6	2.108	0.2701

pH 对 MnO_x/GAC 催化臭氧氧化的影响如图 2－3－10a 所示，pH 为 2.74～3.52 的溶液中，4－硝基苯酚的降解效率约为 60%；当 pH 为 6.72～9.61 时，4－硝基苯酚的降解效率约为 50%，结果说明溶液中的 OH^- 对催化活性有一定影响，但不是主要影响因素。由图 2－3－10b 可以看出 4－硝基苯酚在 MnO_x/GAC 上的吸附也起着重要作用。从该实验结果可以推断，在 MnO_x/GAC 非均相催化臭氧氧化反应中，主要是活性炭表面的金属氧化物而不是溶液中的 OH^- 影响着催化活性。

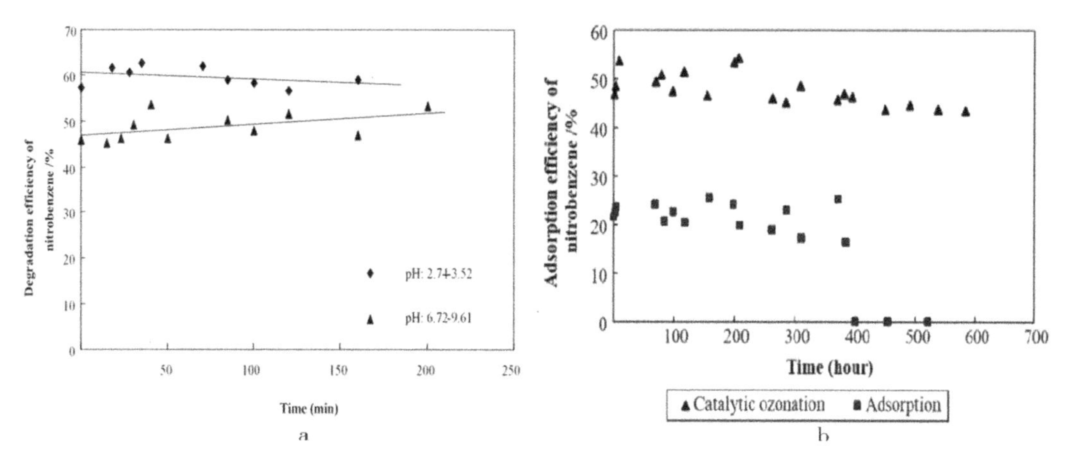

图 2-3-10 (a) pH 对 MnO*x*/GAC 催化臭氧氧化的影响(臭氧用量为 3.0 mg/L; 催化剂为 5 g; [硝基苯] =37.4 mg/L; 温度为 23 ℃), (b) 吸附和催化臭氧氧化中硝基苯的降解效率的比较(臭氧剂量为 3 mg/L; 催化剂用量为 5 g; pH =5.88~6.25; 反应温度为 20.5~23 ℃)

除锰及其氧化物外,活性炭负载钴及其氧化物也是常用的催化剂,在处理生物难降解有机化合物中得到了广泛的研究。Asma Abdedayem 等使用硫酸钴溶液和橄榄石活性炭(OSAC)制备 Co/OSAC 催化剂来降解 4-硝基苯酚,氮气在 OSAC 和 Co/OSAC 上的吸附-解吸等温线相当相似,表明负载后活性炭的整体结构没有任何规律性的变化;制备的 OSAC 具有微孔结构,平均孔径为 2.2 nm,占总孔径的 83.5%。然而,Co/OSAC 比 OSAC 的比表面积低,这表明钴纳米粒子集中聚集在 OSAC 的外表面。OSAC 和 Co/OSAC 的 X 射线衍射谱(XRD)显示钴在催化剂表面高度分散,加强了钴与 OSAC 表面之间的相互作用[116]。OSAC 和 Co/OSAC 催化剂的扫描电镜图(SEM)(图 2-3-11)显示,OSAC 的表面存在大且不规则的空腔,说明多孔的活性炭为金属的附着提供了很大的表面积;Co/OSAC 的能量色散 X 射线光谱(EDX)(图 2-3-11c)分析显示 Co 元素在载体表面几乎是均匀分布的。

Co/OSAC 在催化臭氧氧化 4-硝基苯酚反应有较好的催化性能,活性炭在 20 min 内可催化臭氧氧化 77% 的 4-硝基苯酚,Co/OSAC 催化反应中可达到 99%,结果表明 Co/OSAC 的表面有更多促进臭氧分解的活性中心。该研究发现 t-BA 会抑制 Co/OSAC/O_3 体系中 4-硝基苯酚的降解,说明·OH 是反应体系的含氧活性物种;作者还验证了负载的钴和臭氧分子之间的电子转移会促进·OH 的产生,而 4-硝基苯酚的降解效率与·OH的浓度成正相关。

铁及其氧化物在催化臭氧氧化降解难降解污染物过程中也表现出一定的催化活性[199],Huang 等使用邻苯二甲酸二丁酯(DBP)作为目标污染物,研究了负载铁的活性炭(Fe/AC)在催化臭氧氧化反应中的催化活性[200]。该工作探究了铁含量、催化剂用量、pH 等不同因素对 DBP 去除率的影响,并系统地分析了负载铁的活性炭催化臭氧氧化降解 DBP 的反应机制。

该研究发现 Fe/AC 上的铁主要以针铁矿形式存在;含铁 15% 和 30% 的活性炭的表

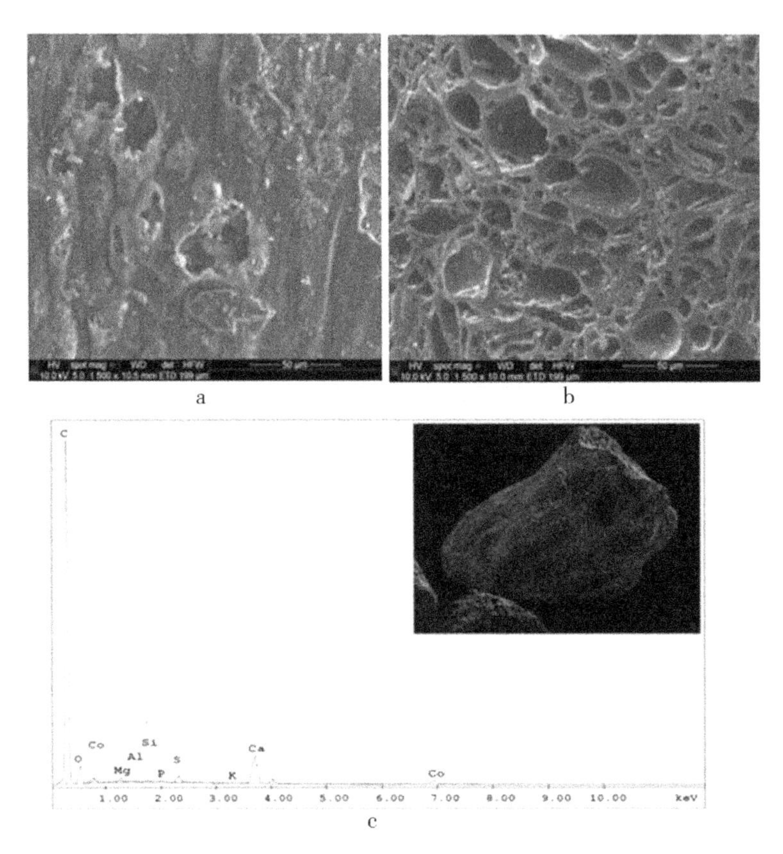

图2-3-11 OSAC的SEM显微照片(a),Co/OSAC催化剂的SEM显微照片(b),Co/OSAC的EDX显示的Co元素在活性炭表面的分布(c)

面积分别为964 m^2/g 和777 m^2/g,孔体积分别为0.436 cm^3/g、0.434 cm^3/g 和0.371 cm^3/g,孔径分别为1.41 nm、1.35 nm和1.18 nm;负载铁后,由于针铁矿的形成阻塞了活性炭上的微孔,所以表面积、孔体积和孔径均有所减小。

结果如图2-3-12a所示,在仅使用活性炭作为催化剂时,60 min内可催化去除60% DBP,其中30%来自活性炭的吸附作用;使用负载15%铁的活性炭作为催化剂最终DBP去除率为63%,其中吸附过程中仅有13%的DBP被去除率;反应体系中加入t-BA可抑制DBP的降解,说明Fe/AC会加快O_3分解为·OH的速率。

反应体系pH可影响Fe/AC表面的荷电情况。Fe/AC的pH_{pzc}为8.5,如图2-3-12b所示,溶液的初始pH为8时,DBP的去除率最高。一些研究中发现,溶液的pH低于催化剂的pH_{pzc}时,催化剂表面被质子化、带正电,随着溶液pH的降低,质子化过程得以加强,催化剂表面羟基中氧原子的亲核性降低,表面羟基与臭氧之间的相互作用被抑制,导致催化剂的活性降低。当溶液的pH高于催化剂的pH_{pzc}时,催化剂被去质子化带负电,表面羟基中的氢原子被释放到溶液中,降低了表面羟基与臭氧相互作用的概率,致使催化活性降低。以上结果表明,针铁矿的表面羟基是O_3结合和·OH生成的活性位点。

除Mn、Co、Fe外,负载过渡金属Ni的活性炭在催化臭氧氧化反应中也有较高的催化活性。Li等使用石油焦制备活性炭(AC),并将其在$Ni(NO_3)_2$水溶液中浸渍合成负载镍

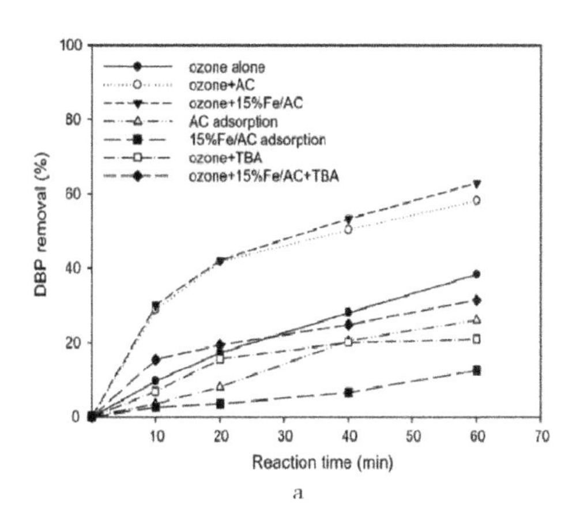

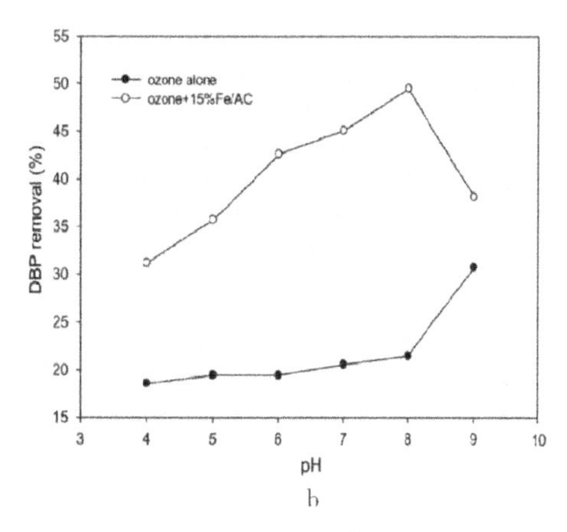

图 2-3-12 (a)不同条件下 DBP 去除率随时间的变化曲线{pH=6.0,[DBP]$_0$=2.0 mg/L;[O_3]=0.15 mg/L;催化剂用量=10 mg/L;[t-BA]=740 mg/L};(b)溶液初始 pH 对催化臭氧氧化去除 DBP 的影响

{[DBP]$_0$=2.0 mg/L;[O_3]=0.15 mg/L;催化剂用量为 10 mg/L;反应时间为 20 min}

的活性炭（Ni/AC）；该研究探究了负载镍的活性炭（Ni/AC）在催化臭氧氧化对氯苯甲酸（p-CBA）反应中的催化性能，他们发现，Ni/AC 与由石油焦制得的活性炭和负载镍的石油焦相比，可以催化臭氧氧化降解更多的 p-CBA，并且达到最高的 TOC 去除效果，具体数据如图 2-3-13 所示。

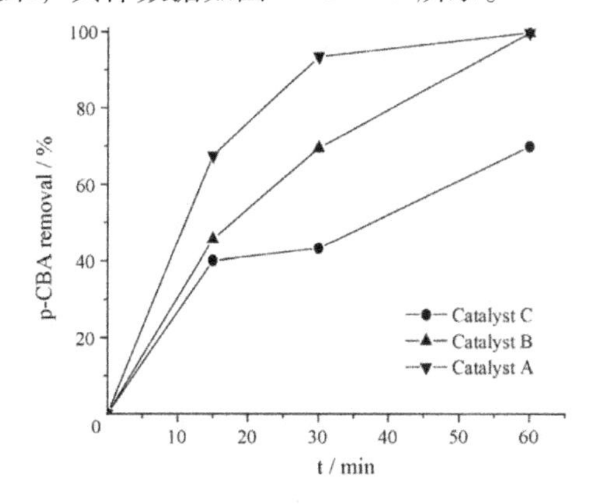

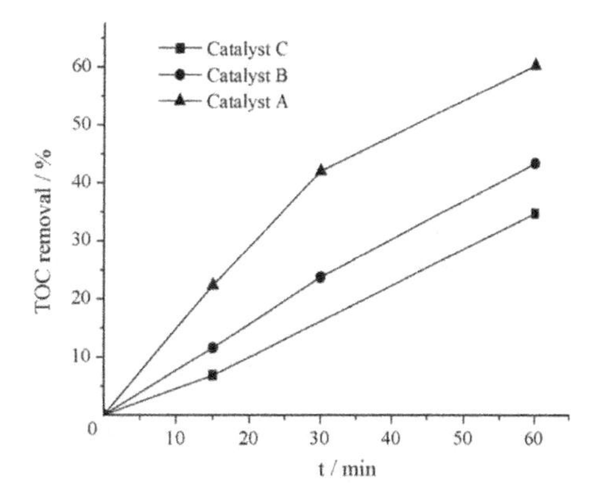

图 2-3-13 不同催化剂对催化活性的影响

{催化剂 A:负载 Ni 的活性炭;催化剂 B:由石油焦制得的活性炭;催化剂 C:使用石油焦负载 Ni,然后用 KOH 溶液活化,[p-CBA]=10 mg/L;pH 为 4.31;[催化剂]=5g/L;[O_3]=50 mg/h}

2. 活性炭负载铈

除上文提到的过渡金属外，也有研究表明铈及其氧化物在有机污染物的降解过程中具有催化作用。例如，铈可以催化苯酚的降解[201]，二氧化铈可以催化4-氯苯酚和4-苯酚磺酸的降解[202]。Faria 等把铈负载到活性炭（AC$_0$-Ce-O）上并应用于催化臭氧氧化降解印染废水的研究。实验过程以脱色效果和 TOC 去除率作为指标，评估了 3 种不同的催化剂（活性炭、氧化铈和氧化铈负载活性炭）对 3 种不同染料［酸性偶氮染料 CI Acid Blue 113（AB113）、活性染料 CI Reactive Yellow 3（RY3）、CI Reactive Blue 5（RB5）］的催化降解效果。

XRD 结果显示，AC_0 - Ce - O 中 Ce 的存在形式为 CeO_2，作者研究发现氧化铈平均含量为 45%。

ACo - Ce - O 催化臭氧氧化降解 AB113、RY3 和 RB5 的过程中 TOC 的变化如图2 - 3 - 14 所示，这 3 种染料的去除情况十分相似，以较难降解的 AB113 为例，在 120 min 内，单独臭氧氧化可以去除 88% 的 TOC，而使用 AC、Ce - O 和 AC_0 - Ce - O 作为催化剂时 TOC 的去除率分别达到 88%、90% 和 98%，其中 AC_0 - Ce - O 的催化效率明显高于 AC 和 Ce - O。催化臭氧氧化循环实验显示，在 3 个循环后，AC_0 - Ce - O 的活性在实验误差范围内保持不变。

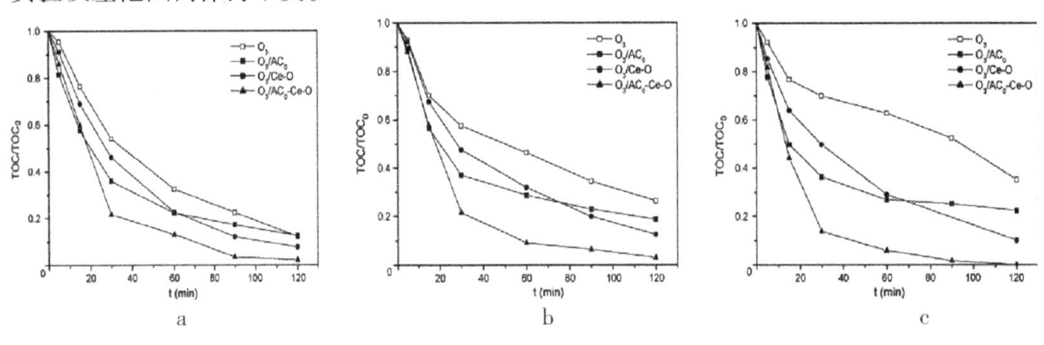

图 2 - 3 - 14　在 3 种不同染料：（a）AB113、（b）RY3、（c）RB5 体系中 TOC 在不同催化条件下去除情况

{[染料]$_0$ = 50 mg/L, pH 为 5.6}

作者探究了 HCO_3^-/CO_3^{2-} 对催化效率的影响，向 300 mg/L RB5 溶液中添加 1 g/L 的 Na_2CO_3，发现 HCO_3^-/CO_3^{2-} 的存在对臭氧氧化过程没有影响，而在催化臭氧氧化过程中，Na_2CO_3的加入显著抑制了 Ce - O 和 AC_0 - Ce - O 的催化活性，此结果表明反应过程中的主要活性物种为 · OH。

图 2 - 3 - 15 阐述了 CeO_2和活性炭复合物在催化臭氧氧化染料的反应中可能发生的主要反应，铈与活性炭的紧密结合会产生协同效应，在活性炭表面上存在的离域 π 电子有助于形成 Ce（Ⅲ），而 Ce（Ⅲ）是催化剂表面上 Ce（Ⅲ）/ Ce（Ⅳ）的氧化还原过程中促进 O_3分解所必需的。实验结果表明氧化铈 - 活性炭复合物催化臭氧氧化的机制包括活性炭促进臭氧分解的表面反应，以及涉及 · OH 的液相主体反应。

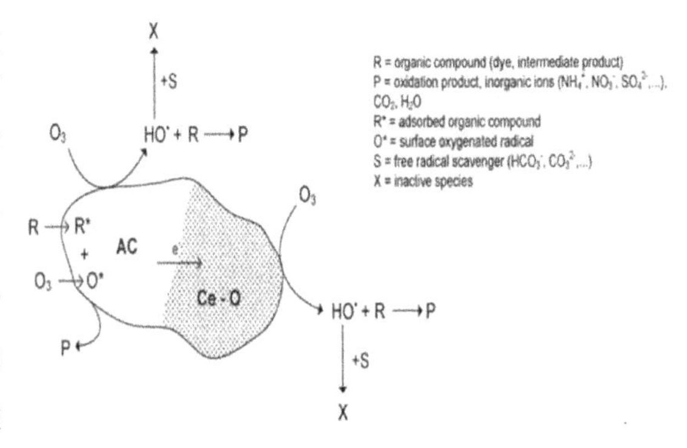

图 2 - 3 - 15　AC - Ce - O 催化臭氧氧化过程中主要反应途径的图示

活性炭负载铈的复合材料在催化臭氧氧化体系受到了广泛的研究报道，Li 等采用浸渍法制备活性炭负载铈（Ce/AC）催化降解水中邻苯二甲酸二甲酯[203]，C. A. Orge等使用沉淀法制备负载二氧化铈的活性炭催化降解草酸[204]，Alexandra等制备了负载二氧化铈的活性炭催化降解草酸和苯胺[205]，在这些研究中，活性炭负载的铈及其氧化物都表现出优异的催化活性。

3. 活性炭对多种金属的共同负载

除使用活性炭负载单一金属外，在活性炭上进行多金属共同负载有望获得更好的催化效果。MnO_2和Co_3O_4在催化降解很多难降解有机污染物中表现出较好的活性，如草酸、甲苯等[206]。Guo等将MnO_2和Co_3O_4与具有大比表面积、大粒径的颗粒活性炭（AC）复合制备了$MnO_2-Co_3O_4$/AC复合材料，用于催化臭氧氧化城市固体废物（MSW）渗滤液（含有诸多难降解有机物，如黄腐植酸和腐殖质等）[207]。

X射线能谱（EDS）显示C、O、Co和Mn均匀分布在颗粒活性炭（AC）的表面，XPS结果也表明Mn和Co分别以MnO_2和Co_3O_4的形式负载在活性炭表面；表2－3－6反映了相关成分反应前后百分含量的变化。

表2－3－6 使用$MnO_2-Co_3O_4$/AC复合材料催化臭氧氧化污染物5次前后相关组分的质量百分含量变化

质量百分含量	MnO_2	Co_3O_4	AC
反应之前	2.88%	7.18%	89.94%
反应之后	2.73%	6.91%	90.36%

该工作研究了废水在不同反应条件下COD的去除效果，仅通过颗粒活性炭或者$MnO_2-Co_3O_4$/AC复合材料的吸附可去除废水中5%的COD，仅臭氧氧化，在30 min内可去除21%的COD。在活性炭的催化下，可去除27%的COD，在$MnO_2-Co_3O_4$/AC复合材料的催化下，臭氧可去除30%的COD，COD去除效率有所提高（图2－3－16a）。如图2－3－16b所示，30 min内废水的BOD_5/COD，在仅臭氧氧化的情况下是0.42，在活性炭催化下是0.48，而在$MnO_2-Co_3O_4$/AC复合材料的催化下提高至0.81，表明更多的难降解有机物被降解为低分子量可生物降解的中间体。

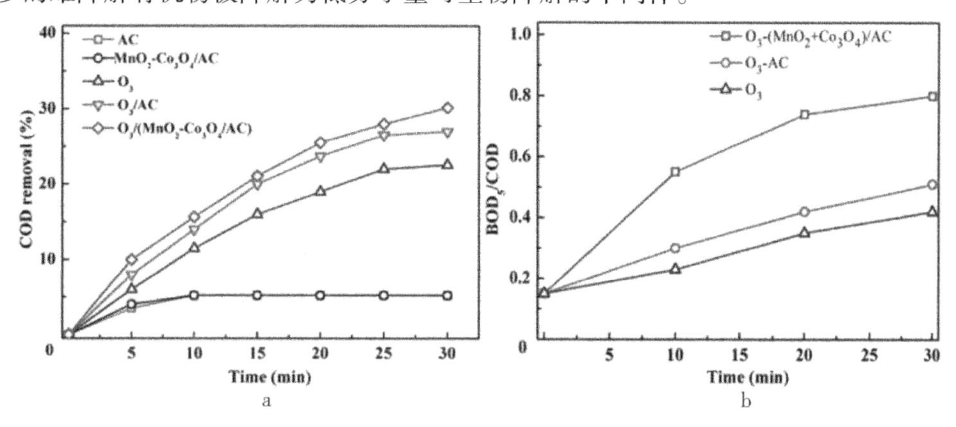

图2－3－16 不同条件下臭氧处理后COD去除量（a）和BOD_5/COD变化（b）

该研究用DMPO作为羟基自由基的捕获剂，运用电子顺磁共振（EPR）实验检测到了DMPO-OH信号，且在MnO_2-Co_3O_4/AC复合材料存在的系统有着更高的信号。证明·OH是反应中的活性物种，并且MnO_2-Co_3O_4/AC复合材料能促进羟基自由基的生成[208]。

（二）石墨烯负载催化剂

石墨烯与其氧化物在最近几年被广泛用作臭氧氧化的催化剂与催化剂载体，并显示出其对有机物的高催化活性。由于石墨烯具有更完善的石墨结构和更少的缺陷，其在臭氧氧化中比CNTs和AC更稳定[209]。层状结构碳材料［如氧化石墨烯（GO）、还原GO（rGO）］和碳复合材料已成功地用作光催化反应催化剂和类Fenton反应催化剂。石墨烯中存在的缺陷结构和表面含氧基团有利于臭氧的分解。Zhang等以尿素与钴酸锂（LCO）作为前体制备CN/LCO用以降解溴酸盐（BZA）[210]。通过XRD图谱发现LCO与CN在较低煅烧温度下结合后，LCO的峰强度明显下降，作者认为CN的加入导致LCO结构改变，而XPS谱图显示LCO/CN结构中存在C—O—Co键，这进一步证明LCO成功的负载在了石墨烯上。FT-IR结果显示，在较高温度下CN结构会发生分解，可能是Co原子主导了CN与LCO的结合。并且CN中氢键数量减少，这将促进载流子在CN层内的传输。XPS光谱证明CN/LCO-40具有更高的C/N比与氮空位，同时拉曼光谱显示其有着更高的I_D/I_G，说明有着更高的缺陷度，这间接证明了新键形成对C-N-C结构的破坏。因此可以认为新键的形成将导致更多的缺陷度与离域电子，有利于催化臭氧氧化过程中的电子转移。为了研究CN/LCO的催化性能，该工作进行了BZA的降解实验，用LC-Q-TOF-MS分析了降解过程中产生的中间体，并预测了降解途径，如图2-3-17所示，·OH，·O_2^-与$^1O_2$为催化臭氧氧化过程中产生的自由基。通过对比XPS光谱中O 1s光谱与C 1s光谱，认为C—O—Co为该催化剂活性位点。C—O—Co作为富电子中心，促进了0.5-CN/LCO中间层中电子从π键转移到钴离子和从Co离子转移到π^*，并且Co^{2+}/Co^{3+}的氧化还原循环促进了臭氧的分解。随着C/N含量的增加，K_{obs}数值也随之上升，这表明了氮缺陷位促进了催化臭氧氧化过程。

Hu等以GO和$KMnO_4$为前驱体，制备了MnO_2/石墨烯复合材料，用于气态甲苯的催化臭氧氧化，并确定了石墨烯在催化反应中的作用。Li等研究了3D海胆状α-MnO_2/石墨烯复合物去除双酚A（BPA）的催化活性[211]。该工作将通过改良Hummers法制备的GO与α-MnO_2胶体溶液混合搅拌后在120 ℃保持12 h，制得α-MnO_2掺杂的rGO（α-MnO_2/rGO）。SEM图像显示α-MnO_2/rGO的结构中，3D海胆状的α-MnO_2被rGO所包裹。TEM与HRTEM图像进一步证实了α-MnO_2/rGO纳米复合材料的成功合成。该工作通过拉曼光谱研究α-MnO_2/rGO表面的纳米结构，发现α-MnO_2/rGO的I_D/I_G值高于纯GO的值，这表明水热还原过程可以有效地还原GO。以上的表征表明α-MnO_2/rGO中存在石墨烯结构。α-MnO_2/rGO的N_2吸附解吸等温线表明其具有更高的BET比表面积，这有利于提高催化臭氧氧化的催化性能。该工作通过降解BPA研究α-MnO_2/rGO的催化性能，如图2-3-18所示，α-MnO_2/rGO的动力学常数分别是单独O_3降解与rGO/O_3体系的11倍与2倍，这可能是由于rGO的存在提

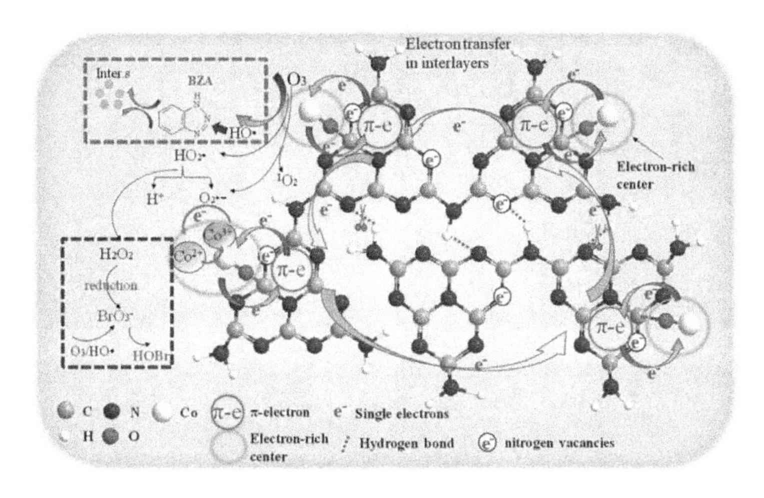

图 2-3-17 0.5-CN/LCO 催化臭氧氧化反应机制

高了催化剂的比表面积，从而加速了电子转移速度。

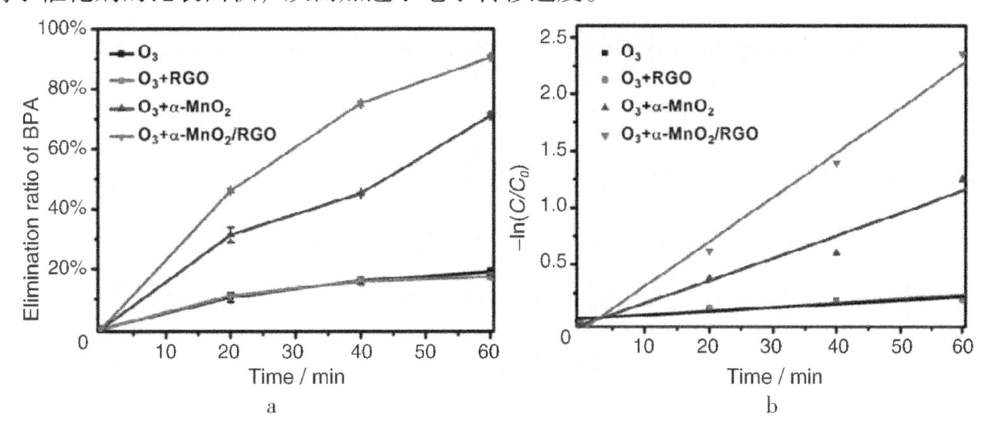

图 2-3-18 （a）双酚 A 在不同条件下的降解曲线；（b）双酚 A 降解百分比的对数函数与时间的线性关系

中国石油大学（北京）王郁现课题组通过将改良的 Hummers 方法制备的 GO 在马弗炉内加热得到 rGO，然后再通过水热法合成 MnO_2/rGO[212]。X 射线衍射（XRD）结果表明 GO 完全转化为 rGO；MnO_2/rGO-A 和 MnO_2/rGO-B 中 MnO_2 是斜方晶石 γ-MnO_2 结构。

MnO_2/rGO-A 和 MnO_2/rGO-B 的 SEM 和 TEM 图像（图 2-3-19）显示，在两种样品中 MnO_2 和 rGO 彼此结合且没有明显的边界，MnO_2 与 rGO 形成二维饼状混合纳米结构，其中 rGO 纳米片为 MnO_2 的生长提供二维骨架。由于受限于 rGO 骨架，MnO_2/rGO-A 和 MnO_2/rGO-B 有着均匀的形状。EDS 分析显示 MnO_2/rGO-B 中碳原子的原子百分含量是 MnO_2/rGO-A 的两倍。

MnO_2/rGO-A 和 MnO_2/rGO-B 的表面理化性质列于表 2-3-7，MnO_2/rGO-B 有更高的比表面积与较大的孔体积。因为两种样品形态相似，较高的 rGO 添加量可能导致了较高的表面积与孔体积。

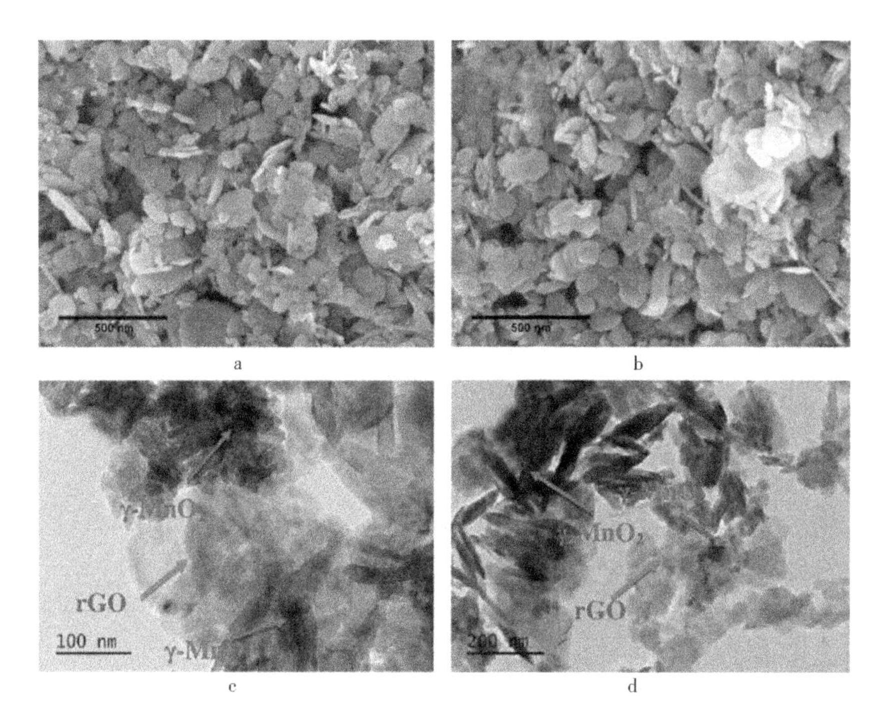

2 -3 -19　(a) MnO_2/rGO - A 的 SEM 图像；(b) MnO_2/rGO - B 的 SEM 图像；(c) MnO_2/rGO - A 的 TEM 图像；(d) MnO_2/rGO - B 的 TEM 图像

表 2 -3 -7　MnO_2催化剂的结构性质及其在苯酚降解中的活性

催化剂	表面积/（m^2/g）	孔体积/（cm^3/g）	平均孔径/nm	一级速率常数/min^{-1}	R^2
MnO_2/rGO - A	28.9	0.21	14.3	0.104	0.989
MnO_2/rGO - B	35.2	0.30	16.7	0.123	0.990

在 MnO_2/rGO - B/O_3体系，分别使用 t - BA、对苯醌（p - BQ）与叠氮钠（NaN_3）作为 ·OH、·O_2^-、$^1O_2$的淬灭剂。图 2 - 3 - 20 中淬灭实验结果显示，·O_2^- 与$^1O_2$是该催化氧化反应中起主导作用的自由基和非自由基含氧活性物。

通过研究对比 MnO_2/rGO - B 使用前后 Mn 发现在臭氧存在的强氧化环境中，部分 Mn（Ⅲ）通过电子转移被转化为 Mn（Ⅳ）。Mn（Ⅲ）/Mn（Ⅳ）与 rGO 紧密键合，可以提高电子传输的速度，更高的电导率可提高催化活性。一些

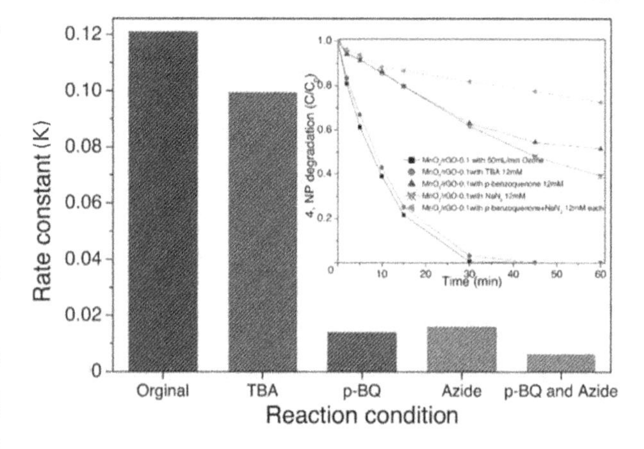

图 2 -3 -20　用于催化臭氧氧化过程的 MnO_2/rGO - B 的自由基竞争试验

{[4 - 硝基苯酚]$_0$ = 50 mg/L，催化剂负载量为 0.1 g/L，臭氧流速为 100 mL/min，臭氧浓度为 50 mg/L，温度为 25 ℃，[t - BA] = 12 mol/L，[p - BQ] = 12 mol/L，[NaN_3] = 12 mol/L}

研究已经将 MnO_2/ rGO 或 MnO_2/石墨烯纳米复合材料用于催化反应，并认识到 rGO 在加速电子传输中的作用。Qu 等通过水热法合成 MnO_2/石墨烯杂化物。他们发现，当 MnO_2负载量为 65% 时，甲苯去除率达到峰值。在此过程中，高催化活性可能来自 MnO_2和石墨烯之间的紧密连接导致的电子快速转移。此外，石墨烯也提供了吸附甲苯分子的平台（图 2－3－21）。

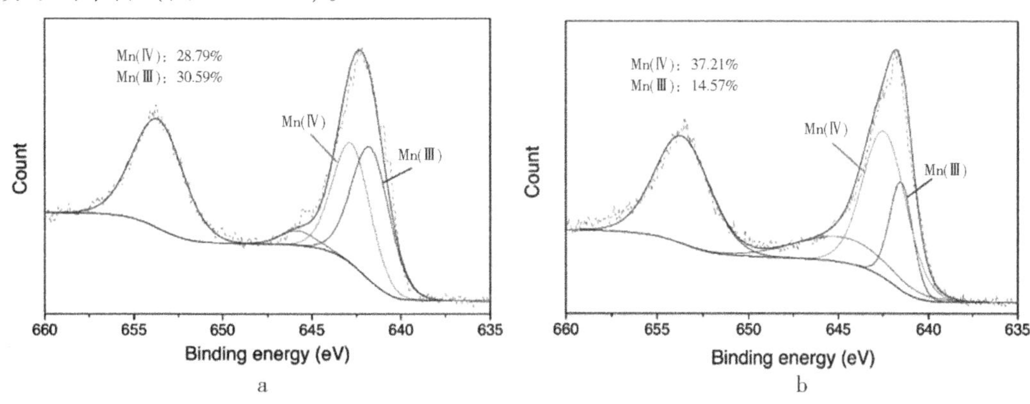

图 2－3－21　使用前（a）与使用后（b）的 MnO_2/ rGO－B 的 Mn 2p 区 XPS 图

（三）碳纳米管负载催化剂

与活性炭负载相比，碳纳米管（CNTs）具有较高的表面活性、机械强度及良好的电导率和相对化学惰性，已被广泛用作电催化系统的载体[213]。Liu 等使用 Zn、多壁碳纳米管（MWCNTs）与聚乙二醇制备 Zn－CNTs 并用于降解水中的4－氯－3－甲基苯酚（CMP）[213]。SEM 图像表明锌颗粒以不规则聚集体的形式分散在 CNTs 的表面；XRD 图像也显示出了碳的特征峰，通过对比锌、锌矿及 Zn－CNTs 样品中碳的特征峰，结果表明 Zn 已经成功地负载在 CNTs 的表面上。CNTs、使用前的 Zn－CNTs 与使用后的 Zn－CNTs 的平均孔径分别为 21. 3 nm、27. 43 nm 和 23. 62 nm，证明 Zn－CNTs 的制备过程及 Zn－CNTs 与 O_3的反应对 CNTs 的孔结构没有产生严重影响。并且锌颗粒与 CNTs 的直接接触可以增强电子传递效率，高比表面积和多孔结构有利于在 Zn－CNTs 与 O_3接触时生成 H_2O_2，在其催化臭氧氧化的过程中可能产生了·OH 与·O_2^-。如图 2－3－23 所示，通过对比 Zn/O_3、Zn－CNTs/O_3、O_3与 H_2O_2/O_3体系的降解速率，发现 Zn－CNTs 体系中 CMP 的高矿化速率有以下原因：①原位生成的氧化锌与氢氧化锌颗粒小、比表面积大；②催化剂表面存在强 Lewis 性酸性位，从而吸附分解 O_3产生·OH，并引发链式反应（图 2－3－22）。

Wang 等合成了 CeO_2－OCNT－X［X 即为 Ce（NO_3）$_3$·$6H_2O$ 的用量］用于降解焦化厂二级出水[214]。SEM 图显示 CeO_2 粒子均匀分散在 OCNT 表面形成管状网络，CeO_2－OCNT－0. 10 的 XRD 显示的所有特征峰与 CeO_2 的特征峰一致，表明 CeO_2 已经成功地与 OCNT 表面结合，FT－IR 光谱证明结构中存在 C—O、C—OH 与C═O。通过 XPS 分析了合成过程中催化剂表面的组成，结果表明，Ce^{3+} 和 Ce^{4+} 在 CeO_2 与CeO_2－OCNT 结构中存在，并且 Ce^{3+} 和 Ce^{4+} 的原子比分别为 0. 84 和 0. 82，证明合成过程对

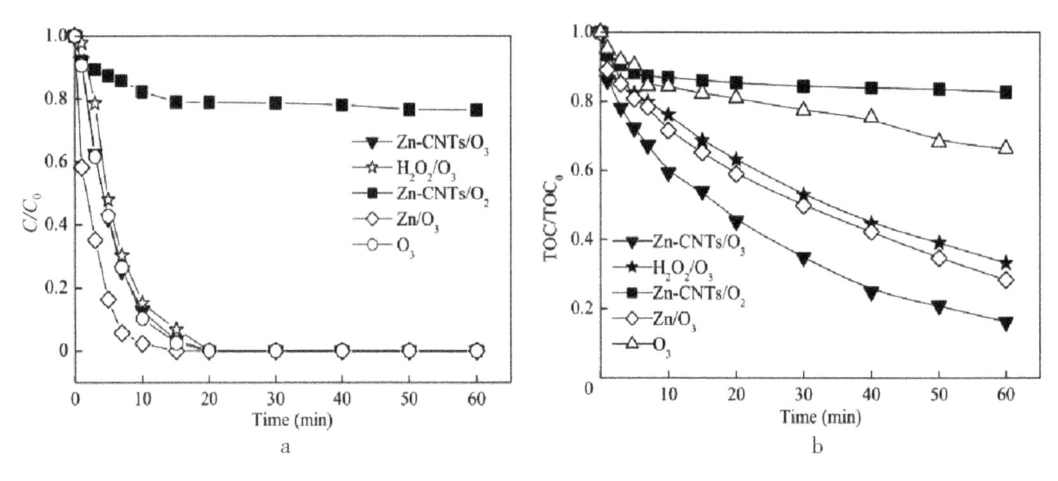

图 2-3-22 CMP 的降解（a）与矿化（b）过程

Ce 的形成影响不大。通过 TPR-H_2 实验证明 CeO_2-OCNT 负载有利于 Ce^{4+} 还原为 Ce^{3+}，从而提高了 O_3 转化为·OH 的能力。

CeO_2-OCNT 相比 CeO_2，OCNT 比 CeO_2 与 OCNT 混合物有更良好的催化活性，说明 CeO_2-OCNT 在催化臭氧氧化过程中表现出了 CeO_2 与 OCNT 的协同作用（图 2-3-23），CeO_2-OCNT 具有比 CeO_2、OCNT 与 CeO_2和 OCNT 的混合物更好的催化活性。其主要原因是 CeO_2分散性好，传质性能好，氧化还原（Ce^{3+}/Ce^{4+}）循环方便。

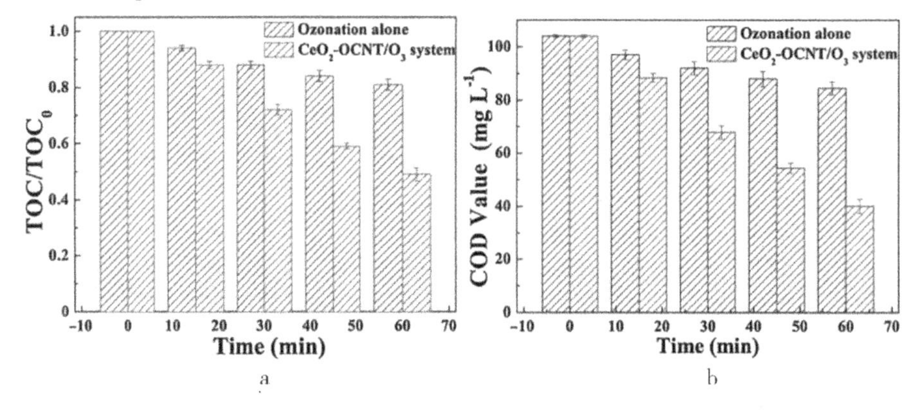

图 2-3-23 TOC 去除率（a）及单独臭氧氧化和 CeO_2-OCNT 体系中的残余 COD 值（b）

（四）其他碳材料负载催化剂

除碳纳米管与石墨烯外，石墨相氮化物（g-C_3N_4）是一种在光催化领域得到广泛研究的新型低成本富氮材料。g-C_3N_4的独特结构不仅使其成为一个给电子基团，而且还使其成为金属离子的理想载体。Xie 等以三聚氰胺和 $Ce(NO_3)_3 \cdot 6H_2O$ 为前驱体制备了 Ce 掺杂 g-C_3N_4（Ce-CN）用以降解草酸。Ce-CN XRD 图谱显示 g-C_3N_4的刚性层状结构消失，此外并未发现 Ce 的特征峰，这证明 Ce 被成功地掺杂到 g-C_3N_4中。FT-IR 光谱进一步证明 Ce 成功地掺杂在 g-C_3N_4骨架上。SEM 图像显示 Ce-CN 材料表面为粗糙复杂的层状结构，并没有球状（CeO_2）与 g-C_3N_4的层状结构，并且 BET 分析表明 Ce-CN 表面为片状，SEM 与 BET 共同表明，Ce 是成功掺杂在 g-C_3N_4表面上的，并非是简单地混合在一起。EDS 结果进一步表明，Ce 与 O 均匀分布在 $g-C_3N_4$骨架上。

该工作通过催化臭氧氧化降解草酸来评估 Ce - CN 的催化活性。研究发现草酸在 Ce - CN 催化下的降解速率比 MnO_2高 35%（图 2-3-24）。Ce - CN 中 Ce（Ⅲ）含量较高在催化臭氧氧化过程中 Ce（Ⅲ）是催化臭氧降解的活性中心。本工作通过 EPR 研究证实了 ·OH 是 Ce - CN 在催化臭氧氧化过程中的活性物种。

金属有机框架材料（MOFs）存在独特的晶态多孔性与超高的比表面积，在催化、气体分离存储、传感及质子传导等诸多领域获得广泛的应用。特别是在催化领域，MOFs 凭借其独特的结构，有效整合了均相和多相催化剂各自的优势，填补了传统微孔和介孔材料之间孔尺寸的空白。Yu 等将 $FeCl_3 \cdot 6H_2O$ 与 H_2BDC 添加到 DMF 中制成 MIL - 53（Fe），混合后在 150 ℃下保持 3 h，离心收集固体，依次用 DMF、乙醇、超纯水洗涤，最终获得 3 种 Fe - MOFs，即 88B（Fe）、100（Fe）、101（Fe）。FT - IR 光谱显示其中存在C ═ O键的伸缩振动、对称振动与非对称振动，苯环中的 C—H 键的弯曲振动，Fe—O 的伸缩振动，这表明存在二羧酸酯连接基和铁氧簇。XPS 光谱显示其中存在 C、O、Fe 元素，C 1s 谱显示 C ═ C/C—C 与 C ═ O 键的存在，O 1s谱显示 C ═ O与 Fe—O 键的存在，Fe 2p 谱显示 Fe $2p_{1/2}$与 Fe $2p_{3/2}$的存在，结果与之前对 $\alpha-Fe_2O_3$的报道吻合。3 种 Fe - MOFs 的微观结构具有中孔特征，它们的平均孔径分别为 100（Fe）（4.25 nm）>101（Fe）（3.63 nm）>88B（Fe）（2.39 nm），53（Fe）、88B（Fe）、100（Fe）和 101（Fe）孔体积分别为 0.276 cm^3/g、0.259 cm^3/g、1.044 cm^3/g、0.100 cm^3/g。这表明 Fe - MOFs 的各种微观结构可能有着多种催化性能。EPR 实验表示，·OH、$\cdot O_2^-$ 和$^1O_2$是催化臭氧氧化过程中主要的 ROS。

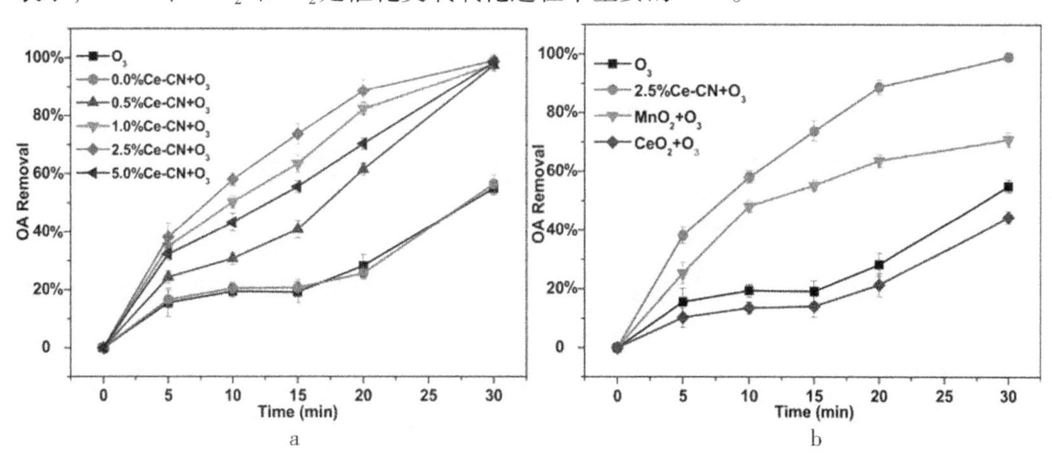

图 2-3-24　不同 Ce 掺杂量时 Ce - CN 材料催化臭氧氧化草酸效果（a），加入不同催化剂草酸降解效果（b）

三、其他催化剂

碳材料具有很高的吸附能力，但在臭氧氧化过程中会被氧化。此外，由于空间位阻、其所负载的金属或金属氧化物催化剂可能存在结构特性易被破坏（比表面积、孔径和孔体积减小)、活性组分分布不均匀、孔堵塞和难以暴露的活性位点等缺点。钙钛矿类（ABO_3)、尖晶石类（AB_2O_4）催化剂可以提高金属基催化剂的效率和稳定性，因此受到了广泛的研究。本小节介绍钙钛矿及相关的研究进展[215]。

（一）钙钛矿催化剂

钙钛矿催化臭氧氧化有机物的研究始于2006年[216]，研究发现$LaTi_{0.15}Cu_{0.85}O_3$作为催化剂可以促进丙酮酸的降解，且具有一定的稳定性。作者还系统地研究了操作条件：臭氧浓度、催化剂用量、温度、丙酮酸浓度对催化反应的影响。M. Carbajo等进一步研究对比了$LaTi_{1-x}Me_xO_3$（Me是Cu或Co，$x=0.60$或0.15)、$Ru-Al_2O_3$、$Ru-CeO_2$、FeOOH催化臭氧氧化丙酮酸的性能，发现只有钙钛矿和$Ru-CeO_2$可有效促进丙酮酸降解，并且$LaTi_{0.15}Cu_{0.85}O_3$具有最好的催化性能[217]。M. Carbajo在接下来的工作中研究了$LaTi_{0.15}Cu_{0.85}O_3$在催化臭氧氧化没食子酸和含酚实际废水（分别来自农业、酿酒厂、橄榄油脱苦工序废水及橄榄油生产工序废水）中的应用[218-219]，研究目标主要是催化剂的催化活性、稳定性及操作因素的影响。

1. 镧系钙钛矿氧化物

钙钛矿结构中的A位金属起结构支撑作用；B位元素为催化活性位点，对于改变钙钛矿的催化性能至关重要[163]。镧系元素的原子半径非常有利于ABO_3立方晶格的形成[220]，而且镧系金属阳离子可促进B位金属阳离子的暴露并且不影响其催化活性，因此，镧系元素（主要是La、Ce、Pr）作为钙钛矿的A位金属受到了广泛的研究。实验证明，Fe^{2+}、Fe^{3+}、Mn^{2+}、Co^{2+}、Ni^{2+}、Zn^{2+}作为均相催化剂均能促进臭氧对有机物的氧化[221]。C. A. Orge研究了不同B（Fe、Ni、Co、Mn）位金属元素的镧基钙钛矿$LaBO_3$在催化臭氧氧化中的活性[222]。草酸是常见的有机物氧化中间体之一，不易被臭氧直接氧化。他们发现，4种钙钛矿均能促进臭氧对草酸的降解，并且催化活性顺序为：$LaMnO_3$（45 min，98%）$>LaCoO_3$（60 min，99%）$>LaNiO_3$（60 min，95%）$>LaFeO_3$（180 min，80%）>臭氧（180 min，60%)。通过相同或不同价态的其他阳离子部分取代B位元素可形成取代型的钙钛矿$AB_{1-x}C_xO_3$（$0\leqslant x\leqslant 1$)。C. A. Orge发现使用Cu部分取代Fe形成的$LaFe_{0.7}Cu_{0.3}O_3$和$LaFe_{0.9}Cu_{0.1}O_3$钙钛矿的催化臭氧氧化草酸的活性较未取代的$LaFeO_3$明显降低，不过在催化臭氧氧化草酸体系中起着促进作用。但是在催化臭氧氧化草酸过程中，金属离子存在少量的浸出。

在非均相催化反应中增大催化剂的比表面积使更多的活性位点暴露可以提高催化活性。全燮课题组以SBA-15为模板，通过纳米浇铸技术合成了介孔纳米浇铸钙钛矿：$NC-LaMnO_3$和$NC-LaFeO_3$，与常规溶胶-凝胶法制备的未浇铸钙钛矿$LaMnO_3$和$LaFeO_3$相比，纳米浇铸的钙钛矿具有更高的比表面积和更大的孔径；而且$NC-LaMnO_3$和$NC-LaFeO_3$在催化臭氧氧化2-氯苯酚时有更好的效果，TOC去除率（75 min）分别为80%、68%，远远高于普通钙钛矿$LaMnO_3$（50%）和$LaFeO_3$（43%）的催化效果[215]。

在非均相催化臭氧氧化过程中，以自由基为基础的氧化反应是目前公认的降解有机污染物的有效途径之一。在探究非均相催化臭氧氧化的机制之前，确认自由基是否参与反应、在整个催化臭氧氧化过程中自由基的种类及贡献是很重要的。C. A. Orge 研究发现 · OH 是 $LaMnO_3/O_3$ 体系中主要的含氧活性物种，并且氧空位对催化活性很重要[221-222]。Shahzad Afzal 在一系列的实验研究基础上提出：① · OH 是 NC－$LaMnO_3/O_3$ 体系中主要的自由基，臭氧可直接氧化 2－氯苯酚， · OH 主要使中间体矿化；②氧化中间体吸附在催化剂的表面然后被臭氧和 · OH 氧化使 TOC 降低，催化剂表面羟基是催化反应的活性位点[215]。

该研究使用 t－BA 作为 · OH 的淬灭剂时 2－氯苯酚的降解没有受到显著影响，结果表明 2－氯苯酚主要是由臭氧直接氧化降解（图 2－3－25a）。作者又使用了无机离子碳酸氢根作为 · OH 淬灭剂（图 2－3－25b）。在过氧化氢存在下低浓度碳酸氢盐可以作为臭氧分解的引发剂加速臭氧分解，从而产生 · OH；但是碳酸氢根离子淬灭溶液中的 · OH 抑制催化反应如图 2－3－25b 中数据所示，碳酸氢根对催化臭氧氧化反应的抑制效果强于臭氧氧化反应，推测催化剂可能促进了 · OH 的产生。

加入碳酸氢根后反应体系涉及的反应如式（2－3－1）至式（2－3－6）：

$$HCO_3^- + \cdot OH \longrightarrow HCO_3\cdot + OH^- \tag{2-3-1}$$

$$HCO_3\cdot \rightleftharpoons CO_3^{\cdot -} + H^+ \tag{2-3-2}$$

$$HCO_3^- \rightleftharpoons CO_3^{2-} + H^+ \tag{2-3-3}$$

$$CO_3^{2-} + \cdot OH \longrightarrow CO_3^{\cdot -} + OH^- \tag{2-3-4}$$

$$CO_3^{\cdot -} + H_2O_2 \longrightarrow HCO_3^- + HO_2\cdot \tag{2-3-5}$$

$$HO_2\cdot + O_3 \longrightarrow \cdot OH + 2O_2 \tag{2-3-6}$$

在该研究中作者又使用对苯二甲酸作为荧光探针，通过荧光光谱法检测到了对苯二甲酸与 · OH 生成的高荧光度的 2－羟基对苯二甲酸，且加入叔丁醇后荧光度下降。除此之外，该研究（图 2－3－25c）使用 DMPO 作为 · OH 和 · O_2^- 的捕获剂，使用 TEMP 作为 $^1O_2$ 的捕获剂；通过 EPR 检测了捕获剂与含氧活性物种的加合物实验仅观察到了 DMPO－ ·OH 加合物信号，没有观察到 DMPO－ ·OOH 加合物和 TEMPO 加合物的信号。以上实验证 · OH 是该催化臭氧氧化过程中的主要活性含氧物质。

很多研究据报道了表面羟基是一种路易斯酸性位点，是催化臭氧氧化中的潜在活性位点。全燮课题组通过热重分析（TGA）计算得出纳米浇铸钙钛矿 NC－$LaMnO_3$ 表面羟基的浓度约为总浓度的 2.70%（1.58 mol/g）[215]。磷酸根离子是比水分子更强的路易斯碱，可以阻止路易斯酸位点与臭氧分子之间的相互作用。在催化臭氧氧化 2－氯苯酚的反应中加入磷酸根离子（图 2－3－25d），O_3－2－氯苯酚反应体系的 TOC 去除率降至 4% 左右，NC－$LaMnO_3/O_3$－2－氯苯酚反应体系的 TOC 去除率（75 min）从 80% 降低至 50%。实验使用 D_2O 区分表面羟基与溶液本体的 · OH，通过 ATR－FT－IR 研究磷酸根离子与表面羟基的相互作用，结果证明，在磷酸的存在下，Mn－D 的峰强度及 Mn－D 与 D_2O 形成氢键的峰值明显降低，并且出现了 2 个新的峰，这说明磷酸根取代了表面羟基，导致催化活性下降，表明了表面羟基对催化活性十分重要。

除此之外作者还提出电荷传递在反应中的重要性。在催化反应前后，发生了

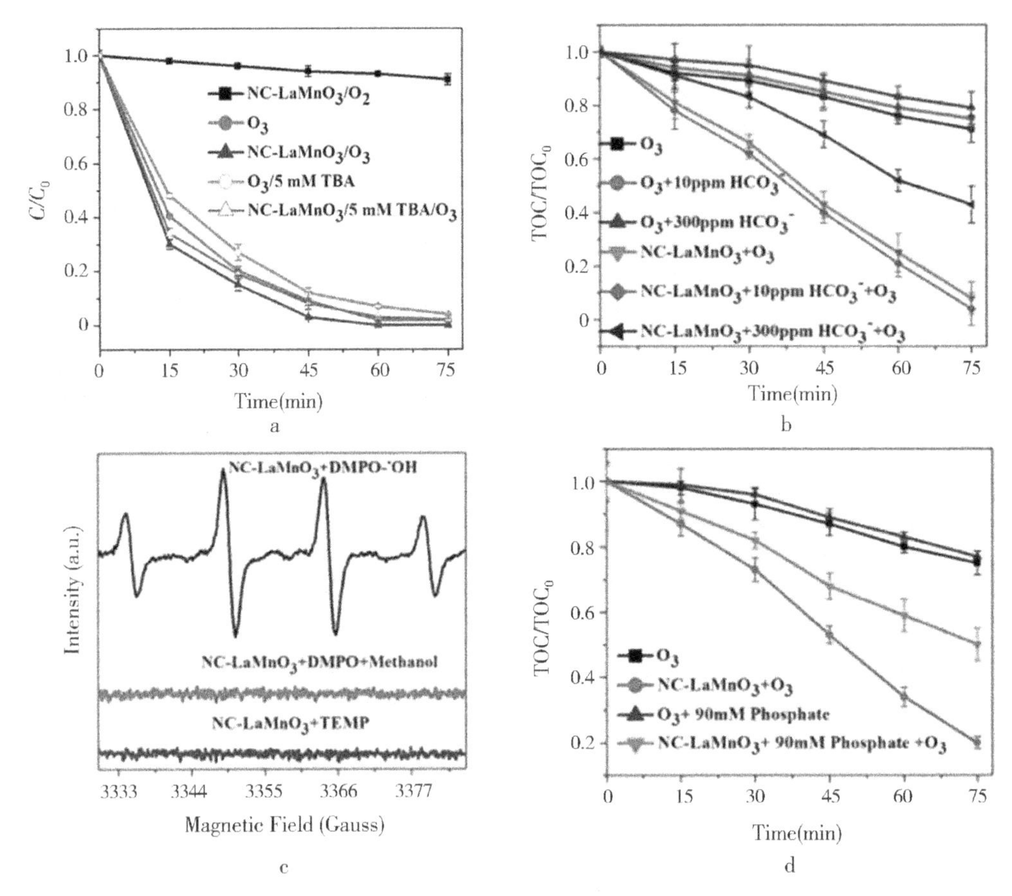

图 2-3-25 (a) 叔丁醇对不同反应体系 TOC 去除的影响，(b) 碳酸氢根离子对不同反应体系 TOC 去除的影响，(c) 臭氧存在时 NC-$LaMnO_3$体系 EPR 实验，(d) 磷酸根离子对不同反应体系的影响

{[2-氯苯酚]$_0$ = 50 mg/L；催化剂负载量（如果使用）为 0.30 g/L；臭氧流速为 4 mg/min；[O_3] = 20 mg/L；反应温度为 25 ℃；初始 pH 为 5.56}

Mn^{3+}—Mn^{4+}—Mn^{3+}氧化还原循环，在此过程中电子由Mn^{3+}传递给O_3，生成的Mn^{4+}被晶格氧还原维持电荷平衡。线性扫描伏安实验（LSV）证明这一分析，通入臭氧后，NC-$LaMnO_3$表面电流信号显著增加，表 2-3-8 为 NC-$LaMnO_3$ 参与臭氧氧化前后 Mn 2P 和 O 1s XPS 数据。

表 2-3-8 NC-$LaMnO_3$参与臭氧氧化前后 Mn 2p 和 O 1s XPS 数据

离子	反应前含量	反应后含量
Mn^{3+}	57.45%	49.03%
Mn^{4+}	42.55%	50.97%
O_L	55.75%	42.68%
草酸	44.25%	57.32%

最后总结得出了有机物降解的途径：水分子吸附在催化剂表面的酸性位点上并产生表面羟基；臭氧通过静电力和氢键与催化剂表面羟基或者金属位点发生相互作用，

同时电子从 Mn^{3+} 转移到 O_3，导致臭氧分解产生 · OH 使 2 - 氯苯酚降解，晶格氧协助 Mn^{4+} 还原为 Mn^{3+}，保证了催化剂的持续催化能力。具体途径如图 2 - 3 - 26 所示。

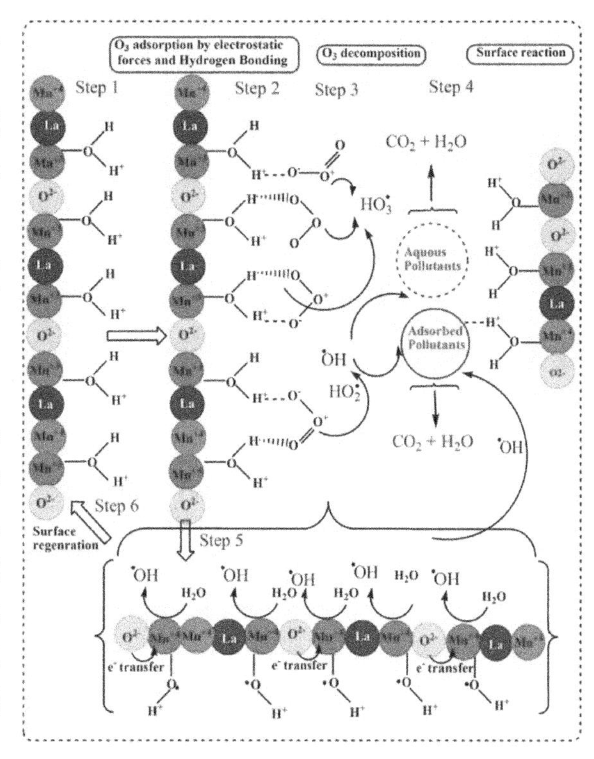

图 2 - 3 - 26　催化臭氧反应机制

并不是在所有非均相催化臭氧氧化过程中 · OH 都起主导作用，也可能存在其他活性氧物种或者其他非自由基反应，如 $^1O_2$。

中国石油大学（北京）王郁现课题组通过改进的共沉淀法合成了 LMO 钙钛矿（$LaMn_{0.5}O_x$、$LaMnO_x$、$LaMn_3O_x$、$LaMn_4O_x$ 分别代表金属前驱体用量 La/Mn 为 0.5、1、3、4）用于催化臭氧氧化草酸（OA）和 1H - 苯并三唑（BTA），并同时与使用溶胶 - 凝胶法制备的 $LaMnO_{3-\delta}$ 进行对比[163]。

研究发现 $LaMnO_x$ 呈高度无序的团聚结构（图 2 - 3 - 27a）。XRD 图谱显示，具有缺陷位的 $LaMnO_{3-\delta}$ 是 $LaMnO_x$ 的主要相，随着 Mn 含量的增加材料会形成 $Mn_2O_3/LaMnO_{3-\delta}$ 复合材料。通过分析相应的 SEM 图像发现在 $LaMn_4O_x$ 结构中，约为 1 μm 的分层簇状微球组成了 $LaMn_4O_x$ 整体结构（图 2 - 3 - 27b）。$LaMn_4O_x$ 的 TEM 图像显示（图2 - 3 - 27d），在微球结构中存在明亮的缝隙，这些缝隙是由热解过程中碳酸盐前体中的 CO_2 蒸发形成，缝隙不仅存在于催化剂表面，一些缝隙也穿透了催化剂的分级结构。EDX 结果表明，La 和 Mn 均匀分散在复合材料中，$LaMnO_x$ 和 $LaMn4O_x$ 上 La 与 Mn 的原子比分别约为 1∶1 和 1∶2.5，这与前体中 La 与 Mn 原子比不一致，这表明在构造球形结构时，前体中的 La 和 Mn 并非全部被利用。

臭氧降解草酸的实验结果显示（图 2 - 3 - 28a、图 2 - 3 - 28c），仅臭氧氧化可降解少于 10% 的草酸（60 min），Mn_2O_3 可以提高草酸去除率至 90%（60 min），钙钛矿复合材料（$LaMn_4O_x$）可明显促进草酸降解，45 min 内可完全降解草酸，作为对比，$LaMnO_{3-\delta}$ 可催化臭氧在 60 min 完全降解草酸。作者还以 1H - 苯并三唑（BTA）为目标污染物研究钙钛矿材料催化臭氧氧化不饱和有机物的性能，$LaMn_4O_x$ 催化臭氧氧化在 30 min 内完全降解 BTA，相比不使用催化剂的体系，反应时间缩短了一半。

除此之外，不同 *N*（La）/*N*（Mn）的钙钛矿材料催化降解草酸的情况如图 2 - 3 - 28b 所示，在 20 min 内，具有分层结构的 $LaMn_4O_x$ 降解了 80% 的初始浓度的草酸（OA），而具有聚集结构的 $LaMnO_x$ 只降解了 70% 初始浓度的草酸（OA），说明分层结构对这些 LMO 复合材料的催化活性有利。

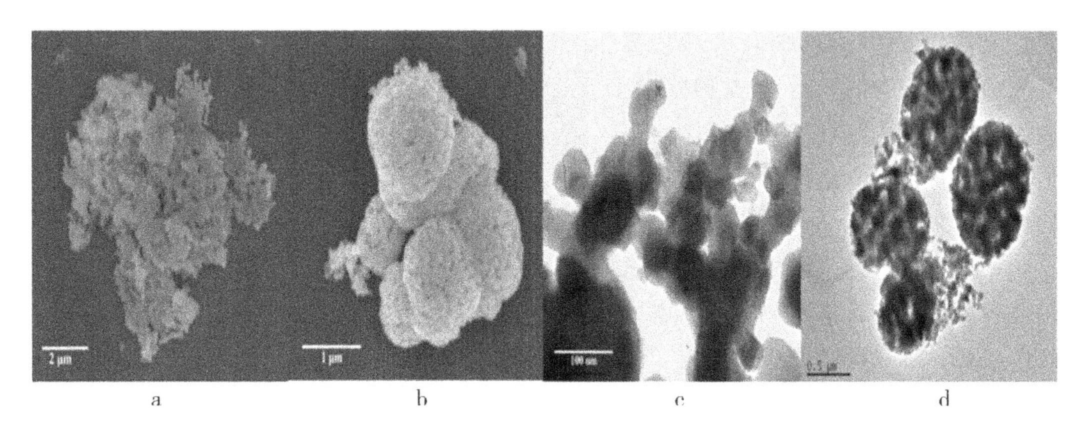

图 2-3-27　$LaMnO_x$（a、c）和 $LaMn_4O_x$（b、d）的 SEM 图和 TEM 图

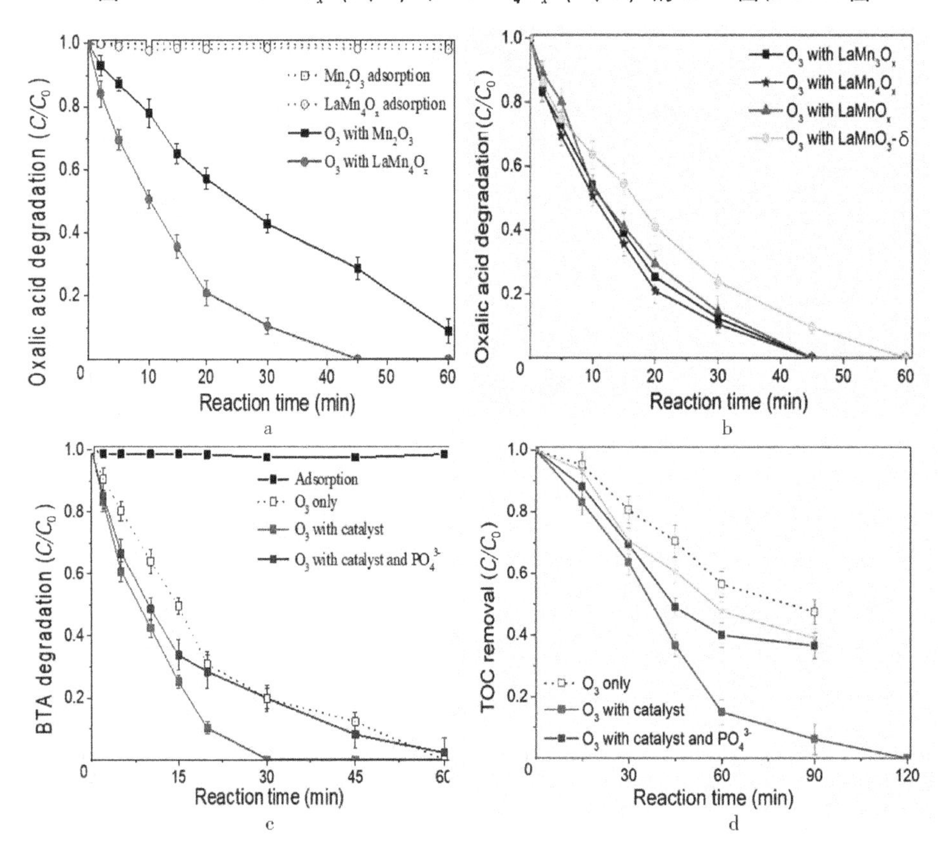

图 2-3-28　草酸在不同催化剂体系中降解曲线（a、b）、1H-苯并三唑（BTA）在有无 $LaMn_4O_x$ 催化剂条件下降解曲线（c）和 TOC 去除情况（d）及磷酸根离子的影响

{a 和 b 中[草酸]$_0$ = 50 mg/L，催化剂负载量为 0.2 g/L，臭氧流速为 100 mL/min，[O_3] = 20 mg/L，反应温度为 25 ℃，初始 pH 为 6.8，用 0.01 molHCl/NaOH 溶液调节 pH；c 和 d 中[BTA]$_0$ = 50 mg/L，其他一致}

在以苯并三唑（BTA）为目标污染物的体系，作者以 t-BA 和碳酸氢根离子（HCO_3^-）作为 ·OH 的淬灭剂，实验结果显示 10 mol/L 的 t-BA 对 BTA 降解影响并不明显（图 2-3-29a），而加入 HCO_3^-（图 2-3-29a），反应体系 TOC 去除率降低（从

95%降至68%）；证明反应中产生了·OH，并促进了BTA的矿化，但由于t-BA不能有效淬灭催化剂表面的·OH，从而证明臭氧分解产生·OH主要发生在催化剂表面。

$O_2^{\cdot -}$也是催化臭氧氧化过程中产生的含氧活性物种之一。在酸性较低的环境下，$O_2^{\cdot -}$会与H^+结合形成$HO_2\cdot$，$HO_2\cdot/O_2^{\cdot -}$既是形成·OH的关键中间体，又是可直接降解有机污染物。作者使用过量1-丁醇完全淬灭体系中的·OH，然后使用苯醌（p-BQ）作为$O_2^{\cdot -}$的淬灭剂，结果证明体系中存在$O_2^{\cdot -}$。[p-BQ与$O_2^{\cdot -}$的反应速率为3.5×10^8 ~ 7.8×10^8 mol/（L·s），与·OH的反应速率常数1.2×10^9 mol/（L·s），和臭氧的反应速率常数为2.5×10^3 mol/（L·s），1-丁醇与·OH的反应速率常数为4.5×10^9 mol/（L·s）]。

作者通过EPR实验进一步验证了自由基淬灭实验的结果，结论是一致的。除了·OH和$O_2^{\cdot -}$外，作者还在EPR实验中检测到了$^1O_2$（还原电势为0.85 V）；作者还是用叠氮钠（NaN_3）作为单线态氧（$^1O_2$）的淬灭剂进行验证，结果如图2-3-28b所示，NaN_3可抑制TOC的去除（TOC的去除率从60%降低至10%），但是NaN_3同时可淬灭·OH等多种自由基，所以结果有待进一步验证。NaN_3与$^1O_2$的反应速率常数为2×10^9 mol/(L·s)，与·OH的反应速率常数为1×10^9 mol/(L·s)。

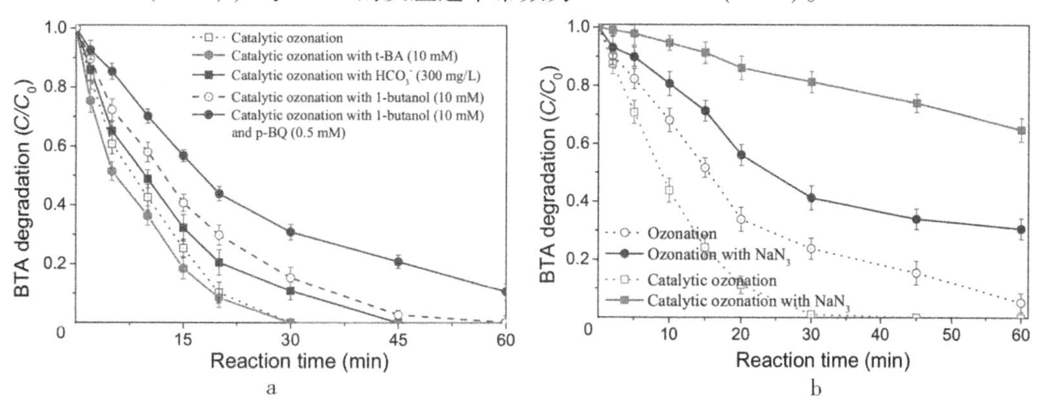

图2-3-29　（a）不同自由基淬灭剂对苯并三唑（BTA）降解速率的影响；（b）在pH=3时，叠氮钠对苯并三唑降解速率的影响

{$[BTA]_0$=50 mg/L,催化剂用量为0.2 g/L,$[O_3]$=50 mg/L,臭氧流速为100 ml/min,反应温度为25 ℃,[t-BA]=10 mol/L,$[HCO_3^-]$=300 mg/L,[1-丁醇]=10 mol/L,[p-BQ]=0.5 mol/l,$[NaN_3]$=12 mol/L}

自由基淬灭实验证明催化剂表面的·OH在BTA矿化中起着重要的作用。磷酸根离子是比水分子更强的路易斯碱，可以阻止路易斯酸位点与臭氧分子之间的相互作用。在催化臭氧氧化反应中加入磷酸根离子（10 mol/L），$LaMn_4O_x$催化BTA完全降解的时间由30 min延长至60 min；TOC去除率从95%降至62%。不过，臭氧分子或者从催化剂表面脱离的ROS会直接氧化目标污染物或者降解中间产物，以致有机物的矿化仍然发生在本体溶液中。研究运用NH_3-TPD和吡啶FT-IR评估了催化剂表面上酸性位点的数量及类型。结果表明 $LaMn_4O_x$ 表面的酸性位点较 Mn_2O_3 多；且 $LaMn_4O_x$ 表面 Lewis 酸性位点是主要的酸性位点，酸性位点被认为是臭氧分子的主要吸附位点及臭氧分解产生活性物质的离子交换桥（图 2－3－28c 和图 2－3－28d）。

很多研究报道了表面羟基是一种路易斯酸性位点，是催化臭氧氧化中的潜在活性位点[170,223]，其浓度可以通过 N_2 气氛中的 TGA 确定。该研究提出 Mn_2O_3 表面只有低浓度的表面羟基，含量少于 0.5%。LMO 钙钛矿复合材料表面羟基浓度约为 1%。这证明引入 La 元素可以增加表面羟基浓度，从而可能提高催化活性。

研究表明，氧空位也是钙钛矿类催化剂表面的活性位点之一。可以通过 O_2－TPD 定性分析催化剂表面的氧空位（图 2－3－30a）。数据显示 $LaMn_4O_x$ 比 $LaMnO_x$ 表面存在更多的氧空位，这表明增加 Mn/La 有助于形成更多的氧空位。使用过的 $LaMn_4O_x$ 氧空位峰强度降低，可能是表面氧化过程中 ROS 补充了部分氧空位，造成催化剂的钝化。Mn_2O_3 在 290 ℃附近没有解吸峰，表明在其表面形成的氧空位量很少。催化剂表面的氧空位含量（δ 值）可以通过碘量滴定法定量确定。Mn_2O_3、$LaMnO_x$、$LaMn_4O_x$ 和使用过的 $LaMn_4O_x$ 的 δ 值分别为 0.03、0.11、0.13 和 0.08。氧空位量（δ 值）与相应催化剂催化草酸（OA）降解的拟一级反应速率常数通过曲线关联起来如图 2－3－30b。较高的氧空位（δ 值）与较大的速率常数相对应，说明氧空位对催化反应十分重要。一些研究发现缺陷部位，特别是金属氧化物表面的氧空位，成键氧原子的缺失可以改变催化剂的电子结构，从而获得很强的催化能力[46,224]。在催化臭氧氧化反应中，氧空位充当路易斯酸位，可夺取 O_3 的电子来促进臭氧分子的吸附；Mn 离子与吸附的 O_3 相互作用使 O_3 中 O—O 键变长，从而加速 ROS 的形成[46,225]。上述合成材料的物理性质如表 2－3－9 所示。

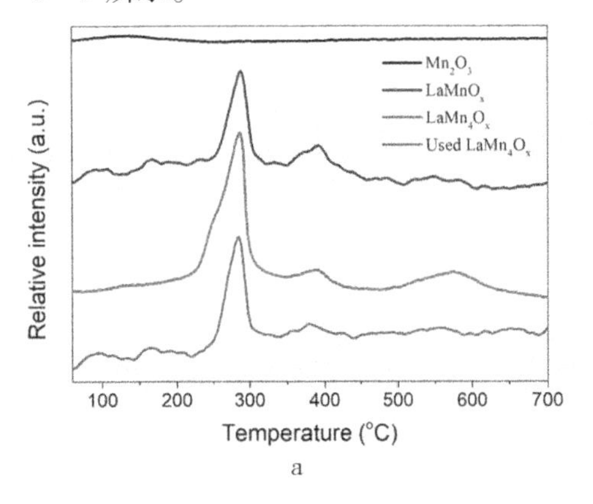

a

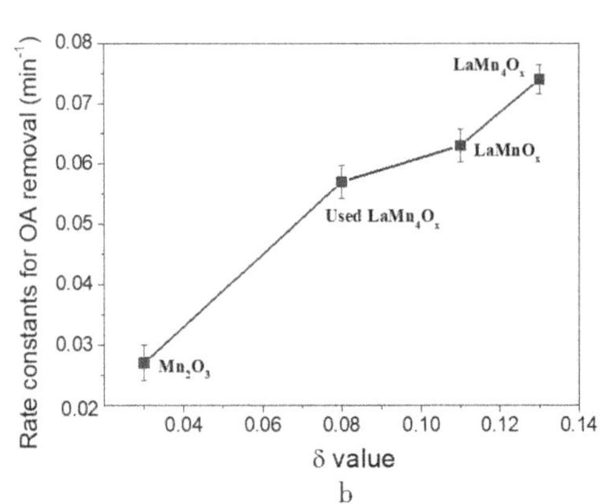

b

图 2－3－30　（a）不同催化材料的 O_2－TPD 曲线，（b）草酸降解的拟一级反应速率常数与催化剂的氧空位量（δ 值）之间的相关性

表 2-3-9　合成材料的理化性质

样品	BET 表面积/ (m^2/g)	孔体积/ (cm^3/g)	速率常数/ min	金属溶出浓度		平均氧化态
				La/ (mg/L)	Mn/ (mg/L)	
Mn_2O_3	6.3	0.0089	0.029	—	0.4	3.24
$LaMnO_x$	9.2	0.0160	0.063	0.2	0.2	3.16
$LaMn_4O_x$	10.4	0.0440	0.074	0.1	0.2	3.08
La-Mn-C	11.3	0.0280	0.047	0.3	0.3	—
使用过的 $LaMn_4O_x$	9.8	0.0390	0.057	0.1	0.3	3.20

2. 其他钙钛矿氧化物

除镧系钙钛矿氧化物外，本节综述了 $CaMnO_3$、$SrTiO_3$[226] 等钙钛矿在催化臭氧氧化体系的应用。

对于水中有机污染物的催化臭氧氧化，钙离子可以与反应中间产物结合形成不溶性沉淀从而显著提高 TOC 的去除率。中国石油大学（北京）王郁现课题组研究了 $CaMn_3O_6$［前驱体中 N（Ca）：N（Mn）=1：3］和 $CaMn_4O_8$［前驱体中 N（Ca）：N（Mn）=1：4］钙钛矿在催化臭氧氧化 4-硝基苯酚体系的活性[227]。

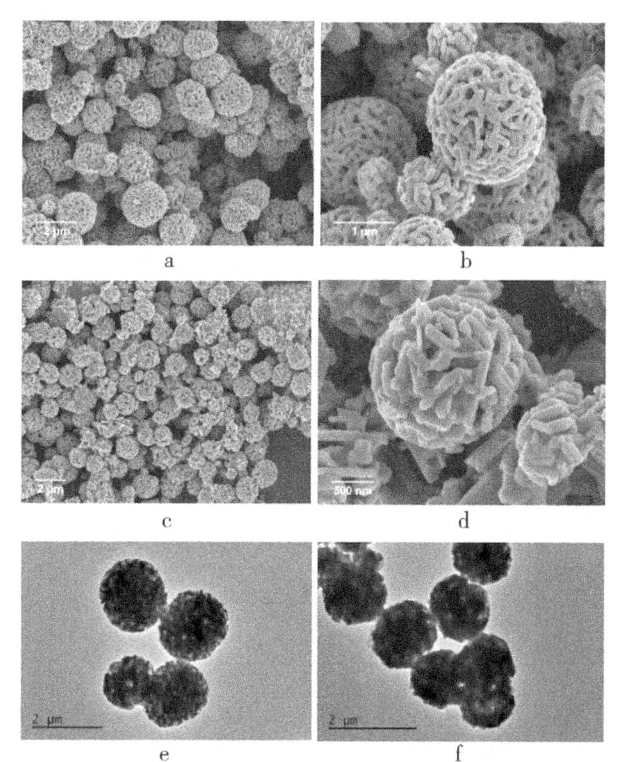

图 2-3-31　$CaMn_3O_6$（a 和 b）和 $CaMn_4O_8$（c 和 d）的 SEM 图像及 $CaMn_3O_6$（e）和 $CaMn_4O_8$（f）的 TEM 图像

他们通过 SEM 和 TEM 表征发现，$CaMn_3O_6$ 是由平均长度为 0.5μm 的一维纳米棒（图 2-3-31a 和图 2-3-31b）构成的分层三维微球（直径 1.5～2.0 μm），$CaMn_4O_8$ 也有与 $CaMn_3O_6$ 相似的分层结构，（图 2-3-31c 和图 2-3-31d）只不过 $CaMn_4O_8$ 的直径更小，组成球状结构的纳米棒长度更不规则（200～500 nm）。TEM 图像（图 2-3-31e 和图 2-3-31f）显示的球状结构上存在亮点代表着样品中的多孔结构，前驱体中碳酸盐蒸发产生二氧化碳是产生孔结构的原因；通过进一步研究得出 $CaMn_3O_6$ 和 $CaMn_4O_8$ 的平均孔径分别为 23.3 nm 和 27.4 nm，其他结构性质列于表 2-3-10。

表 2-3-10 Ca-Mn-O 催化剂的结构性质及降解 4-硝基苯酚的反应动力学

催化剂	BET 比表面积/(m^2/g)	孔体积/(cm^3/g)	平均孔径/(nm)	一级动力学常数/min	回归系数
$CaMn_3O_6$	5.3	0.036	23.3	0.113	0.992
$CaMn_4O_8$	8.8	0.052	27.4	0.125	0.995

两种钙钛矿应用至4-硝基苯酚的降解实验，实验结果显示（图2-3-32），4-硝基苯酚在 $CaMn_3O_6$和 $CaMn_4O_8$表面的吸附性可忽略不计；不加催化剂时，臭氧可在60 min 完全降解4-硝基苯酚，但只能去除20%的 TOC；$CaMn_3O_6$和 $CaMn_4O_8$均能加速4-硝基苯酚的降解，将完全降解时间缩短至30 min，并且 TOC 去除率（60 min）提升至82%；这均优于不加 Ca 源同样方法制备的氧化锰的催化性能［4-硝基苯酚完全降解需要45 min，TOC 去除率为70%（60 min）］；不过对比 $CaMn_3O_6$和 $CaMn_4O_8$催化反应的降解数据，$CaMn_4O_8$的催化活性更高。

在 $CaMn_4O_8/O_3$/4-硝基苯酚体系，作者使用 t-BA 作为 ·OH 的淬灭剂，用 p-BQ作为 $\cdot O_2^-$ 的淬灭剂；实验结果显示 t-BA 对催化反应没有抑制作用（图2-3-33），对苯醌可抑制4-硝基苯酚的去除（60 min 内去除率降至30%）。除此之外，作者还使用 NaN_3作为$^1O_2$的淬灭剂（反应速率为常数 2×10^9 L/mol），结果表明，使用 NaN_3 后，在1 h 内，90%的4-硝基苯酚被降解。虽然 NaN_3 也是 ·OH 的淬灭剂，但是作者认为 t-BA 发挥的作用很小，所以确定$^1O_2$ 也参与了催化臭氧氧化反应。作者通过 EPR 实验验证了这一结论（图2-3-32a 和图2-3-32b）。

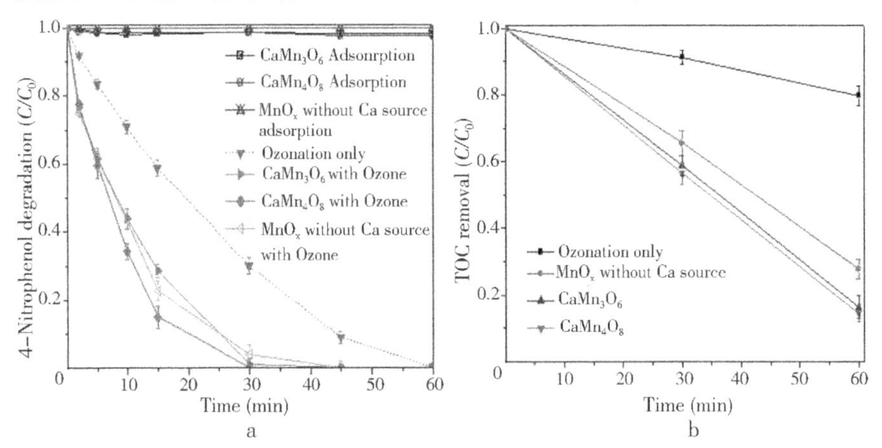

图 2-3-32 (a) 不同催化剂下4-硝基苯酚的降解曲线；(b) 不同条件下4-硝基苯酚体系 TOC 去除曲线

{[4-硝基苯酚]$_0$=50 mg/L,催化剂负载量为0.1 g/L,臭氧流速为100 mL/min,臭氧负载量为50 mg/L,温度为25 ℃,溶液 pH 为5.7}

已有研究证明，Mn^{3+}/Mn^{4+}和 Mn^{3+}/Mn^{2+}氧化还原电对之间电子转移有利于含氧活性物质的产生，作者认为多价态的 Mn 是 $CaMn_3O_6$和 $CaMn_4O_8$等混合价态锰氧化物在催化反应中的活性中心。作者研究了钙钛矿中 Mn 的价态分布，证明了这一观点，$CaMn_3O_6$中 Mn 的价态由67.4%的 Mn（Ⅲ）和32.6%的 Mn（Ⅳ）组成。Mn（Ⅲ）与 Mn

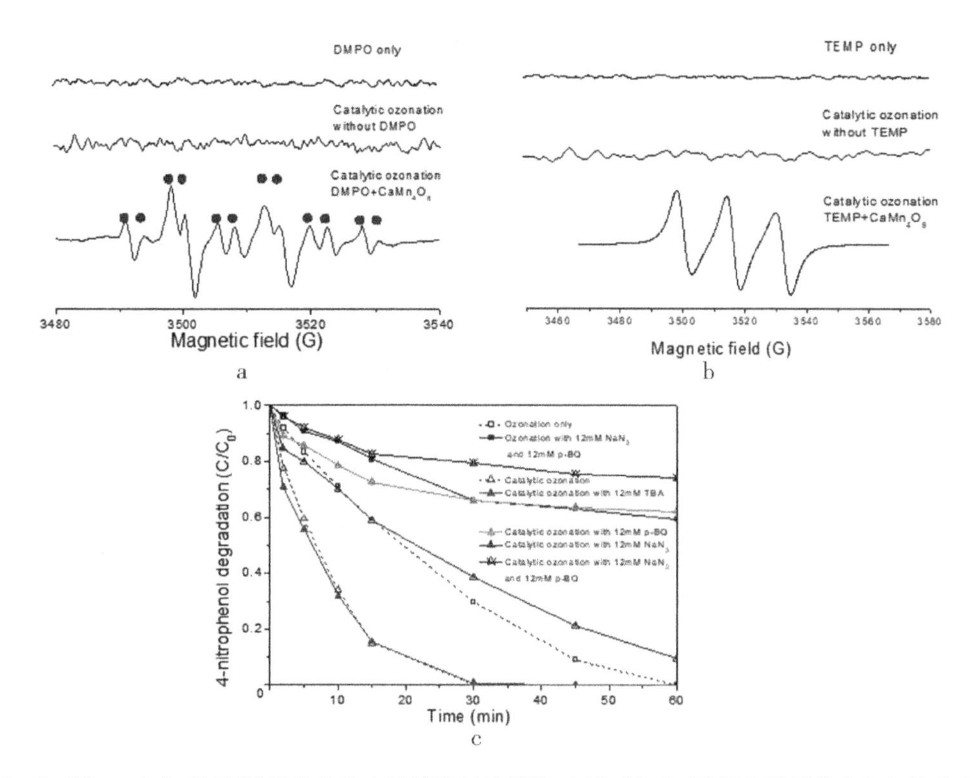

图 2-3-33　(a) 使用 DMPO 作为自旋捕获剂的 EPR 光谱 (加入 DMPO 的催化臭氧氧化反应在纯乙醇中进行); (b) 使用 TEMP 作为自旋捕获剂的 EPR 光谱; (c) 不同自由基淬灭剂对 4-硝基苯酚降解的影响

{反应条件:EPR 工作条件:中心场为 3510 G,扫描宽度为 100 G,微波频率为 9.87 GHz,调制频率为 100 GHz,功率为 18.11 mW;[4-硝基苯酚]$_0$ = 10 mg/L,催化剂负载量为 0.2 g/L,臭氧流速为 100 mL/min,臭氧负载量为 50 mg/L,温度为 25 ℃,蓝点:DMPO-·OOH;[4-硝基苯酚]$_0$ = 50 mg/L,催化剂负载量为 0.1 g/L,催化剂用量为 0.1 g/L,臭氧流速为 100 mL/min,反应温度为 25 ℃,[t-BA] = 12 mol/L,[p-BQ] = 12 mol/L,[NaN_3] = 12 mol/L}

(Ⅳ) (2∶1) 的比值与 $CaMn_3O_6$ 中 Mn 价态的分布相当接近，因此，$CaMn_3O_6$ 可视为 CaMn (Ⅲ)$_2$Mn (Ⅳ) O_6，Mn 平均价态为 3.27。$CaMn_4O_8$ 中 Mn (Ⅳ) 组分为 50.5%，Mn 的平均价态为 3.52，所以 $CaMn_4O_8$ 中 Mn 的价态分布为 CaMn (Ⅲ)$_2$Mn (Ⅳ)$_2O_8$。

最后作者研究了钙钛矿的稳定性，作者发现 Ca 会稳定 Ca—Mn—O 结构。反应 60 min 后，不加钙源的锰氧化物催化的体系中 Mn^{2+} 溶出超过 10 mg/L，在 Ca—Mn—O 催化的体系中，Mn 离子浓度远低于 2 mg/L。

(二) 尖晶石氧化物

尖晶石氧化物与钙钛矿氧化物一样，具有热力学稳定的结构，丰富可变的组成，表面羟基在臭氧氧化有机污染物催化反应中有着广泛的应用。尖晶石氧化物的结构为 AB_2O_4 (其中 A 和 B 为金属离子)[228]。研究证明 A 位 B 位金属具有协同机制[229]。

在应用于催化臭氧氧化体系中的尖晶石中，常见的 B 位金属有 Fe (Ⅲ)、Mn (Ⅲ)、Al (Ⅲ)；常见的 A 位金属主要有 Mn (Ⅱ)、Ni (Ⅱ)、Co (Ⅱ)、Cu (Ⅱ)、

Zn（Ⅱ）等，表2-3-11给出了常见的A位和B位金属汇总。图2-3-34展示了代表性的尖晶石结构示意。

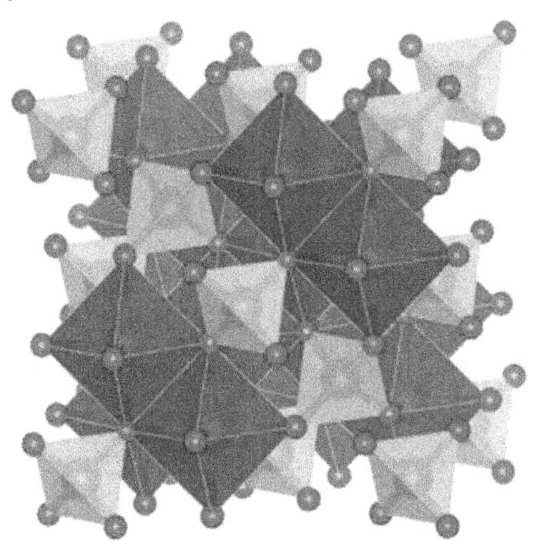

图2-3-34 尖晶石结构示意

表2-3-11 常见的A位与B位金属汇总

A位金属	B位金属	参考文献
Mn	Fe	[209，233]
Ni	Fe	[230，233-234]
Co	Fe	[230]
Cu	Fe	[230]
Zn	Fe	[230]
Cu	Al	[235]

研究者广泛应用的尖晶石制备方法主要有沉淀煅烧法[163]、溶胶-凝胶法[230]、水热法[231]。

1. 尖晶石铁氧体

尖晶石铁氧体MFe_2O_4［M = Mn（Ⅱ）、Ni（Ⅱ）、Co（Ⅱ）、Cu（Ⅱ）、Zn（Ⅱ）等］是催化臭氧氧化体系应用最广泛也是研究最多的尖晶石氧化物，具有高密度的表面羟基[233]、可调的磁性[232]，以及丰富且廉价的原料来源[232]。尤其因为其具有磁性，在完成催化反应后，可以使用简单的磁吸工艺把磁性颗粒从溶液中分离出来[233]，Zhao等研究了$NiFe_2O_4$的磁分离性，发现具有较好的分离效果[234]。尖晶石铁氧体在催化臭氧氧化体系引发了广泛的研究兴趣。例如，Zhang等研究了4种含不同A位金属的尖晶石铁氧体AFe_2O_4（A = Cu、Ni、Co、Zn）催化臭氧氧化草酸的性能。草酸是很多有机物氧化的中间体，而且不易被臭氧氧化[230]。他们发现，4种尖晶石催化剂的加入显著促进了草酸的降解。120 min内TOC去除率分别为$CoFe_2O_4$（68.3%）、$CuFe_2O_4$（15%）、$NiFe_2O_4$（15%）和$ZnFe_2O_4$（8.5%），均高于无催化剂时的TOC去除率（4.7%），但是4种尖晶石催化剂的A位金属及Fe都有较严重的溶出，尖晶石的稳定性有待进一步提高。

$CuFe_2O_4$尖晶石铁氧体是一种环境友好型的非均相催化剂，具有稳定的尖晶石结构[236]。$CuFe_2O_4$尖晶石铁氧体可用于非那西丁的降解[237]。降解数据显示：加入$CuFe_2O_4$尖晶石后，非那西丁在2.5 min内完全降解，比无催化剂时快1倍（5 min完全氧化非那西丁）；有$CuFe_2O_4$存在时的TOC去除率是单臭氧氧化的2倍，前者在30 min内可去除60%，后者只有30%。研究发现加入$CuFe_2O_4$有2个作用：①促进了臭氧在气相与液相之间的传质并促进了臭氧的利用；②促进了·OH的产生。通过非那西丁降解的中间体的研究，研究发现$CuFe_2O_4$在中间体的矿化上有更好的效果，这可能与羟基自由基有关。在此研究中，Fe和Cu的浸出得到控制，最大浸出浓度分别为0.359 mg/L和0.586 mg/L，此时催化剂用量为2 g/L；但是研究中并未指出$CuFe_2O_4$催化剂与臭氧相互作用的机制（研究发现非那西丁与$CuFe_2O_4$无相互作用）。通过进一步的研究发现[238]，$CuFe_2O_4$不仅能加速臭氧的传质，还能促进臭氧的分解。研究在使用叔丁醇的基础上进一步使用了磷酸盐作为·OH的淬灭剂；磷酸盐是无机物，一方面可以避免对TOC测定的干扰；另一方面可以淬灭催化剂表面附近的·OH。研究发现，溶液中的臭氧分子导致非那西丁降解，催化剂表面的·OH的原位氧化导致中间体被矿化。除此之外，齐飞同时研究发现$CuFe_2O_4$的未煅烧前体$CuFe_2O_4$—H的催化性能更优异；同时发现$CuFe_2O_4$—H表面有更多的表面羟基；从而认为催化剂表面羟基是催化的活性位点。

$CuFe_2O_4/O_3$也可用于*N*，*N*－二甲基乙酰胺（DMAC）的降解[239]。研究发现，使用$CuFe_2O_4/O_3$处理后BOD_5/COD为0.33，高于仅臭氧处理时的情况（0.20），提高了生物可降解性。同样也证实了·OH在催化氧化中的作用，并且也认为有机物被·OH氧化发生在催化剂表面。可能的反应机制包括：①催化剂表面·OH的原位氧化，催化剂表面吸附的水分子解离为OH^-和H^+，分别与催化剂表面的阳离子和氧离子形成表面羟基，溶解的臭氧与催化剂表面的羟基相互作用产生·OH，然后原位氧化有机物及中间体；②溶出的少量的Cu^{2+}和Fe^{3+}产生的均相催化作用及扩散至溶液相的·OH导致有机物及中间体的氧化；③臭氧分子（O_3，氧化电势2.07 V）直接氧化有机物。$CuFe_2O_4$催化臭氧氧化机制如图2－3－35所示。

$$M—OH + O_3 \longrightarrow M—O_2^{\cdot -} + HO_3^{\cdot} + O_2 \tag{2-3-7}$$

$$HO_3^{\cdot} \longrightarrow HO\cdot + O_2 \tag{2-3-8}$$

$$M—O_2^{\cdot -} + O_3 + H_2O \longrightarrow M—OH + HO_3^{\cdot} + O_2 \tag{2-3-9}$$

尖晶石催化臭氧氧化体系中涉及的含氧活性物类型始终存在争议。Liu把$CuFe_2O_4$尖晶石铁氧体负载在海泡石（一种富含硅和镁的典型微纤维黏土矿物）上（$CuFe_2O_4$/SEP）用作催化臭氧氧化喹啉的催化剂[240]。研究发现在$CuFe_2O_4$或者$CuFe_2O_4$/SEP的催化下，TOC去除率（30 min）可从16.8%提高至55.8%和90.3%。t－BA淬灭实验证明体系中存在·OH（喹啉去除率由72.9%降低至63%）；对苯醌是一种·O_2^-的淬灭剂［反应速率为2.5×10^8 mol/（L·s）］[241]，加入对苯醌后，喹啉的去除率由72.9%降至20%；$NaHSO_3$也是一种·OH淬灭剂，另外，可以与臭氧反应，数据显示加入过

量 $NaHSO_3$，仅有 12.3% 的喹啉被降解；以上数据证明 $O_2^{\cdot-}$ 在该体系的重要作用，并且发现抑制了 · OH 和 O_3，$O_2^{\cdot-}$ 的产生也会被抑制。H_2O_2 也是一种活性含氧物种，是 O_3 或 · OH 与不饱和有机物反应的产物之一，其分解有利于 · OH 和 $O_2^{\cdot-}$ 的产生。除此之外，研究还发现加入 $CuFe_2O_4$/SEP 催化剂也可促进 H_2O_2 的分解，从而促进有机物的矿化。相关的机制如图 2－3－36 所示。

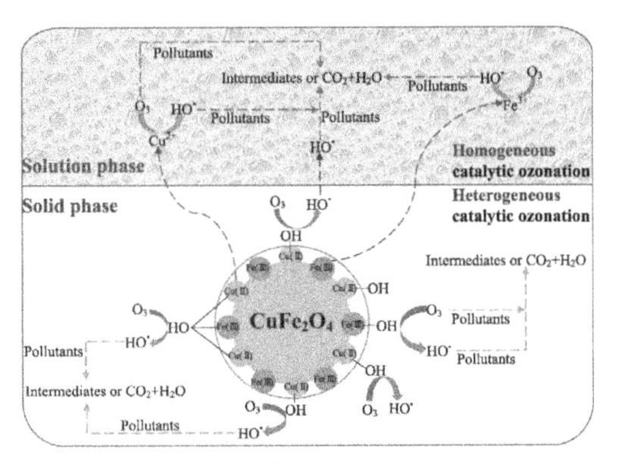

图 2－3－35　$CuFe_2O_4$ 催化臭氧氧化机制

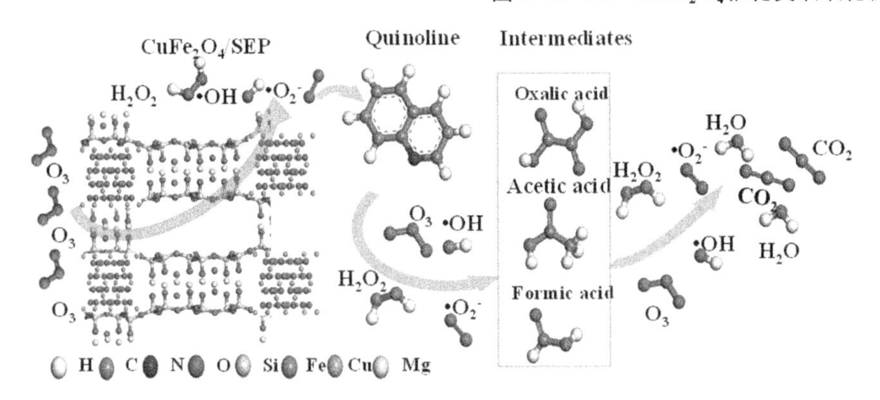

图 2－3－36　$CuFe_2O_4$/SEP 催化臭氧氧化机制

通过掺杂金属可以显著提高尖晶石的催化活性。Wang 通过溶胶－凝胶法制备了 $MnFe_2O_4$ 尖晶石铁氧体并把 Ag 掺杂其中[209]。该研究对比了 $MnFe_2O_4$ 和 Ag－$MnFe_2O_4$ 在催化臭氧氧化邻苯二甲酸二丁酯（DBP）中的表现，掺杂 Ag 使 $MnFe_2O_4$ 的催化活性提高了 40%。通过催化剂表征发现 Ag 的掺杂会提高尖晶石的 BET 比表面积及孔径；FT－IR显示，Ag 掺杂后催化剂表面的路易斯酸性位点增加；Ag 掺杂提高了表面羟基的密度，Ag－$MnFe_2O_4$ 的羟基密度是 $MnFe_2O_4$ 的 2.5 倍。

研究提出了其可能的反应机制如图 2－3－37 所示。

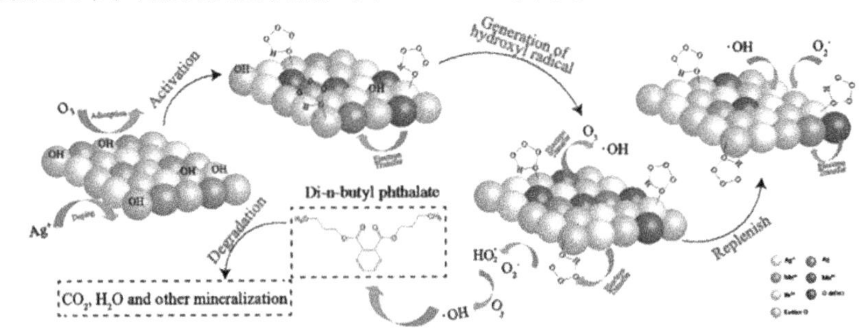

图 2－3－37　Ag－$MnFe_2O_4$ 尖晶石铁氧体催化臭氧降解 DBP 反应机制

2. 其他尖晶石氧化物

尖晶石铁氧体由于其具有磁性及在催化臭氧氧化中良好的催化活性和稳定性，受到了广泛的研究。其他非铁氧体尖晶石在催化臭氧氧化中也有较为广泛的应用，如MAl_2O_4、MMn_2O_4（M 是 Cu、Co、Zn、Ni 等过渡金属）等尖晶石。

$CuAl_2O_4$是催化臭氧氧化反应中常见的尖晶石催化剂之一。一种偶氮染料 C. I. Acid Orange 7（AO7）被用作研究的目标污染物。目标污染物降解实验研究得出：$CuAl_2O_4$尖晶石对 AO7 没有吸附效果，与单臭氧氧化相比，加入$CuAl_2O_4$可使 AO7 的降解率（25 min）从 76%提高至 96%，可使 COD 去除率从 40%提高至 87.2%；降解效果反映了$CuAl_2O_4$更多的是促进中间体的降解。研究认为催化剂表面的羟基自由基是主要的活性含氧物种，并通过香豆素荧光探测光谱和电子自旋共振实验（ESR）印证了这一结论。除此之外，研究还发现 Cu^{2+}、Cu^{+}与臭氧之间的电子传递加速了臭氧的分解及羟基自由基的产生，从而提高了$CuAl_2O_4$催化氧化 AO7 及中间体的活性。

Xu 还研究了$CuAl_2O_4$的单金属氧化物 CuO 与Al_2O_3的催化活性与表面性质（图 2-3-38）。研究发现，催化活性 $CuAl_2O_4 > CuO \approx Al_2O_3$；表面羟基浓度分别为 1.31 mmol/g、2.47 mmol/g、2.78 mmol/g；表面中等/强路易斯酸性位点分别为（320.2/150.9）μmol/g、（245.7/145.6）μmol/g、（311.1/95.8）μmol/g。这说明$CuAl_2O_4$的高催化活性得益于表面羟基和表面路易斯酸性位。而且他们发现电中性的表面羟基（$pH \approx pH_{pzc}$）具有最好的催化活性，最有利于羟基自由基的产生；质子化的表面（$pH < pH_{pzc}$）相比去质子化的催化剂表面（$pH > pH_{pzc}$）有更高的催化活性。这因为臭氧的亲核性（O）和亲电性（H）使其更倾向于结合 H 而不是 O。

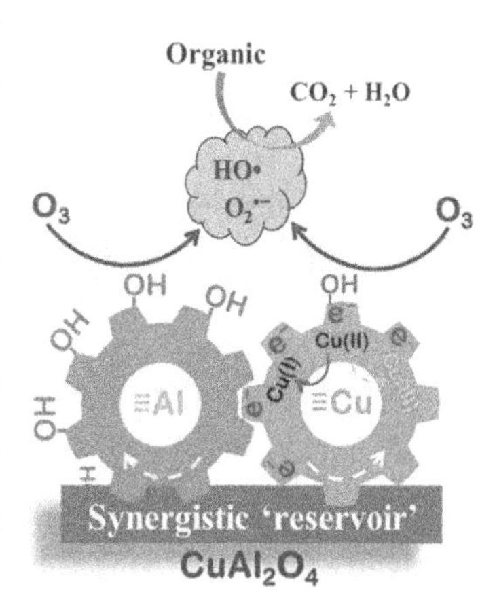

图 2-3-38 $CuAl_2O_4$表面有机物氧化机制模拟

基于研究，Xu 提出了详细的反应机制［式（2-3-10）至式（2-3-22）］：

$$\equiv Cu^{2+} + H_2O \longrightarrow \equiv Cu^{2+} - OH + H^{+} \quad (2-3-10)$$

$$\equiv Cu^{2+} - OH + O_3 \longrightarrow \equiv Cu^{2+} - O_3^{\cdot} + HO\cdot \quad (2-3-11)$$

$$\equiv Cu^{2+} - O_3^{\cdot} + OH^{-} \longrightarrow \equiv Cu^{2+} + HO_2^{\cdot} + O_2 \quad (2-3-12)$$

$$HO_2^{\cdot} \longrightarrow H^{+} + O_2^{\cdot -} \quad (2-3-13)$$

$$\equiv Cu^{2+} + O_3 \longrightarrow \equiv Cu^{2+} - O_3^{\cdot} \quad (2-3-14)$$

$$\equiv Cu^{2+} - O_3^{\cdot} + H^{+} \longrightarrow \equiv Cu^{2+} + HO\cdot_2 + O_2 \quad (2-3-15)$$

$$\equiv Al^{3+} + H_2O \longrightarrow \equiv Al^{3+} - OH + H^{+} \quad (2-3-16)$$

$$\equiv Al^{3+} - OH + O_3 \longrightarrow \equiv Al^{3+} - HO_2^{\cdot} + O_2 \quad (2-3-17)$$

$$\equiv Al^{3+} - HO_2^{\cdot} + O_3 \longrightarrow \equiv Al^{3+} - HO_3^{\cdot} + O_2 \quad (2-3-18)$$

$$\equiv Al^{3+} - HO_3^{\cdot} \longrightarrow \equiv Al^{3+} + \cdot HO + O_2 \quad (2-3-19)$$

$$\equiv Al^{3+} - OH + O_3 \longrightarrow \equiv Al^{3+} - O + O_2 + OH^{-} \quad (2-3-20)$$

$$\equiv Al^{3+}-O+H_2O \longrightarrow \equiv Al^{3+}+2\cdot HO \quad (2-3-21)$$

$$\equiv Al^{3+}-O+O_3 \longrightarrow \equiv Al^{3+}+O_2^{\cdot -}+O_2 \quad (2-3-22)$$

首先水分子吸附在金属氧化物表面路易斯酸性位点上，酸性表面使水分子解离为 OH^- 和 H^+，并进一步生成表面羟基［式（2-3-10）和式（2-3-16）］；溶解臭氧取代表面羟基生成 $\equiv Cu^{2+}—O_3^{\cdot}$ 复合物，同时产生·OH［式（2-3-11）］；电荷从 $O_3^{\cdot}$ 传递给 $\equiv Cu^{2+}$ 位点产生 Cu（Ⅰ），同时产生 $HO_2^{\cdot}$ 和氧气分子［式（2-3-12）］；$HO_2^{\cdot}$ 不稳定，会分解为 H^+ 及 $O_2^{\cdot -}$［式（2-3-13）］；除此之外，臭氧还可以从表面 $\equiv Cu^+$ 夺走一个电子产生表面 $O_3^{\cdot -}$［式（2-3-14）］；表面 $O_3^{\cdot -}$ 会快速分解产生·OH［式（2-3-15）］。

此外，对于 $\equiv Al^{3+}$ 活性位点，臭氧会直接与表面羟基相互作用产生 $HO_2^{\cdot}$［式（2-3-17）］，$HO_2^{\cdot}$ 再与臭氧反应生成 $HO_3^{\cdot}$［式（2-3-18）］；最后 $HO_3^{\cdot}$ 分解为·OH 和氧气［式（2-3-19）］。另外，因为臭氧的分解，臭氧可能与 $\equiv Al^{3+}—OH$ 相互作用产生表面单原子氧［式（2-3-20）］；表面单原子氧的还原电势为 2.43 V，可直接把水分子氧化成·OH［式（2-3-21）］；单原子氧也可能会与臭氧反应产生 $O_2^{\cdot -}$［式（2-3-22）］。

$ZnAl_2O_4$是一种无毒、廉价的尖晶石催化剂，并且具有良好的扩散性和热稳定性。这些特性使其非常适用于催化臭氧氧化体系。Dai 通过水热法、溶胶-凝胶法及共沉淀法合成了 $ZnAl_2O_4$尖晶石用于催化臭氧氧化 5-磺基水杨酸[231]。他们发现，通过水热法制备的 $ZnAl_2O_4$具有良好的催化活性。在 $ZnAl_2O_4$催化下，5-磺基水杨酸和 COD 的去除率（60 min）分别为 64.8% 和 46.2%，高于单臭氧氧化时的效果（49.4% 和 33.2%）。$ZnAl_2O_4$经三次循环使用后，催化 5-磺基水杨酸的去除率仍在 64.8% ~ 59.7%，说明 $ZnAl_2O_4$在水处理中有较高的可重复性和稳定性。表 2-3-12 给出了其他尖晶石氧化物的性质。

表 2-3-12　其他尖晶石氧化物的性质

尖晶石	性质	参考文献
$CuFe_2O_4$	S_{BET} 43.3 m^2/g，pH_{pzc} 7.09	［234］
$ZnFe_2O_4$	S_{BET} 61.7 m^2/g，pH_{pzc} 7.13	
$NiFe_2O_4$	S_{BET} 53.3 m^2/g，pH_{pzc} 7.27	
$CoFe_2O_4$	S_{BET} 58.9 m^2/g，pH_{pzc} 7.31	
$CuFe_2O_4$	S_{BET} 35.87 m^2/g，pH_{pzc} 9.52，表面酸性位点含量 0.6212 μmol/g	［238］
$MnFe_2O_4$	S_{BET} 31.23 m^2/g，pH_{pzc} 7.35	［209］
Ag-$MnFe_2O_4$	S_{BET} 39.28 m^2/g，pH_{pzc} 7.23	
$CuFe_2O_4$	S_{BET} 63.03 m^2/g	［239］
$CuFe_2O_4$/SEP	S_{BET} 42.141 m^2/g，pH_{pzc} 8.3	［240］

续表

尖晶石	性质	参考文献
$CuAl_2O_4$	S_{BET} 58 m^2/g，pH_{pzc} 8.45，表面羟基密度 2.78 mmol/g，中等/强表面酸性位点含量 320.2/150.9 μmol/g	[235]
$ZnAl_2O_4$	S_{BET} 58 m^2/g，pH_{pzc} 8.00，表面羟基密度 3.2 mmol/g	[231]

（三）天然矿物催化剂

除了钙钛矿氧化物和尖晶石氧化物，天然的矿石也被应用于催化臭氧氧化体系。羟基氧化铁表面具有高密度的羟基自由基。天然铁的氧化物、天然锰的氧化物、天然镁的氧化物、天然铝的氧化物均在处理有机污染物方面展现出良好的效果；并且它们来自地球上丰富的天然矿石，性质稳定，可以低成本获得[242-243]。

FeOOH 包括针铁矿（α－FeOOH）、赤铁矿（β－FeOOH）、纤铁矿（γ－FeOOH）、六方纤铁矿（δ－FeOOH），是在水中的溶解性很低的天然矿石，在催化臭氧氧化中广泛使用。

Li Yang 等用水热法合成了负载模板剂 γ－Al_2O_3（MA）的 β－FeOOH/MA 和不负载模板剂的 β－FeOOH，并将其用于催化臭氧氧化布洛芬（IBU，图 2－3－39a）和环丙沙星（CPFX，图 2－3－39b）。研究发现 γ－Al_2O_3（MA）和 β－FeOOH/MA 均为介孔结构，且两个材料的孔径分布大致相同，BET 比表面积也大致相同，γ－Al_2O_3（MA）的比表面积为 287m^2/g，β－FeOOH/MA 的比表面积为 272m^2/g；这说明 β－FeOOH 在 γ－Al_2O_3表面上有着很好的分布。

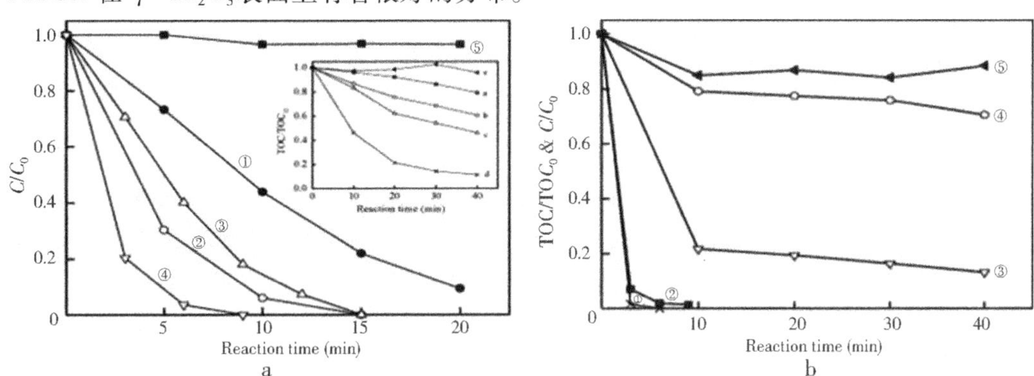

图 2－3－39　a 不同催化剂下布洛芬（IBU）降解曲线（①仅臭氧；②β－FeOOH；③MA；④β－FeOOH/MA；⑤在 β－FeOOH/MA 上的吸附，插图为 TOC 的去除情况）；b 在 β－FeOOH/MA 催化下环丙沙星（CPFX）降解曲线（①催化剂下；②仅臭氧 TOC 去除曲线：③催化剂下；④仅臭氧；⑤催化剂上的吸附）

{反应条件：臭氧用量为 30 mg/min；[催化剂]＝1.5 mg/L；pH 为 7.0}

污染物降解图像显示，仅臭氧氧化下，20 min 内可氧化 90% 的布洛芬，去除 20% 的 TOC，加入 γ－Al_2O_3（MA）、β－FeOOH 及 β－FeOOH/MA 均能促进有机物的氧化和矿化，其中 β－FeOOH/MA 具有最好的催化效果，可在 9 min 内完全氧化布洛芬，并且在 20 min 内矿化 80% 的布洛芬。其他两种材料完全氧化布洛芬需要 15 min，且 20

min 内只能去除少于40%的 TOC，另外，研究发现布洛芬的去除并非来自 β - FeOOH/MA 的吸附作用。

该工作还研究了 β - FeOOH/MA 催化臭氧氧化环丙沙星（CPFX）的效果。不加催化剂 10 min 便可氧化所有 CPFX，加入催化剂后，反应缩短至 5 min。β - FeOOH/MA 对 CPFX 体系 TOC 去除的影响更为显著，不加催化剂时，在 40 min，臭氧可矿化 30% 的 CPFX，加入 β - FeOOH/MA，矿化率提高至 88%，其中 12% 是因吸附作用而去除的。

研究发现 β - FeOOH/MA 与有机污染物之间的吸附作用较弱，催化剂与臭氧之间的相互作用可能是提高有机物氧化及矿化的原因之一。β - FeOOH/MA 的等电点电位 $pH_{pzc}=9.1$。催化氧化布洛芬和环丙沙星溶液的 pH 在 7 左右（$pH < pH_{pzc}$），此时 β - FeOOH/MA 表面是质子化的（带正电荷），催化剂表面有强的路易斯酸性位点。

图 2 - 3 - 40a 是不同催化剂存在下臭氧分解实验的数据。加入不同的催化剂均提高了臭氧的降解速率，其中 β - FeOOH/MA 对臭氧降解的促进效果最明显。

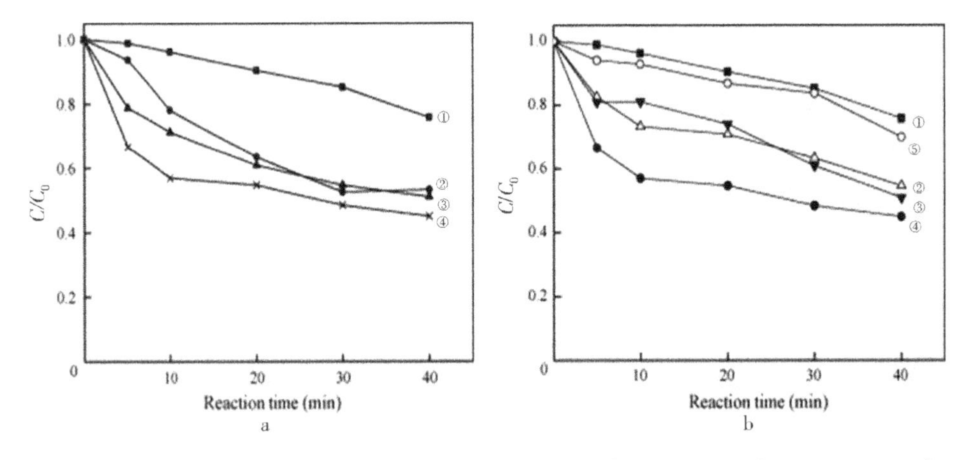

图 2 - 3 - 40　a 不同催化剂分散在水溶液中臭氧分解速率（①无催化剂；②β - FeOOH；③MA；④β - FeOOH/MA）；b 不同条件下磷酸对臭氧分解的影响（①无催化剂、无磷酸；②5 mmol 的磷酸；③β - FeOOH/MA 下加入 5 mmol/L 磷酸；④FeOOH/MA；⑤1 mmol/L 磷酸）

该研究使用 D_2O 代替 H_2O 作为反应溶剂，来区分催化剂表面原有的羟基和表面新生成的羟基。实验中使用原位 ATR - FT - IR 来观察不同的氢键的振动；研究发现 β - FeOOH/MA 上氢键结合的 MeO - D 和 D_2O 强度最大，并且加入臭氧后，强度会增大。表明催化剂与臭氧之间的相互作用会使催化剂与更多的水分子相互作用。进一步加入布洛芬，这些氢键的强度会减弱，与此同时，布洛芬开始被氧化。这些实验结果说明：化学吸附的水分子及其分解产生的羟基基团是催化降解布洛芬的主要活性物质，它们的形成及催化活性都与催化剂表面的酸性位点有关。为了进一步验证，研究使用磷酸作为与水竞争酸性位点的试剂，加入磷酸后，氢键结合的 MeO - D 和 D_2O 的吸收带消失。一个原因是磷酸根占据了催化剂表面的酸性位点，阻碍了水与催化剂表面的相互作用。于是进行了臭氧在磷酸水溶液中的分解实验，如图 2 - 3 - 40b 所示，加入磷酸，催化臭氧的分解速率降低，与仅加磷酸的体系类似，这说明在磷酸存在时，催化剂基本失去了作用。另一个原因可能是磷酸根离子作为·OH 的淬灭剂，与污染物竞争结合·OH。不过没有在这一方面进行进一步探究。该研究为催化剂表面的酸性位点与水分子相互作用，表面以氢键形成的 MeO－D 和 D_2O 与臭氧相互作用从而增强了臭氧氧化降解乃至矿化布洛芬和环丙沙星的能力提供了坚实的证据[226]。

铝土矿是一种廉价且环保的天然矿物。粗铝土矿由勃姆石（γ－AlOOH）、高岭石［$Al_2Si_2O_5(OH)_4$］和石英（SiO_2）组成，其中 γ－AlOOH 是其主要成分。

Qi 等发现使用未加工的铝土矿可以显著提高臭氧氧化 2，4，6－三氯苯甲醚（TCA）的效率[244]（图 2－3－41a），反应 10 min 后 86% 的 TCA 被降解，而仅臭氧体系的 TCA 去除率为 34.6%，并且 10 min 内由于铝土矿的吸附作用去除的 TCA 仅约 10%，由于 TCA 是不可电离化合物，所以与铝土矿不发生螯合。他们还比较了 γ－AlOOH 和 γ－Al_2O_3同条件下的催化性能，γ－AlOOH 和 γ－Al_2O_3在 10 min 内分别催化臭氧氧化 76% 和 58% 的 TCA，均低于铝土矿的催化效果（图 2－3－41a）。

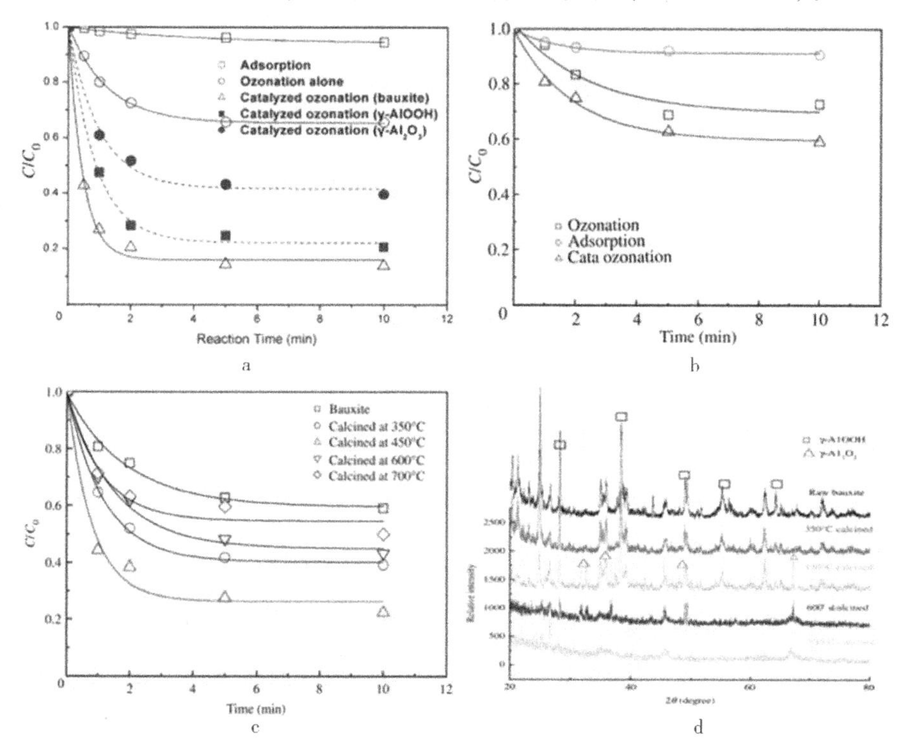

图 2－3－41　a 2，4，6－三氯苯甲醚（TCA）在不同催化剂下催化臭氧氧化曲线（$[TCA]_0$＝100 ng/L，$[O_3]_0$＝0.5 mg/L，［铝土矿］$_0$＝200 mg/L，用磷酸盐缓冲液调节的溶液 pH＝6，反应时间 10 min）；b 粗铝土矿对 MIB 在催化臭氧氧化中的影响及与臭氧氧化进行对比（$[MIB]_0$＝10 ng/L，$[O_3]_0$＝0.5 mg/L，［粗铝土矿］$_0$＝200 mg/L，用磷酸盐缓冲液调节的溶液 pH＝5.7）；c 粗铝土矿热处理温度对活性影响｛$[MIB]_0$＝10 ng/L，$[O_3]_0$＝0.5 mg/L，［煅烧的铝土矿］$_0$＝200 mg/L，用磷酸盐缓冲液调节的溶液 pH＝5.7｝；d 粗铝土矿及不同温度煅烧的铝土矿的 XRD 图

铝土矿还用作去除一种有气味的化合物——2－甲基异冰片（MIB）[244]，他们发现不经处理的粗铝土矿对 2－甲基异冰片的降解几乎没有催化活性［反应 10 min 时 MIB 的降解情况：仅臭氧吸附 28%，粗铝土矿吸附 10%，使用粗铝土矿吸附 41%（≈ 28% + 10%）]（图 2－3－41b）；经过煅烧处理的铝土矿可以促进 MIB 的降解，且煅烧温度从 350 ℃升至 700 ℃时，煅烧铝土矿的催化活性先提高后降低，450 ℃时效果最佳（图 2－3－41c）。他们通过 XRD 研究不同温度下铝土矿的成分（图 2－3－41d），γ－AlOOH 是粗铝土矿的主要成分，350 ℃开始向晶体γ－Al_2O_3转化，450 ℃时晶体态 γ－Al_2O_3成为主要成分；600 ℃时 γ－AlOOH 消失，700 ℃时晶体态γ－Al_2O_3消失。

因为铝土矿价格低廉且环保可作催化剂载体，氧化锰、氧化铁在催化臭氧氧化中具有相当的活性；在以上研究的基础上，Qi 等使用氧化锰和氧化铁对铝土矿进行改性提高其催化性能，并用于催化臭氧氧化 TCA（图 2－3－42）。他们发现，经过改性的铝土矿催化活性均有所提升，在 60 min 内不同催化剂催化臭氧氧化 TCA 的效果：Fe－铝土矿 > Mn－铝土矿 > Ce－铝土矿 > 粗铝土矿 > 臭氧。

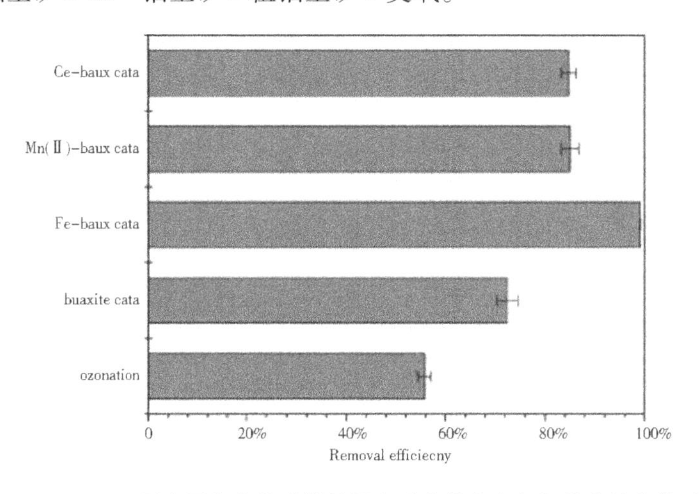

图 2－3－42　不同金属氧化物改性的铝土矿在催化臭氧氧化中的催化活性

{ $[TCA]_0$ = 28.2 μg/L，$[O_3]_0$ = 0.62 mg/L，$[催化剂]_0$ = 500 mg/L，用磷酸盐缓冲液调节的溶液 pH 为 6.5，反应时间为 60 min}

通过 SEM 图像显示粗铝土矿、铁改性铝土矿（IMB）和锰改性铝土矿（MMB）中有不同大小和形状的颗粒（0.5 ~ 40.0 μm），粗铝土矿的表面比较平滑，IMB 和 MMB 的表面由于侵蚀出现缺陷，相对较粗糙，其中 IMB 的表面腐蚀程度最高（图 2－3－43）；研究进一步发现铁和锰改性增大了铝土矿的比表面积与孔体积。如表2－3－13所示，IMB 与 MMB 的 BET 比表面积区别很小，说明比表面积不是提高催化活性的关键。FT－IR 图谱结果显示 IMB 和 MMB 较粗铝土矿表面羟基增加。

表 2－3－13　催化剂的比表面积、孔容和孔径

催化剂	BET 比表面积/(m^2/g)	孔总体积/(mL/g)	微孔体积/(mL/g)	中孔体积/(mL/g)	平均孔径/nm
粗铝土矿	6.99	1.68×10^{-2}	0	1.68×10^{-2}	9.59
IMB	20.14	2.24×10^{-2}	1.98×10^{-3}	2.04×10^{-2}	4.44
MMB	20.4	1.88×10^{-2}	1.87×10^{-4}	1.69×10^{-2}	3.684

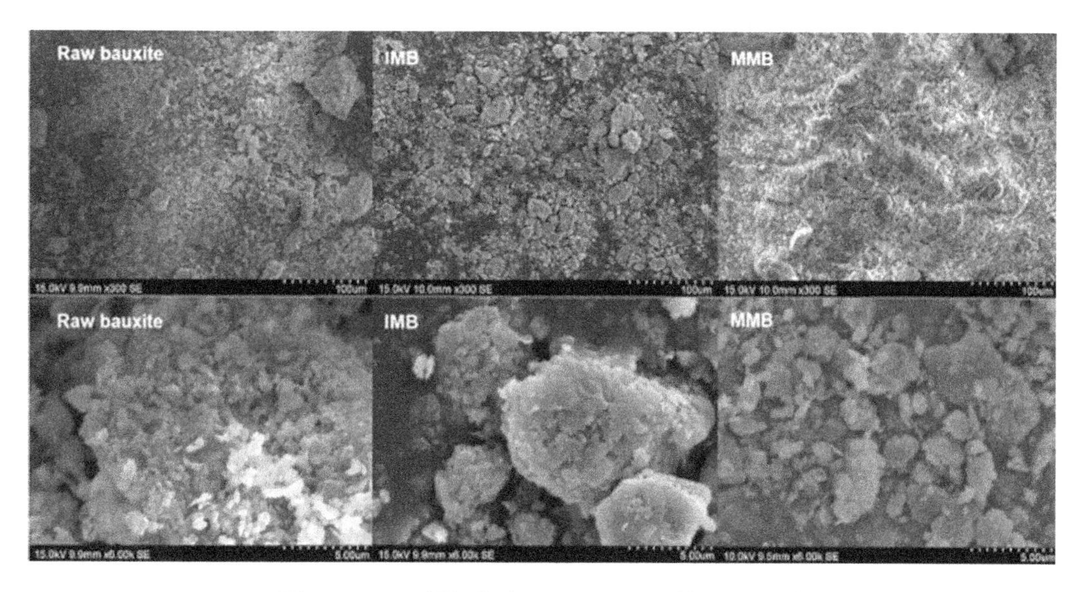

图 2－3－43　粗铝土矿、IMB、MMB 的 SEM 图像

在之前的工作中已经确认粗铝土矿催化臭氧氧化 TCA 体系产生了 · OH[244]。所以通过研究 IMB 与 MMB 催化臭氧分解 · OH过程的关键步骤来确定是否产生 · OH。研究结果显示，催化臭氧分解的速率与催化活性的顺序一致：IMB > MMB > 粗铝土矿；加入叔丁醇后臭氧的分解被抑制，进一步证实了以上结论（图 2－3－44）。

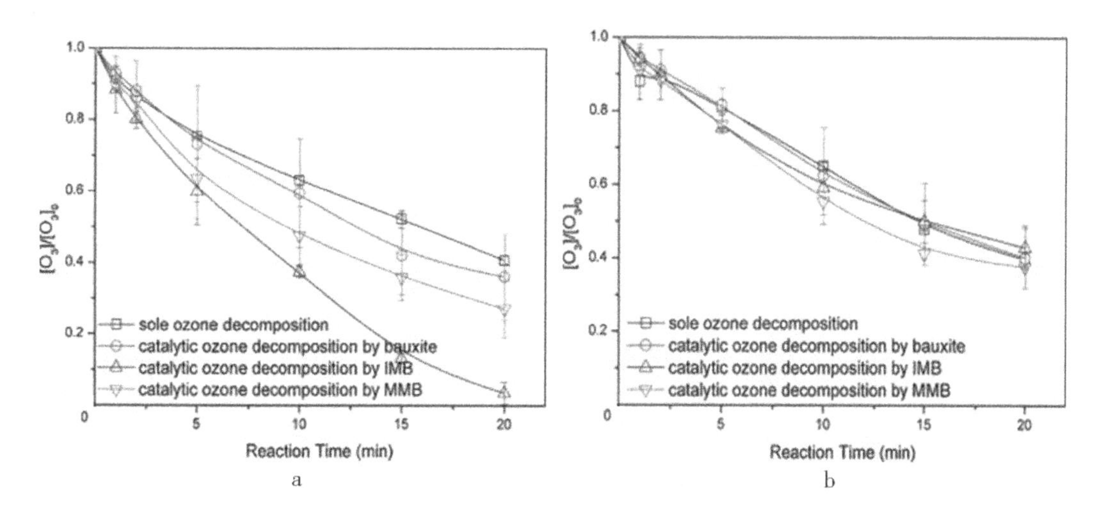

图 2－3－44　改性铝土矿催化分解臭氧

{$[O_3]_0$ = 0.62 mg/L，[催化剂]$_0$ = 500 mg/L，对于 IMB 或 MMB，[前体] = 0.2mol/L，用磷酸盐缓冲溶液调节溶液的 pH 为 6.5，反应时间为 40 min；a 无 t－BA；b 有 t－BA(50 mg/L)}

作者提出改性铝土矿催化臭氧氧化 TCA 的途径如图 2－3－45 所示。分为 2 个阶段：第一阶段，臭氧分子和 TCA 吸附在催化剂的微孔中，表面催化反应导致臭氧分解，TCA 降解；第二阶段，微孔表面增加了催化剂、污染物和臭氧分子之间碰撞的可能性，

臭氧与TCA发生直接氧化和间接氧化反应。在第二阶段，臭氧和TCA在催化剂的介孔表面扩散，通过改性铝土矿表面羟基浓度提高，覆盖介孔表面的表面羟基引发臭氧分解生成·OH，·OH使TCA降解[226]。

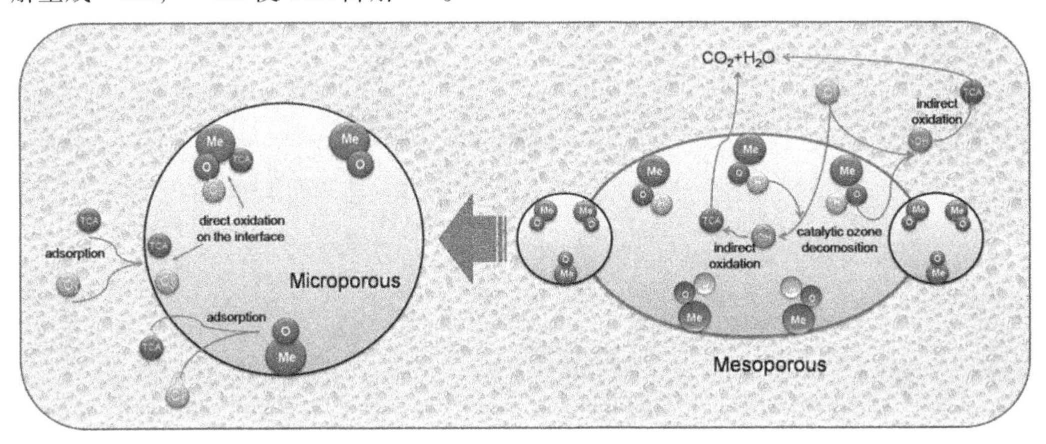

图2-3-45 改性铝土矿催化臭氧氧化2，4，6-三氯苯甲醚（TCA）的途径

天然水镁石也是一种廉价易得、性质稳定的矿物，其在水中溶解性较好。Dong等利用天然水镁石催化臭氧氧化偶氮染料活性艳红X-3B，发现$Mg(OH)_2$是天然水镁石矿物样品的主要组分，Si、Ca和Fe的氧化物或水合物是主要的额外成分[245]。天然水镁石可以提高臭氧氧化X-3B的效率，15 min内可催化降解89%的X-3B，高于单臭氧氧化体系（47%）；COD去除率也从9%提高至32.5%。

附录

上文中提到的及补充的臭氧催化反应出处的文章如表A2-1至表A2-3所示。

（1）碳负载催化剂

表A2-1 碳负载催化剂与臭氧催化反应相关的文献

序号	催化剂	主要活性物种	目标污染物	参考文献
1	氧化铈/活性炭复合物	·OH	苯磺酸、磺胺酸、苯胺	[246]
2	氧化铈/活性炭复合物	·OH	染料	[66]
3	Co/OSAC	·OH	硝基苯	[247]
4	Fe-Mn GAC	·OH	土霉素	[248]
5	Ce/AC	·OH	甲苯磺酸	[249]
6	Ce/AC	·OH	多环芳烃	[250]
7	CeO_2/AC	·OH	草酸	[251]
8	Pt / AC	·OH	氨和苯酚	[252]
9	Fe/AC	·OH	邻苯二甲酸二丁酯	[253]

续表

序号	催化剂	主要活性物种	目标污染物	参考文献
10	Ni/AC	·OH	对氯苯甲酸	[97]
11	$MnO_2-Co_3O_4$/AC	·OH	城市固体废物渗滤液	[207]
12	CeO_2 - OCNT	·OH	苯酚	[214]
13	C_3N_4@$MnFe_2O_4$ - G	·OH　$·O_2^-$	抗生素	[254]
14	TiO_2@CNTs	·OH　$·O_2$	RhB	[255]
15	TiO_2@CNTS	—	腈纶废水	[256]
16	NiO@CNTs	·OH	草酸	[257]
17	$MnFe_2O_4$@GO	·OH	邻苯二甲酸二丁酯	[258]
18	ZnO - CN_{op}	$·O_2^-$、·OH、$^1O_2$	ATZ	[259]
19	Ce - CN	·OH	草酸	[260]
20	α - MnO_2/rGO	·OH	双酚 A	[261]

（2）钙钛矿催化剂

表 A2-2　钙钛矿催化剂与臭氧催化反应相关的文献

序号	催化剂	活性物种	目标污染物	参考文献
1	$LaCuO_3$和$LaCoO_3$	O_3、H_2O_2和·OH	双氯芬酸（DCF）和合成激素 17α-乙炔基二醇（EST）	[262]
2	$LaFeO_3$、$LaNiO_3$、$LaCoO_3$、$LaMnO_3$、$LaFe_{0.9}Cu_{0.1}O_3$、$LaFe_{0.7}Cu_{0.3}O_3$、$LaAl_{0.9}Cu_{0.1}O_3$、$LaAl_{0.7}Cu_{0.3}O_3$	未提及	草酸和染料 C. I. 反应性蓝 5	[222]
3	$LaTi_{0.15}Cu_{0.85}O_3$	未提及	没食子酸（gallic acid）	[218]
4	$LaTi_{0.15}Cu_{0.85}O_3$	—	酚类废水 A（丁香酸，丙酮酸和没食子酸在水中的混合物）、葡萄酒酒厂（废水 B）、橄榄脱苦（废水 C）、橄榄油生产厂（废水 D）	[219]
5	$BiFe_{1-x}Cu_xO_3$，（x = 0、0.1、0.2 和 0.3）	·OH	苯酚	[263]
6	$LaMnO_3$和$LaFeO_3$	·OH	2-氯苯酚	[215]
7	$LaFeO_3$和$LaCoO_3$	·OH	苯并三唑（BZA）	[264]
8	$Mn_2O_3/LaMnO_{3-δ}$复合材料	·OH	草酸	[163]
9	$LaFeO_3$、$La_{1.5}FeO_3$、$LaFe_{0.95}Ni_{0.05}O_3$	—	仅研究催化臭氧分解能力，没使用有机污染物	[265]

续表

序号	催化剂	活性物种	目标污染物	参考文献
10	$LaMnO_{3-\delta}$	·OH	草酸（OA）和1H-苯并三唑（BTA）	[163]
11	$CaMn_3O_6$和$CaMn_4O_8$	$O_2^{\cdot -}$和$^1O_2$	对硝基苯酚	[163]
12	$SrTiO_3$	未提及	草酸	[226]

（3）尖晶石氧化物及天然矿物催化剂

表A2-3 尖晶石氧化物及天然矿物催化剂与臭氧催化反应相关的文献

序号	催化剂	活性物种	目标污染物	参考文献
1	针铁矿		草酸	[266]
2	金红石	·OH	硝基苯	[219]
3	钴改性赤泥	·OH	苯扎贝特	[267]
4	针铁矿	·OH、晶格氧(O^{2-})	硝基苯	[23]
5	陶瓷蜂窝	·OH	硝基苯	[23]
6	Mn、Cu、K改性陶瓷蜂窝	·OH	硝基苯	[268]
7	Mn、Fe改性陶瓷蜂窝	·OH	二苯甲酮	[269]
8	氧化铜改性堇青石	·OH	硝基苯	[268]
9	Mn、Cu改性陶瓷蜂窝	·OH	硝基苯	[270]
10	Zn、Ni、Fe改性陶瓷蜂窝	·OH	硝基苯	[271]
11	陶瓷材料	OH_2^+	对氯苯甲酸	[272]
12	铁掺杂沸石	·OH	腐殖酸	[273]

第四节　催化臭氧氧化机制

非均相催化臭氧氧化技术已经在水体净化领域被大量的研究。因为同时涉及气、固、液三相，非均相催化臭氧氧化的反应机制往往比其他的高级氧化过程更为复杂。尽管研究者在很多不同的非均相催化臭氧氧化系统中已经提出了不少经典的反应机制，但是它们大部分只在特定的反应体系中适用。反应机制中的分歧和检测方法的缺陷阻碍了新型高效催化剂的开发。本节比较了多种已有的反应机制，并将非均相催化臭氧氧化的间接氧化分为自由基氧化与非自由基氧化两类，进而进行深入讨论。催化活性位、臭氧分子和催化剂表面的反应过程被作为自由基氧化和非自由基氧化的关键线索，从而深入阐述O_3的活化过程、活性氧物质（ROS）的演化或有机物的氧化路径。此外，还对自由基和非自由基氧化过程中产生的ROS的检测方法，这些ROS在有机物降解中起到的作用，以及这些研究中存在的一些具体问题进行了论述。最后，本节讨论了能够对非均相催化臭氧氧化机制进行更完善研究的新思路。

一、自由基氧化机制

（一）自由基种类及氧化能力

自由基氧化是非均相催化臭氧氧化过程中，最为被广泛认可的有机物降解途径。臭氧分子与催化剂表面相互作用，并在催化活性位点处分解生成·OH 或·O_2^-。这些自由基可以在催化剂表面或溶液中降解有机物。通常在实际的非均相催化臭氧氧化研究中，在开始分析反应机制前，需要首先确认反应过程是否涉及自由基，以及它们对于催化过程的贡献。

电子顺磁共振（EPR）光谱技术作为一种能够直接检测非均相催化臭氧氧化过程中生成的自由基的有力方法，已经得到了广泛的使用[274-278]。自由基的寿命很短，但可以与添加的自旋捕获剂反应生成相对更稳定的加合物。随后通过 EPR 光谱观察这些加合物的特征信号，便可鉴别自由基。对于非均相催化臭氧氧化中产生的·OH 和 $O_2^{\cdot-}$，常见的自旋捕获剂包括 5，5-二甲基-吡咯啉-*N*-氧化物（DMPO）、5-叔丁基羰基-5-甲基-1-吡咯啉-*N*-氧化物（BMPO）、5-乙氧基羰基-5-甲基-吡咯啉-*N*-氧化物（EMPO）、5-二乙氧基磷酰基-5-甲基-1-吡咯啉-*N*-氧化物（DEPMPO）等[275-276]，其中 DMPO 和 BMPO 是最常用的自旋捕获剂。DMPO-·OH 在水溶液中的特征峰信号的强度比率为 1∶2∶2∶1[103]，而 DMPO-·OOH 的特征峰可以通过添加醇类，进而屏蔽 DMPO-·OH 的强信号峰来鉴别[100,240]。在使用 BMPO 作为捕获剂的实验中也可以观察到类似的现象[278]。

非均相催化臭氧氧化系统中产生的自由基对有机物降解的贡献可以通过添加自由基捕获剂来进一步研究。叔丁醇（t-BA）由于其几乎不与臭氧反应（3×10^{-3} mol·L^{-1}·s^{-1}），但却极容易与·OH 反应（6×10^{8} mol·L^{-1}·s^{-1}）的性质而被用作·OH 的淬灭剂[278-281]。然而 t-BA 只能有效淬灭溶液中的·OH，却难以淬灭表面吸附的·OH[282]。Sui 等在使用 MnO_x/MCM-41 催化降解硝基苯的非均相催化臭氧氧化研究中发现，尽管加入 t-BA 后催化活性没有受到明显的抑制，ESR 结果显示催化体系中 DMPO-·OH 的信号强度显著大于单独臭氧氧化体系[194]。因此，由表面吸附的·OH 所主导的表面反应被认为是有机物降解的主要途径。Xiao 等也在使用了单层碳纳米管（SWCNTs）和多层碳纳米管（MWCNTs）作为非均相催化臭氧氧化催化剂降解羧酸的研究中报道了相似的现象[283]。另外，添加 t-BA 也可能会导致微小气泡的形成，使得总传质率提高从而提升反应的速率[240]。将 t-BA 替换为甲醇可以避免微小气泡的产生，并且甲醇能够同时淬灭溶液中和催化剂表面的·OH[103]。

除了有机淬灭剂外，无机阴离子，如碳酸盐（3.9×10^{8} mol·L^{-1}·s^{-1}）和碳酸氢盐（8.5×10^{6} mol·L^{-1}·s^{-1}）也被作为醇类的替代淬灭剂，用于研究非均相催化臭氧氧化中·OH 对于 TOC 矿化的贡献[3]。然而添加的无机阴离子数量也可能影响淬灭剂效果。全燮研究组发现，在使用 $LaFeO_3$ 降解 2-氯酚的非均相催化臭氧氧化体系，添加 10 mg/L 的 NaN_3 可以略微提高 TOC 的去除率，而 300 mg/L 的 NaN_3 则会显著降低催化活性[284]。低 NaN_3 浓度下 TOC 去除率的提高主要是由于催化反应过程中会产生 H_2O_2，而 NaN_3 在 H_2O_2 存在的情况下能够促进 O_3 的分解[26]。除了淬灭实验外，全燮研究组还在采用 CNTs 降解全氟辛烷磺酸的非均相催化臭氧氧化研究中，使用荧光显微镜图像分析的方法来研究 · OH 在固液界面上的生成。他们发现 · OH在催化剂表面的特定区域保持集中的状态。

对苯醌（p - BQ）因为较快的反应速率（$k = 9.8 \times 10^8 mol \cdot L^{-1} \cdot s^{-1}$）而常被选择为 $O_2^{\cdot -}$ 的淬灭剂[106,285-287]。然而，p - BQ 也很容易被臭氧攻击（$k = 2.5 \times 10^8 mol \cdot L^{-1} \cdot s^{-1}$）。过量的 p - BQ 可以引起溶解臭氧的损耗而误导淬灭实验的结果。此外，· OH也非常容易攻击 p - BQ。因此在决定 p - BQ 的添加剂量及分析淬灭实验结果时，需要更加谨慎。除了 p - BQ 之外，4 - 氯 - 7 - 硝基苯并 - 2 - 氧杂 - 1，3 - 二唑（NBD - Cl）也被用于淬灭荧光强度变化检测法中的 $O_2^{\cdot -}$[166,288]。同样，该过程也会遇到与臭氧分子和 · OH 发生反应的问题，从而达不到预期的效果。因此，尽管多种淬灭剂都能与 · OH 和 $O_2^{\cdot -}$ 快速反应，但在选择淬灭剂时需要格外注意避免 O_3 与淬灭剂之间的反应。

对于非均相催化臭氧氧化中的自由基氧化过程，自由基对于有机物降解的贡献仍存在争议。尽管 · OH 由于其非选择性氧化的能力，通常被认为是一种高效氧化剂，但对于某些特定的有机物，它可能不是最主要的活性氧化物质。据报道，· OH 与饱和的含羧基化合物的反应速率相对它与臭氧分子的反应速率更低，从而导致无效的损耗[289]。对于非均相催化臭氧氧化中酚类物质的降解，许多研究发现尽管 EPR 光谱和淬灭实验能证明 · OH 和 $O_2^{\cdot -}$ 的存在，但 $O_2^{\cdot -}$ 是主导的活性氧化物质（ROS）[105,227,290]。此外，$O_2^{\cdot -}$ 也被报道称其可以作为 · OH 产生的桥梁[291-292]，但这样的转化过程可能在酚类物质存在时被抑制。因此，对于同时存在 · OH 和 $O_2^{\cdot -}$ 的非均相催化臭氧氧化系统，酚类污染物可能首先被 O_3 或 $O_2^{\cdot -}$ 攻击，随后产生的中间产物进一步被 · OH 氧化而实现完全矿化。

（二）催化活性位点

除了鉴定自由基种类外，臭氧分子在活性位点上的吸附、相互作用及活化产生自由基的反应过程也引起了很大的关注。催化活性位点是臭氧分子在催化表面转化为自由基的具体位置。判断活性位点的一个常见策略是观察预期的活性位点与催化活性或自由基产生在数量上的相关性。表 2 - 4 - 1 从催化活性位点和主要的自由基类型方面总结了基于自由基反应的非均相催化臭氧氧化体系的代表性研究。自由基氧化过程的活性位点可以细分为 4 类，并在接下文具体讨论。

表 2-4-1　非均相催化臭氧氧化中的活性位点及其涉及的自由基

催化剂	污染物	自由基	催化活性位点	参考文献
AFe_2O_4(A = Co, Ni, Cu, Zn)	草酸	·OH	表面羟基基团、表面金属离子	[230]
Ce-黄铁矿煤渣	活性黑 5	·OH	表面羟基基团、表面 Ce(Ⅲ)	[292]
ZnO-CN 复合体	阿特拉津	·OH、$O_2^{\cdot -}$	表面羟基基团、sp^2 C═C 键	[293]
Fe-蜂窝陶瓷 Ni-蜂窝陶瓷、Zn-蜂窝陶瓷	硝基苯	·OH	表面羟基基团	[271]
γ-AlOOH 和 γ-Al_2O_3	2-甲基异莰醇	·OH	表面羟基基团	[294]
FeOOH	草酸	·OH	表面羟基基团	[295]
$NiFe_2O_4$	邻苯二甲酸二正丁酯	·OH	表面羟基基团	[296]
Fe 和 Mn 氧化物修饰的矾土	2,4,6-三氯苯甲醚	·OH	表面羟基基团	[297]
酸处理的天然沸石	亚甲蓝	·OH	表面羟基基团	[298]
Al_2O_3	Amplex 红和 NBD-Cl	·OH、$O_2^{\cdot -}$	表面羟基基团	[288]
γ-Al_2O_3	布洛芬、乙酸和 VOCs	·OH	表面羟基基团	[299]
$ZnFe_2O_4$	苯酚	·OH	表面羟基基团	[300]
Fe/浮石	对硝基氯苯	·OH	表面羟基基团	[301]
NC-$LaMnO_3$	邻氯苯酚	·OH	表面羟基基团	[215]
Ag-掺杂 $MnFe_2O_4$	邻苯二甲酸二正丁酯	·OH	表面羟基基团	[228]
α-FeOOH 和 α-Fe(Fe^{2+})OOH	4-硝基氯苯	·OH	表面羟基基团	[302]
$(Cu_2O)_{0.5}$·CuO·Fe_2O_3	邻苯二甲酸二甲酯	·OH、$O_2^{\cdot -}$	表面 Cu(Ⅰ)、Fe(Ⅱ)和羟基基团	[303]
$Mn_2O_3/LaMnO_{3-\sigma}$	草酸和 1H-苯并三唑	·OH、$O_2^{\cdot -}$	表面羟基基团、氧空位、多价态 Mn	[240]
γ-Al_2O_3	2,4-二甲苯酚	·OH	表面碱性 Al-OH 位点	[304]
铜基催化剂	降固醇酸	·OH	Lewis 酸性位、表面羟基基团	[305]
CuCo/Ni-引入的 CAl_2O_3 框架	粗酚和煤炭气化二级废水	·OH	Lewis 酸性位、表面官能团	[306]
Fe_2O_3/Al_2O_3@SBA-15	布洛芬	·OH、$O_2^{\cdot -}$	Fe^{3+} Lewis 酸性位	[223]
Fe-Cu-MCM-41	双氯芬酸	·OH	Lewis 酸性位	[307]
磁铁矿	活性红 120	·OH	Lewis 酸性和碱性位	[308]
Fe-SBA-15	草酸	·OH	Fe 掺杂物	[186]
N-rGo、P-rGo、B-rGo、S-rGO	苯并三唑和对氯苯甲酸	·OH、$O_2^{\cdot -}$	表面官能团、掺杂原子、自由电子、离域 π 电子	[102]

续表

催化剂	污染物	自由基	催化活性位点	参考文献
多层的 CNTs	对氯苯甲酸、阿特拉津、布洛芬、DEET	·OH	表面官能团	[309]
锰硅酸盐	对氯硝基苯	·OH	表面羰基基团	[310]
生物炭	苯酚	$O_2^{\cdot -}$	表面羰基基团	[88]
rGO	对羟基苯甲酸	$O_2^{\cdot -}$	富电子羰基基团	[283]
N-掺杂空心球体碳	酪洛芬	·OH	吡啶和吡咯 N	[99]
N-掺杂石墨纳米碳	草酸	·OH	N 掺杂位点和毗连的 C 原子	[103]
rGO 和 *N*-rGO	对硝基苯酚	·OH、$O_2^{\cdot -}$	边缘结构、悬挂键、掺杂 N	[100]
rGO	草酸、乙酸、甲酸、对硝基苯酚、对羟基苯甲酸和乙酰水杨酸	·OH、$O_2^{\cdot -}$	缺陷位、表面含氧官能团	[105]
F-CNTs	草酸	$O_2^{\cdot -}$	与 F 相邻的 C 原子、表面碱性基团、非定域的 p 电子	[69]
改性活性炭	草酸	·OH	胺化 AC 的碱性基团、硝化 AC 的表面酸性含氧基团	[68]
MgO	对氯苯酚	·OH	表面碱性基团	[311]
$CaMn_3O_6$ 和 $CaMn_4O_8$	对硝基苯酚	$O_2^{\cdot -}$	Mn^{3+}/Mn^{4+} 氧化还原对	[220]
无定形硅酸铁	4 硝基氯苯	·OH	$\alpha-Fe_2O_3$ 和 Fe-Si 表面二元氧化物	[312]
Co-赤泥	苯扎贝特	·OH	Co—O— 基团、表面羟基基团	[267]

(1) 金属催化剂表面的羟基基团

金属基材料是非均相催化臭氧氧化研究中最常用的催化剂，通常具有良好的催化活性[26,196,313]。大量的研究发现含金属催化剂的表面羟基基团密度与催化剂的活性成正相关，这是表面羟基基团被视为这些催化剂活性位点的关键原因。磷酸盐常被用于协助确认表面羟基基团作为催化活性位点。作为一种比水更强的 Lewis 碱，磷酸盐能够取代催化剂表面的羟基基团，从而减少表面羟基基团的数量并最终阻碍臭氧活化产生自由基的过程[295,301,314]，并且可以作为一种·OH 的淬灭剂[315]。Yuan 等在使用 Fe/浮石催化臭氧氧化降解对氯硝基苯（p-CNB）的研究中通过磷酸盐添加实验发现，浮石和 Fe/浮石的金属氧化物的表面羟基能够作为活性位点使 O_3 分解生成·OH[301]。全燮研究组也使用磷酸盐，并结合 ATR-FTIR 技术进一步探究了在 $LaMnO_3$ 降解邻氯苯酚的非均相催化臭氧氧化体系中表面羟基的作用和 ROS 种类。

对于此类非均相催化臭氧氧化体系，pH 对于催化过程具有重要的影响。它能够显著影响催化剂表面的电子性质和界面反应过程。表面羟基基团密度和它们所带的电荷与催化活性密切相关，而这些性质由催化剂的 pH_{pzc} 和溶液的 pH 决定[23,196,271,316-317]，如式（2-4-1）、式（2-4-2）所示。

$$MeOH + H^+ \rightleftharpoons MeOH_2^+ (pH < pH_{pzc}) \quad (2-4-1)$$

$$MeOH + OH^- \rightleftharpoons MeO^- + H_2O (pH > pH_{pzc}) \quad (2-4-2)$$

质子化或去质子化的催化剂表面会极大影响其与 O_3 的相互作用。大量研究报道质子化的羟基基团能够作为非均相催化臭氧氧化中的催化活性位点，其中马军研究组提出了在具有不同金属的陶瓷蜂窝催化剂表面，臭氧分子如何在表面羟基基团上活化为自由基的具体反应机制。如图 2-4-1a 所示[271]，一个或两个臭氧分子由于静电力和氢键而与表面 $-OH_2^+$ 相互作用进而逐步转化为 ROS。值得注意的是除了 ·OH，一些其他的 ROS 包括 $HO_2^{\cdot -}$、$HO_3^{\cdot -}$、$HO_4^{\cdot -}$ 也可能在催化反应中扮演了重要的角色[271]。从该机制图中还能看出，一些表面羟基可能在催化过程中转化为 ·OH，但随后可以通过表面与水分子的作用再生。此外，含金属催化剂上中性的表面羟基基团也能够作为催化活性位点[295,301,314]。在使用酸处理的天然沸石降解亚甲蓝（MB）的非均相催化臭氧氧化体系中，Valdés 等研究了带有不同电荷的表面羟基基团（$Z-OH_2^+$、$Z-OH$、$Z-O^-$）的影响[298]。以中性表面羟基形式存在的 Brønsted 酸性位点被认为是吸附反应性物质的主要活性位点。同时，去质子化的羟基能够作为引发剂和/或促进剂使臭氧分解，以及作为活性位点使 MB 吸附。因此，表面电荷还能够通过表面静电力影响有机物的吸附行为。

另外，pH 也能够决定溶液中臭氧分子分解产生 ·OH 的均相反应过程。鉴于催化剂界面和液相中的反应过程都在很大程度上受 pH 的影响，在判断表面羟基为活性位点前应该综合分析 pH 对于催化活性的真实作用。例如，Al_2O_3 是非均相催化臭氧氧化研究中较常见的催化剂，并且很多研究认为它的表面羟基是臭氧分解产生 ·OH 的催化活性位点[229,318-319]。然而，Nawrocki 等认为，Al_2O_3 并不会引起臭氧在水中的分解，而 ·OH产生的真正原因是 Al_2O_3 中的碱性杂质引起了溶液 pH 的变化[320]。由此可见，当表面羟基为预期的催化活性位点时，在研究过程中严格控制 pH 尤为重要。根据上述讨论，在使用含金属催化剂的非均相催化臭氧氧化体系中，表面羟基作为活性位点时能够与臭氧分子直接反应而生成自由基。该反应过程极大依赖于 pH，且金属组分并不直接参与其中。

（2）金属组分上的 Lewis 酸性位

Lewis 酸性位通常被认为是具有空轨道并能够接收电子对的位置[321]，其也被广泛认为可为非均相催化臭氧氧化研究中含金属催化剂的另一类催化活性位点，因为发现它们的数量往往也与催化活性成正相关的关系[26,162]。NH_3-TPD 和吡啶红外是研究固体催化剂表面酸性位常用的实验方法[322-325]，可以更好地了解 Lewis 酸性位的性质。Wang 等采用 NH_3-TPD 方法，研究了 $LaMnO_3$ 催化臭氧氧化过程中改变 B 位点 Mn 数量时表面酸性的变化[240]。研究发现提高 B 位点 Mn 数量能够增加表面酸性，并因此提高了催化活性。吡啶红外的结果进一步揭示了 Lewis 酸性位导致 O_3 的分解。

对于大多数使用含金属催化剂的非均相催化臭氧氧化研究，Lewis 酸性位都是指催化剂表面的金属组分，尤其是过渡金属。当催化剂被浸没在水溶液时，它们被水分子

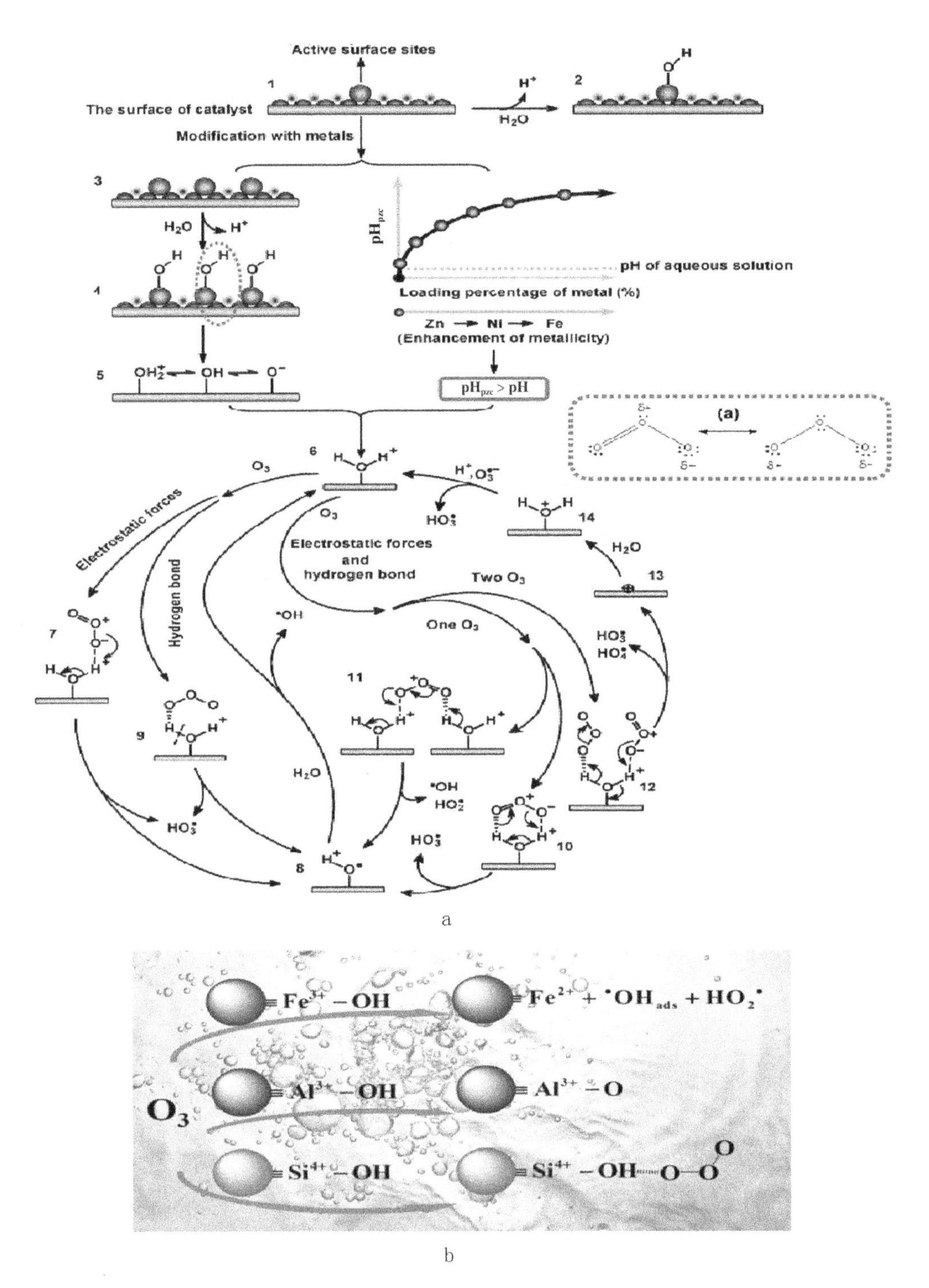

图 2-4-1 （a）表面羟基基团作为催化活性位点的可能反应机制[271]和（b）Lewis 酸性位作为催化活性位点的反应机制[223]

羟基化过程中形成的羟基所覆盖。这些羟基占催化剂表面总羟基中的大部分，因此，往往 Lewis 酸性位越多，表面羟基的数量也越多[215]，呈现数量上的正相关。据报道，非均相催化臭氧氧化过程中 Lewis 酸性位上的羟基及化学吸附的水能够与 O_3反应生成 ROS[26,326]。尽管在这些研究中 Lewis 酸性位被称为催化活性位点，其 O_3分解与转化的反应路径可能与表面羟基被当作活性位点时非常相似，因为 O_3的活化过程仍然没有金属组分的参与。

当 Lewis 酸性位被报道为催化活性位点时，也有其他研究者提出金属组分可直接与 O_3反应生成自由基。胡春研究组使用了吡啶红外的方法研究了 Fe_2O_3/Al_2O_3@ SBA - 15 的非均相催化臭氧氧化体系中的 Lewis 酸性位，并提出了 O_3活化机制，如图 2 - 4 - 1b 所示[223]。他们发现臭氧可以取代 Lewis 酸性位上的表面羟基并发生分解，在 Fe_2O_3上转化为 $^{\bullet}OH_{ads}$和 $O_2^{\bullet -}$，而在 Al_2O_3上转化为表面原子氧（＊O）。此外，通过以 D_2O 作溶剂的 ATR - FTIR 实验，验证了臭氧不能在 SBA - 15 悬浊液中取代 SBA - 15 的表面羟基（Si—OH），从而证明反应体系中只有 Lewis 酸性位才是能导致臭氧活化的活性位点。Li 研究组也采用了吡啶红外的技术来研究 Fe - Cu - MCM - 41 作催化剂降解双氯芬酸[307]。该研究中，除了表面羟基外，Fe^{3+}/Fe^{2+} 和 Cu^{2+}/Cu^{+} 的氧化还原对也能分解 O_3。在反应体系中加磷酸盐发现，O_3 作为 Lewis 碱能够在 Lewis 酸性位处分解产生 · OH。在一些研究中，金属组分可作为 Lewis 酸性位催化活性位点与表面羟基基团共同促进促进 O_3分解产生自由基[306]。

基于上述讨论，有两点可能带来误解并值得格外注意。首先是当 Lewis 酸性位指代金属组分并被当作为催化活性位点时，具体的反应物和 O_3活化的反应过程并不总是一致的。实际与 O_3分解发生反应的可能是表面羟基基团或者是金属组分。值得注意的是，在一些非均相催化臭氧氧化研究中，Lewis 酸性位并不是指金属组分，而是表面吸附的水[327]和质子化的表面羟基[304]，因为这些结构也能够作为电子的受体。另外，考虑到 Lewis 酸性位（当指代金属时）往往与总表面羟基在数量上成正相关，当不采用其他手段进一步实验时，仅通过观察催化活性和它们数量的相关性的常见策略，无法区分这两种理论。

还有一些研究报道了结构缺陷能够作为自由基氧化的非均相催化臭氧氧化的活性位点。固体催化剂上的氧空位在气相的臭氧催化过程被广泛研究[46,328-329]，但却很少在废水处理的研究中被提及。在含 La 钙钛矿降解草酸和活性蓝 5 的多相催化臭氧氧化研究中，氧空位（OV）数量的发现与催化性能密切相关[222]。Wang 等发现钙钛矿复合物的 OV 和多价态 Mn 是 Lewis 酸性位，并且可作为活性位点使 O_3分解并产生 · OH、$O_2^{\bullet -}$ 和$^1O_2$[240]。由于 Lewis 酸性位总是被羟基覆盖，在钙钛矿复合物的非均相催化臭氧氧化体系中 O_3可能首先取代了羟基后再与 Lewis 酸性位发生反应。此外，其他晶面缺陷，如边缘、台阶和扭曲也可作为自由基产生的催化活性位点[285,311]。

（3）碳材料表面的催化活性位点

近年来，碳材料尤其是纳米碳，由于其具有环境友好、低成本和高催化活性等优点，不仅广泛用在非均相催化臭氧氧化领域，而且也用于其他 AOPs 领域，已成为有前途的金属材料替代品[99,102-103,330-331]。表面官能团、结构缺陷、原子掺杂位点和富电子区域都在碳材料作为催化剂的非均相催化臭氧氧化研究中被视为可能的活性位点。对于活性炭（AC）催化剂，有研究发现碱性基团—NH_2可以提高胺化 AC 的催化活性，而酸性含氧表面基团能够提高硝化 AC 的催化活性[69]。N 掺杂的碳纳米管（CNTs）被证明在 AOPs 过程中具有良好的催化活性[110]，而多层纳米碳催化剂的掺 N 位点及其邻近的 C 原子可作为非均相催化臭氧氧化过程的活性位点[103]。Wang 等也发现，石墨烯催化剂的含氧官能团、结构缺陷包括空位和边界缺陷，也可作为活性位点[105,283]。

除了上述的表面基团与掺杂原子之外，还有不少研究者提出，碳材料表面的电子也在臭氧活化过程中扮演了重要角色。臭氧分子由于自身的特殊的共振结构，既可以发生亲电反应，又能发生亲核反应。因此，催化剂表面的电子在理论上有可能促进臭氧的分解。齐飞研究组对掺杂 N、P、B 和 S 原子的氧化还原石墨烯（rGO）催化剂进行研究，发现不仅表面基团可作为活性位点，自由基电子和离域 π 电子也可作为活性位点帮助臭氧分解生成 ROS[102]。在 N 掺杂空心球型碳催化剂的研究中，也报道了 N 掺杂位点不仅能作为“自由基产生”区域活化臭氧，还能形成“电子移动”区域，实现电子从有机物到臭氧的转移[99]。值得注意的是，非自由基氧化也具有重要的作用，这将在后面的章节进行详细讨论。

碳催化剂上电子分布不均匀的区域，特别是富电子区域，被认为是 AOPs 中有机物吸附和氧化剂活化的催化活性位点[103,303,330-332]。在反应过程中，有机物能够作为电子供体在缺电子区域提供电子，而氧化剂则可作为电子受体在富电子区域得到电子，由此实现表面反应。之前非均相催化臭氧氧化中碳催化剂上被鉴定的催化活性位点，如表面官能团、杂原子掺杂物和缺陷位等，能调整并引起电子的再分布从而导致富电子区域的产生，这将有利于O_3发生亲电反应产生自由基。尽管 XPS/FTIR、拉曼光谱和固体 EPR 研究能够证明表面官能团、缺陷位和不成对电子的存在，它们具体的分布未充分揭示。实验和理论计算结果的结合将有助于更好地定位这些富电子的区域，并有助于深入探索理论机制[331]。

二、非自由基氧化机制

非自由基氧化过程不依赖在非均相催化臭氧氧化中常见的·OH[54,333]。与自由基氧化不同，非自由基氧化通常发生在催化剂周围的区域，通过电子转移的直接氧化或臭氧分解产物吸附于催化剂表面来实现。相比自由基的直接氧化，非自由基氧化过程更容易发生温和的氧化，并有利于富电子有机物的破坏。

根据O_3在活性位点上的吸附情况，非自由基反应的反应途径可以被分为直接氧化和间接氧化两类。直接氧化，O_3或有机物（或二者同时）吸附于催化剂表面形成络合物，并通过直接相互作用实现有机物的氧化破坏；间接氧化，O_3在催化剂活性位点处分解产生表面活性氧物质或单线态氧（$^1O_2$），这些分解产物与有机物分子反应实现O_3的间接氧化。图 2-4-2a 为这些非均相催化臭氧氧化中主要的非自由基反应过程。

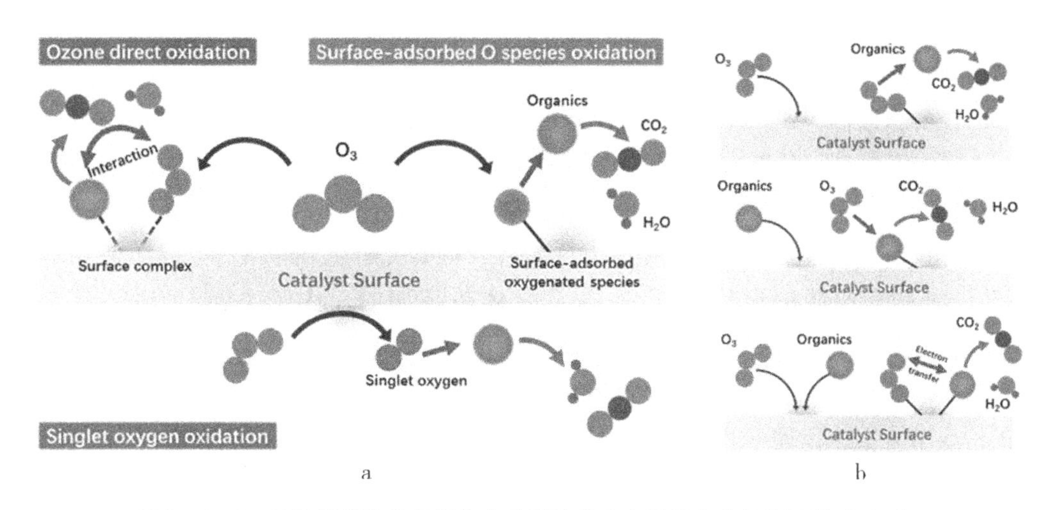

图2－4－2　非均相催化臭氧氧化中典型的非自由基氧化有机物过程（a）和非均相催化臭氧氧化中表面络合反应的可能氧化过程（b）

（一）非自由基氧化过程

（1）表面络合结构破坏有机物

对于基于表面络合结构的非自由基氧化，O_3和有机物的吸附行为是影响催化活性的主要因素，并受催化剂的pH_{pzc}、有机物的pK_a和溶液的pH控制[30,294,334]。根据O_3和有机物在催化剂表面的相互作用，可以将其主要的氧化过程分为3类（图2－4－2b）：①有机物吸附于催化剂表面直接与O_3作用；②O_3化学吸附于催化剂表面并活化为表面－O_3络合物；③O_3和有机物都化学吸附在催化剂表面，有机物通过分子间电子转移进行降解。

对于O_3直接氧化表面吸附的有机物过程，Beltran等曾报道，使用TiO_2/Al_2O_3催化剂时添加t－BA不会减少单酸的催化降解效果。此外，通过观察臭氧的消耗趋势，他们还发现TiO_2/Al_2O_3的存在不会导致臭氧分解速率的显著提高[335]。因此，他们提出草酸分子首先物理吸附在TiO_2/Al_2O_3的活性位点上，并形成了表面－草酸络合物；然后，与溶液中溶解的O_3分子反应可以实现直接矿化。类似的现象也在使用了MnO_2和Fe_2O_3/Al_2O_3催化剂的非均相催化臭氧氧化研究中被报道，其中，有机物通过形成金属－有机物复合体吸附在金属中心处，随后被O_3分子直接氧化[206]。Zhang等报道了在CuO/CeO_2的多相催化臭氧氧化系统中，羧酸盐的矿化也主要通过表面反应实现[289,336]。通过ATR－FTIR技术，他们发现表面Cu^{2+}位点是羧酸盐吸附形成多齿螯合物配合物的活性位点。该配合物随后会被O_3分子攻击。除了羧酸盐降解，相似的表面氧化机制也在使用AC催化剂降解4－硝基酚的催化臭氧氧化研究中被报道[53]。Faria等发现使用AC/CeO_2催化剂时，·OH和表面反应都是有机物降解的重要原因[337]。然而，Hao等研究者发现，O_3直接氧化PAHs会产生吸附在AC/CeO_2表面上的H_2O_2，其可以进一步活化O_3分子产生·OH降解PAHs[250]。

而对于通过表面－O_3复合体降解有机物的途径，齐飞等曾报道吸附于$\gamma-Al_2O_3$表

面的 O_3 分子能够直接氧化2－异丙基－3－甲氧基吡嗪[338]。他们还对比了非均相催化臭氧氧化过程中使用 γ－AlOOH 和 γ－Al_2O_3 的氧化路径。在 γ－AlOOH 的催化臭氧氧化中，主要依赖以·OH 主导的自由基氧化，并且表面羟基是 O_3 分解的活性位点。表面羟基的电荷状态能够影响 O_3 和有机物的吸附能力，以及主要反应的类型。当溶液 pH 小于催化剂的 pH_{pzc}，质子化的表面羟基能够作为引发吸附的 O_3 分子分解的活性位点[30]。相似的受 pH 控制的氧化途径也在 Park 等的研究中被报道。表面 Fe 物种在不同 pH 范围内具有不同的形成表面－ O_3 复合体的亲和力，从而决定了 O_3 分子的分解率[338]。

吸附的有机物也可以凭借分子间电子转移过程被降解，电子来自 O_3 分子并通过形成的桥或络合结构传递[99,339-340]。在这个过程中，催化剂表面更像是扮演了加速电子转移速率的通道角色。在使用 MnO_2/CeO_2 的催化臭氧氧化过程中，O_3 分子和有机物都吸附在了催化剂表面，并且催化剂活性与吸附情况和溶液 pH 密切相关[339]。Liu 等报道了同时吸附在 Fe－Cu 氧化物催化剂表面的 O_3 分子和酸性红 B 的一个直接的氧化途径[340]。在这些研究中，尽管非自由基氧化途径已经被揭露，但是吸附的物质与催化剂表面的相互作用仍然模糊不清。马军研究组调查了 N 掺杂的纳米碳上，O_3 分子和有机物在活性位点上的相互作用[99]。他们发现，基于表面吸附的 O_3 分子和有机物之间的内部电子转移过程的非自由基氧化，以及·OH 主导的自由基氧化都有助于酪洛芬的破坏，并且掺杂的 N 物种对于具体的反应途径有很大的影响（图2－4－3）。对于非自由基氧化，石墨相 N 作为“电子迁移”区域而加速电子在 O_3 和酪洛芬之间的转移从而引发非自由基氧化。位于边缘或缺陷处的嘧啶 N 和吡咯 N 则作为自由基产生区域。

（2）表面吸附活性氧降解有机物

除了表面络合结构外，O_3 与催化剂表面的活性位点作用也可以导致其催化分解，生成表面吸附的活性氧物种[103,223,333]。这些物质能够被周围有机物直接氧化，或者进一步演化为其他的 ROS（如·OH、$O_2^{\cdot -}$ 或 $^1O_2$）。尽管仅依赖于表面吸附的活性氧物种而降解有机物的研究已被报道[333]，但在大多数研究中，自由基和自由基氧化途径往往同时存在，因为高活性的表面吸附的活性氧物种能够快速与周围的水分子或者 O_3 反应生成其他活性物质[103,162,223]。因此，当涉及表面吸附的活性氧物种时，应考虑多重反应路径的存在。

表面原子氧（$^*O$）具有2.43 V 的氧化电势，是一种降解有机物的主要的表面吸附活性氧物种。Zhang 等报道了在使用 PdO/CeO_2 催化剂降解草酸的催化臭氧氧化过程中，$^*O$ 的产生和演化[333]。O_3 在 PdO 表面化学分解生成气态 O_2 和 $^*O$。随后，$^*O$ 与周围的 O_3 反应生成表面过氧化物（$^*O_2$）。$^*O$ 成为主要的 ROS，与表面的 Ce^{4+}－草酸盐复合体反应并主导了草酸盐的降解，而 $^*O_2$ 则从催化剂表面解吸附并转化为气态 O_2。Bing 等研究了使用 Ti 掺杂的 γ－Al_2O_3 通过催化臭氧氧化过程降解布洛芬的过程[162]。在 γ－Al_2O_3 的框架结构中掺入 Ti 导致了 Lewis 酸性位的大量增加，这有助于 O_3 的吸附与分解。通过原位拉曼和 EPR 光谱发现，$^*O$ 吸附在 Al^{3+} 上，表面过氧物质吸附在 Ti^{4+} 上，

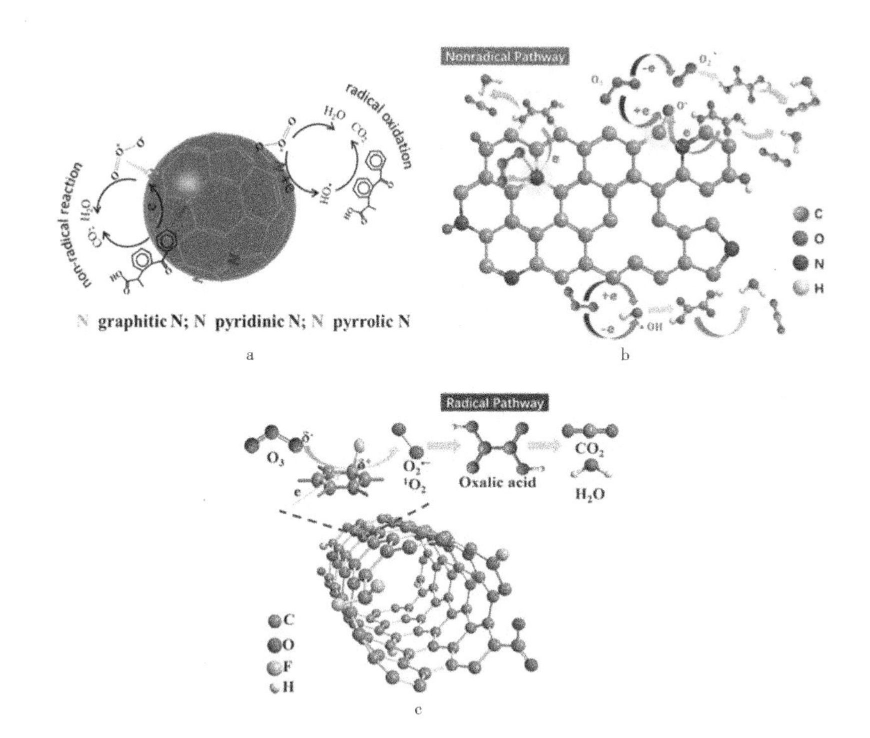

图 2-4-3　(a) 酪洛芬在 N 掺杂纳米碳上通过表面络合反应和自由基氧化反应的降解途径[99]；(b) 草酸在多层 N 掺杂的纳米碳上通过表面吸附的活化氧物种降解[103]；(c) 草酸通过单线态氧 ($^1O_2$) 和超氧自由基 ($O_2^{\cdot -}$) 的降解

被发现是 O_3分解和引起布洛芬降解的主要物质。Wang 等也发现，表面吸附的活性氧物种主导了 Mn/$\gamma-Al_2O_3$催化剂系统中的氧化过程[177]。

全燮研究组最近发现，带有不同晶面的、形貌控制的 CeO_2纳米颗粒能够活化 O_3产生 $^*O$ 和表面超氧来降解 4-硝基酚[341]。其活性符合以下顺序：CeO_2纳米棒 > CeO_2纳米立方体 > CeO_2纳米八面体。表面氧空位和 Ce^{3+}/Ce^{4+}氧化还原对是 O_3吸附和分解产生 $^*O$ 的主要活性位点，其可以进一步与另一个 O_3反应并生成表面超氧物种。他们提出 $^*O$ 和表面超氧都对 4-硝基酚的降解有贡献。然而 CeO_2的形状和大小可能会改变氧化反应的途径。Orge 等发现，草酸在 CeO_2催化剂中的降解由 ·OH 氧化主导，而 Ce^{3+}/Ce^{4+}氧化还原对是 O_3分解的活性位点[204]。

在非金属的非均相催化臭氧氧化过程中，也有表面吸附的活性氧化物降解有机物的报道。MWCNTs 能够引发在主体溶液中的自由基氧化和在催化剂表面依赖表面吸附的活性氧物种的非自由基氧化[342-343]。Liu 等发现，非自由基氧化的贡献可以通过调整 MWCNTs 的碱性来实现[107,342]。MWCNTs 的 pH_{pzc}可以通过改变其性质而提高，而提高的 pH_{pzc}则能够促进草酸盐和 O_3的吸附，进而增强草酸盐的去除。相似的非自由基氧化途径也在 Pereira 等的研究中被报道[109]。减少了表面含氧官能团，提高了草酸和草氨酸的臭氧催化去除效率。

此外，N 掺杂的纳米碳也能够促进 O_3分解并引起依赖于表面吸附的活性氧物种的非自由基氧化过程[103]。根据 XPS 分析和 DFT 模拟结果，石墨相的 N 及毗邻于 N 的高电荷 C 被证明为活性位点。化学吸附的 O_3可以被催化分解为*O 和超氧物质（图 2-4-3b）。原位 EPR 结果和淬灭实验表明，*O 可能直接攻击吸附的有机物，或与周围的水分子/O_3反应生成 · OH。纳米碳中掺杂的 N 被证明是 O_3吸附的活性位点，因为它们改变了表面电子的分布。但是，对于反应性物种的产生和演化过程仍具有争议。Sun 等提出，在石墨烯结构 sp^2区域的石墨相 N 作为电子通道加速电子在吸附的 O_3和酪洛芬间的传递，并通过内部电子转移过程实现氧化。吡啶 N 和吡咯 N 在边缘或缺陷位分解吸附的 O_3生成 · OH[99]。Song 等报道 N 掺杂位置附近的自由电子捕获自由 O_3生成 $O_3^{\cdot -}$，并进一步转化为 · OH[102]。

O_3与碳催化剂的相互作用可能比那些金属材料更加复杂。除了 pH_{pzc} 和溶液 pH 外[107,142]，杂原子掺杂和多变的结构使得 O_3与活性位点的相互作用更加灵活，并可能引起在特定活性位点上不同 ROS 的产生和演化过程，或者在不同位点上的多种途径。此外，在碳骨架中或包在碳壳层中顽固的金属残留也能够极大地影响纳米碳的物理化学性质并产生不同的氧化路径。因此，由于反应过程受很多因素影响，通过活性位点的类型来推断氧化反应的类型和 ROS 的转化途径是非常困难的。另外，对于有机物是否会被表面吸附的活性氧化物直接氧化，或是通过加速纳米碳和表面吸附的活性氧化物间的电子传递过程而被降解，目前仍有争议。相似的不确定性，也在研究 PMS/PDS 的碳催化活化体系中的氧化途径时被报道[344]。

（3）单线态氧降解有机物

作为一种具有 0.85 V 氧化电势的非自由基 ROS，$^1O_2$已在光催化[345-346]和过硫酸盐活化[347-349]高效降解有机物的研究中被广泛报道。近年来，$^1O_2$也在非均相催化臭氧氧化过程中被检测到，并且它被证明对于有机物的去除具有重要贡献[283,285]。式（2-4-3）至式（2-4-5）描述了典型的$^1O_2$产生途径，其中$^*O_2$表示了由 O_3分解产生的表面吸附的过氧物质或自由的过氧化物[350]。在大多数研究中，$^1O_2$的产生也经常伴随其他 ROS，因为其形成依赖于其他更早形成的 ROS 的电子转移或化学反应。

$$^*O_2 \xrightarrow{\text{electrontransfer}} {}^1O_2 \tag{2-4-3}$$

$$O_2^{\cdot -} + HO_2^{\cdot} + H^+ \longrightarrow {}^1O_2 + H_2O_2 \tag{2-4-4}$$

$$O_2^{\cdot -} + \cdot OH \longrightarrow {}^1O_2 + OH^- \tag{2-4-5}$$

Wang 等发现，NaN_3的存在显著阻碍了 4-硝基酚在使用 MnO_2/rGO 催化剂的催化臭氧氧化过程中的降解，这说明了$^1O_2$做了重要贡献。除了$^1O_2$外，· OH 和 $O_2^{\cdot -}$ 的作用也分别通过 t-BA 和 p-BQ 淬灭测试被鉴定。在随后的研究中，他们进一步通过 EPR 技术，以 TEMP 为自旋捕获剂检测了$^1O_2$的存在。对于采用了基于钙钛矿[227,240]和石墨烯催化材料[100,105,283]的催化臭氧氧化系统，超精细耦合 $\alpha_N = 16.9$ G 处出现三重峰，这说明 TEMPO 是一种 TEMP 被$^1O_2$氧化后形成的典型产物。此外，NaN_3的强抑制效应还进一步证明了它参与多种有机污染物降解的主导角色。与之类似，$^1O_2$也在使用 ZnO/g-

C_3N_4作为催化剂的莠去津的降解研究中被发现[293]。Nawaz 等报道了利用 Mn 基催化材料降解多种酚类物质的过程涉及$^1O_2$作用[171,285,351]。Wang 等[243]和 Zhang 等[272]报道了$^1O_2$和$O_2^{\cdot -}$能与·OH 分别在$LaMnO_3/O_3$和$LaMO_3$（M = Fe、Co）系统中一起降解草酸和苯并三唑。但是，Afzal 等报道在$LaMO_3$（M = Mn、Fe）通过催化臭氧氧化降解邻氯苯酚的过程中，只有·OH 的氧化途径[297]。在这些研究中，尽管分解产物和 ROS 的演化过程存在明显不同，但表面酸性位、氧空位和表面金属的氧化还原对被发现是常见的O_3吸附和分解的活性位点。

$^1O_2$的产生和对有机污染物的降解作用也在杂原子掺杂的纳米碳非均相催化臭氧氧化体系中被报道[100,106]。杂原子掺杂导致了催化剂表面电子的再分配，从而促进了O_3的分解及相应的电子转移（图 2 - 4 - 3c）。$^1O_2$还可作为其他 ROS 产生的重要中间产物。Zhang 等报道O_3在 ZnO 表面上的分解会导致$^1O_2$的形成，$^1O_2$会作为进一步转化为·OH 和$O_2^{\cdot -}$的重要中间体，而不是直接氧化有机物[352]。O_3在$LaCoO_3/g - C_3N_4$的 C—O—Co 位点上的直接分解生成$^1O_2$、$O_2^{\cdot -}$和气态O_2[210]。Xia 等报道O_3在单原子 Ag/MnO_2催化剂活化的过程中，会产生$O_2^{\cdot -}$，$O_2^{\cdot -}$再结合而形成$^1O_2$[251]。

最后，尽管大量的研究已经被用于揭示非自由基氧化过程中的活性位点和 ROS 的产生与演化过程，O_3分子与催化剂表面详细的相互作用情况仍然需要更可靠的证据，并且在目前还没有形成统一的规律。后续的研究可以通过原位表征技术，如原位ATR - FTIR，原位拉曼和原位 EPR 等，以及 DFT 模拟来帮助揭示O_3或有机物在活性位点上的吸附行为，以及活性物种的产生、转化和有机物的矿化路径。

（二）非自由基氧化物种分析

（1）表面吸附的氧物种

原位漫反射红外傅里叶变换光谱（DRIFTS）已被用于鉴定多种催化剂表面反应中间体。最近，Wu 等采用了原位 DRIFTS 技术辨别了室温下不同金属氧化物上可能的臭氧吸附或分解中间体[353]。据研究，O_3倾向于通过其终端 O 原子与弱酸位形成配位络合物，而它在强酸位和强碱位则会催化分解为$O_2^{\cdot -}$和$^*O$。

原位拉曼光谱是另一种鉴定室温下表面吸附物质的有力方法，因此可以用于揭示O_3的分解反应过程[265,354]。此外，用$^{18}O_3$替代$^{16}O_3$能够进一步验证和辨别表面吸附物质，以及它们的演化过程。Oyama 等研究了 O_3在锰氧化物上的吸附和分解[354]。$^*O$ 能够通过拉曼在 580 cm^{-1}和 1020 cm^{-1}处的信号被鉴别，而吸附的超氧物质则通过新出现在 884 cm^{-1}处的拉曼峰和同位素偏移 ν（^{18}O）/ ν（^{16}O）值来确认。值得注意的是，在低拉曼范围（1000 ~ 400 cm^{-1}）的金属 - 氧键的强振动可能会极大干扰表面吸附的活性氧物质的拉曼信号表征，因此，通常需要增加扫描次数和降低扫描速率。

表面吸附的活性物质对于液体中有机物降解的贡献可以通过添加淬灭剂来研究。碘化钾（KI）已在光催化和基于硫酸根的催化研究中被广泛用于淬灭与表面成键的反应性物质[355]。然而在非均相催化臭氧氧化系统中，KI 可以快速与 O_3反应而导致淬灭

剂和溶解 O_3 的损耗。作为替代，二甲亚砜（DMSO）与 O_3 的反应速率［0.4162 mol/（L·s）］[356]远低于KI的［1×10^8 mol/（L·s）］[357]。但是由于其与·OH的反应速率快，在分析淬灭实验结果时需要排除·OH的贡献。

磷酸根阴离子由于其强碱性能够与催化剂表面的酸性位结合。此外，它们与·OH的反应速率也相对温和［$k<1\times10^7$ mol/（L·s）］。当表面酸性位点为主要活性位点时，其可作为研究 O_3 与催化剂表面相互作用的有效淬灭剂。值得注意的是，添加磷酸根阴离子会增加溶液pH，从而影响 O_3 的自分解情况。但如果添加稀释的酸来恢复溶液pH则会导致 PO_4^{3-} 转化为 HPO_4^{2-} 和 $H_2PO_4^-$，降低其与酸性位点的结合能力。

（2）单线态氧

在非均相催化臭氧氧化研究中，NaN_3 已因其与 $^1O_2$ 较快的反应速率［2×10^9 mol/（L·s）］而作为 $^1O_2$ 淬灭剂被使用。但是，溶液的pH是影响淬灭实验结果的一个重要因素。叠氮阴离子在中性或碱性pH下对 O_3 有很强的反应亲和性，这可能引起溶解 O_3 的损耗，并因此引起淬灭实验效果的偏差[358-359]。相反，叠氮阴离子与 O_3 的反应速率在较低的pH（pH约为3）下会被显著限制。作为一种强还原剂，NaN_3 也对·OH具有很强的淬灭效应［1×10^9 mol/（L·s）］[360]。此外，NaN_3 与其他非自由基ROS或 $O_2^{\cdot-}$ 的反应仍然未知。因此当使用 NaN_3 时，解释淬灭实验结果需格外小心。糠醇（FFA）也在非均相催化臭氧氧化研究中被用作替代的稳定 $^1O_2$ 探针，因为它可以与 $^1O_2$ 快速反应［1×10^8 mol/（L·s）］[361]。然而与 NaN_3 相似，目前仍然缺少切实的证据来证明FFA不会与其他非自由基ROS或 $O_2^{\cdot-}$ 反应。

除了化学探针外，以TEMP（4-hydroxyl-2，2，6，6-tetramethyl-4-piperidone）为自旋捕获剂的EPR技术也被用于直接鉴定 $^1O_2$。TEMP被 $^1O_2$ 氧化生成的产物TEMPO可以通过EPR技术显示出三重特征峰信号。但是，之前的研究发现·OH和 $O_2^{\cdot-}$ 也能氧化TEMP并导致TEMPO的形成。加入t-BA和甲醇等淬灭剂能够有效淬灭·OH。但是 $O_2^{\cdot-}$ 的贡献无法排除，因为它对乙醇淬灭并不敏感。尽管 $O_2^{\cdot-}$ 能够被p-BQ和氮蓝四唑（NBT）清除，这些淬灭剂却非常容易被臭氧攻击，因为它们的结构中具有不饱和键。溶解 O_3 的减少不仅会影响淬灭效果达不到预期值，还会使辨别 $O_2^{\cdot-}$ 和 $^1O_2$ 对于TEMPO生成的作用更加困难。此外，TEMP的碱性也可能导致自旋捕获结果出现偏差。添加TEMP后，溶液的pH应该被准确控制，以防 O_3 在碱性下被活化产生 $O_2^{\cdot-}$ 和 $^1O_2$，这可能会误导EPR结果。总而言之，在解释与 $^1O_2$ 相关的实验结果来鉴别它时需要格外注意，因为存在多种干扰因素。应综合多种策略验证 $^1O_2$ 在反应中的存在，判断它对于非自由基矿化的作用。

三、非均相催化臭氧氧化机制研究的新策略

如在前文中我们所讨论过的，O_3 在催化剂表面的分解过程和活性位点、ROS的演化路径和催化剂的表面性质，如电子的分布等，都对深入了解多相催化臭氧氧化中真

实的氧化过程非常重要。然而由于传统实验方法的限制，它们很难被研究清楚。近年来，有许多新策略被提出以解决此类问题，并且它们已经得到了越来越多的应用。

（一）密度泛函理论计算

密度泛函数理论（Density functional theory，DFT）计算已经被视为一种可靠的理论方法，用于研究 AOPs 领域中催化剂的电子性质和特定的反应过程[105,331-332,362]。通过结合实验结果与 DFT 模拟计算，可以实现对氧化剂与催化剂表面的相互作用及 ROS 演化过程的更深入的了解。目前已经有很多计算软件能够采用 DFT 方法进行理论研究，其中 Gaussian 09/16 和 Vienna Ab initio Simulation Package（VASP）在 AOPs 领域中的应用最为广泛。Gaussian 09/16 通常用于分子或团簇体系的研究，而 VASP 更多地在周期性体系的计算中被使用。

具体对于非均相催化臭氧氧化，使用 DFT 计算吸附能或者 O_3分子在催化剂不同位置上的结构变化能够帮助寻找可能的催化活性位点。在这种情况下，吸附能通常被定义为 O_3分子吸附在催化剂表面时体系的总能量与单独的 O_3分子和催化剂的能量之和的差值，即 $E_{adsorption}=E_{surface-O_3}-(E_{surface}+E_{O_3})$。$E_{adsorption}$为负值，则表明形成的吸附结构相对单独的催化剂和 O_3分子更加稳定。而对于不同吸附位点，具有更低 O_3吸附能的位置更可能在实际反应中发生 O_3吸附。另外，在某些位点吸附时 O_3分子的结构会发生较大的变化，甚至明显形成了分解结构，此时采用吸附能公式计算得到的数值，往往会显著低于其他未发生 O_3分解位点的吸附能。这是因为这种情况下得到的能量差实际上包括了 O_3分子吸附和分解两个过程的能量。显然这样的位点也更可能在实际反应中使 O_3吸附和活化产生自由基。这样的思路在最近的一个使用了 rGO 催化剂的非均相催化臭氧氧化研究中被采用，并证明了石墨烯结构中的缺陷位是 O_3分解的催化活性位点[105]。

此外，DFT 也是研究催化剂表面电子性质的有效方法。如之前所述，催化剂表面的富电子区域可能作为活性位点帮助 O_3活化生成自由基，而通过 DFT 计算分析得到的原子电荷（如 Bader 电荷、Mulliken 电荷）、价电子密度和静电势分布等能直观地反映出电子和电荷的分布情况[351,363]。具有高价电子密度或显著正、负电势的区域由于更可能发生电子得失过程而引发氧化还原反应，从而协助研究者预测或判断活性位点。另外，分析催化剂在被修饰前后的 HOMO/LUMO 和态密度（DOS）差异可以从理论角度帮助研究其催化剂活性[364]。一般来说，HOMO 减差 LUMO 的差值在一定范围内的减小表明了催化剂活性增强的可能性。DFT 模拟还能被用来预测催化剂的合理结构。我们最近通过计算与对比不同的掺杂位置结构的形成能，验证了 Mn 掺杂的$g-C_3N_4$催化剂的结构。

除了催化剂及它们与 O_3的相互作用，DFT 计算也能够根据有机物的电子性质来研究它们可能的降解过程。最近，Yao 等采用了前线轨道理论结合实验结果探究了有机物的潜在活性位点，以及它们与 O_3和 ·OH 的相互作用[365]。与分析催化剂性质相似，有机物结构中具有显著高、低电子聚集的区域因可能更容易发生氧化还原反应，在实际过程中也更可能作为首先被攻击的位点。

尽管DFT计算已经广泛应用于非均相催化臭氧氧化的研究中[103,105,240]，目前其应用仍然主要局限于对催化剂和有机污染物的性质分析。如果在未来的研究中能够模拟O_3分解过程中一些关键的反应步骤，它将成为更具应有前景的研究手段。

（二）原位EPR光谱

原位EPR光谱是检测ROS类型的有力方法，但是在大多数情况下ROS在非均相催化臭氧氧化过程中的演化尚不明确。因此，如果能实现原位EPR检测，将可能更好地研究ROS的转化过程。目前原位EPR检测在非均相催化臭氧氧化体系研究中的应用还有许多制约。其中主要包括由于较强的微波吸收，水分子会干扰检测；而反应过程中产生的气泡的大小和流速也会影响EPR结果。

目前已有研究通过使用了特别设计的扁平单元作为原位反应器，以及石英毛细管排除气体，克服了这些困难并将原位EPR光谱用于可见光下$O_3/g-C_3N_4$催化体系的研究[290]。通过这种技术，三电子还原路径（$O_2 \longrightarrow O_2^{\cdot -} \longrightarrow HO_2^{\cdot -} \longrightarrow H_2O_2 \longrightarrow \cdot OH$）和一电子还原路径（$O_3 \longrightarrow O_3^{\cdot -} \longrightarrow HO_3^{\cdot} \longrightarrow \cdot OH$）产生·OH的过程得到了证明。因此，原位EPR也是深入研究ROS在非均相催化臭氧氧化过程中转化机制的可行方法。其中关键的问题是，合理设计微反应器来匹配EPR装置，避免水对微波吸收的影响及加入自旋捕获剂的新策略。

第五节 水质对催化臭氧氧化的影响

一、无机盐

天然水体是一个复杂的体系，其中普遍存在着氯离子（Cl^-）、碳酸根离子/碳酸氢根离子（CO_3^{2-}/HCO_3^-）、磷酸根离子（PO_4^{3-}）、硫酸根离子（SO_4^{2-}）等无机离子。这些无机阴离子能附着在催化剂表面的活性位点，降低催化性能；甚至可作为自由基淬灭剂与有机污染物产生竞争使催化活性降低[366]。在实验中，通过研究特定无机阴离子对催化臭氧氧化体系的影响，不仅可以间接展现催化臭氧氧化的机制，还能够为特定水体中污染物的催化臭氧氧化处理提供一定的理论支持。出于以上目的，本章节主要讨论了氯离子（Cl^-）、碳酸根离子/碳酸氢根离子（CO_3^{2-}/HCO_3^-）、磷酸根离子（PO_4^{3-}）、硫酸根离子（SO_4^{2-}）及其他阴离子等自然水体中常见的无机阴离子对催化臭氧氧化效率的影响。

（一）氯离子的影响

NaCl广泛存在于不同浓度的工业废水中。在制革和染料制造废水中，NaCl浓度较高，近海石油开采废水中也含有一定浓度的NaCl。在处理废水的过程中，氯离子（Cl^-）对有机物降解的影响没有得到很好的研究。因此研究不同浓度的氯离子对催化臭氧氧化效率的影响及其对活性物种生成的影响对于工业实践和机制研究都是非常关键的。

图2-5-1介绍了在臭氧氧化中氯离子的演变过程。在氧化的第一步，臭氧将氧原子转移到次氯酸盐。与次氯酸盐平衡的次氯酸（pK_a=7.5）不被臭氧氧化，攻击次氯酸盐的氯原子和氧原子，分别产生亚氯酸盐（ClO_2^-）和氯化物（Cl^-）。臭氧氧化ClO_2^-很快生成二氧化氯（ClO_2），然后二氧化氯迅速进一步氧化为三氧化氯（ClO_3），臭氧氧化过程中氢离子与二氧化氯反应生成氯酸盐（ClO_3^-）。其中如果存在NH_2^+也会被臭氧氧化成为硝酸盐[367]。

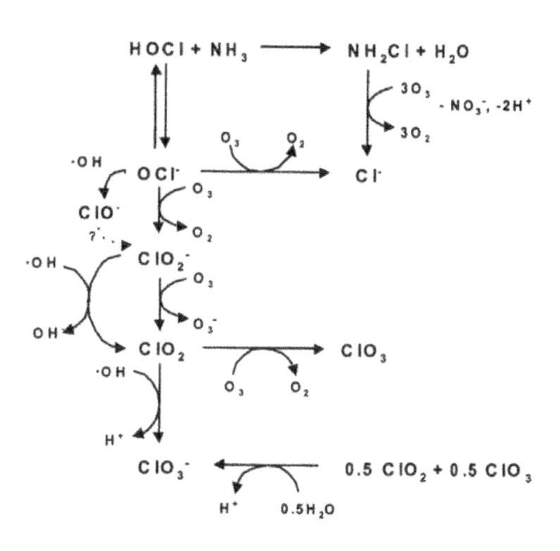

图2-5-1　氧化过程中氯物种生成及氯酸盐臭氧氧化：涉及亚氯酸盐和二氧化氯氧化的过程

研究发现不同浓度的氯离子会对催化臭氧体系产生不同的影响。低氯离子浓度下，氯离子作为·OH的淬灭剂可抑制催化臭氧氧化效果；高浓度的氯离子在酸性条件下和臭氧反应生成次氯酸根，次氯酸根具有很较强的氧化性，且在催化臭氧氧化的过程中也可生成ClO_2^-、ClO_2、ClO_3、ClO_3^-等氧化性物质，可以降解环境中的目标污染物，从而促进污染物的快速降解，提高降解效率；但与臭氧的直接氧化速率相比，要慢得多（图2-5-2）。

在前面章节已经提到Wang等改进的Hummers方法制备了氧化石墨烯（GO）并将其作为合成还原氧化石墨烯（RGO）的前驱体，在静态空气氛中合成RGO样品。制备过程在前面章节提及，下面论述氯离子对该催化剂的催化臭氧氧化对羟基苯甲酸（PHBA）过程的影响。

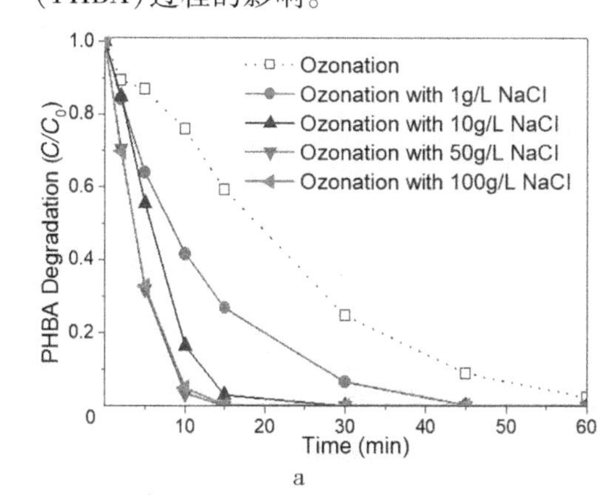

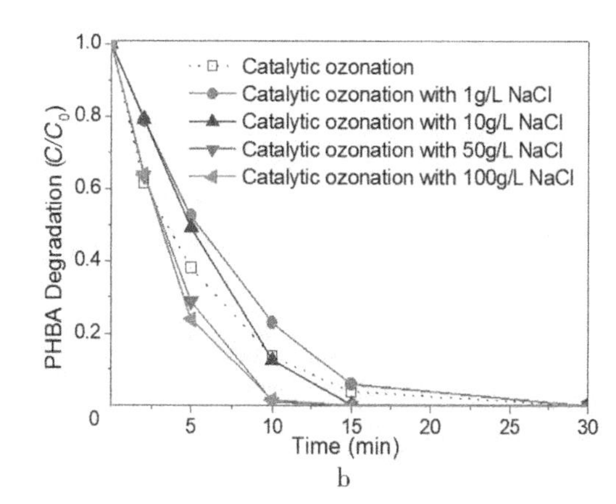

图2-5-2　加入不同量的NaCl时，PHBA的催化臭氧氧化曲线（a）和不同浓度Cl^-对RGO-300/O_3降解PHBA效果的影响（b）

{反应条件：[PHBA]$_0$=20 mg/L，[O_3]=20 mg/L，臭氧流量为100 mL/min，反应温度为25 ℃，溶液pH为3.5}

研究发现，氯离子（从 1 g/L 到 100 g/L）不会对臭氧氧化 PHBA 的体系产生抑制作用，随着氯离子浓度升高，PHBA 的去除效率及 TOC 去除效率反而会升高（图 2-5-3）；与不加入氯离子体系相比，当 NaCl 的用量为 100 g/L 时，PHBA 完全降解的时间由 60 min 缩短至 20 min，TOC 去除率从 20% 提高到 70%。作者提出了可能发生的反应式（2-5-1）至式（2-5-4），在酸性溶液中臭氧与氯离子反应会产生 Cl_2 和 HClO，从而加快反应速率。

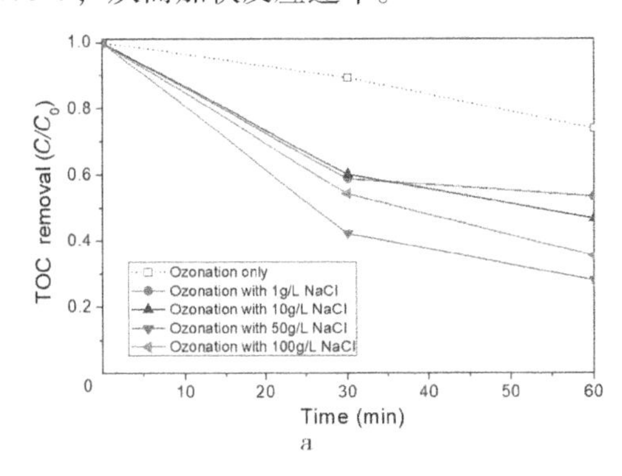

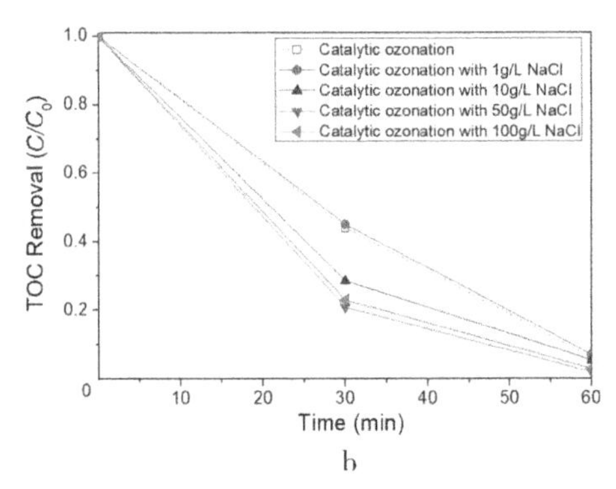

图 2-5-3　加入不同量的 NaCl 对臭氧氧化（a）和催化臭氧氧化（b）的 TOC 去除

{反应条件：$[PHBA]_0$ = 20 mg/L，$[O_3]$ = 20 mg/L，臭氧流量为 100 mL/min，反应温度为 25 ℃，溶液 pH 为 3.5}

$$O_3 + Cl^- \longrightarrow O_2 + ClO^- \quad (2-5-1)$$

$$2H^+ + Cl^- + ClO^- \longrightarrow Cl_2 + H_2O \quad (2-5-2)$$

$$Cl_2 + H_2O \longrightarrow HOCl + H^+ + Cl^- \quad (2-5-3)$$

$$HOCl \longrightarrow ClO^- + H^+ \quad (2-5-4)$$

与臭氧体系不同的是，在催化臭氧氧化 PHBA 体系，低浓度 NaCl（1 g/L 或 10 g/L）会抑制 PHBA 的降解及 TOC 的去除，此时的氯离子作为催化剂的淬灭剂，降低了催化剂的催化效果；当氯离子浓度高于 50 g/L 时，氯离子会对 PHBA 的降解及 TOC 的去除产生促进作用，此时的氯离子可以和臭氧反应生成次氯酸根，进而提高了氧化效率。

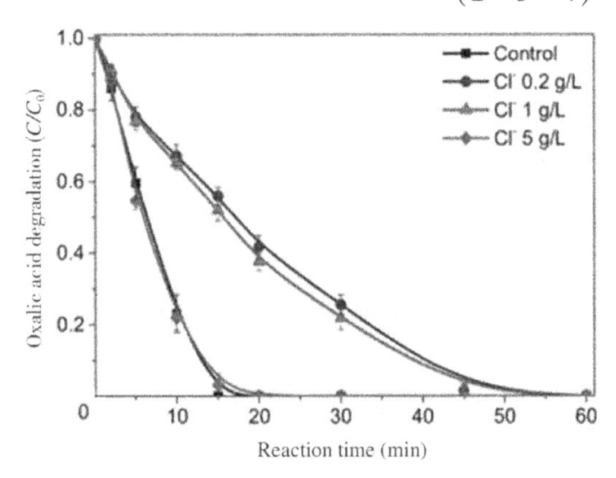

图 2-5-4　Cl^- 对催化臭氧氧化效率的影响

{催化剂用量为 0.1 g/L，草酸初始浓度为 50 mg/L，臭氧流量为 100 mL/min，$[O_3]$ = 25 mg/L，反应温度为 25 ℃，加入 0.01 mol H_2SO_4 和 NaOH 调节初始 pH}

Wang 等利用低成本的 α-环糊精（α-CD）作为碳前驱体，利用一步热解反应合成了具有内嵌碳纳米管结构的非金属 3D 介孔材料，制备过程在前面章节已经提到[368]。碳纳米管催化臭氧氧化降解草酸（OA）过程中氯离子的影响，如图 2-5-4 所示。

图 2-5-4 进一步显示了低浓度 Cl^-（0.2 g/L）抑制了草酸的降解，因为 Cl^- 可以淬灭 ·OH [4.3×10^9 mol/（L·s）]。而 Cl^-（>5 g/L）的增加可以略微提高草酸的降解效率，O_3 与 Cl^- 反应生成的 HClO 会与 ·OH 结合降解草酸。

在饮用水和废水处理过程中，产生的大部分 ·OH 会被无机化合物淬灭。研究中采用干浸渍法和 $\gamma-Al_2O_3$ 载体共浸渍法制备了 3 种催化剂用于催化臭氧氧化苯并三唑（BTZ）[369]。在 pH 2 的条件下使用催化剂 Cu/Al_2O_3 对 BTZ 进行催化臭氧氧化，向其中加入 Cl^-，催化剂 Cu/Al_2O_3 催化臭氧氧化 30 min 后，TOC 去除率仅为 12%。研究结果发现：氯离子可作为羟基自由基淬灭剂，发生式（2-5-5）的反应，导致 TOC 的去除率降低；同时在酸性条件下，由于催化剂表面带正电荷，可以为阴离子提供合适的吸附位置，Cl^- 的存在也可能会堵塞催化剂的活性中心，导致催化活性丧失，催化臭氧氧化的效率降低。

$$\cdot OH + Cl^- \longrightarrow Cl\cdot + OH^- \quad k=(3\sim4.3)\times10^9\ mol/s \qquad (2-5-5)$$

（二）碳酸根/碳酸氢根的影响

碳酸盐和碳酸氢盐是两类典型的淬灭剂，它们与羟基自由基的反应速率常数[370]分别为：$k(CO_3^{2-})=3.9\times10^8$ mol/s，$k(HCO_3^-)=8.5\times10^6$ mol/s 可以看到碳酸盐是比碳酸氢盐更强的淬灭剂。但是在中性 pH 下无机碳主要以碳酸氢盐的形式存在，大量存在于地表水和地下水中，浓度通常为 50～200 mg/L。水中碳酸氢根离子的浓度远高于有机微污染物的浓度，因此，评估碳酸氢根离子对有机化合物降解效率的影响是非常重要的。

Zhao 等研究了碳酸氢根离子对负载锰的蜂窝陶瓷催化臭氧氧化降解水中硝基苯的影响[371]，结果如图 2-5-5 所示。

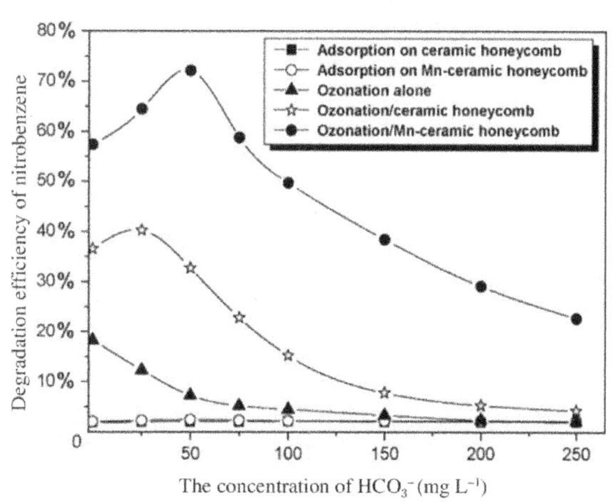

图 2-5-5　不同工艺条件下不同浓度的碳酸氢盐对硝基苯降解效率的影响

（陶瓷蜂窝和锰陶瓷蜂窝催化剂的用量为 3 块，锰负载百分比为 1.0%，碳酸氢盐浓度为 0～250 mg/L，反应温度为 293 K，初始 pH 为 7.0，初始硝基苯浓度为 50 μg/L，总臭氧浓度为 1.0 mg/L，反应时间为 10 min）

图 2-5-5 为不同工艺条件下不同浓度碳酸氢盐（0～250 mg/L）对硝基苯降解效率的影响，对单独的臭氧氧化过程而言，碳酸氢盐的存在不利于硝基苯的降解，碳酸氢盐浓度越高，硝基苯的降解效率越低。在催化臭氧氧化过程中，硝基苯的降解较为复杂，蜂窝状陶瓷催化臭氧氧化过程中，当碳酸氢根浓度为 25 mg/L 时硝基苯的降解效率最高达 40%；然后在碳酸氢根浓度为 250 mg/L 时硝基苯的浓度降至 4%。在负载 Mn 的蜂窝状陶瓷催化臭氧氧化过程中，当碳酸氢盐浓度为 50 mg/L 时，硝基苯

的降解效率达到最大值 72%，在此临界点之后，随着碳酸氢盐浓度增加至 250 mg/L，降解效率逐步下降至 23%。此结果表明，在单独的臭氧氧化过程中，HCO_3^- 会起到降低硝基苯降解效率的作用；而在催化臭氧氧化过程中，当碳酸氢盐浓度较低时，HCO_3^- 会与未进行催化反应的 · OH 和催化过程生成的 H_2O_2 反应，生成 HO_2 · ，而 HO_2 · 分解产生的 $O_2^{\cdot -}$ 会进一步促进 O_3 分解，从而提高了硝基苯的降解效率；当碳酸氢盐浓度高于一定值时，HCO_3^- 会与大量羟基自由基发生反应，此时 HCO_3^- 主要起到消除 · OH 的作用，从而降低硝基苯的降解效率。

Faria 等研究了催化臭氧氧化工艺在印染废水的脱色和矿化中的应用，该实验使用浸渍法合成了负载氧化铈的活性炭，对碳酸根和碳酸氢根在催化臭氧氧化过程中的作用进行了评价[66]。该实验在 300 mg/L 活性蓝（一种染料）溶液中加入 1g/L Na_2CO_3，并将 pH 调整为 8.5，在此条件下进行了催化实验。由于反应中产生了 · OH，通常在较高的 pH 下有利于降解，实验结果表明，HCO_3^- 和 CO_3^{2-} 的存在对单独臭氧氧化并没有显著影响；对于单独的氧化铈催化过程和活性炭负载氧化铈的催化过程，在 60 min 内 Na_2CO_3 对实验结果没有明显影响，但在 60 min 后 Na_2CO_3 会明显抑制溶液中 TOC 的去除。反应 120 min 后，TOC 的去除率为 63%，而在没有 Na_2CO_3 的情况下，TOC 的去除率为 85%。该实验结果表明，HCO_3^- 和 CO_3^{2-} 对 · OH 的淬灭作用降低了与有机化合物反应的自由基数量，因此降低了去除效率（图 2-5-6）。

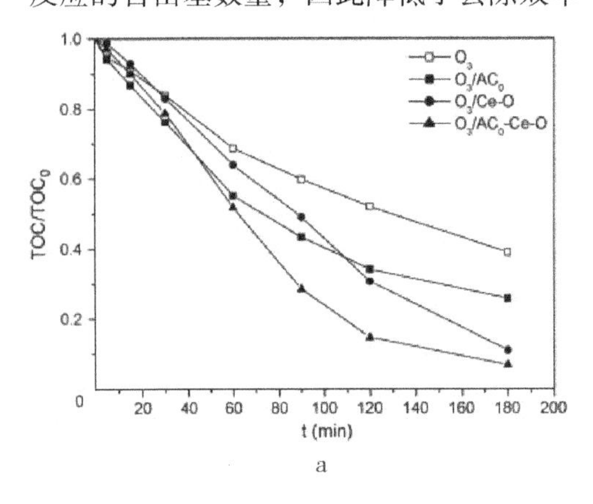

a

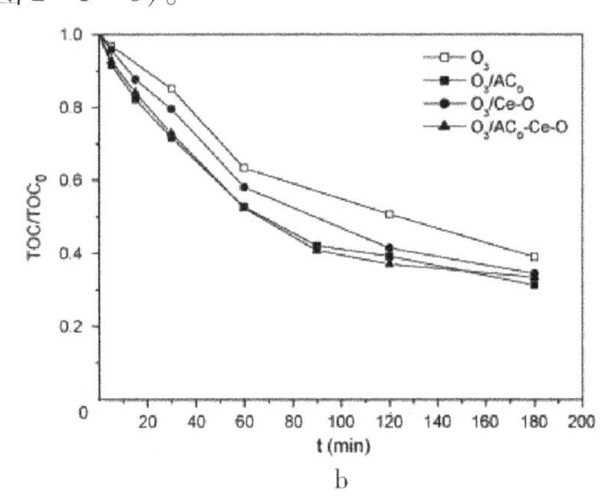

b

图 2-5-6 使用碳酸钠前（a）{实验条件：[C_0] =300 mg/L，pH 5.6} 和使用碳酸钠后（b）{实验条件：[C_0] =300 mg/L，pH 8.5} 的降解曲线

Ma 等使用传统的气泡接触柱，研究了碳酸氢盐对 Mn^{2+} 催化臭氧氧化阿特拉津的影响，图 2-5-7 为 HCO_3^- 浓度对阿特拉津降解的影响[370]。在单独臭氧氧化（不含锰）的情况下，HCO_3^- 的存在抑制了阿特拉津的降解。在催化臭氧氧化过程中，可以看到 HCO_3^- 的存在显著降低了阿特拉津的降解速率，其影响程度取决于 HCO_3^- 的浓度，HCO_3^- 浓度越高，阿特拉津的降解率越低。但当 HCO_3^- 浓度为 200 mg/L 时，Mn^{2+} 仍有较好的催化效果，这表明碳酸氢盐对 Mn^{2+} 催化臭氧氧化的影响有限，而且生成的一些 HCO_3^- 也可能有助于阿特拉津的降解；因此，在碳酸氢盐存在的情况下，阿特拉津的整体降解效率仍然相对较高。

通过研究 CO_3^{2-}/HCO_3^- 对催化臭氧氧化的影响，发现 CO_3^{2-}/HCO_3^- 浓度不同对实验效果影响不同。CO_3^{2-}/HCO_3^- 对单纯的臭氧氧化过程没有影响；而对催化臭氧氧化，CO_3^{2-}/HCO_3^- 都是·OH的淬灭剂：CO_3^{2-} 浓度越高对催化臭氧氧化的抑制作用越强，低浓度 HCO_3^- 可以与未反应的·OH反应生成 H_2O_2 进而生成 HO_2·，HO_2·分解产生的 $O_2^{\cdot-}$ 会进一步促进 O_3 分解，从而提高了污染物的降解效率；当 HCO_3^- 浓度高于一定值时，HCO_3^- 会与大量·OH发生反应，此时 HCO_3^- 主要起到淬灭·OH的作用，降低了有机物的降解效率。

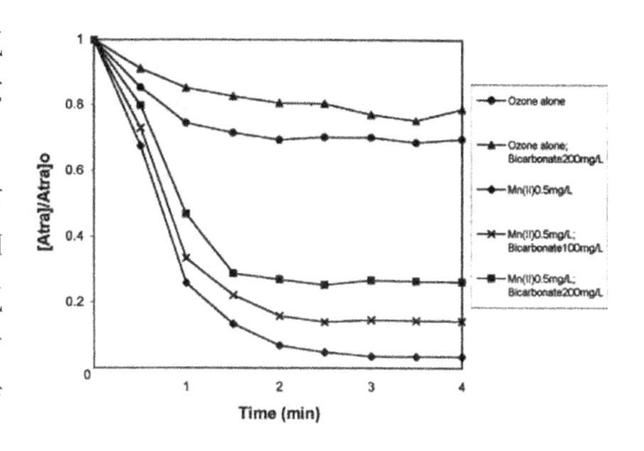

图 2-5-7　HCO_3^- 浓度对阿特拉津降解的影响

{温度为(21±1)℃，pH为7.0，$[O_3]$=2.50 mg/L，初始阿特拉津量为3 μmol}

（三）磷酸根影响

磷酸盐是一种常见的配体，对过渡金属离子具有较强的亲和力。由于三价阴离子通常比二价和一价阴离子更容易被金属氧化物吸附，磷酸盐的存在可以抑制臭氧和水在催化剂 Lewis 酸性位的吸附。因此，磷酸盐对催化臭氧氧化的影响主要是它与催化剂的 Lewis 酸中心的强键合作用[372]。磷酸盐的抑制作用很强，它可以吸附在过渡金属基催化剂上，并通过配体交换取代催化剂上的表面羟基。磷酸盐占据了催化剂表面 Lewis 酸的位置，降低了催化剂的活性。Sui 等在研究 FeOOH 催化剂催化臭氧氧化降解草酸的实验中探究了磷酸根离子对铁基催化剂的影响，磷酸盐在 FeOOH 表面表现出很强的亲和力[266]。磷酸盐通过脱质子和与铁基做配体交换达到吸附在催化剂表面的目的。

在 FeOOH 上的磷酸盐吸附随溶液 pH 的增加而减弱（图 2-5-8）。这是由于 H_2O 和·OH 在配体交换中依赖于 pH：在较低的 pH 下，很容易发生上述反应；当 pH 较高时，OH^- 的存在使配体交换反应较弱，甚至可以忽略不计，导致吸附效果减弱。硫酸调节 pH 时产生的硫酸根离子可能会干扰磷酸盐在 FeOOH 上的吸附效率。在同时含有磷酸盐和硫酸盐阴离子的体系中，磷酸盐对硫酸盐吸附的影响比硫酸盐强得多，这反映出磷酸盐对铁基催化剂表面的亲和力高于硫酸盐。

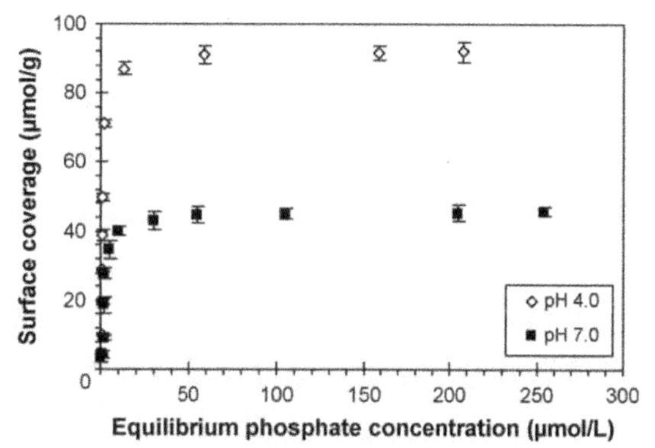

图 2-5-8　磷酸盐在 FeOOH 上的吸附

{[FeOOH]=1 g/L，反应温度为 293 K}

磷酸盐作为一种常见的配体通过取代催化剂表面的氢离子，抑制了 O_3 和水在催化剂上的吸附。齐飞实验合成了催化剂 γ-AlOOH（HAO）和 γ-Al_2O_3（RAO），研究磷酸盐对催化臭氧氧化 2 - 异丙基 - 3 - 甲氧基吡嗪（CATA）的影响，结果如图 2 - 5 - 9 所示。磷酸盐的负面影响显著，主要是由离子与催化剂表面的吸附引起的。水相中的磷酸盐对催化臭氧氧化活性的抑制作用表明，表面磷酸盐对铝氧化物表面上的 Al^{3+} 具有很强的络合力，影响了催化剂的催化效果。

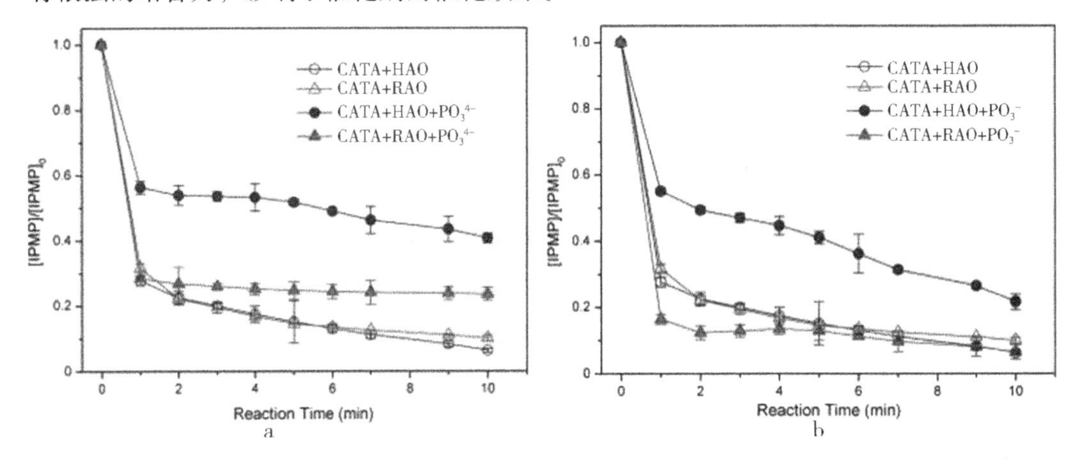

图 2 - 5 - 9　磷酸根和硝酸根对 IPMP 催化臭氧氧化的影响

{$[IPMP]_0$ = 38 μg/L, [催化剂] = 500 mg/L, [O_3] = 0.5 mg/L, [NO_3^-] = [PO_4^{3-}] = 10mol/L, 溶液的 pH 为 6.5}

Sun 采用水热法制备了 SBA - 15 介孔硅质分子筛和浸渍法制备了 MnO_x/SBA - 15 催化剂催化臭氧降解草酸[184]。为了研究催化表面是否存在·OH，分别采用单独臭氧氧化和催化臭氧氧化（初始溶液 pH 3.7，用盐酸和氢氧化钠调节 pH）。如图 2 - 5 - 10 所示，在单独臭氧氧化过程中，磷酸盐的添加对草酸的降解几乎没有影响，但是磷酸盐的存在抑制了催化臭氧反应。当溶液中加入 0.01 mol/L 磷酸盐时，草酸降解率降低了 22%。磷酸盐用量增加，草酸降解率相应降低。加入 0.08 mol/L 磷酸盐时，草酸的降解率与单独臭氧氧化几乎相同，这意味着催化剂 MnO_x - 2%/SBA - 15 的催化能力完全被抑制。研究结果表明：磷酸盐的加入抑制了 O_3 的吸引和分解。由于三价阴离子通常比二价和一价阴离子更容易被金属氧化物吸收，如图 2 - 5 - 10a 所示，在磷酸盐的存在下也抑制了污染物草酸的吸附。

Wang 为了研究磷酸根对催化臭氧氧化反应的影响，在草酸（OA）和对硝基苯酚（4 - NP）的催化臭氧氧化反应中加入了磷酸钠（5 mmol/L）[242]。在磷酸盐（5 mmol/L）存在下，草酸的催化臭氧氧化受到极大抑制。如图 2 - 5 - 11a 所示，反应 60 min 后，只有 20% 的初始草酸被降解。石墨烯结构缺陷是催化臭氧氧化的潜在活性中心。缺陷结构中的一些碳原子，包括石墨烯基底结构和锯齿形/扶手椅边缘中的空位具有很强的正电荷，这些正电荷是接受电子的强 Lewis 酸性位，而另一些负电荷则充当 Lewis 碱。磷酸盐阴离子可以取代吸附的草酸分子，也可能与臭氧分子竞争表面活性位。磷酸盐阴离子取代臭氧分子，吸附在正电荷碳原子内部的缺陷，使其催化活性丧失；臭氧分子可能在缺陷处分解生成羟基自由基，这些羟基自由基也是强 Lewis 酸。在羟基自由基释

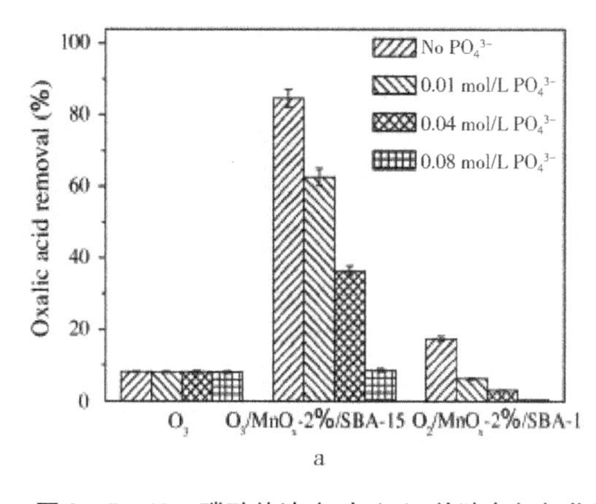

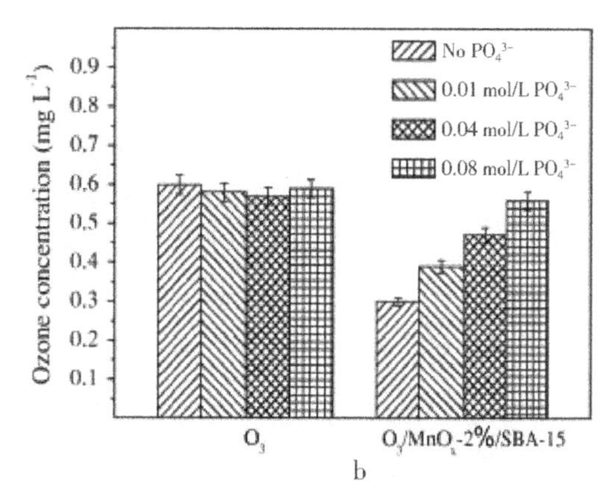

图 2-5-10 磷酸盐浓度对（a）单独臭氧氧化降解草酸、催化臭氧氧化吸附和（b）单独臭氧和催化臭氧氧化水溶液中臭氧平衡浓度的影响

（草酸溶液体积为 1.2 L，草酸溶液初始浓度为 20 mg/L，臭氧剂量为 100 mg/h，氧气流速为 1.2 L/min，催化剂浓度为 200 mg/L，温度为 298 K，初始 pH 为 3.7，磷酸盐浓度为 0、0.01 mol/L、0.04 mol/L 和 0.08 mol/L）

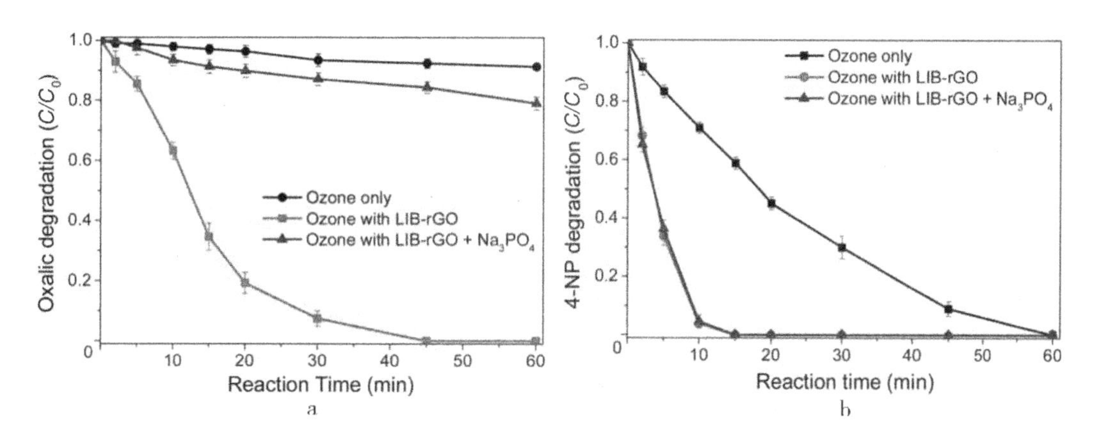

图 2-5-11 磷酸盐对臭氧水溶液中草酸（a）和 4-NP（b）降解的影响

{$[草酸]_0$ = 50 mg/L，$[4-NP]_0$ = 50 mg/L，催化剂负载量为 0.1 g/L，臭氧流速为 100 mL/min，臭氧浓度为 50 mg/L，温度为 25 ℃，$[Na_3PO_4]$ = 5 mmol/L}

放到溶液中之前，磷酸盐作为淬灭剂与它们瞬间结合，从而使反应淬灭。

磷酸盐的加入对 4-NP 降解没有负面影响，降解曲线几乎与原曲线重叠（图 2-5-11b）。尽管 Lewis 酸性位点被磷酸盐阴离子阻断，但臭氧分子会主动攻击酚类污染物，并转化为过氧化氢。带负电荷的碳原子和含氧官能团可能转移电子以形成过氧化氢，并使 O_3 分子和形成的过氧化氢活化为 ROS（超氧自由基和单线态氧），降解 4-NP。

Zhao 采用水热法合成了 $NiFe_2O_4$-H 纳米材料，采用煅烧法制备了 $NiFe_2O_4$-C[234]。实验过程中探究磷酸盐（0.055 mol/L，pH = 6.5 ± 0.1，经磷酸二氢钠调节）对单独臭氧氧化、$NiFe_2O_4$-H 催化臭氧氧化和 $NiFe_2O_4$-C 催化臭氧氧化（不含苯酚）中臭氧分解的影响。在磷酸盐存在下，与单独臭氧氧化相比，$NiFe_2O_4$-C 催化臭氧氧化过程中臭氧分解受到抑制。磷酸盐在 $NiFe_2O_4$ – H 催化臭氧氧化过程中的前 6 min 内对臭氧分解有明显的抑制作用，反应 6 min 时臭氧分解效率下降 62.6%，当反应时间延长到 21 min 时，臭氧分解效率下降，$NiFe_2O_4$ – H 催化臭氧氧化的臭氧消耗效率在磷酸盐存在下为 54.0%，在无磷酸盐存在下为 97.6%。磷酸盐的存在抑制了臭氧与催化剂之间的相互作用，这可能是由于臭氧与水在表面吸附位点与磷酸盐的强烈竞争所致。磷酸盐在催化剂上占据表面 Lewis 酸性位，导致催化剂 $NiFe_2O_4$ 与臭氧的相互作用降低。

磷酸盐对单独臭氧氧化几乎无影响；对催化臭氧氧化起到抑制作用主要表现在：磷酸盐和臭氧竞争活性位点抑制臭氧产生 · OH，因为臭氧在催化剂的强 Lewis 酸性位上解离，产生表面氧原子或某些活性物种，磷酸盐和催化剂的 Lewis 酸中心之间有很强的键合作用，因此和臭氧竞争活性位点；磷酸盐占据催化剂表面缺陷位，使其催化活性降低；磷酸盐作为 · OH 的淬灭剂，降低了有机物的降解效率。

（四）硫酸根及其他阴离子的影响

催化臭氧氧化过程会被地表水中普遍存在的各种无机阴离子抑制。例如，SO_4^{2-} 与 NO_3^- 可以作为淬灭剂，从而对有机污染物的降解产生抑制作用。在 ZnO 掺杂 g – C_3N_4/O_3 体系中[259]，SO_4^{2-} 与 NO_3^- 会抑制催化剂的活性，这两种阴离子会对 O_3/CeO_2 体系及 O_3/FeOOH 体系均有一定影响[368]，如图 2 – 5 – 12 所示。磷酸根、硫酸根对于 O_3/CeO_2 体系的影响更大，而 NO_3^- 的影响偏小一些。随着磷酸根、硫酸根的浓度增加，体系中的降解效果也越来越差，SO_4^{2-} 的离子络合能力强于 NO_3^-。O_3/FeOOH 体系在催化氧化过程中产生 · OH，然而在该体系中，当有强络合性的阴离子存在时，羟基氧化铁会和阴离子在表面形成外层络合物。加入阴离子后，FeOOH 的表面羟基减少，从而降低了 FeOOH 的催化活性。

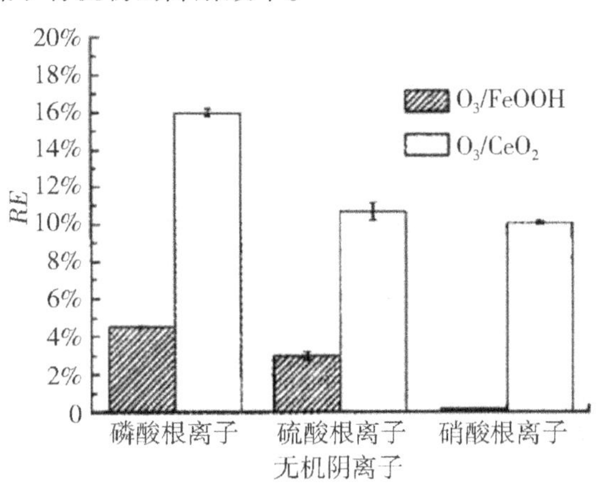

图 2 – 5 – 12 无机阴离子对 O_3/CeO_2 体系及 O_3/FeOOH 体系降解邻苯二甲酸的影响

Chen 采用共沉淀法制备了 MgO – Co_3O_4 复合金属氧化物催化剂[373]。实验将 50 mg/L 的阴离子 SO_4^{2-}、HCO_3^-、CO_3^{2-} 和 Br^- 分别加入含 50 mg/L 氨的溶液中，以研究共存阴离子对 50 ℃ 氨氮催化臭氧氧化反应中催化剂性能的影响。SO_4^{2-} 的存在导致残余氨氮和硝酸盐氮的浓度增加，氨氮转化为气态氮的速率降低；· OH 淬灭导致 · OH 在溶液中的浓度降低，从而导致氨氮臭氧氧化的催化活性降低。Br^- 参与催化循环，因此氨氮转化为 N_2 的比例较大。由于在臭氧存在下，Br^- 会产生副产品 BrO_3^- 这种潜在的致癌物，因此在含有 Br^- 的水中应小心使用氨氮的催化臭氧氧化。

天然水中的溴含量很高，变化范围为 10 ~ 1000 mg/L，在许多水域中，发现低浓度的溴对水质无影响；对于浓度在 50 ~ 100 mg/L 范围内的溴酸盐可能已经成为一个问题，而催化臭氧氧化可以大幅降低溴酸盐的生成[1]。在臭氧氧化溴酸盐的过程中产生了如表 2－5－1 所示的含溴物质和氧化物种。

表 2－5－1 溴酸盐形成过程中形成的溴物种、氧化状态和重要氧化剂

种类	存在形式	化合价	重要氧化剂
溴离子	Br^-	－Ⅰ	O_3、·OH
溴自由基	·Br	0	O_3
次溴酸	HBrO	＋Ⅰ	·OH
溴酸盐	OBr^-	＋Ⅰ	O_3、·OH、$CO_3^{\cdot -}$
溴化氧自由基	·BrO	＋Ⅱ	—
亚溴酸盐	BrO_2^-	＋Ⅲ	O_3
溴酸盐	BrO_3^-	＋Ⅴ	—

除了图 2－5－13a 所示的机制外，还有许多通过·OH 氧化发生的氧化步骤，因此，无法直观地预测溴酸盐的形成。图 2－5－13b 显示了直接臭氧反应和二次氧化剂（羟基自由基和碳酸盐自由基）与溴离子的反应。

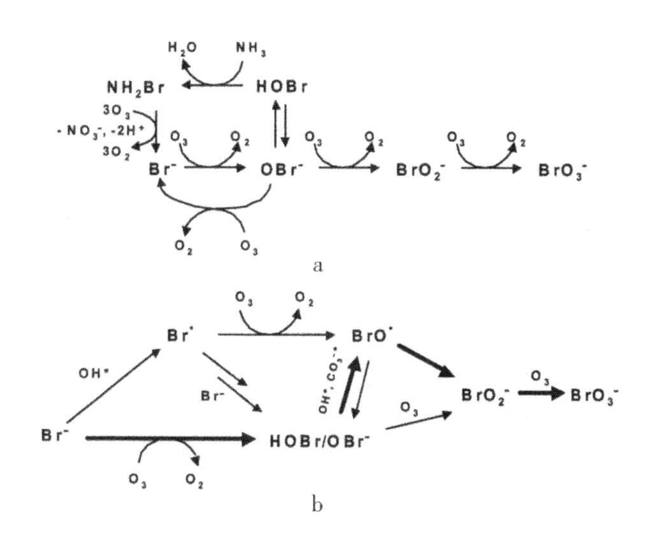

图 2－5－13　含溴水臭氧氧化生成溴酸盐的反应（a）与臭氧的反应及（b）与臭氧和羟基自由基的反应
（粗线显示了臭氧氧化过程第 2 阶段的主要途径）

溴酸盐的产量和溴离子浓度几乎是线性关系，只有在极高的溴化物浓度下，淬灭·OH导致溴酸盐浓度降低，阻碍溴化物向溴酸盐转化[367]。

阴离子对吸附表面位置时竞争，导致吸附平面上静电电荷的变化。如图2－5－14所示初始浓度为 10 μmol/L 和 200 μmol/L 的草酸对磷吸附 FeOOH 的吸附效率均随磷覆盖率的增加而降低，当磷覆盖率大于 49. 8 μmol/g 时，没有草酸被吸附。在草酸存在下，即使连续混合 48 h，也没有发现有磷的解吸，可见磷酸根对 FeOOH 的亲和力强于草酸，对草酸吸附的破坏作用似乎是不可逆的。

硫酸根与部分催化剂表面形成络合物从而降低催化效果，也可以作为·OH的淬灭剂降低降解效率。低浓度的溴离子通过自身与臭氧反应生成HBrO提高降解效率，但是溴离子浓度过高时淬灭·OH也会降低降解效率，而且会生成有毒物质BrO_3^-。硝酸根也是通过自身与催化剂的络合作用，降低催化效果，但是络合作用不如硫酸根严重。

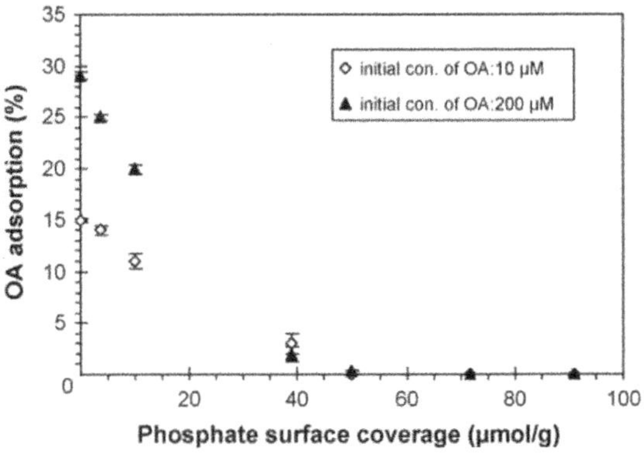

图2-5-14　磷酸吸附的FeOOH对草酸的吸附

{[FeOOH]=2 g/L(不包括结合磷酸盐的重量)，pH为4.0，反应温度为293 K}

二、腐殖酸

在实际生产中，由于天然水体水质复杂，在具体反应过程中不同水质通常能对催化臭氧氧化过程造成影响，因此，分别研究水中的各成分对催化臭氧氧化的影响十分必要。天然有机质腐殖酸对环境中碳的循环、金属离子和有机化合物的迁移转化及水处理中消毒副产物的形成等都有重要的影响[374]。腐殖类物质广泛存在于土壤、底泥、湖泊、河流及海洋中[375]。在实际废水处理中，天然有机物（NOMs）的存在不仅会淬灭生成的含氧活性物质（ROS），而且会消耗溶解的O_3，从而影响催化臭氧氧化效率。同时与无机阴离子相同，腐殖酸也会覆盖在催化剂表面，造成催化剂活性降低。腐殖酸是天然水体的主要有机成分，因其成分与结构的复杂性，对有机物的氧化影响也较复杂[366]，腐殖酸也可以是臭氧分解链式反应的引发剂、促进剂和抑制剂，所起作用与其质量浓度相关。

Wang在内嵌碳管的催化臭氧氧化过程中发现，HA除了与草酸竞争消耗生成的ROS外，还会消耗溶解的O_3，从而降低降解效率（图2-5-15）。添加10 mg/L HA出现部分抑制，60 min后草酸剩下15%。进一步增加HA至20 mg/L，此时并没有更加明显抑制催化臭氧氧化，60 min可降解85%以上的草酸，实验中的非自由基对草酸降解不受HA的影响，非自由基表面氧化在实际水处理中更有优势。

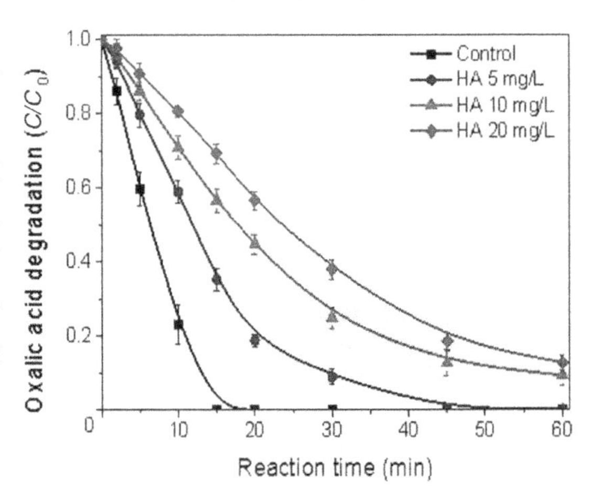

图2-5-15　HA对催化臭氧氧化效率的影响

（催化剂用量0.1 g/L，草酸初始浓度50 mg/L，Cl^-和SO_4^{2-}的浓度分别用NaCl和Na_2SO_4的浓度表示，臭氧流量100 mL/min，臭氧浓度25 mg/L，反应温度25 ℃，加入0.01mol/L H_2SO_4和NaOH调节初始pH）

Lu等采用溶胶-凝胶法制备了Fe_3O_4/SiO_2颗粒，实验研究了复合金属催化剂对催化降解腐殖酸的催化效果[368]。

图2-5-16所示，单独臭氧氧化30 min时，NOM的降解效率较低，仅为23%；使用$Fe_3O_4/S_iO_2/Pd-Mn$催化剂催化臭氧氧化初始水，NOM的分解效率在20 min后达到70%。然而，更高浓度的催化剂并没有促进初始水中NOM的降解，可能是因为NOM的存在使实验过程中催化剂超负荷，同时NOM的存在也会增加空间位阻，降低了反应系统中催化剂的可用表面积，无法进一步发挥催化作用。

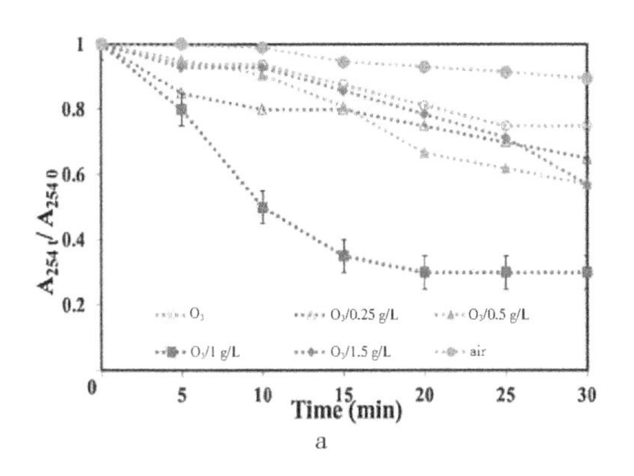

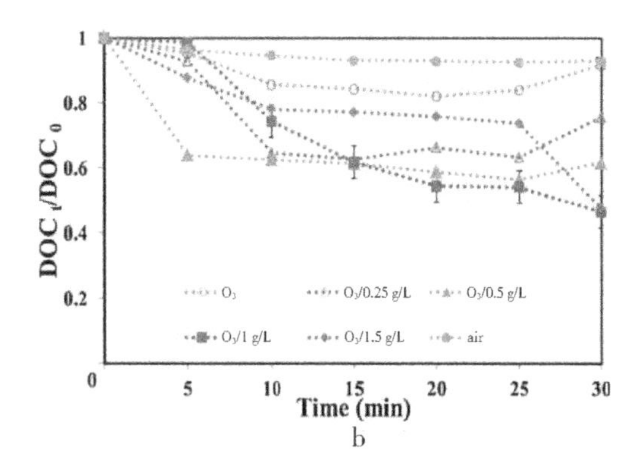

图2-5-16　以（a）污染物NOM（A_{254t}/A_{2540}）和（b）溶解有机碳（DOC_t/DOC_0）为例评价剂量效应对NOM分解的影响

{[O_3]=1.6 mg/L,pH为7.5}

Sun等研究考察了水中本底成分对催化臭氧氧化分解水中微量硝基苯的影响规律（图2-5-17）[374]。在使用前蜂窝陶瓷用蒸馏水冲洗，然后在80 ℃干燥，采用浸渍法制成改性催化剂备用。

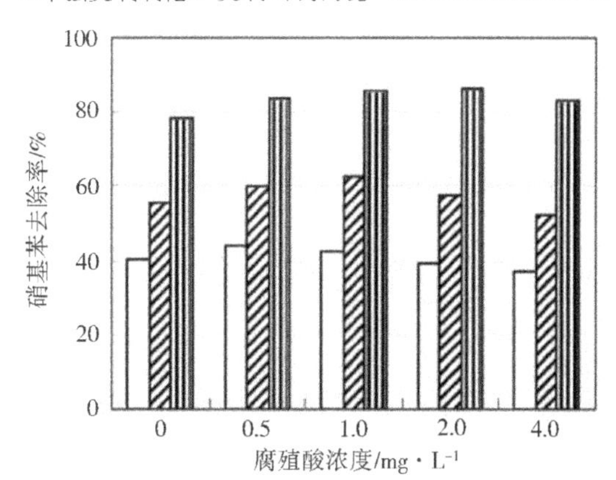

图2-5-17　腐殖酸浓度对硝基苯降解效率的影响

[硝基苯的初始浓度为50 μg/L；反应温度为（21±1）℃；水样初始pH为6.87]

单独臭氧氧化在NOM浓度为0.5 mg/L时达到最大值，即NOM的浓度低于0.5 mg/L时都能促进硝基苯的降解，这可能是因为低浓度NOM对臭氧产生·OH具有促进作用，而且具有与臭氧直接反应的能力，可以催化臭氧氧化污染物。NOM在0.5 mg/L上时主要表现为抑制污染物降解，这可能是因为NOM的存在导致系统中的空间位阻增加，降低了反应系统中催化剂的可用表面积。腐殖酸分子中含有多种可参与臭氧分解链式反应的活性点，既可以与臭氧分子直接作用，又可以充当臭氧分解链式反应的引发剂、促进剂和终止剂，因此，臭氧催化氧化体系中腐殖酸的最佳浓度一度成为关注的焦点问题[9]。低浓度的腐殖酸具有正向协同作用，因为低浓度条件下腐殖酸可以引发·OH的产生，从而促进有机物的氧化降解；而高浓度的腐殖酸引发、促进臭氧分解，瞬间产生·OH导致·OH之间迅速反应而淬灭，消耗了水中能与污染物反应的·OH,导致降解率下降；腐殖酸与污染物竞争捕获·OH的能力较强，使污染物的氧化降解受到抑制。这些现象同样也是·OH氧化机制的辅证。

第六节　催化臭氧氧化处理工业废水

臭氧的氧化能力极强，在天然元素中仅次于氟，氧化还原电位高达2.07 V，比大多数氧化剂的氧化性都高，因此臭氧被广泛应用于实际废水的处理过程中，特别是与非均相催化臭氧氧化过程结合后，臭氧深度降解矿化有机物的效果更好。针对非均相催化臭氧氧化技术处理实际废水，国内外已有大量的研究报道并在实际工程中具有一定的工程应用价值。2003年至今，研究学者在国内外学术期刊上发表了近200篇关于非均相催化臭氧氧化处理实际废水的SCI论文及专利。图2－6－1展示了截至2019年其数量随年份的分布情况，从图可以看出，总体上关于非均相催化臭氧氧化处理实际废水的论文数量随时间变化呈逐年增多的趋势。此外，这些研究论文中有将近80%都来自中国，这充分说明我国是目前主要的使用催化臭氧氧化技术处理实际废水的国家。

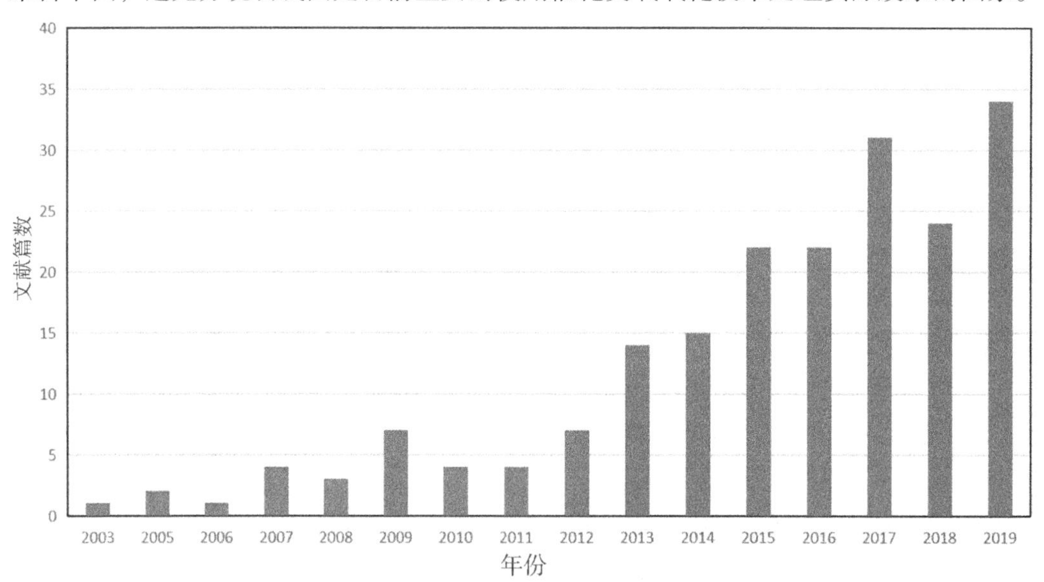

图2－6－1　2003—2019年催化臭氧氧化技术处理实际废水发布文献量

同时，有大量的中文文献报道了催化臭氧氧化技术在废水处理方面的研究情况，2010—2019年就已发表了近200篇相关研究，以具体有机物作为模拟废水的研究则更多。这些研究中有大约62%来自环境领域，17%来自化工领域，此外还涉及纺织、石油天然气和轻工等领域。从废水的类别来看，目前催化臭氧氧化技术主要用于垃圾渗滤液、市政废水和工业废水等方面的处理。

垃圾渗滤液成分复杂，含有许多有毒有害物质且往往具有浓度高、难以生物处理的特点，而催化臭氧氧化技术是降低垃圾渗滤液色度和COD的有效方法。魏敦庆等研究了不同催化剂作用下和单独臭氧氧化时其对垃圾渗滤液生化出水中 COD 的去除效果，发现当臭氧投加量为 8.33 mg/（L·min），氧化时间为 2 h 时，废水的 COD 去除率为 50% ~60%；氧化时间为 4 h 时，可使 COD 达到出水标准；使用碳颗粒为催化剂时，COD 在相同条件下的去除率可达 65% ~70%。刘亚蓓等采用多相催化臭氧氧化法处理垃圾渗滤液反渗透浓缩液，研究发现负载型金属氧化物催化剂具有良好的催化性能，前 5 h 内 COD_{cr}的去除率可达 72%[378]。此外，催化臭氧氧化技术也被用于市政废水的消毒、除臭、脱色、去杂质和新型污染物的去除等方面[379]。孙逊等采用催化臭氧氧化工艺深度处理市政污水厂生化出水的研究发现，催化臭氧氧化工艺相比单独臭氧氧化，反应速率更快且臭氧利用率更高[380]。

除了垃圾渗滤液和市政废水之外，处理工业废水也是目前催化臭氧氧化技术应用最为广泛的领域之一。虽然臭氧氧化具有选择性，但氧化能力显著高于其他化学氧化剂，再通过结合非均相催化剂提高活性氧的产生效率，在工业废水处理领域具有良好的应用前景。非均相催化臭氧氧化处理实际工业废水已经有大量的实际应用案例[381-383]，并在煤化工、钢铁行业实现规模化应用。王盈盈等在其最近研究中总结了 2017—2019 年催化臭氧氧化技术处理工业废水的情况，如图 2-6-2 所示[383]。

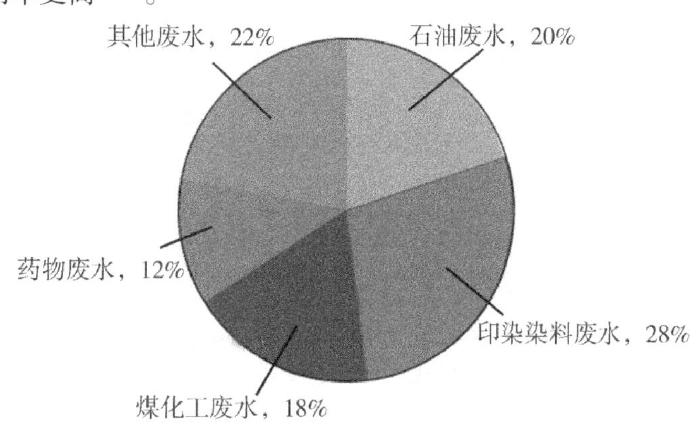

图 2-6-2　2017-2019 年催化臭氧氧化技术处理处理工业废水的情况

在催化臭氧氧化技术处理实际废水的工程应用方面，彭澍晗等通过分析目前工业废水催化臭氧氧化深度处理的相关应用研究，从多个方面介绍并总结了催化臭氧用于工业废水深度处理和工程应用情况如表 2-6-1 所示[381]。

表 2-6-1 催化臭氧用于工业废水深度处理的工程应用情况[381]

废水类型	催化剂	处理效率	处理工况
煤制气废水	$Mn_3O_4-Fe_3O_4$/污泥基活性炭	COD 去除率为 72.6%，1.23 g COD/1g O_3	O_3浓度为 87.5 mg/L，HRT 为 60 min，pH 6.5 ~7.5
印染废水	金属氧化物负载陶瓷	COD 去除率为 62.4%，1.51 g COD/1 g O_3	O_3浓度为 30 ~40 mg/L，HRT 为 60 min，pH 8.1 ~8.4
石化废水	Al_2O_3负载型催化剂负载型催化剂 Fe-Mn/Al_2O_3、Fe-Mn/AC	COD 去除率为 46%，COD 去除率为 47.9%，1.02 g COD/1g O_3COD 去除率为 37.6%，0.78 ~1.18 g COD/1g O_3	HRT 为 90 min，pH 6 ~9，O_3浓度 55 mg/L；HRT 为 100 min，pH 6 ~9，O_3浓度为 80 ~120 mg/L；HRT 为 60 min，pH 7.69，填充率为 60%

续表

废水类型	催化剂	处理效率	处理工况
化工园区综合废水	电磁催化+贵金属负载型催化剂活性炭基负载活性金属催化剂电磁催化+非均相催化	COD 去除率为 36.4%,1.23 g COD/1g O_3,0.5 g COD/ 1g O_3,COD 去除率为 40%,0.65 g COD/1g O_3	O_3浓度为 20 mg/L,HRT 为 60 min;O_3浓度为 40 mg/L,HRT 为 31 min;O_3浓度为 12-14 mg/L,HRT 为 20 min

煤化工废水主要可以分为 3 类：焦化废水、煤气化废水、煤液化废水。煤化工厂在炼化过程需要大量的水，主要用来进行煤气洗涤与冷凝，此过程会产生大量的废水，同时废水中含有的有机污染物浓度较高而且水质复杂，主要以酚类化合物为主，被称作高浓度难生物降解的工业废水。曹宏斌等通过开发复合碳材料显著提高了煤化工废水催化臭氧氧化过程中的降解效率及催化稳定性。通过优化催化剂的堆填方式及进气气泡调控方式，实现传质过程与催化氧化过程的高效匹配，最终成功应用于钢铁/煤化工焦化废水深度处理，实现了出水 COD 和色度满足《炼焦化学工业污染物排放标准》(GB 16171—2012)，污染控制要求高于地方废水排放标准。目前该技术已经应用于鞍钢集团、攀钢集团、武钢-平煤、邯钢集团、大唐集团等十几项废水处理工程，处理规模超过 5000 万吨/年，取得良好的社会效益和环境效益（图 2-6-3）。

图 2-6-3　催化臭氧氧化的小试（a）、中试（b）和工程应用（c、d）处理前后水质对比（e）

陈天翼等采用粉末活性炭耦合陶瓷膜催化臭氧氧化深度处理煤气化废水，研究发现当 O_3 投加量为 30 mg/L、粉末活性炭为 2 g/L 时，煤气化废水生化出水的 COD 为 125~143 mg/L，降解率可达 75%[384]。庄海峰等以污水污泥为原料制备污泥基活性炭，并通过浸渍法负载过渡金属锰和铁的氧化物（主要为 Mn_3O_4 负载量 15.52% 和 Fe_3O_4 负载量 7.45%）[385]催化臭氧氧化，结果表明臭氧利用率可提高 40%。Wei 等使用掺 Ni 的 C-Al_2O_3 框架（NiCAF），并通过Cu-Co 合金强化得到了具有核-多层的高效催化剂（CuCo/NiCAF）[321]，其 TOC 矿化速率常数分别比 Al_2O_3负载催化剂和纯 Al_2O_3催化剂高 67% 和 310%；在煤气化废水的长期处理过程中（5 m^3/d），中试规模的结果显示催化体系下臭氧的利用效率（Δ2.12）比纯臭氧氧化（0.96）高了 120%。杜松等利用催化臭氧氧化技术去除煤化工高盐废水中难降解有机物[386]，在小试中研究了 4 种主要活性成分为 Fe-Mn-K、Mn-MgO、Mn-Co-Cu、Mn 的催化剂对臭氧氧化处理高含盐废水的效果，选出效果最佳的 Mn - MgO 催化剂进行了中试试验，研究了汽水比及循环运行次数这 2 项关键工艺参数对有机物去除效果的影响，结果发现反应 120 min 后，Mn - MgO 催化剂对 COD 的去除率高达 70% 左右，废水色度也明显降低。

印染废水主要来源于工业废弃染料，大多数纺织染料的持久性和不可生物降解性给环境带来了严重的问题。传统的好氧生物处理技术不足以完全去除纺织厂废水中的有机污染物。尽管有几种物理方法可用于除色，如吸附和膜处理，但化学氧化由于其更高效、更易操作而成为首选方法，高级氧化工艺是去除此类化合物的主要新兴途径[387]。刘梦等采用青岛某染料厂废水处理系统的二沉池出水，研究了单独和非均相催化臭氧氧化过程中催化剂种类、焙烧温度和投加量等参数对处理效果的影响[388]，通过浸渍法制备催化剂并以沸石作为载体，在 600 ℃下焙烧 10 h 得到的 MnO 沸石催化剂，在投加量为 30 g 时催化臭氧氧化处理染料废水的效果最好，30 min 内 COD、苯胺和色度的去除率分别达 76.56%、95.93% 和 96.87%。黎兆中等采用金属氧化物负载陶瓷催化剂处理广东佛山某印染工业园水处理厂的二沉池好氧出水，臭氧投加量为 30 mg/L 时（COD 去除率为 62.4%）出水效果与空塔在臭氧投加量为 40 mg/L 时效果相当[389]。Hu 等研究者采用了 Ag - Fe_2O_3@CA 催化剂通过催化臭氧氧化过程处理染料废水[390]，使在纺织活性染料的水洗工序中的水消耗最少。Khuntia 等使用 Fe（Ⅲ）、Fe（Ⅱ）、Mn（Ⅱ）、Cu（Ⅱ）金属离子催化剂处理刚果红染料时发现在微气泡存在的情况下，Cu（Ⅱ）催化剂能够实现最高的 TOC 去除率，经过 30 ~ 40 min 的催化臭氧氧化后，所有催化剂都能实现超过 90% 的 TOC 去除效果[391]。

研究发现，世界水资源受到了 500 ~ 1000 t 石油污染，水资源遭到严重迫害，人类健康受到了极大危害。因此，处理含油废水，保护水资源迫在眉睫。钟震等在石化含盐污水深度处理中试研究发现，将催化臭氧氧化结合内循环 BAF 技术能够取得良好的处理效果，当进水水质 COD≤130 mg/L 时，组合工艺连续运行期间出水 COD、氨氮可分别控制在 50 mg/L 和 1 mg/L 以下。陈中英采用活性氧化铝基和活性炭基负载 Fe、Mn 等金属及少量重金属为活性组分的催化剂，通过催化臭氧氧化过程处理大庆炼化公司的丙烯腈废水[392]，在实际进水 COD 远高于设计进水 COD 的情况下，催化装置对 COD 的去除总量平均为 1.88 kg/h，显著高于 1 kg/h 的设计值。Chen 等采用了活性炭负载的锰氧化物为催化剂，通过催化臭氧氧化技术处理了重油炼油废水[393]，发现 333K、2.025 g/h O_3、pH 为 7.36 条件下 COD 去除效果可达 50%。田凤蓉等以 γ 分子筛为载体，利用酸、碱浸渍及焙烧法制得 Ta/Mn 催化剂，采用催化臭氧氧化技术深度处理石化废水二级生化出水[394]，结果表明在 Ta、Mn 物质的量比为 3∶1、焙烧温度为 400 ℃、焙烧时间为 5 h 的条件下催化剂性能达到最佳，在催化臭氧氧化时间为 30 min、废水 COD_{Cr} 初始质量浓度为 70 mg/L、催化剂投加量为 1.5 g/L、pH 为 7.5、温度为 25 ℃条件下，石化废水二级生化出水中 COD_{Cr} 去除率最高达到 84.1%。石油化工厂、树脂厂、焦化厂及炼油化工厂都会产生含酚废水。非金属 rGO 材料在激活催化臭氧氧化有机酚类物质方面表现出优异的活性，确定了羰基作为催化反应的活性中心。

此外，催化臭氧氧化技术在制药工程废水处理中也得到了越来越多的关注。杨文

玲等采用 Ni_xO-F_xO/陶粒催化剂在大高径比的管式反应器中进行臭氧催化氧化连续性实验，研究各项参数对于制药废水的处理效果和稳定性的影响[395]，催化氧化连续实验最佳工艺条件为：停留时间 90 min、臭氧气体通量为 1 L/min、臭氧浓度为 96.61 mg/L、臭氧利用率可达 92.8% 左右，气液接触方式上逆流效果略优于并流效果，在臭氧催化氧化连续运行 96 h，臭氧催化氧化去除制药废水 COD 可稳定在 58% 以上。Gu 等采用颗粒活性炭（GAC）催化臭氧氧化降解制药废水，其中主要含有酚类、己二腈、醇和其他化学产品，如盐和金属离子。图 2-6-4 为实际废水处理的吸附和降解过程，吸附率和降解率分别为 38% 和 91%，原水的 BOD_5 与 COD（B/C）的值约为 0.03，说明其可生化性较差，但是随着反应的进行，出水的 B/C 值提高到 0.37，表明出水具有良好的生物降解性，处理后的水可用于后期的生物处理，结果表明，臭氧与活性炭联用是一种很有前途的高浓度废水处理技术，进一步优化工艺将是今后的研究方向[396]。

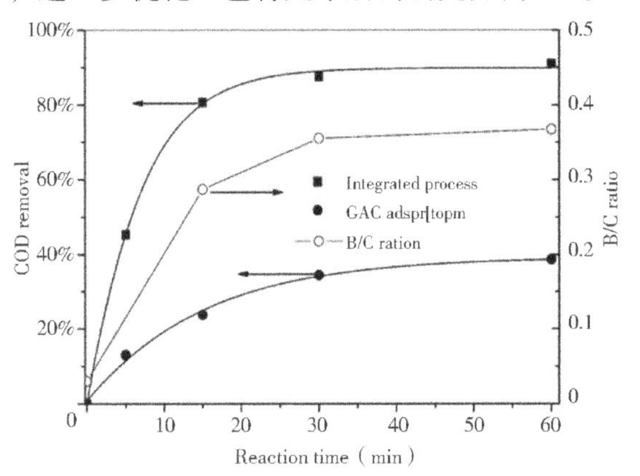

图 2-6-4 实际废水处理的吸附和降解过程

（GAC 的质量为 30 g，臭氧用量为 2.53 g/h，反应温度为 25 ℃，初始 COD 浓度为 1 0911 mg/L）

纤维生产、金属电镀和着色、矿石浮选、燃料、塑料加工等生产过程都会产生含氰废水，废水中的氰化物分为两类：一类为无机氰（氢氰酸及其盐类），一类为有机氰或腈（丙烯腈等）。陈岩等以活性炭为载体，采用浸渍法制备 Ni/C 催化剂应用于臭氧催化氧化腈纶废水技术中[397]，在臭氧效率为 50%、催化剂投加量 2 g、pH 为 10.0、催化臭氧氧化时间为 40 min 的实验条件下，对腈纶废水的 COD 去除率达 83.1%。何灿等采用催化臭氧氧化工艺对以糖精钠生产废水为主的混合高含盐废水进行深度处理[396]，催化剂为 SODO-Ⅱ型催化剂（$\gamma-Al_2O_3$ 为载体、负载双组分金属氧化物的新型催化剂），两年多的工程运行结果表明，系统出水水质稳定，COD≤50 mg/L，色度≤30 倍。在 Beltrán 的一项研究中[396]，他们把 $LaTi_{0.15}Cu_{0.85}O_3$ 用于真实废水的催化臭氧氧化，$LaTi_{0.15}Cu_{0.85}O_3$ 的 BET 表面积为 52 m^2/g，孔径为 8.4 μm。实验中研究的废水有酚类废水 A（丁香酸、丙酮酸和没食子酸在水中的混合物），葡萄酒酒厂生产废水（废水 B，pH 约为 7），橄榄脱苦废水（废水 C，pH 约为 11.4），橄榄油生产厂废水（废水 D，pH 约为 5.8）；研究发现废水 B、废水 C 都是易氧化的废水，臭氧对其有直接氧化性，加入催化剂对 COD 去除效果的影响并不明显；在反应一开始加入催化剂还会对反应有一定的抑制作用，这可能是因为加速了臭氧分解，不利于臭氧直接攻击有机物；对于废水 D，不加催化剂时反应 320 min 后 COD 的去除率为 40%，然而不论是在反应 60 min 还是 30 min 时加入催化剂，均能使 COD 去除率提高到 75%（图 2-6-5）。

非均相催化臭氧氧化技术在处理垃圾渗滤液、煤化工废水、印染废水、石油废水、制药废水及其他类废水方面效果显著，能够有效降低水体中的 COD，对废水进行脱色

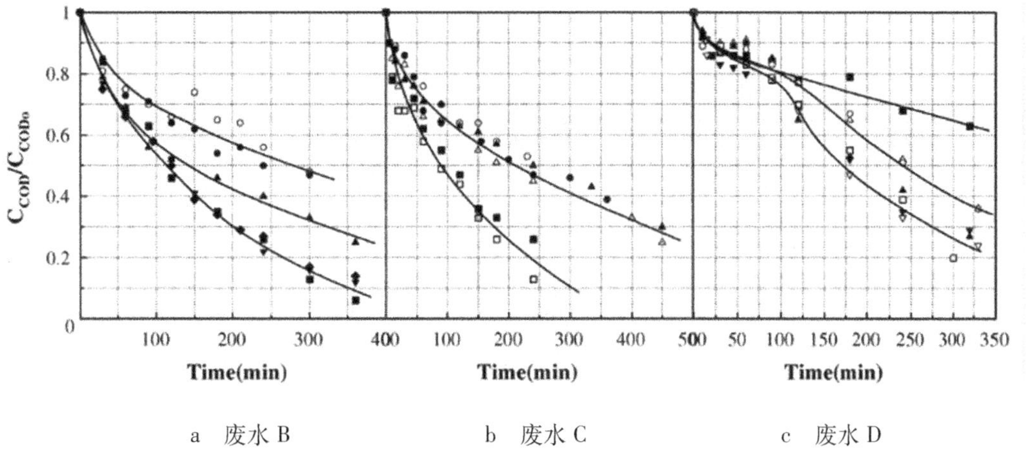

a　废水 B　　　　b　废水 C　　　　c　废水 D

图 2-6-5　废水的臭氧氧化

（[$LaTi_{0.15}Cu_{0.85}O_3$] = 0.5 g/L，臭氧浓度为 50 mg/L，反应温度为 293 K，臭氧流速为 40 L/h）

等。采用非均相催化剂催化臭氧氧化处理各类废水的效率更高，能够解决传统污水处理方法所不能解决的难题，并且已经在实际废水处理工程中得以应用。通过将臭氧与生化等技术进行有机结合，对催化臭氧氧化等低成本技术的开发利用，以及臭氧发生器国产化技术的日趋成熟，国内臭氧技术的应用将有更广阔的发展空间。

参考文献

[1] KASPRZYK-HORDERN B, ZIÓŁEK M, NAWROCKI J. Catalytic ozonation and methods of enhancing molecular ozone reactions in water treatment [J]. Applied catalysis B: environmental, 2003 (46): 639 - 669.

[2] MA J, GRAHAM N J D. Preliminary investigation of manganese-catalyzed ozonation for the destruction of atrazine [J]. Ozone: science & engineering, 1997 (19): 227 - 240.

[3] Ma J, Graham N J D . Degradation of atrazine by manganese-catalyzed ozonation: influence of radical scavengers [J]. Water research, 2000 (34): 3822 - 3828.

[4] ANDREOZZI R, INSOLA A, CAPRIO V. The use of manganese dioxide as a heterogeneous treatment for oxalic acid ozonation in aqueous solution [J]. Applied catalysis A: general , 1996 (138): 75 - 81.

[5] TONG S P, LIU W P, LENG W H, et al. Characteristics of MnO_2 catalytic ozonation of sulfosalicylic acid and propionic acid in water [J]. Chemosphere , 2003 (50): 1359 - 1364.

[6] JIA J, ZHANG P, CHEN L. Catalytic decomposition of gaseous ozone over manganese dioxides with different crystal structures [J]. Applied catalysis B: environmental, 2016 (189): 210 - 218.

[7] XIE Y, YU Y, GONG X, et al. Effect of the crystal plane figure on the catalytic performance of MnO_2 for the total oxidation of propane [J]. CrystEngComm, 2015 (17): 3005 - 3014.

[8] YANG Y, HUANG J, WANG S, et al. Catalytic removal of gaseous unintentional POPs on manganese oxide octahedral molecular sieves [J]. Applied catalysis B: environmental , 2013 (142 - 143): 568 - 578.

[9] WANG F, DAI H, DENG J, et al. Manganese oxides with rod-, wire-, tube-, and flower-like morphologies: highly effective catalysts for the removal of toluene [J]. Environmental science & technology, 2012 (46): 4034 -4041.

[10] NAWAZ F, XIE Y B, CAO H B. Catalytic ozonation of 4 - nitrophenol over an mesoporous $\alpha - MnO_2$ with resistance to leaching [J]. Catalysis today , 2015 (258): 595 -601.

[11] XIA G G, TONG W, TOLENTINO E N, et al. Synthesis and characterization of nanofibrous sodium manganese oxide with a 2 ×4 tunnel structure [J]. Chemistry of materials , 2001 (13): 1585 -1592.

[12] BELTRÁN F J, RIVAS F J R. Montero-de-Espinosa, catalytic ozonation of oxalic acid in an aqueous TiO_2 slurry reactor [J]. Applied catalysis B: environmental , 2002 (39): 221 -231.

[13] PINES D S, RECKHOW D A. Solid phase catalytic ozonation process for the destruction of a model pollutant [J]. Ozone: science & engineering, 2003 (25): 25 -39.

[14] YE M, CHEN Z, LIU X, et al. Ozone enhanced activity of aqueous titanium dioxide suspensions for photodegradation of 4-chloronitrobenzene [J]. Journal of hazardous materials, 2009 (167): 1021 -1027.

[15] ROSAL R, RODRÍGUEZ A, GONZALO M S, et al. Catalytic ozonation of naproxen and carbamazepine on titanium dioxide [J]. Applied catalysis B: environmental , 2008 (84): 48 -57.

[16] WU C C, HUANG W J, JI B H. Degradation of cyanotoxin cylindrospermopsin by TiO_2-assisted ozonation in water [J]. Journal of environmental science and health , 2015 (50): 1116 -1126.

[17] MANSOURI L, TIZAOUI C, GEISSEN S U, et al. A comparative study on ozone, hydrogen peroxide and UV based advanced oxidation processes for efficient removal of diethyl phthalate in water [J]. Journal of hazardous materials , 2019 (363): 401 -411.

[18] YANG Y X, MA J, QIN Q D, et al. Degradation of nitrobenzene by nano - TiO_2 catalyzed ozonation [J]. Journal of molecular catalysis A: chemical, 2007 (267): 41 -48.

[19] YANG Y X, MA J, QINQ D, et al. Degradation of nitrobenzene by nano - TiO_2 catalyzed ozonation [J]. Journal of molecular catalysis A: chemical , 2007 (267): 41 -48.

[20] 张立德，牟季美. 纳米材料和纳米结构 [J]. 北京：科学出版社，2001.

[21] 王侃，陈英旭，叶芬霞. SiO_2 负载的 TiO_2 光催化剂可见光催化降解染料污染物 [J]. 催化学报，2004 (13): 931 -936.

[22] ZHU S M, DONG B Z, YU Y H, et al. Heterogeneous catalysis of ozone using ordered mesoporous Fe_3O_4 for degradation of atrazine [J]. Chemical engineering journal , 2017 (328): 527 -535.

[23] ZHANG T, MA J. Catalytic ozonation of trace nitrobenzene in water with synthetic goethite [J]. Journal of molecular catalysis a: chemical , 2008 (279): 82 -89.

[24] STUMMOL W. Chemistry of the soild-water interface [M]. New York: John Wiley and Sons, 1992.

[25] OPUTU O, CHOWDHURY M, NYAMAYARO K, et al. Catalytic activities of ultra-small beta-FeOOH nanorods in ozonation of 4-chlorophenol [J]. Journal of environmental sciences , 2015 (35): 83 -90.

[26] YANG L, HU C, NIE Y L, et al. Surface acidity and reactivity of beta-FeOOH/Al_2O_3 for pharmaceuticals degradation with ozone: in situ ATR-FTIR studies [J]. Applied catalysis B: environmental , 2010 (97): 340 -346.

[27] DONG Y M, HE K, YIN L, et al. A facile route to controlled synthesis of Co_3O_4 nanoparticles and their environmental catalytic properties [J]. Nanotechnology, 2007 (18): 6.

[28] YUAN X, YAN X, XU H, et al. Enhanced ozonation degradation of atrazine in the presence of nano-ZnO: performance, kinetics and effects [J]. Journal of environmental sciences , 2017 (61): 3 - 13.

[29] ACERO J L, STEMMOLLER K, VON GUNTEN U. Degradation kinetics of atrazine and its degradation products with ozone and OH radicals: a predictive tool for drinking water treatment [J]. Environmental science & technology, 2000 (34): 591 - 597.

[30] AFZAL S, QUAN X, CHEN S, et al. Muhammad, synthesis of manganese incorporated hierarchical mesoporous silica nanosphere with fibrous morphology by facile one-pot approach for efficient catalytic ozonation [J]. Journal of hazardous materials, 2016 (318): 308 - 318.

[31] LI W W, QIANG Z M, ZHANG T, et al. Kinetics and mechanism of pyruvic acid degradation by ozone in the presence of PdO/CeO_2 [J]. Applied catalysis B: environmental , 2012 (113): 290 - 295.

[32] FARIA P C C, ORFAO J J M, PEREIRA M F R. Activated carbon and ceria catalysts applied to the catalytic ozonation of dyes and textile effluents [J]. Applied catalysis B: environmental , 2009 (88): 341 - 350.

[33] ZHANG J, WU Y, LIU L , et al. Rapid removal of p-chloronitrobenzene from aqueous solution by a combination of ozone with zero-valent zinc [J]. Separation and purification technology , 2015 (151): 318 - 323.

[34] LIN J, KAWAI A, NAKAJIMA T. Effective catalysts for decomposition of aqueous ozone [J]. Applied catalysis B: environmental, 2002 (39): 157 - 165.

[35] COOPER C, BURCH R. An investigation of catalytic ozonation for the oxidation of halocarbons in drinking water preparation [J]. Water research , 1999 (33): 3695 - 3700.

[36] KASPRZYK-HORDERN B, NAWROCKI J. Preliminary results on ozonation enhancement by a perfluorinated bonded alumina phase [J]. Ozone: science & engineering , 2002 (24): 63 - 68.

[37] KASPRZYK-HORDERN B, ANDRZEJEWSKI P, DąBROWSKA A, et al . MTBE, DIPE, ETBE and TAME degradation in water using perfluorinated phases as catalysts for ozonation process [J]. Applied catalysis b: environmental, 2004 (51): 51 - 66.

[38] KASPRZYK-HORDERN B, NAWROCKI J. The feasibility of using a perfluorinated bonded alumina phase in the ozonation process [J] . Ozone: science & engineering , 2003 (25): 185 - 197.

[39] KASPRZYK-HORDERN B, RACZYK - STANISŁAWIAK U, ŚWIETLIK J, et al. Catalytic ozonation of natural organic matter on alumina [J]. Applied catalysis B: environmental, 2006 (62): 345 - 358.

[40] ERNST M, LUROT F, SCHROTTER J C. Catalytic ozonation of refractory organic model compounds in aqueous solution by aluminum oxide [J]. Applied catalysis B: environmental, 2004 (47): 15 - 25.

[41] KUMMOLERT R, STUMMOL W J. The surface complexation of organic acids on hydrous $\gamma - Al_2O_3$ [J]. Journal of colloid and interface science, 1980 (75): 373 - 385.

[42] ALVAREZ P M, BELTRAN F J, POCOSTALES J P, et al. Preparation and structural characterization of Co/Al_2O_3 catalysts for the ozonation of pyruvic acid [J]. Applied catalysis B: environmental, 2007 (72): 322 - 330.

[43] QI F, XU B B, CHEN Z L, et al . Influence of aluminum oxides surface properties on catalyzed ozonation of 2, 4, 6-trichloroanisole [J]. Separation and purification technology, 2009 (66): 405 - 410.

[44] QI F, CHEN Z L, XU B B, ET AL . Influence of surface texture and acid-base properties on ozone decomposition catalyzed by aluminum (hydroxyl) oxides [J]. Appl catal B: environ, 2008 (84):

684 - 690.

[45] QI F, XU B B, CHEN Z L, et al. Mechanism investigation of catalyzed ozonation of 2-methylisoborneol in drinking water over aluminum (hydroxyl) oxides: Role of surface hydroxyl group [J]. Chemical engineering journal, 2010 (165): 490 - 499.

[46] ZHU G, ZHU J, JIANG W, et al . Surface oxygen vacancy induced α-MnO_2 nanofiber for highly efficient ozone elimination [J]. Applied catalysis B: environmental , 2017 (209): 729 - 737.

[47] 钱飞跃, 王翻翻, 刘小朋, 等. 碳质材料催化臭氧氧化去除水中溶解性有机物的研究进展 [J]. 化工进展, 2015 (34): 1755 - 1761.

[48] XIONG W, CHEN N, FENG C, LIU Y. Ozonation catalyzed by iron-and/or manganese-supported granular activated carbons for the treatment of phenol [J]. Environmental science and pollution research , 2019 (26): 21022 - 21033.

[49] LEE C, WEI X, KYSAR J W, et al . Measurement of the elastic properties and intrinsic strength of monolayer grapheme [J]. Science, 2008 (321): 385 - 388.

[50] THOSTENSON E T, REN Z, CHOU T W. Advances in the science and technology of carbon nanotubes and their composites: a review [J]. Composites science and technology , 2001 (61): 1899 - 1912.

[51] SERP P. Carbon nanotubes and nanofibers in catalysis [Z]. Wiley online library, 2009: 309 - 372.

[52] SUN H, LIU S, ZHOU G, et al . Reduced graphene oxide for catalytic oxidation of aqueous organic pollutants [J]. ACS applied materials & interfaces , 2012 (4): 5466 - 5471.

[53] GU L, ZHANG X, LEI L. Degradation of aqueous p-nitrophenol by ozonation integrated with activated carbon [J]. Industrial & engineering chemistry research , 2008 (47): 6809 - 6815.

[54] MA J, SUI M, ZHANG T, et al . Effect of pH on MnO*x*/GAC catalyzed ozonation for degradation of nitrobenzene [J]. Water research , 2005 (39): 779 - 786.

[55] Du Y, Zhou M, Lei L. The role of oxygen in the degradation of p-chlorophenol by Fenton system [J]. Journal of hazardous materials, 2007 (139): 108 - 115.

[56] BELTRÁN F J, GARCÍA-ARAYA J F GIRÁLDEZ I. Gallic acid water ozonation using activated carbon [J]. Applied catalysis B: environmental, 2006 (63): 249 - 259.

[57] BELTRÁN F J, RIVAS F J, FERN? NDEZ L A, et al . Kinetics of catalytic ozonation of oxalic acid in water with activated carbon [J]. Industrial & engineering chemistry research, 2002 (41): 6510 - 6517.

[58] SANCHEZ-POLO M, RIVERA-UTRILLA J. Effect of the ozone-carbon reaction on the catalytic activity of activated carbon during the degradation of 1, 3, 6-naphthalenetrisulphonic acid with ozone [J]. Carbon , 2003 (41): 303 - 307.

[59] LEI L, GU L, ZHANG X, et al . Catalytic oxidation of highly concentrated real industrial wastewater by integrated ozone and activated carbon [J]. Applied catalysis A: general , 2007 (327): 287 - 294.

[60] CHENG W, DASTGHEIB S A, KARANFIL T. Adsorption of dissolved natural organic matter by modified activated carbons [J]. Water research , 2005 (39): 2281 - 2290.

[61] ALVAREZ P, GARCIA-ARAYA J, BELTRÁN F, et al. Ozonation of activated carbons: effect on the adsorption of selected phenolic compounds from aqueous solutions [J]. Journal of colloid and interface science , 2005 (283): 503 - 512.

[62] ALVÁREZ P M, GARCÍA-ARAYA J F, BELTRÁN F J, et al . The influence of various factors on aqueous ozone decomposition by granular activated carbons and the development of a mechanistic ap-

proach [J]. Carbon , 2006 (44): 3102 - 3112.

[63] CHAIREZ I, POZNYAK A, POZNYAK T. Reconstruction of dynamics of aqueous phenols and their products formation in ozonation using differential neural network observers [J]. Industrial & engineering chemistry research, 2007 (46): 5855 - 5866.

[64] FARIA P C, ÓRFÃO J J, PEREIRA M F R. Ozone decomposition in water catalyzed by activated carbon: influence of chemical and textural properties [J]. Industrial & engineering chemistry research , 2006 (45): 2715 - 2721.

[65] HAYDAR S, FERRO-GARCIA M, RIVERA-UTRILLA J, et al . Adsorption of p-nitrophenol on an activated carbon with different oxidations [J]. Carbon, 2003 (41): 387 - 395.

[66] FARIA P, ÓRFÃO J, PEREIRA M. Activated carbon and ceria catalysts applied to the catalytic ozonation of dyes and textile effluents [J]. Applied catalysis B: environmental, 2009 (88): 341 - 350.

[67] FARIA P, ÓRFÃO J, PEREIRA M. Catalytic ozonation of sulfonated aromatic compounds in the presence of activated carbon [J]. Applied catalysis B: environmental , 2008 (83): 150 - 159.

[68] FARIA P, ÓRFÃO J, PEREIRA M. Activated carbon catalytic ozonation of oxamic and oxalic acids [J]. Applied catalysis B: environmental , 2008 (79): 237 - 243.

[69] CAO H, XING L, WU G, et al . Promoting effect of nitration modification on activated carbon in the catalytic ozonation of oxalic acid [J]. Applied catalysis B: environmental , 20141 (46): 169 - 176.

[70] RIVERA-UTRILLA J, SÁNCHEZ-POLO M, GÓMEZ-SERRANO V, et al . Activated carbon modifications to enhance its water treatment applications [J]. An overview, journal of hazardous materials, 2011 (187): 1 - 23.

[71] ANIA C, PARRA J, PIS J. Influence of oxygen-containing functional groups on active carbon adsorption of selected organic compounds [J]. Fuel processing technology , 2002 (79): 265 - 271.

[72] CHINGOMBE P, SAHA B, WAKEMAN R. Surface modification and characterisation of a coal-based activated carbon [J]. Carbon, 2005 (43): 3132 - 3143.

[73] CHINGOMBE P, SAHA B, WAKEMAN R. Sorption of atrazine on conventional and surface modified activated carbons [J]. Journal of colloid and interface science , 2006 (302): 408 - 416.

[74] GHIMBEU C M, GADIOU R, DENTZER J, et al. Influence of surface chemistry on the adsorption of oxygenated hydrocarbons on activated carbons [J]. Langmuir, 2010 (26): 18824 - 18833.

[75] FRITZ O W, HÜTTINGER K J. Active sites and intrinsic rates of carbon gas reactions: a definite confirmation with the carbon-carbon dioxide reaction [J]. Carbon, 1993 (31): 923 - 930.

[76] VALDÉS H, SÁNCHEZ-POLO M, RIVERA-UTRILLA J, et al . Effect of ozone treatment on surface properties of activated carbon [J]. Langmuir, 2002 (18): 2111 - 2116.

[77] BRENDER P, GADIOU R, RIETSCH J C, et al. Characterization of carbon surface chemistry by combined temperature programmed desorption with in situ X-ray photoelectron spectrometry and temperature programmed desorption with mass spectrometry analysis [J]. Analytical chemistry , 2012 (84): 2147 - 2153.

[78] ABE M, KAWASHIMA K, KOZAWA K, et al. Amination of activated carbon and adsorption characteristics of its aminated surface [J]. Langmuir, 2000 (16): 5059 - 5063.

[79] BEKYAROVA E, ITKIS ME, RAMESH P, et al . Chemical modification of epitaxial graphene: spontaneous grafting of aryl groups [J]. Journal of the American chemical society, 2009 (131):

1336 - 1337.

[80] BADER H, HOIGNÉ J. Determination of ozone in water by the indigo method [J]. Water research, 1981 (15): 449 - 456.

[81] DEHOULI H, CHEDEVILLE O, CAGNON B, et al. Influences of pH, temperature and activated carbon properties on the interaction ozone/activated carbon for a wastewater treatment process [J]. Desalination, 2010 (254): 12 - 16.

[82] POCOSTALES J, ALVAREZ P, BELTRÁN F. Kinetic modeling of powdered activated carbon ozonation of sulfamethoxazole in water [J]. Chemical engineering journal, 2010 (164): 70 - 76.

[83] XING L, XIE Y, MINAKATA D, et al. Activated carbon enhanced ozonation of oxalate attributed to HO oxidation in bulk solution and surface oxidation: Effect of activated carbon dosage and pH [J]. Journal of environmental sciences, 2014 (26): 2095 - 2105.

[84] MANGUN C L, BENAK K R, ECONOMY J, et al. Surface chemistry, pore sizes and adsorption properties of activated carbon fibers and precursors treated with ammonia [J]. Carbon, 2001 (39): 1809 - 1820.

[85] BOEHM H P. Surface oxides on carbon and their analysis: a critical assessment [J]. Carbon, 2002 (40): 145 - 149.

[86] SUÁREZ D, MENÉNDEZ J A, FUENTE E, et al. Contribution of pyrone-type structures to carbon basicity: an ab initio study [J]. Langmuir, 1999 (15): 3897 - 3904.

[87] BURG P, FYDRYCH P, CAGNIANT D, et al. The characterization of nitrogen-enriched activated carbons by IR, XPS and LSER methods [J]. Carbon, 2002 (40): 1521 - 1531.

[88] NING G, XU C, ZHU X, et al. MgO-catalyzed growth of N-doped wrinkled carbon nanotubes [J]. Carbon, 2013 (56): 38 - 44.

[89] SÁNCHEZ-POLO M, VON GUNTEN U, RIVERA-UTRILLA J. Efficiency of activated carbon to transform ozone into OH radicals: influence of operational parameters [J]. Water research, 2005 (39): 3189 - 3198.

[90] RIVERA-UTRILLA J, SÁNCHEZ-POLO M. Ozonation of 1, 3, 6-naphthalenetrisulphonic acid catalysed by activated carbon in aqueous phase [J]. Applied catalysis B: environmental, 2002 (39): 319 - 329.

[91] XING L, XIE Y, CAO H, et al. Activated carbon-enhanced ozonation of oxalate attributed to HO oxidation in bulk solution and surface oxidation: effects of the type and number of basic sites [J]. Chemical engineering journal, 2014 (245): 71 - 79.

[92] VALDÉS H, ZAROR C A. Heterogeneous and homogeneous catalytic ozonation of benzothiazole promoted by activated carbon: kinetic approach [J]. Chemosphere, 2006 (65): 1131 - 1136.

[93] MVULA E, VON SONNTAG C. Ozonolysis of phenols in aqueous solution [J]. Organic & biomolecular chemistry, 2003 (1): 1749 - 1756.

[94] RAO Y F, LUO H J, WEIC H, et al. Catalytic ozonation of phenol and oxalic acid with copper-loaded activated carbon [J]. Journal of central south university of technology, 2010 (17): 300 - 306.

[95] WU G, JEONG T S, WON C H, et al. Comparison of catalytic ozonation of phenol by activated carbon and manganese-supported activated carbon prepared from brewing yeast [J]. Korean journal of chemical engineering, 2010 (27): 168 - 173.

[96] LI X, CHEN W, LI L. Catalytic ozonation of oxalic acid in the presence of Fe_2O_3-loaded activated carbon [J]. Ozone: science & engineering, 2018 (40:) 448 - 456.

[97] LI X, ZHANG Q, TANG L, et al . Catalytic ozonation of p-chlorobenzoic acid by activated carbon and nickel supported activated carbon prepared from petroleum coke [J]. Journal of hazardous materials, 2009 (163): 115 - 120.

[98] LV X, ZHANG Q, YANG W, et al . Catalytic ozonation of 2, 4-dichlorophenoxyacetic acid over novel Fe - Ni/AC [J]. RSC advances , 2015 (5): 10537 - 10545.

[99] SUN Z, ZHAO L, LIU C, ET Al . Catalytic ozonation of ketoprofen with in situ N-doped carbon: a novel synergetic mechanism of hydroxyl radical oxidation and an intra-electron-transfer nonradical reaction [J]. Environmental science & technology, 2019 (53): 10342 - 10351.

[100] WANG Y, CAO H, CHEN C, et al. Metal-free catalytic ozonation on surface-engineered graphene: microwave reduction and heteroatom doping [J]. Chemical engineering journal, 2019 (355): 118 - 129.

[101] WANG Y, XIE Y, SUN H, et al. Efficient catalytic ozonation over reduced graphene oxide for p-hydroxylbenzoic acid (PHBA) destruction: active site and mechanism [J]. ACS applied materials & interfaces, 2016 (8): 9710 - 9720.

[102] SONG Z, WANG M, WANG Z, et al . Insights into heteroatom-doped graphene for catalytic ozonation: active centers, reactive oxygen species evolution, and catalytic mechanism [J]. Environmental science & technology , 2019 (53): 5337 - 5348.

[103] WANG Y, CHEN L, CHEN C, et al . Occurrence of both hydroxyl radical and surface oxidation pathways in N-doped layered nanocarbons for aqueous catalytic ozonation, Applied catalysis B: environmental [J]. 2019 (254): 283 - 291.

[104] ZHU S, LI X, KANG J, et al . Persulfate activation on crystallographic manganese oxides: mechanism of singlet oxygen evolution for nonradical selective degradation of aqueous contaminants [J]. Environmental science & technology, 2018 (53): 307 - 315.

[105] WANG Y, CAO H, CHEN L, et al . Tailored synthesis of active reduced graphene oxides from waste graphite: structural defects and pollutant-dependent reactive radicals in aqueous organics decontamination [J]. Applied catalysis B: environmental , 2018 (229): 71 - 80.

[106] WANG J, CHEN S, QUAN X, et al . Fluorine-doped carbon nanotubes as an efficient metal-free catalyst for destruction of organic pollutants in catalytic ozonation [J]. Chemosphere, 2018 (190): 135 - 143.

[107] LIU Z Q, MA J, CUI Y H, et al . Effect of ozonation pretreatment on the surface properties and catalytic activity of multi-walled carbon nanotube [J]. Applied catalysis B: environmental, 2009 (92): 301 - 306.

[108] LIU Z Q, MA J, CUI Y H, et al . Influence of different heat treatments on the surface properties and catalytic performance of carbon nanotube in ozonation [J]. Applied catalysis B: environmental , 2010 (101): 74 - 80.

[109] GONÇALVES A G, FIGUEIREDO J L, ÓRFÃO J J, ed al. Influence of the surface chemistry of multi-walled carbon nanotubes on their activity as ozonation catalysts [J]. Carbon, 2010 (48): 4369 - 4381.

[110] SOARES O, ROCHA R, GONÇALVES A, et al . Highly active N-doped carbon nanotubes prepared by an easy ball milling method for advanced oxidation processes [J]. Applied catalysis B: environmental , 2016 (192): 296 -303.

[111] MCALLISTER M J, LI J L, ADAMSON D H, et al . Single sheet functionalized graphene by oxidation and thermal expansion of graphite [J]. Chemistry of materials, 2007 (19): 4396 -4404.

[112] JARY W G, GANGLBERGER T, PÖCHLAUER P, et al . Generation of singlet oxygen from ozone catalysed by phosphinoferrocenes [J]. Monatshefte für chemie/chemical monthly, 2005 (136): 537 -541.

[113] DUAN X, AO Z, SUN H, et al . Nitrogen-doped graphene for generation and evolution of reactive radicals by metal-free catalysis [J]. ACS applied materials & interfaces, 2015 (7): 4169 -4178.

[114] CHOI C H, PARK S H, WOO S I. Binary and ternary doping of nitrogen, boron, and phosphorus into carbon for enhancing electrochemical oxygen reduction activity [J]. ACS nano, 2012 (6): 7084 -7091.

[115] DUAN X, SUN H, KANG J, et al. Insights into heterogeneous catalysis of persulfate activation on dimensional-structured nanocarbons [J]. ACS catalysis, 2015 (5): 4629 -4636.

[116] DUAN X, SUN H, WANG Y, et al. N-doping-induced nonradical reaction on single-walled carbon nanotubes for catalytic phenol oxidation [J]. ACS catalysis , 2015 (5): 553 -559.

[117] MA Q, YU Y, SINDORO M, et al . Carbon - based functional materials derived from waste for water remediation and energy storage [J]. Advanced materials, 2017 (29): 1605361.

[118] ZHANG W, LAI W, CAO R. Energy-related small molecule activation reactions: oxygen reduction and hydrogen and oxygen evolution reactions catalyzed by porphyrin-and corrole-based systems [J]. Chemical reviews , 2017 (117): 3717 -3797.

[119] NAVARRO R M, PENA M, FIERRO J. Hydrogen production reactions from carbon feedstocks: fossil fuels and biomass [J]. Chemical reviews, 2007 (107): 3952 -3991.

[120] LIU L, YANG X, MA N, et al . Scalable and cost - effective synthesis of highly efficient Fe_2N - based oxygen reduction catalyst derived from seaweed biomass [J]. Small, 2016 (12): 1295 -1301.

[121] CHEN P, WANG L K, WANG G, et al . Nitrogen-doped nanoporous carbon nanosheets derived from plant biomass: an efficient catalyst for oxygen reduction reaction [J]. Energy & environmental science, 2014 (7): 4095 -4103.

[122] WU Z Y, LI C, LIANG H W, et al . Ultralight, flexible, and fire - resistant carbon nanofiber aerogels from bacterial cellulose [J]. Angewandte chemie international edition, 2013 (52): 2925 -2929.

[123] CHEN S, HE G, HU H, et al . Elastic carbon foam via direct carbonization of polymer foam for flexible electrodes and organic chemical absorption [J]. Energy & environmental science, 2013 (6): 2435 -2439.

[124] STANKOVICH S, DIKIN D A, PINER R D, et al. Synthesis of graphene-based nanosheets via chemical reduction of exfoliated graphite oxide [J] Carbon, 2007 (45): 1558 -1565.

[125] DUAN X, AO Z, ZHOU L, Et al. Occurrence of radical and nonradical pathways from carbocatalysts for aqueous and nonaqueous catalytic oxidation [J]. Applied catalysis B: environmental, 2016 (188): 98 -105.

[126] WANG H Q, NANN T. Monodisperse upconverting nanocrystals by microwave-assisted synthesis

[J]. ACS nano , 2009 (3): 3804 - 3808.

[127] VOIRY D, YANG J, KUPFERBERG J, et al. High-quality graphene via microwave reduction of solution-exfoliated graphene oxide [J]. Science , 2016 (353): 1413 - 1416.

[128] ZHENG Y, JIAO Y, GE L, et al . Two - step boron and nitrogen doping in graphene for enhanced synergistic catalysis [J]. Angewandte chemie international edition , 2013 (52): 3110 - 3116.

[129] LI X, WANG H, ROBINSON J T, et al . Simultaneous nitrogen doping and reduction of graphene oxide [J]. Journal of the American chemical society, 2009 (131): 15939 - 15944.

[130] ROCHA R P, GONÇALVES A, PASTRANA-MARTÍNEZ L, et al . Nitrogen-doped graphene-based materials for advanced oxidation processes [J]. Catalysis today , 2015 (249): 192 - 198.

[131] ZHANG J, SU D S, BLUME R, et al . Surface chemistry and catalytic reactivity of a nanodiamond in the steam - free dehydrogenation of ethylbenzene [J]. Angewandte chemie international edition, 2010 (49): 8640 - 8644.

[132] MOCHALIN V N, SHENDEROVA O, HO D, et al . The properties and applications of nanodiamonds [J]. Nature nanotechnology, 2012 (7): 11.

[133] XIAO J, XIE Y, NAWAZ F, et al . Super synergy between photocatalysis and ozonation using bulk g-C_3N_4 as catalyst: a potential sunlight/O_3/g-C_3N_4 method for efficient water decontamination [J]. Applied catalysis B: environmental , 2016 (181): 420 - 428.

[134] BETTERTON E A, CRAIG D. Kinetics and mechanism of the reaction of azide with ozone in aqueous solution [J]. Journal of the air & waste management association, 1999 (49): 1347 - 1354.

[135] HASTY N, MERKEL P B, RADLICK P, et al. Role of azide in singlet oxygen reactions: reaction of azide with singlet oxygen [J]. Tetrahedron letters , 1972 (13): 49 - 52.

[136] Ogino K, Kodama N, Nakajima M, et al . Catalase catalyzes nitrotyrosine formation from sodium azide and hydrogen peroxide [J]. Free radical research, 2001 (35): 735 - 747.

[137] LI G, LU Y, LU C, et al . Efficient catalytic ozonation of bisphenol-A over reduced graphene oxide modified sea urchin-like α-MnO_2 architectures [J]. Journal of hazardous materials, 2015 (294): 201 - 208.

[138] RIVOIRA L, JUÁREZ J, FALCÓN H, et al . Vanadium and titanium oxide supported on mesoporous CMK-3 as new catalysts for oxidative desulfurization [J]. Catalysis today , 2017 (282): 123 - 132.

[139] FRANK B, ZHANG J, BLUME R, et al. Heteroatoms increase the selectivity in oxidative dehydrogenation reactions on nanocarbons [J]. Angewandte chemie international edition, 2009 (48): 6913 - 6917.

[140] ZHANG J, LIU X, BLUME R, et al . Surface-modified carbon nanotubes catalyze oxidative dehydrogenation of n-butane [J]. Science, 2008 (322): 73 - 77.

[141] SUN H, KWAN C, SUVOROVA A, et al . Catalytic oxidation of organic pollutants on pristine and surface nitrogen-modified carbon nanotubes with sulfate radicals [J]. Applied catalysis B: environmental , 2014 (154): 134 - 141.

[142] SUN H, WANG Y, LIU S, et al . Facile synthesis of nitrogen doped reduced graphene oxide as a superior metal-free catalyst for oxidation [J]. Chemical communications, 2013 (49): 9914 - 9916.

[143] THOMSEN C, REICH S. Double resonant Raman scattering in graphite [J]. Physical review letters, 2000 (85): 5214.

[144] GRAF D, MOLITOR F, ENSSLIN K, et al. Spatially resolved Raman spectroscopy of single-and few-layer grapheme [J]. Nano letters , 2007 (7): 238 - 242.

[145] NI Z, WANG Y, YU T, ET AL. Raman spectroscopy and imaging of grapheme [J]. Nano research, 2008 (1): 273 - 291.

[146] DUAN X, SONH, GAO B, et al. Resonant Raman spectroscopy of individual strained single-wall carbon nanotubes [J]. Nano letters , 2007 (7): 2116 - 2121.

[147] DAS A, PISANA S, CHAKRABORTY B, et al. Ferrari, Monitoring dopants by Raman scattering in an electrochemically top-gated graphene transistor [J]. Nature nanotechnology, 2008 (3): 210 - 215.

[148] WEI D, LIU Y, WANG Y, et al. Synthesis of N-doped graphene by chemical vapor deposition and its electrical properties [J]. Nano letters , 2009 (9): 1752 - 1758.

[149] MALARD L, PIMENTA M, DRESSELHAUS G, et al. Raman spectroscopy in grapheme [J]. Physics reports , 2009 (473): 51 - 87.

[150] VENEZUELA P, LAZZERI M, MAURI F . Theory of double-resonant Raman spectra in graphene: Intensity and line shape of defect-induced and two-phonon bands [J]. Physical review B , 2011 (84): 035433.

[151] ZHAO L, HE R, RIM K T, et al. Visualizing individual nitrogen dopants in monolayer grapheme [J]. Science, 2011 (333): 999 - 1003.

[152] DUAN X, O'DONNELL K, SUN H, et al. Sulfur and nitrogen co - doped graphene for metal - free catalytic oxidation reactions [J]. Small , 2015 (11): 3036 - 3044.

[153] SHENG Z H, SHAO L, CHEN J J, et al. Catalyst-free synthesis of nitrogen-doped graphene via thermal annealing graphite oxide with melamine and its excellent electrocatalysis [J]. ACs nano, 2011 (5): 4350 - 4358.

[154] LEE S, LEE H, SIM J H, et al. Graphene oxide/poly (acrylic acid) hydrogel by γ-ray pre-irradiation on graphene oxide surface [J]. Macromolecular research , 2014 (22): 165 - 172.

[155] CIRIC L, SIENKIEWICZ A, GAÁL R, et al. Defects and localization in chemically-derived grapheme [J]. Physical review B, 2012 (86): 195139.

[156] DENG D, PAN X, YU L, et al. Toward N-doped graphene via solvothermal synthesis [J]. Chemistry of materials, 2011 (23): 1188 - 1193.

[157] ZHAO Y, YANG L, CHEN S, et al. Can boron and nitrogen co-doping improve oxygen reduction reaction activity of carbon nanotubes? [J]. Journal of the American chemical society, 2013 (135): 1201 - 1204.

[158] MURRAY R W, LUMMA JR W, LIN J. Singlet oxygen sources in ozone chemistry. Decomposition of oxygen-rich intermediates [J]. Journal of the American chemical society, 1970 (92): 3205 - 3207.

[159] JAWAD A, LU X, CHEN Z, et al. Degradation of chlorophenols by supported Co-Mg-Al layered double hydrotalcite with bicarbonate activated hydrogen peroxide [J]. The journal of physical chemistry A, 2014 (118): 10028 - 10035.

[160] YIN R, GUO W, DU J, et al. Heteroatoms doped graphene for catalytic ozonation of sulfamethoxazole by metal-free catalysis: Performances and mechanisms [J]. Chemical engineering journal, 2017 (317): 632 - 639.

[161] SOARES O, ROCHA R P, GONÇALVES A J, et al. Easy method to prepare N-doped carbon nano-

tubes by ball milling [J]. Carbon, 2015 (91): 114 - 121.

[162] BING J, HU C, ZHANG L. Enhanced mineralization of pharmaceuticals by surface oxidation over mesoporous γ-Ti-Al_2O_3 suspension with ozone [J]. Applied catalysis B: environmental, 2017 (202): 118 - 126.

[163] Wang Y, Chen L, Cao H, et al. Role of oxygen vacancies and Mn sites in hierarchical Mn_2O_3/LaM-nO_3-δ perovskite composites for aqueous organic pollutants decontamination [J]. Applied catalysis B: environmental, 2019 (245): 546 - 554.

[164] YIN J, LIAO G, ZHU D, et al. Photocatalytic ozonation of oxalic acid by g-C_3N_4/graphene composites under simulated solar irradiation [J]. Journal of photochemistry and photobiology A: chemistry, 2016 (315): 138 - 144.

[165] YANG F, ZHAO M, WANG Z , et al. The role of ozone in the ozonation process of graphene oxide: oxidation or decomposition [J]. RSC advances, 2014 (4): 58325 - 58328.

[166] SONG Z, ZHANG Y, LIU C, et al. Insight into OH and O_2^- formation in heterogeneous catalytic ozonation by delocalized electrons and surface oxygen-containing functional groups in layered-structure nanocarbons [J]. Chemical engineering journal, 2019 (357): 655 - 666.

[167] TONG S, SHI R, ZHANG H, et al. Catalytic performance of Fe_3O_4-CoO/Al_2O_3 catalyst in ozonation of 2- (2, 4-dichlorophenoxy) propionic acid, nitrobenzene and oxalic acid in water [J]. Journal of environmental sciences , 2010 (22): 1623 - 1628.

[168] ZHANG L S, LIAN J S, WU L Y, et al. Synthesis of a thin-layer MnO_2 nanosheet-coated Fe_3O_4 nanocomposite as a magnetically separable photocatalyst [J]. Langmuir, 2014 (30): 7006 - 7013.

[169] TONG S P, SHI R, ZHANG H, et al. Kinetics of Fe_3O_4-CoO/Al_2O_3 catalytic ozonation of the herbicide 2- (2, 4-dichlorophenoxy) propionic acid [J]. Journal of hazardous materials, 2011 (185): 162 - 167.

[170] LV A H, HU C, NIE Y L, et al. Catalytic ozonation of toxic pollutants over magnetic cobalt-doped Fe_3O_4 suspensions [J]. Applied catalysis B: environmental, 2012 (117): 246 - 252.

[171] NAWAZ F, XIE Y B, CAO H B. Insights into the mechanism of phenolic mixture degradation by catalytic ozonation with mesoporous Fe_3O_4/MnO_2 composite [J]. RSC advances, 2016 (6): 29674 - 29684.

[172] XU L, WANG J. Magnetic nanoscaled Fe_3O_4/CeO_2 composite as an efficient Fenton-like heterogeneous catalyst for degradation of 4-chlorophenol [J]. Environmental science and technology, 2012 (46): 10145 - 10153.

[173] ANTONIOU M G, DIONYSIOU D D. Application of immobilized titanium dioxide photocatalysts for the degradation of creatinine and phenol, model organic contaminants found in NASA's spacecrafts wastewater streams [J]. Catalysis today, 2007 (124): 215 - 223.

[174] BELTRÁN F J, RIVAS F J, MONTERO-DE-ESPINOSA R. Mineralization improvement of phenol aqueous solutions through heterogeneous catalytic ozonation [J]. Journal of chemical technology & biotechnology, 2003 (78): 1225 - 1233.

[175] GRUTTADAURIA A, LIOTTA L F, DI CARLO G, et al. Oxidative degradation properties of Co-based catalysts in the presence of ozone [J]. Applied catalysis B: environmental, 2007 (75): 281 - 289.

[176] COTMAN M, ERJAVEC B, DJINOVIC P, et al. Catalyst support materials for prominent mineraliza-

tion of bisphenol A in catalytic ozonation process [J]. Environmental science and pollution research, 2016 (23): 10223 - 10233.

[177] WANG Y, YANG W, YIN X, et al. The role of Mn-doping for catalytic ozonation of phenol using Mn/γ-Al_2O_3 nanocatalyst: performance and mechanism [J]. Journal of environmental chemical engineering, 2016 (4): 3415 - 3425.

[178] ROSHANI B, MCMASTER I, REZAEI E, et al. Catalytic ozonation of benzotriazole over alumina supported transition metal oxide catalysts in water [J]. Separation and purification technology, 2014 (135): 158 - 164.

[179] PENG J L, LAI L D, JIANG X, et al. Catalytic ozonation of succinic acid in aqueous solution using the catalyst of Ni/Al_2O_3 prepared by electroless plating-calcination method [J]. Separation and purification technology, 2018 (195): 138 - 148.

[180] LIU Y F, LI G X, ZHANG Z L, et al. Catalytic ozonation of bisphenol A in aqueous medium by Mn-Fe/Al_2O_3 catalyst [J]. Journal of advanced oxidation technologies, 2016 (19): 358 - 365.

[181] BETANCUR-CORREDOR B, SOLTAN J, PENUELA G A. Mineralization of ibuprofen and humic acid through catalytic ozonation [J]. Ozone-science & engineering, 2016 (38): 203 - 210.

[182] LI Z, ZHAO J, ZHONG W, et al. Efficiency and kinetics of catalytic ozonation of acid red B over Cu-Mn/γ-Al_2O_3 catalysts [J]. Ozone: science & engineering, 2014 (37): 287 - 293.

[183] SUN Q, WANG Y, LI L, et al. Mechanism for enhanced degradation of clofibric acid in aqueous by catalytic ozonation over MnOx/SBA-15 [J]. Journal of hazardous materials, 2015 (286): 276 - 284.

[184] SUN Q, LI L, YAN H, et al. Influence of the surface hydroxyl groups of MnO_x/SBA-15 on heterogeneous catalytic ozonation of oxalic acid [J]. Chemical engineering journal, 2014 (242): 348 - 356.

[185] CHEN W, LI X, PAN Z, et al. Synthesis of MnO_x/SBA-15 for Norfloxacin degradation by catalytic ozonation [J]. Separation and purification technology, 2017 (173): 99 - 104.

[186] YAN H, CHEN W, LIAO G, et al. Activity assessment of direct synthesized Fe-SBA-15 for catalytic ozonation of oxalic acid [J]. Separation and purification technology, 2016 (159): 1 - 6.

[187] HUANG R H, YAN H H, LI L S, et al. Catalytic activity of Fe/SBA-15 for ozonation of dimethyl phthalate in aqueous solution [J]. Applied catalysis B: environmental, 2011 (106): 264 - 271.

[188] PETRE A L, CARBAJO J B, ROSAL R, et al. CuO/SBA-15 catalyst for the catalytic ozonation of mesoxalic and oxalic acids. Water matrix effects [J]. Chemical engineering journal, 2013 (225): 164 - 173.

[189] YAN H, LU P, PAN Z, et al. Ce/SBA-15 as a heterogeneous ozonation catalyst for efficient mineralization of dimethyl phthalate [J]. Journal of molecular catalysis A: chemical, 2013 (377): 57 - 64.

[190] LI S, TANG Y, CHEN W, et al. Heterogeneous catalytic ozonation of clofibric acid using Ce/MCM-48: Preparation, reaction mechanism, comparison with Ce/MCM-41 [J]. Journal of colloid and interface science, 2017 (504): 238 - 246.

[191] CHEN W R, LIX K, PAN Z Q, et al. Effective mineralization of diclofenac by catalytic ozonation using Fe-MCM-41 catalyst [J]. Chemical engineering journal, 2016 (304): 594 - 601.

[192] JEIRANI Z, SOLTAN J. Ozonation of oxalic acid with an effective catalyst based on mesoporous MCM-41 supported manganese and cerium oxides [J]. Journal of water process engineering, 2016 (12): 127 - 134.

[193] BINGJ S, LI L S, LAN B Y, et al. Synthesis of cerium-doped MCM-41 for ozonation of p-chlorobenzoic acid in aqueous solution [J]. Applied catalysis b: environmental, 2012 (115): 16 - 24.

[194] SUI M H, LIU J, SHENG L. Mesoporous material supported manganese oxides (MnO_x/MCM-41) catalytic ozonation of nitrobenzene in water [J]. Applied catalysis B: environmental, 2011 (106): 195 - 203.

[195] SHEN T D, WANG Q W, TONG S P. Solid base MgO/ceramic honeycomb catalytic ozonation of acetic acid in water [J]. Industrial & engineering chemistry research, 2017 (56): 10965 - 10971.

[196] ZHAO L, MA J, SUN Z Z, et al. Catalytic ozonation for the degradation of nitrobenzene in aqueous solution by ceramic honeycomb-supported manganese [J]. Applied catalysis B: environmental, 2008 (83): 256 - 264.

[197] KANG J W, HOFFMANN M R. Kinetics and mechanism of the sonolytic destruction of methyltert-butyl ether by ultrasonic irradiation in the presence of ozone [J]. Environmental science & technology, 1998 (32): 3194 - 3199.

[198] KANG J W, HUNG H M, LIN A. Sonolytic destruction of methyltert-butyl ether by ultrasonic irradiation: the role of O_3, H_2O_2, frequency, and power density [J]. Environmental science & technology, 1999 (33): 3199 - 3205.

[199] BELTRAN F J, RIVAS F J, MONTERO-DE-ESPINOSA R. Iron type catalysts for the ozonation of oxalic acid in water [J]. Water research, 2005 (39): 3553 - 3564.

[200] HUANG Y X, CUI C C, ZHANG D F, et al. Heterogeneous catalytic ozonation of dibutyl phthalate in aqueous solution in the presence of iron-loaded activated carbon [J]. Chemosphere, 2015 (119): 295 - 301.

[201] MATHESWARAN M, BALAJI S, CHUNG S J, et al. Studies on cerium oxidation in catalytic ozonation process: A novel approach for organic mineralization [J]. Catalysis communications, 2007 (8): 1497 - 1501.

[202] GUZMÁN I C, RODRÍGUEZ J L, POZNYAK T, et al. Catalytic ozonation of 4-chlorophenol and 4-phenolsulfonic acid by CeO_2 films [J]. Catalysis communications, 2020 (133): 105827.

[203] LI L, Y E W, ZHANG Q, et al. Catalytic ozonation of dimethyl phthalate over cerium supported on activated carbon [J]. Journal of hazardous materials, 2009 (170): 411 - 416.

[204] ORGE C A, ÓRFÃO J J M, PEREIRA M F R, DUARTE DE FARIAS A M, et al. Ozonation of model organic compounds catalysed by nanostructured cerium oxides [J]. Applied catalysis B: environmental, 2011 (103): 190 - 199.

[205] GONÇALVES A, SILVESTRE-ALBERO J, RAMOS-FERNÁNDEZ E V, et al. Highly dispersed ceria on activated carbon for the catalyzed ozonation of organic pollutants [J]. Applied catalysis B: environmental , 2012 (113): 308 - 317.

[206] ANDREOZZI A I R, CAPRIO V, MAROTTA R, et al. The use of manganese dioxide as a heterogeneous catalyst for oxalic acid ozonation in aqueous solution [J]. Applied catalysis A: general , 1996 (138): 7.

[207] GUO Y, XU B, QI F. A novel ceramic membrane coated with MnO_2-Co_3O_4 nanoparticles catalytic ozonation for benzophenone-3 degradation in aqueous solution: fabrication, characterization and performance [J]. Chemical engineering journal, 2016 (287): 381 - 389.

[208] LI C H, JIANG F, SUND Z, et al. Catalytic ozonation for advanced treatment of incineration leachate using (MnO_2-Co_3O_4) /AC as a catalyst [J]. Chemical engineering journal, 2017 (325): 624 - 631.

[209] LIU Z Q, TU J, WANG Q, et al. Catalytic ozonation of diethyl phthalate in aqueous solution using graphite supported zinc oxide [J]. Separation and purification technology, 2018 (200): 51 - 58.

[210] ZHANG Y, LI Q, LONG Y, Et al. Catalytic ozonation benefit from the enhancement of electron transfer by the coupling of g-C_3N_4 and $LaCoO_3$: discussion on catalyst fabrication and electron transfer pathway [J]. Applied catalysis B: environmental, 2019 (254): 569 - 579.

[211] HU M, HUI K S, HUI K. Role of graphene in MnO_2/graphene composite for catalytic ozonation of gaseous toluene [J]. Chemical engineering journal, 2014 (254): 237 - 244.

[212] WANG Y, XIE Y, SUN H, et al. 2D/2D nano-hybrids of γ-MnO_2 on reduced graphene oxide for catalytic ozonation and coupling peroxymonosulfate activation [J]. Journal of hazardous materials, 2016 (301): 56 - 64.

[213] LIU Y, ZHOU A, LIU Y, et al. Enhanced degradation and mineralization of 4-chloro-3-methyl phenol by Zn-CNTs/O_3 system [J]. Chemosphere, 2018 (191): 54 - 63.

[214] WANG J, QUAN X, CHEN S, et al. Enhanced catalytic ozonation by highly dispersed CeO_2 on carbon nanotubes for mineralization of organic pollutants [J]. Journal of hazardous materials, 2019 (368): 621 - 629.

[215] AFZAL S, QUAN X, ZHANG J. High surface area mesoporous nanocast $LaMO_3$ (M = Mn, Fe) perovskites for efficient catalytic ozonation and an insight into probable catalytic mechanism [J]. Applied catalysis B: environmental, 2017 (206): 692 - 703.

[216] RIVAS F, CARBAJO M, BELTRÁN F, et al. Perovskite catalytic ozonation of pyruvic acid in water: operating conditions influence and kinetics [J]. Applied catalysis B: environmental, 2006 (62): 93 - 103.

[217] CARBAJO M, RIVAS F, BELTRÁN F, et al. Effects of different catalysts on the ozonation of pyruvic acid in water [J]. Ozone: science & engineering, 2006 (28): 229 - 235.

[218] CARBAJO M, BELTRÁN F, MEDINA F, et al. Catalytic ozonation of phenolic compounds: the case of gallic acid [J]. Applied catalysis b: environmental, 2006 (67): 177 - 186.

[219] CARBAJO M, BELTRÁN F, GIMENO O, et al. Ozonation of phenolic wastewaters in the presence of a perovskite type catalyst [J]. Applied catalysis B: environmental, 2007 (74): 203 - 210.

[220] WANG Y, WANG E, YU L, et al. Enhanced catalytic activity of templated-double perovskite with 3D network structure for salicylic acid degradation under microwave irradiation: Insight into the catalytic mechanism [J]. Chemical Engineering Journal, 2019 (368): 115 - 128.

[221] WU C H, KUO C Y, CHANG C L. Homogeneous catalytic ozonation of CI reactive Red 2 by metallic ions in a bubble column reactor [J]. Journal of hazardous materials, 2008 (154): 748 - 755.

[222] ORGE C A, ÓRF O J J M, Pereira M F R, et al. Lanthanum-based perovskites as catalysts for the ozonation of selected organic compounds [J]. Applied catalysis B environmental, 2013 (140 - 141): 426 - 432.

[223] BING J, HU C, NIE Y, et al. Mechanism of catalytic ozonation in Fe_2O_3/Al_2O_3@ SBA-15 aqueous suspension for destruction of ibuprofen[J]. Environmental science & technology, 2015(49):1690 - 1697.

[224] Zhang Q, Huang Y, Peng S, et al. Synthesis of $SrFe_xTi1\text{-}\chi O_3\text{-}\delta$ nanocubes with tunable oxygen vacancies for selective and efficient photocatalytic NO oxidation [J]. Applied catalysis B: environmental, 2018 (239): 1-9.

[225] MA J, WANG C, HE H. Transition metal doped cryptomelane-type manganese oxide catalysts for ozone decomposition [J]. Applied catalysis B: environmental, 2017 (201): 503-510.

[226] WU J, MURUGANANDHAMM, CHANG L, et al. Catalytic ozonation of oxalic acid using $SrTiO_3$ catalyst [J]. Ozone: science & engineering, 2011 (33): 74-79.

[227] WANG Y, XIE Y, SUN H, et al. Hierarchical shape-controlled mixed-valence calcium manganites for catalytic ozonation of aqueous phenolic compounds [J]. Catalysis science & technology, 2016 (6): 2918-2929.

[228] WANG Z, MA H, ZHANG C, Et al. Enhanced catalytic ozonation treatment of dibutyl phthalate enabled by porous magnetic Ag-doped ferrospinel $MnFe_2O_4$ materials: performance and mechanism [J]. Chemical engineering journal, 2018 (354): 42-52.

[229] FENG Y, WU D, DENG Y, et al. Sulfate radical-mediated degradation of sulfadiazine by $CuFeO_2$ rhombohedral crystal-catalyzed peroxymonosulfate: synergistic effects and mechanisms [J]. Environmental science & technology, 2016 (50): 3119-3127.

[230] ZHANG F, WEI C, WU K, et al. Mechanistic evaluation of ferrite AFe_2O_4 (A = Co, Ni, Cu, and Zn) catalytic performance in oxalic acid ozonation [J]. Applied Catalysis A: General, 2017 (547): 60-68.

[231] DAI Q, ZHANG Z, ZHAN T, et al. Catalytic ozonation for the degradation of 5-sulfosalicylic acid with spinel-type $ZnAl_2O_4$ prepared by hydrothermal, sol-gel, and coprecipitation methods: a comparison study [J]. ACS Omega, 2018 (3): 6506-6512.

[232] REDDY D H K, YUN Y S. Spinel ferrite magnetic adsorbents: alternative future materials for water purification? [J]. Coordination chemistry reviews, 2016 (315): 90-111.

[233] QI F, XU B, CHU W. Heterogeneous catalytic ozonation of phenacetin in water using magnetic spinel ferrite as catalyst: comparison of surface property and efficiency [J]. Journal of molecular catalysis A: chemical, 2015 (396): 164-173.

[234] Zhao H, Dong Y, Wang G, et al. Novel magnetically separable nanomaterials for heterogeneous catalytic ozonation of phenol pollutant: $NiFe_2O_4$ and their performances [J]. Chemical engineering journal, 2013 (219): 295-302.

[235] XU Y, LIN Z, ZHENG Y, et al. Mechanism and kinetics of catalytic ozonation for elimination of organic compounds with spinel-type $CuAl_2O_4$ and its precursor [J]. Sci total environ, 2019 (651): 2585-2596.

[236] LI J, REN Y, JI F, et al. Heterogeneous catalytic oxidation for the degradation of p-nitrophenol in aqueous solution by persulfate activated with $CuFe_2O_4$ magnetic nano-particles [J]. Chemical engineering journal, 2017 (324): 63-73.

[237] QI F, CHU W, XU B. Ozonation of phenacetin in associated with a magnetic catalyst $CuFe_2O_4$: the reaction and transformation [J]. Chemical engineering journal, 2015 (262): 552-562.

[238] QI F, CHU W, XU B. Comparison of phenacetin degradation in aqueous solutions by catalytic ozonation with $CuFe_2O_4$ and its precursor: surface properties, intermediates and reaction mechanisms [J].

Chemical engineering journal, 2016 (284): 28 - 36.

[239] ZHANG H, JI F, ZHANG Y, et al. Catalytic ozonation of *N*, *N*-dimethylacetamide (DMAC) in aqueous solution using nanoscaled magnetic $CuFe_2O_4$ [J]. Separation and purification technology, 2018 (193): 368 - 377.

[240] LIU D, WANG C, SONG Y, et al. Effective mineralization of quinoline and bio-treated coking wastewater by catalytic ozonation using $CuFe_2O_4$/Sepiolite catalyst: Efficiency and mechanism [J]. Chemosphere, 2019 (227): 647 - 656.

[241] YU G, WANG Y, CAO H, et al. Reactive oxygen species and catalytic active sites in heterogeneous catalytic ozonation for water purification [J]. Environmental Science & technology, 2020 (16): 235 - 249.

[242] WANG J, BAI Z. Fe-based catalysts for heterogeneous catalytic ozonation of emerging contaminants in water and wastewater [J]. Chemical engineering journal, 2017 (312): 79 - 98.

[243] MOHAPATRA M, ANAND S. Synthesis and applications of nano-structured iron oxides/hydroxides-a review [J]. International journal of engineering, science and technology, 2010 (2): 24 - 29.

[244] QI F, XU B, CHEN Z, et al. Ozonation catalyzed by the raw bauxite for the degradation of 2, 4, 6-trichloroanisole in drinking water [J]. Journal of hazardous materials, 2009 (168): 246 - 252.

[245] DONG Y, HE K, ZHAO B, et al. Catalytic ozonation of azo dye active brilliant red X-3B in water with natural mineral brucite [J]. Catalysis communications, 2007 (8): 1599 - 1603.

[246] FARIA P, ORFAO J, PEREIRA M. Mineralization of substituted aromatic compounds by ozonation catalyzed by cerium oxide and a cerium oxide-activated carbon composite [J]. Catalysis letters, 2009 (127): 195 - 203.

[247] ABDEDAYEM A, GUIZA M, TOLEDOF J R, et al. Nitrobenzene degradation in aqueous solution using ozone/cobalt supported activated carbon coupling process: a kinetic approach [J]. Separation and purification technology, 2017 (184): 308 - 318.

[248] SHOUFENG T, XUE L, ZHANG C, et al. Strengthening decomposition of oxytetracycline in DBD plasma coupling with Fe-Mn oxide-loaded granular activated carbon [J]. Plasma science and technology, 2019 (21): 025504.

[249] DAI Q, WANG J, CHEN J, et al. Ozonation catalyzed by cerium supported on activated carbon for the degradation of typical pharmaceutical wastewater [J]. Separation and purification technology, 2014 (127): 112 - 120.

[250] HAO L, HUIPING D, JUN S. Activated carbon and cerium supported on activated carbon applied to the catalytic ozonation of polycyclic aromatic hydrocarbons [J]. Journal of molecular catalysis A: chemical, 2012 (363): 101 - 107.

[251] FENG J, ZHANG X, FU J, et al. Catalytic ozonation of oxalic acid over rod-like ceria coated on activated carbon [J]. Catalysis communications, 2018 (110): 28 - 32.

[252] CAO S, CHEN G, HU X, et al. Catalytic wet air oxidation of wastewater containing ammonia and phenol over activated carbon supported Pt catalysts [J]. Catalysis today, 2003 (88): 37 - 47.

[253] BELTRÁN J F, RIVASF J, MONTERO-DE-ESPINOSA R. Iron type catalysts for the ozonation of oxalic acid in water [J]. Water research, 2005 (39): 3553 - 3564.

[254] WANG X, WANG A, MA J. Visible-light-driven photocatalytic removal of antibiotics by newly designed C_3N_4 @ $MnFe_2O_4$-graphene nanocomposites [J]. Journal of hazardous materials, 2017

(336): 81 - 92.

[255] SUI X, LI X, CHEN G, et al. Tailored fabrication of TiO_2@ carbon nanofibers composites via foaming agent migration [J]. RSC advances, 2017 (7): 49220 - 49226.

[256] 开小明，王伦，邱晓生，等. 碳纳米管负载 TiO_2 光催化降解腈纶废水 [J]. 中国卫生检验杂志，2006，12 (16): 1423 - 1424.

[257] ORGE C, ÓRFÃO J, PEREIRA M. Composites of manganese oxide with carbon materials as catalysts for the ozonation of oxalic acid [J]. Journal of hazardous materials , 2012 (213): 133 - 139.

[258] REN Y, ZHANG H, AN H, et al. Catalytic ozonation of di-n-butyl phthalate degradation using manganese ferrite/reduced graphene oxide nanofiber as catalyst in the water [J]. Journal of colloid and interface science, 2018 (526): 347 - 355.

[259] YUAN X, DUAN S, WU G, et al. Enhanced catalytic ozonation performance of highly stabilized mesoporous ZnO doped g-C_3N_4 composite for efficient water decontamination [J]. Applied catalysis A: general, 2018 (551): 129 - 138.

[260] XIE Y, PENG S, FENG Y, et al. Enhanced mineralization of oxalate by highly active and Stable Ce (III) -Doped g-C_3N_4 catalyzed ozonation [J]. Chemosphere, 2020 (239): 124612.

[261] HU M, HUI K, HUI K. Role of graphene in MnO_2/graphene composite for catalytic ozonation of gaseous toluene [J]. Chemical engineering journal, 2014 (254): 237 - 244.

[262] BELTRAN F J, POCOSTALES P, ALVAREZ P, et al. Perovskite catalytic ozonation of some pharmaceutical compounds in water [J]. Ozone: Science & Engineering, 2010 (32): 230 - 237.

[263] MAO J, QUAN X, WANG J, et al. Enhanced heterogeneous Fenton-like activity by Cu-doped $BiFeO_3$ perovskite for degradation of organic pollutants [J]. Frontiers of environmental science & engineering , 2018 (12): 10.

[264] ZHANG Y, XIA Y, LI Q, et al. Synchronously degradation benzotriazole and elimination bromate by perovskite oxides catalytic ozonation: performance and reaction mechanism [J]. Separation and purification technology , 2018 (197): 261 - 270.

[265] GONG S, XIE Z, LI W, et al. Highly active and humidity resistive perovskite $LaFeO_3$ based catalysts for efficient ozone decomposition [J]. Applied catalysis B: environmental, 2019 (241): 578 - 587.

[266] SUI M, SHENG L, LU K, et al. FeOOH catalytic ozonation of oxalic acid and the effect of phosphate binding on its catalytic activity [J]. Applied catalysis B: environmental , 2010 (96): 94 - 100.

[267] XU B, QI F, ZHANG J, et al. Cobalt modified red mud catalytic ozonation for the degradation of bezafibrate in water: catalyst surface properties characterization and reaction mechanism [J]. Chemical engineering journal , 2016 (284): 942 - 952.

[268] ZHAO L, SUN Z, MA J, et al. Enhancement mechanism of heterogeneous catalytic ozonation by cordierite-supported copper for the degradation of nitrobenzene in aqueous solution [J]. Environmental science & technology, 2009 (43): 2047 - 2053.

[269] HOU Y J, JUNM, SUN Z Z, et al. Degradation of benzophenone in aqueous solution by Mn-Fe-K modified ceramic honeycomb-catalyzed ozonation [J]. Journal of environmental sciences , 2006 (18): 1065 - 1072.

[270] ZHAO L, MA J, SUN Z, et al. Mechanism of heterogeneous catalytic ozonation of nitrobenzene in aqueous solution with modified ceramic honeycomb [J]. Applied catalysis B: environmental, 2009

(89): 326 - 334.

[271] ZHAO L, SUN Z, MA J. Novel relationship between hydroxyl radical initiation and surface group of ceramic honeycomb supported metals for the catalytic ozonation of nitrobenzene in aqueous solution [J]. Environmental science & technology, 2009 (43): 4157 - 4163.

[272] AZRAGUE K, OSTERHUS S, BIOMORGI J. Degradation of pCBA by catalytic ozonation in natural water [J]. Water Science and technology, 2009 (59): 1209 - 1217.

[273] GÜMÜŞ D, AKBAL F. A comparative study of ozonation, iron coated zeolite catalyzed ozonation and granular activated carbon catalyzed ozonation of humic acid [J]. Chemosphere, 2017 (174): 218 - 231.

[274] FINKELSTEIN E, ROSEN G M, RAUCKMAN E J. Kinetics of the reaction of superoxide and hydroxyl radicals with nitrones [J]. Journal of the American chemical society, 1980 (102): 4994 - 4999.

[275] SHI H, TIMMINS G, MONSKE M, et al. Evaluation of spin trapping agents and trapping conditions for detection of cell-generated reactive oxygen species [J]. Archives of biochemistry and biophysics, 2005 (437): 59 - 68.

[276] BACIC G, SPASOJEVIC I, SECEROV B, et al. Spin-trapping of oxygen free radicals in chemical and biological systems: new traps, radicals and possibilities [J]. Spectrochimica acta part A: molecular and biomolecular spectroscopy, 2008 (69): 1354 - 1366.

[278] GUO Z, CAO H, WANG Y, et al. High activity of g-C_3N_4/multiwall carbon nanotube in catalytic ozonation promotes electro-peroxone process [J]. Chemosphere, 2018 (201): 206 - 213.

[279] BING J, HU C, ZHANG L. Enhanced mineralization of pharmaceuticals by surface oxidation over mesoporous γ-Ti-Al_2O_3 suspension with ozone [J]. Applied catalysis B: environmental, 2017 (202): 118 - 126.

[280] ERVENS B, GLIGOROVSKI S, HERRMANN H. Temperature-dependent rate constants for hydroxyl radical reactions with organic compounds in aqueous solutions [J]. Physical chemistry chemical physics, 2003 (5): 1811 - 1824.

[281] HOIGN J, BADER H. Rate constants of reactions of ozone with organic and inorganic compounds in water—I: Non-dissociating organic compounds [J]. Water research, 1983 (17): 173 - 183.

[282] TURAN-ERTAS T, GUROL M D, Oxidation of diethylene glycol with ozone and modified Fenton processes [J]. Chemosphere, 2002 (47): 293 - 301.

[283] XIAO J, XIE Y, CAO H, et al. Towards effective design of active nanocarbon materials for integrating visible-light photocatalysis with ozonation [J]. Carbon, 2016 (107): 658 - 666.

[284] ZHANG S, QUAN X, ZHENG J F, et al. Probing the interphase "HO zone" originated by carbon nanotube during catalytic ozonation [J]. Water research, 2017 (122): 86 - 95.

[285] NAWAZ F, CAO H, XIE Y, et al. Selection of active phase of MnO_2 for catalytic ozonation of 4-nitrophenol [J]. Chemosphere, 2017 (168): 1457 - 1466.

[286] NAWAZ F, XIE Y, CAO H, et al. Catalytic ozonation of 4-nitrophenol over an mesoporous α-MnO_2 with resistance to leaching [J]. Catalysis today, 2015 (258): 595 - 601.

[287] ZHANG J, WU Y, QIN C, et al. Rapid degradation of aniline in aqueous solution by ozone in the presence of zero-valent zinc [J]. Chemosphere, 2015 (141): 258 - 264.

[288] IKHLAQ A, BROWN D R, KASPRZYK-HORDERN B. Mechanisms of catalytic ozonation: an investigation into superoxide ion radical and hydrogen peroxide formation during catalytic ozonation on a-

lumina and zeolites in water [J]. Applied catalysis B: environmental, 2013 (129): 437-449.

[289] ZHANG T, CROUÉ J P. Catalytic ozonation not relying on hydroxyl radical oxidation: A selective and competitive reaction process related to metal-carboxylate complexes [J]. Applied catalysis B: environmental, 2014 (144): 831-839.

[290] XIAO J, RABEAH J, YANG J, et al. Fast Electron Transfer and · OH Formation: Key Features for High Activity in Visible-Light-Driven Ozonation with C3N4 Catalysts [J]. ACS catalysis, 2017 (7): 6198-6206.

[291] STAEHELIN J, HOIGNE J. Decomposition of ozone in water in the presence of organic solutes acting as promoters and inhibitors of radical chain reactions [J]. Environmental science & technology, 1985 (19): 1206-1213.

[292] WU D, LIU Y, HE H, et al. Magnetic pyrite cinder as an efficient heterogeneous ozonation catalyst and synergetic effect of deposited Ce [J]. Chemosphere 155 (2016) 127-134.

[293] YUAN X J, DUAN S L, WU G Y, et al. Enhanced catalytic ozonation performance of highly stabilized mesoporous ZnO doped g-C_3N_4 composite for efficient water decontamination [J]. Applied catalysis A: general, 2018 (551): 129-138.

[294] QI F, XU B, CHEN Z, et al. Mechanism investigation of catalyzed ozonation of 2-methylisoborneol in drinking water over aluminum (hydroxyl) oxides: Role of surface hydroxyl group [J]. Chemical engineering journal, 2010 (165): 490-499.

[295] SUI M H, SHENG L, LU K X, et al. FeOOH catalytic ozonation of oxalic acid and the effect of phosphate binding on its catalytic activity [J]. Applied catalysis B: environmental, 2010 (96): 94-100.

[296] REN Y, DONG Q, FENG J, et al. Magnetic porous ferrospinel $NiFe_2O_4$: a novel ozonation catalyst with strong catalytic property for degradation of di-n-butyl phthalate and convenient separation from water [J]. Journal of colloid and interface science, 2012 (382): 90-96.

[297] QI F, XU B B, ZHAO L, et al. Comparison of the efficiency and mechanism of catalytic ozonation of 2, 4, 6-trichloroanisole by iron and manganese modified bauxite [J]. Applied catalysis B: environmental, 2012 (121): 171-181.

[298] VALDÉS H, TARDÓN R F, ZAROR C A. Role of surface hydroxyl groups of acid-treated natural zeolite on the heterogeneous catalytic ozonation of methylene blue contaminated waters [J]. Chemical engineering journal, 2012 (211-212): 388-395.

[299] IKHLAQ A, BROWN D R, KASPRZYK-HORDERN B. Catalytic ozonation for the removal of organic contaminants in water on alumina [J]. Applied catalysis B: environmental, 2015 (165): 408-418.

[300] ZHANG F, WEI C, HU Y, et al. Zinc ferrite catalysts for ozonation of aqueous organic contaminants: phenol and bio-treated coking wastewater [J]. Separation and purification technology, 2015 (156): 625-635.

[301] YUAN L, SHEN J, CHEN Z, et al. Role of Fe/pumice composition and structure in promoting ozonation reactions [J]. Applied Catalysis B: Environmental 180 (2016) 707-714.

[302] YUAN L, SHEN J, YAN P, et al. Catalytic ozonation of 4-chloronitrobenzene by goethite and Fe (2+) -modified goethite with low defects: a comparative study [J]. Journal of hazardous materials, 2019 (365): 744-750.

[303] LIU Y, W U D, PENG S, et al. Enhanced mineralization of dimethyl phthalate by heterogeneous

ozonation over nanostructured Cu-Fe-O surfaces: synergistic effect and radical chain reactions [J]. Separation and purification technology , 209 (2019) 588 - 597.

[304] VITTENET J, ABOUSSAOUD W, MENDRET J, et al. Catalytic ozonation with γ-Al_2O_3 to enhance the degradation of refractory organics in water [J]. Applied catalysis A: general, 2015 (504): 519 - 532.

[305] SABLE S S, GHUTE P P, FAKHRNASOVA D, et al. Catalytic ozonation of clofibric acid over copper-based catalysts: In situ ATR-IR studies [J]. Applied catalysis b: environmental, 2017 (209): 523 - 529.

[306] WEI K, CAO X, GU W, et al. Ni-induced C-Al_2O_3-framework (NiCAF) supported core-multishell catalysts for efficient catalytic ozonation: a structure-to-performance study [J]. Environmental science & technology , 2019 (53): 6917 - 6926.

[307] CHEN W, LI X, TANG Y, et al. Mechanism insight of pollutant degradation and bromate inhibition by Fe-Cu-MCM-41 catalyzed ozonation [J]. Journal of hazardous materials, 2018 (346): 226 - 233.

[308] MOUSSAVI G, KHOSRAVI R, OMRAN N R, Development of an efficient catalyst from magnetite ore: characterization and catalytic potential in the ozonation of water toxic contaminants [J]. Applied catalysis A: general , 2012 (445): 42 - 49.

[309] OULTON R, HAASE J P, KAALBERG S, et al. Hydroxyl radical formation during ozonation of multiwalled carbon nanotubes: performance optimization and demonstration of a reactive CNT filter [J]. Environmental science & technology , 2015 (49): 3687 - 3697.

[310] LIU Y, SHEN J, CHEN Z, et al. Degradation of p-chloronitrobenzene in drinking water by manganese silicate catalyzed ozonation [J]. Desalination, 2011 (279): 219 - 224.

[311] CHEN J, TIAN S, LU J, et al. Catalytic performance of MgO with different exposed crystal facets towards the ozonation of 4-chlorophenol [J]. Applied catalysis A: general , 2015 (506): 118 - 125.

[312] YUAN L, SHEN J, YAN P, et al. Interface mechanisms of catalytic ozonation with amorphous Iron silicate for removal of 4-chloronitrobenzene in aqueous solution [J]. Environmental science and technology , 2018 (52): 1429 - 1434.

[313] MA J, GRAHAM N J D. Degradation of atrazine by manganese-catalysed ozonation: Influence of humic substances [J]. Water research , 1999 (33): 785 - 793.

[314] ZHANG T, LI C, MA J, et al. Surface hydroxyl groups of synthetic α-FeOOH in promoting OH generation from aqueous ozone: property and activity relationship [J]. Applied catalysis B: environmental , 2008 (82): 131 - 137.

[315] MASSCHELEIN W J. Unit processes in drinking water treatment, environmental science and pollution control series [M]. NewYork: Marcel dekker, 1992.

[316] ZHAO L, MA J, SUN Z, et al. Mechanism of influence of initial pH on the degradation of nitrobenzene in aqueous solution by ceramic honeycomb catalytic ozonation [J]. Environmental science & technology , 2008 (42): 4002 - 4007.

[317] STUMM W. Chemistry of the solid-water interface: processes at the mineral-water and particle-water interface in natural systems [J]. John Wiley & Son Inc, 1994, 63 (3 - 4): 309 - 310.

[318] IKHLAQ A, BROWN D R, KASPRZYK-HORDERN B. Mechanisms of catalytic ozonation on alumina and zeolites in water: formation of hydroxyl radicals [J]. Applied catalysis B: environmental , 2012 (123): 94 - 106.

[319] QI F, XU B, CHEN Z, et al. Influence of aluminum oxides surface properties on catalyzed ozonation of 2, 4, 6-trichloroanisole [J]. Separation and purification technology, 2009 (66): 405-410.

[320] Lewis G N. Valence and the structure of atoms and molecules [J]. Chemical catalog company, incorporated, 1923, 196 (6): 127.

[321] Shafikov N Y, Gusmanov A A, Zimin Y S, et al. Kinetics of the reaction of ozone with tert-Butanol [J]. Kinetics and catalysis, 2002 (43): 799-801.

[322] POST J G, VAN HOOFF J H C. Acidity and activity of H-ZSM—5 measured with NH3-TPD and n-hexane cracking [J]. Zeolites, 1984 (4): 9-14.

[323] BERTEAU P, DELMON B. Modified aluminas : relationship between activity in 1-butanol dehydration and acidity measured by NH3 TPD [J]. Catalysis today , 1989 (5): 121-137.

[324] KALITA P, GUPTA N M, KUMAR R. Synergistic role of acid sites in the Ce-enhanced activity of mesoporous Ce-Al-MCM-41 catalysts in alkylation reactions: FTIR and TPD-ammonia studies [J]. Journal of catalysis , 2007 (245): 338-347.

[325] WU E, WEITZ W. Modification of acid sites in ZSM-5 by ion-exchange: An in-situ FTIR study [J]. Applied surface science , 2014 (316): 405-415.

[326] ZHAO H, DONG Y, JIANG P, WANG G, et al. An insight into the kinetics and interface sensitivity for catalytic ozonation: the case of nano-sized $NiFe_2O_4$ [J]. Catalysis science & technology, 2014 (4): 494-501.

[327] BING J, WANG X, LAN B, et al. Characterization and reactivity of cerium loaded MCM-41 for p-chlorobenzoic acid mineralization with ozone [J]. Separation and purification technology, 013 8 (112): 479-486.

[328] JIA J B, ZHANG P Y, CHEN L. Catalytic decomposition of gaseous ozone over manganese dioxides with different crystal structures [J]. Applied catalysis b: environmental, 2016 (189): 210-218.

[329] JIA J, ZHANG P, CHEN L. The effect of morphology of α-MnO_2 on catalytic decomposition of gaseous ozone [J]. Catalysis science & technology , 2016 (6): 5841-5847.

[330] LYU L, YU G, ZHANG L, et al. 4-Phenoxyphenol-functionalized reduced graphene oxide nanosheets: a Metal-free Fenton-like catalyst for pollutant destruction [J]. Environmental science & technology , 2018 (52): 747-756.

[331] YU G, LYU L, ZHANG F, et al. Theoretical and experimental evidence for rGO-4-PPNC as a metal-free Fenton-like catalyst by tuning the electron distribution [J]. RSC advances, 2018 (8): 3312-3320.

[332] GAO Y, ZHU Y, LYU L, et al. Electronic structure modulation of graphitic carbon nitride by oxygen doping for enhanced catalytic degradation of organic pollutants through peroxymonosulfate activation [J]. Environmental science & technology, 2018 (52): 14371-14380.

[333] ZHANG T, LI W, CROUÉJ P. Catalytic ozonation of oxalate with a cerium supported palladium oxide: an efficient degradation not relying on hydroxyl radical oxidation [J]. Environmental science & technology, 2011 (45): 9339-9346.

[334] PARK J S, CHOI H, CHO J. Kinetic decomposition of ozone and para-chlorobenzoic acid (pCBA) during catalytic ozonation [J]. Water research, 2004 (38): 2285-2292.

[335] BELTRÁN F J, RIVAS F J, MONTERO-DE-ESPINOSA R. A TiO_2/Al_2O_3 catalyst to improve the ozo-

nation of oxalic acid in water [J]. Applied catalysis B: environmental, 2004 (47): 101 - 109.

[336] ZHANG T, LI W, CROUÉJ P. A non-acid-assisted and non-hydroxyl-radical-related catalytic ozonation with ceria supported copper oxide in efficient oxalate degradation in water [J]. Applied catalysis B: environmental , 2012 (121 - 122): 88 - 94.

[337] FARIA P, ORFAO J, PEREIRA M. A novel ceria-activated carbon composite for the catalytic ozonation of carboxylic acids [J]. Catalysis communications, 2008 (9): 2121 - 2126.

[338] QI F, XU B, CHEN Z, et al. Catalytic ozonation of 2-isopropyl-3-methoxypyrazine in water by γ-AlOOH and γ-Al_2O_3: comparison of removal efficiency and mechanism [J]. Chemical engineering journal, 2013 (219): 527 - 536.

[339] MARTINS R C, QUINTA-FERREIRA R M. Catalytic ozonation of phenolic acids over a Mn-Ce-O catalyst [J]. Applied catalysis B: environmental, 2009 (90): 268 - 277.

[340] LIU X, ZHOU Z, JING G, et al. Catalytic ozonation of acid red B in aqueous solution over a Fe-Cu-O catalyst [J]. Separation and purification technology, 2013 (115): 129 - 135.

[341] AFZAL S, QUAN X, LU S. Catalytic performance and an insight into the mechanism of CeO_2 nanocrystals with different exposed facets in catalytic ozonation of p-nitrophenol [J]. Applied catalysis B: Environmental, 2019 (248): 526 - 537.

[342] LIU Z, MA J, CUI Y, et al. Influence of different heat treatments on the surface properties and catalytic performance of carbon nanotube in ozonation [J]. Applied catalysis B: environmental, 2010 (101): 74 - 80.

[343] GONÇALVES A G, FIGUEIREDOJ L, ÓRFÃO J J M, et al. Influence of the surface chemistry of multi-walled carbon nanotubes on their activity as ozonation catalysts [J]. Carbon, 2010 (48): 4369 - 4381.

[344] DUAN X, SUN H, SHAO Z, et al. Nonradical reactions in environmental remediation processes: uncertainty and challenges [J]. Applied catalysis B: environmental, 2018 (224): 973 - 982.

[345] HE W, KIM H K, WAMER W G, et al. Photogenerated charge carriers and reactive oxygen species in zno/au hybrid nanostructures with enhanced photocatalytic and antibacterial activity [J]. Journal of the American chemical society , 2014 (136): 750 - 757.

[346] JAЙCZYK A, KRAKOWSKA E, STOCHEL G, et al. Singlet oxygen photogeneration at surface modified titanium dioxide [J]. Journal of the American chemical society, 2006 (128): 15574 - 15575.

[347] TIAN X, GAO P, NIE Y, et al. A novel singlet oxygen involved peroxymonosulfate activation mechanism for degradation of ofloxacin and phenol in water [J]. Chemical communications, 2017 (53): 6589 - 6592.

[348] LIANG P, ZHANG C, DUAN X, et al. An insight into metal organic framework derived N-doped graphene for the oxidative degradation of persistent contaminants: formation mechanism and generation of singlet oxygen from peroxymonosulfate [J]. Environmental science: nano, 2017 (4): 315 - 324.

[349] YANG Z, QIAN J, YU A, et al. Singlet oxygen mediated iron-based Fenton-like catalysis under nanoconfinement [J]. Proceedings of the national academy of sciences, 2019 (116): 6659.

[350] NOSAKA Y, NOSAKA A Y. Generation and detection of reactive oxygen species in photocatalysis [J]. Chemical reviews, 2017 (117): 11302 - 11336.

[351] NAWAZ F, XIE Y, XIAO J, et al . The influence of the substituent on the phenol oxidation rate and

reactive species in cubic MnO_2 catalytic ozonation [J]. Catalysis science & technology, 2016 (6): 7875 - 7884.

[352] ZHANG S, QUAN X, WANG D. Catalytic ozonation in arrayed zinc oxide nanotubes as highly efficient mini-column catalyst reactors (MCRs): Augmentation of hydroxyl radical exposure [J]. Environmental science & technology, 2018 (52): 8701 - 8711.

[353] WU J, SU T, JIANG Y, et al. In situ DRIFTS study of O_3 adsorption on CaO, γ-Al_2O_3, CuO, α-Fe_2O_3 and ZnO at room temperature for the catalytic ozonation of cinnamaldehyde [J]. Applied surface science, 2017 (412): 290 - 305.

[354] LI W, GIBBS G V, OYAMA S T. Mechanism of ozone decomposition on a manganese oxide catalyst. 1. in situ raman spectroscopy and ab initio molecular orbital calculations [J]. Journal of the American chemical society, 1998 (120): 9041 - 9046.

[355] ZHU S, HUANG X, MA F, et al. Catalytic removal of aqueous contaminants on N-doped graphitic biochars: Inherent roles of adsorption and nonradical mechanisms [J]. Environmental science & technology, 2018 (52): 8649 - 8658.

[356] WU J J, MURUGANANDHAM M, CHEN S H. Degradation of DMSO by ozone-based advanced oxidation processes [J]. Journal of hazardous materials, 2007 (149): 218 - 225.

[357] HOIGNÉ J, BADER H, HAAG W R, et al. Rate constants of reactions of ozone with organic and inorganic compounds in water—Ⅲ. Inorganic compounds and radicals [J]. Water research, 1985 (19): 993 - 1004.

[358] MAWHINNEY D B, VANDERFORD B J, SNYDER S A. Transformation of 1H-benzotriazole by ozone in aqueous solution [J]. Environmental Science & technology, 2012 (46): 7102 - 7111.

[359] BENITEZ F J, ACERO J L, REAL F J, et al. Ozonation of benzotriazole and methylindole: Kinetic modeling, identification of intermediates and reaction mechanisms [J]. Journal of hazardous materials, 2015 (282): 224 - 232.

[360] CATALÁN J, DÍAZ C, BARRIO L. Analysis of mixed solvent effects on the properties of singlet oxygen ($1\Delta g$) [J]. Chemical physics, 2004 (300): 33 - 39.

[361] SCULLY F E, HOIGNÉ J. Rate constants for reactions of singlet oxygen with phenols and other compounds in water [J]. Chemosphere 16 (1987) 681 - 694.

[362] GUO Z, XIE Y, XIAO J, et al. Single-atom Mn-N4 site-catalyzed peroxone reaction for the efficient production of hydroxyl radicals in an acidic solution [J]. Journal of the American chemical society, 2019 (141): 12005 - 12010.

[363] Zhao Y, Wang H, Han J, et al. Simultaneous activation of CH_4 and CO_2 for concerted C-C coupling at oxide-oxide interfaces [J]. ACS catalysis, 2019 (9): 3187 - 3197.

[364] LI F, LI Y, ZENG X C, et al. Exploration of high-performance single-atom catalysts on support M1/FeO_x for CO oxidation via computational study [J]. ACS catalysis, 2014 (5): 544 - 552.

[365] YAO Y, XIE Y, ZHAO B, et al. N-dependent ozonation efficiency over nitrogen-containing heterocyclic contaminants: a combined density functional theory study on reaction kinetics and degradation pathways [J]. Chemical engineering journal, 2020 (382): 17 - 23.

[366] PALMISANO G, ADDAMO M, AUGUGLIARO V, et al. Influence of the substituent on selective photocatalytic oxidation of aromatic compounds in aqueous TiO_2 suspensions [J]. Chemical communi-

cations, 2006 (14): 1012 - 1014.

[367] LING L, DENG Z, FANG J, et al. S Bromate control during ozonation by ammonia-chlorine and chlorine-ammonia pretreatment: Roles of bromine-containing haloamines [J]. Chemical engineering journal, 2020 (389): 123447.

[368] LU L W, PENGY P, CHANG C N. Catalytic ozonation by palladium-manganese for the decomposition of natural organic matter [J]. Separation and purification technology, 2018 (194): 396 - 403.

[369] BAI Z, YANGQ, WANG J. Catalytic ozonation of dimethyl phthalate using Fe3O4/multi-wall carbon nanotubes [J]. Environmental technology, 2017 (38): 2048 - 2057.

[370] MA J, GRAHAM N J. Degradation of atrazine by manganese-catalysed ozonation—influence of radical scavengers [J]. Water research, 2000 (34): 3822 - 3828.

[371] ZHAO L, SUN Z, MA J, et al. Influencing mechanism of bicarbonate on the catalytic ozonation of nitrobenzene in aqueous solution by ceramic honeycomb supported manganese [J]. Journal of molecular catalysis A: chemical, 2010 (322): 26 - 32.

[372] 王群，杨志超，徐贺. 无机阴离子对催化臭氧氧化邻苯二甲酸的影响 [J]. 环境工程学报，2017 (11): 2113 - 2118.

[373] CHENY, WU Y, LIU C, et al. Low-temperature conversion of ammonia to nitrogen in water with ozone over composite metal oxide catalyst [J]. Journal of environmental sciences, 2018 (66): 265 - 273.

[374] SUN Q, LI L, YAN H, et al. Influence of the surface hydroxyl groups of MnO_x/SBA-15 on heterogeneous catalytic ozonation of oxalic acid [J]. Chemical engineering journal, 2014 (242): 348 - 356.

[375] SILVA A C, PIC J S, SANT' ANNA JR G L, et al. Ozonation of azo dyes (Orange II and Acid Red 27) in saline media [J]. Journal of hazardous materials, 2009 (169): 965 - 971.

[376] 周敏，孙文全，陆曦，等. 臭氧化技术在垃圾渗滤液深度处理中的应用研究 [J]. 工业安全与环保，2015 (7): 10 - 12.

[377] 魏敦庆，周恩慧. 臭氧催化氧化技术在垃圾渗滤液深度处理中的应用研究 [J]. 北方环境，2019 (31): 80 - 81.

[378] 刘亚蓓. 臭氧多相催化氧化法处理垃圾渗滤液反渗透浓缩液 [J]. 山东工业技术，2016 (8): 22.

[379] 车承丹. 臭氧工艺在市政污水和工业废水深度处理中的研究与应用 [J]. 净水技术，2018 (37): 53 - 59, 76.

[380] 孙逊，杨红红. 催化臭氧氧化工艺深度处理市政污水厂生化出水 [J]. 中国给水排水，2018 (34): 74 - 76, 81.

[381] 彭澍晗，吴德礼. 催化臭氧氧化深度处理工业废水的研究及应用 [J]. 工业水处理，2019 (39): 1 - 7.

[382] 洪苡辰，刘永泽，张立秋，等. 臭氧催化氧化深度处理焦化废水效能研究 [J]. 给水排水，2017 (43): 53 - 57.

[383] 王盈盈，张晶，潘立卫，等. 臭氧催化氧化工艺处理工业废水的研究进展 [J]. 应用化工，2019 (48): 1914 - 1919.

[384] 陈天翼，李根，王卓，等. 粉末活性炭 - 陶瓷膜臭氧催化氧化深度处理煤气化废水研究 [J]. 水处理技术，2018 (44): 80 - 83, 99.

[385] 庄海峰，韩洪军，单胜道. 污泥基催化剂强化臭氧深度处理煤制气废水中试性能 [J]. 哈尔

滨工业大学学报，2017（49）：85－91.

［386］杜松，金文标，刘宁，等. 煤化工高含盐废水有机物的去除研究［J］. 煤炭科学技术，2019（47）：221－225.

［387］KHUNTIA S，MAJUMDER S K，GHOSH P. Catalytic ozonation of dye in a microbubble system：Hydroxyl radical contribution and effect of salt［J］. Journal of environmental chemical engineering，2016（4）：2250－2258.

［388］刘梦，戚秀芝，张科亭，等. 非均相催化臭氧氧化法深度处理染料废水［J］. 环境污染与防治，2018（40）：572－576，615.

［389］黎兆中，汪晓军. 臭氧催化氧化深度处理印染废水的效能与成本［J］. 净水技术，2014（8）：89－92，102.

［390］HU E，SHANG S，TAO X，et al. Minimizing freshwater consumption in the wash-off step in textile reactive dyeing by catalytic ozonation with carbon aerogel hosted bimetallic catalyst［J］. Polymers（Basel）2018（10）：175－121.

［391］钟震，陈建军，张柯. 石化含盐污水深度处理中试研究［J］. 安徽农业科学，2014（8）：7571－7573.

［392］陈中英. 高负荷下臭氧催化氧化深度处理丙烯腈废水运行特性［J］. 工业水处理，2015（8）：104－106.

［393］CHENC，WEI L，GUO X，et al . Investigation of heavy oil refinery wastewater treatment by integrated ozone and activated carbon-supported manganese oxides［J］. Fuel processing technology ，2014（124）：165－173.

［394］田凤蓉，杨志林，王开春，等. 负载型多相催化剂在催化臭氧氧化石化废水中的应用［J］. 工业用水与废水，2019（50）：19－23.

［395］杨文玲，吴赳，王坦，等. 臭氧催化氧化处理制药废水连续性实验研究［J］. 应用化工，2019（48）：365－368.

［396］何灿，黄祁，张力磊，等. 催化臭氧氧化深度处理高含盐废水的工程应用［J］. 工业水处理，2019（39）：107－109.

［397］陈岩，许立兴，郑文博. 催化臭氧氧化法深度处理腈纶废水的研究［J］. 化工环保，2019（48）：731－734.

第三章　光催化耦合强化臭氧氧化原理与技术应用

为提高臭氧活化产活性氧的效率，除了开发高效固体催化剂，还可与光催化过程结合。一定波长的紫外光可与臭氧直接反应产生·OH，但效率较低；而可见光能量较低，难以直接活化臭氧分子，一般需要外加半导体材料加速光催化与臭氧耦合过程，通过光生电子活化臭氧产生活性氧，并可利用光生空穴的氧化能力共同提高有机物的降解效果。影响光催化–臭氧耦合处理效果的主要因素包括催化剂性质（如形貌、能带结构、光电特性等）和各种操作参数（如温度、pH、光照强度及波长、臭氧和催化剂用量等）。根据入射光波长范围不同，光催化与臭氧耦合过程可分为两类：紫外光催化–臭氧耦合技术及可见光催化–臭氧耦合技术。本章详细讨论了两种耦合技术采用的典型催化剂、催化反应机制及反应动力学、反应参数影响，以及反应中常用的各种光源及反应器，并介绍了两种光催化–臭氧耦合技术处理实际废水的效果。

第一节　紫外光催化耦合强化臭氧氧化技术

由于均相光催化过程中残留金属离子难以分离去除，会造成二次污染，因此，光催化–臭氧耦合技术主要采用非均相催化剂。近20年来，非均相光催化–臭氧耦合技术处理废水相关的研究论文及其引用次数持续增长。根据文献统计结果，非均相光催化–臭氧耦合技术以紫外光催化过程为主。TiO_2是最常见的半导体光催化剂，因其具有光催化活性高、成本低、无毒性和化学稳定性好等优点，在紫外光催化领域受到广泛关注。目前，在紫外光催化–臭氧耦合技术的研究报道中，TiO_2材料占比达90%左右，其中P25型商业TiO_2材料光催化剂活性较高，且多年前已实现低成本大规模生产，在紫外光催化–臭氧耦合技术的研究中占比接近50%，其他的非均相催化剂还包括SiC、ZnO等半导体材料、复合金属氧化物、碳纳米管及金属有机框架结构材料（MOFs）等。

一、催化剂

尽管半导体材料种类繁多、形态各异，但受到禁带宽度的限制，可应用于光催化过程的半导体材料种类有限，而能应用于可见光催化–臭氧氧化过程的半导体材料则更少。半导体光催化剂可大致分为紫外光驱动和可见光驱动两大类，其中，TiO_2和基于TiO_2的改性/掺杂材料具有光催化和催化臭氧氧化活性，在紫外光催化–臭氧耦合过程应用最为广泛。在光催化－臭氧耦合过程中，半导体催化剂可悬浮在溶液中，或固定于一定形状的载体上。表3－1－1总结了目前用于紫外光催化－臭氧氧化反应的TiO_2类催化剂。

P25型TiO_2材料（Degussa P25，Degussa公司，80%锐钛矿相和20%金红石相混合晶型）是通过氢氧焰燃烧形成高温条件（高于1200 ℃），然后$TiCl_4$发生气相水解得到的[1]。产品纯度高、分散性好，平均粒径约为20 nm，比表面积约为50 m^2/g，在紫外光催化－臭氧氧化过程中大量使用。Kopf等[2]发现在紫外光－臭氧耦合过程加入Degussa P25，可使一氯乙酸和吡啶的降解率分别提高6倍和24倍。P25良好的光催化性能可能是由于锐钛矿相TiO_2中电子－空穴对的复合率降低所致，因为锐钛矿相TiO_2在紫外线光照下产生的光生电子会转移到活性较低的金红石相TiO_2[3]。Huang[4]等发现在光催化－臭氧氧化过程中使用Degussa P25可以显著提高全氟辛酸（PFOA）的降解率，反应4 h内脱氟率可达44.3%。光生空穴可以直接起氧化作用，光生电子活化臭氧也可形成·OH，二者的叠加作用提高了PFOA的降解效果。

表3－1－1　用于紫外光催化－臭氧氧化反应的TiO_2类催化剂

催化剂	制备方法	光源	目标污染物	主要结果	参考文献
P25型TiO_2材料1	商业材料	紫外灯	一氯乙酸、吡啶	一氯乙酸和吡啶的耦合降解率是UV－O_3的6倍和24倍，是光催化臭氧氧化的4倍和18倍	[2]
P25型TiO_2材料2	商业材料	28W低压汞灯	全氟辛酸	全氟辛酸4 h内脱氟率达44.3%	[4]
TiO_2	水热法	紫外灯	邻苯二甲酸二甲酯（DMP）	降解邻苯二甲酸二甲酯时，其最大光催化活性比溶胶－凝胶TiO_2高2.5倍。$TiO_2/UV/O_3$相比TiO_2/UV、UV/O_3及单独臭氧降解和矿化率均显著提高了	[5]
TiO_2纤维	商业材料	紫外灯	2,4－二氯苯氧乙酸（2,4－D）	$O_3/UV/TiO_2$中2,4－D和TOC的去除率分别比O_3和UV/TiO_2中相应值的总和大1.5倍和2.4倍左右	[6]
锐钛矿相TiO_2（纯度99.7%）	商业材料	U汞蒸气UVA灯	活性艳红194	在本文所用的AOPs技术中，脱芳化和矿化最有效的方法是$O_3/UVA/TiO_2$	[7]

除了P25商业TiO_2材料外，还可通过其他合成方法制备TiO_2粉末材料和TiO_2薄膜。虽然TiO_2薄膜比表面积较小，通常光催化活性低于TiO_2粉末材料，但其具有易分离回收的优点，因此在实际应用中具有重要意义。研究人员使用多种方法来修饰TiO_2薄膜，其中，掺杂、沉积或复合介孔薄膜等方法受到关注较多[8－12]，目前已有多种制备方法的研究报道，其中溶胶－凝胶法和水热处理法的研究最广泛。溶胶－凝胶法的优点是能够在较低的温度下合成高纯度的纳米TiO_2，而水热法则特别适用于制备尺寸和形状可控、结晶度高的TiO_2。Jing等[5]通过水热法合成了晶粒尺寸为8.4 nm的TiO_2，与传

统的溶胶-凝胶法相比，所得TiO_2具有较高比例的锐钛矿相、较大的比表面积和较强的紫外光吸收能力，并且不易发生团聚，在降解邻苯二甲酸二甲酯时，其最大光催化活性比溶胶-凝胶法制备的TiO_2高2.5倍。

为了提高TiO_2材料的紫外光或可见光催化活性，开发了多种材料制备策略。其中，通过尺寸和形态控制增加暴露于光照下的反应位点是一种很重要的方法，如通过合成量子点[13-14]、纳米片[15-16]、纳米管[17-18]、纳米线[19-20]和介孔空心壳[21-22]等不同形貌的TiO_2材料，以提高催化活性。Giri等[6]以高强度TiO_2纤维作为催化剂，研究了2，4-二氯苯氧乙酸（2，4-D）在水溶液中的降解过程。在TiO_2紫外光催化-臭氧耦合过程中（O_3/UV/TiO_2），2，4-D和TOC的去除率分别比臭氧氧化和TiO_2紫外光催化两种过程的去除率之和大1.5倍和2.4倍左右。O_3/UV/TiO_2工艺的优点是形成的芳香族中间产物存在时间短，脂肪族中间产物降解也较快，其中脱氯是2，4-D矿化的主要步骤。2，4-D矿化效率提高的主要原因是TiO_2表面臭氧分解增多，电子-空穴复合也减少，产生大量·OH。TiO_2纤维催化剂在O_3/UV/TiO_2工艺中面临主要的问题是悬浮状粉末催化剂难以分离回收，而固定化催化剂的效率又较低，若能解决此问题，将有良好的应用前景。

（一）金属掺杂TiO_2催化剂

除了通过尺寸和形态控制提高比表面积和光电特性来提高TiO_2的催化活性之外，还可以通过金属或非金属掺杂，与其他异质结材料复合提高光生载流子分离能力或拓宽吸收光谱。表3-1-2总结了目前用于紫外光催化-臭氧氧化领域的金属掺杂TiO_2催化剂。

表3-1-2 用于紫外光催化-臭氧氧化领域的金属掺杂TiO_2催化剂

催化剂	制备方法	光源	目标污染物	主要结果	参考文献
AlFe/TiO_2纳米管	水热法	UV/37W低压汞灯	腐殖酸	1.0%共掺杂[w(Al)：w(Fe)=0.25%：0.75%]对饮用水中的腐殖酸分解具有最高催化活性	[23]
Fe-TiO_2-Ag纳米球	超声辅助水热法、光化学还原法	W-UVC灯	4-氯酚（4-CP）	4-氯酚的最大降解率为97.12%，经过5次循环使用后，光催化活性仍保持在94%	[24]
MnO_2/TiO_2	浸渍法、溶胶凝胶法	UV/通用电气紫外汞灯	苯酚	所有辐照体系的苯酚降解均呈增加趋势，最终产物为CO_2和小有机酸	[25]
Ag-TiO_2纳米颗粒	光化学还原法	UVA/40W灯管	4-羟基苯磺酸（4-HBS）	负载Ag和臭氧耦合可以改善二氧化钛的光催化性能，实现4-HBS全矿化	[26]
Ag-TiO_2空心微米管	棉纤维模板法	UVA/中压汞灯	阿替洛尔（ATL）	Ag-Ti原子数分数为2%的Ag-TiO_2催化降解ATL的性能最好	[27]
Zn-TiO_2	浸渍-煅烧法	UV/4×便携式紫外灯	水杨酸（SA）	71%的Zn-TiO_2在光催化、催化臭氧氧化和光催化臭氧氧化等方面表现出比纯TiO_2更好的性能	[28]
Ag-TiO_2 Pt-TiO_2	紫外光还原法	UVA/3×6W灯	5种对羟基苯甲酸酯混合物	0.5%Ag-TiO_2对羟基苯甲酸酯的光催化臭氧氧化效果最好，Ag负载量降低使对羟基苯甲酸酯的降解效率变差，COD和TOC的去除率也降低	[29]

Yuan[23]等采用水热法成功制备了具有空心开口结构的铝-铁共掺杂 TiO_2 纳米管，该纳米管具有较大的比表面积和较窄的禁带宽度。结果表明，Al^{3+} 和 Fe^{3+} 的共掺杂明显促进了·OH 的生成效率，其中 1.0% ［w（Al）：w（Fe）=0.25%：0.75%］共掺杂 TiO_2 具有 3.06 eV 的禁带宽度，对饮用水中的腐殖酸分解具有最高的催化活性。

Shojaie[24]等用超声辅助水热法合成了均匀的 Fe 掺杂 TiO_2 材料，再利用光化学还原法制备 Ag 掺杂的 Fe-TiO_2 纳米球。纳米球的平均粒径为 12～18nm，Ag 在 Fe-TiO_2 上高度分散。此外，Fe 以磁性四氧化三铁（Fe_3O_4）的形式存在，通过施加外部磁场有利于催化剂的快速分离回收。部分 Fe^{3+} 嵌入二氧化钛的晶格，可减少光生电子-空穴的复合。而 Ag 纳米粒子与半导体结合，也可以促进电荷分离。因此，在共掺杂材料 Fe-Ag/TiO_2 中可产生更多的光生电子，并增强了 TiO_2 的光吸收。在最佳反应条件下，4-氯酚的最大降解率达 97.12%，并且催化剂经 5 次循环回收后，催化活性仍达到新鲜催化剂的 94%。

一般认为，催化剂表面富集羟基可以提高氧化还原过程中有机物的降解速率和矿化效率。通过将 TiO_2 与金属氧化物偶联，促进光诱导载流子的加速转移和表面羟基的增加，使其光催化活性显著提高。Villaseñor 等[25]通过传统的湿法、浸渍法和溶胶凝胶法制备了不同系列的二氧化锰负载催化剂——MnO_2/TiO_2，在光催化臭氧氧化降解苯酚时表现出较好的催化活性，反应结果都显示苯酚被降解，最终产物是 CO_2 和小分子有机羧酸。Fónagy 等[26]在催化剂 Degussa P25 TiO_2 表面加入贵金属银改性，提高了光催化与臭氧氧化过程耦合的效率，以 Ag-TiO_2 为催化剂的光催化臭氧氧化过程可实现 4-羟基苯磺酸 100% 矿化。Ling 等[27]以棉纤维为模板成功制备了 Ag-TiO_2 空心微米管，并应用于光催化臭氧氧化（UV/Ag-TiO_2/O_3）阿替洛尔（ATL）。结果表明，2% Ag-TiO_2 催化剂对 ATL 矿化的效果最优，与 TiO_2 相比具有明显优势。催化剂上的 Ag 为良好的电子受体，增强了光催化与臭氧氧化的协同效应，并且 2% Ag-TiO_2 微米管在光催化臭氧氧化耦合体系中具有良好的稳定性[28-29]。

（二）非金属掺杂 TiO_2 催化剂

除了金属掺杂之外，非金属掺杂也可以提高 TiO_2 的催化性能。Quiñones 等[30]通过溶胶凝胶法合成 TiO_2 和掺硼 TiO_2 催化剂（B-TiO_2），通过臭氧氧化、光催化、紫外光-臭氧和光催化臭氧氧化等方法处理 4 种难降解的农药废水。结果表明，使用 B-TiO_2 催化剂的光催化臭氧氧化过程最有效，农药类目标污染物可在 90 min 内被完全去除，反应 120 min 后矿化率也达到了 75%，且连续 3 次循环使用后催化活性保持不变，有硼元素浸出。TiO_2 催化剂上掺硼导致锐钛矿相 TiO_2 颗粒的晶体尺寸减小，并且与未掺杂 TiO_2 相比，孔体积和比表面积均有所增加，同时硼掺杂还在一定程度上避免了光生电子-空穴对的复合。

Solís 等[31]使用氮掺杂 TiO_2 作为催化剂，通过臭氧氧化、光催化、光催化臭氧氧化降解 3-（3，4-二氯苯基）-1，1-二甲基脲（敌草隆）模拟废水。氮掺杂后的催化剂颗粒直径更大，更便于回收再利用。结果表明，光催化臭氧氧化过程的 TOC 去除率明显提高，反应2 h后TOC去除率可达80%，直接臭氧氧化仅可去除25%的TOC，而光催化需要9 h才能达到25%的TOC去除率。表3-1-3总结了目前用于紫外光催化臭氧氧化领域的非金属掺杂TiO_2催化剂。

表3-1-3 用于紫外光催化臭氧氧化领域的非金属掺杂TiO_2催化剂

催化剂	制备方法	光源	目标污染物	主要结果	参考文献
硼掺杂TiO_2	溶胶凝胶法	1500 W气冷氙灯（λ≥300 nm）	敌隆（DIU）、邻苯基苯酚（OPP）、2-甲基-4-氯苯-氧乙酸（MCPA）和特丁津（t-BA）	90 min内被完全去除，120 min后矿化率达75%	[30]
氮掺杂TiO_2	溶胶凝胶法	UVA/4×41cm的黑光灯	3-（3,4-二氯苯基）-1,1-二甲基脲（敌草隆）	TOC去除率在2 h内达80%，而臭氧氧化2 h内仅去除25%的TOC，光催化9 h才去除25%的TOC	[31]

（三）固载TiO_2催化剂

除了制备TiO_2粉末催化剂，还可将TiO_2颗粒负载于其他大比表面积或更大尺寸的载体上，以实现更好的颗粒分散性、更高的光生载流子分离效率或更利于催化剂回收利用。例如，TiO_2-石墨烯纳米复合材料可用于紫外光催化过程，提高废水处理过程的TOC去除效率，并且这种复合材料对可见光也有良好的响应能力[32-35]。这可能是因为光激发电子从TiO_2转移到石墨烯上阻碍了电子-空穴复合，从而增强了该过程对有机物的氧化效率。基于TiO_2-石墨烯纳米复合材料在光催化领域的优良性能，所以也可作为光催化臭氧氧化的高效催化剂。

Beltrán等[36]分别通过液相沉积法（LPD）、水热法（HT）和溶胶凝胶法（SG）制备了3种不同的TiO_2-氧化石墨烯纳米复合材料（GO/TiO_2），用于光催化臭氧氧化降解草酸；该研究表征了3种材料的不同性质，并对比了3种材料的催化活性和反应动力学。使用溶胶凝胶法合成的催化剂GO/TiO_2-SG颗粒尺寸太小且氧化石墨烯纳米片易脱落，与单一的光催化和臭氧氧化过程相比，并未显著提高光催化臭氧氧化过程对有机物的降解速率。GO/TiO_2-HT催化剂比表面积从60 m^2/g增加到93m^2/g，禁带宽度也有所提高。而GO/TiO_2-LPD是三者中性能最好的催化剂，比表面积最大且GO纳米片与TiO_2之间的相互作用较强，在降解草酸的催化性能测试中显示出最高的活性。

悬浮态的半导体颗粒催化剂在循环使用前需先分离，而且催化剂颗粒的散射会引起紫外光的消光现象进而导致光子吸收效率下降，而TiO_2固载型催化剂则可合理地避免这一不足。Tanaka等[37]最早使用安装在圆形玻璃瓶中的TiO_2涂层管作为反应器，Mehrjouei等[38]将TiO_2固定在商业产品皮尔金顿活性玻璃™上制备催化剂，可高效催化紫外光-臭氧氧化去除水中草酸。

此外，采用凝胶法设计出一种新型炭黑改性的纳米TiO_2薄膜（CB-TiO_2），并应用于光催化臭氧氧化深度去除废水中的邻苯二甲酸二丁酯[39]。炭黑改性使TiO_2薄膜的孔体积增大，孔结构更疏松，晶粒尺寸变小并能吸收波长更大的入射光，在降解邻苯二甲酸二丁酯时，光催化活性是未改性 TiO_2膜的 1.4 倍。

Simon 等[40]分别采用 TiO_2悬浮液和固定化 TiO_2作催化剂，研究除草剂灭草隆在光催化、臭氧氧化和光催化臭氧氧化下的降解率和矿化率。结果表明，通入臭氧可以提高光催化降解灭草隆的速率和矿化率，但并未看出光催化和臭氧氧化之间具有显著的协同作用。Valério[41]将 P25 TiO_2负载于多孔功能性材料聚氨酯泡沫上，用于光催化臭氧氧化降解四环素。结果表明，这种催化剂可引发光催化和臭氧氧化之间的协同作用，四环素降解率可达到 100% 并且矿化率也很高。大孔载体可增加臭氧停留时间，以及催化剂与反应物的接触时间，从而增强整体降解有机物的效率。

Moreira 等[42]首次采用 TiO_2涂层玻璃拉西环和发光二极管（LEDs），作为催化剂用于连续光催化臭氧氧化处理城市污水及自来水厂供水区收集的地表水。对于典型的降解中间产物（如草酸），光催化臭氧氧化的降解比臭氧氧化、TiO_2催化臭氧氧化更有效；光催化臭氧氧化可以有效去除废水中的微生物和目标污染物，明显优于光催化过程。表 3-1-4 总结了目前用于紫外光催化臭氧氧化领域的固载 TiO_2催化剂。值得注意的是，虽然 TiO_2的固定化避免了催化剂难回收的缺点，但是由于反应体系中的传质限制，固定化 TiO_2催化剂的效率一般低于悬浮态 TiO_2催化剂。

表 3-1-4　用于紫外光催化臭氧氧化领域的固载 TiO_2催化剂

催化剂	制备方法	光源	目标污染物	主要结果	参考文献
GO/TiO_2	液相沉积法、水热法和溶胶凝胶法	UV/44×LED 灯管	草酸	GO/TiO_2-LPD 催化活性最高，比表面积最大且 GO 纳米片与 TiO_2之间的相互作用达到最佳，去除草酸的活性最高	[36]
炭黑改性纳米 TiO_2薄膜	溶胶凝胶法	UV/15 W 低压紫外灯	邻苯二甲酸二丁酯	$O_3/UV/TiO_2$矿化速率常数为 O_3/UV（UV/TiO_2）的 1.2~1.8(3.5)倍	[39]
TiO_2（P25）固定于陶瓷纸片	喷涂法	UV/15W 荧光紫外灯	除草剂灭草隆	加入臭氧强化了光催化降解灭草隆的速率和矿化率	[40]
TiO_2（P25）负载在多孔聚氨酯泡沫上	浸渍法	UV/紫外灯	四环素	在多孔载体上产生了光催化和臭氧氧化的协同作用，四环素降解率达 100% 且实现高度矿化	[41]
TiO_2涂层玻璃拉西环	浸渍法	UVC/2×10W 紫外高强度 LED 灯	城市污水和地表水中的微污染物，抗生素抗性基因和雌激素	光催化臭氧氧化对典型反应副产物（如草酸）的降解比臭氧氧化（甚至是 TiO_2催化臭氧氧化）更有效，对去除城市废水中测定的母体微污染物比光催化更有效，光催化臭氧氧化可以有效地去除微生物和目标物	[42]
TiO_2固定在 Al_2O_3球上	涂覆法	UV/15 W 低压紫外灯	猕猴桃采后的真菌腐败	TiO_2光催化臭氧氧化是猕猴桃采后病害防治的有效方法	[43]
TiO_2（锐钛矿 >99%）固定于陶瓷板	溶胶-凝胶浸渍-涂覆法	UVA/紫外灯	盐酸非那吡啶	TiO_2光催化臭氧氧化可有效去除盐酸非那吡啶，并提出 3 种动力学模型	[44]

（四）金属离子 – TiO_2混合催化剂

虽然均相金属离子催化剂易残存在废水中造成二次污染，但投加少量低毒性的铁离子可显著提高紫外光催化臭氧氧化的效果。例如，Piera E 等[45]在紫外光催化与臭氧耦合过程分别加入 TiO_2和 Fe^{2+}，比较了 TiO_2/UVA/O_3和 Fe^{2+}/UVA/O_3过程对 2，4 – 二氯氧乙酸的矿化过程。研究结果表明，与 UVA/O_3过程相比，加入这两种催化剂均提高了反应效率，并且 Fe^{2+}/UVA/O_3 组合技术的降解效果最优。同时研究了 pH、光照强度、催化剂浓度等参数对催化速率的影响，表明金属离子在光催化臭氧氧化领域具有良好的应用前景。Rodríguez 等[46]使用均相催化剂（如单独 Fe^{3+}或与草酸或柠檬酸离子络合的 Fe^{3+}）、非均相催化剂（如 TiO_2）和氧化剂［如过氧化氢（H_2O_2）、臭氧］去除水中的一些突发性污染物（睾丸素 TST、消炎药 AAP 和双酚 A）和残留的总有机碳（TOC）。结果表明，Fe^{3+}/UVA 反应 2 h 仅能去除部分有机物。pH = 3 时，Fe^{3+}/UVA/O_3和草酸铁/UVA/O_3反应体系在 2 h 内 TOC 去除率最高（大约为 80%），而在非均相反应体系中，TiO_2/ UVA/O_3和 Fe^{3+}/羧酸/UVA/ O_3体系的 TOC 去除率也相对最高，pH 为 3 时约为 90%，pH 为 6.5 时约为 80%。

陈莹莹等[10,47]选取商用 P25 TiO_2催化剂，同时添加 Fe^{3+}、Ag^{+}等均相催化剂，以苯酚、草酸为模拟污染物，对光催化 – 臭氧氧化过程开展了系统研究。分别采用臭氧氧化、光催化反应体系降解苯酚、草酸，并研究了光催化 – 臭氧耦合过程中不同的操作方式（同时连续通入臭氧和开启光照，或者间歇通入臭氧或开启光照）对两种模拟污染物的降解行为。

1. 苯酚降解

提高光催化效率的首要措施是有效阻止光生电子和空穴的复合，以提高光能到化学能的转换效率，而加入金属离子是最简单有效的方式之一。图 3 – 1 – 1a 是加入各种过渡金属离子（Fe^{3+}、Cu^{2+}、Ni^{+}、Mn^{2+}和 Ag^{+}）对 TiO_2光催化降解苯酚的影响。与单独的紫外光解过程相比（14.5%），加入 TiO_2光催化剂或 TiO_2 – 金属离子会显著提高苯酚的去除率。其中 Fe^{3+}和 Ag^{+}的提升效果最明显，各种金属离子对 TiO_2光催化效率提高的顺序依次为 $Fe^{3+} > Ag^{+} > Cu^{2+} > Ni^{2+} > Mn^{2+}$。在臭氧氧化和 TiO_2催化臭氧氧化降解实验中，苯酚均会在 60 min 内完全被氧化，在此反应体系中，加入 Fe^{3+}和 Ag^{+}离子对臭氧氧化降解苯酚无促进作用（图 3 – 1 – 1b）。

在紫外光催化和臭氧耦合过程中调变光催化和通入臭氧的顺序，研究不同操作模式对苯酚去除效率的影响，主要包括光催化反应 60 min，然后停止光照通入臭氧反应 60 min 的 SPO 模式和通入臭氧反应 60 min，然后停止臭氧开启光照反应 60 min 的 SOP 模式。在前 60 min 反应中，SOP 比 SPO 更有优势，因为臭氧氧化苯酚的能力强于 TiO_2光催化过程。Fe^{3+}和 Ag^{+}对 TiO_2光催化过程均有促进作用，但 Ag^{+}对 SPO 第二阶段和 SOP 第一阶段有明显的抑制作用（图 3 – 1 – 2a）。这两个阶段均为臭氧氧化和 TiO_2催化臭氧氧化为主，加入 Ag^{+}会造成臭氧无效分解。不同于目标污染物的降解过程，TiO_2、Fe^{3+}和 Ag^{+}均能提高 TOC 去除率。无催化剂、TiO_2、TiO_2/Fe^{3+}和 TiO_2/Ag^{+}催化的 SPO 过程中 TOC 去除率分别为 12.0%、16.3%、38.6% 和 44.8%（图 3 – 1 – 2b）。而

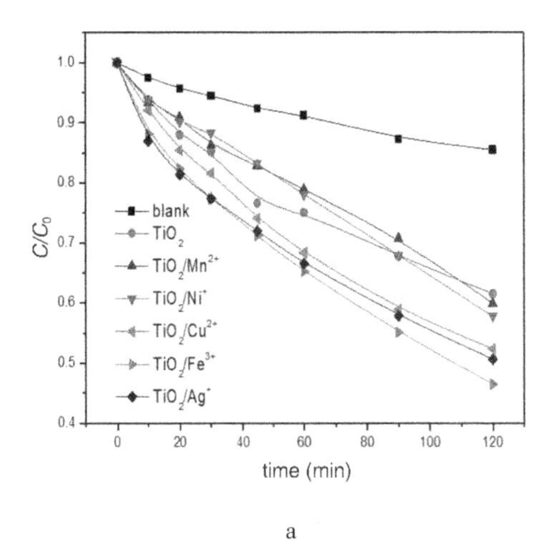

a

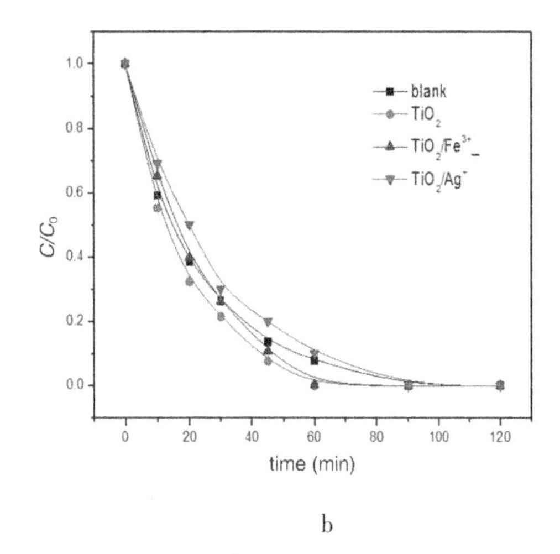

b

图 3-1-1 (a) 各种金属离子对 TiO_2 光催化降解苯酚和 (b) Fe^{3+}、Ag^+ 对 TiO_2 催化臭氧降解苯酚的影响

{[Fe^{3+}] = 75 μmol/L, [Ag^+] = 50 μmol/L}

TiO_2/Fe^{3+}催化的光催化和臭氧氧化过程连续反应 120 min 后 TOC 去除率分别为 23.1% 和 36.5%。这表明光催化和臭氧结合去除中间产物，有助于 SOP 过程中 TOC 的去除。以上结果再次证明光催化和臭氧氧化耦合可以提高 TOC 去除率，特别针对部分可直接臭氧氧化的有机物，臭氧预氧化提高了后续光催化降解的效率。为了提高光催化 - 臭氧氧化的效率并减低处理成本，可在不同的反应体系中优化臭氧、光催化的反应顺序及反应时间。

紫外光催化 - 臭氧耦合过程是一个复杂的三相反应体系，可能涉及直接光降解、光催化、臭氧氧化、催化臭氧氧化、紫外光 - 臭氧和紫外光催化 - 臭氧氧化等多个反应。图 3-1-2c 中的苯酚去除速率与 SOP 过程中第一阶段臭氧氧化去除速率相似，加入 TiO_2后对苯酚降解过程有一定的促进作用，但进一步加入 Ag^+ 和 Fe^{3+} 后反而对苯酚降解略有抑制。图 3-1-2d 表明在苯酚矿化过程中，紫外光催化 - 臭氧氧化过程比 SPO 和 SOP 过程更有效，TiO_2和 TiO_2/Fe^{3+}催化均可在 90 min 内完全矿化苯酚，其他体系 TOC 去除率也高达 95%。因此，将光催化和臭氧氧化同时结合可更明显地提高有机物的矿化程度。

2. 草酸降解

在同样的反应体系中，也对比了不同过程降解草酸的效果。从图 3-1-3a 可看出，单独紫外光照很难氧化草酸，加入 TiO_2催化剂后反应 60 min 可去除 70% 的草酸，加入 TiO_2/Fe^{3+}催化剂可在 60 min 内完全去除草酸，而 TiO_2/Ag^+催化体系则在 20 min 内完全降解草酸。在臭氧氧化反应体系中也可看到类似的规律，臭氧氧化和 TiO_2催化臭氧氧化对草酸降解效率很低，而加入均相催化剂 Fe^{3+} 和 Ag^+ 后均显著提高了草酸降解速率，但效果仍较光催化反应体系差。与两种单独反应过程不同，即使不加催化剂，紫外光与臭氧耦合过程在 60 min 内即可完全去除相同浓度的草酸，即使未加入催化剂，

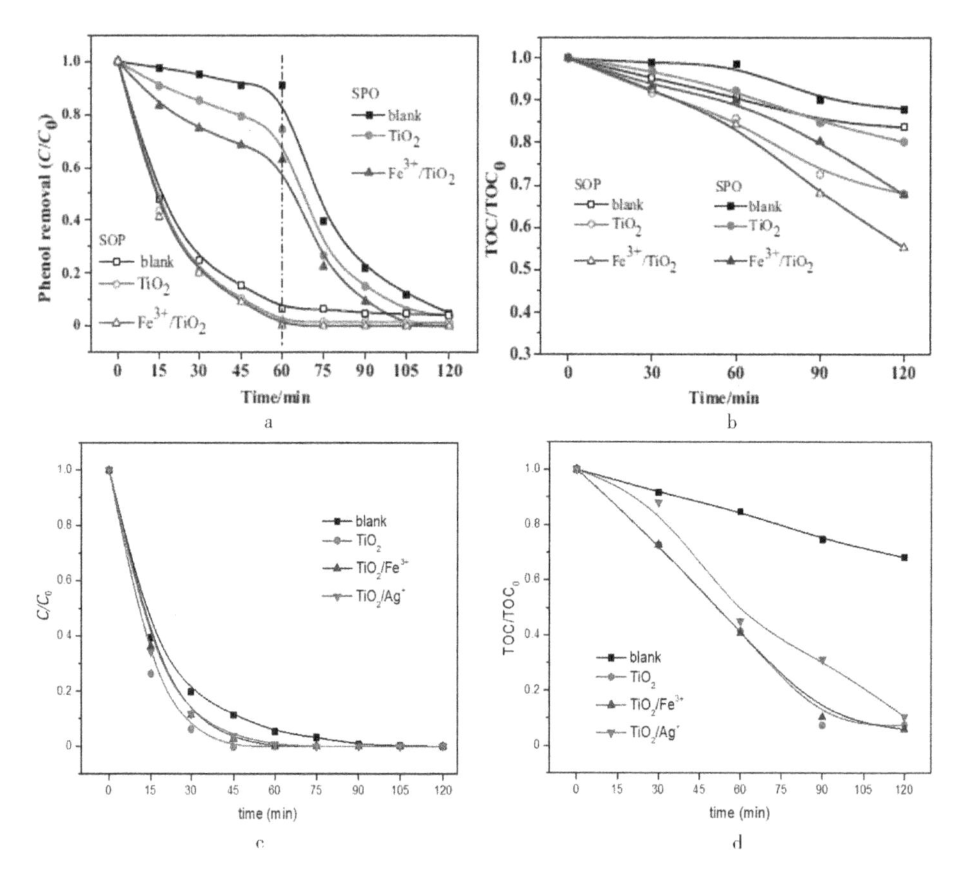

图3-1-2 不同顺序紫外光催化-臭氧氧化苯酚（a）和TOC去除（b），紫外光催化-臭氧氧化苯酚（c）和TOC去除（d）

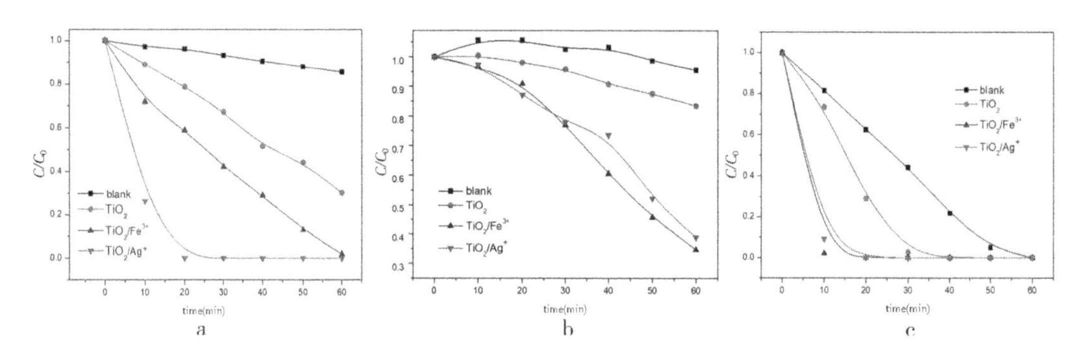

图3-1-3 紫外光催化（a）、臭氧催化氧化（b）和紫外光催化光-臭氧氧化降解草酸（c）

紫外光-臭氧耦合过程也可提高草酸的降解效率。加入TiO_2催化剂之后，草酸降解速度进一步加快（30 min完全去除）。但与苯酚降解过程不同的是，进一步加入均相催化剂Fe^{3+}和Ag^+后，紫外光催化臭氧氧化降解草酸的速度进一步加快，可在20 min甚至10 min内完全降解。

Sauleda总结了Fe^{3+}/Fe^{2+}均相催化剂在臭氧和UVA耦合过程中所有可能发生的反应。Fe^{3+}是捕获光生电子而被还原，或参与紫外光-Fenton反应被还原。

$$Fe^{3+} + e^- \longrightarrow Fe^{2+} \tag{3-1-1}$$

$$Fe^{3+} + H_2O + h\nu \longrightarrow Fe^{2+} + \cdot OH + H^+ \tag{3-1-2}$$

还原形成的 Fe^{2+} 可通过 Fenton 反应与 H_2O_2 重新生成 Fe^{3+} 和 $\cdot OH$，并且和臭氧反应生成 FeO^{2+}：

$$O_3 + H_2O + h\nu \longrightarrow H_2O_2 + O_2 \tag{3-1-3}$$

$$Fe^{2+} + H_2O_2 \longrightarrow Fe^{3+} + OH^- + \cdot OH \tag{3-1-4}$$

$$Fe^{2+} + O_3 \longrightarrow FeO^{2+} + O_2 \tag{3-1-5}$$

中间产物 FeO^{2+} 可以以不同的比例与水进一步反应生成 Fe^{3+}、$\cdot OH$ 和其他阴离子，或者以更低的反应速率氧化 Fe^{2+} 形成 Fe^{3+}：

$$FeO^{2+} + H_2O \longrightarrow Fe^{3+} + OH^- + \cdot OH \tag{3-1-6}$$

$$2FeO^{2+} + H_2O \longrightarrow 2Fe^{3+} + OH^- + HO_2^- \tag{3-1-7}$$

$$FeO^{2+} + Fe^{2+} + 2H^+ \longrightarrow 2Fe^{3+} + H_2O \tag{3-1-8}$$

在紫外光催化、SPO 和紫外光催化－臭氧氧化降解苯酚的过程中，反应起始加入的均相催化剂为 Fe^{3+}，而 Fe^{2+} 浓度在反应 10 min 内达到最大值。通过对比 Fe^{3+} 的初始浓度（4.2 mg/L）和 Fe^{2+} 的浓度，可发现上述反应 10 min 时 Fe^{3+} 基本被完全转变为 Fe^{2+}。在光催化过程中，Fe^{2+} 浓度达到最大值后保持不变，这与 Fe^{3+} 作为电子捕获剂生成 Fe^{2+}、及发生紫外光－Fenton 作用有关［式（3－1－1）和式（3－1－2）］。在 SPO 的第二阶段（臭氧氧化），Fe^{2+} 逐步被臭氧氧化为 Fe^{3+}［式（3－1－3）至式（3－1－8）］。而在紫外光－臭氧同时耦合过程中，Fe^{2+} 在 45 min 内迅速被完全氧化为 Fe^{3+}，同时苯酚在此时间内被完全去除。在耦合过程中臭氧分子倾向于与苯酚和 Fe^{2+} 反应。在 SOP 的第一阶段（臭氧氧化），Fe^{2+} 浓度在溶液中缓慢升高，直到第二阶段（光催化过程）其浓度在 15 min 内迅速达最大值。但由于此阶段无法再生 Fe^{3+}，因此紫外光－Fenton 在光催化降解苯酚的过程中所起作用有限。同时，根据 Fe^{3+} 的还原程度可知，［式（3－1－3）至式（3－1－8）］所列反应在该体系中不占主导地位，苯酚主要通过臭氧分子氧化而去除。臭氧主要通过分子氧化和目标污染物作用，这可以解释臭氧氧化和 SOP 过程中 TOC 去除率差别较小。

催化降解草酸时，Fe^{3+} 在紫外光催化、SPO 第一阶段和紫外光催化－臭氧氧化过程也很快被还原为 Fe^{2+}，10 min 后 Fe^{2+} 浓度保持不变，这与 Fe^{3+} 主要作为电子捕获剂的作用密切相关。同理在草酸降解过程中，紫外光－Fenton 反应也不可能发挥重要作用。但是，在苯酚和草酸降解过程中，Fe^{3+} 的转换历程显著不同。在耦合降解草酸的过程中，Fe^{3+} 的还原程度低于降解苯酚反应过程的，这表明在耦合降解两种不同的有机污染物时，Fe^{3+} 发生的反应历程有所不同。

Ag^+/TiO_2 催化紫外光－臭氧氧化苯酚时，溶液颜色在不同反应阶段发生显著变化，这与 Ag^+ 的价态转变相关。反应 5 min 时反应液颜色由 TiO_2 悬浊液的乳白色变为红色，此阶段主要是 Ag^+ 被还原成 Ag 颗粒沉积于 TiO_2 催化剂表面。从透射电镜表征结果可看出，大量 Ag 颗粒高度分散于 TiO_2 表面。但由于颗粒粒径较小且分散性高，在 XRD 上无法检测到 Ag 的特征衍射峰。反应 60 min 后溶液红色变浅直至反应结束溶液又重新变为乳白色，这表明颗粒 Ag 又以 Ag^+ 形式进入溶液。由于反应后期溶液中有机物浓度大大降低，臭氧消耗量也减少，因此，部分臭氧分子与催化剂表面 Ag 发生氧化反应使之重新变为可溶的 Ag^+。Ag^+ 被还原沉积在 TiO_2 催化剂表面及 Ag 被氧化成 Ag^+ 重新进入溶液是一个理想的催化剂利用与回收的循环过程。

通过 ICP - AES 可分析得到沉积于 TiO_2 表面的 Ag 的相对比例（表 3 - 1 - 5）。在紫外光催化、SPO 反应第一阶段和紫外光催化 - 臭氧氧化的初始阶段，Ag^+ 大量沉积于 TiO_2 表面，然后在 SPO 第二阶段和紫外光催化 - 臭氧氧化反应快结束时重新溶解进入溶液。Ag^+ 的这种循环过程有望用于均相和非均相催化的可逆相转变过程。

表 3 - 1 - 5　苯酚和草酸降解过程中 Ag^+ 的沉积含量

污染物	反应过程	Ag^+ 沉积量
苯酚	$Ag^+ - TiO_2/UV$	61.3%
	SPO	6.3%
	SPO	63.3%
	$Ag^+ - TiO_2/UV - O_3$（5 min）	69.6%
	$Ag^+ - TiO_2/UV - O_3$（2 h）	0.5%
草酸	$Ag^+ - TiO_2/UV$	52.5%
	$Ag^+ - TiO_2/UV - O_3$	0.2%

如式（3 - 1 - 9）至式（3 - 1 - 12）所示，Ag^+ 价态转变过程可能涉及如下反应。

$$Ag^+ + e^- \longrightarrow Ag \tag{3-1-9}$$

$$4Ag^+ + 2H_2O = 4Ag + O_2 + 4H^+ \tag{3-1-10}$$

$$2Ag + O_3 \longrightarrow Ag_2O + O_2 \tag{3-1-11}$$

$$2H^+ + Ag_2O \longrightarrow 2Ag^+ + H_2O \tag{3-1-12}$$

Ag^+ 的主要作用是阻止光生电子和空穴复合，在紫外光催化过程中作用非常显著，但在紫外光催化 - 臭氧氧化过程，由于引入了另一种强氧化剂（臭氧），因此捕获光生电子的贡献有所降低，同时臭氧分子与 Ag^+ 反应也导致臭氧分子直接氧化有机物的作用被削弱。这是在 TiO_2 催化体系中加入 Ag^+ 抑制了紫外光催化 - 臭氧氧化降解苯酚的主要原因。

基于耦合过程中有机物降解效果（去除率、反应速率或矿化率等）与两种单一过程中有机物降解效果之和的比值，可计算不同高级氧化反应耦合后的耦合因子（S）。

当 $S > 1$ 时，表明这种耦合反应过程效率较高。在此反应体系中，耦合因子计算方式为紫外光催化臭氧氧化效果除以臭氧氧化与紫外光催化过程之和。表 3 - 1 - 6 为不同催化耦合过程降解苯酚的耦合因子。可看出 UV - O_3 过程对苯酚降解效率无提高，主要是臭氧分子本身即可氧化苯酚。但当 TiO_2、$Ag^+ - TiO_2$ 或 $Fe^{3+} - TiO_2$ 加入反应体系时，其耦合因子 S 均明显大于 1。由表 3 - 1 - 6 看出，均相或非均相催化剂的作用非常重要，直接将紫外光和臭氧耦合不是一种高效去除苯酚的方法。值得注意的是，在反应过程中耦合因子随时间不同而发生变化，耦合因子在前半段逐渐增加，60 min 达到最大值后又逐渐降低。随着目标污染物不断被去除，以及 TOC 浓度降低，反应过程的耦合因子也降低。

表 3-1-6　不同耦合过程降解苯酚的耦合因子

耦合时间/min	$UV-O_3$	$TiO_2/UV-O_3$	$Fe^{3+}-TiO_2/UV-O_3$	$Ag^{+}-TiO_2/UV-O_3$
30	0.9	2.0	2.0	1.3
60	1.0	3.0	2.6	3.1
90	1.1	2.6	2.1	2.6
120	0.8	1.8	1.7	2.0

由于紫外光与臭氧分子均难以直接降解草酸，而耦合过程可产生·OH 降解草酸，因此 $UV-O_3$直接耦合过程降解草酸显示出非常高的正耦合效应。在加入催化剂后耦合效应明显降低，主要是光催化过程对草酸有一定的效果，特别是 $Ag^{+}-TiO_2$紫外光催化体系降解草酸效率较高，在此情况下再通入臭氧几乎无正耦合效应，而 TiO_2及 $Fe^{3+}-TiO_2$的催化活性稍低，与臭氧耦合后有一定的提升效果。

表 3-1-7 为不同耦合过程降解草酸的耦合因子，可以看出，紫外光催化-臭氧氧化降解草酸的耦合效应较高，耦合因子可高达 9 左右，但降解苯酚的耦合效果并不优于臭氧氧化过程。这种耦合效应与有机污染物分子结构直接相关，因为草酸不能被臭氧分子直接氧化，但苯酚可被臭氧分子直接氧化，因此，降解苯酚时臭氧分子未参与紫外光的耦合过程。由此看出，对于能直接被臭氧氧化的有机物，紫外光催化-臭氧氧化过程降解底物的耦合效应不强，主要对其深度矿化起作用，而对于难被臭氧分子直接氧化的有机物，耦合过程对其降解过程直接起作用。

表 3-1-7　不同耦合过程降解草酸的耦合因子

时间/min	$UV-O_3$	$TiO_2/UV-O_3$	$Fe^{3+}-TiO_2/UV-O_3$	$Ag^{+}-TiO_2/UV-O_3$
10	6.5	2.4	3.1	1.2
20	9.87	3.1	2.0	0.9
30	8.2	2.6	1.2	0.8
60	5.3	1.2	0.6	0.6

Fe^{3+}和 Ag^{+}作为电子捕获剂，在 TiO_2紫外光催化降解苯酚时发挥重要作用，但在紫外光-臭氧耦合过程中，这种作用由于另一种强氧化剂臭氧的加入而被削弱。此外，这些离子能和草酸络合形成络合物，进一步与臭氧分子反应导致草酸被降解。Fe^{3+}和 Ag^{+}在紫外光-臭氧耦合过程中的价态转换与它们所起的作用密切相关。在紫外光催化和紫外光催化-臭氧耦合降解草酸和苯酚的过程中，Fe^{3+}迅速被还原为 Fe^{2+}，Fe^{2+}的浓度保持相对稳定，而 Fe^{2+}随着苯酚被完全降解后又被氧化为 Fe^{3+}。与苯酚降解过程不同，在紫外光催化-臭氧耦合降解草酸的过程中，由于 Fe^{3+}与草酸反应生成络合物，因此很难被完全还原。而 Ag^{+}会在光催化过程中被还原沉积在 TiO_2表面生成一种新的负载催化剂 Ag/TiO_2，但通入臭氧后 Ag 颗粒又逐渐被氧化浸出进入溶液。根据去除不同有机物时臭氧和紫外光催化的不同作用，可利用 Ag^{+}的价态转换关系设计新的催化

剂耦联不同的高级氧化过程。

（五）SiC 及其他催化剂

在紫外光催化－臭氧耦合过程中，TiO_2基催化剂占据主导地位，但同时也有多种其他类型的紫外光催化剂见诸报道，如表 3－1－8 所示。例如，Mahmoodi[48－50]分别测试了铜铁氧体纳米颗粒（CFN）、多壁碳纳米管（MWCNT）和镍－锌铁氧体磁性纳米颗粒（NZFMN）等 3 种不同催化剂在紫外光催化－臭氧耦合过程氧化降解染料的性能。结果显示，NZFMN 作为催化剂时，在温度为 25 ℃、pH 为 3、催化剂浓度为 5 mg/L、反应液浓度为 150 mg/L、体积为 1L 的反应条件下，24 min 内染料的脱色率可达 100%。改变 pH、污染物浓度和催化剂用量等实验条件，实验结果显示在不同操作条件下，染料废水均可被快速脱色。通过共沉淀法制备得到铜铁氧体纳米颗粒（CFN），在紫外光催化臭氧氧化降解染料体系中，在温度为 25 ℃、pH 为 3、催化剂浓度为 0.03 g/L、反应液浓度为 150 mg/L 的反应条件下，染料污染物可在 15 min 内被完全去除。在降解过程中，生成甲酸、乙酸和草酸阴离子等脂肪族中间体，最终生成硝酸盐、硫酸盐和氯离子等矿化产物。多壁碳纳米管（MWCNT）是直接采购的商业材料，在实验条件为温度 25 ℃、pH 为 3、催化剂用量 0.03 g、反应液浓度 150 mg/L、溶液体积为 1 L 时，在紫外光催化臭氧氧化体系下，染料脱色率可在反应 16 min 时达 100%，而在相同条件下，MWCNT 催化臭氧氧化降解染料，反应 24 min 染料脱色率仅为 70%。这表明在以 MWCNT 为催化剂，光催化与臭氧氧化具有明显的耦合效果。上述结果表明，在不采用高压臭氧或加热的情况下，这 3 种材料均具有优良的光催化臭氧氧化性能。

表 3－1－8　用于紫外光催化臭氧氧化的非 TiO_2基催化剂

催化剂	制备方法	光源	目标污染物	主要结果	参考文献
铜铁氧体纳米颗粒	共沉淀法	UV/9 W UV－C 灯	活性红 198、活性红 120	可实现纺织废水的脱色和污染物降解，不需要高压氧气或加热	[48]
多壁碳纳米管	商业材料	UV/9 W UV－C 灯	活性红 198、直接绿 6	UV/O_3/MWCNT 体系相比 O_3/MWCNT 具有更好的降解效果，大约 24 min 内可实现两种污染物 100% 降解	[49]
镍－锌铁氧体磁性纳米颗粒	共沉淀法	UV/9W UV－C 灯	活性红 198、直接绿 6	可在 15 min 内实现两种废水 100% 脱色	[50]
$MgMnO_3$	溶胶凝胶法	UV/28W 低压汞灯	磺胺甲噁唑、四环素、环丙沙星和甲氧苄啶	可以实现抗生素废水的高效降解和矿化处理，臭氧利用率大于 93%，能量消耗为 14.9 kJ/mg TOC	[51]
SiC	商用	UV/300W 氙灯	草酸、对羟基苯甲酸、青霉素 G	有机物的降解率和矿化率显著提高	[52]
铁基 MOFs MIL－88A（Fe）	水热法	UV/6W UV－C 灯	4－硝基苯酚	MIL－88A（Fe）光催化臭氧氧化降解性能明显优于光催化和催化臭氧氧化	[53]

续表

催化剂	制备方法	光源	目标污染物	主要结果	参考文献
铁基双 MOFs 材料 MIL－88A（Fe）@MIL－88B（Fe）	内部扩展生长法	UV/300W	费托工艺废水	比单 MOFs 材料具有更好的电荷分离效率、更大的比表面积及更多的活性位点	[54]
ZnO	热解法	UV/28W UV－C 灯	全氟辛酸	在 ZnO 纳米棒表面产生的·OH 在全氟辛酸降解中起主导作用	[55]
V_xO_y/ZnO	浸渍法	UV/4Wm^{-2} UV－A 灯	对苯二酸	中心紫外光照射和边缘照射对降解结果无明显影响	[56]
Cu/ZnO	水热法	UV/15W UV－A 灯	染料	Cu/ZnO 对难降解染料在紫外光催化臭氧氧化体系下有较好降解活性	[57]
Ag/ZnO	光沉积法	UV/6W UV－A 灯	苯酚	Ag/ZnO 催化性能比 ZnO 催化剂显著提高	[58]

Lu 等[51]采用溶胶凝胶法制备了一种双功能催化剂——$MgMnO_3$，用于紫外光催化－臭氧氧化处理抗生素废水。反应 80 min 内对含磺胺甲噁唑、四环素、环丙沙星和甲氧苄啶废水的 TOC 去除率分别达到（94.7 ± 0.9）%、（88.4 ± 0.9）%、（97.8 ± 1.0）%和（76.3 ± 0.9）%，远高于臭氧氧化和光催化过程（均低于 20%）。紫外光催化－臭氧氧化去除含四环素废水的 TOC 符合一级反应动力学，反应速率常数为 2.58×10^{-2} min^{-1}，分别是催化臭氧氧化、光催化和紫外光－臭氧氧化过程的 2.7 倍、23.0 倍和 6.2 倍，实现了抗生素的高效矿化。

部分金属有机骨架化合物（MOFs）具有光催化活性，已在环境催化领域受到广泛关注，近期有报道 MOFs 材料在紫外光催化－臭氧氧化领域的应用。Yu 等[53]将铁基金属有机骨架化合物［MIL－88A（Fe）］应用于紫外光催化－臭氧氧化降解 4－硝基苯酚。结果显示，MIL－88A（Fe）紫外光催化－臭氧氧化降解 4－硝基苯酚满足伪一级反应动力学，反应速率常数是相同条件紫外光催化反应的 10 倍，是催化臭氧氧化过程的 20 倍。Liao 等[54]利用微波加热法，首次通过内部扩展生长法合成了新型铁基双 MOFs 材料 MIL－88A（Fe）@MIL－88B（Fe）。研究表明，双 MOFs 材料形成的异质结加快了电荷分离及跨界面传输，并且与单 MOFs 材料相比，具有更大的比表面积和更多的活性中心，在应用于紫外光催化－臭氧氧化处理费托合成废水时具有较高的催化活性。

ZnO 是一种多功能半导体材料，具有良好的导热性、化学稳定性和紫外光吸收性能。李来胜等[55]利用简单热解法制备出 ZnO 纳米棒催化剂，应用于紫外光催化－臭氧氧化降解全氟辛酸。在实验温度为 25 ℃、催化剂用量为 0.2 g、pH 为 3.10 时，4 h 内全氟辛酸的去除率高达 70.5%。而在相同反应条件下，臭氧氧化反应体系仅可降解 9.5%，单纯紫外光辐射下降解率仅为 18.2%。Fuentes 等[56]采用浸渍法将钒氧化合物

(V_xO_y) 负载于 ZnO 上，在两个 UV - A 波长的 LED 光源照射下光催化 - 臭氧氧化降解对苯二酸，两个紫外光源分别放置于反应器中心和反应器外壁，结果显示在催化剂浓度为 0.1 g/L、臭氧浓度为 10 mg/L、对苯二酸的浓度为 30 mg/L 的条件下，60 min 内两种紫外光照射方式下对苯二酸的去除率均达到 100%，两种紫外光照射方式对降解结果无明显影响。Rajasekaran 等[57]采用水热法制备了 ZnO 负载 Cu 催化剂 Cu/ZnO，并研究其在紫外光催化 - 臭氧氧化降解染料的活性。结果显示在优化条件下反应 30 min 的脱色率达 98%，在 180 min 内降解底物的矿化率达到 72.4%。侯乙东等[58]采用光沉积法将 Ag 负载于 ZnO 载体上，制备出 Ag 颗粒均匀分布的 Ag/ZnO 催化剂，用于紫外光催化 - 臭氧氧化降解苯酚。发现氧化降解苯酚的效率得到了显著的提高，并且 Ag/ZnO 催化剂在循环实验中表现出了较强的催化稳定性。

碳化硅（SiC）是一种非金属半导体材料，晶体结构多为六方或菱面体的 α 相和立方体的 β 相（立方碳化硅），具有很好的化学稳定性、较高的热稳定性和热传递能力，使其成为高温反应体系下固体催化剂的良好载体。理想的 SiC 材料禁带宽度约为 2.4 eV,可吸收可见光，但实际合成材料的禁带宽度较大。而且 SiC 上光生电子和空穴易复合，导致光催化活性偏低。在多数情况下，SiC 不单独作为半导体催化剂使用，而是与其他半导体、金属/金属氧化物复合使用，以提高催化性能。其中，TiO_2与 SiC 复合制备光催化材料的研究较多，如共制备 SiC - TiO_2纳米颗粒或 TiO_2/SiC 纳米复合膜（用于催化裂解水或降解挥发性有机物）。最近，CdS、$BiVO_4$、C_3N_4、SnO_2、石墨烯和 Ag_3PO_4等也被用于与 SiC 复合，这些助催化剂对增强光吸附、分离光生空穴 - 电子对起到关键作用，因而提高了本体 SiC 的光催化活性。两种不同晶相的碳化硅材料也可以结合形成异质结提高光催化性能。由于 SiC 独特的半导体特性，且在紫外光催化 - 臭氧耦合过程中并无报道。谢勇冰等[52]率先研究了其在紫外光催化 - 臭氧耦合过程中的表现，以指导更多相关的催化剂开发，相关内容如下。

1. SiC 材料表征

本实验所用 SiC 为商业采购的 β 相材料，未经过任何预处理。在 XRD 衍射图中，35.6°、60.0°和 71.7°等位置出现 3 个明显的衍射峰，分别代表了 β 相 SiC 的（111），（220）和（311）晶面，与标准谱库中 JCPDS 29 - 1128 卡片完全对应。通过氮气物理吸附曲线分析发现 SiC 的孔体积非常小，几乎可以忽略不计，而通过 BET 方法测得 SiC 的表面积为 0.33 m^2/ g。在扫描电镜图像中看到 SiC 颗粒呈不规则状，粒径为 10 ~ 30μm，进一步通过高分辨透射电镜分析，可观察到间距约为 0.248 nm 的（111）晶面。

紫外 - 可见漫反射光谱分析表明，这种商业 β - SiC 吸收可见光的能力较弱，从图中可看到在 450 ~ 800 nm 处有较宽的吸收峰。由于 SiC 的结构和性质不同，在许多已发表的文献中，其禁带宽度从 2.3 到 3.3 eV 不等。本研究根据 Tauc 图计算出该 SiC 材料的禁带宽度为 2.82 eV，并通过 XPS 检测价带位置处于 1.28 eV，由此可计算出该商业 SiC 的导带位置处于 - 1.54 eV（图 3 - 1 - 4）。

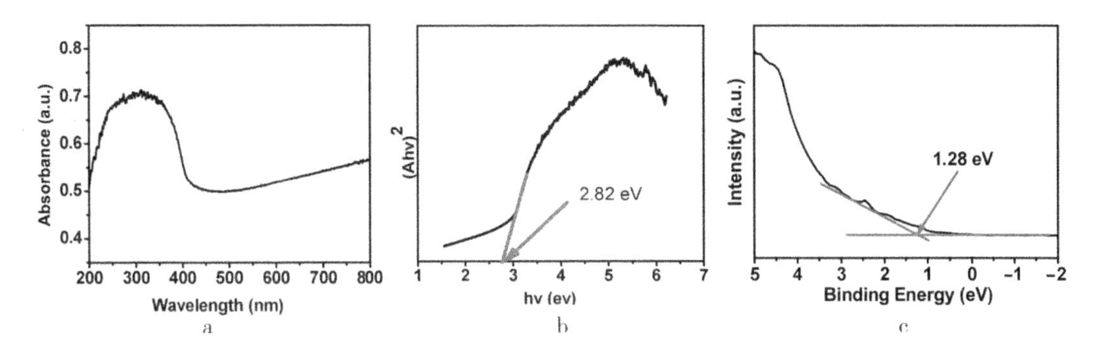

图3-1-4　SiC 的紫外可见漫反射光谱（UV-Vis DRS）(a)、禁带宽度（b）和 VB-XPS 图谱（c）

2. SiC 催化降解性能

(1) 草酸降解

1) 不同催化体系的影响

以 SiC 作为催化剂，在催化臭氧氧化、光催化（紫外或可见光）和光催化-臭氧氧化（紫外或可见光）等体系下降解一种简单结构的有机污染物——草酸。由图 3-1-5a 可以看出，草酸在 3 种简单工艺（O_3-SiC、Vis-SiC、UV-SiC）中几乎不会被降解，在光照强度为 157 mW/cm^2、无 SiC 参与的 UV/O_3体系中，草酸在 60 min 内被降解，加入 SiC 后进一步加速了草酸降解，反应 30 min 时降解率达 93%。同时注意到，在 Vis/O_3/SiC 体系（光照强度为 180 mW/cm^2）中草酸的去除率要低得多，反应 60 min 时草酸去除率仅为 20.3%。这表明 SiC 的可见光催化能力较弱，但具有较好的紫外光催化性能。

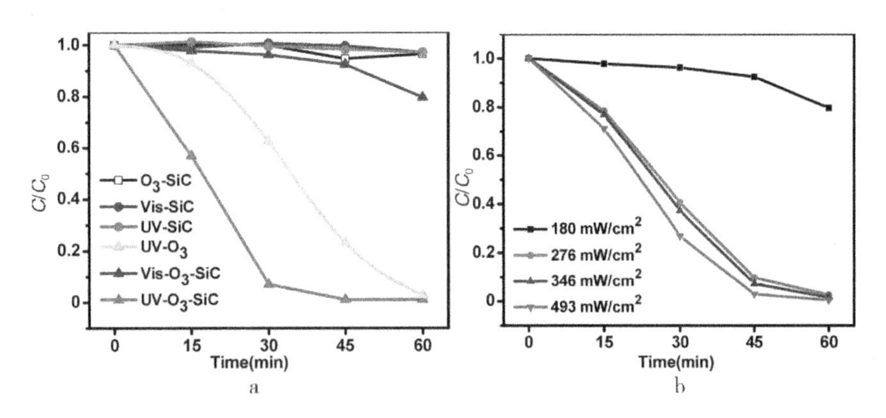

图3-1-5　不同的光催化臭氧氧化过程（a）和不同光照强度的可见光催化-臭氧（b）降解草酸

{反应条件：[SiC] = 0.2 g/L，[草酸] = 180 mg/L，溶液用量为 300 mL，[臭氧] = 20 mg/L、100 mL/min}

进一步比较草酸在 SiC 催化臭氧氧化、光催化和耦合降解过程中的降解动力学。根据反应前 30 min 的降解数据，计算得到 UV/O_3/SiC、Vis/O_3/SiC、UV/SiC、Vis/SiC、O_3/SiC 过程中的反应速率常数分别为 61.96×10^{-3} mM·min^{-1}、6.12×10^{-3} mM·min^{-1}、1.12×10^{-3} mM·min^{-1}、0.68×10^{-3}mM·min^{-1}和 6.89×10^{-6} mM·min^{-1}。这表明 SiC 催化臭氧氧化的活性可忽略不计，紫外光催化和可见光催化活性均较弱。而在 UV/O_3/SiC 体系中草酸降解的反应速率常数约为 Vis/O_3/SiC 反应体系的 10 倍，表明

SiC 在 UV/O_3组合工艺中有更好的应用前景。此外，$UV/O_3/SiC$ 反应体系中的反应速率常数是 O_3/SiC 和 UV/SiC 体系中反应速率常数之和的 54.7 倍，说明 $UV/O_3/SiC$ 体系具有很强的协同效应。另外，$Vis/O_3/SiC$ 反应体系也有一定的协同效应，$Vis/O_3/SiC$ 体系中的反应速率常数是 O_3/SiC 和 Vis/SiC 反应速率常数之和的 8.9 倍。

2）反应参数的影响

在可见光催化－臭氧耦合过程中，增加可见光光照强度，也会相应提高草酸的降解效率（图 3－1－5b）。在光照强度为 276 mW/cm^2 时，30 min 内草酸去除率达 59.4%，去除率低于在同样光照强度下的 $UV/O_3/SiC$ 反应体系，但高于无 SiC 催化剂的 UV/O_3体系中的去除率（37.6%）。进一步增加可见光的光照强度可略微增加草酸的去除率，但从经济角度考虑这样操作效益不佳。分析在相同条件下 SiC 对草酸的吸附，发现在持续搅拌条件下 SiC 表面仅可吸附去除约 1.8% 的草酸，这表明吸附对草酸去除的贡献率很小，主要是催化降解作用。

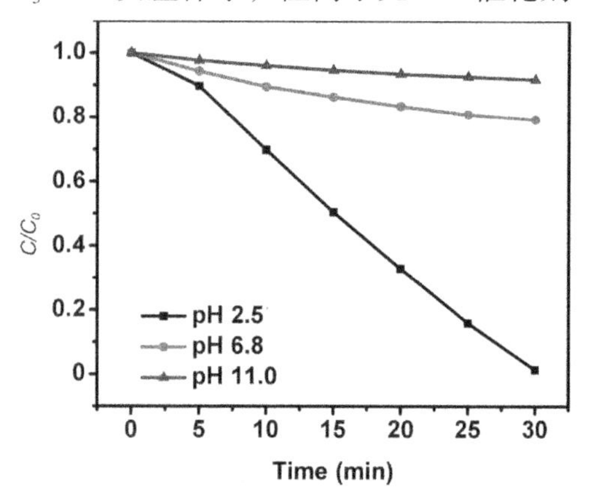

图 3－1－6　$UV/O_3/SiC$ 体系下草酸降解中 pH 的影响

（反应条件：[SiC] = 0.6 g/L，[草酸] = 80 mg/L，溶液体积为 300 mL，[臭氧] = 20 mg/L、100 mL/min，紫外光强度为 157 mW/cm^2）

溶液的 pH 对有机物的降解过程十分重要，特别是对光催化－臭氧氧化过程。草酸溶液的初始 pH 为 2.5，通过 NaOH 溶液可将其调节为近中性（6.8）或碱性（11.0）溶液，并对比了这几种条件下草酸的去除效率。从图 3－1－6 可看出，酸性溶液更有利于紫外光催化－臭氧降解草酸。当 pH 从 2.5 升高到 6.8 再到 11.0，30 min 内草酸的去除率从 98.7% 分别降低至 20.7% 和 8.3%。可看到在碱性溶液中，由于草酸盐的去除率极低，pH 仅从 11.0 逐渐降低到 10.5。而在酸性溶液和接近中性的溶液中，pH 分别从 2.5 和 6.8 逐渐升高至 4.8 和 7.6，草酸分子被降解，溶液酸性降低。

（2）PHBA 降解

对羟基苯甲酸（PHBA）是一种典型的芳香族化合物，容易被臭氧分子氧化。进一步以其作为模拟污染物，比较各种单一氧化过程或耦合氧化过程对 PHBA 降解和污染物的 TOC 去除率（图 3－1－7）。首先检测了 SiC 对 PHBA 的吸附能力，发现 60 min 内约 1.0% 的 PHBA 被吸附去除。在紫外光照（UV）或 SiC 紫外光催化（UV－SiC）过程中，PHBA 在60 min内的降解率低于 10%（图 3－1－7a）。当加入臭氧后，分别在 15 min和 30 min 内被完全降解。尽管在臭氧参与的两种氧化过程 PHBA 的去除率非常接近，但 TOC 去除曲线明显不同。加入 SiC 后 TOC 的去除率从 38.4% 提高到 53.4%，这表明 SiC 在催化臭氧氧化 PHBA 的过程表现出一定的活性。图 3－1－7a 也呈现出同样的趋势，在臭氧氧化过程加入 SiC 后，PHBA 的完全降解时间从 30 min 减少至 15 min。SiC 在紫外光催化－臭氧氧化 PHBA 的过程中也具有较高活性，60 min 时 TOC

去除率达 95.8%，是臭氧氧化（38.4%）和 SiC 光催化（1.72%）两种过程总和的 1.91 倍，是光解（0.3%）和 SiC 催化臭氧氧化（53.4%）两种过程总和的 1.78 倍。这说明 SiC 可引发紫外光照和臭氧之间的协同作用，提高了深度矿化有机物的能力。

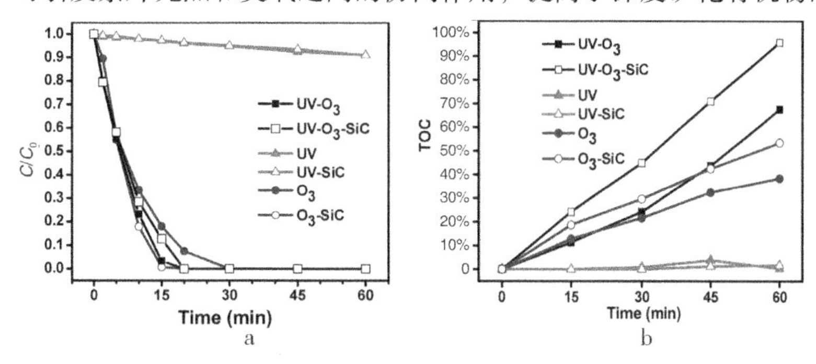

图 3-1-7　各种氧化工艺降解 PHBA（a）和污染物的 TOC 去除率（b）

{反应条件：[PHBA] = 40 mg/L，溶液体积为 400 mL，[O_3] = 20 mg/L，臭氧流量为 100 mL/min，[SiC] = 0.2 g/L，紫外线强度 157 mW/cm^2，可见光强度 180 mW/cm^2}

（3）青霉素 G 降解

进一步使用更复杂的有机物青霉素 G 作为制药废水的模拟污染物，并在紫外光催化-臭氧氧化过程中优化了反应参数。青霉素 G 容易被臭氧分子氧化产生羧酸中间体，深度矿化难度增大。先对青霉素 G 在 SiC 上的吸附行为进行了初步评价，发现去除率仅为 4.8%。由于青霉素 G 在几分钟内被完全降解，因此，在参数优化时仅比较 TOC 去除率。图 3-1-8a 显示了不同 SiC 用量对青霉素 G 矿化的影响，此条件下的紫外光强度为 157 mW/cm^2。对有机物的降解有明显的提升作用。当 SiC 用量从 0.2 g/L 提高到 0.6 g/L 时，TOC 去除率也从 38.7% 提高到 66.4%，是 UV/O_3工艺的 2.45 倍，但更高的 SiC 用量不利于光吸附，使 TOC 去除率降低到 51% 左右。

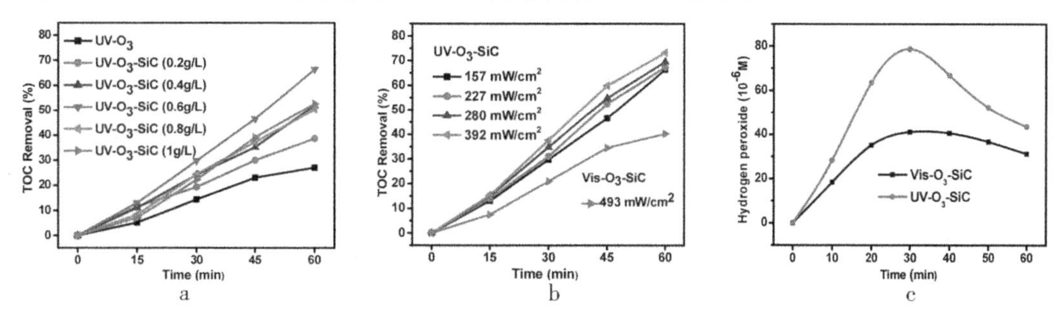

图 3-1-8　不同 SiC 用量（a）、光照强度（b）和 H_2O_2 生成量（c）对青霉素 G 的矿化作用

{反应条件：[青霉素 G] = 35.6 mg/L（0.1 mol/L），溶液体积为 400 mL，[O_3] = 20 mg/L，臭氧流量为 100 mL/min}

可见光照强度对草酸降解过程非常重要，同样，光照强度也影响青霉素 G 的矿化过程。通常而言，紫外光催化-臭氧氧化效果与紫外光照强度成正相关，当紫外光强度在 157~392 mW/cm^2范围内变化时，青霉素 G 的矿化程度缓慢提高，但矿化度差异并未如光强度变化显著，表明在范围内光照强度不是最核心的影响因素。同样比较了光强度为493mW/cm^{2}的可见光催化－臭氧氧化，其降解效果远明显低于紫外线光催化臭氧氧化过程。

在分别采用可见光源和紫外光源，进行光催化臭氧氧化降解青霉素G，在此过程中监测了溶液中H_2O_2浓度，紫外光和可见光的强度分别为392 mW/cm^{2}和493 mW/cm^2。在这两种反应体系中，H_2O_2浓度在第一阶段都有所增加并在30 min达到最大值，然后以不同的速率下降。该体系中H_2O_2的生成有两条反应途径：①臭氧分子与光照直接作用；②有机物的直接臭氧氧化。在第一阶段，溶液中H_2O_2浓度累积是由于反应路径①和②组合作用的结果，紫外光催化臭氧氧化比可见光催化臭氧氧化产生H_2O_2的浓度更高、速度更快，因为在紫外光照射下O_3更容易转化为H_2O_2。30 min后，难降解中间产物无法直接与臭氧反应产H_2O_2，因此反应路径②的贡献减弱，同时H_2O_2与O_3发生过臭氧化反应产生·OH而被部分消耗，这是生成·OH的一种可能途径。

（4）SiC与TiO_2催化性能对比

P25型TiO_2被广泛应用于光催化、光催化－臭氧氧化反应，是一种常见的高效光催化剂。为了直观地了解SiC的活性，我们进一步比较了紫外和可见光下的P25型TiO_2的性能。

在UV/O_3/SiC和UV/O_3/TiO_2反应过程中，30 min内草酸均可以被完全降解。在0.6 g/L催化剂用量的条件下，TiO_2催化剂的降解效果比SiC催化剂的降解效果更优（图3－1－9a）。考虑到TiO_2的比表面积远大于SiC，TiO_2的最优使用剂量可能低于0.6 g/L，进一步比较了0.2 g/L催化剂用量下TiO_2和SiC的光催化臭氧氧化性能。在30 min内使用TiO_2催化剂可以完全去除草酸，而使用SiC催化剂的去除率为93%。另外，也比较了两种催化剂在模拟太阳光与臭氧耦合中的催化性能。在臭氧浓度增加到30 mg/L、光照强度为330 mW/cm^2、催化剂用量为0.3 g/L的条件下，草酸还在30 min内被完全去除，而SiC的催化效果依然略低于TiO_2。考虑到TiO_2的表面积约为SiC的150倍，所以两种材料的本征催化活性相差不大（图3－1－9）。这表明SiC在光催化

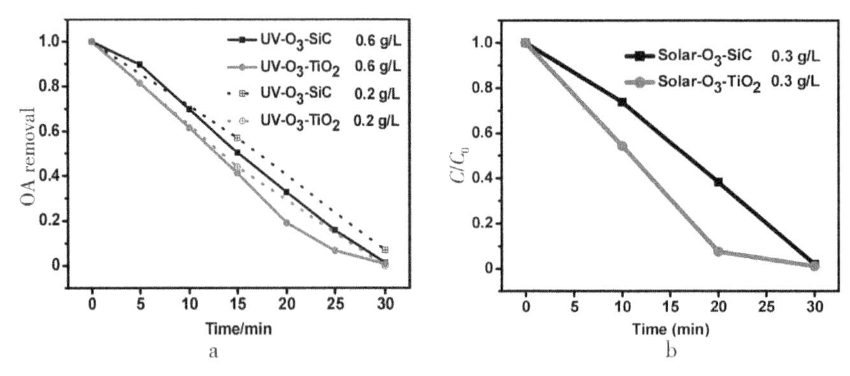

图3－1－9 SiC和TiO_2催化剂对草酸的光催化臭氧氧化（a）和SiC的稳定性测试（b）

{反应条件：[草酸]=180 mg/L，溶液体积为300 mL，[臭氧]=100 mL/min，臭氧流速为20 mg/L（紫外线）、30 mg/L（太阳能），光照强度为157 mW/cm^2（紫外线）、330 mW/cm^2（太阳能）}

臭氧氧化领域具有较好的应用潜力，如果能优化 SiC 的制备方法提高其比表面积，则 SiC 可能在紫外光催化臭氧氧化领域发挥更重要的催化作用。

（5）催化稳定性测试

在相同的反应条件下重复使用 SiC，测试其在紫外光催化－臭氧氧化降解草酸过程中的催化稳定性。每次反应结束后，将固体催化剂从溶液中过滤分离后用超纯水清洗，直接用于下一轮反应。在光催化臭氧氧化降解草酸的 5 轮循环实验中，SiC 均表现出良好的催化活性（图 3－1－10），表明 SiC 在此催化过程中十分稳定。通过以上实验，证明这种商业 SiC 材料的光催化臭氧氧化的性能非常稳定。

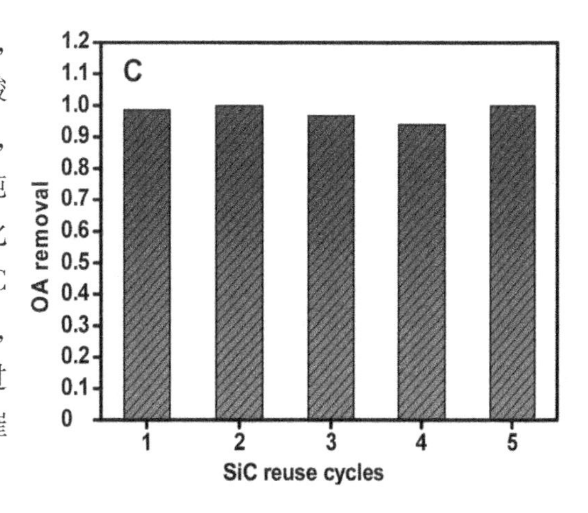

图 3－1－10　SiC 催化紫外光－臭氧降解草酸的催化稳定性

3. SiC 催化降解机制探究

·OH 被认为是光催化臭氧氧化中主要的活性氧物种，可与叔丁醇（t－BA）快速反应而被淬灭，因此常在反应溶液中加入 t－BA，对比投加前后目标污染物的去除情况，以判定是否生成·OH及·OH 在溶液中的降解贡献。向草酸溶液中添加 7400 mg/L 浓度的 t－BA 之后，紫外光催化－臭氧和可见光催化－臭氧耦合降解草酸完全被抑制（图3－1－11）。在 UV/O_3/SiC 反应体系中，草酸可在 30 min 内完全被降解，但加入 t－BA 后草酸的降解率几乎为零。这表明·OH是 SiC 催化紫外光－臭氧耦合降解草酸的主要活性氧物种，并且降解过程发生在溶液中，这与 C_3N_4、WO_3和 TiO_2 等催化反应体系的研究结论一致。

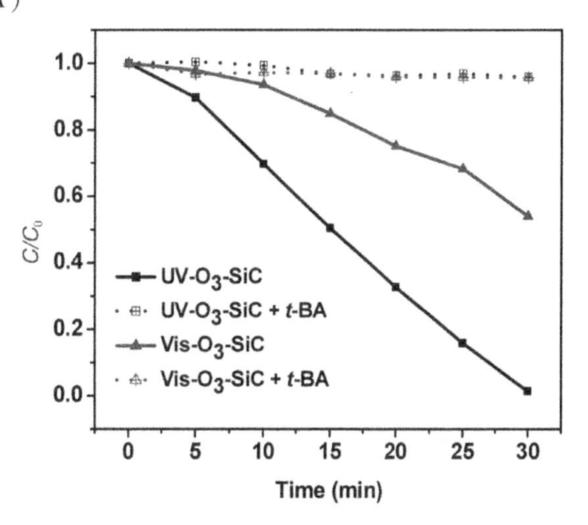

图 3－1－11　t－BA 在光催化臭氧氧化、光催化氧化草酸中的淬灭作用

{反应条件：[SiC] = 0.6 g/L，[草酸] = 180 mg/L，[t－BA] = 100 mol/L（7400 mg/L），溶液为 300 mL，臭氧用量为 2 mg/min，紫外光强度为 157 mW/cm^2，可见光强度为 493 mW/cm^2}

在光催化－臭氧氧化中产生·OH 有以下几条可能的路径：①O_3被电子还原产生·O_3^-，然后·O_3^-与 H^+结合反应生成 HO_3·，进一步分解形成·OH；②O_2被电子还原产生·O_2^-，然后与 O_3反应产生·OH；③臭氧光解产生 H_2O_2，然后 H_2O_2与和 O_3发生过臭氧化反应生成·OH。如果半导体光催化材料催化分解臭氧的活性高，·OH 也可以通过④催化臭氧分解路径产生，在 SiC 光催化臭氧氧化中·OH 产生的关键步骤将后继讨论。

在碱性条件下，臭氧氧化/催化臭氧氧化有更好的降解效果，在此条件下 H_2O_2 和 O_3 之间也会发生快速反应产生 · OH。在碱性条件下，UV/O_3/SiC 降解草酸的效率极低，说明过氧化物反应（路径③）和臭氧氧化/催化臭氧氧化（路径④）的贡献很小。因此，臭氧和氧气分子的电子还原（路径①和②）被认为是生成 · OH 的关键步骤。这与图 3－1－6 中草酸降解实验结果吻合。因为在 pH 为 2.5 的溶液中，H^+ 浓度较高，可与 · O_3^- 结合生成 HO_3 · 并迅速分解成 · OH，因此，催化降解效果高于 pH 6.8 和 pH 10 的反应过程。

为进一步研究 SiC 的光催化－臭氧氧化的性能，对 SiC 和 TiO_2 在光生电子－空穴分离和电子传递等过程中光电性质进行表征。在图 3－1－12a 中，在光致发光谱中一个强度较高的峰，这表明 SiC 在光照条件下体相电子－空穴的分离效率很低。相比之下，TiO_2 的出峰强度弱，表明其体相光生电子－空穴的分离效率高。同时，通过电化学阻抗谱分析比较了两种材料的电子传输能力。基于图 3－1－12b 的表征曲线，计算得到 SiC 的电阻为 96.0 Ω，TiO_2 的电阻为 100.7 Ω，二者比较接近，但 SiC 传导电子的能力略优。能带结构是影响半导体在光催化和光催化臭氧氧化反应活性的另一项重要参数。众所周知，TiO_2 的禁带宽度约为 2.7 eV，CB 位置约为 －0.91 V。本实验所用 SiC 的禁带宽度略宽（2.82 eV），但 CB 位置更高（－1.54 eV）。这表明光生电子有更强的还原能力，对光催化臭氧氧化过程非常重要，因为强还原性光生电子可提高电子还原氧气和臭氧的效率，可强化上述路径①和②产生 · OH，因此提高光催化臭氧氧化的效率。

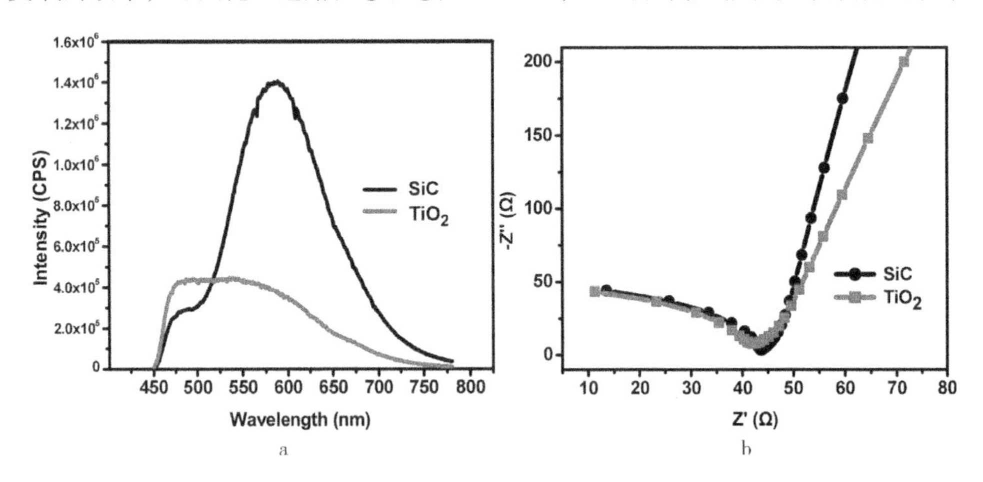

图 3－1－12　TiO_2 和 SiC 的光致发光谱（a）和电化学阻抗谱（b）

总之，商业 SiC 材料和 TiO_2 具有相近的禁带宽度和电子传输能力。虽然它的电子－空穴分离能力比 TiO_2 弱得多，但在臭氧分子存在的情况下，表面分离出的电子被快速捕获，有助于提高光生电子－空穴分离。特别是 SiC 的导带顶位置更高，光生电子还原能力比 TiO_2 更强，有利于捕获臭氧分子。因此，在光催化臭氧氧化降解草酸时，SiC 的催化活性与 TiO_2 的接近，这表明 SiC 材料在紫外光催化－臭氧氧化反应中有良好的应用前景。如果将 SiC 与其他材料复合制备成异质结材料，可进一步提高其催化性能。

二、反应机制及反应动力学

（一）反应机制

非均相光催化-臭氧氧化是一个非常复杂的气液固三相反应系统，涉及化学、催化和光催化反应等多个不同路径，需要研究的变量也非常多。大量文献表明，非均相光催化与臭氧氧化过程之间存在显著的协同作用，提高了·OH的产生效率，从而提高了有机污染物的降解效率和矿化度。将臭氧通入光催化反应系统时，除了臭氧直接氧化的反应路径，臭氧也可以作为电子捕获剂。臭氧与TiO_2表面可以通过不同的方式进行相互作用[59]，主要包括：①物理吸附；②与催化剂上的羟基形成弱氢键；③表面强路易斯酸位点的解离吸附有助于臭氧分子的分解，并且生成的一个氧分子和一个氧原子仍然附着在表面。在臭氧和光照条件下，吸附层中被吸附的臭氧经过电子还原反应形成臭氧自由基（$O_3^{\cdot -}$）而产生·OH：

$$TiO_2 + hv \longrightarrow e^- + h^+ \quad (3-1-13)$$

$$O_{3(ads)} + e^- \longrightarrow O_3^{\cdot -} \quad (3-1-14)$$

生成的臭氧氧化物自由基（$O_3^{\cdot -}$）与溶液中的H^+快速反应生成$HO_3^{\cdot}$基，然后$HO_3^{\cdot}$分解成O_2和HO·，如式（3-1-15）和式（3-1-16）所示：

$$O_3^{\cdot -} + H^+ \longrightarrow HO_3 \cdot \quad (3-1-15)$$

$$HO_3 \cdot \longrightarrow O_2 + HO \cdot \quad (3-1-16)$$

被吸附的氧还原形成超氧离子（$\cdot O_2^-$），$\cdot O_3^-$再分解成HO·，HO·与O_3反应生成$O_2^{\cdot}$

$$O_2 + e^- \longrightarrow \cdot O_2^- \quad (3-1-17)$$

$$O_3 + O_2^- \longrightarrow \cdot O_3^- + O_2^{\cdot} \quad (3-1-18)$$

Kopf[2]等测量了在光照和光催化剂的协同作用下引发的臭氧分解。研究发现，可能是氧分子首先与光电子发生反应，然后电子转移到臭氧分子上。其他的反应途径，还包括直接臭氧攻击、生TiO_2直接向臭氧分子传递电子及空穴氧化相关的反应。

电荷形成：

$$TiO_2 + hv \longrightarrow e^- + h^+ \quad (3-1-13)$$

VB空穴电荷转移产生·OH：

$$h^+ + H_2O \longrightarrow HO \cdot + H^+ \quad (3-1-19)$$

$$h^+ + OH^- \longrightarrow HO \cdot \quad (3-1-20)$$

电子转移：

$$e^- + O_2 \longrightarrow O_2^{\cdot -} \quad (3-1-17)$$

进一步反应：

$$\cdot O_2^- + h^+ \rightleftharpoons HO_2 \cdot \quad (3-1-21)$$

$$\cdot O_2^- + O_3 \longrightarrow O_3^{\cdot -} + O_2 \quad (3-1-22)$$

$$O_3^{\cdot -} + H^+ \rightleftharpoons HO_3 \cdot \quad (3-1-15)$$

$$HO_3 \cdot \longrightarrow HO \cdot + O_2 \quad (3-1-16)$$

有机化合物 R—H 的氧化：

$$HO \cdot + R—H \longrightarrow R \cdot + H_2O \quad (3-1-23)$$

或者

$$HO \cdot + R \longrightarrow \cdot R-OH \quad (3-1-24)$$

光催化臭氧氧化与催化臭氧氧化的区别在于链式反应的引发方式，光化学反应是由二氧化钛向氧气或臭氧的电子转移引发的，而催化臭氧氧化机制通常始于·OH与臭氧的反应。在这两个过程中，超氧自由基（$\cdot O_2^-$）首先形成，随后与臭氧反应生成臭氧自由基（$O_3^{\cdot -}$），从而导致·OH的形成。并且少量的超氧自由基（$\cdot O_2^-$）也可以作为氧化剂降解有机物，如式（3-1-25）所示：

$$\cdot O_2^- + S \longrightarrow CO_2 + H_2O \quad (3-1-25)$$

当照射波长小于300 nm时，特别是在254 nm处，与H_2O_2 [$\varepsilon_{254}=18.6$ mol/（L·cm）] 相比，臭氧具有较高的吸收系数 [$\varepsilon_{254}=3300$ mol/（L·cm）]，氧化效率随之增加：

$$O_3 + hv \longrightarrow O_2\ (^1\Delta g) + O\ (^1D) \quad (3-1-26)$$

$$O\ (^1D) + H_2O \longrightarrow 2HO \cdot \quad (3-1-27)$$

Wang[60]等发现光催化和臭氧氧化同时进行时，光催化反应生成的H_2O_2对甲酸分解起着重要的作用。作者认为，在酸性pH紫外光照射下的臭氧氧化过程中，·OH的生成途径如下：

$$O_3 + H_2O \xrightarrow{hv} H_2O_2 \quad (3-1-28)$$

$$H_2O_2 \xrightarrow{hv} 2HO \cdot \quad (3-1-29)$$

$$H_2O_2 \rightleftharpoons HO_2 \cdot + H^+ \quad (3-1-30)$$

$$HO_2 \cdot \longrightarrow O^{\cdot -} + H^+ \quad (3-1-31)$$

$$O_3 + O^{\cdot -} \longrightarrow O_3^{\cdot -} + O_2 \quad (3-1-32)$$

$$O_3^{\cdot -} + H^+ \rightleftharpoons HO_3 \cdot \quad (3-1-15)$$

$$HO_3 \cdot \longrightarrow HO \cdot + O_2 \quad (3-1-16)$$

此外，溶解臭氧很容易接受二氧化钛表面生成的光生电子，其机制如下：

$$O_{3(ads)} + e^- \longrightarrow O_{3(ads)}^{\cdot -} \quad (3-1-14)$$

从而抑制空穴和电子对的重新结合，最终形成大量的自由基，加速氧化过程。

综上所述，直接臭氧氧化可以分解不饱和有机污染物，形成中间产物被·OH、光激发空穴和超氧离子自由基矿化。自由基增多是光催化和臭氧氧化协同作用的结果。·OH的生成可能存在5种反应途径：① 电子从TiO_2直接转移到臭氧分子，形成臭氧自由基，最终分解生成·OH；②电子从TiO_2转移到氧分子，形成超氧自由基，再与臭氧反应生成·OH；③光生空穴氧化吸附的H_2O生成·OH；④在光波小于300 nm的情况下，臭氧直接光解产生·OH；⑤以H_2O_2为中间体，紫外线照射形成·OH。

（二）反应动力学

在光催化臭氧氧化有机物的过程中，常用 Langmuir – Hinshelwood（L – H）模型来表示反应动力学：

$$r = -\frac{dC}{dt} = k\frac{Kc}{1+Kc} \qquad (3-1-33)$$

r 为反应速率［mg/（L·min）］，C 表示底物的浓度，k 表示反应速率常数［mg/（L·min）］，K 为底物的朗缪尔吸附系数［1 g/（mg·L）］。

在大多数已发表的文献中，有机物氧化速率遵循准一级动力学，但也有文献报道了准零级反应动力学、一级反应动力学和零级反应动力学。Rey 等[61]和 Quiñones 等[62]发现光催化和臭氧氧化结合时，污染物降解遵循准一级动力学。Li 等[63]报道了光解臭氧氧化过程中 TOC 的去除率随臭氧浓度的变化呈准零级动力学。Li 等[39]的研究表明，邻苯二甲酸二丁酯矿化也符合准零级动力学。Aguinaco 等[64]发现，底物和 TOC 分解模式都遵循一阶动力学。同时，Mano 等[65]发现 TOC 的去除符合三个阶段的一级动力学。另外，Ilisz[66]发现在光催化臭氧氧化过程中，脂肪族羧酸的矿化反应符合标准零级动力学。

三、反应参数影响

（一）pH 的影响

溶液的 pH 在光催化过程中起重要作用，因为它决定了光催化剂的表面电荷[67]，以及形成聚集体的大小[68]和氧化物种[69]。据报道，常用的 Degussa P25 零电荷点（pH_{pzc}）pH 为 6.9[70]。根据式（3－1－34）和式（3－1－35）。

$$TiOH + H^+ \longrightarrow TiOH_2^+ \qquad (3-1-34)$$

$$TiOH + OH^- \longrightarrow TiO^- + H_2O \qquad (3-1-35)$$

二氧化钛表面在酸性介质（$pH < 6.9$）中保持正电荷，在碱性介质（$pH > 6.9$）中保持负电荷，因而表现出不同的吸附性能。弱酸性污染物在较低 pH 下的光催化降解速率随着吸附量增加而增加。一些有机污染物在碱性条件下会发生水解，这是在碱性条件下光催化降解需要改进的原因之一[71]。

值得注意的是，TiO_2纳米颗粒易在酸性溶液中聚集[68]，导致污染物吸附和光子吸收减少。因此，pH 会直接影响污染物在催化剂表面吸附、催化剂吸收光等重要步骤。

溶液的 pH 也影响活性氧化物种的生成过程。空穴被认为是在低 pH 下的主要氧化物种，而·OH 被认为是中性或碱性条件下的主要活性物种[72]。对于臭氧氧化过程，臭氧可以直接攻击或生成自由基间接降解有机污染物，此过程对 pH 有依赖。在没有紫外光的情况下，臭氧可以通过亲电取代和偶极环加成直接与有机物反应，最终产物多为难以进一步矿化的羧酸。臭氧在高 pH 溶液中分解很快，生成·OH 无选择性氧化有机化合物反应[73]。与单独的臭氧氧化不同，光催化臭氧氧化在低 pH 下高效生成·OH[74]。溶液的 pH 对光催化臭氧氧化的效率起着至关重要的作用，因为它影响反应路径和动力学。

一般来说，低 pH 有利于染料和草酸的降解，金霉素、甲醇、西维因和多菌灵在近似中性溶液中更容易分解。Mena 等[75]发现，当 pH 从 7 变到 3 时，甲醇的矿化率显著增加。甲醇几乎不与臭氧直接反应，它是一种典型的 · OH 和空穴猝灭剂，因此被选为目标污染物。与 pH = 3 相比，pH = 7 时的溶解臭氧浓度较低，表明中性条件下的臭氧消耗量较高，可能是由于其分解速度较快，因此，增加 pH 有利于水中臭氧的分解。Mahmoodi 等[48]发现，当采用光催化臭氧氧化时，染料降解率随着 pH 的增加而降低。低 pH 下，臭氧直接氧化和臭氧分解产生 ROS 的间接氧化均会发生，有助于光催化 - 臭氧氧化降解染料。在酸性条件下，MWCNT 表面带正电荷，与染料的静电相互作用增强。因此，较低的 pH 有利于染料在 MWCNT 表面的吸附，也有助于光催化臭氧氧化降解染料。

Mehrjouei 等[38]降低 pH 可提高草酸的去除率。结果显示，在最初的 20 min 内，在 pH 为 3 时草酸去除率大于 pH 为 2. 1 时的去除率，但 pH 为 2. 1 的总去除率更高。对此令人意外的结果，作者推测在酸性较强的溶液中 · OH 的生成会受到限制。

由于静电相互作用和表面吸附在很大程度上取决于催化剂表面和污染物的电荷性质，而溶液的 pH 对二者有很大的影响；因此，pH 的影响随催化剂和污染物的性质的不同而发生变化。但从式（3 - 1 - 14）至式（3 - 1 - 15）可以看出，酸性 pH 有利于此过程。

（二）反应温度的影响

光催化臭氧氧化实验通常在室温下进行。一般来说，在一定范围内，升温有助于提高降解效率，但超过一定范围后降解率会降低。

在催化剂表面温度对光催化臭氧氧化有多种不同影响：一方面，温度升高导致污染物的吸附量减少，臭氧在水中的溶解度也随着温度的升高而降低，提高溶液温度也有助于光生载流子的复合，对降解效率也有负面影响；另一方面，升高温度会加快系统中涉及的所有化学反应，包括臭氧分解和活性物种形成。

溶液温度对光催化臭氧氧化体系影响的研究较少。Mehrjouei 等[38]研究了 10 ~ 70 ℃下温度对草酸降解的影响。温度从 10 ℃升高到 55 ℃时，草酸的降解速率提高，而温度达到 70 ℃时产生负效应，草酸的降解速率降低。在 10 ~ 55 ℃矿化速率加速可归因于臭氧分解生成 · OH 的速率加快。然而在 70 ℃时，臭氧自分解加快可用于氧化过程的臭氧分子减少，降解效率下降。Mano 等[65]发现在可见光照射下，TOC 去除率会随着温度的升高不断提高。因此，光催化臭氧氧化可有效利用太阳光，包括可用红外光作为能量源对废水进行加热、紫外可见光作为辐射源进行光催化反应。由以上分析可知，温度的影响相对有限，在光催化臭氧氧化过程中通常不需要调节温度。

（三）光照强度的影响

任何光催化剂或基质所吸收的光的总量子数由反应的量子产率给出：

$$\Phi_{\text{overall}} = \frac{\text{reactedmolecules}}{\text{absorbedphotons}} = \frac{r_{\text{i}}}{I_{\text{a}}} \tag{3-1-36}$$

其中，r_i是反应速率，I_a是辐射能的吸收速率，其通常低于光反应过程中不可避免的光反射、散射和能量损失对反应系统的影响。此外，光生电子和空穴复合被认为是限制光子效率的另一个重要因素。臭氧是一种比氧气更有效的电子淬灭剂，加入臭氧可以加速光催化反应。

吸收光强度通常通过反应系统的自由基转移方程[76]计算，或通过光催化剂悬浮液的光传输实验测定。Mena[75]等间接计算了 Degussa P25 光催化臭氧氧化甲醇过程中的吸收光强度。在不同的 pH 下，反应器中加入 0.5 g/L 催化剂时的量子产率均大于 90%，在 pH 3 时，光催化臭氧氧化过程中，光生产物的量子产率为 0.80 mol · $Einstein^{-1}$，而在光催化过程中，光反应产物的量子产率为 0.34 mol · $Einstein^{-1}$。在 pH 为 7 且存在臭氧的情况下，光催化过程中量子产率从 0.29 mol · $Einstein^{-1}$提高到 3.27 mol · $Einstein^{-1}$，臭氧和光催化之间存在着很强的协同作用。

光催化中的反应速率很大程度上取决于光催化剂的吸收光子通量，表现在光催化反应过程中，随着光强度的增加，降解速率增加[39]。因此，在较强的光照条件下，光照强度对非均相光催化臭氧氧化的总效率有积极的影响。与 Gaya 等[77]报道的结果一致，O_3/UVA/TiO_2工艺中 TOC 去除与光强度呈半级依赖关系。然而，增加光照强度也会导致运行成本变高。因此，应该同时考虑氧化效率和电力输入以确定最佳的光强度。值得一提的是，光的性质或形式不影响反应途径，这表明在光催化臭氧氧化反应中，禁带宽度敏化机制并不重要[78]。

（四）臭氧用量的影响

在一定浓度范围内，臭氧投放量对光催化臭氧氧化有积极影响。Beltran 等[79]研究了臭氧用量对光催化臭氧氧化去除磺胺甲噁唑的影响，当臭氧投加量从 10 mg/L 增加到 20 mg/L 时，氧化速率持续增加，但继续增加臭氧浓度，氧化速率不变。这可由催化剂表面上底物吸附和反应的复杂 Langmuir 动力学解释，Mena 等[75]也报道了这一现象。此外，臭氧剂量增加，也需要额外的能源消耗，从而增加运行成本。

Li 等还研究了臭氧剂量的影响，用炭黑修饰的纳米 TiO_2薄膜光催化臭氧氧化邻苯二甲酸二丁酯[39]。相比单独反应多相光催化作用，加入臭氧的加入显著地促进了污染物的矿化。臭氧浓度为 25 mg/L 时，30 min 时 TOC 去除率大于 75%，而臭氧浓度为 50 mg/L 时，30 min 时 TOC 去除率仅为 73%[79]。在此基础上，得出了 O_3/UV、UV/TiO_2和 O_3/TiO_2过程之间的协同效应。

（五）催化剂用量的影响

Aguinaco 等[64]发现 TiO_2根本不影响光催化臭氧氧化双氯芬酸（DCF）。DCF 在约 5.5 min 内完全降解，这归因于臭氧和 DCF 之间的直接反应。当催化剂用量在 0.5 ~ 2.5 g/L 时，TOC 去除率的差异可以忽略不计。在较高的催化剂用量下，粒子对光的传输产生干扰，从而影响催化剂悬浮液的吸光性能。Mahmoodi[48]测试了催化剂 CFN 用量对染料分解的影响。当 CFN 用量为 0.01 ~ 0.03 g/L 时，染料的降解率随 CFN 用量加大略有提高，但当 CFN 用量进一步增加到 0.04 g/L 时，降解率几乎没变。因此，催化剂用量一般存在最佳值，在不同反应体系中各不相同。

四、光源及反应器

（一）紫外光源

紫外光催化臭氧氧化的实验通常以连续式或半间歇式进行，一般采用人造光或直接利用太阳光作为光源。理想的光源要求是光谱和能量分布与太阳光接近，但在实际使用过程中，主要考虑波长范围，对均匀性要求较低。常用的具有连续波长的光源包括汞灯、氙灯、黑光灯和直接模拟太阳光，非连续波长的光源主要是 LED 灯。

在紫外光催化臭氧氧化实验中最常见的是紫外线灯。例如，Niyaz 课题组采用连续波长的 UV－C 灯（200～280nm，9W）作光源，研究铜铁氧体纳米粒子[48]、多壁碳纳米管[49]和镍锌铁氧体磁纳米颗粒[50]等材料的紫外光催化－臭氧氧化性能，福州大学侯乙东教授[58]采用 4 个便携式定波长紫外线灯（6 W/10、365 nm）作为紫外光源，研究了 Ag/ZnO 纳米复合材料高效光催化臭氧氧化苯酚；中科院王军研究员课题组[80]采用定波长紫外线灯（98W、254 nm）作为光源，在催化剂膜表面驱动光催化臭氧氧化反应，提高污染物矿化度；葡萄牙 Martins 课题组[81]选用 UVA 波长的紫外灯（6 W、365nm）作为紫外光源，激发 10% N－TiO_2光催化臭氧氧化性能。

汞灯根据发射波长不同，可分为低压汞灯（主要波长 253.7nm）、高压汞灯（主要波长 365nm）和超高压汞灯，汞的蒸气压越高，汞灯的发光效率也越高。其中低压汞灯又可分为冷阴极低压汞灯和热阴极低压汞灯，热阴极低压汞灯是世界上最早使用的紫外光源，于 1936 年问世。中山大学田双红老师课题组[51]选用 10W 低压汞灯作为紫外光源，其发射波长为 250～258nm。

氙灯光源是利用惰性气体氙气发光，其激发电位和电离电位相差较小，可分为长弧氙灯、短弧氙灯及脉冲氙灯等几种，具有色温偏高、亮度高、寿命长等优点。氙灯光源可产生从紫外光到红外光的全光谱辐射，辐射光谱能量分布与太阳光非常接近，可实现高能量密度、长时间连续照射。目前，氙灯光源被广泛应用于光催化领域，通过与滤波器组合使用，可分别发射 220～400 nm 的紫外光及 400～800 nm 的可见光。例如，中科院谢勇冰博士采用 300 W 氙灯作为初始光源，通过一个可见光反射器和一个420 nm滤波器后可作为可见光光源，平均辐射强度约为 360 mW/cm^2；华南师范大学李来胜教授[82]采用高压氙气长弧灯作为可见光光源；西班牙 Rey[4]选用一个辐射强度为 550 W/m^2的 1500 w 氙灯来模拟太阳光辐射；西班牙 Beltrán 教授[83]在装有氙弧灯的模拟太阳箱中进行光催化降解研究实验，辐射光波长大于 300 nm。

LED 灯源工作电压低、工作电流小、抗冲击和抗震性能好、稳定工作时间长，并可以通过调制电流强弱调节发光强弱。LED 光源应用于光催化反应时常采用浸入式设计。例如，Beltrán 课题组[11,36]将设计一个有 44 个发光二极管的立方体腔室，每个垂直面有 11 个位于中心的发光二极管。反应堆还配有冷却系统和强度调节器，发光二极管发出的辐照度为 25～455 W/m^2，最大波长为 425 nm，在此体系中开展光催化降解实验。墨西哥 Fuentes[56]选用直流电压 12 V 供电的 UV－A 发光二极管作为辐射光源，其辐射强度约为 4 W/m^2，且在 403 nm 波长处显示出最大辐照强度。

（二）反应器

反应器对有机物降解效率的影响较大，不同反应器之间的差异主要影响光照和气液传质过程。反应器通常需考虑光源类型和光反应器的几何形状对光辐射传播途径的影响。光催化臭氧氧化反应中的光源照射方式通常分为浸入式和外照式两种，反应器主要有圆筒形和管式两种。浸入式光源通常用石英套管包裹，优点是入射光与溶液不直接接触但照射充分，且消光比外照式要少很多，缺点是操作过程中易损坏，石英管套成本较高，因此主要在采用 LED 光源时使用。外照式光源是在含溶液的反应器上方放置光源垂直照射，或在含溶液的垂直反应器外侧垂直照射。在实验室规模的光催化－臭氧氧化反应中，通常将反应器放置于黑箱中，通过浸入式照射或外照式照射提供入射光，臭氧通过曝气的方式进入反应溶液中，通过磁力搅拌提高气液传质，反应溶液置于恒温水浴中以维持温度恒定。图 3－1－13 为两种常见的光催化臭氧氧化反应装置[84]。

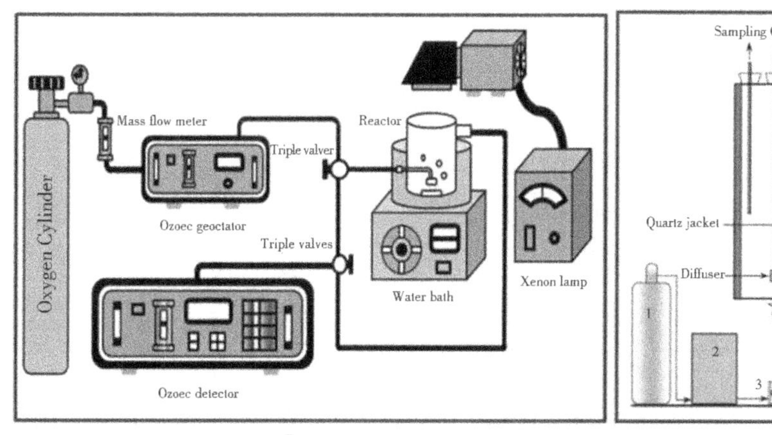

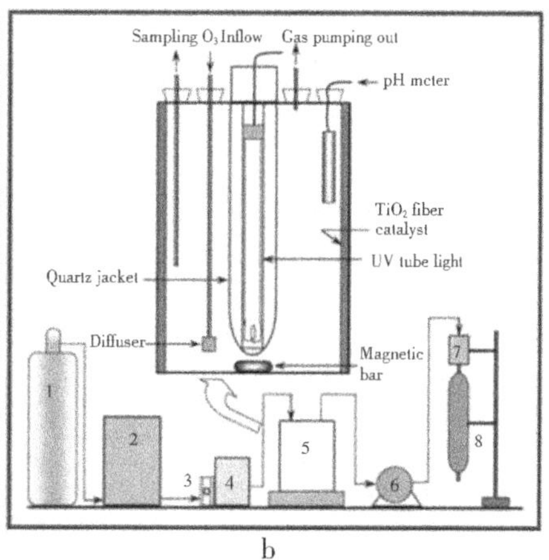

图 3－1－13　采用圆筒形反应器、粉末催化剂和外照式光源的光催化臭氧氧化反应系统（a）和采用管式反应器、固定催化剂和浸入式光源的光催化臭氧氧化反应系统（b）示意

在光催化臭氧氧化体系中，臭氧多以曝气鼓泡的形式进入废水中，以提高气液传质效果。但因气泡大小、尺寸分布和待处理废水的水质特点不同，如何设计一种气液传质效率更高的新型反应器，受到研究者的关注。在膜接触式臭氧氧化过程中，臭氧可以在浓度梯度和扩散的驱动下，以无气泡的方式来提高它的传质效率[80]。在此条件下将臭氧氧化与紫外光耦合，能够进一步提高目标污染物的降解率和矿化效果。图 3－1－14是一个典型的膜接触式臭氧氧化和紫外光－臭氧氧化组合装置[2]，在膜接触式臭氧氧化单元中提高臭氧与废水的传质效率，混合进入紫外光催化单元促进·OH 的产生，实现废水中有机污染物的高效去除。

连续运行反应器常在过臭氧化、光催化臭氧氧化、光催化过臭氧化等高级氧化技

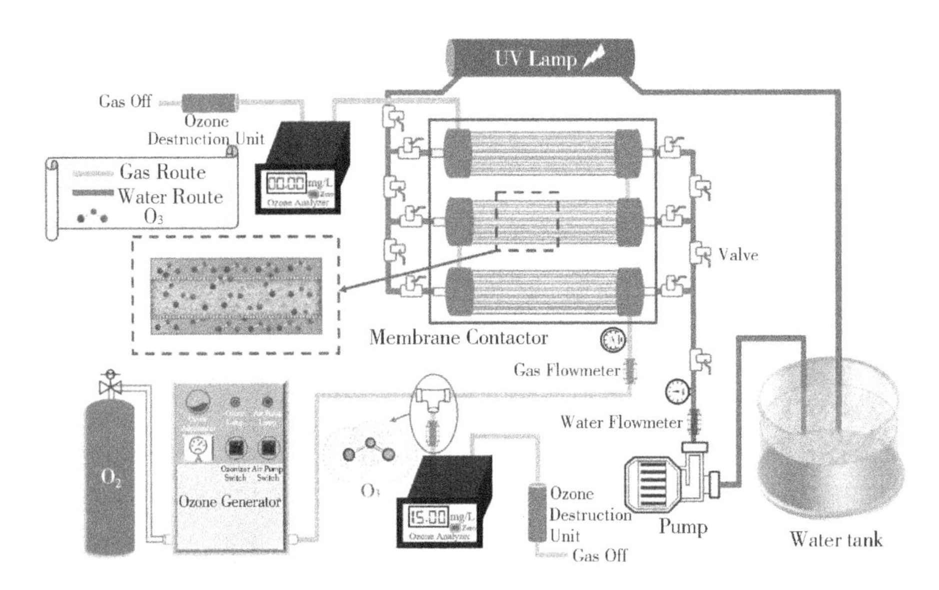

图 3－1－14　膜接触式臭氧氧化和紫外光－臭氧氧化组合装置

术中使用[85]，如图 3－1－15 所示。在反应过程中，废水在循环泵的驱动下在紫外线室流动来提高气液传质效果。

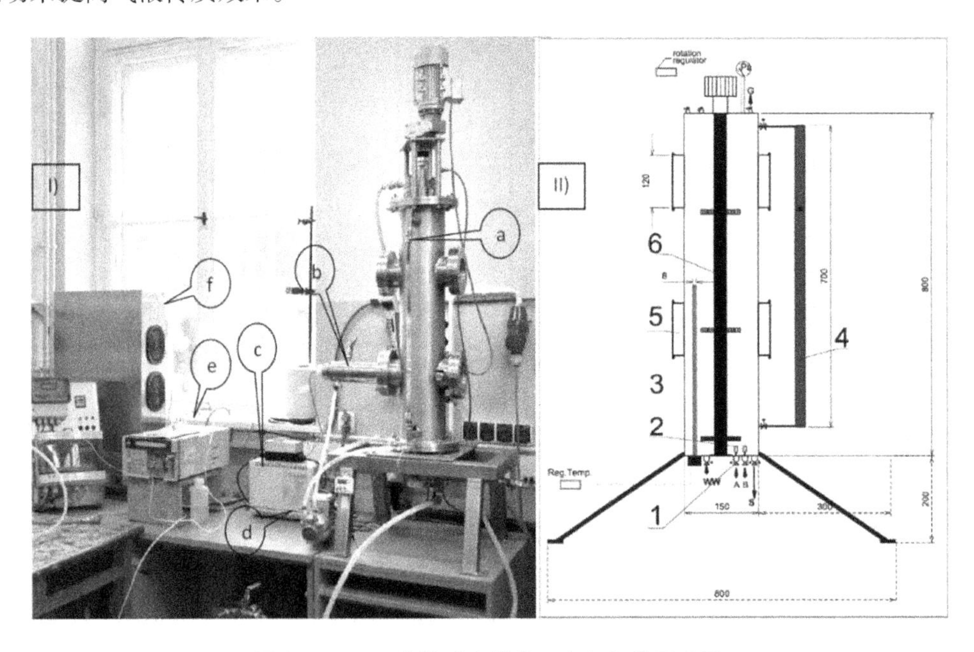

图 3－1－15　连续式光催化－臭氧氧化反应器

（Ⅰ：a—柱状反应器，b—紫外线室，c—紫外线灯变压器，d—废水循环泵，e—氧化剂泵，f—臭氧发生器；Ⅱ：1—废水及氧化剂入口，2—氧化剂分配器，3—加热器，4—水量指示器，5—窗口，6—搅拌轴）

降膜反应器通过增大臭氧与废液的接触面积来改善传质效果[78]，并且可通过反应器壁负载金属催化剂来解决粉末催化剂难回收再使用的问题。图 3－1－16 是一个降膜反应器，包括一个矩形铝制框架，框架两侧由两层皮尔金顿™活性玻璃包裹，这些玻璃片形成反应器壁，可在壁面负载催化剂。处理液体从顶部注入反应器，在皮尔金顿™活性玻璃上形成液体膜流下，并通过反应器底部流出，通过设置齿轮泵使液体不断循环。反应器内部固定 UVA 紫外灯，照射皮尔金顿™活性玻璃的表面，臭氧则以自下而上的方式通过反应器。

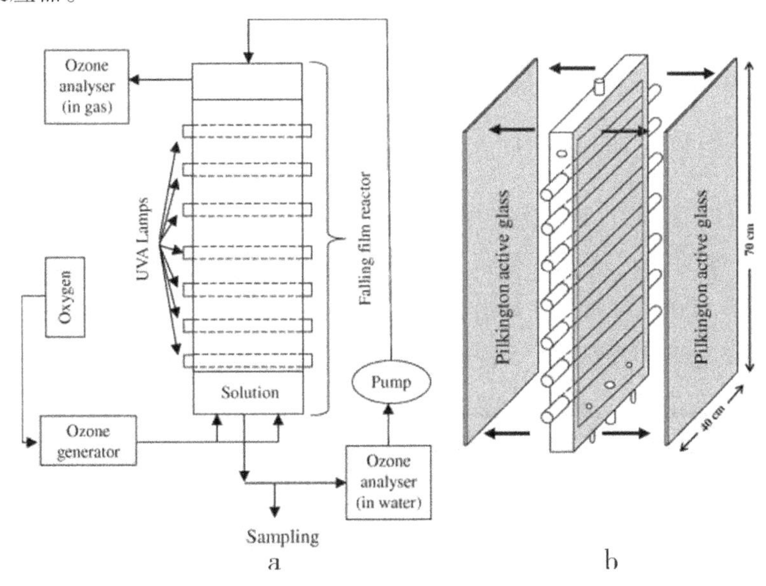

图 3-1-16　降膜反应器的装置细节（a）和反应器结构（b）

第二节　可见光催化耦合强化臭氧氧化技术

光催化是一种具有良好前景的有机物氧化降解技术，可以利用太阳光作为辐射源，产生强氧化性的·OH 等活性氧物种去除各种污染物。由于能量主要源于太阳光，因此可降低处理成本。在光催化过程中引入少量臭氧，不仅可以促进臭氧分解产生具有强氧化性的 ROS，而且还可以抑制光生电子与空穴的复合，提高光生电子的利用率和活性氧物种（特别是·OH）的产率。自 1996 年首次研发出光催化臭氧氧化技术以来，因其较强的氧化能力、利用太阳光能和空气（产臭氧的气源）处理实际废水的潜力，受到众多研究者的青睐。可见光在太阳光的能量占比 45% ~50%，基于目前紫外光灯管制造成本高、使用寿命较短等缺点，因此合成响应可见光的半导体催化剂及开发高效的可见光催化-臭氧耦合技术成为近年来该领域的研究热点。前面详细介绍了紫外光催化臭氧氧化过程，本节主要讨论可见光催化臭氧氧化技术。

目前，可见光催化臭氧氧化技术发展面临两项挑战：催化耦合降解有机物的效率不高和界面上催化产·OH 的反应机制不清楚。目前研究报道的可见光催化-臭氧耦合降解有机物的光催化剂种类较少，以 $g-C_3N_4$为主，也包括 WO_3、$BiVO_4$、铁系钙钛矿材料、CeO_2和改性 TiO_2等催化剂。这些材料均具有可见光催化活性，但催化活化臭氧的性能不佳。为开发高效的耦合催化剂，首先需研究材料的各种物化性质和光电特性对催化性能的影响，通过揭示催化剂的构效关系以指导更高效催化剂开发。另外，可在催化剂上引入具有活化臭氧能力的催化位点，通过协同调控电子还原和催化活化臭氧的路径提高·OH的产率。本节根据催化剂类型不同，分别对 $g-C_3N_4$、WO_3和$BiVO_4$等催化体系进行介绍。反应参数影响和反应器类型等内容在上节已深入讨论，不再单列。本节重点讨论催化剂的各种性质对催化性能的影响，并深入剖析可见光催化活化臭氧高效产·OH的反应机制，推动技术进一步发展。

一、石墨相氮化碳（$g-C_3N_4$）催化可见光-臭氧氧化

1834年，Liebig等[86]将其合成的一种密勒胺类化合物命名为“melon”，这是氮化碳聚合物可追溯的最早来源。随后，在1922年Franklin通过热分解 $Hg(CN)_2$ 和 $Hg(SCN)_2$制备得到该材料，并首次提出“氮化碳（$g-C_3N_4$）”的概念[87]。经过多年的研究发展，氮化碳目前公认有5种晶型结构，分别为 $\alpha-C_3N_4$（α相）、$\beta-C_3N_4$（β相）、$c-C_3N_4$（立方相）、$p-C_3N_4$（准立方相）和 $g-C_3N_4$（石墨相碳）。其中，前4种 C_3N_4结构都是超硬材料，以化学惰性和热稳定性可与金刚石媲美而著称，尤其是 $c-C_3N_4$，虽然不如α相和β相 C_3N_4稳定，但其最高体模量超过金刚石，可达到496 GPa，而 $g-C_3N_4$的性质与氮化碳家族其他几种明显不同[88]。1937年Pauling和Sturdivant首次合成 $g-C_3N_4$[89]，1940年发现其具有类石墨的层状结构[90]。2009年，王心晨等首次报道 $g-C_3N_4$具有可见光响应的性能[91]，随后引起众多研究者们广泛关注。

$g-C_3N_4$具有类石墨的片层结构，但与石墨结构中的C—C不同，其片层内C、N原子均发生 sp^2轨道杂化，所有原子的p轨道相互重叠而成一个类似苯环结构的大π键，最终组成一个高度离域的共轭体系。2008年Thomas等对 $g-C_3N_4$的化学结构进行深入研究后，提出实验合成的 $g-C_3N_4$可能存在两种化学结构[92]（图3-2-1a），一种是单个三嗪环通过末端N原子相连形成一个无限扩展的平面网格结构，其环内C—N键长0.1315 nm，C—N—C键角为116.5°，环外的C—N键长0.1444 nm，C—N—C键角为116.5°；另一种是以七嗪环（3个三嗪环聚合而成如图3-2-1b）为基本重复单元按相同连接方式，其环内C—N键长0.1316 nm，C—N—C键角116.6°；环外的C—N键长0.1442 nm，C—N—C键角120.0°。两种结构相比，七嗪环构成的 $g-C_3N_4$聚合度更高，结构更稳定，密度泛函理论计算的热力学能更低，因此学术界倾向于七嗪环是构成 $g-C_3N_4$片层结构的基本单元，但实际制备的 $g-C_3N_4$结构与合成原料和制备方法密切相关。

$g-C_3N_4$作为一种具有可见光响应的非金属半导体材料，天然禁带宽度约2.7 eV，可吸收波长小于459 nm的太阳光，其导带底和价带顶的位置分别约为-1.3 eV和1.4 eV，具有聚合半导体的化学组成，能带结构易调控的优点[93]。通常以尿素、氰胺和硫脲等作为前驱体，通过一步热聚合法制备，过程简单且成本低廉。通过高温热聚合得到的 $g-C_3N_4$热稳定性较高（在低于600 ℃下基本稳定），耐强酸、强碱和二甲基甲酰胺、四氢呋喃、乙醚、甲苯等有机溶剂的侵蚀，在光、电催化反应中循环活性良好，

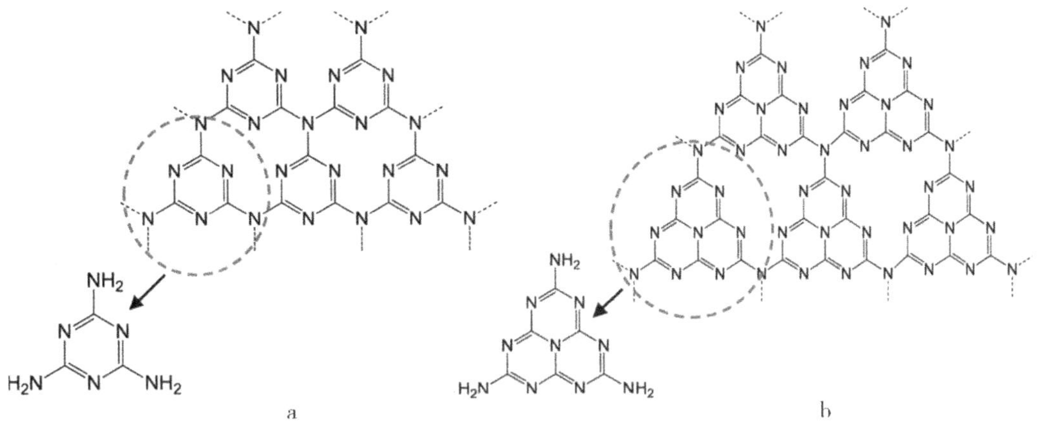

图 3-2-1 g-C_3N_4的两种可能的化学结构

是当前可见光催化领域的热点材料之一[94]。

g-C_3N_4的常见制备方法有硬模板法、软模板法和非模板法。硬模板法的优点是可合成一定形貌的材料，通常以 550 ℃高温下稳定的、具有特殊构型的 SiO_2和 Al_2O_3等材料作为模板剂，合成出 g-C_3N_4的复合物后再去除相应模板剂，即可得到特定形貌的 g-C_3N_4材料。软模板法又称自组装法，材料的有序性是由两亲性表面活性剂分子和客体分子的协同组装实现的，组装过程中界面能自动降低，从而推动组装的进行。非模板法则是不使用任何模板剂制备不同形貌的 g-C_3N_4。g-C_3N_4的改性手段主要包括形貌与尺寸调控、能带结构调控、与其他半导体或聚合物复合形成异质结[95]、在表面沉积贵金属等[96]。

2014 年，华南师范大学廖高祖博士[97]首先报道了 g-C_3N_4催化可见光耦合臭氧降解的研究。以硫脲作为前驱体，在 550 ℃的空气中直接加热得到 g-C_3N_4。XRD 图显示 g-C_3N_4有两个特征峰，其中 13.0°处的（001）峰对应于三-s-三嗪单元面内结构的堆积，27.5°处的（002）峰则对应于芳香族结构的层间堆积。在 FT-IR 表征中，801 cm^{-1}处出峰是三嗪单元的特征吸收峰，1200～1650 cm^{-1}的出峰对应的是 CN 杂环的典型拉伸振动，另外，在 3300 cm^{-1}附近观察到 NH 的特征拉伸振动峰。通过 UV-Vis DRS 测试 g-C_3N_4材料对光的吸收特性，发现 g-C_3N_4的吸收边缘在 450 nm 左右，用 Kubelka-Munk 函数计算 g-C_3N_4的禁带宽度约为 2.7 eV。

以草酸和双酚 A 作为降解底物，测试 g-C_3N_4材料催化可见光-臭氧耦合活性，如图 3-2-2 所示。g-C_3N_4/Vis/O_3体系中的草酸降解率比 g-C_3N_4/Vis 和臭氧氧化两个体系中降解率之和还高 65.2%（图 3-2-2a）。而 g-C_3N_4/Vis/O_3处理双酚 A 模拟废水时，相同条件下的 TOC 去除量是 g-C_3N_4/Vis 和臭氧氧化两种过程去除之和的 2.17 倍（图 3-2-2b）。降解效果的提高主要归因于 g-C_3N_4在光催化和臭氧氧化之间的强协同作用。在可见光照射下，由于 g-C_3N_4导带电势很大（-1.3 V vs. NHE），更容易被臭氧捕获并反应生成·OH，从而提高有机物的降解率和矿化效率。经过 4 次循环实验后，g-C_3N_4的催化活性未明显下降，表明 g-C_3N_4具有优异的催化稳定性（图 3-2-2c）。

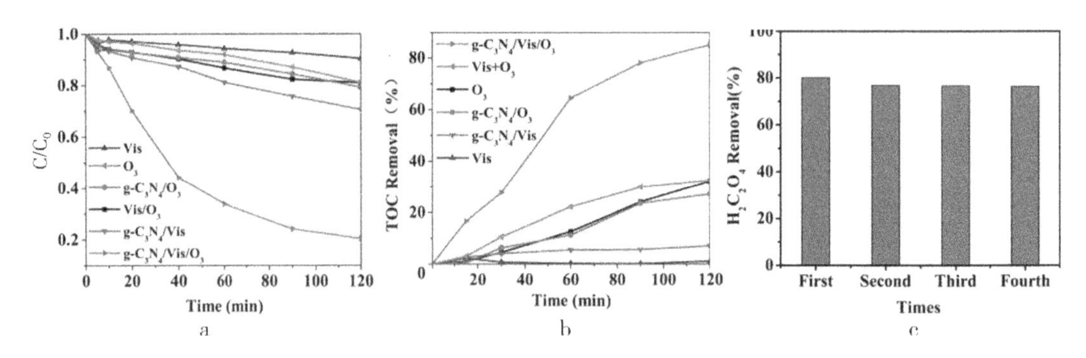

图3-2-2 不同反应体系降解草酸（a）、去除双酚A溶液的TOC（b）和 $g-C_3N_4$在可见光催化-臭氧氧化过程的催化稳定性（c）

该工作以叔丁胺（t-BA）和三乙醇胺（TEOA）作为·OH和空穴淬灭剂，它们对$g-C_3N_4$催化可见光-臭氧降解草酸的影响研究如下。反应120 min时，可见光催化臭氧氧化可去除80.0%的草酸，但分别加入5 mg/L的t-BA和TEOA时，草酸去除率分别降至46.2%和66.5%（图3-2-3）。可看出·OH和空穴都对草酸降解有直接贡献，但t-BA的抑制效应更明显，表明·OH在可见光催化臭氧氧化草酸过程起主导作用。

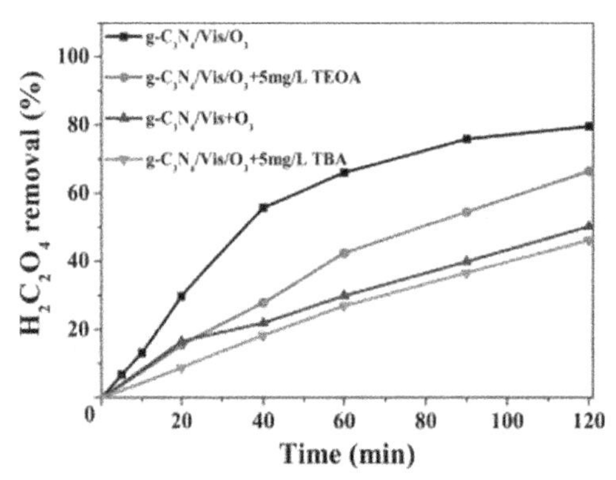

图3-2-3 不同自由基捕获剂对$Vis/O_3/g-C_3N_4$过程去除草酸的影响

$g-C_3N_4$在光催化-臭氧耦合体系中表现出优异的催化性能。根据材料表征和催化实验结果发现，在可见光照射下，$g-C_3N_4$吸收可见光并激发光生电子从价带转移到导带。由于$g-C_3N_4$的导带（CB）电势比NHE高，因此，这些光生电子比其他半导体上光生电子的还原能力更强，更易被臭氧捕获。反应式如下所示：

$$O_3 + e^- \longrightarrow O_3^{\cdot -} \tag{3-2-1}$$

$$O_3^{\cdot -} + H^+ \longrightarrow HO_3 \cdot$$

$$HO_3 \cdot \longrightarrow O_2 + HO \cdot$$

同时，臭氧捕获光生电子也抑制了光生电子和空穴复合，使$g-C_3N_4$价带留下大量具有氧化性的空穴，对有机物也起到降解作用。

2015年，中科院过程所肖家栋等也报道了$g-C_3N_4$催化可见光-臭氧耦合技术可高效降解草酸[98]。以三聚氰胺作为前驱体，在600 ℃下焙烧制备$g-C_3N_4$，并加入氯化铵作为助剂制备了 Cl/g - C_3N_4 进行对比。二者均具有一定的可见光催化活性，但反应120 min时草酸降解率分别仅为 18% 和 28%。在催化臭氧氧化过程中，二者均无法活化臭氧降解草酸。但在可见光催化与臭氧的耦合过程中，草酸降解速度大幅加快。反应 30 min 时，草酸降解速率已分别达到 80% 和 75%（图 3 - 2 - 4）。通过计算反应速率常数，可发现 g - C_3N_4/Vis、g - C_3N_4/O_3 和 g - C_3N_4/Vis/O_3 耦合过程的反应速率常数分别为 1.52×10^{-3} mM/min、0.20×10^{-3} mM/min 和 27.87×10^{-3} mM/min，而催化臭氧氧化反应速率极低。以 Cl/g - C_3N_4 为催化剂，可见光催化、催化臭氧氧化和可见光催化 - 臭氧耦合过程的反应速率常数分别为 2.36×10^{-3} mM/min、0.20×10^{-3} mM/min 和 23.77×10^{-3} mM/min。采用以上反应速率常数，可计算得 g - C_3N_4 催化可见光 - 臭氧氧化系统的耦合因子为 17.8，采用同样的计算方法得 Cl/g - C_3N_4 催化系统的耦合因子为 9.9。

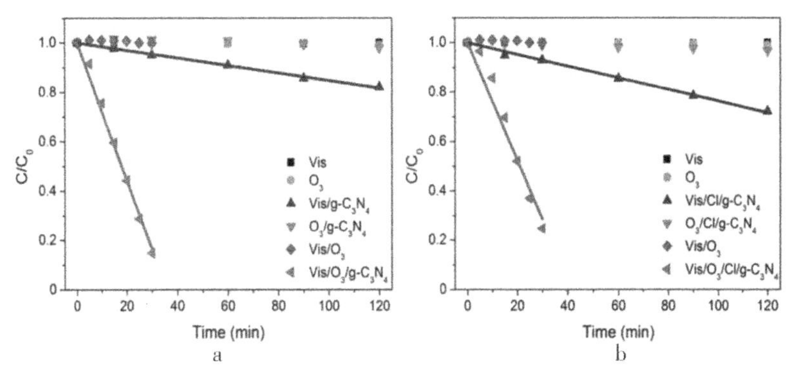

图 3 - 2 - 4　g - C_3N_4（a）与 Cl/g - C_3N_4（b）催化可见光 - 臭氧降解草酸

在 g - C_3N_4 可见光催化体系中分别加入 100 mol/L 叔丁胺（t - BA）、10 mol/L 对苯醌（p - BQ）或氮气吹扫，发现 t - BA 抑制作用较小，p - BQ 有一定抑制作用，氮气吹扫几乎完全抑制了草酸的降解。Cl/g - C_3N_4 的活性略高于 g - C_3N_4，加入两种抑制剂和氮气吹扫对两种催化剂体系所起的作用完全相同。而在催化可见光 - 臭氧耦合过程中，加入 100 mol/L t - BA 后，草酸降解过程被完全抑制，表明在 g - C_3N_4 可见光催化 - 臭氧耦合过程中，草酸降解完全是 · OH 起作用（图 3 - 2 - 5）。

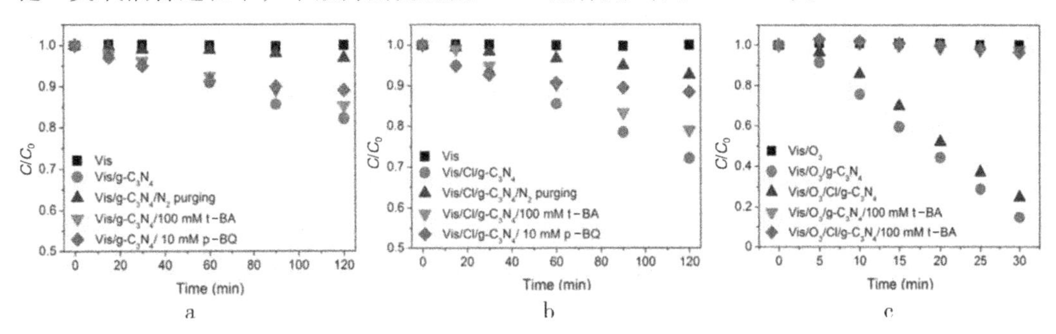

图 3 - 2 - 5　不同抑制剂及氮气吹扫对 g - C_3N_4 光催化（a）、Cl/g - C_3N_4 光催化（b）和可见光催化 - 臭氧降解草酸（c）的影响

$g-C_3N_4$在可见光催化与臭氧氧化的耦合体系中具有非常高的潜力，进一步将$g-C_3N_4$与常用的TiO_2及WO_3等光催化剂比较，可科学评价其应用前景。还原氧化石墨烯（rGO）、一维单壁碳纳米管（SWCNT）、多壁碳纳米管（MWCNT）和零维材料富勒烯（C_{60}）有独特的表面化学性质和优良的导电性，并在不同的催化反应中表现出良好的活性。因此，对比研究$g-C_3N_4$、C_{60}、SWCNT、MWCNT及rGO在可见光催化氧化、臭氧催化氧化、可见光催化-臭氧耦合氧化过程中的催化活性与规律，可深入认识$g-C_3N_4$在可见光催化-臭氧耦合过程中的实际催化能力与潜力。

$g-C_3N_4$是以双氰胺作为前驱体，在550 ℃下煅烧2 h，经冷却、洗涤干燥后得到的催化剂。TiO_2及WO_3等催化剂、SWCNT、MWCNT和C_{60}均直接采用商业材料，rGO是以商业氧化石墨烯煅烧得到。电镜表征表明，$g-C_3N_4$和C_{60}分别具有二维纳米片、零维颗粒的堆积结构，rGO呈纱状的片层结构且表面多卷曲形成褶皱，而SWCNT和MWCNT则呈典型的纳米管结构，其中MWCNT的管壁明显更厚。比较这5种纳米碳材料，$g-C_3N_4$和C_{60}比表面积极小（$<10\ m^2/g$）；MWCNT的比表面积为116.1 m^2/g；rGO与SWCNT的比表面积较大，分别为360.2 m^2/g及361.8 m^2/g。这5种纳米碳材料对溶液中草酸的吸附能力：$g-C_3N_4$（~0）≈C_{60}（~0）< MWCNT（3.1%）< rGO（5.2%）< SWCNT（6.0%）。

通过紫外-可见光漫反射光谱（UV-Vis DRS）并结合价带X射线光电子能谱（valance band XPS）分析得到材料的相对能带结构。如图3-2-6a所示，从UV-Vis DRS图谱可将所测材料分为两类：rGO、SWCNT及MWCNT表现出非半导体吸收特性；$g-C_3N_4$、C_{60}、WO_3与TiO_2则为半导体。通过Tauc曲线分析得到$g-C_3N_4$、C_{60}、WO_3与TiO_2的禁带宽度（E_g）分别为2.79 eV、1.58 eV、2.64 eV、3.31 eV（图3-2-6b）。图3-2-6c为4种半导体材料的VB XPS图谱，由此可计算其价带顶位置分别为1.86 eV、1.39 eV、2.94 eV、2.55 eV，结合材料的E_g可得到$g-C_3N_4$、C_{60}、WO_3与TiO_2的导带位置分别为-0.93 eV、-0.19 eV、0.30 eV及-0.76 eV，完整的能带结构如图3-2-6d所示。通过材料的电化学阻抗谱，得到5种纳米碳的电子传递能力排序为SWCNT > C_{60} > MWCNT > $g-C_3N_4$ > rGO。rGO和$g-C_3N_4$表面含氧量明显高于SWCNT、C_{60}和MWCNT，而导电性相对较差，说明纳米碳上氧含量过高对导电性及电子传输不利。

系统地对比研究$g-C_3N_4$、C_{60}、rGO、SWCNT、MWCNT在可见光催化氧化、臭氧催化氧化、可见光催化-臭氧耦合氧化过程中的催化活性（表3-2-1）。除$g-C_3N_4$外，纳米碳材料均具有很高的催化臭氧氧化活性，纳米碳表面羰基/羧基含量、本身导电性可能是影响该活性的重要因素。rGO、SWCNT及MWCNT对光无响应，$g-C_3N_4$与C_{60}可作为高效的光催化臭氧氧化催化剂，尤其$g-C_3N_4$催化的可见光与臭氧的耦合系数高达95.8。此外，$g-C_3N_4$不具有臭氧催化活性，若在其表面进行羰基/羧基修饰或与rGO、SWCNT、MWCNT等复合，有可能会增加臭氧与其作用的活性位点从而提高臭氧利用率，最终进一步提高耦合过程的氧化能力。

通过对比WO_3和TiO_2，发现能带结构是影响耦合过程催化活性的重要因素。

$g-C_3N_4$比两种经典的光催化材料 WO_3、TiO_2活性更高，且 $Vis/O_3/g-C_3N_4$的氧化效率要高于 rGO 和 MWCNT 等纳米材料的。

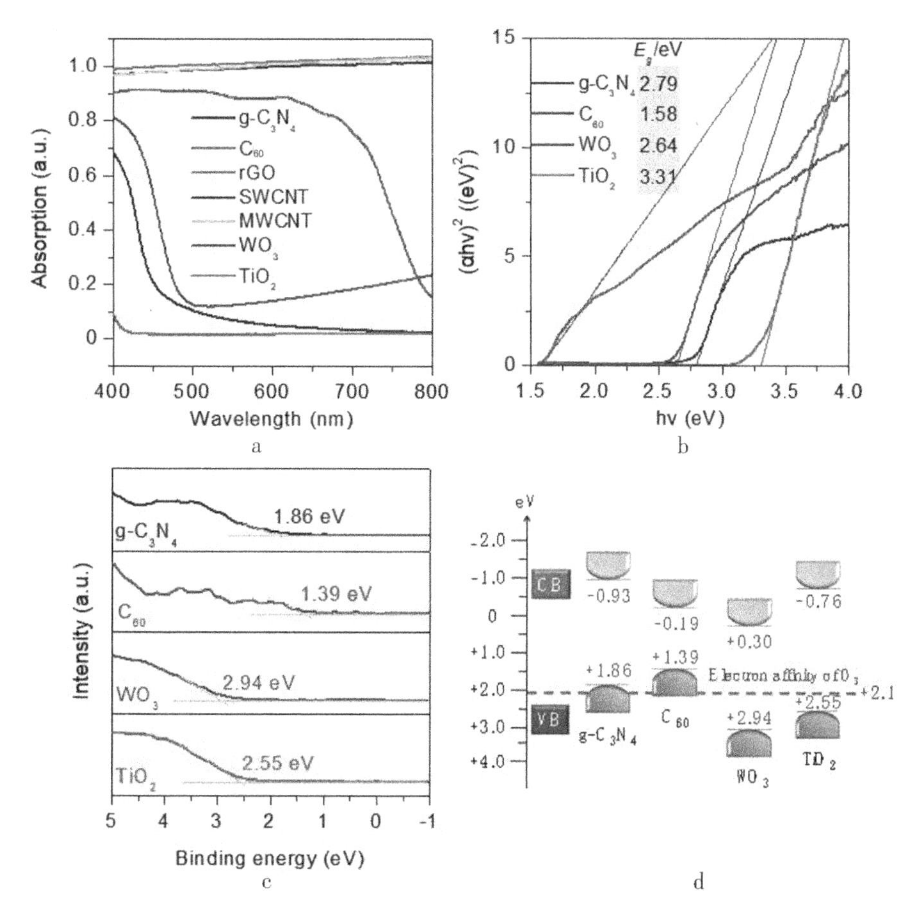

图 3-2-6　(a) 不同纳米碳材料、WO_3和 TiO_2的紫外-可见光漫反射图谱；$g-C_3N_4$、C_{60}、WO_3和 TiO_2的 (b) Tauc 曲线、(c) 价带 XPS 图谱及 (d) 能带结构

表 3-2-1　不同纳米碳、WO_3及 TiO_2催化不同氧化过程降解草酸的速率常数及耦合因子

催化剂	表观反应速率常数 [10^{-2} mmol/(L·min)]						耦合因子
	Vis/O_2	$Vis/O_2/cat$	O_3	O_3/cat	Vis/O_3	$Vis/O_3/cat$	
$g-C_3N_4$		0.05		0.05		4.79	95.8
C_{60}		0.11		2.13		3.50	1.6
rGO		0.02		2.86		3.12	1.1
SWCNT	0	0.01	0	4.94	0.02	5.29	1.1
MWCNT		0.00		3.86		4.38	1.1
WO_3		0.00		0.18		2.89	16.1
TiO_2		0.04		0.20		3.13	15.7

通过加入淬灭剂，发现 O_3/C_{60}、O_3/rGO、Vis/O_3/g－C_3N_4和 Vis/O_3/C_{60}过程中氧化降解草酸的自由基主要是·OH。通过电子顺磁共振波谱仪（EPR）监测DMPO加成物以获得氧化过程所产生的ROS，如图3－2－7所示。在Vis/O_3/g－C_3N_4过程中检测到明显的DMPO与·OH加成物DMPO－OH的特征信号，进一步证实了·OH是上述过程主要的活性氧化物质。

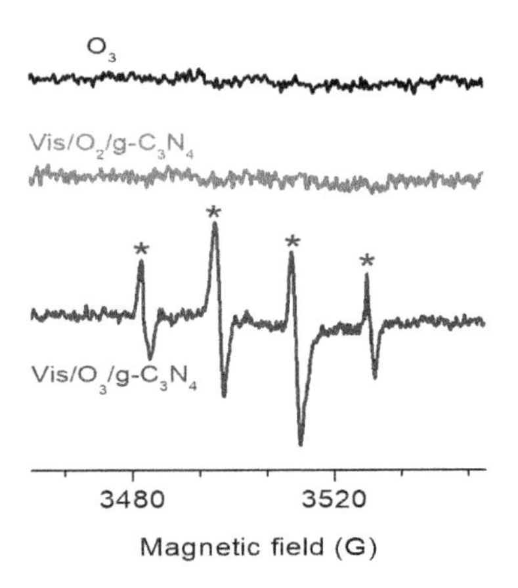

图3－2－7 单一过程及可见光催化－臭氧氧化耦合过程的EPR分析

（一）前驱体结构影响

近年来，g－C_3N_4作为非金属半导体材料在光催化领域受到广泛关注。尽管g－C_3N_4材料改性取得较大进展，但难降解有机物氧化去除和深度矿化的效率仍有限。可见光催化－臭氧耦合氧化技术有望直接利用太阳光高效净化废水，其耦合处理效率高于光催化及臭氧氧化两种过程的加和。臭氧与氧气分子相比，可快速捕获传递至催化剂表面的光生电子，是引发光催化与臭氧之间强协同效应的关键步骤。g－C_3N_4导带位置高，有利于臭氧和氧气分子捕获光生电子，而且g－C_3N_4制备过程简单且成本低廉，不含金属且化学稳定性较高。进一步合成具有更高催化性能的g－C_3N_4材料，对推动可见光催化－臭氧氧化技术的发展具有重要意义。

本节以双氰胺、硫脲为前驱体通过一步热缩聚法制备块状g－C_3N_4材料，详细表征其微观结构和光电性质，对比了它们在光催化、催化臭氧氧化、光催化－臭氧氧化降解草酸反应中的催化性能，并考察了光源波长对草酸降解效果的影响。基于以上结果，解析两种g－C_3N_4催化活性存在差异的原因，以及臭氧分别与紫外光、可见光耦合过程中生成活性氧自由基的反应路径[99]。

1. g－C_3N_4材料合成、表征及催化活性

称取一定量硫脲（thiourea）和双氰胺（dicyandiamide）分别置于刚玉坩埚内，加盖后放置于马弗炉内，在550 ℃下煅烧2 h，自然冷却至室温后研磨成粉末，分别各用超纯水和乙醇清洗3次，干燥后得到块状g－C_3N_4粉末，分别命名为GCN－D和GCN－T。在XRD表征中，两种材料均在13.1°及27.5°处出现特征衍射峰（图3－2－8a），表明GCN－T与GCN－D均为典型的g－C_3N_4材料。GCN－D的衍射峰强度略高于GCN－T，说明GCN－D的聚合度更高，

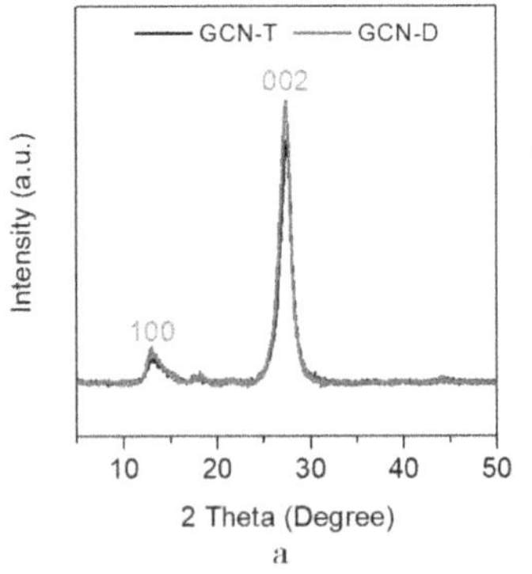

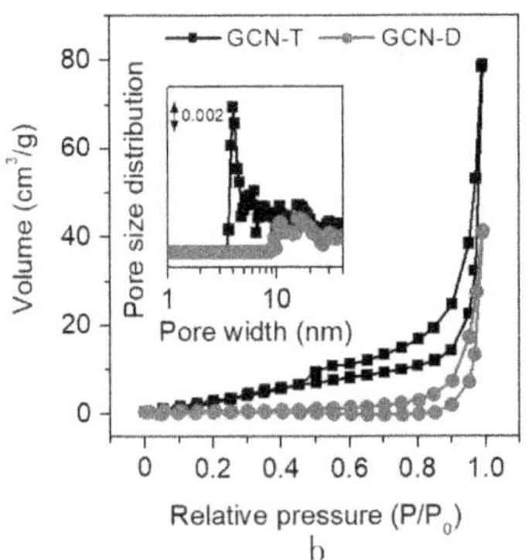

图3－2－8 GCN－T和GCN－D的（a）X射线衍射图谱（b）氮气吸附－脱附等温线及孔径分布曲线

层间堆积更密实。GCN－T与GCN－D的N_2吸附－脱附等温线及孔径分布曲线如图3－2－8b所示。GCN－T与GCN－D的比表面积都很小，但GCN－T的比表面积（16.3 m^2/g）要高于GCN－D（2.7 m^2/g）的，其中GCN－T含有一定的4.0 nm左右的微孔，而GCN－D几乎为无孔结构。

通过场发射扫描电镜（FESEM）表征GCN－T与GCN－D的微观形貌（图3－2－9）。GCN－T表面粗糙不平且多孔，可能与硫脲在热聚合过程中的分解行为有关；而GCN－D表面较平滑，呈现典型的层堆积结构。以上结果与XRD及物理吸附表征结果一致。

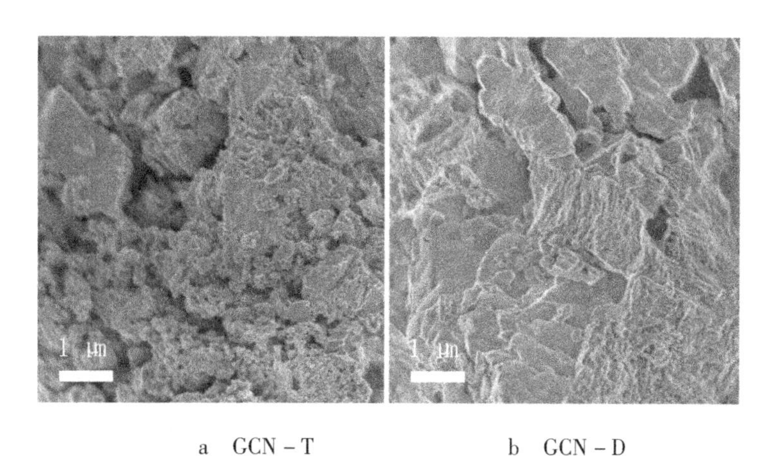

a　GCN－T　　　　b　GCN－D

图3－2－9　GCN－T（a）与GCN－D（b）的场发射扫描电镜图

通过光吸收谱表征，得到GCN－T与GCN－D的禁带宽度分别为2.76 eV、2.78 eV。分别采用莫特－肖特基（Mott－Schottky）曲线和VB XPS谱图（图3－2－10）得出催化剂的价带顶和导带底的位置，并基于禁带宽度分别算出对应的导带底和价带顶的位置。采用这两种方法的能带结构相似（图3－2－11），GCN－D的导带位置比GCN－T高约0.1 eV，光激发电子的还原性更强，从热力学角度更有利于臭氧捕获光生电子。

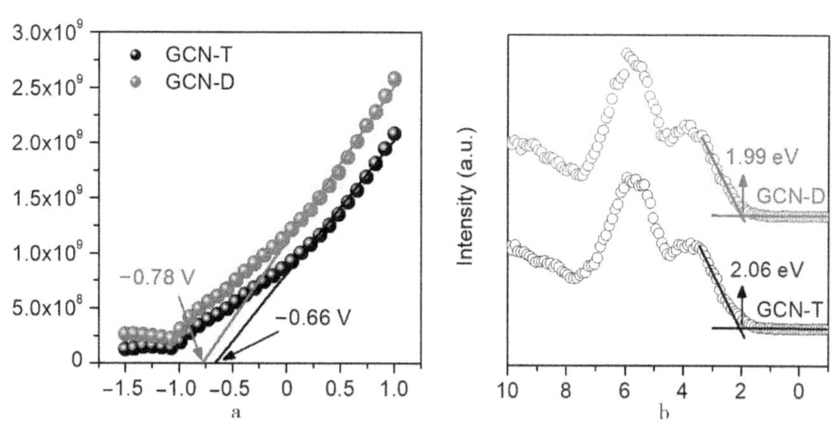

图3－2－10　GCN－T与GCN－D的（a）Mott－Schottky曲线及（b）价带XPS图谱

GCN－T 和 GCN－D 在臭氧氧化、光催化氧化及光催化－臭氧耦合降解草酸的催化活性，如图 3－2－12 所示。O_3、O_3/GCN－T 及 O_3/GCN－D 对草酸无任何降解作用。在通氧气、相同光照强度下，紫外光催化氧化过程（UV/O_2/GCN）的效率明显高于可见光催化氧化过程（Vis/O_2/GCN）。将臭氧与光催化氧化耦合后（O_3浓度为 30 mg/L），草酸的去除速率明显提高，且在可见光下这种协同效应更明显。从 UV/O_2/GCN－D 到 UV/O_3/GCN－D 过程，草酸去除速率提高了 2.8 倍；而从 Vis/O_2/GCN－D 到 Vis/O_3/GCN－D 过程，草酸去除速率提高了 19.6 倍。在所有耦合过程中，GCN－D 的催化活性均明显高于 GCN－T。例如，GCN－D 催化可见光降解草酸速率比 GCN－T 催化体系高 30%。

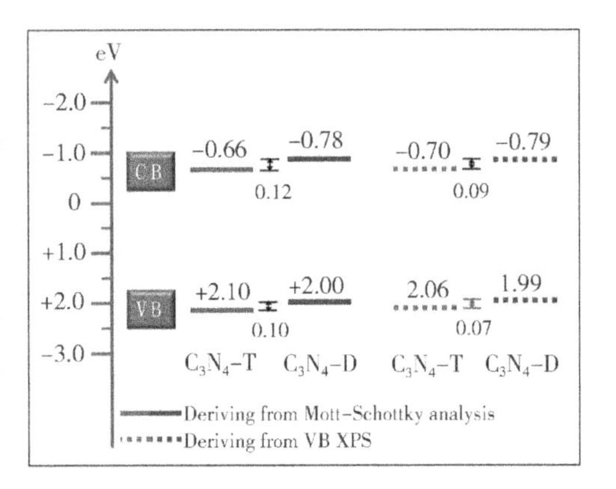

图 3－2－11　GCN－T 与 GCN－D 的能带结构示意

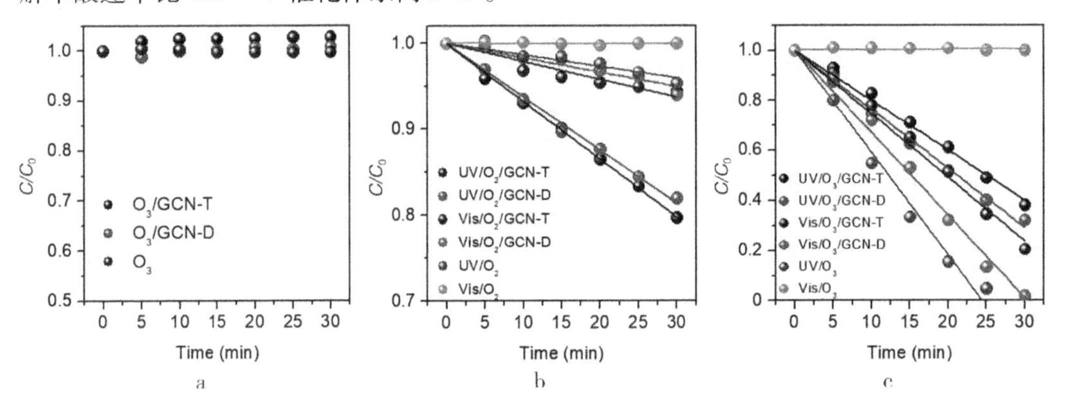

图 3－2－12　GCN－T 与 GCN－D（a）催化臭氧氧化、（b）光催化氧化及（c）光催化－臭氧耦合处理草酸过程中浓度的变化

Vis/O_3无法去除草酸，而 UV/O_3可高效氧化草酸，因为 O_3在波长 300 nm 以下（尤其 254 nm）紫外光照下易发生光解生成激发态氧原子［O（^{1}D）］，见式（3－2－2），O（^{1}D）可与水分子反应生成·OH，如式（3－1－30）所示。

$$O_3 \xrightarrow{UV(\lambda<300\ nm)} O_2 + O(^1D) \qquad (3-2-2)$$

加入 GCN－T 或 GCN－D 后，UV/O_3/GCN 的氧化效率与 UV/O_3相比显著减弱，可能是因为加入催化剂后会发生其他反应，与 O_3光解相互抑制。UV/O_2在 30 min 内能去除 4.6% 的草酸，因为在高能量的紫外光激发下有极少量 O_2转化为 O_3，进而发生少量的 UV/O_3反应。

无论紫外光或可见光，GCN－D 光催化氧化草酸的活性均略低于 GCN－T，但在耦合过程中的催化活性明显高于 GCN－T，如 GCN－D 催化可见光降解草酸的反应速率较 GCN－T 高 30%。GCN－D 对光吸收强度和比表面积都比 GCN－T 低，因此光催化活性也较低，但 GCN－D 的导带底位置比 GCN－T 高 0.1 eV，从热力学上有利于光生电子被臭氧分子捕获，这可能是 GCN－D 在耦合过程中活性更高的原因。

2. 耦合过程反应机制

臭氧不能直接氧化草酸，且臭氧的标准氧化还原电势（2.07 V vs. NHE）高于 g－C_3N_4的光生空穴（1.4 V vs. NHE），因此，臭氧捕获光生电子对可见光催化－臭氧耦合过程产 · OH 至关重要，也是 GCN－D 比 GCN－T 催化活性更高的原因。如图 3－2－13a 所示，当臭氧浓度从 5 mg/L 增至 45 mg/L，Vis/O_3/GCN 过程去除草酸的速率显著提高，说明在此条件下光生电子相较于臭氧是过量的；但臭氧浓度继续增至 60 mg/L 时，对草酸去除速率的提高作用十分有限，说明此浓度的臭氧相对于可被捕获的光生电子量已趋于饱和。

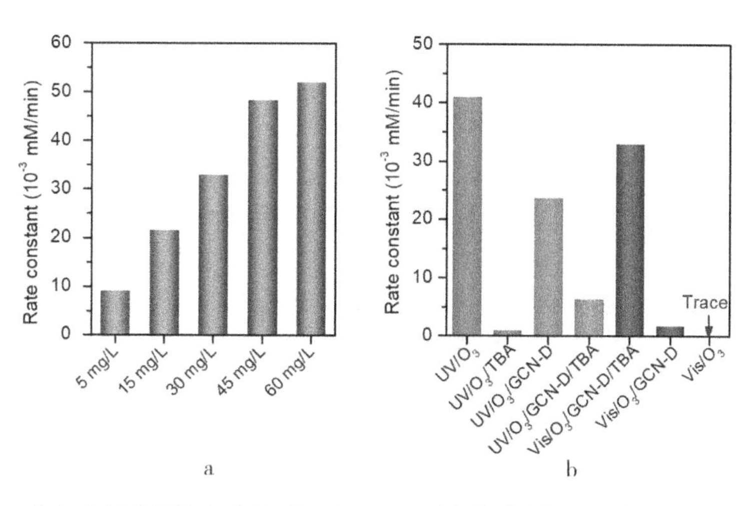

图 3－2－13　（a）入口臭氧浓度对 Vis/O_3/GCN－D 过程草酸降解速率的影响；（b）t－BA 对光催化－臭氧耦合过程降解草酸速率的影响

进一步向反应体系添加 t－BA，以研究 · OH 在草酸氧化过程中所起的作用。如图 3－2－13b 所示，向 UV/O_3和 Vis/O_3/GCN－D 体系中加入100 mM t－BA，几乎完全抑制了草酸降解，说明 · OH 是这两个过程降解草酸的主要活性氧物种。如前所述，O_3在波长低于 300 nm 的紫外光下光解最终生成 · OH，见式（3－2－2）和式（3－1－30），是 UV/O_3过程生成 · OH 的主要途径。而在 Vis/O_3/GCN－D 体系中，生成 · OH 的反应途径为：首先 GCN－D 经光激发产生光生电子并迁移到表面，见式（3－2－3），由于臭氧的氧化能力［E^0（O_3）= 2.07 V vs. NHE］远高于氧分子［E^0（O_2）= 1.23 V vs. NHE］，臭氧会优先捕获这些电子生成臭氧负离子自由基（$^{\cdot}O_3^-$），结合 H^+转化为 $HO_3^{\cdot}$，进而转化为 · OH。

$$GCN-D \xrightarrow{hv} h^+ + e^- \qquad (3-2-3)$$

在紫外光催化－臭氧耦合过程中，臭氧光解［式（3－2－2）、式（3－1－30）］及臭氧捕获光生电子［式（3－2－3）、式（3－2－1）、式（3－1－15）及式（3－1－16）］产生 · OH 的两个反应路径可能共存。在臭氧供给量一定的条件下，两者可能存在竞争关系，使相同光照强度下 UV/O_3/GCN－D 的氧化效率明显低于 UV/O_3与 Vis/O_3/GCN－D。基于以上分析，可推测在紫外光、可见光下 g－C_3N_4光催化－臭氧耦合降解草酸的两种不同反应机制，如图3-2-14所示。此外，从图3-2-13b看出，t-BA大幅抑制了UV/O_3/GCN-D降解草酸，但并未完全抑制，推测UV/O_3/GCN-D过程中O_3光解产生的激发态氧原子［O(^{1}D)］可能也会直接氧化分解少量草酸（图3-2-14），但·OH仍是主导的活性氧化物种。

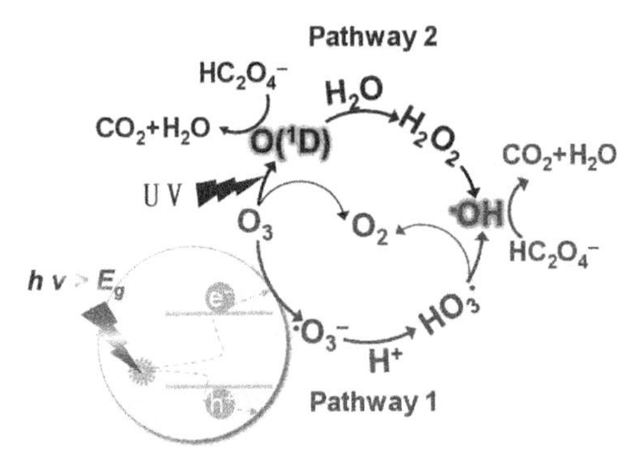

图3-2-14 可见光催化和紫外光催化-臭氧耦合降解草酸的反应机制示意

（二）比表面积的影响

g-C_3N_4催化可见光-臭氧耦合可以快速去除难降解小分子羧酸（草酸），但由于块状g-C_3N_4比表面积极小（通常小于10 m^2/g），不利于光、臭氧在催化剂表面充分接触，因此，通过形貌调控，如构造多孔结构或将块状材料剥离成纳米片，可提高反应接触面积。常见的形貌调控手段包括硬模板法、软模板法和非模板法。硬模板法需要使用高危险性有毒的NH_4HF_2或HF试剂清洗去除模板剂，过程烦琐且不环保。软模板法制备过程中模板剂煅烧分解形成碳会残留于多孔g-C_3N_4材料中，对催化活性产生不利影响。通过开发一种非模板法，在前驱体中混合氯化铵，利用其热解释放的软气泡爆破实现对g-C_3N_4的原位造孔。此方法简单高效，所制备的多孔g-C_3N_4材料（PGCN）具有较高的比表面积及丰富的纳米孔结构，且相对于块状g-C_3N_4具有更高的光催化活性。对羟基苯甲酸（PHBA）是工业废水中一种常见污染物，可作为一种典型的芳香族有机污染物。本节介绍一种多孔g-C_3N_4材料在单一及耦合氧化过程降解PHBA，研究其在可见光催化-臭氧耦合过程的降解路径，并揭示耦合过程对芳香族有机污染物的矿化规律[100]。

1. 材料合成与表征

以硫脲作前驱体，与氯化铵按一定的质量比均匀混合，通过一步热解法直接制备多孔g-C_3N_4（PGCN）。其中，使用2 g、5 g、10 g、15 g氯化铵制备得到的样品分别命名为PGCN-1、PGCN-2、PGCN-3及PGCN-4。图3-2-15为块状g-C_3N_4及4种PGCN样品的场发射透射电镜（FETEM）图和它们的孔径分布曲线，可以直观地看到，随着氯化铵的不断加入，PGCN样品中的纳米孔越来越明显，且产生了一定程度的剥离效果（图3-2-15b至图3-2-15e）。因为氯化铵会在硫脲热聚合形成g-C_3N_4的过程中热解产生大量NH_3及HCl气泡，其湍动和大范围爆破有助于在g-C_3N_4中形成纳米孔并产生剥离效果。通过物理吸附测得块状g-C_3N_4、PGCN-1、PGCN-2、PGCN-3和PGCN-4的比表面积分别为21.5 m^2/g、42.5 m^2/g、46.7 m^2/g、83.5 m^2/g和112.0 m^2/g，但各种材料的尺寸及孔径大小并无明显规律，因为NH_3及HCl软气泡爆破过程不可控，因此制得材料的孔径参差不齐、规律不明显，表明该方法并不能精确调控材料孔结构。

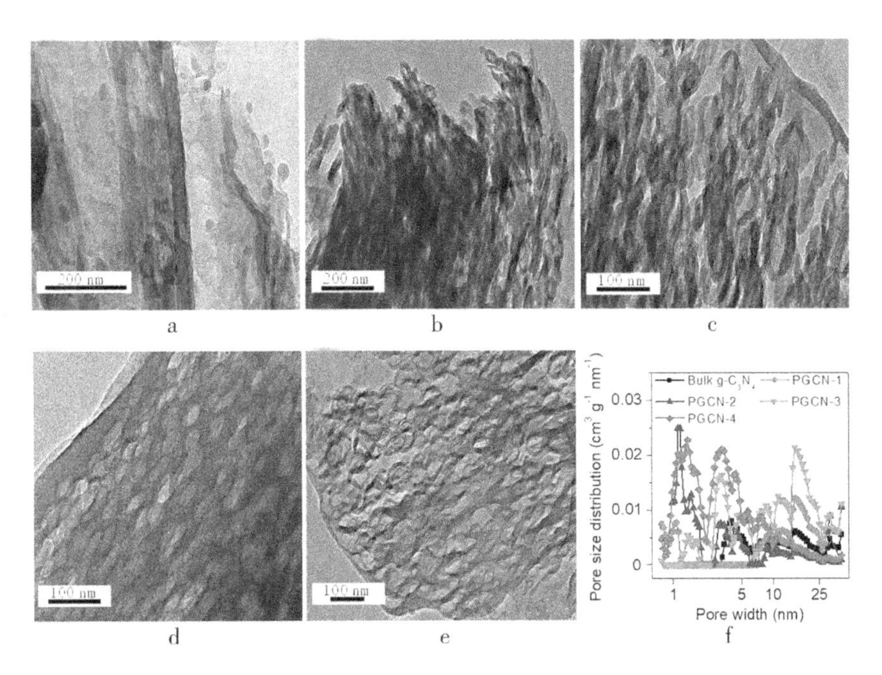

图 3-2-15　块状 $g-C_3N_4$ (a)、PGCN-1 (b)、PGCN-2 (c)、PGCN-3 (d)、PGCN-4 (e) 的场发射透射电镜图及它们的孔径分布曲线 (f)

如图 3-2-16 所示，块状 $g-C_3N_4$ 与多孔 $g-C_3N_4$（PGCN）样品在 13.0°及 27.4°两处具有明显的 X 射线衍射峰，分别对应 $g-C_3N_4$ 的（100）及（002）晶面。从块状 $g-C_3N_4$ 到 PGCN-4，（002）晶面的衍射峰强度逐渐减弱，说明氮化碳的聚合度和结晶度减小，这是由氯化铵的造孔及剥离效应引起的。以 PGCN-3 为例，通过 X 射线光电子能谱（XPS，图 3-2-17）分析可知，除主要元素 C、N 外，表面还有少量的 O 元素（6.15%），可能来自在空气中煅烧造成的氧掺杂及吸附的 H_2O 分子，而硫脲中的 S 元素及氯化铵中的 Cl 元素则在热解过程中完全释放，在 $g-C_3N_4$ 中无残留。

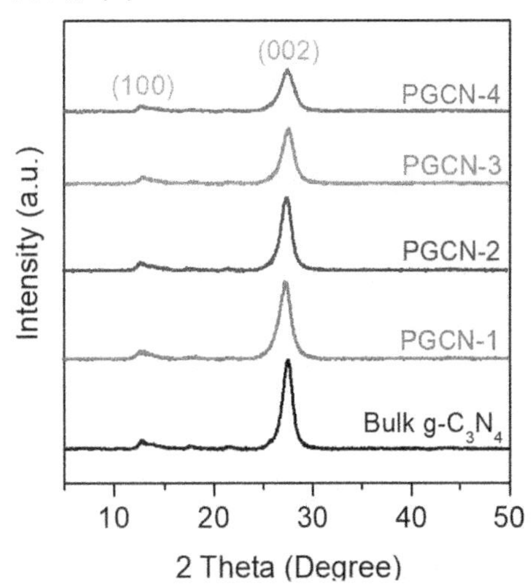

图 3-2-16　块状 $g-C_3N_4$ 及多孔 $g-C_3N_4$（PGCN）的 XRD 图谱

如图 3-2-18 所示，通过紫外-可见光漫反射仪（UV-Vis DRS）测试材料对光的吸收特性。总体而言，PGCN 材料与块状 $g-C_3N_4$ 相比，对 420~800 nm 波长范围内的可见光吸收强度减弱。通过 Tauc 曲线可计算得到块状 $g-C_3N_4$、PGCN-1、PGCN-2、PGCN-3、PGCN-4 的禁带宽度分别为 2.78 eV、2.86 eV、2.85 eV 和 2.88 eV。氯化铵热解使得 $g-C_3N_4$ 的聚合度、π 电子堆积程度降低，并产生轻微的剥离效果，这些都可能是 PGCN 材料的禁带宽度增大的原因。

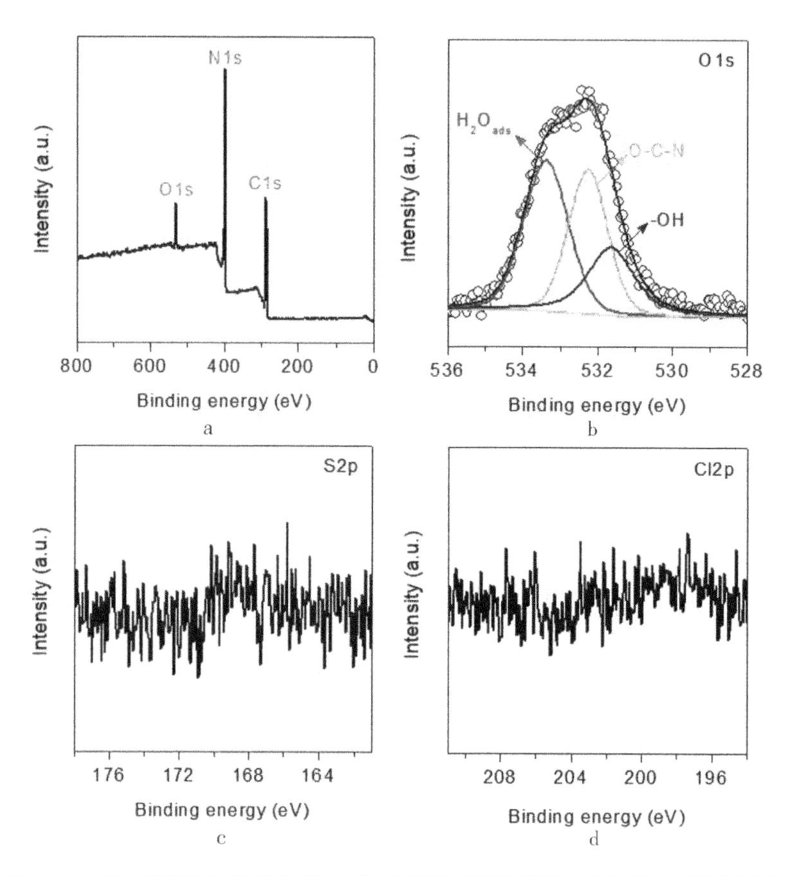

图 3-2-17　PGCN-3 样品的（a）全扫描 XPS 图谱、（b）O 1s XPS 图谱（c）S 2p XPS 图谱及（d）Cl 2p XPS 图谱

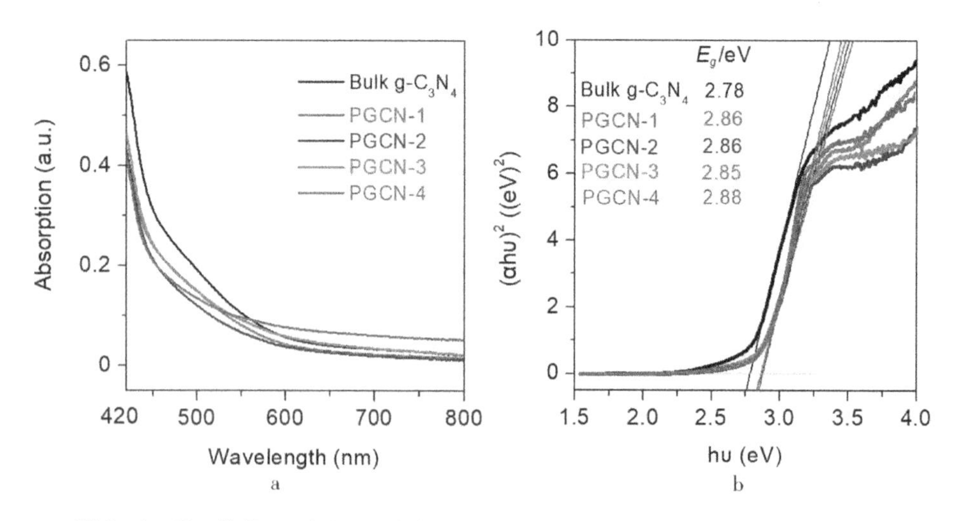

图 3-2-18　块状 g-C_3N_4、PGCN-1、PGCN-2、PGCN-3 及 PGCN-4 的（a）紫外-可见光漫反射图谱及（b）相应的 Tauc 曲线

2. PGCN 光催化氧化活性及主导活性氧物种

在可见光下降解 PHBA 以测试不同 $g-C_3N_4$材料的光催化活性。如图 3－2－19 所示，合成过程中添加氯化铵可以增大 $g-C_3N_4$的比表面积，有利于促进反应物在催化剂表面吸附及反应，提高催化活性。但氯化铵热解时气泡爆破形成的缺陷也能捕获光生载流子，从而限制其参与光催化反应。因此，尽管制备过程投入高质量比的氯化铵可以进一步增大材料的比表面积，但也会因为缺陷位增多产生竞争效应反而显著下降催化活性。选取 t－BA、P－BQ、NaN_3及 AO 分别作为 · OH、$\cdot O_2^-$、$^1O_2$和空穴的捕获剂。通过抑制剂实验（图 3－2－20）发现光催化氧化 PHBA 过程的主导活性物种可能是$^1O_2$和空穴。

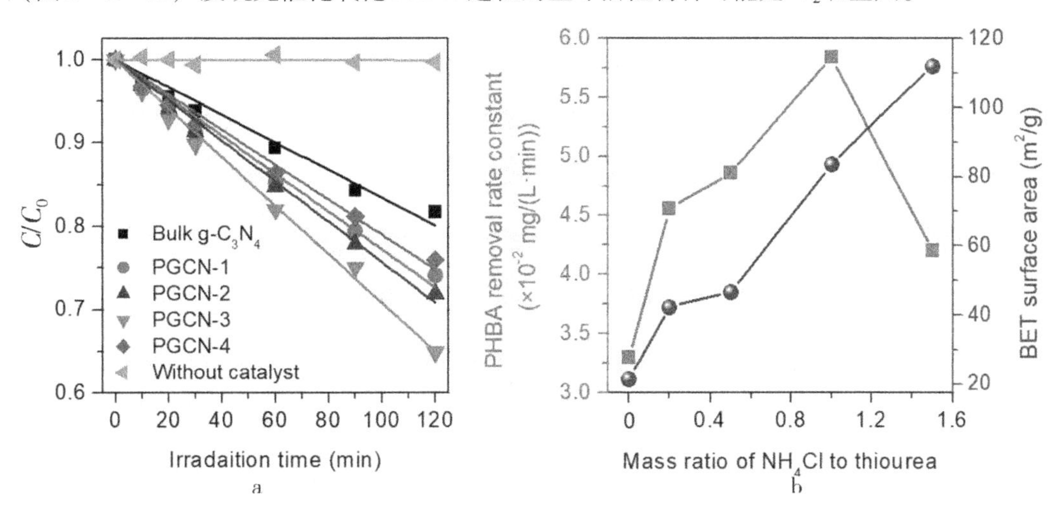

图 3－2－19　(a) 各种 $g-C_3N_4$催化可见光氧化 PHBA，(b) 氯化铵与硫脲的质量比 $g-C_3N_4$的比表面及光催化去除 PHBA 速率的影响

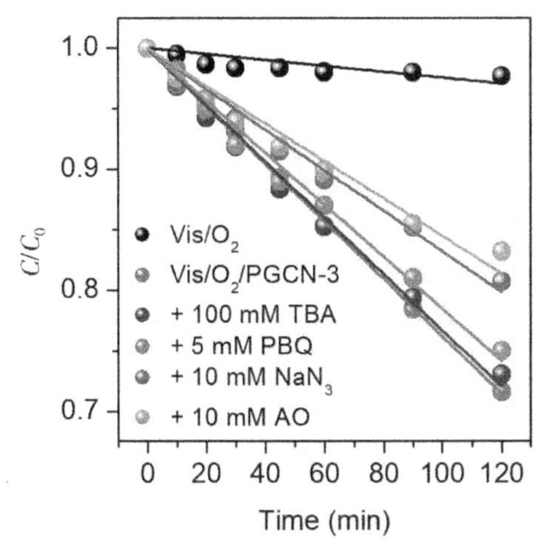

图 3－2－20　各种自由基捕获剂对光催化氧化降解 PHBA 的影响

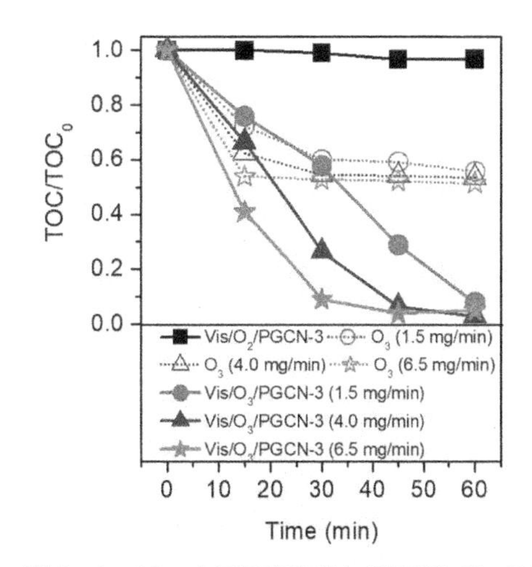

图 3－2－21　在不同臭氧投加量下 Vis/O_3/PGCN－3、O_3和 Vis/O_2/PGCN－3 3 种技术处理 PHBA 的 TOC 去除情况

3. PGCN 光催化－臭氧耦合氧化及主导活性物种

选用光催化活性最高的 PGCN－3 催化剂，研究 3 种不同的氧化过程对 PHBA 的矿化能力（图 3－2－21）。PGCN－3 材料可引发可见光与臭氧之间强耦合氧化作用，在 1.5 mg/min 的臭氧投加量下，$Vis/O_3/PGCN-3$ 氧化 PHBA 60 min 的 TOC 去除率高达 92.0%，比 $Vis/O_2/PGCN-3$ 及臭氧氧化处理的 TOC 去除率之和高 44.5%。说明 $g-C_3N_4$ 光催化－臭氧耦合过程不仅能快速去除小分子羧酸，而且对大分子芳香族有机污染物的深度矿化也具有优势。

通过自由基捕获实验（图 3－2－22）发现，耦合过程（$Vis/O_3/PGCN-3$）能快速去除 PHBA，但加入 t－BA 后，$Vis/O_3/PGCN-3$ 的处理效率几乎与光催化氧化（$Vis/O_2/PGCN-3$）和臭氧氧化去除 PHBA 的效率之和相当，说明耦合过程产生 ·OH 是其具有高氧化效率的原因。在 $Vis/O_3/PGCN-3$ 体系中检测到明显的峰强比为 1:2:2:1 的 DMPO－OH 特征峰（$a_N = a_H^{\beta} = 14.9$ G，图 3－2－22b），进一步证实了上述推测。·OH最可能按式（3－2－4）、式（3－2－1）、式（3－1－15）和式（3－1－16）的途径生成，即臭氧捕获 PGCN－3 经光激发产生并迁移到表面的电子，生成臭氧负离子自由基（$^{\cdot}O_3^-$），进而转化为 ·OH。

$$PGCN-3 \xrightarrow{Vis} h^+ + e^- \tag{3-2-4}$$

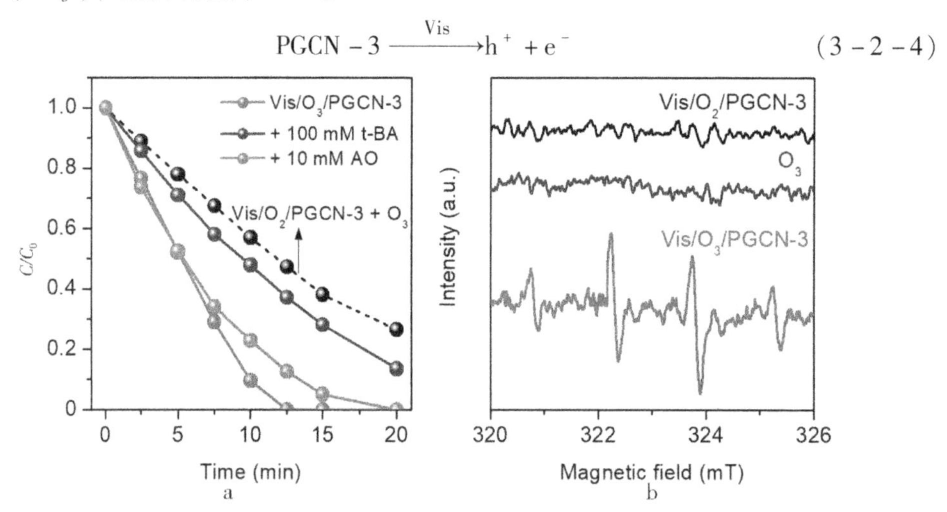

图 3－2－22 （a）不同自由基捕获剂对 $Vis/O_3/PGCN-3$ 去除 PHBA 的影响（臭氧投加量 1.5 mg/min）；（b）$Vis/O_3/PGCN-3$、O_3 和 $Vis/O_2/PGCN-3$ 过程中 DMPO 捕获自由基的 EPR 图谱

4. 耦合过程矿化 PHBA 的路径及规律

通过电喷雾质谱（ESI－MS）分别检测 $Vis/O_3/PGCN-3$ 降解 PHBA 在 0、5 min、30 min和 60 min 时的中间产物，可推测 PHBA 的矿化路径如图 3－2－23 所示。在初始阶段，臭氧和 ·OH可亲电进攻 PHBA 的芳香环生成原儿茶酸（$m/z = 153.0$），接着被氧化开环生成 1，3－丁二烯－1，2，4 三酸（$m/z = 185.0$），脱除一个羧基生成己二烯二酸（$m/z = 141.0$）。己二烯二酸可被臭氧或 ·OH氧化生成顺（反）丁烯二酸（$m/z = 115.0$）及草酸（$m/z = 89.0$），而顺（反）丁烯二酸可继续被先后氧化生成 2，3－二羟基顺（反）丁烯二酸（$m/z = 147.0$）及草酸。此后，·OH继续氧化草酸直至矿

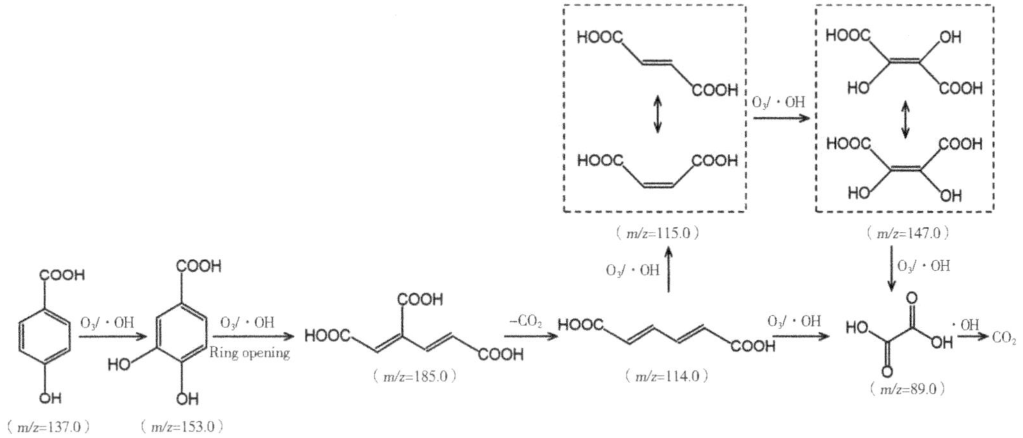

图 3－2－23 Vis/O_3/PGCN－3 处理过程中 PHBA 的矿化路径

化生成 CO_2与 H_2O。在臭氧氧化 PHBA 反应 60 min 样品中能检测到高强度的草酸（*m/z* ＝89. 0）及低强度的顺（反）丁烯二酸（*m/z* ＝115. 0）、2，3－二羟基顺（反）丁烯二酸（*m/z* ＝147. 0）的出峰信号，说明臭氧与上述羧酸（尤其是草酸）的反应速率很慢，这是臭氧不能完全矿化 PHBA 的主要原因（最终 TOC 去除率约 45%，图 3－2－21）。臭氧几乎不能去除草酸，而 Vis/O_3/PGCN－3 过程可快速降解草酸，30 min 内去除率近 90%，从加入 t－BA 几乎完全抑制草酸降解可知，Vis/O_3/PGCN－3 快速去除草酸的原因是生成了大量·OH。

图 3－2－24 简述了 g－C_3N_4可见光催化氧化、臭氧氧化、可见光催化－臭氧耦合氧化 3 种处理过程中芳香族有机污染物的降解规律。g－C_3N_4可见光催化氧化效率极低，通常只能将小部分芳香族有机物转化为中间产物，很难深度矿化成 CO_2与 H_2O，因此，该过程的 TOC 去除率很低。臭氧能快速将芳香族有机物氧化至小分子羧酸等难降解中间产物，但后续氧化非常困难，因此该过程的矿化能力有限。可见光催化－臭氧耦合过程继承了臭氧对芳香族等高度不饱和有机物的破坏性，同时由于耦合过程可产生大量强氧化性·OH，可协同加速臭氧氧化芳香族有机物，尤其能继续氧化分解难降解中间产物，因此，耦合过程具有非常高的矿化效率，能较快速地将芳香族有机污染物彻底氧化成 CO_2和 H_2O。

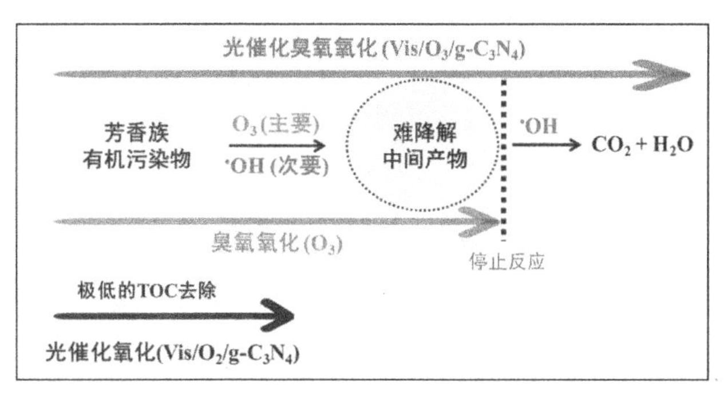

图 3－2－24 g－C_3N_4可见光催化、臭氧氧化、可见光催化－臭氧耦合过程降解芳香族有机污染物的规律

（三）能带结构的影响

能带结构被认为是影响光催化剂性能的决定性因素，它通过影响光电子与主要氧化剂（O_2或 O_3）之间及空穴与 H_2O 之间的反应来控制光催化活性（主要是·OH 的收

率），但是目前载流子的数量（CB - e^- 和 VB - h^+）与光催化反应效率之间并未建立明确的关联。在 g - C_3N_4 光催化臭氧氧化草酸的实验中，存在能带结构、载流子数量、·OH和·O_2^- 的产率与草酸降解率之间的半定量关系。通过原位电子顺磁共振（EPR）结合自旋俘获技术分析证明活性电荷载体的数量，可将光催化剂的能带结构与其催化性能有机联系在一起，导带电子（CB - e^-）的数量和还原能力之间的最佳平衡取决于禁带宽度和导带边缘电势之间的相互作用。缩减禁带宽度、升高导带顶位置及使用 O_3 代替 O_2 作为光生电子捕获剂等措施，有利于生成更多高活性光生电子和·OH，进而提高光催化效率[101]。

1. g - C_3N_4 材料合成、表征及催化活性

首先用常规热缩合法合成块状 g - C_3N_4，然后在氩气气氛、不同温度（510 ~ 640 ℃）下热处理，得第一批样品（编号为 Ar - X，X 为焙烧温度）；再在空气气氛、不同温度下（510 ~ 640 ℃）再焙烧一次以调节能带结构，得第二批样品（编号为 Ar - X - Air - Y，X，Y 分别为两次焙烧温度）。对两批材料进行多种性质表征发现，在氩气中热处理会导致层内 NH_2/ NH 基团部分损失（图 3 - 2 - 25），而整体 g - C_3N_4 的结构没有发生变化。随着焙烧温度的升高，g - C_3N_4 发生氧化分解且碳被优先去除。由于高温焙烧下前驱体分解会释放 CO_2 和 NO，形成热破裂的气泡，导致大量的 g - C_3N_4 剥落成纳米片（图 3 - 2 - 26），因此随着煅烧温度的升高，样品的比表面积会增加，但也会致使样品中大量 g - C_3N_4 单层结构被剥离，层间距离减小，因此在 XRD 中（100）和（002）晶面特征峰的强度下降，但样品中碳和氮的化学状态均保持不变。

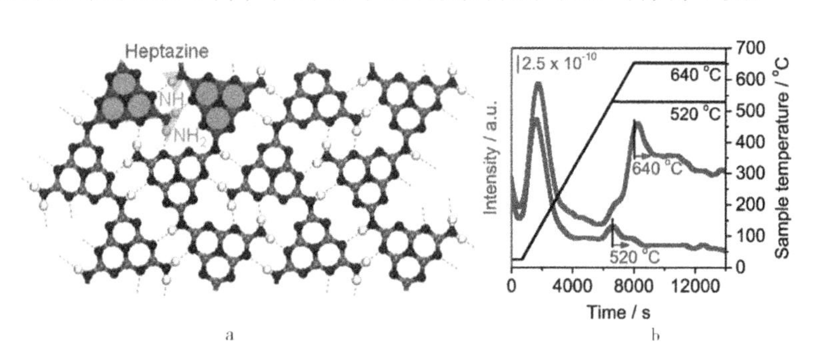

图 3 - 2 - 25 （a）不完全缩合 g - C_3N_4 的典型热处理 g - C_3N_4 的氨气出峰，虚线表示氢键；（b）在 520 ℃和 640 ℃氩气流中

2. g - C_3N_4 能带结构的改变

通过光吸收谱和 XPS 分析，发现 g - C_3N_4 样品在氩气中热处理会引起吸收边缘红移，如图 3 - 2 - 27 所示，禁带宽度从 2.79 eV（块状 g - C_3N_4）降低到 2.42 eV（Ar - 640），这主要是 g - C_3N_4 层内胺基的逐渐丢失引起。样品的禁带宽度随着空气中煅烧温度的增加而增加，主要是因为量子约束效应使导带和价带边缘向相反的方向移动。总体而言，价带位置能量几乎保持恒定，而在氩气和空气中热处理分别造成导带顶位置下降和上升。

3. 光催化活性与能带结构之间的关系

采用各种催化剂在可见光催化和可见光催化臭氧耦合过程降解草酸，如图 3 - 2 - 28

图 3-2-26　g-C_3N_4的场发射扫描电子显微镜（FESEM）和透射电子显微镜（FETEM）图像

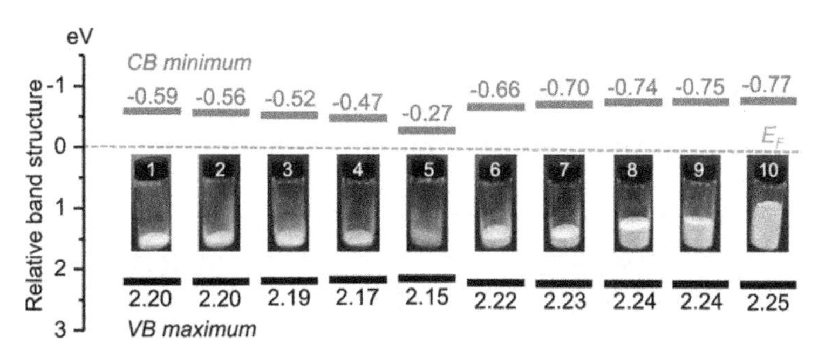

图 3-2-27　各种 g-C_3N_4的相对价带位置

（从左至右分别为块状 g-C_3N_4、Ar-520、Ar-560、Ar-600、Ar-640、Ar-640-Air-490、Ar-640-Air-510、Ar-640-Air-530、Ar-640-Air-550 和 Ar-640-Air-570）

所示。随着在氩气中热处理温度升高，块状 $g-C_3N_4$ 至 Ar-640 样品的光催化活性逐渐降低。在 Vis/O_3 反应体系中，尽管 Ar-640-Air-570 的比表面积（236.4 m^2/g）比 Ar-640-Air-550（194.8 m^2/g）略大，但是催化性能不及 Ar-640-Air-500，这表明比表面积变化不是活性差异的主要原因，活性差异受导带位置的影响。同样，之前的研究工作表明，块状 $g-C_3N_4$ 被剥落成纳米片可提高其催化活性，主要原因是导带位置上移，有利于更多的导带电子被 O_3/O_2 捕获。比表面积的影响很小，可能是本实验中·OH的形成不受材料吸附能力的限制，并且·OH 氧化草酸主要发生在溶液中，而不是 $g-C_3N_4$ 的表面。

分别采用可见光催化氧化（$Vis/O_2/g-C_3N_4$）和光催化臭氧氧化（$Vis/O_3/g-C_3N_4$）体系降解草酸，如图 3-2-28 所示。草酸的去除率随着导带位置上移和禁带宽度的增加而逐渐提高。在 $Vis/O_2/g-C_3N_4$ 反应体系中，催化性能最佳的样品 Ar-640-Air-550 催化降解有机物的速率是活性最差样品 Ar-640 的 8.6 倍，在 Vis/

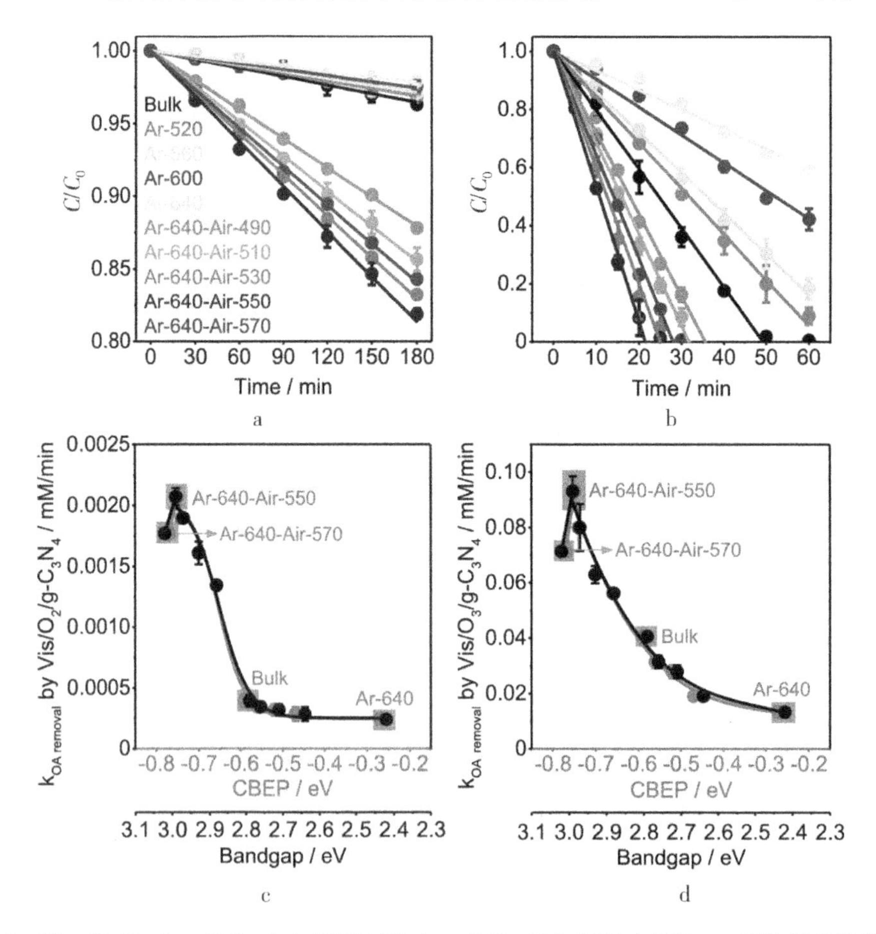

图 3-2-28 $Vis/O_2/g-C_3N_4$（a）和 $Vis/O_3/g-C_3N_4$（b）体系中各种 $g-C_3N_4$ 催化降解草酸，$Vis/O_2/g-C_3N_4$（c）和 $Vis/O_3/g-C_3N_4$（d）反应体系中草酸去除速率常数与 $g-C_3N_4$ 的导带边缘电势和禁带宽度的关联

$O_3/g-C_3N_4$反应体系中也是 Ar - 640 的 7.0 倍。这表明导带上移导致的光电子还原能力提高是Ar - 640 - Air - 550 样品具有高活度的主要原因，且补偿了由于禁带宽度变宽导致光吸收能力降低的不利影响。样品 Ar - 640 - Air - 570 在光催化和催化臭氧氧化反应中活性均再次下降，这表明禁带宽度变宽的负面影响大于导带位置上移的正面影响。

4. 活性导带电子和形成活性氧的半定量关联

借助原位电子自旋共振谱（EPR，具体方法见下节）信号强度来反映光生电子的数量，分别通过式（3 - 2 - 1）和式（3 - 2 - 2）估算由O_2或O_3捕集的光生电子总量和活性电子的相对数量，$[(CB-e^-)_{reactive}]_{rel}/[(CB-e^-)_{total}]_{rel}$的比率在某种程度上可以反映光生电子的平均还原能力：

$$[(CB-e^-)_{total}]_{rel} = A_{Vis/N_2/g-C_3N_4} \quad (3-2-5)$$

$$[(CB-e^-)_{reactive}]_{rel} = A_{Vis/N_2/g-C_3N_4} - A_{Vis/O_2(O_3)/g-C_3N_4} \quad (3-2-6)$$

式中，A 表示采用二次积分计算得到的 EPR 出峰信号的面积。

如图 3 - 2 - 29 所示，对于高效的光催化剂需要在光生电子的还原能力（由 CB_{EP}控制）和数量（由禁带宽度控制）之间达到最佳平衡。在大多数情况下，半导体的禁带

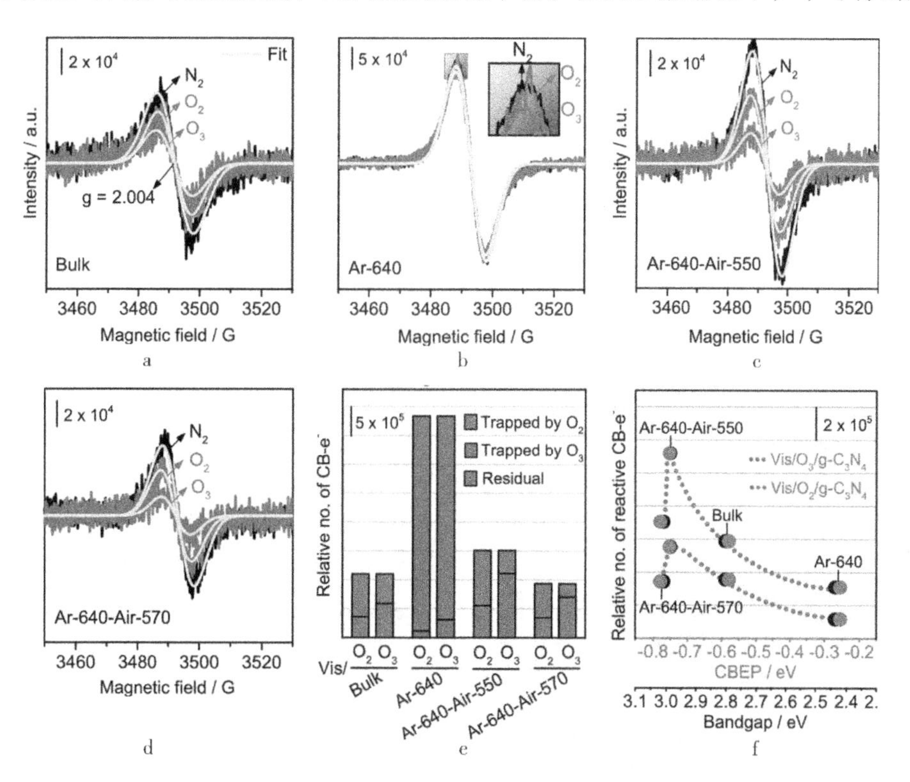

图 3 - 2 - 29 （a ~ d）在可见光照射和 N_2、O_2和 O_3气氛下不同 $g-C_3N_4$悬浮液的原位 EPR 谱图（已减去无光照条件的 EPR 信号），（e）不同 $g-C_3N_4$在 O_2或 O_3气氛下捕集光生电子和残留光生电子的相对数量，（f）在 $Vis/O_3/g-C_3N_4$和 $Vis/O_2/g-C_3N_4$体系中，活性光生电子的相对数量与 $g-C_3N_4$的导带边缘电势和禁带宽度的关系

宽度越小，光吸收能力越强，光电子转换效率越高。但缺陷的存在改变了位于导带和价带边缘的有效状态的密度，从而增加了固有电荷载流子浓度，这也可能导致禁带宽度宽的催化剂受光激发的光生电子数量大于禁带宽度窄的催化剂。

·OH 是光生电子与 O_3/O_2 反应的重要产物，可用于高效降解草酸，但稳定存在的寿命很短，通过原位 EPR 进一步分析了反应过程生成·OH 的相对浓度（图 3-2-30）。通过比较 DMPO-OH 和 DMPO-OOH 种类的相对数量（DMPO 与·OH 和·O_2^- 的加合物），·O_2^- 约占 $O_2/g-C_3N_4$ 产生的所有 DMPO 加合物的 75%，·OH 约占 $O_3/g-C_3N_4$ 产生的所有 DMPO 加合物的 80%，二者被证明分别是 $Vis/O_2/g-C_3N_4$ 和 $Vis/O_3/g-C_3N_4$ 系统中的主要活性氧物种（ROS）。从氧气切换为臭氧、氧气混合气时，会形成更多数量的 ROS。而且 $Vis/O_2/g-C_3N_4$ 切换到 $Vis/O_3/g-C_3N_4$ 时，DMPO-OH 的

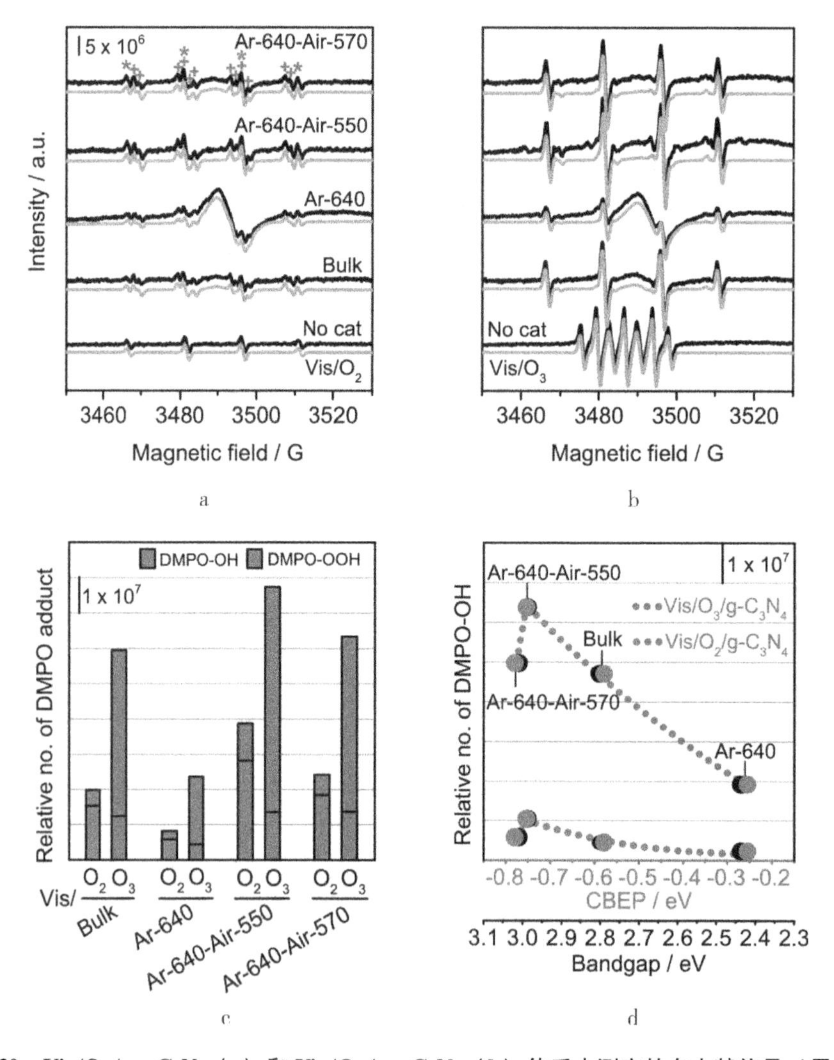

图 3-2-30 $Vis/O_2/g-C_3N_4$（a）和 $Vis/O_2/g-C_3N_4$（b）体系中测定的自由基信号（黑色为原始结果，灰色为拟合结果），（c）DMPO-OOH 和 DMPO-OH 加合物的相对数量，（d）DMPO-OH 相对于 CBEP 的相对数目和禁带宽度

数量会显著增加，DMPO－OOH 的数量却明显减少，这是因为 O_3 能够快速发生电子还原反应（$O_3 \longrightarrow \cdot O_3^- \longrightarrow HO_3 \cdot \longrightarrow \cdot OH$），而且可以与氧气的还原产物 $\cdot O_2^-$ 发生反应形成 $\cdot O_3^-$，从而进一步反应生成 · OH。

5. 描述能带结构与光催化活性之间关系的新概念

活性光生电子的数量和还原能力分别受半导体催化剂禁带宽度和导带位置的影响，这也是直接影响光催化剂活性的两个关键特征。通过原位 EPR 数据，发现禁带宽度和导带/价带边缘可以被广义化和半量化，因此，提出了活性电荷载流子的相对数量作为一个新概念，它代表能带结构真正所起的作用，可用作研究光催化性能如何随能带结构变化的一个指标。活性电荷载体可以理解为被分离并直接用于光催化反应的电荷，因此该概念还反映了在实际条件下，存在反应物时检测到的电荷分离效率。此外，光电子捕获剂（O_2 或 O_3）的类型不仅会影响活性光生电子的数量，而且还会改变光生电子转化为 · OH 的效率和反应途径。催化剂具有更窄的禁带宽度和更高的导带位置，有望在可见光与臭氧耦合反应体系中产生大量高活性的光生电子，从而高效产生 · OH。

此外，针对如何高效开发新型催化剂，也提出两种方案。方案 1：调控 g－C_3N_4 的能带结构，同时将禁带宽度变窄、导带位置上移，材料将具有更强的吸收可见光的能力，并且光生电子的还原能力进一步提高。方案 2：将 g－C_3N_4 与另一种合适的半导体材料（如 WO_3、$BiVO_4$、$BiTaO_4$ 和 TiO_2）结合形成，不但可以利用可见光，并且具有更高的价带边缘电势（· OH、H^+ / H_2O），产生的光生空穴可将 H_2O 氧化为 · OH。因此，通过合成修饰过的 g－C_3N_4 以形成所谓的 Z 形异质结，除了通过光生电子从 g－C_3N_4 还原 O_3 的现有途径外，可通过由 VB－h^+ 直接 H_2O 氧化引入额外的途径，进一步提高 · OH 的收率（图 3－2－31）。

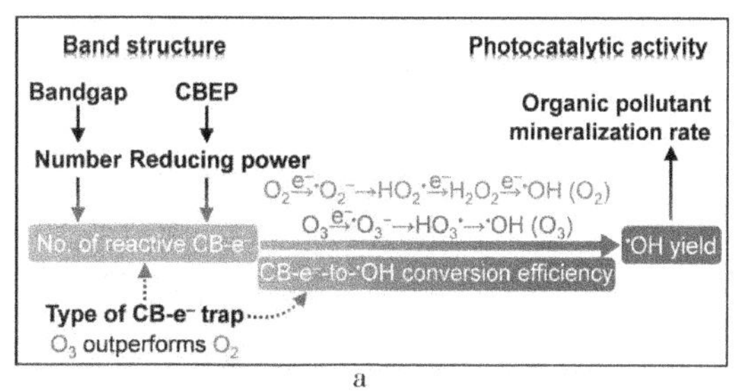

a

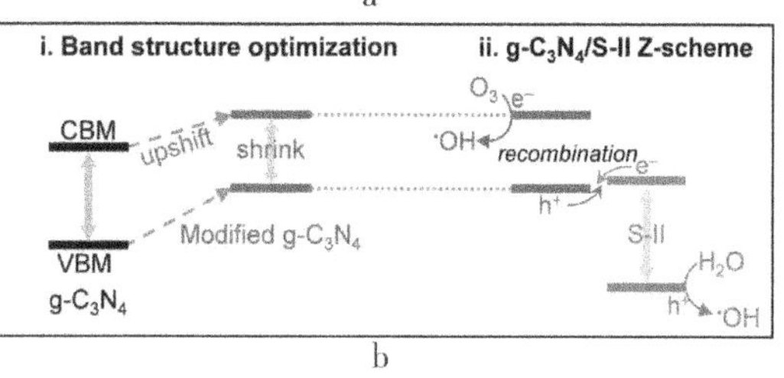

b

图 3－2－31　（a）能带结构与光催化活性之间的关系，（b）开发 g－C_3N_4 基高效催化剂的策略

（四）可见光催化－臭氧耦合反应机制

光催化降解有机物研究较多，但有些反应过程的机制尚不明确，如 $\cdot O_2^-$ 如何转变为 · OH。可见光催化－臭氧耦合过程中的反应较多，已发现 g－C_3N_4 的高导带位置有利于高效催化产生 · OH，但由于反应过程在线监测难度极大，在电子激发、捕获及自由基生成路径方面缺乏实验证据。EPR 是监测反应过程产自由基的有效手段，但由于水溶液吸收微波能力很强，很难实现 EPR 在线表征光催化－臭氧耦合反应过程。通过巧妙设计一种扁平的微反应器，并精确控制进气泡尺寸，减少对微环境的干扰，实现了EPR在线表征可见光催化－臭耦合反应过程，由此深度揭示出各种自由基的生成路径[102]。

1. 在线 EPR 监测装置

设计了一套在线 EPR 装置，如图 3－2－32 所示，将臭氧发生器、臭氧检测仪、外照光源耦合成一套反应系统，并设计了一个内径为 0.5 mm 的扁平反应器，混入反应气体及催化剂后可实现 EPR 在线检测。

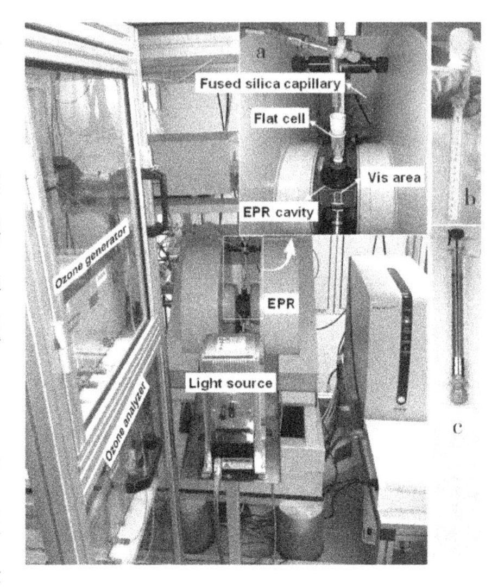

图 3－2－32　原位光谱装置（a）、扁平反应器（b）和注射器（c）

2. g－C_3N_4材料合成、表征及催化活性

首先合成出两种 g－C_3N_4 材料用于臭氧－可见光降解有机物，一种是通过常规热缩聚处理三聚氰胺制备块状 g－C_3N_4（Bulk C_3N_4）；另一种是通过热剥离 g－C_3N_4 制备得到的 g－C_3N_4 纳米片（NS C_3N_4），如图 3－2－33 所示。从透射电镜看

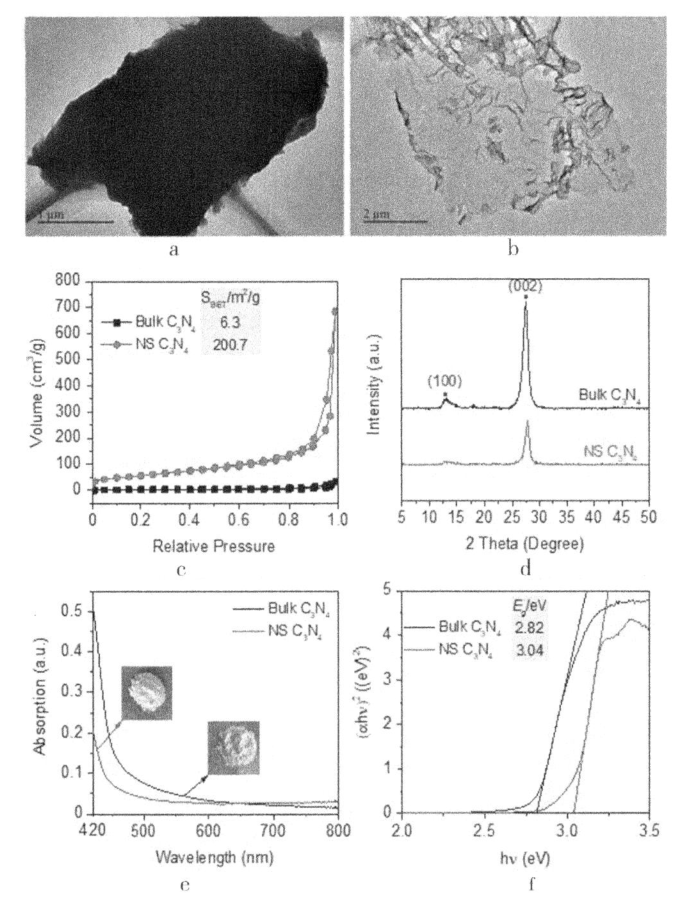

图 3－2－33　Bulk C_3N_4（a）和 NS C_3N_4（b）的 FETEM 图，氮气吸附曲线（c），XRD 衍射图（d），紫外可见吸收谱图（e），Bulk C_3N_4和 NS C_3N_4的（$\alpha h\nu$）^{2} versus $h\nu$ 的曲线（f）

出，g－C_3N_4纳米片是多层堆叠一起的块状材料，而g－C_3N_4纳米片为大尺寸的薄片结构，并含一定褶皱和弯曲结构。由于明显的剥离作用，g－C_3N_4纳米片的比表面积为200.7 m^2/g，而常规块状g－C_3N_4仅为6.3 m^2/g。两种材料都在X射线衍射中显示了13.1°和27.4°处的特征峰，分别对应面内结构堆积结构和层间芳香片段结构堆叠结构。通过光吸收谱和X射线光电子能谱图分析，发现NS C_3N_4价带顶下移0.12 eV，导带底上移0.1 eV，能带结构总体变宽0.22 eV。

将上述两种催化剂应用于可见光催化、催化臭氧氧化和可见光催化－臭氧氧化过程降解草酸，如图3－2－34所示，并根据降解曲线计算反应速率常数。NS C_3N_4的可见光催化活性高于Bulk C_3N_4，但总体催化活性都很低，60 min内草酸去除率不超过6.4%，通入氧气对光催化降解草酸的促进作用很有限。当Vis/O_2反应系统通入4.5 mg/min臭氧时，Bulk C_3N_4上草酸的去除速率提高84倍，NS C_3N_4上草酸去除速率提高41倍，而且NS C_3N_4催化活性显著高于Bulk C_3N_4。

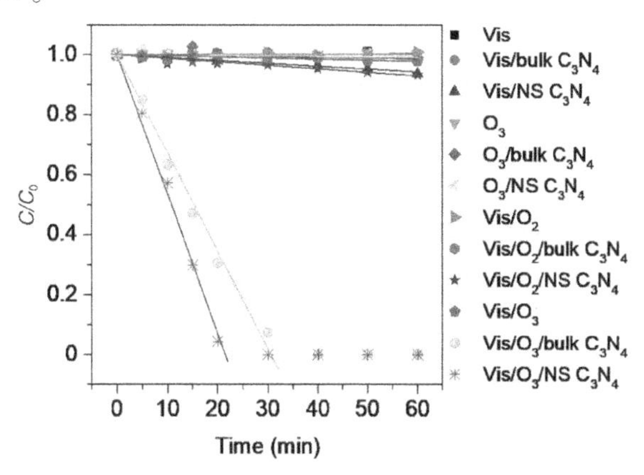

图3－2－34　不同反应过程降解草酸曲线

3. g－C_3N_4材料光生电子捕获过程表征

为了进一步分析不同材料的催化活性差异，以及过程产生·OH的路径，对光生电子被激发过程进行定量的可视化表征。从图3－2－35a看出，通入氮气前20 min内，电子信号增强，主要是Bulk C_3N_4价带电子被光激发至导带；将通入气体由氮气切换为氧气时，前10 min内电子信号强度有所降低，表明部分光生电子被氧气捕获；进一步将氧气切换为臭氧混合气时，电子信号进一步明显降低，表明臭氧分子捕获电子能力明显超过氧气。通过定量计算发现，20 min内Bulk C_3N_4上光生电子被氧气和臭氧分子

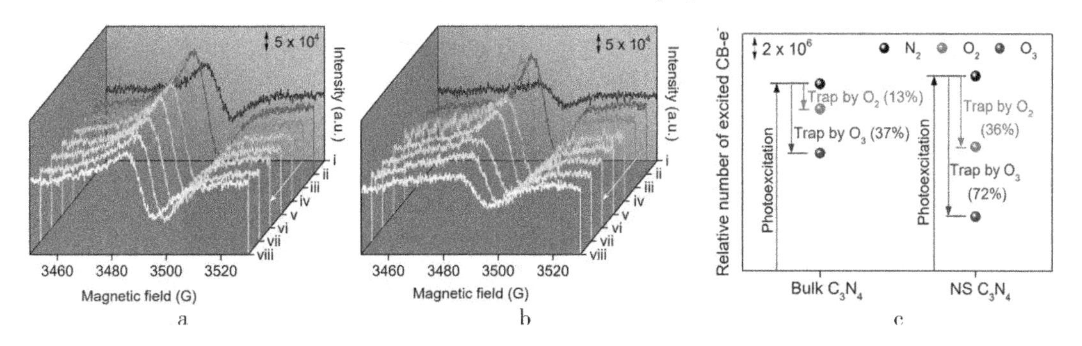

图3－2－35　Bulk C_3N_4（a）和NS C_3N_4（b）在不同操作条件下的原位EPR（i为无可见光，ii为可见光下通入氮气10 min，iii为可见光下通入氮气20 min，iv为可见光下通入氧气10 min，v为可见光下通入氧气20 min，vi为可见光下通入臭氧混合气10 min，vii为可见光下通入20 min臭氧混合气，viii为关掉可见光）（c）在N_2、O_2或O_3饱和溶液中光激发电子被捕获相对比例

捕获的比例分别为11%和32%，而NS C_3N_4上光生电子被氧气和臭氧分子捕获的比例分别为30%和63%。在光催化和光催化臭氧氧化过程中，NS C_3N_4上光生电子被捕获量分别为Bulk C_3N_4的2.9倍和2.1倍，因此，活性氧化物种的产率会更高，催化活性也更高。特别注意到，Vis/O_3/Bulk C_3N_4体系中电子被捕获量小于Vis/O_2/NS C_3N_4反应体系，但草酸去除率是后者的30倍，表明氧气和臭氧被电子还原产自由基的路径不同。

4. g－C_3N_4光催化过程自由基演变规律

用电子自旋共振谱直接测定室温溶液中的活性自由基极其困难，因此普遍采用添加DMPO抑制剂的方法。由图3－2－36可看出，DMPO双键上可加成·OH和·O_2^-，生成较稳定的DMPO－OH和DMPO－OOH，显示出不同的出峰信号和超精细的耦合常数。在Vis/NS C_3N_4反应体系中，DMPO－OOH和DMPO－OH分别约占80%和20%。由于DMPO－OOH的自分解反应，其信号强度随时间缓慢降低，但DMPO－OH信号强度并未增强，表明DMPO－OOH并未有效转化为DMPO－OH。当在Vis/NS C_3N_4光催化过程通入氮气5 min，未检测到其他新的峰，证明光生空穴无法氧化H_2O/OH^-产生·OH,这主要是C_3N_4较高的价带顶位置，光生空穴氧化能力较弱。继续通入氧气，会重新产生DMPO－OH和DMPO－OOH信号，并且信号强度未发生变化，表明·OH是通过光还原氧气的多个步骤产生的，但总体上活性自由基产率很低。

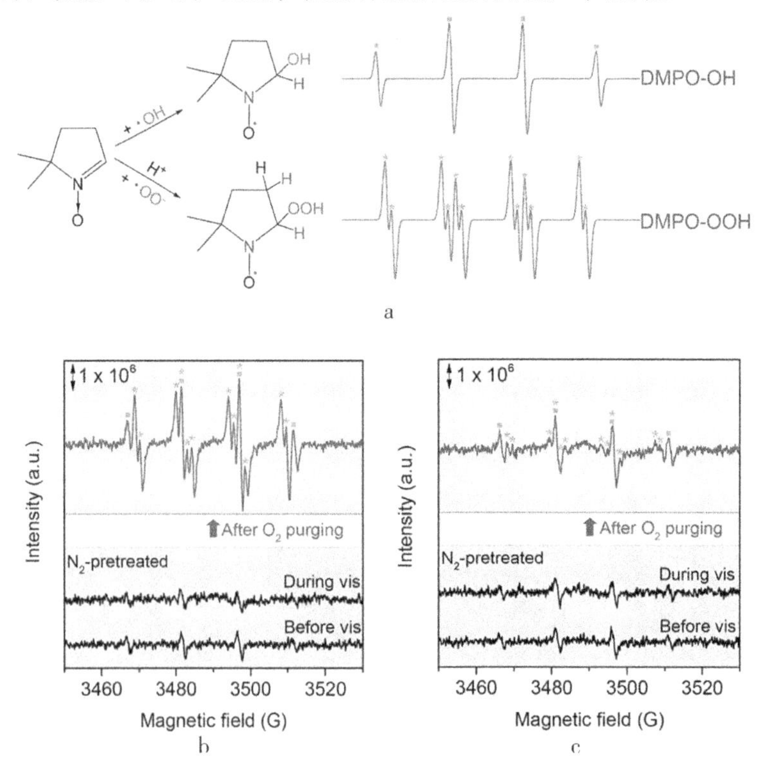

图3－2－36　(a) DMPO－OH和DMPO－OOH的EPR信号，(b) NS C_3N_4和 (c) Bulk C_3N_4在N_2和O_2不同气氛下的DMPO捕获信号

氧气还原产生·OH大多会产生H_2O_2作为中间产物，具体反应历程如下。测定的

H_2O_2浓度是氧气二电子还原产生和H_2O_2被消耗产·OH两个反应共同作用的结果［式（3－2－7）至式（3－2－9）］。如图3－2－37a所示，H_2O_2在溶液中持续累积，表明产生H_2O_2较快，但分解反应很慢，因此光催化时产·OH较少。而·O_2^-很难氧化草酸，草酸只能通过·OH氧化，因此，在g－C_3N_4光催化过程草酸降解效率很低，由图3－2－37b可以看出，加入t－BA会完全抑制草酸的降解，与上述结论一致。

$$O_2 + CB - e^- \longrightarrow \cdot O_2^- \quad (3-2-7)$$

$$\cdot O_2^- + H^+ \xrightleftharpoons{pK_a = 4.8} HO_2 \cdot$$

$$HO_2 \cdot + H^+ + CB - e^- \longrightarrow H_2O_2 \quad (3-2-8)$$

$$H_2O_2 + CB - e^- \longrightarrow \cdot OH + OH^- \quad (3-2-9)$$

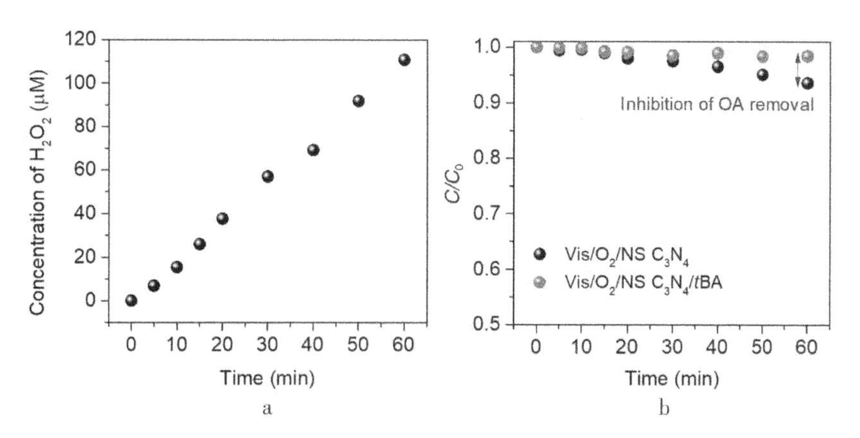

图3－2－37 （a）$Vis/O_2/C_3N_4$处理草酸过程H_2O_2浓度的变化；（b）t－BA对$Vis/O_2/C_3N_4$降解草酸的影响

5. g－C_3N_4催化可见光－臭氧耦合过程的自由基演变规律

由于臭氧分子会直接氧化DMPO捕获剂，因此，在光催化臭氧氧化过程测定自由基演变过程的难度极大。虽然可以采取将DMPO加入臭氧饱和溶液的策略，以减少DMPO与臭氧的接触时间，但仍然会产生明显的DMPO－X信号，而DMPO－OH强度非常弱。因此设计了一种在线投加DMPO的方法解决这个技术难题。将尺寸极小的扁反应器置于EPR腔内，$Vis/O_3/C_3N_4$反应在此扁反应器中发生，停止向反应系统内通入臭氧后，用改造后的取样器实时向扁反应器加入DMPO。停止通入臭氧后，溶液中残存臭氧还可以继续捕获光生电子产生活性自由基，可对比加入DMPO前后EPR出峰情况。图3－2－38a至图3－2－38c的出峰情况与图3－2－36b至图3－2－36c的一致，表明这种处理技术切实可行。在$Vis/O_3/Bulk\ C_3N_4$和$Vis/O_3/NS\ C_3N_4$过程，主要产生·OH信号，表明这两个过程主要产生·OH，很少产生·O_2^-。

通过分析不同过程中·O_2^-和·OH信号比例（图3－2－39），发现$Vis/O_2/Bulk\ C_3N_4$和$Vis/O_2/NS\ C_3N_4$体系中DMPO－OH相对比例为21%和26%，而$Vis/O_3/Bulk\ C_3N_4$和$Vis/O_3/NS\ C_3N_4$体系中DMPO－OH分别为91%和89%。这表明与光催化过程不同，·OH是C_3N_4光催化臭氧氧化过程的主要自由基。定量分析结果表明，$Vis/O_3/Bulk\ C_3$

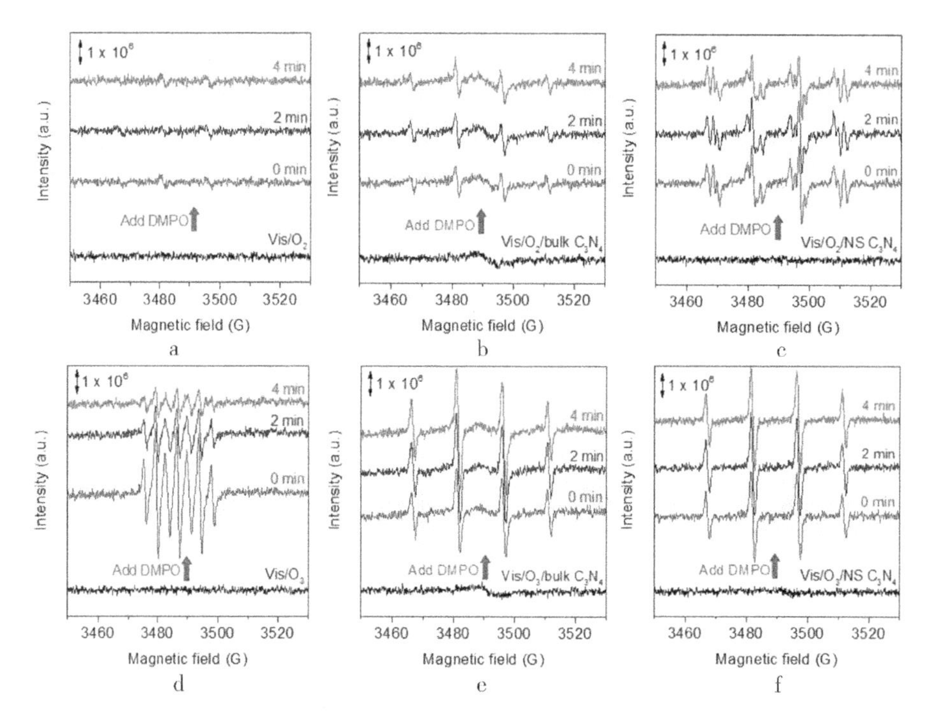

图 3-2-38 (a) Vis/O_2、(b) Vis/O_2/bulk C_3N_4、(c) Vis/O_2/NS C_3N_4、(d) Vis/O_3、(e) Vis/O_3/bulk C_3N_4和 (f) Vis/O_3/NS C_3N_4体系加入 DMPO 的 EPR 谱随时间变化

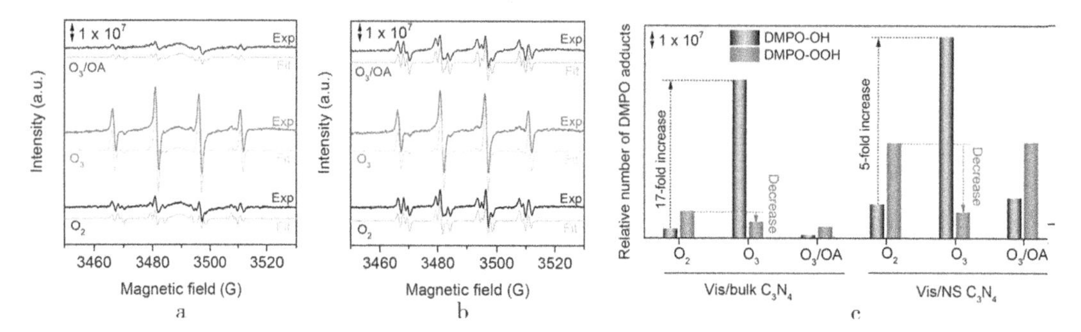

图 3-2-39 (a) bulk C_3N_4和 (b) NS C_3N_4在不同反应过程的 DMPO 捕获的 EPR 谱图，以及对应的 (c) DMPO-OH 和 DMPO-OOH 相对比例

N_4体系中 · OH 浓度约为 Vis/O_2/Bulk C_3N_4体系的 18 倍，而 Vis/O_3/NS C_3N_4产生 · OH 量是 Vis/O_3/Bulk C_3N_4产生量的 6 倍左右。光生电子还原臭氧产生 · OH 的路径反应方程式如下。

$$O_3 + CB - e^- \longrightarrow \cdot O_3^-$$

$$\cdot O_3^- + H^+ \xrightleftharpoons{pK_a = 8.2} HO_3 \cdot \quad (3-1-15)$$

$$HO_3 \cdot \longrightarrow O_2 + \cdot OH \quad (3-1-16)$$

通入臭氧后 · O_2^- 浓度降低，· OH 浓度升高，证实了 · O_2^- 向 · OH 转变，发生反应如下：

$$O_3 + \cdot O_2^- \longrightarrow \cdot O_3^- + O_2 \quad (3-1-32)$$

同时发现，$Vis/O_3/NS\ C_3N_4$体系中H_2O_2浓度远低于$Vis/O_2/NS\ C_3N_4$体系中（图3-2-40），这证实电子还原产生·OH主要是通过生成中间产物·O_3^-的反应路径，1个电子还原臭氧产生1个·OH，而通过H_2O_2路径，3个电子还原才产生1个·OH。将纯水溶液改为草酸溶液后，·OH被草酸大量消耗，因此加入DMPO之前，溶液中·OH浓度已显著降低。而$Vis/O_3/NS\ C_3N_4$降解草酸的过程被t-BA显著抑制，这也表明草酸降解过程中·OH起重要作用。

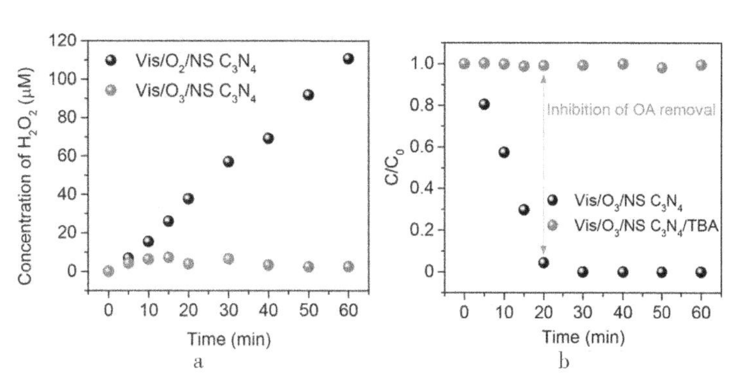

图3-2-40　(a) $Vis/O_2/NS\ C_3N_4$和$Vis/O_3/NS\ C_3N_4$处理草酸过程的H_2O_2浓度变化，(b) t-BA对$Vis/O_3/NS\ C_3N_4$降解草酸的影响

6. g-C_3N_4光催化臭氧氧化过程产自由基的反应机制

结合以上讨论，·OH无法由g-C_3N_4光生空穴氧化水或氢氧根产生，主要通过电子还原氧气和臭氧产生。电子还原氧气产生·O_2^-后，进一步与臭氧分子快速反应形成氧气和臭氧负离子自由基（·O_3^-）。整个过程抑制了g-C_3N_4光催化产生H_2O_2的路径，强化了一电子还原产生·O_3^-的路径（图3-2-41a）。在不加催化剂的情况下，H_2O_2分解产生·OH的速率很慢，因此在光催化通入氧气的过程中，H_2O_2逐步累积而草酸降解率很低。通过关联电子被氧气/臭氧捕获数量与·OH产量，发现在氧气中加入2.1%的臭氧时，电子被捕获量提高2~3倍，因此从光生电子到·OH的转化率显著提高（图3-2-41b和图3-2-41c），进而显著提高草酸去除效率。

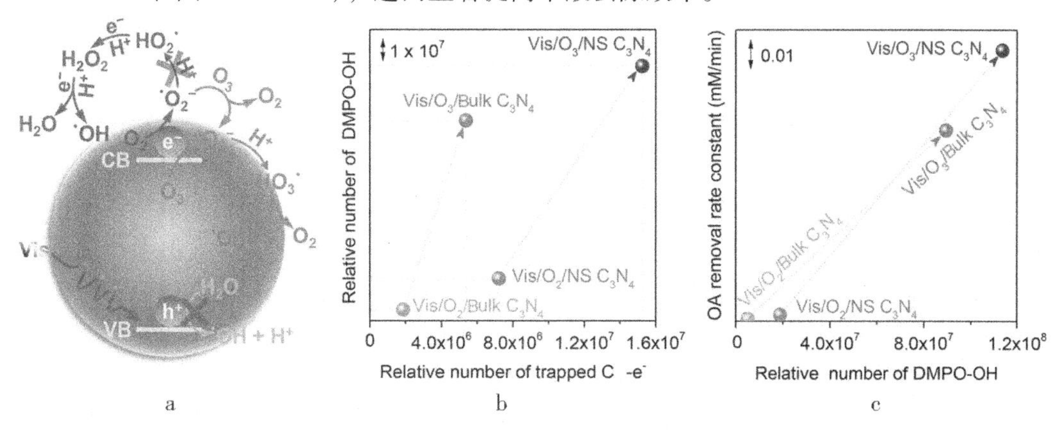

图3-2-41　(a) g-C_3N_4光催化与臭氧耦合产生自由基路径，(b) $Vis/O_3/C_3N_4$体系中电子被捕获相对量与·OH生成量对应的关系，(c) ·OH生成量与草酸降解速率常数对应的关系

（五）g-C_3N_4的化学稳定性

光催化过程会产生各种活性氧自由基降解有机物，但自由基与光催化剂之间的作用研究较少。本节定量研究了 g - C_3N_4催化剂在纯水体系中光催化、臭氧氧化、光催化臭氧氧化体系中的化学稳定性，以及在降解含各种有机物的模拟废水时催化剂的化学结构稳定性，为其广泛应用提供指导[103]。

1. C_3N_4材料合成、表征及催化活性

首先合成两种 g - C_3N_4材料：一种是以三聚氰胺为原料，通过常规热缩聚方法制备粉末 g - C_3N_4（Bulk g - C_3N_4）；另一种是在 550 ℃下热剥离 g - C_3N_4制备得到的 g - C_3N_4纳米片（NS g - C_3N_4）。相应的元素组成及估测的化学式如表 3 - 2 - 2 所示。

表 3 - 2 - 2　两种 g - C_3N_4材料的元素组成及估测的化学式

样品	C 元素含量	H 元素含量	N 元素含量	化学分子式	相对分子量
NS g - C_3N_4	34.89	2.28	62.80	$C_{2.91}H_{2.28}N_{4.49}$	100.06
块状 O_3 Bulk g - C_3N_4	37.10	2.10	60.54	$C_{3.09}H_{2.03}N_{4.32}$	99.59

2. g - C_3N_4光催化、光催化臭氧氧化体系中自由基主要形成路径

根据上一节研究结果，可得到图 3 - 2 - 42 所示的光催化、光催化臭氧氧化过程中自由基的生成路径。

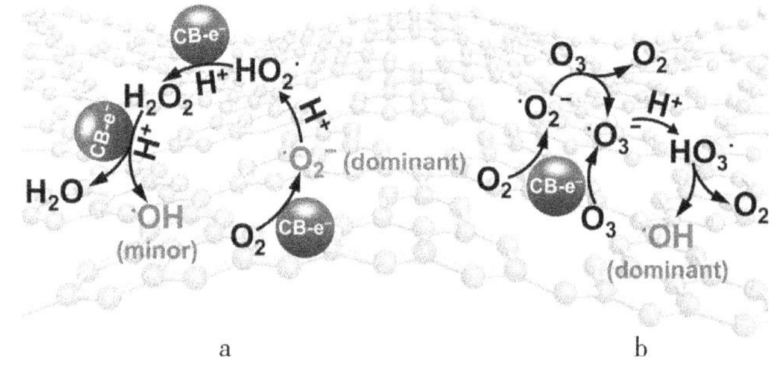

图 3 - 2 - 42　（a）光催化和（b）光催化臭氧氧化过程中自由基的生成路径

3. g - C_3N_4对 · O_2^- 和 · OH 的化学稳定性

以两种 g - C_3N_4作为催化剂，在模拟太阳光照下分别通过氧气和臭氧，并以纯水为处理对象，分别在 sunlight/O_2/C_3N_4 和 sunlight/O_3/C_3N_4反应体系中监测了溶液中 TOC、NH_4^+、NO_2^- 和 NO_3^- 的浓度变化情况。在可见光催化、模拟太阳光催化过程中，在纯水溶液中均未检测到 TOC、NH_4^+、NO_2^- 和 NO_3^-；而在 Vis/O_3/NS C_3N_4反应体系下会检测到 TOC 和 NO_3^- 的浓度缓慢增加，但反应 3 h 依然低于 0.5 mg/L。在 Vis/O_3/NS C_3N_4反应体系下，检测到 TOC 和 NO_3^- 的浓度更高，表明 NS C_3N_4发生了一定程度的分解反应。以上结果表明，C_3N_4在光催化体系中较稳定，但在光催化臭氧氧化过程不太稳定，特别是 NS C_3N_4 比 Bulk C_3N_4更不稳定。由图 3 - 2 - 43 可看出，在 Vis/O_2/C_3N_4体系中，分别有 0.59% 和 0.14% 的氮从 NS C_3N_4 和 Bulk C_3N_4释放到溶液中；而在 Vis/O_3/C_3N_4体系中，分别有 9.5% 和 6.8% 物质的量比的氮从 NS C_3N_4和 Bulk C_3N_4上释放到溶液中。

通过 TEM 表征也可以得到类似的结论。NS C_3N_4为大尺寸的片层结构，并有少量褶皱，光催化臭氧氧化处理 3 h 后出现海藻状的碎片结构，处理 10 h 后出现更多不同形状和尺寸的碎片，但主体材料主要还是大尺寸的薄片结构。Bulk C_3N_4相对稳定，形成的碎片数量较少，并且产生碎片的尺寸比 NS C_3N_4产生碎片的尺寸大一个数量级。因此，从 TEM 检测结果来看，其与 TOC 和硝酸根检测结果吻合。

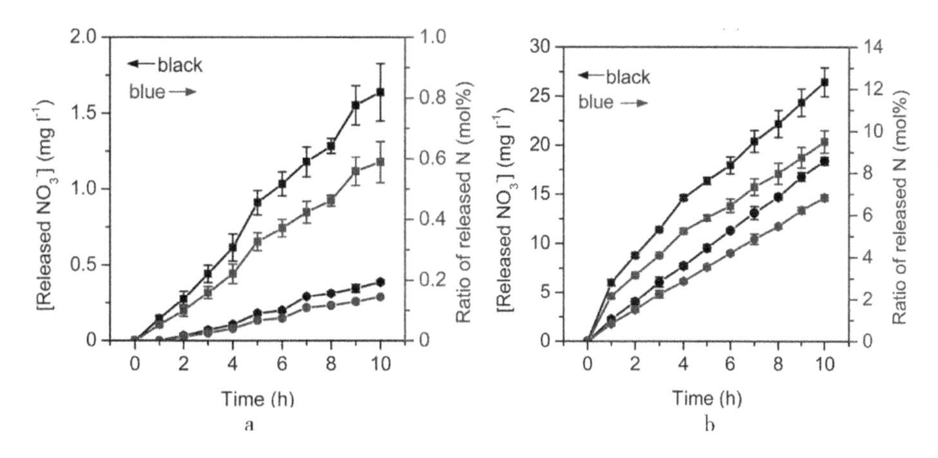

图 3-2-43　光催化（a）和光催化臭氧氧化（b）过程中 NO_3^- 浓度和氮释放比例

（■表示 NS C_3N_4，●表示 Bulk C_3N_4）

4. C_3N_4被·OH 氧化分解路径

从图 3-2-44 可看出，臭氧氧化几乎不分解 NS C_3N_4，并且 NS C_3N_4在光催化过程也很稳定，表明臭氧分子和·O_2^-不能氧化分解 NS C_3N_4。因此，NS C_3N_4分解很可能源于·OH 进攻，这也可从t-BA显著抑制硝酸根生成得到验证。

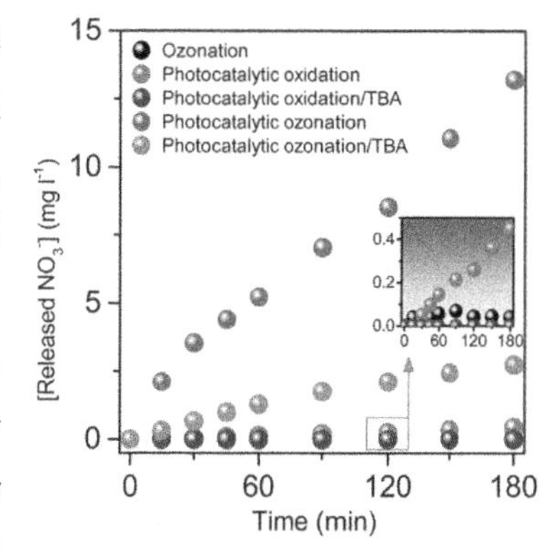

图 3-2-44　t-BA 对 NS C_3N_4臭氧氧化、光催化、光催化臭氧氧化过程析出硝酸根的影响

为了进一步分析 g-C_3N_4氧化分解过程形成的中间产物，采用电喷雾离子化二级质谱（ESI MS/MS）分析溶液中有机组分。可检测出 3 个典型出峰，位置 *m/z* 分别为 220.0248，178.0092 和 152.0282，表明该过程很可能产生了 3 种中间产物。但进一步施加 5 V 的碰撞能量分析 *m/z* 178.0092 和 152.0282 的出峰时，未检出 MS/MS 出峰。反而是施加 5 V 能量分析 *m/z* 220.0248 出峰时，会出现 *m/z* 178.0092 和 152.0282 的出峰。这表明 *m/z* 220.0248 出峰可能是主要产物，而另外两个为产物裂解碎片峰。进一步采用^{13}C 固体核磁分析这种中间产物，发现 155.8 μg/g 和 164.3 μg/g 的出峰，证实了聚三氰环结构，这与之前文献中 FTIR 的结果吻合。由此发现氰白尿酸（$C_6H_3N_7O_3$）是·OH 进攻g-C_3N_4的主要中间产物。如图 3-2-45 所示，NS C_3N_4缓慢氧化形成氰白尿酸，然后氰白尿酸逐步被氧化分解，因此，溶液中 TOC 浓度一直波动。氰白尿酸被氧化时，产物主要是二氧化碳、水和硝酸根。

5. ·OH 分解 C_3N_4与降解有机污染物竞争反应

在实际应用时，废水中往往含有多种有机污染物，因此需进一步研究水中共存有机污染物对 g-C_3N_4结构稳定性的影响。选取了 6 种典型的有机污染物：①草酸，有机物降解的常见中间产物；②苯和苯酚，各种废水中可能存在的有毒物质；③噻吩，剧毒性的含硫杂环有机物；④双酚 A，内分泌干扰物，常用于塑料和造纸工业；⑤丙戊酸钠，一种抗癫痫药；⑥醌茜，可用于化学染料、光引发剂、杀菌剂和杀虫剂。所有的污染物均不含氮元素，因此溶液中检测到硝酸根均只可能来源于 g－C_3N_4。

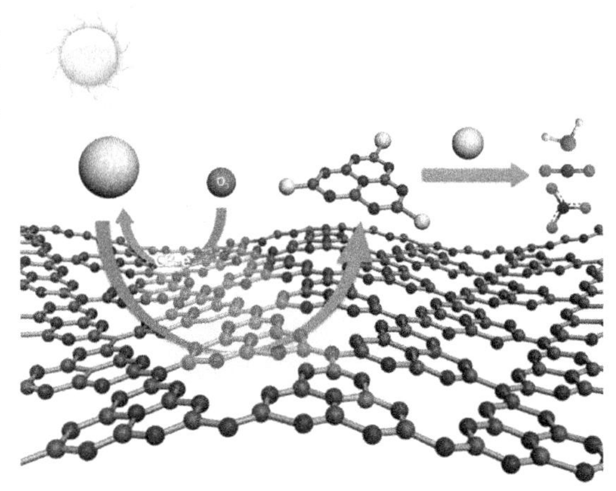

图 3－2－45　g－C_3N_4在太阳光催化－臭氧耦合过程中的分解路径示意

实验过程检测了处理含不同模拟污染物废水时，溶液中 TOC 和硝酸根浓度变化，可表征材料的催化活性及化学稳定性。结果表明，污染物的结构对 g－C_3N_4的结构稳定性有显著影响。通过实验测定出各种有机物与氮化碳竞争降解关系，如表 3－2－3 所示，可看出废水中共存的有机污染物可部分或者完全抑制 g－C_3N_4分解，因为在废水处理过程中未检测或仅检测出极低浓度的硝酸根。在溶液中共存小分子污染物，如草酸、苯、苯酚、噻吩，仅当 TOC 快被完全去除时，才会检测到硝酸根，表明这些污染物及其中间产物都比 g－C_3N_4更易被・OH 进攻分解。提高草酸浓度至 25 mmol/L 时，处理 3 h 过程中检测不到硝酸根出峰。而当污染物为较大的分子时，反应初始阶段就会缓慢生成硝酸根，表明这些污染物和 g－C_3N_4同步被・OH 进攻分解。

表 3－2－3　光催化臭氧氧化处理中氮化碳与模型污染物竞争降解

污染物	结构式	优先降解	TOC 去除率	废水和纯水中释放硝酸根浓度（mg/L）
草酸	HO, O, O, OH	+	96.6%（0.25 h）	～0/2.1（0.25 h）
苯		+	96.0%（1.75 h）	～0/7.6（1.75 h）
苯酚	OH	+	96.3%（1.75 h）	～0/7.6（1.75 h）
噻吩	S	+	95.3%（1.25 h）	～0/6.0（1.25 h）
双酚 A	HO, OH	=	93.8%（2 h）	6.7/8.5（2 h）
丙戊酸	O, O⁻	=	37.7%（3 h）	4.9/13.2（3 h）
二羟基蒽醌	O, OH, O, OH	=	58.0%（3 h）	12.0/13.2（3 h）

注：+为污染物被优先降解，=为污染物和 g－C_3N_4被同步降解。

（六）g－C_3N_4复合催化剂

华南师范大学李来胜教授课题组率先提出 g－C_3N_4催化可见光－臭氧耦合技术之后，持续在此领域开展研究，开发了一系列 g－C_3N_4复合催化剂进一步提高催化效果。通过合成 g－C_3N_4与氧化石墨烯的复合纳米材料 g－C_3N_4/rGO，在模拟太阳光照射下，光催化和光催化臭氧氧化降解草酸的效率明显高于纯 g－C_3N_4材料[104]。这种增强作用主要是在 rGO 和 $g-C_3N_4$之间构建了异质结构，抑制了光生电子和空穴复合。通过简单的煅烧方法成功合成了高度分散的 $Ag/g-C_3N_4$催化剂，Ag 以单质颗粒形式存在并高度分散在 $g-C_3N_4$纳米片的基质中。在太阳光/ O_3体系中，$Ag/g-C_3N_4$在 120 min 内矿化乙酰氨基酚的表观速率常数几乎是纯 $g-C_3N_4$的 2 倍。Ag 纳米粒子不仅是光催化的良好光生电子受体，可抑制电子空穴对的复合，而且还是臭氧的有效分解中心，极大地提高了 · OH 的产率。空穴和 · OH 均对 $Ag/g-C_3N_4$/太阳光/O_3耦合工艺深度矿化乙酰氨基酚有贡献[105]。另外，通过简单的煅烧方法成功制备了有序介孔负载的 $Ag/g-C_3N_4$/SBA-15 复合材料。该催化剂在模拟太阳光/O_3条件下，对草酸具有优异的降解效果。与 $g-C_3N_4$相比，负载的 Ag 纳米颗粒和 $g-C_3N_4$比表面积提高，均有助于光生电子分离，将 O_3 转化为活性氧物种，从而增强光催化和臭氧氧化之间的协同作用[106]。

二、其他材料催化可见光－臭氧氧化

（一）WO_3催化剂

三氧化钨（WO_3）是一种 n 型半导体，禁带宽度较窄（2.6～2.7 eV），具有较好的可见光活性，常用于光催化、光致变色和气相检测等方面。WO_3具有四方晶相、正交晶相、单斜晶相、六方晶相、三斜晶相等多种晶相结构，其中单斜晶相 WO_3光吸收性能和催化性能较好。WO_3的价带位置在 +2.7 V_{NHE}左右，能够氧化 H_2O 或者 OH^-生成 · OH。由于导带位置较低，WO_3的光生电子不能还原 O_2生成 $\cdot O_2^-$（$O_2 + e^- \longrightarrow = \cdot O_2^-$，$E_0 = -0.33\ V_{NHE}$）或者 $HO_2\cdot$（$O_2 + H^+ + e^- = HO_2\cdot$，$E_0 = -0.046\ V_{NHE}$）等活性氧自由基[107-109]。但是，$WO_3$的光生电子可还原 O_3（$O_3 + e^- \longrightarrow \cdot O_3^-$，$E_0 = +1.6\ V_{NHE}$）。

作为一种可见光半导体催化剂，WO_3在可见光催化－臭氧氧化过程少有应用报道。Nishimoto 等[110]首次将商用 WO_3应用于光催化臭氧氧化处理苯酚模拟废水。研究发现，苯酚水溶液在 O_3/Vis/WO_3体系中处理 120 min 后 TOC 去除率可达 100%，且溶液中溶解臭氧的浓度快速降低并保持在较低水平，与单独的臭氧体系及其他体系相比，处理效果明显提高。在循环使用 5 次的苯酚降解实验中，TOC 去除率和 WO_3的结构基本不发生变化，催化性能好且结构稳定。这些实验结果均表明，在臭氧存在下 WO_3可以用作可见光响应催化剂，这主要是因为 O_3容易与 WO_3导带中的光激发电子发生反应，从而分离出光生空穴，臭氧氧化的效率和速率也被提高，从而强化其水处理效果。

Mano 等[111]进一步研究了 O_3/Vis/WO_3体系，以苯酚水溶液作为模拟废水，进一步研究 O_3/Vis/WO_3 体系中苯酚初始浓度、水温和初始溶液 pH 对 TOC 去除效果的影响。结果表明，当苯酚的初始浓度增加到 500 μg/L 时，TOC 可以完全被去除。随着水温升高（15～45 ℃），TOC 的去除效果有所提高，完全去除 TOC 的时间缩短；和水温相比，初始溶液 pH 对 TOC 去除的影响较小，pH = 3 时，苯酚的降解效果较好，其他 pH 条件对苯酚降解效果无明显差异，这主要是因为苯酚被降解为酸性产物，使溶液 pH 变酸性。O_3/Vis/WO_3体系的 TOC 去除效果比 O_3/WO_3体系好，这是由于可见光催化和臭氧的耦合，WO_3、可见光及臭氧结合有效降解了氧化中间体，WO_3导带中的光生电子可以及时消耗 O_3，缓解了水温升高致使臭氧溶解度下降和自我分解加速的矛盾。

Rey 等[112]利用白钨矿为原料，在不同温度和时间下热分解合成了不同结构的 WO_3，并研究了其在可见光臭氧体系的催化性能。研究表明，在 450 ℃煅烧 5 min 得到的单斜晶相 WO_3的催化活性较好，布洛芬在不到 20 min 时就可以被完全降解，120 min 时矿化度约为 87%。另外，将 WO_3用作可见光催化臭氧氧化的催化剂处理市政废水，污染物可以被快速除去，且在 120 min 时矿化度可达 40% 以上。随着煅烧温度的升高和煅烧时间的延长，不仅形成了单斜晶相的 WO_3，而且材料的比表面积和氧空位明显增加，单斜晶相和氧空位的存在有利于催化剂表面的电子传输及臭氧和 WO_3可见光催化的协同作用，从而改善了其催化活性。Mena 等在 WO_3催化可见光－臭氧体系中，对 *N*，*N*－二乙基间甲苯胺（DEET）降解效果、反应机制及动力学进行了详细研究[107,113]。发现不同晶相和不同晶面暴露的 WO_3具有不同的能带结构。半导体的能带结构直接决定了光生电子和空穴的氧化还原电位，对光催化臭氧氧化过程中发生的氧化还原反应有直接影响。本节主要介绍能带结构对 WO_3光催化臭氧氧化性能的影响[114]。

1. 不同能带结构的 WO_3的合成及表征

通过水热法、煅烧法合成了具有不同能带结构的 3 种 WO_3材料（M－100、M－002 和 H－100）。其中 M－100 和 H－100 两种材料采用水热法制备，通过调节前驱体、pH 及反应时间控制形貌和晶型，M－002 通过高温煅烧前驱体制备。M－100 和 M－002 的晶体结构都是单斜晶相，H－100 的晶体结构是六方晶型。通过氮气物理吸附曲线采用 BET 方法计算得到 M－100、M－002 和 H－100 3 种材料的比表面积分别为 7.0 m^2/g、12.5 m^2/g 和 21.5 m^2/g。从图3－2－46 的透射电镜图可看出，M－100 为长方体，长度为 400～1000 nm，宽度为 50～100 nm，高度约为 50 nm；M－002 为正方

图 3－2－46 M－100（a）、M－002（d）和 H－100（g）的透射电镜图；M－100（b）、M－002（e）和 H－100（h）的选区电子衍射（SAED）结果；M－100（c）、M－002（f）和 H－100（i）的高分辨透射电镜图（HREM）

形纳米片形状，边长约为200 nm，厚度约为20 nm；H-100为纳米棒，长度约1000 nm。3种材料的SAED图中晶面暴露情况与XRD标准卡片一致，并且在HREM图中可检测到主要暴露的晶面。

由图3-2-47可以看出，M-002在可见光范围具有最好的吸收性能，而H-100在可见光范围吸收性能最差。3种材料都在紫外光范围表现出良好的吸收性能。由紫外可见漫反射谱图得到M-100、M-002和H-100的禁带宽度Eg分别为2.48 eV、2.28 eV和2.55 eV，再由X射线光电子能谱图可得3种材料V值分别为2.67 eV、2.68 eV和2.79 eV。能斯特曲线（EIS）表明M-100、M-002和H-100 3种材料的阻抗（R_{ct}）值分别为116.28 Ω、132.04 Ω和134.73 Ω。阻抗值越小，光生电子传导性能越好。因此M-100具有最好的电子传导性能，这有利于其光催化过程。在荧光光谱图中，M-002最弱的信号强度证明其光生电荷分离能力最优，而H-100最强的信号强度证明其光生电荷分离能力最差，M-100的电荷光生电荷分离能力居中。

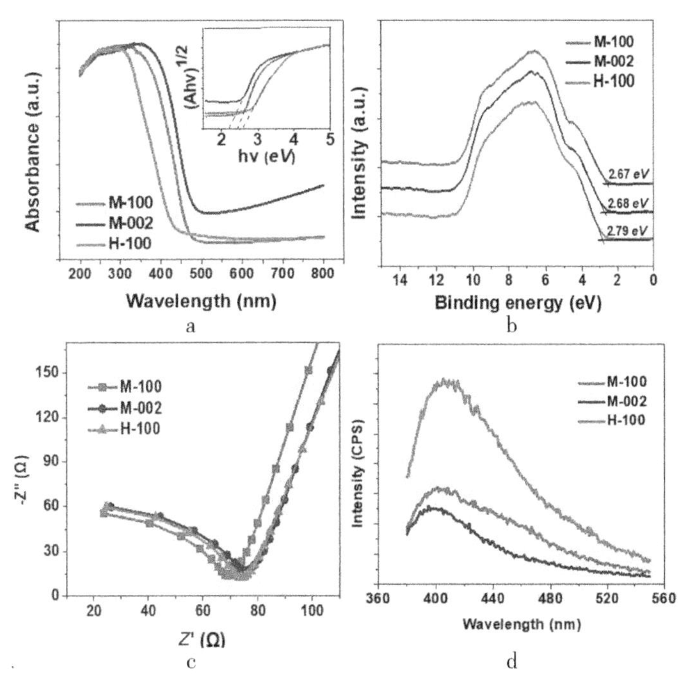

图3-2-47 M-100、M-002和H-100 3种材料的紫外可见漫反射（a），X射线光电子能谱图（b），能斯特曲线（EIS）（c）和荧光光谱图（d）

2. 不同能带结构的WO_3的臭氧-光催化活性

M-100、M-002和H-100 3种材料的臭氧可见光催化活性可通过降解草酸和头孢氨苄来评价（图3-2-48）。通过草酸和头孢氨苄的降解数据可以看出，三者的活性顺序为M-100>M-002>H-100，光催化臭氧氧化过程优于臭氧氧化和光催化过程的加和，证明O_3与可见光催化之间产生了明显的耦合作用。这是因为O_3加速了可见光催化过程中ROS的产生。

综上所述，3种WO_3材料中，M-002具有最好的光吸收性能、最大的比表面积和适中的电子传导能力；M-100具有最好的电子传导性能；H-100的光吸收性能和电子传导性能均最差。因此，M-002具有最佳光催化性能。图3-2-48c给出了3种WO_3的能带结构。由图可以看出，M-100具有最负的CB位置，其光生电子更容易与O_3反应，从而抑制光生电子和空穴对的复合，最终提高其光催化效率。另外，根据EIS结果可知，M-100的电子传导速率更快，这也有利于其电子空穴对的分离。综上所

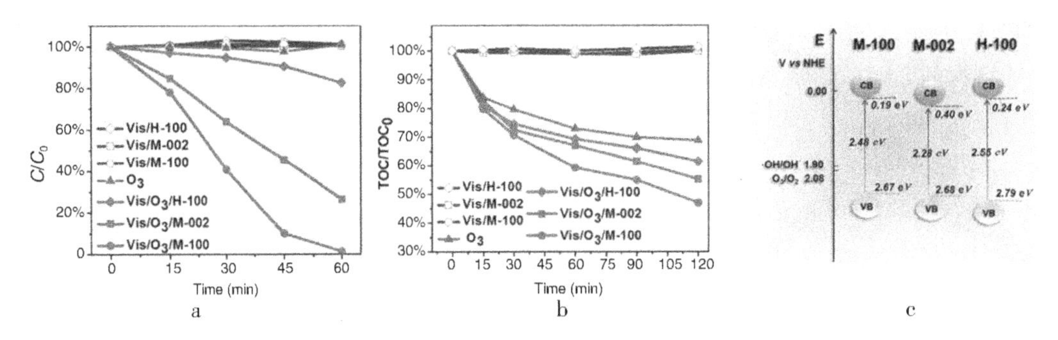

图 3-2-48　光催化、臭氧氧化、光催化臭氧氧化过程分解草酸（a）；头孢氨苄矿化随时间变化情况（b）；M-100、M-002 和 H-100 3 种材料的能带结构（c）

述，M-100 的这两点优势是导致其表现出最高光催化臭氧氧化活性的主要原因。

3. WO_3催化降解污染物的机制

不同的能带结构会导致不同的自由基反应机制，WO_3具有还原能力较弱的光生电子和氧化能力较强的光生空穴。由图 3-2-49 可以看出，·OH 是光催化臭氧氧化降解草酸过程的主要 ROS。M-100 的原位 EPR 谱图可提供直接证据，证明 WO_3臭氧可见光催化过程中同时存在一电子还原 O_3 和空穴氧化 OH^- 等两条·OH 生成路径。用 $AgNO_3$代替 O_3用作电子捕获剂。进一步证明，O_3除了直接降解污染物，与电子的反应增强了·OH 生成量，最终使 O_3与可见光催化之间存在协同效应。

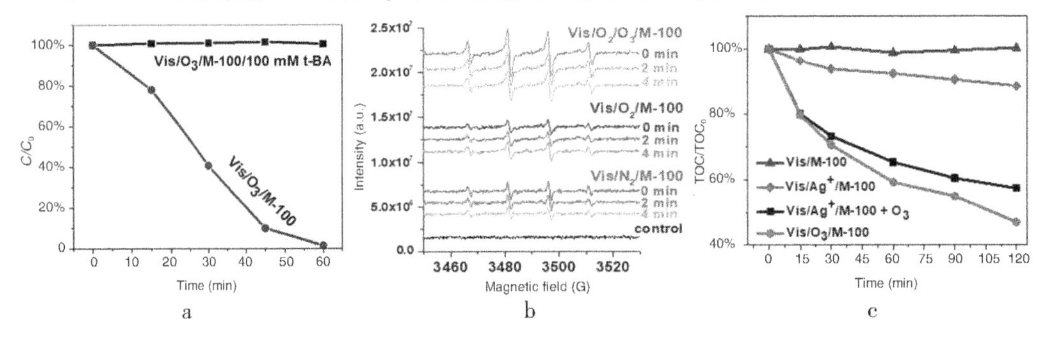

图 3-2-49　t-BA 对 WO_3光催化臭氧氧化降解草酸的影响（a），在 M-100、可见光、不同气氛条件下 DMPO 顺磁捕获的 EPR 谱图（b），Ag^+作为电子捕获剂降解头孢氨苄与其他降解过程对比（c）

综合自由基反应机制与各种表征，O_3在光催化臭氧氧化过程中的作用如下：①直接氧化头孢氨苄及部分中间产物，直到生成难降解中间产物；②高效捕获光生电子。其中②对光催化臭氧氧化过程起决定性作用。电子被捕获后，一方面引发 O_3的电子还原反应生成更多的·OH；另一方面促进光生载流子分离，释放出更多的空穴，进而有利于氧化 OH^-生成·OH。与 g-C_3N_4臭氧可见光催化过程相比，O_3捕获光生电子对 WO_3可见光催化过程更加重要。这是因为 WO_3的光生电子不能利用 O_2，引入 O_3强氧化剂才能捕获电子，从而提高其光催化效率。而 g-C_3N_4产生的强还原性光生电子则可以还原 O_2产生活性氧自由基。

由图 3-2-50 可以看出，草酸溶液的酸性条件有利于光催化臭氧氧化过程，也有

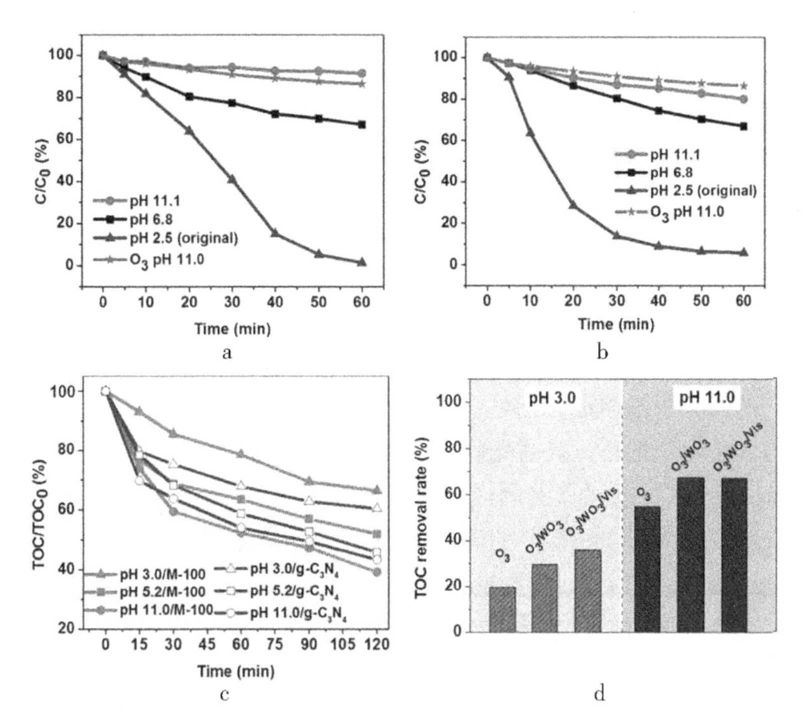

图 3-2-50 M-100（a）和 g-C_3N_4（b）在不同 pH 下光催化臭氧降解草酸，M-100 和 g-C_3N_4 在不同 pH 下催化降解头孢氨苄（c），M-100 催化各种臭氧相关过程矿化头孢氨苄（d）

利于臭氧一电子还原反应。通过对比 M-100 和 g-C_3N_4 在酸性条件下的光催化臭氧氧化降解活性可知，g-C_3N_4 的活性优于 WO_3。这是因为 g-C_3N_4 的 CB 位置更负。这也在一定程度上证明了臭氧一电子还原生成 $\cdot$OH 的反应路径是臭氧光还原自由基反应过程中决定性的步骤。对于头孢氨苄，碱性条件有利于头孢氨苄的降解。在此情况下，臭氧和可见光催化之间不再存在协同作用，头孢氨苄主要通过臭氧氧化和催化臭氧氧化被降解。O_3 在碱性条件下会快速分解，从而削弱了其一电子还原反应的发生，所以在碱性条件下污染物大部分被 O_3 与 OH^- 反应产生的自由基降解。pH 影响趋势不同，归因于臭氧氧化在不同 pH 下的反应不同。

（二）$BiVO_4$ 催化剂

钒酸铋（$BiVO_4$）呈现饱和度很高的明亮黄色，起初被用作颜料，是铋黄的成分之一[115]。1998 年 Kudo 等[116]用 $BiVO_4$ 作催化剂在可见光照射下催化水分解制氧气，此后 $BiVO_4$ 作为一种可见光响应催化剂，以其优良的吸光度、光催化活性和无毒性等优点，在可见光催化领域受到广泛关注。研究发现，$BiVO_4$ 有 3 种主要的晶体结构：四方锆石晶相、四方白钨矿晶相和单斜白钨矿晶相，其中单斜白钨矿晶相的禁带宽度在 2.4～2.5 eV，在可见光下表现出比其他两相更高的光催化活性[117]。

曾光明等[118]利用浸渍沉淀法一步合成了磷掺杂的 g-C_3N_4 纳米片（PCNS）与 $BiVO_4$ 复合的 Z 型可见光催化材料。通过改变 PCNS 与 $BiVO_4$ 的掺杂比例调节催化剂可见光催化活性，以降解四环素表征材料的催化性能。最终得到可见光催化活性最好的材料，在 60 min 内对 10 mg/L 的四环素去除率高达 96.95%，是同等条件下单纯 $BiVO_4$

降解效果的 2 倍多。光催化活性和去除效率的提高可归因于 PCNS 和 $BiVO_4$的协同作用。光响应能力增强，增大的 PCNS 比表面积可以提供大量的反应位点，从而获得较高的光催化性能。异质结的禁带宽度科学匹配可以促进光生电子和空穴的高效转移和分离。

王晓晶[119]等利用简单的水热法制备了碳点（C - dots）敏化的 $BiVO_4/Bi_3TaO_7$异质结催化剂、TEM 、XPS 等表征证明碳点均匀牢固附着在异质结表面。分别处理难降解抗生素四环素、阿莫西林及环丙沙星，发现当碳点掺杂量为 3% 时，上述抗生素的可见光催化去除率分别为 91.7% 、89.3% 及 87.1% 。该材料具备良好的稳定性，经过 10 次循环试验后仍然具有很好的催化活性。优良光催化活性可以归因于碳点介导的异质结独特结构，可加快电子迁移，提高光收集能力并提高电荷分离效率。

Soo Wohn Lee 等[120]通过微波水热法合成了铜（Cu）掺杂的 $BiVO_4$，并研究了其在可见光催化降解亚甲基蓝和布洛芬的催化活性。结果表明，Cu 掺杂的 $BiVO_4$比纯$BiVO_4$具备更高的催化活性，其中 Cu 掺杂量为 1% 的复合催化剂具有最优的降解性能。在可见光照射下，亚甲基蓝的降解率达 95% ，布洛芬的降解率达 75% 。在 $BiVO_4$晶格中加入 Cu^{2+}会产生间隙态，促进电荷载流子的迁移率，抑制电子和空穴对的复合，从而提高光催化活性。而且光吸收范围变宽和禁带宽度变窄，均有助于增强载流子产生和转变。

$BiVO_4$在可见光催化降解有机污染物中的研究较多，但将其应用于可见光催化臭氧氧化体系下较少。这里主要探讨 $BiVO_4$在可见光催化臭氧氧化体系的性能，包括形貌对 $BiVO_4$催化性能的影响，以及掺杂金属颗粒对催化性能的提升效果[121-122]。

1. $BiVO_4$合成及性质表征

除了晶体结构外，光催化活性和表面反应也高度依赖于催化剂的形貌[123]。将一定量的 $Bi(NO_3)_3$溶解在浓硝酸溶液中，一定量的$NaVO_3$溶解在浓 NaOH 溶液中，将二者在冰浴下混合搅拌，混合溶液在 180 ℃水热处理 24 h 后得到块状 $BiVO_4$（B - $BiVO_4$）。将一定量的 NH_4VO_3和 $Bi(NO_3)_3$溶解在浓硝酸溶液中，pH 调至 2 形成橘黄色沉淀物。经过陈化后将沉淀物在 180 ℃下水热处理 24 h 得到树叶状 $BiVO_4$（L - $BiVO_4$）。合成的块状 $BiVO_4$和树叶状 $BiVO_4$材料的 SEM 图如图 3 - 2 - 51 所示。

图 3 - 2 - 51　块状 $BiVO_4$（a）和树叶状 $BiVO_4$（b）的 SEM 图

从图3－2－51a可以看出，B－$BiVO_4$呈块状，长度和宽度均约为1 mm；L－$BiVO_4$则具有分级的仿生形状，形状像松树叶（图3－2－51b）。L－$BiVO_4$的主干部分略长于5 μm，分支的长度约为1 μm，宽度为300～500 nm。根据氮气物理吸附结果，L－$BiVO_4$的比表面积（2.1 m^2/g）大于B－$BiVO_4$（0.9 m^2/g）的。通常较大的比表面积代表较高的吸附力和更多的活性位点，这将有利于有机污染物的降解。

通过紫外可见漫反射光谱（UV－Vis DRS）表征两种材料的光吸收性能，结果如图3－2－52a所示。在540nm和575nm处，B－$BiVO_4$和L－$BiVO_4$分别表现出陡峭的光学吸光度边缘。与B－$BiVO_4$相比，L－$BiVO_4$对可见光的吸收范围更宽，在可见光催化臭氧氧化体系中更占优势。两种形貌的$BiVO_4$在紫外光区的吸收几乎相同。从图3－2－52a右上方的插图可知，L－$BiVO_4$和B－$BiVO_4$的禁带宽度非常接近，分别为2.45eV和2.42eV。图3－2－52b为L－$BiVO_4$和B－$BiVO_4$的荧光光谱。通常荧光光谱峰强度越弱，其光生载流子分离效率越高。在325 nm的激发波长下，B－$BiVO_4$的荧光发射强度明显弱于L－$BiVO_4$，表明B－$BiVO_4$具有较高的光生电子空穴分离效率。紫外光电子能谱可以用来表征材料的价带，结果如图3－2－52c所示。L－$BiVO_4$和B－$BiVO_4$的价带分别为2.03 eV和2.28 eV。通过图3－2－52a和图3－2－52c得到的两种材料的禁带宽度值和价带位置，进一步做出两种$BiVO_4$的能带结构示意，如图3－2－52d所示。

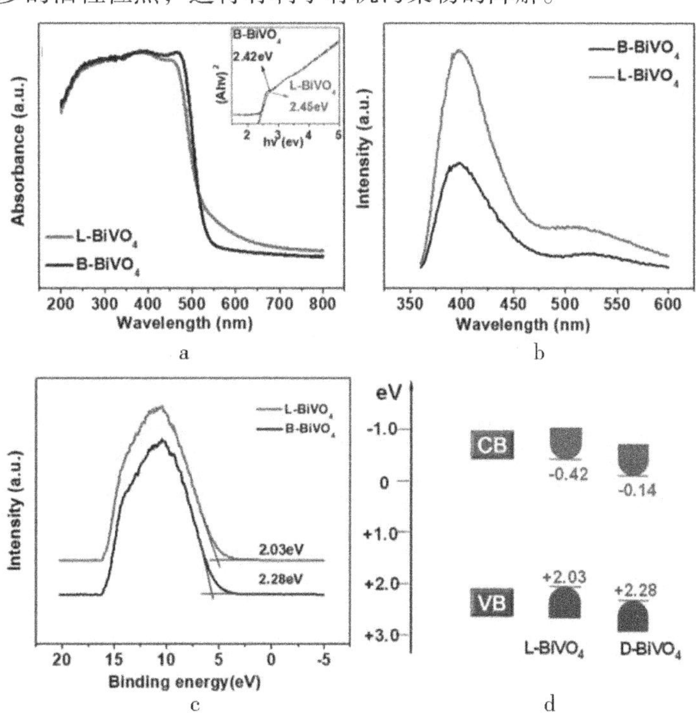

图3－2－52　两种形貌$BiVO_4$的紫外可见漫反射光谱（UV－Vis DRS）（a）、荧光光谱（PL）（b）、紫外光电子能谱（UPS）（c）、能带结构（d）示意

2. $BiVO_4$催化性能评价

用两种形貌$BiVO_4$在可见光催化、催化臭氧氧化和可见光催化臭氧氧化过程分别降解草酸和青霉素来评价催化活性。图3－2－53a为草酸降解结果，可看出两种$BiVO_4$在臭氧氧化、光催化反应体系均无降解效果；催化臭氧氧化效果较差，反应30 min时底物去除率仅为20%左右，而与可见光复合后，草酸去除率提高到70%～86%，表明$BiVO_4$催化可见光与臭氧也有较强的耦合效果。图3－2－53b为同样条件下降解青霉素的总有机碳（TOC）去除结果，由于青霉素结构复杂导致处理时间延长，但曲线变化规律基本相同。臭氧氧化可去除20%的TOC，催化臭氧氧化效率略有提升，TOC去除率达35%左右，而可见光光催化臭氧氧化过程中TOC去除率提升至70%左右。由图3-2-53可以看出，无论是降解简单结构污染物草酸，还是降解复杂结构污染物青霉素，在可见光催化臭氧氧化体系下，$L-BiVO_4$均具有更高的催化活性。

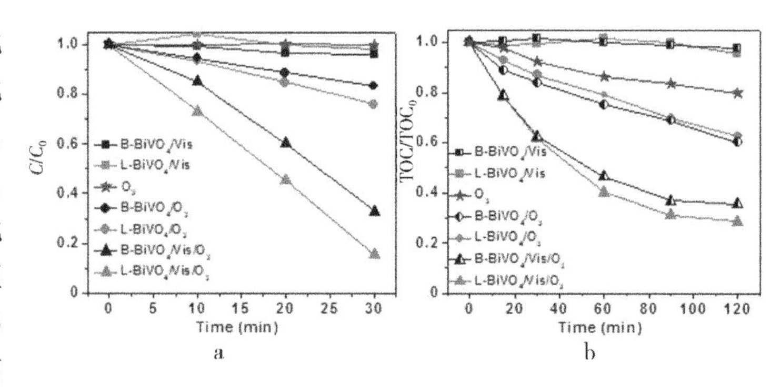

图3-2-53 $L-BiVO_4$和$B-BiVO_4$可见光催化、催化臭氧氧化和可见光臭氧催化氧化降解草酸（a）和深度矿化青霉素（b）

3. $L-BiVO_4$催化降解机制

选择催化活性更好的$L-BiVO_4$，在草酸降解过程中，设计活性氧物种（ROS）抑制实验来探究$BiVO_4$可见光催化臭氧氧化有机物的催化机制。t-BA是一种典型的·OH淬灭剂，三乙醇胺（TEOA）则可以同时淬灭·OH和空穴（h^+）。图3-2-54a的实验结果表明，在$L-BiVO_4$催化臭氧氧化降解草酸时，t-BA的加入可以完全抑制草酸的降解，证明·OH是该体系下的ROS。分别在$L-BiVO_4$可见光催化臭氧氧化降解草酸体系中加入t-BA和TEOA，实验结果如图3-2-54b所示。加入t-BA后降解效果从原来的85%降低至48%，而加入TEOA后，草酸的降解被完全抑制，说明$L-BiVO_4$在可见光臭氧催化强化降解草酸体系中的ROS为·OH和h^+。使用DMPO作为自由基捕获剂，通过电子自旋共振谱（EPR）分析了$L-BiVO_4$催化臭氧光耦合过程的自由基（图3-2-54c），可以看到典型的1∶2∶2∶1四重峰（DMPO-OH），验证了降解过程中有·OH的存在。

产生·OH的路径可能如下：在可见光照射下，$BiVO_4$的光生电子被臭氧捕获生成臭氧氧化物自由基$\cdot O_3^-$（3-2-1），$\cdot O_3^-$继续与氢离子（H^+）反应生成$HO_3\cdot$（3-1-15），$HO_3\cdot$最后分解为氧气（O_2）和·OH（3-1-16）[99]。

$$BiVO_4 + hV \longrightarrow e^- + h^+ \tag{3-2-1}$$

$$O_3 + e^- \longrightarrow \cdot O_3^-$$

$$\cdot O_3^- + H^+ \longrightarrow HO_3\cdot$$

$$HO_3\cdot \longrightarrow O_2 + \cdot OH$$

由图3-2-54b可知，·OH和h^+是$BiVO_4$可见光臭氧催化氧化降解草酸的活性氧物种，一方面，由于价带位置较低，h^+具有较强氧化性，可以直接降解草酸；另一方面，导带上的光生电子被臭氧捕获后经过一系列反应生成·OH。通过对比两种形貌$BiVO_4$的物理性质及光学性质，可以得出$L-BiVO_4$在可见光臭氧催化氧化体系中催化活性优于$B-BiVO_4$的原因：①$L-BiVO_4$具有更大的比表面积，相同质量下催化活性位点更多；②$L-BiVO_4$由于具有分级树叶形貌，在可见光范围内具有更好的吸光性能，

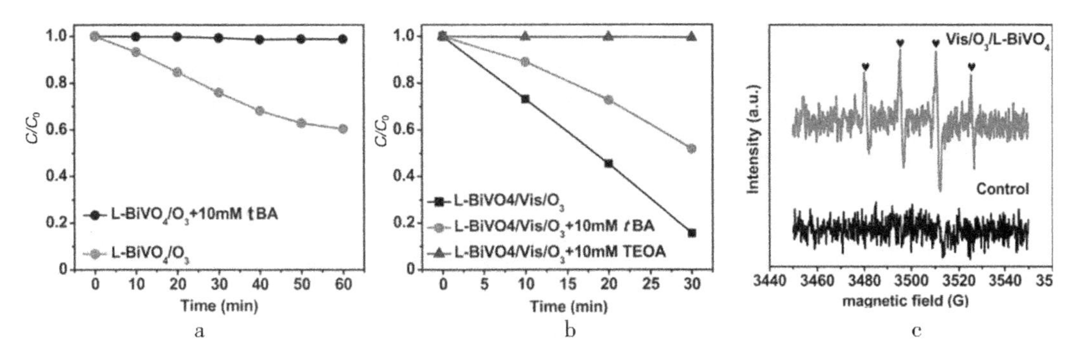

图 3-2-54　L-BiVO_4在（a）臭氧催化氧化降解草酸时的 t-BA 抑制结果，（b）可见光臭氧催化氧化降解草酸时 t-BA 和 TEOA 抑制结果，（c）可见光臭氧催化氧化降解草酸的 EPR 谱图

在同样的光照条件下可见光利用率更高；③在禁带宽度基本相同的前提下，L-BiVO_4的导带位置更高，光生电子更容易被臭氧捕获从而生成·OH，而其与 B-BiVO_4相比较高的光生电子和空穴的复合率也因光生电子更易被捕获抑制，从而得到更多的 h^+ 直接氧化降解污染物。

4. MnO_x@BiVO_4复合催化剂合成及表征

在光催化反应中，常在半导体催化剂上负载其他助剂组分，可极大地提高光催化效率[99,122-123]。其中金属助催化剂在光催化剂制备过程中被广泛应用。氧化锰是一种同时应用于催化臭氧氧化和光催化分解水的常见催化剂，但在两种反应过程中分别起不同的作用。在催化臭氧氧化中，氧化锰是高效的主催化剂，表现了优良的污染物矿化性能。在光催化分解水中，氧化锰则是性能优良的产氧助催化剂（氧化型助催化剂）。如果将氧化锰引入光催化臭氧氧化体系中，氧化锰一方面可以催化臭氧氧化；另一方面可以提高光催化的效率，将会极大地提高光催化臭氧氧化过程中污染物的降解效果。

选用以上制备的 L-BiVO_4，用可见光还原的方法沉积氧化锰。ICP 结果表明，Mn 含量随着光照时间的增长而增加。通过草酸降解实验表征 MnO_x@BiVO_4光催化臭氧氧化活性（图 3-2-55），发现催化活性随光照时间的增长而增加，但光照时长大于 100 min，制备催化剂活性下降。可能是负载的 MnO_x过多，覆盖在 BiVO_4的表面，降低了 BiVO_4的光吸收并掩盖了部分催化活性位点。综上所述，制备复合催化剂的最佳光照时间为 100 min，相应的 Mn 负载量为 1.16%。

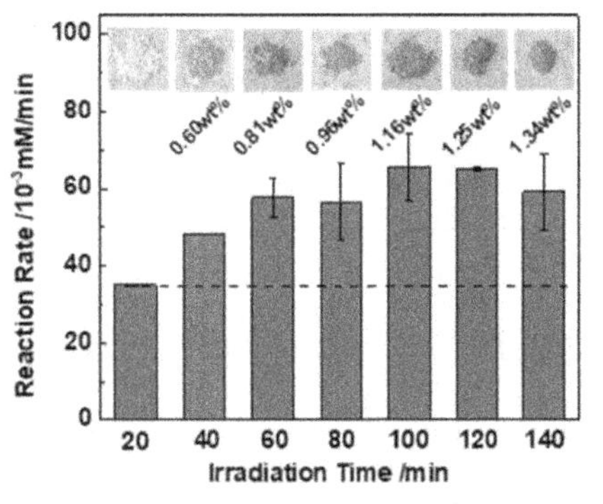

图 3-2-55　不同 MnO_x 负载量的复合催化剂光催化臭氧氧化降解草酸对比

负载氧化锰后的复合材料 MnO_x@BiVO_4与 BiVO_4的 XRD 谱图非常接近，特征峰都与标准卡片 JCPDSNO. 14-0688 吻合，且二者之间无明显差别，表明光还原沉积 MnO_x 对 BiVO_4晶型无影响。由于 Mn 负载量低，粒径较小且分散均匀。XRD 未检测到 MnO_x出峰。

由图 3－2－56 可以看出，$BiVO_4$ 和 MnO_x@$BiVO_4$ 具有同样的树叶形状，主干长 1～5 μm，最大枝干长 3 μm。纳米颗粒 MnO_x 选择性地沉积在了树叶主干和边缘处。Mn 元素的分布图也证明这一点（图 3－2－56c）。EDS 谱图证明，N（Bi）：N（V）＝1∶1.01，与 $BiVO_4$ 中 Bi、V 原子的比例一致。EDS 谱图得到 Mn 质量含量为 1.21 %，与 ICP 测定结果一致。另外，MnO_x@$BiVO_4$ 的比表面积为 11.4 m^2/g，远大于 $BiVO_4$（2.1 m^2/g），这可能是因为引入纳米 MnO_x 造成表面粗糙度增大，比表面积增加也有助于提高光催化效率。

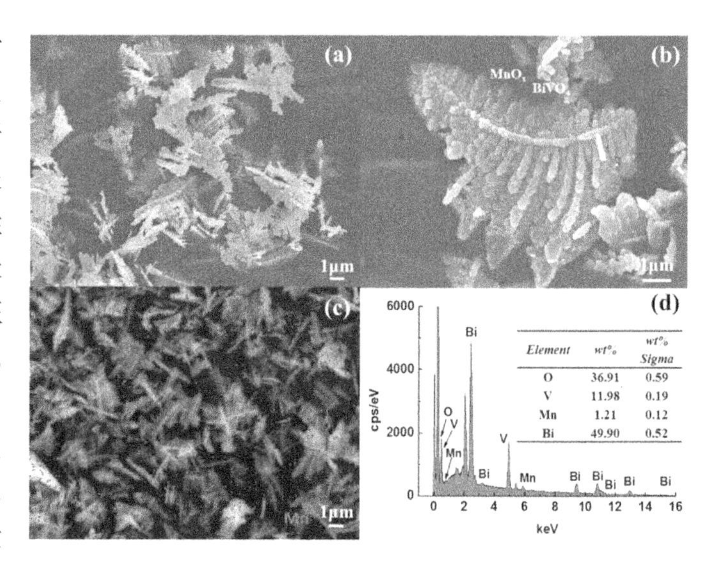

图 3－2－56　$BiVO_4$（a）和 MnO_x@$BiVO_4$（b）的 SEM 图；MnO_x@$BiVO_4$的 Mn 元素分布图（c）和 EDS 谱图（d）

通过紫外可见漫反射光谱表征两种材料的光吸收性能，结果如图 3－2－57a 所示。两种催化剂都具有优异的可见光吸收性能，$BiVO_4$的吸收谱包括强烈的本征吸收带（带边为 527 nm）和带尾吸收带（527～750 nm）。沉积 MnO_x后复合材料的本征吸收带边红移到 571 nm 处，带尾吸收带也红移到至少 800 nm 处，说明 MnO_x与 $BiVO_4$之间结合紧密。MnO_x@$BiVO_4$较宽的光波吸收谱有利于其光催化应用。图 3－2－57b 是 Mn 2p 的 X 射线能谱（XPS）。两个主要出峰位置分别为 641.9 eV 和 653.6 eV，对应Mn $2p_{3/2}$和 Mn $2p_{1/2}$。对 Mn 2p 谱图分裂可得到位于 641.2 eV 和 642.4 eV 的两个峰，分别是 Mn^{3+} 和 Mn^{4+}，说明 MnO_x是 Mn^{3+} 和 Mn^{4+} 共存的混合价态。

通常荧光光谱峰强度越弱，其光生载流子分离效率越高。如图 3－2－57c 所示，

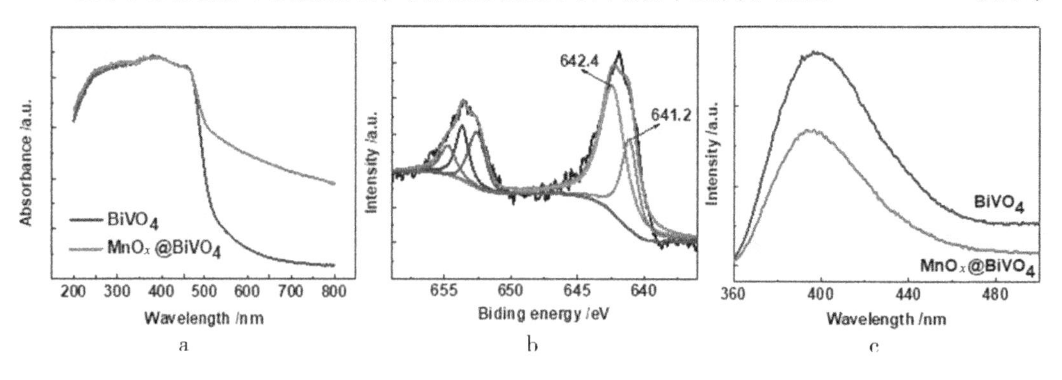

图 3－2－57　$BiVO_4$和 MnO_x@$BiVO_4$的（a）紫外可见漫反射光谱，（b）Mn 2p X 射线能谱和（c）荧光光谱

MnO_x@ $BiVO_4$的峰强度比 $BiVO_4$弱很多，表明光生电荷分离效率明显提高。这是因为 MnO_x是广泛报道的性能优良的光催化产氧的助催化剂，有助于空穴迁移从而促进光生载流子分离。

5. MnO_x@ $BiVO_4$催化降解性能评价

为评价复合材料的催化活性，开展了 $BiVO_4$与 MnO_x@ $BiVO_4$在光催化、催化臭氧氧化和光催化臭氧氧化过程降解草酸的研究。结果显示负载 MnO_x助催化剂后，MnO_x@ $BiVO_4$催化臭氧氧化性能显著提高（图 3－2－58），草酸降解速率常数为 52.3 ×10^{-3} mmol/（L・min）。MnO_x@ $BiVO_4$也展现出优异的光催化臭氧氧化性能，草酸降解速率常数为 65.5 ×10^{-3} mmol/（L・min），与未改性的 $BiVO_4$［35.1 × 10^{-3} mmol/（L・min）］相比提高了 86.6%。

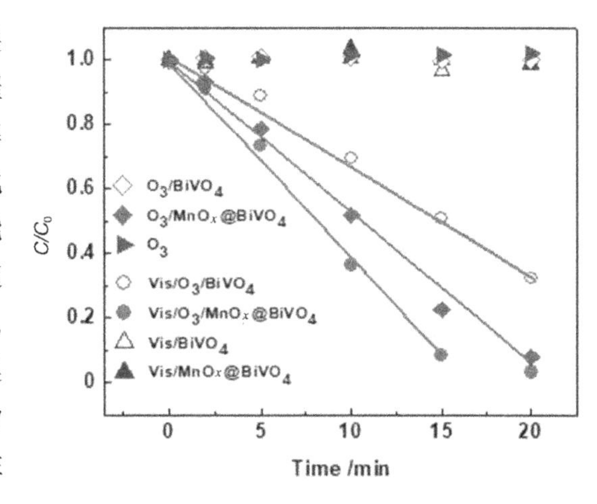

图 3－2－58　$BiVO_4$和 MnO_x@ $BiVO_4$光催化、催化臭氧氧化和光催化臭氧氧化降解草酸

光催化臭氧氧化过程的高效率主要是由 O_3与光催化之间的协同作用产生的。电子还原 O_3反应路径可产生大量・OH，并且 O_3的引入也极大地提高了光生载流子的分离效率，但空穴氧化能力很弱。在本研究中，・OH 可同时由光生电子还原路径和光生空穴氧化路径生成。$BiVO_4$的光生电子（约 －0.2 V_{NHE}）不足以还原 O_2但能够还原 O_3，所以光生电子产・OH 的反应路径继续存在。同时 $BiVO_4$的 VB 位置约位于 +2.2V_{NHE}，在热力学上能够氧化 OH^-生成・OH，可以通过空穴和・OH 共同氧化污染物。另外，氧化锰的引入加速了臭氧的催化分解，进一步促进了污染物的降解，提高了污染物降解的效率。因此，$BiVO_4$的可见臭氧催化降解体系在催化剂上引入 MnO_x提高了 O_3利用率和过程氧化效果。

6. MnO_x@ $BiVO_4$催化可见光－臭氧氧化机制

t－BA 抑制实验结果表明，・OH 在草酸降解中起重要作用（图 3－2－59a），另外，t－BA 未完全抑制草酸降解，说明还有其他活性氧物种，很可能为光生空穴。t－BA 抑制后，MnO_x@ $BiVO_4$仍比 $BiVO_4$具有更好的催化效果，表明空穴作用更强，这也与 Mn 有助于空穴分离的结论一致。

使用 DMPO 作为自由基捕获剂，通过电子自旋共振谱分析对两种催化剂催化臭氧光耦合过程的自由基，结果如图 3－2－59b 和图 3－2－59c 所示。在 Vis/O_3/$BiVO_4$过程中，出现典型的1∶2∶2∶1 四重峰（DMPO－OH），证明生成了・OH，同时较弱的峰强度说明・OH 的生成量相对较少。而在 Vis/O_3/ MnO_x@ $BiVO_4$体系中，・OH 的信号强度大幅增强，说明 MnO_x对・OH 生成具有较强的促进作用。

结合以上讨论，在 $BiVO_4$上负载 MnO_x颗粒具有以下三重作用：① 增强催化剂光吸收性能；② 促进光生空穴的迁移，从而提高增强光生空穴的氧化作用；③ 使复合催化

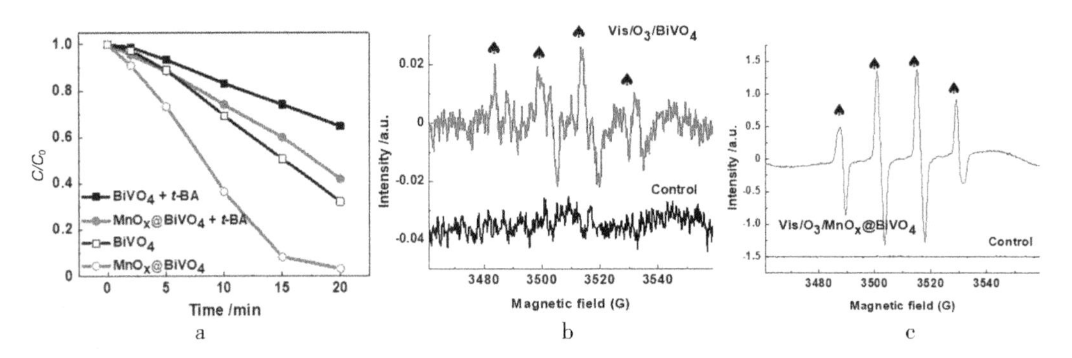

图 3-2-59　t-BA 对 $BiVO_4$ 与 MnO_x@$BiVO_4$ 光催化臭氧氧化降解草酸的影响（a），Vis/O_3/$BiVO_4$（b）和 Vis/O_3/MnO_x@$BiVO_4$（c）过程的电子自旋共振波谱分析

剂具有催化臭氧氧化性能，提高了 O_3 利用率。MnO_x 的多重功能综合起作用，加速了·OH的生成速率，进而提高了草酸的降解效果。另外，在 MnO_x@ $BiVO_4$ 可见光催化-臭氧氧化过程中，·OH 生成路径有 3 个：①电子还原产生·OH；② MnO_x 催化 O_3 分解产生·OH；③空穴氧化 OH^- 产生·OH。

（三）其他催化剂

在可见光催化-臭氧氧化反应体系中，除了上述 g-C_3N_4、WO_3、$BiVO_4$ 材料及相关的改性或复合催化剂之外，还有少量其他催化剂的研究报道，主要包括以 $BiFeO_3$、CeO_2、$MgMnO_3$、TiO_2 及 Bi_2O_3 等为主体的催化剂。

1. $BiFeO_3$ 催化剂

李来胜等[82]通过热分解乙醛酸酯复合物合成铋铁氧体（$BiFeO_3$）磁性纳米粒子，作为可见光催化-臭氧氧化耦合系统的催化剂。选择草酸和诺氟沙星（NFX）作为光催化臭氧氧化反应的目标污染物，评估 $BiFeO_3$ 的催化性能。研究结果表明，在 60 min 反应时间内，O_3/ Vis / $BiFeO_3$ 降解草酸和 NFX 的准一级动力学速率常数分别是 Vis/$BiFeO_3$ 和 O_3 氧化反应速率常数之和的 5.48 倍和 1.65 倍。在 O_3/Vis/ $BiFeO_3$ 过程中，$BiFeO_3$ 表面产生的光生电子可能会被臭氧捕获并反应产生·OH，促进·OH 产率的提高，进而提高了有机物的降解效率。此外，通过循环实验发现，催化剂连续使用 4 次后，O_3/Vis/$BiFeO_3$ 体系对草酸的降解率从 81.9% 下降至 77.6%。XRD 分析发现，使用 4 次后的 $BiFeO_3$ 材料晶型与新鲜催化剂相比无任何变化。另外，通过原子吸收光谱法检测未发现 Fe 浸出现象，这表明该催化剂具有优异的催化活性和较高的稳定性。

Li 等[124]制备了平均粒径为 30~50 nm 的 $LaFeO_3$ 纳米材料，禁带宽度值为 2.14eV。在可见光催化臭氧氧化降解 2，4-二氯苯氧乙酸实验中，底物去除率高达 97%，表明其具有优异的催化活性。循环实验表明 $LaFeO_3$ 具有良好的催化稳定性，可以多次循环使用。

田双红等[51]通过简单的溶胶-凝胶法成功制备了 $MgMnO_3$，作为双功能催化剂催化臭氧氧化和光催化处理抗生素废水。研究表明，光催化对所有抗生素的矿化作用都不明显，而催化臭氧氧化可明显提高抗生素的矿化效率。在 Vis/O_3/$MgMnO_3$ 体系中，磺胺甲噁唑、四环素、环丙沙星和甲氧苄啶的 TOC 去除率分别高达（98.0 ±0.9)%、(88.4 ±0.9)%、(97.8 ±1.0)% 和（76.3 ±0.9)%，远高于催化臭氧氧化或光催化的效果（小于 20%），所有抗生素废水的矿化率均提高了 37% 左右。$MgMnO_3$催化剂比 MgO 和 MnO_2的混合物具有更高的催化活性，这是因为 $MgMnO_3$中 Mg 和 Mn 之间的强相互作用增加了表面羟基种类和晶格氧的电子密度，表面羟基是 $MgMnO_3$催化剂的催化活性中心，较高的晶格氧电子密度活化具有亲电特性的臭氧分子。在循环实验中，$MgMnO_3$的活性在第 2 次使用时明显下降，然后几乎保持不变。在第 5 次使用时，模拟废水的 TOC 去除率仍高达 63.5%，说明该催化剂催化性能好且较稳定。该催化剂在耦合过程中对污染物的矿化效率高，主要是因为光催化臭氧氧化体系生成的 · OH 比光催化和催化臭氧氧化过程中生成的 · OH 之和多得多，表明两者之间存在很好的协同作用。

2. CeO_2催化剂

Mena 等[125]通过水热处理合成了两种形态的纳米 CeO_2催化剂，分别为纳米立方体和纳米棒。以驱蚊胺（DEET）作为目标污染物，使用 Xe 灯模拟太阳辐射（$\lambda > 300$ nm）或可见光（$\lambda > 390$ nm）进行催化降解实验。研究表明，两种催化剂的吸附能力较弱，在反应时间 120 min 内 DEET 吸附去除率低于 10%。太阳光催化无法去除 DEET，而臭氧氧化虽然可实现 19% 的矿化率，但加入催化剂未显示出明显的提升效果。以可见光和太阳光为光源，臭氧和光催化结合，可分别去除 29% 和 47% 的 TOC，可看出太阳光照（包括 300 ~ 390 nm 的波长）的作用比可见光要强得多。两种不同形态的纳米 CeO_2催化剂在光催化臭氧氧化降解 DEET 的过程中都显示了很好的催化活性。纳米棒 CeO_2在可见光下活性更高（68% TOC 去除率），可能是因为纳米棒具有较高的表面缺陷和氧空位而呈现较高的辐射表面积，导致较小的禁带宽度，因此，在可见光辐射下比 CeO_2立方体更具活性。立方体 CeO_2在太阳辐射下呈现出较高的光催化 - 臭氧耦合活性（TOC 去除率为 80%），这可能是因为在可见光和太阳光辐射下，CeO_2立方体比纳米棒具有更多暴露的 {100} 晶面。

3. TiO_2基催化剂

TiO_2是经典的紫外光响应催化材料，通过与其他材料负载可以改变其能带结构使其具有可见光催化活性。Pan 等[126]采用浸渍法成功制备出 Cu/TiO_2，紫外 - 可见漫反射光谱显示 Cu/TiO_2与 TiO_2相比在可见光区域有明显吸收。将其应用到可见光催化臭氧氧化降解草酸体系中，结果表明该材料具有良好的降解活性。Maddila 等[127]采用沉积 - 沉淀法制备出 Ru/TiO_2催化剂，在可见光催化体系中，比 TiO_2催化活性更高，表明 Ru 的掺杂成功实现了催化剂在可见光波长范围的响应。在可见光催化臭氧氧化体系中，2 h内可实现百菌清 100% 降解，循环实验结果显示该催化剂具有良好的稳定性，多次循环使用后催化活性仍未下降。Checa 等[128]采用溶胶 - 凝胶法合成了氧化石墨烯 - 二氧化钛（GO/TiO_2）复合材料应用于可见光催化臭氧氧化降解，药物普利米登。结果显示，复合材料的禁带宽度从单纯 TiO_2的 3.14 eV 降至 2.5 eV，表明复合材料可以增强对可见光的响应。石墨烯复合提高了催化剂对臭氧的利用效率，生成了更多的 · OH，使降解效果大幅提升。

4. Bi_2O_3催化剂

Anandan 等使用微波辐射法制备了 Bi_2O_3和 Au/ Bi_2O_3纳米棒材料，与传统热处理法制备的材料相比，具有更强的催化臭氧 - 可见光耦合活性。沉积在催化剂表面的 Au 纳米粒子充当电子捕获剂，阻碍了电子和空穴复合，从而提高光生电子和空穴的利用率，进而提升催化剂的活性[129]。

第三节　光催化臭氧氧化处理实际废水

光催化臭氧氧化结合了光催化氧化与臭氧氧化的优势，能够充分利用电子转移产生大量活性氧物种，高效氧化水体中难降解有机污染物、高效灭活有害的细菌和病毒等，在饮用水、市政废水、印染废水及其他有机废水处理中得到了广泛的研究与应用。

一、市政废水处理

光催化臭氧氧化技术处理市政废水主要包括消毒杀菌和深度处理两个方面。由于紫外光照易受到水体颜色和浊度的影响，一般单独使用紫外光照杀菌的处理效果较差。而催化臭氧氧化与光辐射之间的协同作用，能够在反应过程中大幅度提高 · OH 和其他活性氧物种的产生效率，通过氧化损伤细胞层达到灭活微生物的目的。

Mecha 等[130]采用光催化臭氧氧化技术对市政废水的二级出水进行消毒灭菌，评估了细菌灭活效率、消毒后的微生物再生长情况及臭氧氧化和光催化之间的协同作用。相比单独的光催化和臭氧氧化处理，光催化臭氧氧化消毒时间减少了 50% ~75%，在恢复期之后（黑暗环境下 24 h 和 48 h）未检测到细菌再生长，表明光催化臭氧氧化过程已对细菌细胞造成不可逆转的破坏，避免了单独使用臭氧氧化或光催化处理时经常发生的细菌再生现象。研究者还评估了光催化臭氧氧化和光催化空气氧化两种体系，发现光催化臭氧氧化的耦合因子（SI）为 1.86，远高于光催化空气氧化（当 $SI \leqslant 1$，两个过程之间无协同作用；当 $SI > 1$，两个过程之间存在协同作用），证明了光催化臭氧氧化的独特应用优势。

以 · OH 为代表的活性氧物种具有极高的反应活性和氧化还原电位，被认为是处理难降解有机污染物最有效的物种之一。因此，光催化臭氧氧化可作为市政废水深度处理的重要选择之一。通常可采用波长在 254 nm 的吸光度（UV_{254}）和 COD 来表征对有机物的去除效果。研究表明，光催化臭氧氧化工艺对 UV_{254}的去除效果较好，但相比单独的臭氧氧化过程，对 COD 的去除率改善并不明显，通常可以提高 5% ~10%，因此，提高 COD 去除率成为近年来光催化臭氧氧化处理废水的一个研究方向。

Mecha 等[131]以橄榄石活性炭（OSAC）作为催化剂，研究了模拟太阳辐射（SSR）情况下光催化臭氧氧化对城市废水中微量污染物的降解作用，比较了 O_3、O_3/OSAC、O_3/SSR 和 O_3/OSAC/ SSR 等几种组合处理体系的降解作用。与其他技术相比，O_3/OS-AC / SSR 技术降解效率最高。由于氢氧根离子可以促进臭氧分解产生 · OH，因此在碱性条件下，4 种反应体系对污染物的降解效果差别不大。实际废水中通常会存在无机碳，如碳酸盐（CO_3^{2-}）和碳酸氢盐（HCO_3^-），它们作为自由基淬灭剂会影响处理过程对污染物的降解效率，但研究者发现在 O_3/OSAC/SSR 体系下，城市废水中的无机碳对反应过程 TOC 去除率影响不大，说明光催化臭氧氧化处理实际废水巨大潜力。

Achisa 等[132]将金属离子（Ag、Cu 和 Fe）掺杂的二氧化钛（TiO_2）纳米粒子作为催化剂，分别采用紫外光和太阳光两种光源，光催化臭氧氧化处理市政废水的二级出水。结果发现，相比单独的臭氧氧化和光催化氧化过程，耦合氧化体系对有机物降解速率更快，耦合因子介于 1.03 ~4.31，COD、苯酚和 DOC 等主要水质指标都可以满足出水要求。如果使用催化剂，太阳光照或紫外光照与臭氧耦合降解性能相当。这拓宽了光催化臭氧氧化的光源范围，使太阳光替代常规应用的紫外线成为可能，可以大幅降低应用紫外光的光源能量成本与电力消耗，进一步提高了光催化臭氧氧化实际应用的可能性。

二、印染与纺织废水处理

De 等[133]将 UV/O_3技术应用于处理纺织废水，以 TOC、色度及急性毒性作为处理工艺的考察指标。单独臭氧氧化条件下脱色率为 50%，且无明显矿化作用，光催化臭氧氧化处理的脱色率可达 95%，TOC 去除率为 60% 且急性毒性下降 50%，表现出优异的处理效果。

刘鲁建等[134]用 UV/O_3技术处理印染废水，发现在 pH 为 5、O_3流量为 13 L/h、紫外光强度为 80 W、辐射时间为 120 min 的条件下，UV/O_3工艺处理印染废水效果较好，对色度及 COD 的去除率分别达 97% 和 90%。表明该组合工艺可应用于印染废水深度处理。

三、其他废水处理

张萌等[135]采用 UV/O_3技术处理丁基黄药废水，结果表明在 UV/O_3联合作用下，丁基黄药的降解基本符合准一级反应动力学规律。丁基黄药初始浓度为 100 mg/L，氧化 10 min 时丁基黄药去除率达到 99% 以上。

段海霞等[136]以铁矿浮选废水中的黄药为目标污染物，在 O_3/UV/活性炭体系中处理。结果表明在不调节废水 pH 的情况下将废水雾化，通入 300 mg/L 臭氧反应 35 min，黄药的去除率达 96.3%（初始浓度43.1 mg/L），比相同条件下曝气处理高 15%。

Gimeno 等[137]研究了光催化臭氧氧化处理酒厂废水的。由于葡萄酒厂的生产废水有机负荷高，且酚类物质浓度高，难以直接进行传统好氧生物处理。利用 UV - A/Vis/O_3/TiO_2体系处理废水，在最佳操作条件下 COD 的去除率可接近 80%。相比单独的臭氧氧化，耦合体系使废水的矿化效率大幅提高，耦合因子为 1.6。研究者对 UV - A/Vis/O_3/TiO_2体系在 pH 3 ~ 11 范围内的降解效率表现进行探究，发现pH =3时降解效果最好，表明此体系在酸性条件下效果较好。

糠醛是一种重要的生产原料和有机化工试剂，广泛应用于有机合成、医药、农药、石油化工等领域，而糠醛生产过程产生的废水中含有大量难以降解的乙酸，成为制约行业发展的一大难题。康春莉等[138]采用UV/O_3工艺处理糠醛废水中的乙酸，考察了光源、pH、阴阳离子等因素对反应过程中乙酸降解速率的影响。实验表明，通过优化工艺参数，在处理500 mL、浓度为8 mmol/L的乙酸溶液时，最佳反应条件为：以高压汞灯为光源（功率400 W），温度为（35 ±2）℃，pH为2.2，臭氧浓度为0.1 mg/L。此条件下反应300 min，乙酸和TOC去除率分别达86%和74%，为糠醛废水处理提供了一个可行的解决工艺。

第四节　结论与展望

为了提高臭氧氧化的效率，将光催化与臭氧氧化结合，形成了一种·OH产生效率更高的光催化-臭氧耦合技术。紫外光可直接光解臭氧分子产生·OH，但效率较低，在加入催化剂之后，可通过催化剂上的光生电子还原臭氧生成·OH。而开发可见光催化剂则有望利用太阳能活化臭氧，成为一种更绿色环保的水处理技术。本章结论如下。

①由于紫外光能量较强，因此紫外光催化与臭氧耦合的研究最多。绝大多数研究均采用TiO_2催化剂，其中商业材料P25成本较低、活性高，其他的催化剂研究较少。从实际应用的角度而言，在紫外光催化-臭氧氧化反应体系中，P25型TiO_2材料是较适宜的催化剂。

②可见光在太阳光中占比较大，因此研究可见光响应的催化剂有望利用太阳光活化臭氧。目前g-C_3N_4的催化性能优于其他催化剂，主要是这种材料的导带顶位置较高，因此光生电子还原性强，容易还原臭氧形成臭氧自由基，然后与溶液中质子结合进一步演化成·OH。但g-C_3N_4的电子传递、电子-空穴分离能力较弱，这是开发更高效催化剂首要应解决的问题。可通过氮化碳的能带结构调控，使禁带宽度更窄，导带位置更高；或开发Z-scheme异质结促进光生载流子分离，形成强还原性电子、强氧化性空穴；或合成单原子分散的金属负载催化剂，提高光生载流子分离效率和光吸收能力，并维持较高的催化稳定性。以上是开发更高效g-C_3N_4催化剂，提高耦合效果的努力方向。

③光催化-臭氧耦合降解有机物的反应路径比较复杂：一是光生空穴直接氧化，或光生空穴氧化水分子/氢氧根形成的·OH间接氧化；二是光生电子还原氧气，一步步形成·O_2^-、H_2O_2、·OH，或光生电子还原臭氧分子形成臭氧自由基，进而演化成·OH；三是臭氧分子与H_2O_2之间的过臭氧化反应产生·OH；四是紫外光直接光解臭氧分子产·OH。根据半导体能带结构、光照波长的不同，在不同的反应体系中，起主要作用的氧化反应路径可能存在差异。

④由于目前紫外光灯管价格高，稳定使用寿命较短，加上臭氧发生成本较高，因此本技术尚未进入实际应用阶段，但对难降解有机物的降解效率有明显优势。而可见

光催化-臭氧耦合技术可以利用太阳能，发展前景较好。除了进一步提升催化剂性能之外，还应考虑反应器结构的创新设计，如何将废水处理规模与采集太阳光能的效率有效结合。

参考文献

[1] AKPAN U G, HAMEED B H. Parameters affecting the photocatalytic degradation of dyes using TiO_2-based photocatalysts: a review [J]. Journal of hazardous materials, 2009, 170 (2-3): 520-529.

[2] KOPF P, GILBERT E, EBERLE S H. TiO_2 photocatalytic oxidation of monochloroacetic acid and pyridine: influence of ozone [J]. Journal of photochemistry and photobiology A: chemistry, 2000, 136 (3): 163-168.

[3] SCHINDLER K M, KUNST M. Charge-carrier dynamics in titania powders [J]. Journal of physical chemistry, 1990, 94 (21): 8222-8226.

[4] HUANG J, WANG X, PAN Z, et al. Efficient degradation of perfluorooctanoic acid (PFOA) by photocatalytic ozonation [J]. Chemical engineering journal, 2016 (296): 329-334.

[5] JING Y, LI L, ZHANG Q, et al. Photocatalytic ozonation of dimethyl phthalate with TiO_2 prepared by a hydrothermal method [J]. Journal of hazardous materials, 2011, 189 (1-2): 40-47.

[6] GIRI R R, OZAKI H, TANIGUCHI S, et al. Photocatalytic ozonation of 2, 4-dichlorophenoxyacetic acid in water with a new TiO_2 fiber [J]. International journal of environmental science & technology, 2008, 5 (1): 17-26.

[7] YILDIRIM A Ö, GÜL Ş, EREN O, et al. A comparative study of ozonation, homogeneous catalytic ozonation, and photocatalytic ozonation for CI reactive red 194 azo dye degradation [J]. Clean soil, air, water, 2011, 39 (8): 795-805.

[8] SUN X, XIE M, TRAVIS J J, et al. Pseudocapacitance of amorphous TiO_2 thin films anchored to graphene and carbon nanotubes using atomic layer deposition [J]. The journal of physical chemistry C, 2013, 117 (44): 22497-22508.

[9] WANG J, LIU G, LU H, et al. Degradation of 1-amino-4-bromoanthraquinone-2-sulfonic acid using combined airlift bioreactor and TiO_2-photocatalytic ozonation [J]. Journal of chemical technology & biotechnology, 2013, 88 (5): 970-974.

[10] CHEN Y, XIE Y, YANG J, et al. Reaction mechanism and metal ion transformation in photocatalytic ozonation of phenol and oxalic acid with Ag^+/TiO_2 [J]. Journal of environmental sciences, 2014, 26 (3): 662-672.

[11] ELGH B, PALMQVIST A E C. Controlling anatase and rutile polymorph selectivity during low-temperature synthesis of mesoporous TiO_2 films [J]. Journal of materials chemistry A, 2014, 2 (9): 3024-3030.

[12] FAKHOURI H, PULPYTEL J, Smith W, et al. Control of the visible and UV light water splitting and photocatalysis of nitrogen doped TiO_2 thin films deposited by reactive magnetron sputtering [J]. Applied catalysis B: environmental, 2014 (144): 12-21.

[13] PHILLIPS K R, JENSEN S C, BARON M, et al. Sequential photo - oxidation of methanol to methyl formate on TiO_2 (110) [J]. Journal of the American chemical society, 2013, 135 (2): 574 - 577.

[14] PAN L, WANG S, ZOU J J, et al. Ti^{3+} - defected and V - doped TiO_2 quantum dots loaded on MCM - 41 [J]. Chemical communications, 2014, 50 (8): 988 - 990.

[15] PAN L, ZOU J J, WANG S, et al. Quantum dot self - decorated TiO_2 nanosheets [J]. Chemical communications, 2013, 49 (59): 6593 - 6595.

[16] ZHAO Z, TAN H, ZHAO H, et al. Reduced TiO_2 rutile nanorods with well - defined facets and their visible - light photocatalytic activity [J]. Chemical communications, 2014, 50 (21): 2755 - 2757.

[17] ALI G, KIM H J, KIM J J, et al. Controlled fabrication of porous double - walled TiO_2 nanotubes via ultraviolet - assisted anodization [J]. Nanoscale, 2014, 6 (7): 3632 - 3637.

[18] XING Z, ASIRI A M, OBAID A Y, et al. Carbon nanofiber - templated mesoporous TiO_2 nanotubes as a high - capacity anode material for lithium - ion batteries [J]. RSC advances, 2014, 4 (18): 9061 - 9063.

[19] WU H B, HNG H H, LOU X W. Direct synthesis of anatase TiO_2 nanowires with enhanced photocatalytic activity [J]. Advanced Materials, 2012, 24 (19): 2567 - 2571.

[20] ZHAO Z, TAN H, ZHAO H, et al. Orientated anatase TiO_2 nanocrystal array thin films for self - cleaning coating [J]. Chemical communications, 2013, 49 (79): 8958 - 8960.

[21] JOO J B, LEE I, DAHL M, et al. Controllable synthesis of mesoporous TiO_2 hollow shells: toward an efficient photocatalyst [J]. Advanced functional materials, 2013, 23 (34): 4246 - 4254.

[22] MOON G D, JOO J B, DAHL M, et al. Nitridation and layered assembly of hollow TiO_2 shells for electrochemical energy storage [J]. Advanced functional materials, 2014, 24 (6): 848 - 856.

[23] YUAN R, ZHOU B, HUA D, et al. Enhanced photocatalytic degradation of humic acids using Al and Fe co - doped TiO_2 nanotubes under UV/ozonation for drinking water purification [J]. Journal of hazardous materials, 2013 (262): 527 - 538.

[24] SHOJAIE A, FATTAHI M, JORFI S, et al. Hydrothermal synthesis of Fe - TiO_2 - Ag nano - sphere for photocatalytic degradation of 4 - chlorophenol (4 - CP): investigating the effect of hydrothermal temperature and time as well as calcination temperature [J]. Journal of environmental chemical engineering, 2017, 5 (5): 4564 - 4572.

[25] VILLASEÑOR J, REYES P, PECCHI G. Catalytic and photocatalytic ozonation of phenol on MnO_2 supported catalysts [J]. Catalysis today, 2002, 76 (2 - 4): 121 - 131.

[26] FÓNAGY O, SZABÓ - BÁRDOS E, HORVÁTH O, et al. Application of ozonation and silveration for heterogeneous photocatalytic degradation of an aromatic surfactant [J]. Journal of photochemistry and photobiology A: chemistry, 2018 (366): 152 - 161.

[27] LING Y, LIAO G, XIE Y, et al. Coupling photocatalysis with ozonation for enhanced degradation of Atenolol by Ag - TiO_2 micro - tube [J]. Journal of photochemistry and photobiology A: chemistry, 2016 (329): 280 - 286.

[28] YANG T, PENG J, ZHENG Y, et al. Enhanced photocatalytic ozonation degradation of organic pollutants by ZnO modified TiO_2 nanocomposites [J]. Applied catalysis B: environmental, 2018 (221): 223 - 234.

[29] GOMES J, LOPES A, BEDNARCZYK K, et al. Environmental preservation of emerging parabens con-

tamination: effect of Ag and Pt loading over the catalytic efficiency of TiO_2 during photocatalytic ozonation [J]. Energy procedia, 2017 (136): 270 – 276.

[30] QUIИONES D H, REY A, ALVAREZ P M, et al. Boron doped TiO_2 catalysts for photocatalytic ozonation of aqueous mixtures of common pesticides: diuron, o – phenylphenol, MCPA and terbuthylazine [J]. Applied catalysis B: environmental, 2015 (178): 74 – 81.

[31] SOLÍS R R, RIVAS F J, MARTÍNEZ – PIERNAS A, et al. Ozonation, photocatalysis and photocatalytic ozonation of diuron. intermediates identification [J]. Chemical engineering journal, 2016 (292): 72 – 81.

[32] WANG W, YU J, XIANG Q, et al. Enhanced photocatalytic activity of hierarchical macro/mesoporous TiO_2 – graphene composites for photodegradation of acetone in air [J]. Applied catalysis B: environmental, 2012 (119): 109 – 116.

[33] ZHAO D, SHENG G, CHEN C, et al. Enhanced photocatalytic degradation of methylene blue under visible irradiation on graphene@ TiO_2 dyade structure [J]. Applied catalysis B: environmental, 2012 (111): 303 – 308.

[34] ULLAH K, ZHU L, MENG Z D, et al. A facile and fast synthesis of novel composite Pt – graphene/ TiO_2 with enhanced photocatalytic activity under UV/Visible light [J]. Chemical engineering journal, 2013 (231): 76 – 83.

[35] WANG J, WANG P, CAO Y, et al. A high efficient photocatalyst Ag_3VO_4/TiO_2/graphene nanocomposite with wide spectral response [J]. Applied catalysis B: environmental, 2013 (136): 94 – 102.

[36] BELTRÁN F J, CHECA M. Comparison of graphene oxide titania catalysts for their use in photocatalytic ozonation of water contaminants: application to oxalic acid removal [J]. Chemical engineering journal, 2020 (385): 123922.

[37] TANAKA K, ABE K, HISANAGA T. Photocatalytic water treatment on immobilized TiO_2 combined with ozonation [J]. Journal of photochemistry and photobiology A: chemistry, 1996, 101 (1): 85 – 87.

[38] MEHRJOUEI M, MÜLLER S, MÖLLER D. Degradation of oxalic acid in a photocatalytic ozonation system by means of pilkington active glass [J]. Journal of photochemistry and photobiology A: chemistry, 2011, 217 (2 – 3): 417 – 424.

[39] LI L, ZHU W, CHEN L, et al. Photocatalytic ozonation of dibutyl phthalate over TiO_2 film [J]. Journal of Photochemistry and photobiology A: chemistry, 2005, 175 (2 – 3): 172 – 177.

[40] SIMON G, GYULAVÁRI T, HERNÁDI K, et al. Photocatalytic ozonation of monuron over suspended and immobilized TiO_2 – study of transformation, mineralization and economic feasibility [J]. Journal of photochemistry and photobiology A: chemistry, 2018 (356): 512 – 520.

[41] VALÉRIO A, WANG J, TONG S, et al. Synergetic effect of photocatalysis and ozonation for enhanced tetracycline degradation using highly macroporous photocatalytic supports [J]. Chemical engineering and processing – process intensification, 2020 (16): 107838.

[42] MOREIRA N F F, SOUSA J M, MACEDO G, et al. Photocatalytic ozonation of urban wastewater and surface water using immobilized TiO_2 with LEDs: micropollutants, antibiotic resistance genes and estrogenic activity [J]. Water research, 2016 (94): 10 – 22.

[43] HUR J S, OH S O, LIM K M, et al. Novel effects of TiO_2 photocatalytic ozonation on control of postharvest fungal spoilage of kiwifruit [J]. Postharvest biology and technology, 2005, 35 (1): 109 – 113.

[44] FATHINIA M, KHATAEE A, ABER S, et al. Development of kinetic models for photocatalytic ozonation of phenazopyridine on TiO_2 nanoparticles thin film in a mixed semi - batch photoreactor [J]. Applied catalysis B: environmental, 2016, 184: 270 - 284.

[45] PIERA E, CALPE J C, BRILLAS E, et al. 2, 4 - Dichlorophenoxyacetic acid degradation by catalyzed ozonation: TiO_2/UVA/O_3 and Fe (II) /UVA/O_3 systems [J]. Applied catalysis B: environmental, 2000, 27 (3): 169 - 177.

[46] RODRÍGUEZ E M, FERNÁEDEZ G, ALVAREZ P M, et al. TiO_2 and Fe (Ⅲ) photocatalytic ozonation processes of a mixture of emergent contaminants of water [J]. Water research, 2012, 46 (1): 152 - 166.

[47] XIE Y, CHEN Y Y, YANG J, et al. Distinct synergetic effects in the ozone enhanced photocatalytic degradation of phenol and oxalic acid with Fe^{3+}/TiO_2 catalyst [J]. Chinese journal of chemical engineering, 2018, 26 (7): 1528 - 1535.

[48] MAHMOODI N M. Photocatalytic ozonation of dyes using copper ferrite nanoparticle prepared by co - precipitation method [J]. Desalination, 2011, 279 (1 - 3): 332 - 337.

[49] MAHMOODI N M. Photocatalytic ozonation of dyes using multiwalled carbon nanotube [J]. Journal of molecular catalysis A: chemical, 2013 (366): 254 - 260.

[50] MAHMOODI N M, BASHIRI M, Moeen S J. Synthesis of nickel - zinc ferrite magnetic nanoparticle and dye degradation using photocatalytic ozonation [J]. Materials research bulletin, 2012, 47 (12): 4403 - 4408.

[51] LU J, SUN J, CHEN X, et al. Efficient mineralization of aqueous antibiotics by simultaneous catalytic ozonation and photocatalysis using $MgMnO_3$ as a bifunctional catalyst [J]. Chemical engineering journal, 2019 (358): 48 - 57.

[52] XIE Y, YANG J, CHEN Y, et al. Promising application of SiC without co - catalyst in photocatalysis and ozone integrated process for aqueous organics degradation [J]. Catalysis today, 2018 (315): 223 - 229.

[53] YU D Y, LI L B, WU M, et al. Enhanced photocatalytic ozonation of organic pollutants using an iron-based metal-organic framework [J]. Applied catalysis B: environmental, 2019 (251): 66 - 75.

[54] LIAO X Y, WANG F, WANG Y Z, et al. Constructing Fe-based Bi-MOFs for photo-catalytic ozonation of organic pollutants in Fischer-Tropsch waste water [J]. Applied Surface Science, 2020 (509): 89 - 93.

[55] WU D, LI X K, TANG Y M, et al. Mechanism insight of PFOA degradation by ZnO assisted - photocatalytic ozonation: efficiency and intermediates [J]. Chemosphere, 2017 (180): 247 - 252.

[56] FUENTES I, RODRIGUEZ J L, TIZNADO H, et al. Terephthalic acid decomposition by photocatalytic ozonation with V_xO_y/ZnO under different UV - A LEDs distributions [J]. Chemical engineering communications, 2020, 207 (2): 263 - 277.

[57] PANDIAN L, RAJASEKARAN R, GOVINDAN P. Synthesis, characterization and application of Cu doped ZnO nanocatalyst for photocatalytic ozonation of textile dye and study of its reusability [J]. Materials research express, 2018, 5 (11): 124 - 130.

[58] FERNANDES E, MARTINS R C, GOMES J. Photocatalytic ozonation of parabens mixture using 10% N - TiO_2 and the effect of water matrix [J]. Science of the total environment, 2020 (718): 137321.

[59] BULANIN K M, LAVALLEY J C, TSYGANENKO A A. Infrared study of ozone adsorption on TiO_2 (anatase) [J]. The journal of physical chemistry, 1995, 99 (25): 10294 - 10298.

[60] WANG S, SHIRAISHI F, NAKANO K. A synergistic effect of photocatalysis and ozonation on decomposition of formic acid in an aqueous solution [J]. Chemical engineering journal, 2002, 87 (2): 261 - 271.

[61] REY A, QUINONES D H, ÁLVAREZ P M, et al. Simulated solar - light assisted photocatalytic ozonation of metoprolol over titania - coated magnetic activated carbon [J]. Applied catalysis B: environmental, 2012 (111): 246 - 253.

[62] QUIИONES D H, REY A, ÁLVAREZ P M, et al. Enhanced activity and reusability of TiO_2 loaded magnetic activated carbon for solar photocatalytic ozonation [J]. Applied catalysis B: environmental, 2014 (144): 96 - 106.

[63] LI L, ZHU W, ZHANG P, et al. Photocatalytic oxidation and ozonation of catechol over carbon - black - modified nano - TiO_2 thin films supported on Al sheet [J]. Water research, 2003, 37 (15): 3646 - 3651.

[64] AGUINACO A, BELTRÁN F J, GARCÍA - ARAYA J F, et al. Photocatalytic ozonation to remove the pharmaceutical diclofenac from water: influence of variables [J]. Chemical engineering journal, 2012 (189): 275 - 282.

[65] MANO T, NISHIMOTO S, KAMESHIMA Y, et al. Investigation of photocatalytic ozonation treatment of water over WO_3 under visible light irradiation [J]. Journal of the ceramic society of japan, 2011, 119 (1395): 822 - 827.

[66] ILISZ I, BOKROS A, DOMBI A. TiO_2 - based heterogeneous photocatalytic water treatment combined with ozonation [J]. Ozone: science and engineering, 2004, 26 (6): 585 - 594.

[67] HAQUE M M, MUNEER M. Photodegradation of norfloxacin in aqueous suspensions of titanium dioxide [J]. Journal of hazardous materials, 2007, 145 (1 - 2): 51 - 57.

[68] ZHANG L, GONG F, ZHAO Q, et al. Impact of zeta potential and particle size on TiO_2 nanoparticles' coagulation [J]. International journal of civil engineering and structures, 2012, 1 (1): 93.

[69] QAMAR M, MUNEER M, BAHNEMANN D. Heterogeneous photocatalysed degradation of two selected pesticide derivatives, triclopyr and daminozid in aqueous suspensions of titanium dioxide [J]. Journal of environmental management, 2006, 80 (2): 99 - 106.

[70] KOSMULSKI M. pH - dependent surface charging and points of zero charge Ⅲ. Update [J]. Journal of colloid and interface science, 2006, 298 (2): 730 - 741.

[71] BHATKHANDE D S, PANGARKAR V G, BEENACKERS A A C M. Photocatalytic degradation for environmental applications - a review [J]. Journal of chemical technology & biotechnology: international research in process, environmental & clean technology, 2002, 77 (1): 102 - 116.

[72] TUNESI S, ANDERSON M. Influence of chemisorption on the photodecomposition of salicylic acid and related compounds using suspended titania ceramic membranes [J]. The journal of physical chemistry, 1991, 95 (8): 3399 - 3405.

[73] OYAMA S T. Chemical and catalytic properties of ozone [J]. Catalysis reviews, 2000, 42 (3): 279 - 322.

[74] NAWROCKI J, KASPRZYK - HORDERN B. The efficiency and mechanisms of catalytic ozonation [J]. Applied catalysis B: environmental, 2010, 99 (1 - 2): 27 - 42.

[75] MENA E, REY A, ACEDO B, et al. On ozone – photocatalysis synergism in black – light induced reactions: oxidizing species production in photocatalytic ozonation versus heterogeneous photocatalysis [J]. Chemical engineering journal, 2012 (204): 131 – 140.

[76] TOEPFER B, GORA A, PUMA G L. Photocatalytic oxidation of multicomponent solutions of herbicides: Reaction kinetics analysis with explicit photon absorption effects [J] . Applied catalysis B: environmental, 2006, 68 (3 – 4): 171 – 180.

[77] GAYA U I, ABDULLAH A H. Heterogeneous photocatalytic degradation of organic contaminants over titanium dioxide: a review of fundamentals, progress and problems [J] . Journal of photochemistry and photobiology C: photochemistry reviews, 2008, 9 (1): 1 – 12.

[78] MEHRJOUEI M, MÜLLER S, MÖLLER D. Catalytic and photocatalytic ozonation of tert-butyl alcohol in water by means of falling film reactor: kinetic and cost-effectiveness study [J]. Chemical Engineering Journal, 2014 (248): 184 – 190.

[79] BELTRÁN F J, AGUINACO A, GARCÍA – ARAYA J F. Mechanism and kinetics of sulfamethoxazole photocatalytic ozonation in water [J] . Water research, 2009, 43 (5): 1359 – 1369.

[80] WANG J, ZHANG Y, LI K, et al. Enhanced mineralization of reactive brilliant red X-3B by UV driven photocatalytic membrane contact ozonation [J]. Journal of hazardous materials, 2020 (391): 122194 – 122194.

[81] PENG J M, LU T, MING H B, et al. Enhanced photocatalytic ozonation of phenol by Ag/ZnO nanocomposites [J]. Catalysts, 2019, 9 (12): 194 – 203.

[82] YIN J, LIAO G, ZHOU J, et al. High performance of magnetic $BiFeO_3$ nanoparticle-mediated photocatalytic ozonation for wastewater decontamination [J]. Separation and purification technology, 2016 (168): 134 – 140.

[83] ANA M, RAFAEL R, FERNANDO S , et al. Magnetic graphene TiO_2-based photocatalyst for the removal of pollutants of emerging concern in water by simulated sunlight aided photocatalytic ozonation [J]. Applied catalysis B: environmental , 2020 (262): 118275.

[84] XIAO J D, XIE Y B, CAO H B. Organic pollutants removal in wastewater by heterogeneous photocatalytic ozonation [J] . Chemosphere, 2015 (121): 1 – 17.

[85] FERNANDES A, MAKO P, WANG Z, et al. Synergistic effect of TiO_2 photocatalytic advanced oxidation processes in the treatment of refinery effluents [J] . Chemical engineering journal, 2016 (23): 21733 – 21740.

[86] LIEBIG J V, About some nitrogen compounds [J] . Ann. pharm, 1834 (10): 10.

[87] FRANKLIN, EDWARD C. The ammono carbonic acids [J] . Journal of the american chemical society, 1922, 44 (3): 486 – 509.

[88] TETER D M, HEMLEY R J. Low – compressibility carbon nitrides [J] . Science, 1996, 271 (5245): 53 – 55.

[89] PAULING L, STURDIVANT J H. The structure of cyameluric acid, hydromelonic acid and related substances [J] . Proceedings of the national academy of sciences of the united states of america, 1937, 23 (12): 615 – 20.

[90] REDEMANN C E, LUCAS H J. Some derivatives of cyameluric acid and probable structures of melam, melem and melon [J] . Journal of the american chemical society, 1940, 62 (4): 842 – 846.

[91] WANG X C, MAEDA K, THOMAS A, et al. A metal – free polymeric photocatalyst for hydrogen production from water under visible light [J]. Nature materials, 2009, 8 (1): 76 – 80.

[92] THOMAS A, FISCHER A, GOETTMANN F, et al. Graphitic carbon nitride materials: variation of structure and morphology and their use as metal – free catalysts [J]. Journal of materials chemistry, 2008, 18 (41): 4893 – 4908.

[93] WANG Y, WANG X C, ANTONIETTI M. Polymeric graphitic carbon nitride as a heterogeneous organocatalyst: from photochemistry to multipurpose catalysis to sustainable chemistry [J]. Angewandte chemie – international edition, 2012, 51 (1): 68 – 89.

[94] ONG W J, TAN L L, NG Y H, et al. Graphitic carbon nitride ($g-C_3N_4$) – based photocatalysts for artificial photosynthesis and environmental remediation: are we a step closer to achieving sustainability? [J]. Chemical reviews, 2016, 116 (12): 7159 – 7329.

[95] YANG X F, TIAN L, ZHAO X L, et al. Interfacial optimization of $g-C_3N_4$ – based Z – scheme heterojunction toward synergistic enhancement of solar – driven photocatalytic oxygen evolution [J]. Applied catalysis B – environmental, 2019 (244): 240 – 249.

[96] GAO G P, JIAO Y, WACLAWIK E R, et al. Single atom (Pd/Pt) supported on graphitic carbon nitride as an efficient photocatalyst for visible – light reduction of carbon dioxide [J]. Journal of the american chemical society, 2016, 138 (19): 6292 – 6297.

[97] LIAO G Z, ZHU D Y, LI L S, et al. Enhanced photocatalytic ozonation of organics by $g-C_3N_4$ under visible light irradiation [J]. Journal of hazardous materials, 2014 (280): 531 – 535.

[98] XIAO J D, XIE Y B, CAO H B, et al. Towards effective design of active nanocarbon materials for integrating visible – light photocatalysis with ozonation [J]. Carbon, 2016 (107): 658 – 666.

[99] XIAO J D, XIE Y B, NAWAZ F, et al. Super synergy between photocatalysis and ozonation using bulk $g-C_3N_4$ as catalyst: A potential sunlight/O – 3/$g-C_3N_4$ method for efficient water decontamination [J]. Applied catalysis B: environmental, 2016 (181): 420 – 428.

[100] XIAO J D, XIE Y B, NAWAZ F, et al. Dramatic coupling of visible light with ozone on honeycomb – like porous $g-C_3N_4$ towards superior oxidation of water pollutants [J]. Applied catalysis B: environmental, 2016 (183): 417 – 425.

[101] XIAO J D, HANG Q Z, CAO H B, et al. Number of reactive charge carriers: a hidden linker between band structure and catalytic performance in photocatalysts [J]. Acs catalysis, 2019, 9 (10): 8852 – 8861.

[102] XIAO J D, RABEAH J, YANG J, et al. Fast electron transfer and (OH) – O – center dot formation: key features for high activity in visible-light-driven ozonation with C_3N_4 catalysts [J]. Acs catalysis, 2017, 7 (9): 6198 – 6206.

[103] XIAO J D, HAN Q Z, XIE Y B, et al. Is C_3N_4 chemically stable toward reactive oxygen species in sunlight – driven water treatment? [J]. Environmental science & technology, 2017, 51 (22): 13380 – 13387.

[104] YIN J, LIAO G Z, ZHU D Y, et al. Photocatalytic ozonation of oxalic acid by $g-C_3N_4$/graphene composites under simulated solar irradiation [J]. Journal of photochemistry and photobiology A – chemistry, 2016 (315): 138 – 144.

[105] LING Y, LIAO G Z, XU P, et al. Fast mineralization of acetaminophen by highly dispersed Ag – g –

C_3N_4 hybrid assisted photocatalytic ozonation [J]. Separation and purification technology, 2019 (216): 1 -8.

[106] LING Y, LIAO G Z, FENG W H, et al. Excellent performance of ordered Ag - g - C_3N_4/SBA - 15 for photocatalytic ozonation of oxalic acid under simulated solar light irradiation [J] . Journal of photochemistry and photobiology A: chemistry, 2017 (349): 108 - 114.

[107] MENA E, REY A, CONTRERAS S, et al. Visible light photocatalytic ozonation of DEET in the presence of different forms of WO_3 [J] . Catalysis today, 2015 (252): 100 - 106.

[108] LI X, YU J G, JARONIEC M. Hierarchical photocatalysts [J] . Chemical society reviews, 2016, 45 (9): 2603 -2636.

[109] SHENG H, JI H W, MA W H, et al. Direct four - electron reduction of O - 2 to H_2O on TiO_2 surfaces by pendant proton relay [J] . Angewandte chemie - international edition, 2013, 52 (37): 9686 -9690.

[110] NISHIMOTO S, MANO T, KAMESHIMA Y, et al. Photocatalytic water treatment over WO_3 under visible light irradiation combined with ozonation [J] . Chemical physics letters, 2010, 500 (1 - 3): 86 -89.

[111] MANO T, NISHIMOTO S, KAMESHIMA Y, et al. Investigation of photocatalytic ozonation treatment of water over WO_3 under visible light irradiation [J] . Journal of the ceramic society of japan, 2011, 119 (1395): 822 -827.

[112] REY A, MENA E, CHAVEZ A M, et al. Influence of structural properties on the activity of WO_3 catalysts for visible light photocatalytic ozonation [J] . Chemical engineering science, 2015 (126): 80 -90.

[113] MENA E, REY A, RODRIGUEZ E M, et al. Reaction mechanism and kinetics of DEET visible light assisted photocatalytic ozonation with WO_3 catalyst [J] . Applied catalysis B: environmental, 2017 (202): 460 -472.

[114] YANG J, XIAO J D, CAO H B, et al. The role of ozone and influence of band structure in WO_3 photocatalysis and ozone integrated process for pharmaceutical wastewater treatment [J] . Journal of hazardous materials, 2018 (360): 481 -489.

[115] NAYAK R, SURYANARAYANA A, RAO S B. Synthesis, characterisation and testing of bismuth vanadate - An eco - friendly yellow pigment [J] . Journal of scientific & industrial research, 2000, 59 (10): 833 -837.

[116] KUDO A, UEDA K, KATO H, et al. Photocatalytic O_2^- evolution under visible light irradiation on $BiVO_4$ in aqueous $AgNO_3$ solution [J] . Catalysis letters, 1998, 53 (3 -4): 229 -230.

[117] LI R G, ZHANG F X, WANG D G, et al. Spatial separation of photogenerated electrons and holes among {010} and {110} crystal facets of $BiVO_4$ [J] . Nature communications, 2013 (112): 4.

[118] DENG Y C, TANG L, ZENG G M, et al. Facile fabrication of mediator、free Z-scheme photocatalyst of phosphorous - doped ultrathin graphitic carbon nitride nanosheets and bismuth vanadate composites with enhanced tetracycline degradation under visible light [J] . Journal of colloid and interface science, 2018 (509): 219 -234.

[119] LE S K, LI W J, WANG X J, et al. Carbon dots sensitized 2D - 2D heterojunction of $BiVO_4$/Bi_3TaO_7 for visible light photocatalytic removal towards the broad - spectrum antibiotics [J] . Journal

of hazardous materials, 2019 (376): 1 - 11.

[120] REGMI C, KSHETRI Y K, PANDEY R P, et al. Understanding the multifunctionality in Cu - doped $BiVO_4$ semiconductor photocatalyst [J] . Journal of environmental sciences, 2019 (75): 84 - 97.

[121] YANG J, LIU X L, CAO H B, et al. Dendritic $BiVO_4$ decorated with MnO_x co - catalyst as an efficient hierarchical catalyst for photocatalytic ozonation [J] . Frontiers of chemical science and engineering, 2019, 13 (1): 185 - 191.

[122] LIU X L, GUO Z, ZHOU L B, et al. Hierarchical biomimetic $BiVO_4$ for the treatment of pharmaceutical wastewater in visible - light photocatalytic ozonation [J]. Chemosphere, 2019 (222): 38 - 45.

[123] DEEBASREE J P, MAHESKUMAR V, VIDHYA B. Investigation of the visible light photocatalytic activity of $BiVO_4$ prepared by sol gel method assisted by ultrasonication [J] . Ultrasonics sonochemistry, 2018 (45): 123 - 132.

[124] LI J L, GUAN W S, YAN X, et al. Photocatalytic ozonation of 2, 4 - Dichlorophenoxyacetic acid using $LaFeO_3$ photocatalyst under visible light irradiation [J]. Catalysis letters, 2018, 148 (1): 23 - 29.

[125] MENA E, REY A, RODRIGUEZ E M, et al. Nanostructured CeO_2 as catalysts for different AOPs based in the application of ozone and simulated solar radiation [J] . Catalysis today, 2017 (280): 74 - 79.

[126] PAN Z H, CAI Q H, LUO Q, et al. Photocatalytic ozonation of oxalic acid over Cu (Ⅱ) - grafted TiO_2 under visible light irradiation [J] . Synthesis and reactivity in inorganic metal - organic and nano - metal chemistry, 2015, 45 (3): 447 - 450.

[127] MADDILA S, RANA S, PAGADALA R, et al. Photocatalyzed ozonation: effective degradation and mineralization of pesticide, chlorothalonil [J] . Desalination and water treatment, 2016, 57 (31): 14506 - 14517.

[128] CHECA M, FIGUEREDO M, AGUINACO A, et al. Graphene oxide/titania photocatalytic ozonation of primidone in a visible LED photoreactor [J]. Journal of hazardous materials, 2019 (369): 70 - 78.

[129] ANANDAN S, LEE G J, CHEN P K, et al. Removal of orange Ⅱ dye in water by visible light assisted photocatalytic ozonation using Bi_2O_3 and Au/Bi_2O_3 nanorods [J] . Industrial & engineering chemistry research, 2010, 49 (20): 9729 - 9737.

[130] ORGE C A, SOARES O S G P, RAMALHO P S F, et al. Magnetic nanoparticles for photocatalytic ozonation of organic pollutants [J]. Catalysts, 2019, 9 (9): 128 - 143.

[131] MECHA A C, ONYANGO M S, OCHIENG A, et al. Evaluation of synergy and bacterial regrowth in photocatalytic ozonation disinfection of municipal wastewater [J] . Science of the total environment, 2017 (601): 626 - 635.

[132] MECHA A C, ONYANGO M S, OCHIENG A, et al. Synergistic effect of UV - vis and solar photocatalytic ozonation on the degradation of phenol in municipal wastewater: a comparative study [J] . Journal of catalysis, 2016 (341): 116 - 125.

[133] DE MORAES S G, FREIRE R S, DURAN N. Degradation and toxicity reduction of textile effluent by combined photocatalytic and ozonation processes [J] . Chemosphere, 2000, 40 (4): 369 - 373.

[134] 刘鲁建，梅明，董俊．UV/O_3工艺深度降解印染废水的研究［J］．化学与生物工程，2010，27 (7): 81 - 83.

[135] 张萌，柳建设．UV/O_3处理丁基黄药废水［J］．水处理技术，2011，37 (5): 89 - 91.

[136] 段海霞，刘炯天，郎咸明，等．催化协同臭氧氧化滴状黄药废水的研究 [J]．金属矿山，2009 (7)：136－138.

[137] GIMENO O，RIVAS F J，BELTRAN F J，et al. Photocatalytic ozonation of winery wastewaters [J]. Journal of agricultural and food chemistry，2007，55 (24)：9944－9950.

[138] 康春莉，唐晓剑，郭平，等．UV/O_3法降解乙酸的影响因素 [J]．吉林大学学报（理学版），2008 (1)：162－165.

第四章　其他耦合强化臭氧氧化原理与技术应用

电化学氧化技术对有机废水具有良好的处理效果，在外加电场的作用下，水中难降解有机污染物在阳极电极附近被氧化降解。在电化学氧化体系中加入臭氧，它在阴极电极表面很容易得到电子并转化为羟基自由基，从而对阴极附近的有机污染物进行氧化降解。另外，臭氧在阴极电极表面的还原过程有助于提高电子传递效率，降低电化学处理技术的能耗。因此，电化学氧化和臭氧氧化耦合可形成优势互补，进一步提高对水中有机污染物的降解效率。膜过滤技术在水处理领域应用广泛，近年来，研究者发现膜的微孔作为臭氧的曝气装置可形成均匀细小的气泡，有助于提高臭氧的溶解效率。另外，膜孔道可作为臭氧氧化反应的微反应器，使臭氧传质效率和反应效率得到显著提高。膜与臭氧耦合技术集吸附、氧化、过滤于一体，具有广阔的应用前景。H_2O_2、过硫酸盐属于化学氧化剂，自身具有较强的氧化能力，当它们与臭氧耦合使用时，可相互促进产生强氧化性的自由基类物质，获得良好的协同处理效果。本章分别阐述电化学、膜过滤、H_2O_2、过硫酸盐与臭氧耦合应用技术，介绍它们对臭氧氧化过程的强化作用及原理。

第一节　电化学耦合强化臭氧氧化技术

在之前章节已介绍，由于臭氧在水中的溶解度较低，并且对有机污染物降解具有选择性，这些缺点限制了臭氧氧化技术的广泛应用。而羟基自由基的氧化性强且对有机污染物降解无选择性，因此，寻找合适的方式强化臭氧向活性氧自由基的快速转变是水处理领域的研究热点。其中，电化学方法是一种有效的臭氧强化技术。

电化学技术本身被广泛应用于水处理过程，主要依靠阳极和阴极的氧化还原过程对水体中有机污染物进行处理[1-2]。在电化学水处理过程中，大多以阳极氧化为主。具体过程为：在外加电场作用下，水体中有机污染物在阳极附近通过直接电化学氧化和间接化学氧化两种方式去除。直接电化学氧化是指通过电子传递对吸附在阳极表面的有机物直接氧化；间接化学氧化是指通过阳极电极材料与水分子作用，将水分子转化为活性氧自由基（羟基自由基、超氧自由基等），从而对有机污染物实现降解。通常在电化学水处理过程中，直接电化学氧化和间接化学氧化同时发生，并不单独存在[3-5]。虽然电化学水处理技术具有工艺简单、易实现自动化操作、处理条件温和等优点，但在实际应用中存在电流效率低、电耗大和活性电极材料成本高等缺点，限制了电化学水处理技术的推广应用。

电化学强化臭氧氧化技术主要借助电化学阴极还原过程。由于臭氧氧化性较强，吸附在阴极电极表面的臭氧很容易得到电子被活化，转化为活性氧自由基，进而提升水处理效率。该技术的优点在于，既提升了臭氧到活性氧自由基的转化速率，又降低了单纯电化学处理技术的能耗。电化学－臭氧耦合是一个复杂的反应过程，目前，公认的反应历程包括臭氧电解过程和电化学－过臭氧化过程。

一、臭氧电解过程

（一）反应机制

顾名思义，臭氧电解过程是指通过臭氧与电子的作用，将臭氧转化为活性氧自由基。研究发现，该过程不仅发生臭氧的电化学还原，而是存在两种不同的自由基生成路径，分别为臭氧电化学还原路径和臭氧水解路径[6]。具体反应式如下：

$$O_3 + e^- \longrightarrow O_3^{\cdot -} \quad (4-1-1)$$

$$O_3^{\cdot -} + H_2O \longrightarrow \cdot OH + O_2 + OH^- \quad (4-1-2)$$

$$O_3 + H_2O + 2e^- \longrightarrow O_2 + 2OH^- \quad (4-1-3)$$

$$O_3 + OH^- \longrightarrow HO_2^- + O_2 \quad (4-1-4)$$

$$HO_2^- + O_3 \longrightarrow O_3^{\cdot -} + HO_2^{\cdot} \quad (4-1-5)$$

$$HO_2^{\cdot} \rightleftharpoons O^{\cdot -} + H^+ \quad (4-1-6)$$

$$O^{\cdot -} + O_3 \longrightarrow O_3^{\cdot -} + O_2 \quad (4-1-7)$$

$$O_3^{\cdot -} + H_2O \longrightarrow \cdot OH + O_2 + OH^- \quad (4-1-8)$$

由反应式（4－1－1）至式（4－1－3）可知，臭氧的电化学还原反应分为一电子反应路径和二电子反应路径。在一电子反应路径中，臭氧接受1个电子转化为$O_3^{\cdot -}$，$O_3^{\cdot -}$与电极附近的H_2O快速反应生成·OH、OH^-和O_2；在二电子反应路径中，臭氧接受2个电子被还原成O_2。Kishimoto等[6]对两种路径的反应电极电势进行对比，发现反应式（4－1－1）和式（4－1－3）的电势分别为1.23 V（vs. NHE）和1.25 V（vs. NHE），二者的电极电势区别不大，说明在臭氧电解过程中一电子反应路径和二电子反应路径同时发生。

无论何种路径，臭氧电化学反应均会形成OH^-，使阴极电极表面附近的局部溶液pH增大。众所周知，在高pH环境下有利于臭氧自分解。因此随着臭氧电化学还原反应的发生，臭氧水解过程也必不可少，并通过反应式（4－1－4）至式（4－1－8），最终转化为·OH。由此可见，在臭氧电解技术中，臭氧电化学还原路径与臭氧水解路径协同增加活性氧自由基的产量。

为进一步了解两种路径对自由基生成的贡献，Kishimoto等[6]建立模型对臭氧氧化过程、仅含臭氧水解路径的臭氧电解过程和完整的臭氧电解过程的参数进行计算。如

图4－1－1所示，在3个反应过程中，阴极扩散层中的 $O_3^{\bullet -}$ 和 · OH 的浓度区别很大（由于臭氧氧化过程不存在阴极扩散层，此时仅与本体溶液对比）。在仅包含臭氧水解路径的臭氧电解过程（路径b）中，阴极扩散层 · OH 浓度是臭氧氧化过程（路径a）的600倍，而完整的臭氧电解过程（路径c）中 · OH 浓度是臭氧氧化过程的 1.6×10^5 倍。从模拟得到的数值来看，臭氧电化学还原产生的 · OH 远远多于其他两种路径。此外，设计上述3种不同的过程降解对氯苯甲酸，发现路径a、路径b和路径c对应的对氯苯甲酸降解速率常数分别为 2.51×10^{-5}、2.68×10^{-5} 和 1.73×10^{-3}，正是由于臭氧电化学还原路径产生大量 · OH，大幅提升有机物降解效率。通过对比，发现臭氧电解过程中臭氧水解路径和臭氧电化学还原路径的贡献分别为0.1%和99.9%。因此，在臭氧电解过程中，臭氧电化学还原反应是生成 · OH 的主要路径。

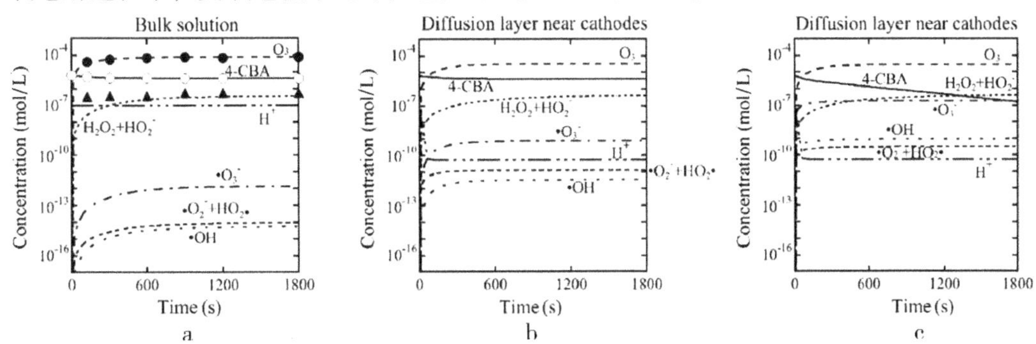

臭氧氧化过程（a）、臭氧电解过程（仅臭氧水解路径）（b）、臭氧电解过程（包含臭氧电化学还原和臭氧水解路径）（c）中各种氧化剂、自由基和4－CBA的模拟浓度对比

图4－1－1　反应过程模型

（二）参数影响

电流强度是臭氧电解过程中的一项重要参数，增加电流强度意味着可提供更多的电子用于臭氧电还原，提升臭氧的转化效率。Kishimoto等[6]发现，当电流密度低于10 A/m² 时，随着电流密度增加，降解对氯苯甲酸的反应速率常数逐渐增大（图4－1－2a），证

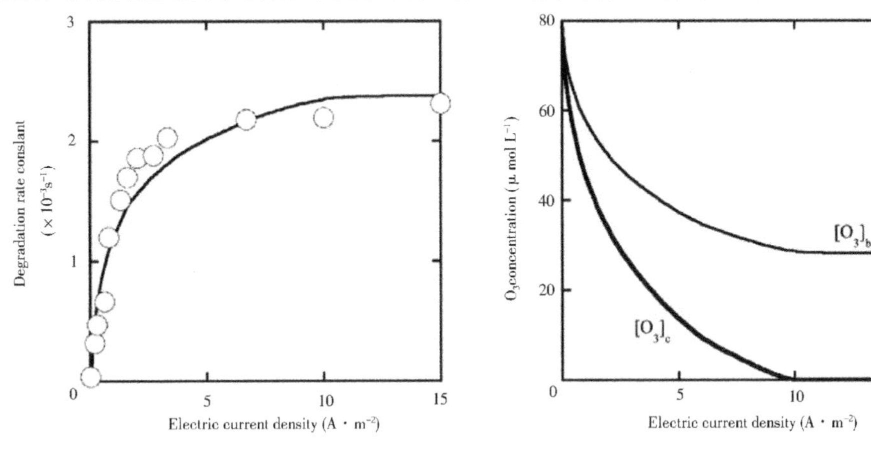

a　4－CBA降解速率常数　　　　b　本体溶液和阴极扩散层溶液中的臭氧浓度

图4－1－2　不同电流密度对4－CBA降解速率常数和臭氧浓度的影响

实了电流对自由基生成的促进作用。但是当电流密度进一步增大（>10 A/m^2），反应速率常数却趋于稳定值。这是因为电化学反应中一般包括两种控制步骤：一种为电化学反应控制；另一种为传质扩散控制。当电流强度增加到临界值时，阴极扩散层溶液中的臭氧被反应完全消耗掉，而此时本体溶液中臭氧向扩散层的扩散速率达到最大。此时继续增加电流强度，由于扩散层溶液中臭氧无法得到及时补充，反应速率达到稳定值。通过测定不同电流密度下本体溶液与阴极扩散层溶液中的臭氧浓度，验证了上述推论。如图4-1-2b所示，随着电流密度增加，溶液中的臭氧浓度明显下降，说明电流增加利于体系中臭氧转化。然而当电流密度值达到10 A/m^{2}时，阴极扩散层溶液中的臭氧浓度变为0，并且随着电流密度的进一步增加，臭氧浓度依然为0，说明在此电流强度下，反应速率控制步骤为臭氧扩散控制。因此在臭氧电解过程中，平衡臭氧扩散速率与电流密度值之间的关系，将有助于高效地处理水体中有机污染物。

（三）技术应用

与电化学处理技术相比，在臭氧电解过程中，臭氧既可直接氧化部分有机污染物，又可以通过电化学过程生成活性氧自由基，因此臭氧电解技术的应用更为普遍。

Kishimoto等[6]采用Ti板作为阳极，不锈钢作为阴极，对比了电解过程、臭氧氧化过程和臭氧电解过程降解对氯苯甲酸（4-CBA）的效率（图4-1-3）。选用4-CBA作为降解底物，主要因为4-CBA难以直接被臭氧降解［二级反应速率常数<0.15 L/（mol·s）］，但易被羟基自由基氧化分解［二级反应速率常数高达5.0×10^9 L/（mol·s）］，因此可将4-CBA作为体系中测定羟基自由基生成量的标定物。实验结果发现，电解过程对4-CBA无任何降解效果，而臭氧氧化过程虽然可在反应初期快速去除少量4-CBA，但随着时间延长，4-CBA并未被继续降解，因此推测在反应初期，有机物降解可能归因于4-CBA在反应器壁上的沉积。对于臭氧电解过程，4-CBA可在30 min内被完全降解，处理效率显著优于电解过程和臭氧氧化过程。

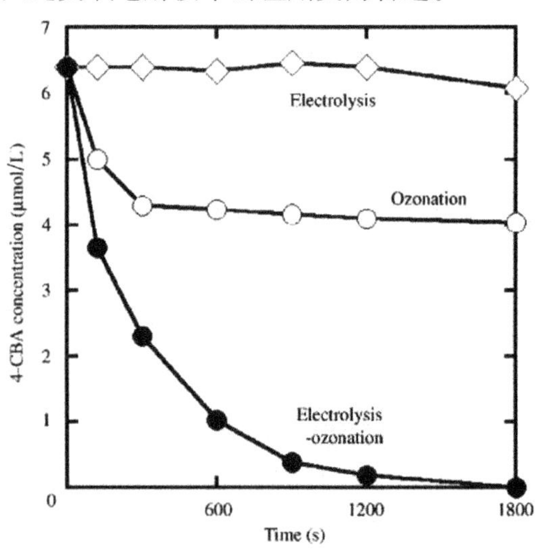

图4-1-3　电解过程、臭氧氧化过程和臭氧电解过程对4-CBA降解效率对比

臭氧电解过程在二噁烷处理中也表现出相应优势。Kishimoto等[7]采用流动电解池装置对电解过程、臭氧氧化过程和臭氧电解过程的处理效率进行对比。反应装置采用Ti/Pt片作为阳极，Ti片作为阴极，流动的阳极室和阴极室用阴离子交换膜隔离。实验结果显示（图4-1-4），电解过程无法去除二噁烷，臭氧氧化过程也只能降解少量二噁烷，而臭氧电解过程可显著提升二噁烷的降解速度。在相同电流、臭氧浓度和反应时间条件下，臭氧电解过程表现出最高的降解效率，分别比电解过程和臭氧氧化过程高52%和44%，提升效果显著。此外，在处理垃圾渗滤液时发现（表4-1-1），常规反渗透方法无法有效去除溶液中的二噁烷，而采用臭氧电解技术处理反渗透溶液时，可将二噁烷完全降解。另外，在碱性溶液中氨离子会转化为氨分子，导致反渗透过程对氨氮的截留率下降；而采用臭氧电解过程，可对氨氮进行化学硝化，通过·OH和O_3的氧化作用将氨氮转化成硝酸根。因此，臭氧电解过程也是一种有效降低废水中氨氮浓度的潜在手段。

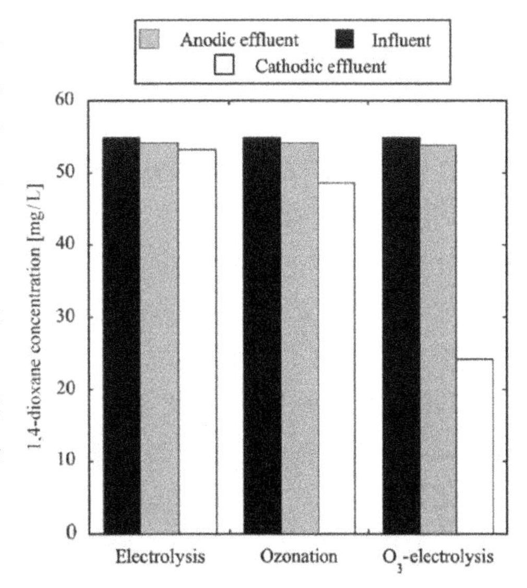

图4-1-4 电解过程、臭氧氧化过程和臭氧电解过程的二噁烷处理效率对比

表4-1-1 采用不同技术处理垃圾渗滤液后出水水质对比

Sample	Leachate	Electrodialysis	Reverse osmosis	Ozone - electrolysis
pH	7.80	7.50	8.80	7.10
EC（mS/cm）	7.80	3.30	0.06	0.08
Na（mM）	52.30	33.30	0.30	0.30
Ammonia - N（mM）	10.70	5.90	0.20	0.10
K（mM）	6.80	2.80	0.03	0.03
Mg（mM）	2.80	1.50	0	0
Ca（mM）	2.80	0.46	0.05	0.05
F（mM）	0.14	0.07	0	0
Cl（mM）	80.80	23.8	0.04	0.04
Br（mM）	0.62	0.15	0	0
NO_3（mM）	0	0	0	0.10
SO_4（mM）	0.64	0.64	0	0
B（mM）	2.28	2.28	0.50	0.50
COD（mg/L）	363	300	3	2
1，4 - Dioxane（mg/L）	—	1.06	1.04	0

二、电化学－过臭氧化过程

在臭氧电解过程中，无论是臭氧电化学还原路径还是臭氧水解路径，自由基的生成都集中在阴极电极表面附近，导致这种高级氧化技术降解有机污染物时主要集中于电极周围，而本体溶液中多数臭氧来不及作用就被排出，因此，该过程在实际应用中存在处理效率低、能耗大的问题。在臭氧和电化学结合过程中，如何使自由基降解反应扩充到本体溶液，即在本体溶液中生成高活性的自由基，将显著提升该技术的水处理效率。

1982 年 Staehelin 等[8]提出过臭氧化反应，即臭氧与过氧化氢反应生成高活性的·OH。而在电化学催化中，氧气也可通过阴极电化学还原转化为过氧化氢。因此，如果将两种过程结合，将显著提升臭氧电解过程的处理效率。2013 年，Yuan 等[9]首次提出电化学－过臭氧化过程，即利用炭黑电极材料取代之前的金属阴极，使溶液中的溶解氧在阴极还原为过氧化氢，进而与臭氧反应生成·OH。由于该过程中·OH 的产量会大幅增加，因此与臭氧电解过程及臭氧氧化过程相比优势明显。例如，对比相同条件下草酸在不同过程的降解效果，电化学－过臭氧化过程、臭氧电解过程和臭氧氧化过程的草酸降解效率依次为 49.1%、27.2% 和 15.8%（图 4－1－5），电化学－过臭氧化过程的处理效率显著高于其他两种过程。

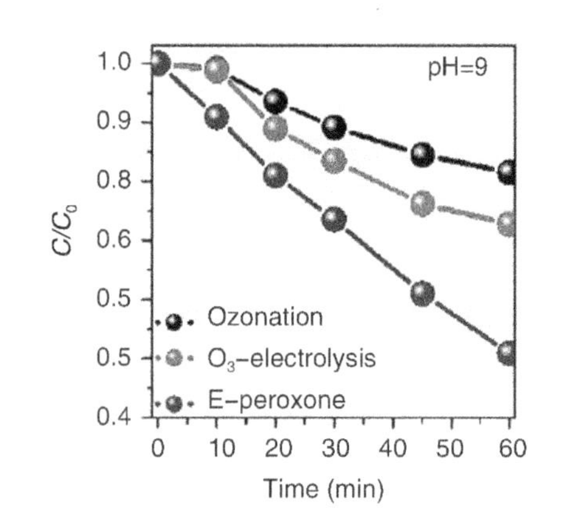

图 4－1－5　电化学－过臭氧化过程、臭氧电解过程和臭氧氧化化过程降解草酸效率对比

此外，该技术还提升了溶液中臭氧的利用率，并且采用电化学方法原位制备过氧化氢，避免了过氧化氢运输、储存带来的安全风险。自从该技术首次报道之后迅速成为研究热点，文章也逐年增多（图 4－1－6）。

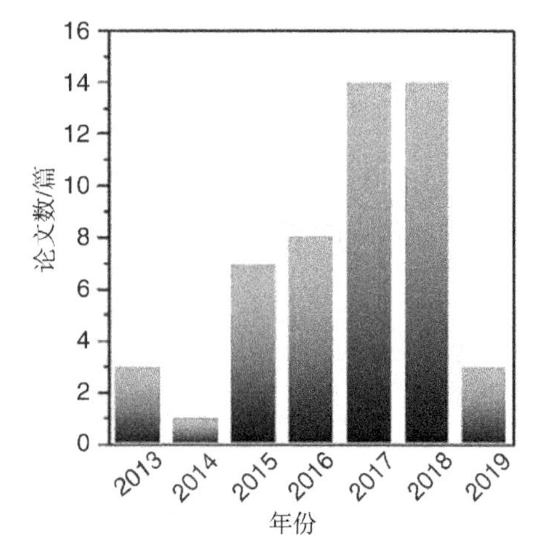

图 4－1－6　电化学－过臭氧氧化过程发表文章统计

（一）反应机制

关于阴极还原氧气制备过氧化氢的过程，2005 年 Kishimoto 等[6]在研究臭氧电解过程机制时提到过，氧气通过二电子还原路径原位制备过氧化氢，如式（4－1－9）所示。然而由于该反应的电极电势只有 －0.0649 V，远远低于氧气四电子还原路径的反应电极电势［式（4－1－10），0.401 V］，以及臭氧的电还原电极电

势［式（4－1－3），1.25 V］，因此，认为氧气的二电子还原路径无法发生，即无法生成过氧化氢。

$$O_2 + H_2O + 2e^- \longrightarrow HO_2^- + OH^- \quad (4-1-9)$$

$$O_2 + 2H_2O + 4e^- \longrightarrow 4OH^- \quad (4-1-10)$$

但后续研究发现，氧气的电子还原路径可通过催化剂类型来控制。一般而言，贵金属催化剂，如Pt，Pb，Co等，可使氧气电还原按四电子反应路径进行[10]，而碳材料催化剂，如石墨碳、Vulcan XC72R、碳布等，可催化氧气二电子还原生成过氧化氢[11]。因此，选用炭黑电极可控制氧气还原路径，使之生成过氧化氢。

对于电化学－过臭氧化过程的反应机制，通常认为电化学还原氧气原位生成过氧化氢，继而与臭氧的反应产生·OH，处理水体中难降解有机污染物［式(4－1－9）和式（4－1－11）至式（4－1－13)］。然而该反应机制主要基于理论预测，缺乏确凿的实验证据，并且由于反应体系复杂，具体的反应历程及各反应之间的影响关系都有待研究。Guo等[12]采用三电极旋转圆环盘检测装置，首次通过实验手段揭示了该反应的完整反应历程，并解释了反应过程中存在的协同效应。

三电极旋转圆环盘检测装置如图4－1－7所示。以纯O_2作为气源通过臭氧发生器产臭氧，通过臭氧检测仪来标定所需的臭氧浓度，然后通入电解池。三电极装置以饱和甘汞电极（SCE）作为参比电极，铂丝作为对电极，旋转圆环盘电极作为双工作电极，其中盘电极上涂覆Vulcan XC72R炭黑催化剂，通过电化学工作站对双工作电极输入不同的电压指令，得到不同的电流/电压信号，通过分析解读获得对应的反应历程。该装置的优势在于，一方面可通过施加特定的电压获得对应的电压/电流变化，从而识控制不同的反应历程；另一方面旋转圆环盘电极拥有双工作电极，便于监测反应中间产物。此外，通过高速旋转使电极附近溶液达到强制对流状态，维持电极反应。

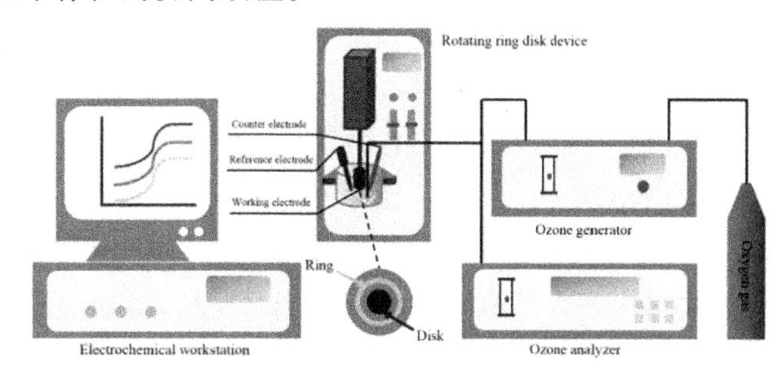

图4－1－7　电化学－过臭氧化过程三电极旋转圆环盘装置示意

$$O_3 + HO_2^- \longrightarrow O_3^{\cdot -} + HO_2^{\cdot} \quad (4-1-11)$$

$$O_3^{\cdot -} \longrightarrow O_2 + O^{\cdot -} \quad (4-1-12)$$

$$O^{\cdot -} + H_2O \longrightarrow \cdot OH + OH^- \quad (4-1-13)$$

电极材料的旋转圆环盘测试数据由两部分组成，图4－1－8a为盘电极的极化曲线，图4－1－8b为对应的环电极恒电位曲线。通过对比臭氧气氛和氧气/臭氧混合气氛下的极化曲线，发现0～－0.25 V（vs. SCE）范围内通入混合气氛会出现明显的还原电流，这一电流为O_3的还原电流。表明O_3比O_2优先被电还原，因为O_3具有更高的氧化还原电位。类似的现象也出现在可见光催化－臭氧耦合过程，表现为光生电子优

先被 O_3 捕获，而不是被 O_2 捕获。当电位达到 -0.2 V（vs. SCE）时，还原电流增大，表明 O_2 还原反应开始发生，从而证明在混合气氛下，O_2 还原反应不会被 O_3 电还原反应抑制或者取代。根据电极极化理论，阴极发生反应的电极电位总是比该反应的平衡电极电位更负，说明在 O_2 发生电还原反应的电位范围内，O_3 电还原反应同样发生。这说明在电化学-过臭氧化过程中，发生 O_2 电还原反应的同时，必然伴随 O_3 电还原。

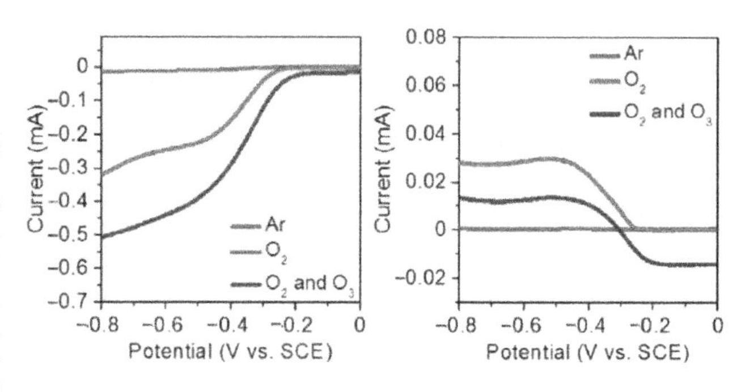

a 盘电极的极化曲线 b 对应的环电极恒电位曲线

图 4-1-8 不同气氛下电极材料的旋转圆环盘测试数据

对于混合气氛下的环电极恒电位（0.4 V vs. SCE）曲线，在 0 ~ -0.2 V（vs. SCE）范围内可观察到明显的负值电流，而在纯 O_2 气氛下，该电位范围内电流为 0，说明环电极上同样发生 O_3 电还原，也进一步证明高活性的 O_3 在电化学-过臭氧化过程必然被还原。

图 4-1-8 证实了在电化学-过臭氧化过程中，O_2 电还原反应的同时伴随 O_3 电还原反应。由式（4-1-1）至式（4-1-3）可知，O_3 电还原存在两种路径，但无论 O_3 以何种路径被还原，O_2 都会在电极表面产生。这些原位生成的 O_2 更容易被电还原，因此，电化学-过臭氧化过程中 O_3 电化学还原过程会促进 O_2 电还原反应。

通过对不同 O_3 浓度下极化曲线及对应的环电极恒电位曲线对比，也可验证这一推论。利用双切线法，对不同 O_3 浓度下 O_2 还原的 onset 电位进行拟合，分别为 -0.229 V（0 mg/L）、-0.214 V（15 mg/L）、-0.202 V（30 mg/L）、-0.196 V（45 mg/L）、-0.194 V（60 mg/L）和 -0.186 V（75 mg/L）。发现当 O_3 浓度从 0 提高到 75 mg/L 时，O_2 还原的 onset 电位正移超过 40 mV。随着 O_3 浓度增大，O_2 还原的 onset 电位明显发生正移。由于 onset 电位为 O_2 还原的初始电位，电位越正说明 O_2 还原的过电位越小，O_2 还原反应越容易发生。图 4-1-9b 中，随着 O_3 浓度的增加，H_2O_2 的初始氧化电位也同样发生正移，进一步证实 O_3 促进了 O_2 的还原反应。

进一步研究发现，体系中通入混合气体时，过氧化氢的浓度比氧气气氛下发生明显变化。比较环电极恒电位曲线（图 4-1-9a），发现混合气氛下，pH = 4 的溶液表观电位明显高于纯 O_2 气氛下电流，可认为在混合气氛下 H_2O_2 的产率得到提升。利用辣根过氧化物酶对反应过程中的过氧化氢浓度进行检测，证实向 pH = 4 的溶液通入 O_3 后，H_2O_2 的浓度明显提升（58.86 μmol/L 增加到 75.46 μmol/L）。然而在 pH = 7 和 pH = 9 的溶液，通入 O_3 后本体溶液中 H_2O_2 浓度大幅降低。这是由于过臭氧化反应主要依靠 HO_2^- 与 O_3 的反应，而不是 H_2O_2 分子。在 pH = 7 和 pH = 9 的溶液中 HO_2^- 浓度更高，易与 O_3 快速反应从而被大量消耗。

通过分析环电极上发生的各类反应，对 pH = 7 和 pH = 9 的溶液下的环电极电流进

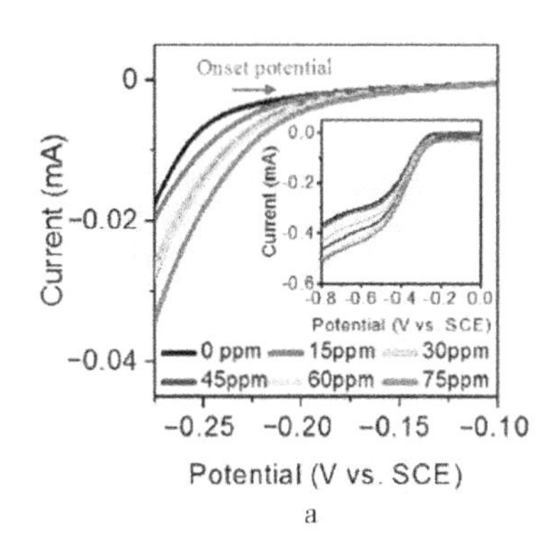

a

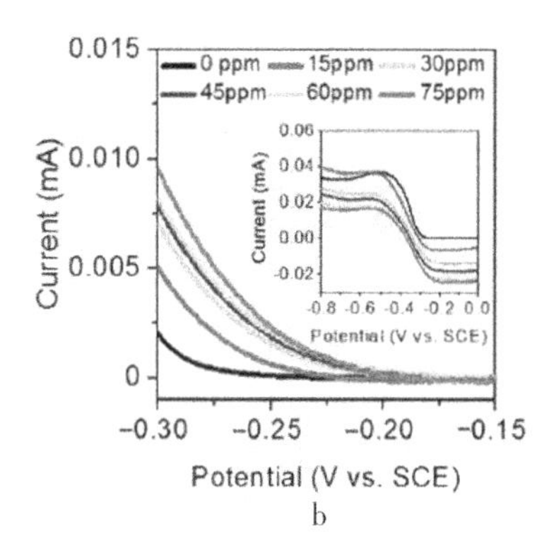

b

a　平移处理后的极化曲线　　　b　对应的平移处理后的环电极恒电位曲线

图 4-1-9　不同臭氧浓度下电极材料的旋转圆环盘测试数据

（内插图分别为原始的极化曲线及对应的环电极恒电位曲线）

行拟合计算处理，用式（4-1-14）表示 H_2O_2的理论电流。

$$I_{理论} = I_{表观} + I_{O_3} + I_{\cdot OH} + I_{H_2O_2} \qquad (4-1-14)$$

其中，$I_{理论}$为环电极上的 H_2O_2理论氧化电流，$I_{表观}$为环电极上实际检测的电流，I_{O_3}为 O_3还原电流，$I_{\cdot OH}$为 · OH 的还原电流（来自 O_3与 H_2O_2反应产生），$I_{H_2O_2}$为与 O_3反应消耗的 H_2O_2所对应的氧化电流。

当盘电极施加 -0.2 ~ -0.8 V（vs. SCE）电压时，O_2电还原原位产生 H_2O_2。部分 H_2O_2与 O_3发生反应，从而造成环电极上对应的I_{O_3}低于 0 ~ -0.2 V（vs. SCE）区间的 O_3还原电流（$I_{初始}$）。由于在过臭氧化反应中 O_3 和 H_2O_2 以等摩尔数被消耗，并且 H_2O_2氧化与 O_3还原以相同电子数进行，因此，$I_{H_2O_2}$大致与H_2O_2 消耗的 O_3的还原电流相同（标记为I_{O_3}）。由于 0 ~ -0.2 V（vs. SCE）电位范围的$I_{初始}$是 I_{O_3}与 $I_{O_3消耗}$之和，式(4-1-14）可变形为式（4-1-15）:

$$I_{理论} = I_{表观} + I_{\cdot OH} + I_{初始} \qquad (4-1-15)$$

从式（4-1-15）可以看出，存在恒定电流 $I_{初始}$。为了方便与纯 O_2气氛环电极恒电位曲线对比，对混合气氛下的恒电位曲线上移 $I_{初始}$距离（图 4-1-10a 和图 4-1-10b）。如图 4-1-10c 和图 4-1-10d 所示，可清楚地看到平移后的曲线与纯 O_2气氛下曲线重合。式（4-1-15）中尚未考虑 · OH 影响，由于过臭氧化过程产生的 · OH 会部分被电还原（$I_{\cdot OH}$），因此，$I_{理论}$比纯氧气氛下的 H_2O_2氧化电流更大。这意味着在 pH=7 和 pH=9 的溶液下，更多的电化学-过臭氧化过程中产生了更多的 H_2O_2。

电化学-过臭氧化过程产生大量 H_2O_2，归因于 3 个可能的反应途径。首先，来自本体溶液中 O_2的电还原过程，这是主要生成途径；其次，O_3电还原过程原位产生的 O_2会被进一步电还原为 H_2O_2；另外，根据式（4-1-1）、式（4-1-2）、式（4-1-3）、式（4-1-9）和式（4-1-10），O_2和 O_3的电还原会产生 OH^-，电极附近 OH^-浓度增加会加速 O_3分解产生 HO_2^- ［式（4-1-4）］。体系中产生的 H_2O_2越多，意味着在本体溶液中 H_2O_2与 O_3接触并发生反应的可能性越大，因此也加速了本体溶液中 O_3的消耗，从而加速 O_3从气相到液相的传质过程。

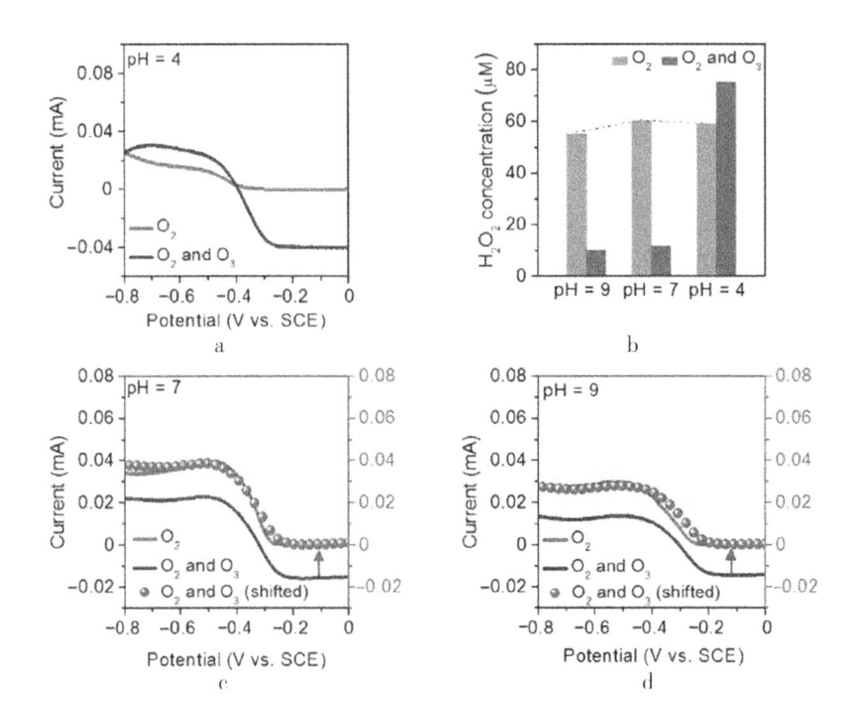

图 4-1-10　不同气氛下环电极恒电位曲线分别在不同 pH 溶液中对比图，点曲线为平移混合气氛下恒电位曲线的结果

（a、c、d pH = 4，pH = 7，pH = 9；b 辣根过氧化物酶方法检测不同 pH 溶液下 H_2O_2浓度的对比）

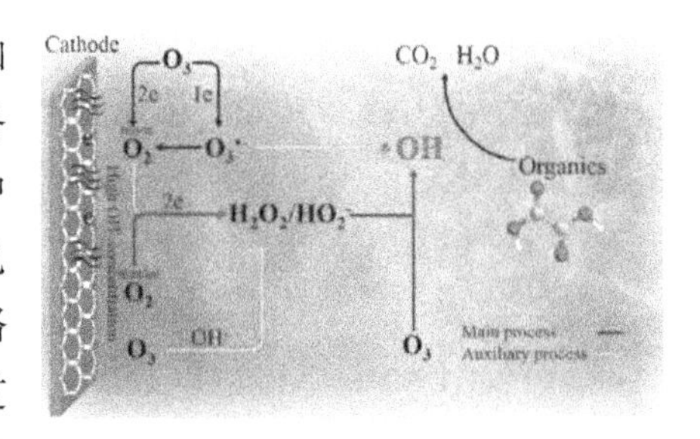

图 4-1-11　电化学-过臭氧化过程协同效应机制示意

电化学-过臭氧化过程中的协同效应，如图 4-1-11所示，本体溶液中 O_2电还原原位制备 H_2O_2，继而与臭氧发生过臭氧化反应，这是体系中生成 · OH 的主要路径。次要路径包括 O_3发生一电子还原反应直接生成 · OH，以及另外两条反应路径提高溶液中 H_2O_2/HO_2^- 的浓度，进一步强化了过臭氧化反应生成 · OH。如前所述，提高溶液中 H_2O_2/HO_2^- 浓度的反应包括：臭氧经二电子还原产生氧气然后进一步被还原成 H_2O_2，以及臭氧经电还原产生 · OH 与臭氧反应产生 H_2O_2。这些反应路径协同作用于电化学-过臭氧化过程，提高了有机污染物去除效率。

（二）参数影响

1. pH

电化学-过臭氧化过程中 · OH 的主要生成路径为过臭氧化反应（O_3与 H_2O_2之间的反应），具体而言，是 O_3与 HO_2^- 之间的反应。由于 H_2O_2的 pK_a 为 11.8[13]，因此在碱性溶液中才能显示高效的氧化能力。表观速率常数的计算公式如下：

$$k_{表观} = k_{(HO_2^- + O_3)} \times 10^{(pH - pK_a)} \tag{4-1-16}$$

$k_{(HO_2^- + O_3)} = 9.6 \times 10^6 mol/(L \cdot s)$，由式（4-1-16）计算可得，在 pH = 11 条件

下对应 $k_{表观}$ 为 1.5×10^6 mol/（L·s），而 pH = 3 条件下 $k_{表观}$ < 0.01 mol/（L·s），二者相差甚大。因此，电化学 - 过臭氧化过程并不适用于所有 pH 溶液。

郭等提出电化学技术半定量检测溶液中·OH 方法。具体方法为：首先在臭氧环境下测试炭黑电极的极化曲线，然后加入适量 t - BA，在相同条件下再次测试电极极化曲线。由于 t - BA 可捕获溶液中·OH，造成还原电流值下降，通过对比两极化曲线的还原电流衰减值，可半定量比较·OH 浓度变化。

如图 4 - 1 - 12a 所示，无论在 Ar 气氛还是 O_2 气氛，t - BA 加入前后的极化曲线完全重合，说明所选电位范围（0 ~ -0.8 V vs. SCE）内 t - BA 非常稳定，在两种气氛下均无·OH 产生。当在混合气氛下加入 t - BA 时，如图 4 - 1 - 12b、图 4 - 1 - 12c 和图 4 - 1 - 12d 所示，不同溶液下的极化曲线电流值出现不同程度的降低（-0.4 ~ -0.8 V vs. SCE），还原电流降低说明体系中氧化物质减少。而 t - BA 可以捕获溶液中的·OH[13]，因此说明·OH 的淬灭造成还原电流的减小。通过对比电流衰减值，在 -0.6 V vs. SCE 电位下，计算出电流的衰减值分别为 0.106 mA（pH 9），0.0342 mA（pH 7）和 0.0161 mA（pH 4），说明随着 pH 降低，电化学 - 过臭氧化过程中·OH产量逐渐降低，在碱性条件下该技术的·OH 产量最高。

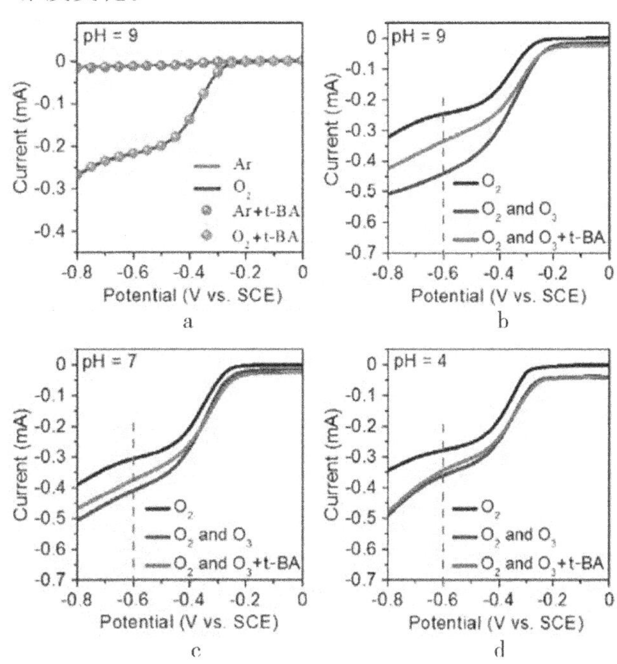

图 4 - 1 - 12　溶液不同 pH 条件下 Ar 或 O_2 气氛和混合气氛下加 t - BA 前后极化曲线对比

[(a)Ar 或 O_2 气氛，pH 9；(b ~ d)混合气氛，pH = 9，pH = 7，pH = 4]

通过降解效率对比，可更直观地发现电化学 - 过臭氧化过程在不同 pH 溶液的差别，通过草酸的降解率来评价过程的处理效率。如图 4 - 1 - 13 所示，不同 pH 溶液下电化学 - 过臭氧化过程草酸的降解效率分别为 49.1%（pH 9）、41%（pH 7）和 17%（pH 4），随着溶液 pH 降低，草酸降解效率下降，该现象与·OH 捕获实验得到的规律一致，进一步证实电化学 - 过臭氧化过程受溶液 pH 影响严重，最适范围为碱性或偏碱性溶液。

在实际应用中，除了酸性废水外，一些实际废水虽然初始 pH 接近中性，但随着处理生成羧酸类中间产物，溶液 pH 降低，电化学 - 过臭氧化过程的处理效率依然会降低。目前，主要采取提高溶液 pH 的方式来提高处理效率，但会使处理成本大幅提高，解决电化学 - 过臭氧化过程在酸性溶液的低效问题，对该过程的工业应用具有极其重

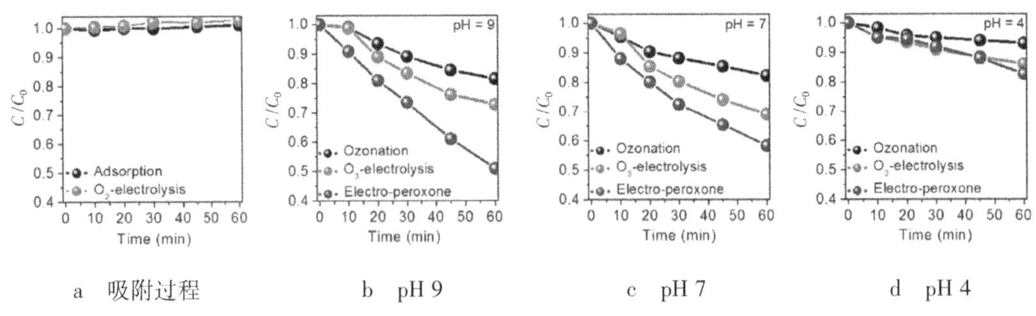

a 吸附过程 b pH 9 c pH 7 d pH 4

图 4-1-13 臭氧氧化过程、臭氧电解过程和电化学-过臭氧化过程在不同 pH 溶液的草酸降解效率对比

要的意义。Guo 等[14]首次提出一种非均相催化剂可大幅提升该过程在酸性溶液的处理效率。

该催化剂由石墨相氮化碳、锰和碳纳米管组成。从形貌上看，如图 4-1-14 所示，催化剂以石墨相氮化碳为主体，活性组分锰均匀地分布于氮化碳上，且大部分碳纳米管包覆在氮化碳内部。XRD 图谱中未出现任何锰特征峰出现，且 TEM 图中未观测到 Mn 颗粒，表明催化剂中锰以一种特殊的方式与氮化碳结合。

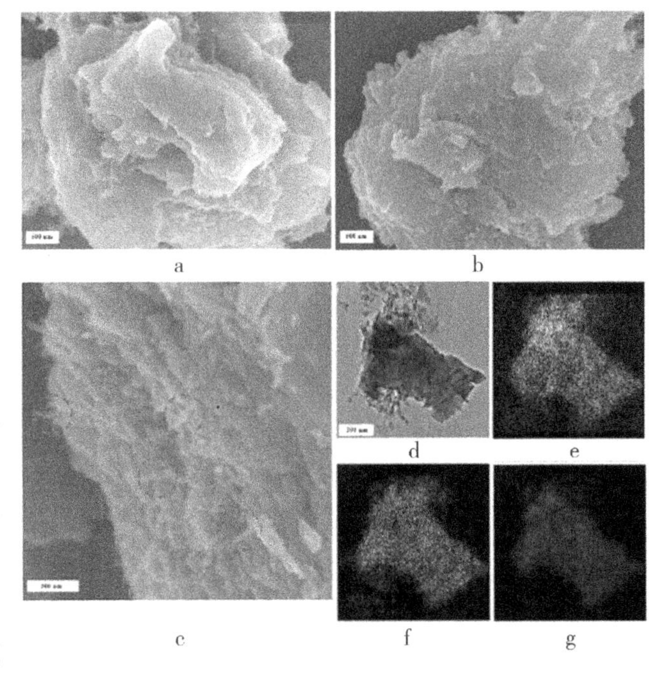

图 4-1-14 C_3N_4-Mn/CNT 材料的 TEM 表征和元素映射图

[(a) g-C_3N_4 TEM，(b~c) C_3N_4-Mn/CNT TEM，(d~g) C、N 和 Mn 元素的映射图]

催化剂的 XPS 表征，对于 Mn $2p_{3/2}$峰分裂为 3 个峰（图4-1-15），位于 641.5 eV 和 642.9 eV 位置的峰分别对应于氮化锰（MnN_x）和氧化锰（MnO_x），这些结果证实复合催化剂中Mn—N 配位键的存在。而在 646.0 eV 出现明显的卫星峰，说明在催化剂中 Mn 以 +2 价形式存在。比较两种 Mn 结构的几何峰面积，MnO_x 占 27% 而 MnN_x 占 73%，说明复合催化剂中 Mn—N 配位键为 Mn 的主要存在形式。

为表征 C_3N_4-Mn/CNT 催化剂对电化学-过臭氧化过程的提升作用，在 pH 3 的草酸溶液中加入适量催化剂，如图 4-1-16 所示，草酸在30 min内就被完全降解，而未加催化剂情况下，60 min 内只有 15% 的草酸被降解。通过计算得出，加入催化剂后，pH 3 的溶液中降解效率增加 57.1 倍，甚至比 pH 9 的溶液提高了 2.6 倍。因此，C_3N_4-

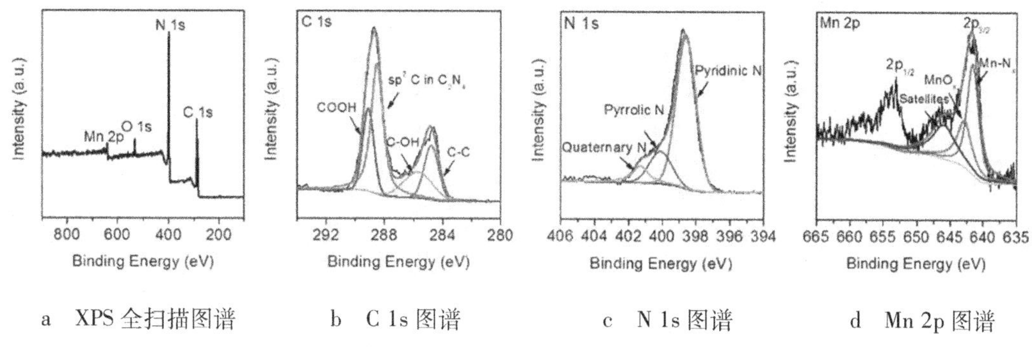

a　XPS 全扫描图谱　　b　C 1s 图谱　　c　N 1s 图谱　　d　Mn 2p 图谱

图 4－1－15　C_3N_4－Mn/CNT 材料的 XPS 表征

Mn/CNT 复合催化剂明显地改善了酸性溶液下电化学－过臭氧化过程的处理效率。

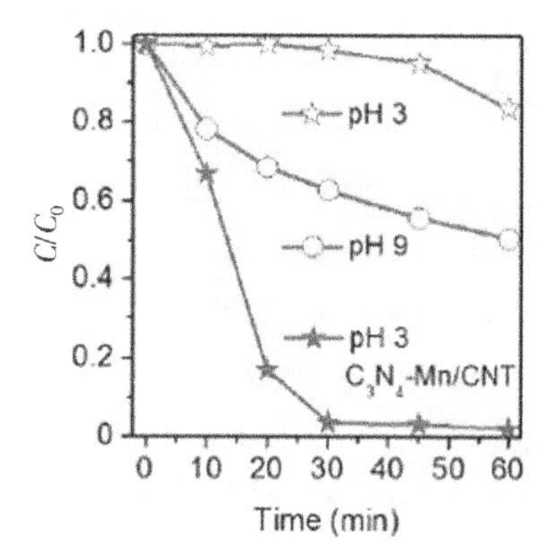

图 4－1－16　电化学－过臭氧氧化过程在 pH 3 和 pH 9 溶液下对草酸降解和 pH 3 溶液加入催化剂后草酸降解的效率对比

如图 4－1－17 所示，在自然光和黑暗环境下，电化学－过臭氧化过程的降解速率完全相同，说明催化剂的光催化性能对草酸降解无任何作用。C_3N_4－Mn/CNT 催化剂的吸附作用对草酸去除同样没有任何影响。考虑催化剂单独对臭氧的催化作用，尽管在 60 min 内草酸降解率为 33%，但其明显低于电化学－过臭氧化过程的处理效率，表明催化臭氧氧化过程不是产生极高降解效率的主要原因，而催化过氧化氢氧化也不能降解草酸。从上述现象推出，催化剂只能通过催化过臭氧化反应路径来提升降解效率。通过对电化学－过臭氧化过程中 O_3 和 H_2O_2 的浓度监测，发现当催化剂加入后，溶液中 H_2O_2和液相 O_3浓度明显下降，说明催化剂同时促进了 H_2O_2和 O_3的分解。此外，通过检测 O_3尾气浓度，发现在草酸降解区间内（30 min），尾气中 O_3浓度大幅下降。从以上结果可得出，催化剂同时提高体系中 H_2O_2

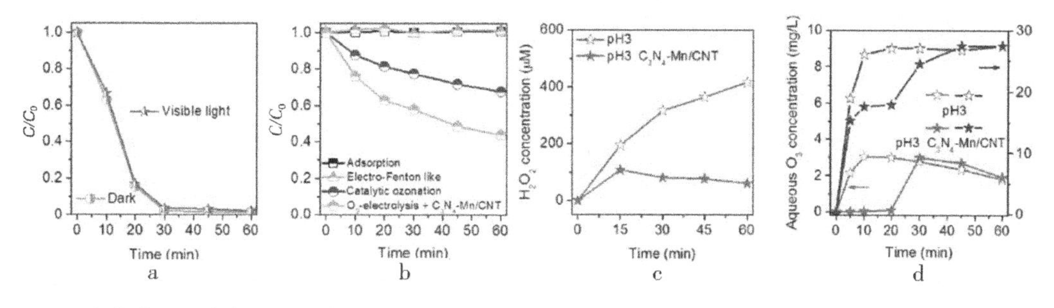

a　b　c　d

（a）电化学－过臭氧化过程中 C_3N_4－Mn/CNT 催化剂在暗光和可见光下草酸降解效率的对比；（b）催化剂的吸附性能、类芬顿性能、催化臭氧氧化性能和臭氧电解过程对草酸降解的效率对比；（c）pH 3 溶液电化学－过臭氧化过程中加入催化剂前后过氧化氢浓度对比；（d）对应液相臭氧浓度和尾气臭氧浓度对比

图 4－1－17　C_3N_4－Mn/CNT 催化剂对过臭氧化过程的催化作用

和 O_3的利用率，进一步证明是通过催化过臭氧化反应来提升对酸性溶液的处理效率。

2. 电极材料

电化学 - 过臭氧化过程中，H_2O_2 由阴极电化学反应制得，因此，阴极电极材料的性能直接影响该过程的处理效率。Hou 等[15]对碳毡、网状玻璃碳、炭黑 - PTFE 电极及不锈钢电极进行对比，通过 H_2O_2 产量、电流效率和 TOC 矿化率等参数衡量各电极材料，表明炭黑 - PTFE 电极的处理优势。

炭黑 - PTFE 电极由 Vulcan XC72 炭黑制作而成。4 种电极在纯氧气环境下通过氧气电还原反应测试各自的 H_2O_2 产量。结果表明（图 4 - 1 - 18）不锈钢电极不产生过氧化氢，而其他 3 种电极检测到数量可观的 H_2O_2，其中炭黑 - PTFE 电极产生的 H_2O_2 量最大，其次是网状玻璃碳电极，碳毡电极中的产量最少。这进一步证实碳材料在催化电还原氧气为过氧化氢的优异活性。

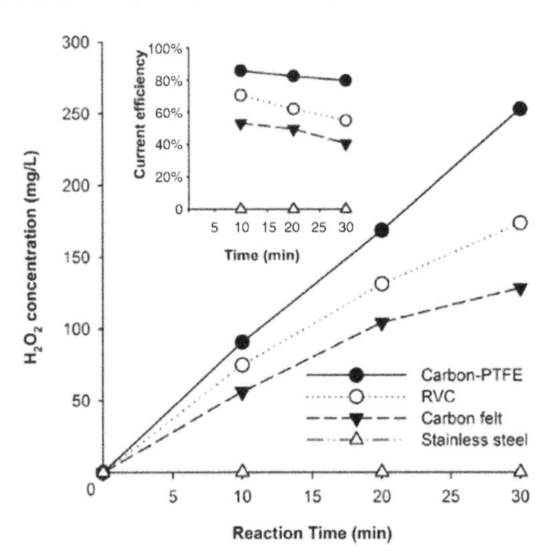

图 4 - 1 - 18　碳毡、网状玻璃碳和炭黑 - PTFE 电极 3 种炭黑电极及不锈钢电极的过氧化氢产量对比和电流效率对比

不同电极材料制备过氧化氢的表观电流效率通过式（4 - 1 - 17）计算：

$$CE\ (\%) = \frac{nF\,C_{H_2O_2}V}{\int_0^t I\mathrm{d}t} \times 100 \qquad (4-1-17)$$

式中，n 为氧气到过氧化氢的电子转移数（二电子），F 为法拉第常数（96486 C/mol），$C_{H_2O_2}$为过氧化氢浓度（mol/L），V 为溶液体积（L），I 为电流（A），t 为电解时间（s）。

计算结果表明，炭黑 - PTFE 电极的表观电流效率接近 100%，明显高于网状玻璃碳电极和碳毡电极。推测原因可能是炭黑 - PTFE 电极只倾向于还原氧气产生过氧化氢，而析氢、H_2O_2 还原等副反应不易发生。

通过增塑剂 DEP 的 TOC 去除率来衡量不同阴极材料的处理能力，如图 4 - 1 - 19 所示。不同碳材料电极上的 TOC 去除率明显高于不锈钢电极，证实碳材料电极在电化学 - 过臭氧化过程的处理优势。此外，TOC 去除率从高到低依次为炭黑 - PTFE 电极 > 网状玻璃碳电极 > 碳毡电极，与各电极上的

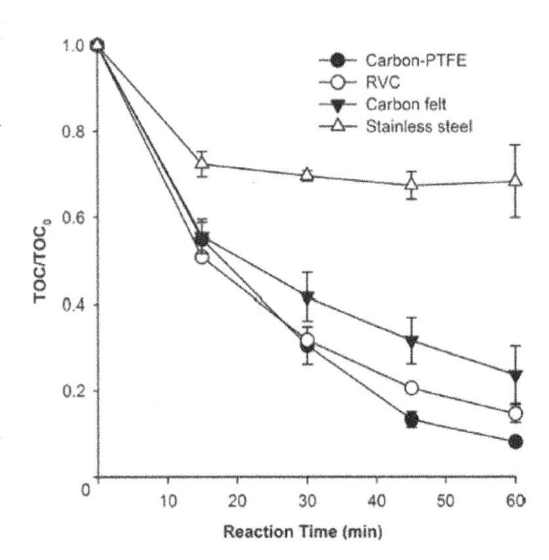

图 4 - 1 - 19　不同阴极材料的电化学 - 过臭氧化过程处理增塑剂 DEP 的 TOC 去除率对比

过氧化氢产量顺序吻合，说明该过程的处理效率与 H_2O_2 的产率息息相关。因此，在电化学－过臭氧化过程中，选取过氧化氢产量高的炭黑电极材料将大幅提升过程处理效率。

此外，炭黑材料电极的稳定性通过多次循环降解实验来评价。如图 4－1－20 所示，炭黑－PTFE 电极和碳毡电极在 6 次循环中的 TOC 去除率基本相同，而网状玻璃碳电极第 3 次循环效率降低，但之后保持稳定，这些现象说明炭黑材料电极在电化学－过臭氧化过程的强氧化环境可保持高催化活性和稳定性。综上所述，炭黑－PTFE 电极不仅具有最高的过氧化氢产率，而且表现高稳定性，是电化学－过臭氧化过程中理想的阴极电极材料。

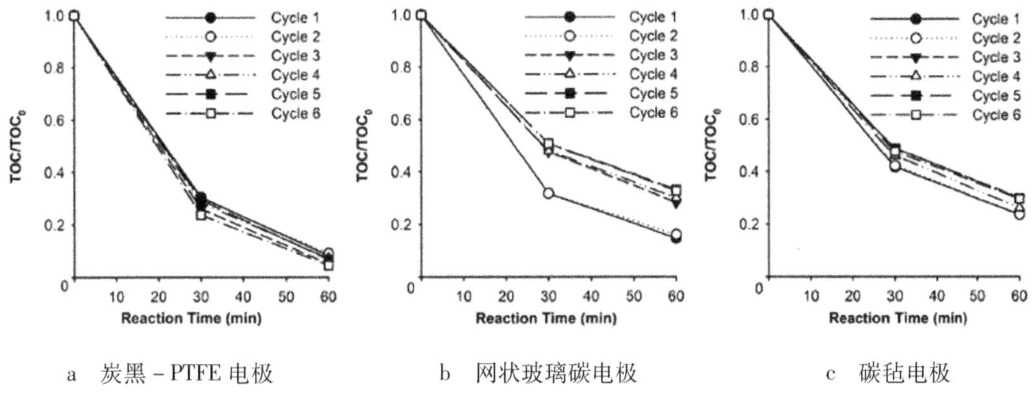

a　炭黑－PTFE 电极　　b　网状玻璃碳电极　　c　碳毡电极

图 4－1－20　不同电极在电化学－过臭氧化过程中 6 次循环后增塑剂 DEP 的 TOC 去除率对比

除了选取催化 O_3 电还原为过氧化氢的电极材料，还可以引入具有催化臭氧氧化活性的阴极电极材料，使阴极电极既具有原位制备过氧化氢的能力，又可催化活化 O_3，进一步提升体系中活性氧自由基的产率。

Guo 等[16]合成一种 g－C_3N_4/CNT 电极材料，提升催化臭氧氧化活性。该材料由 g－C_3N_4和 CNT 通过水热法合成，为了对比，采用 3 种不同形貌的 g－C_3N_4作为 N 源，XRD、TEM 等表征证明二者很好地复合。在有机物降解实验中，纳米片g－C_3N_4/CNT 电极材料表现出最高的降解效率（图4－1－21），优于 CNT 电极材料。对比各材料的催化氧气电还原活性，发现纳米片 g－C_3N_4/CNT 电极材料的过氧化氢产率远远低于 CNT 电极材料（复合材料中含吡啶 N，会使氧气还原路径偏向四电子反应，即降低过氧化氢产率）[17－18]。

探究该过程中过氧化氢产率降低而降解效率提升的原因，发现 CNT 与g－C_3N_4复合后，催化臭氧氧化过程的降解效率得到提升。随着复合材料中 N 含量增加（吡咯 N 含量也相应增加），材料的催化臭氧氧化活性增强。在催化臭氧氧化实验中，纳米片g－C_3N_4/CNT 具有最高的草酸降解效率，催化臭氧氧化活性的增强是导致纳米片 g－C_3N_4/CNT 复合材料在电化学－过臭氧化过程中具有最高降解效率的主要原因。此外，对比材料的电子导电性及比表面积，发现纳米片 g－C_3N_4/CNT 复合材料具有最低的电子转移电阻，而且活性比表面积增大，这些因素共同提升该电极材料的催化性能。

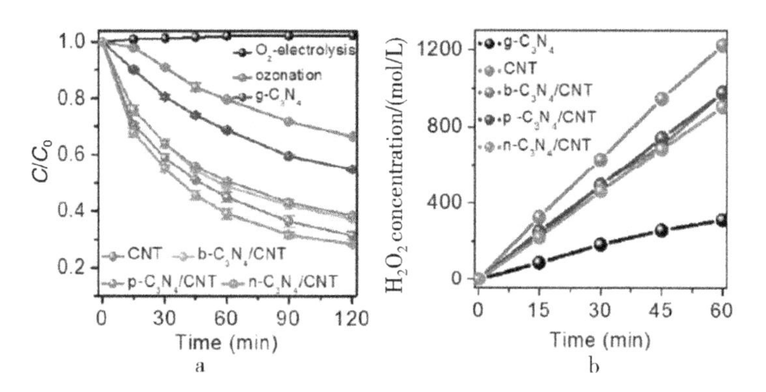

图 4-1-21 不同材料电极在电化学-过臭氧化过程中草酸降解效率的对比和不同材料在 O_2 气氛下二电极体系中的 H_2O_2 产量

3. 电解质

在电化学-过臭氧化过程中维持电化学反应，电解质是必不可少的因素。常用的电解质有硫酸钠、氯化钠和高氯酸钠等，在实际应用中，硫酸钠的效果好于氯化钠和高氯酸钠。因为氯化钠和高氯酸钠作为电解质，会在电极表面发生反应，包括 $Cl^-/Cl_2/ClO^-/ClO_4$ 之间的氧化还原，从而影响氧气还原反应生成过氧化氢，导致与臭氧反应生成羟基自由基的数量减少，造成其处理效率低于硫酸钠电解质。Li 等[19]在降解实验中发现，在3 种电解质中，过氧化氢的产率依次为硫酸钠 > 氯化钠 > 高氯酸钠，而 3 种电解质中的处理效率与过氧化氢产率相对应，说明硫酸钠有利于电化学-过臭氧化过程（图 4-1-22）。此外，使用氯化钠和高氯酸钠电解质发生副反应，导致其槽电压（~19.8 V 和 ~22.4 V）明显高于硫酸钠电解质（~10.5 V），说明使用硫酸钠电解质能耗较低。

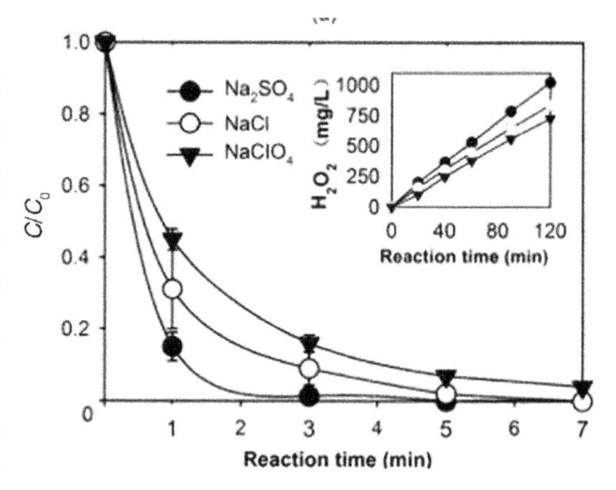

图 4-1-22 不同电解质溶液的电化学-过臭氧化过程处理效率对比

（内插图为不同电解质溶液的 H_2O_2 产量对比）

硫酸钠电解质在电化学过程中的作用是通过离子传递保证电路畅通。提高电解质浓度可以降低离子与电极之间的静电力，加速离子传递。然而，在实际试验中电解质往往过量，持续增加电解质浓度并不能提升处理效率。提升电流强度对处理效率的增强效果更明显。Bakheet 等[20]对比了不同浓度电解质下过氧化氢产率和 TOC 去除率的变化，发现不改变其他条件，适当增加电解质浓度，过氧化氢的产率和 TOC 去除率基本没有变化，可见电解质浓度对过程处理效率的影响不显著（图 4-1-23）。

4. 电流强度

电化学-过臭氧化过程中，电化学还原臭氧、氧气等反应及电极附近的臭氧氧化反应都与电极相关，因此电流强度对该过程具有重要意义。电流过低导致过氧化氢产量不足，过臭氧化反应不充分，造成臭氧大量浪费；而电流过高，则产生过量的过氧

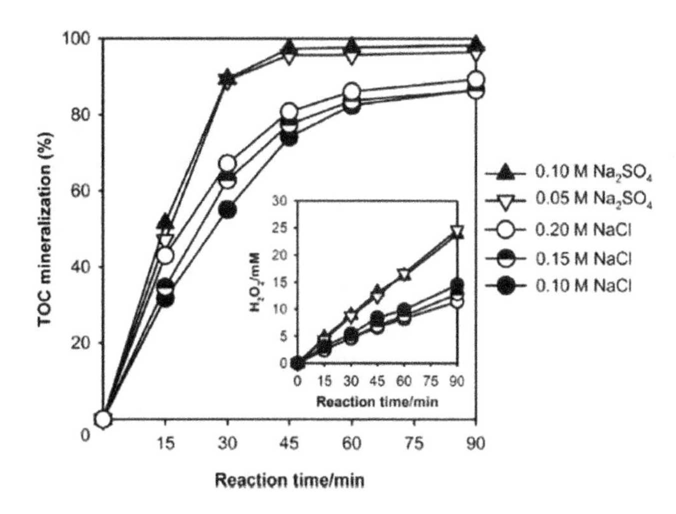

图 4-1-23 不同电解质浓度下电化学-过臭氧化过程的 TOC 去除效率对比

（内插图为对应的 H_2O_2 产量变化）

化氢，由于臭氧由气相向液相传递的速率有限，液相臭氧不足以消耗所有过氧化氢，多余的过氧化氢会与·OH 发生反应［式（4-1-18）］[21]，结果适得其反。

$$H_2O_2 + \cdot OH \longrightarrow HO_2^{\cdot} + H_2O \qquad (4-1-18)$$

Li 等[19]研究了电化学-过臭氧化过程中电流强度对文辛法拉降解率和 TOC 去除率的影响，如图 4-1-24。当电流从 50 mA 增加到 300 mA 时，文辛法拉的降解率及 TOC 去除率都随电流的增加而增大。通过检测不同电流下的过氧化氢产量，发现随着电流值增加，过氧化氢的产量确实得到提高，进而提高处理速率。但是随着电流强度进一步增大至 450 mA，文辛法拉降解率和 TOC 去除率并未继续增大，反而轻微降低。

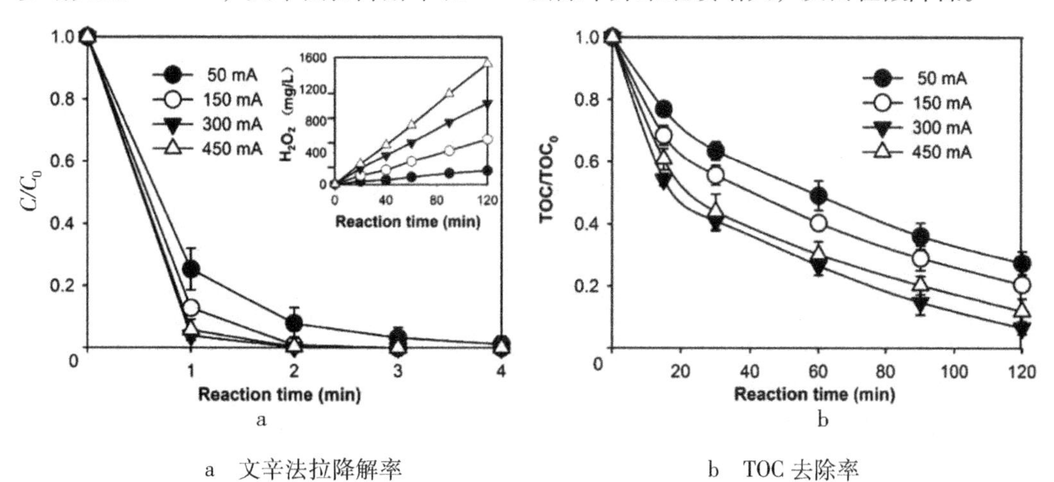

a 文辛法拉降解率　　b TOC 去除率

图 4-1-24 电化学-过臭氧化过程中电流强度对文辛法拉降解率和 TOC 去除率的影响

为探究高电流下处理效率不增反降的原因，对溶液中的液相臭氧和过氧化氢浓度进行监测。如图 4-1-25 所示，当电流从 300 mA 增加到 450 mA，过氧化氢浓度大幅增加（从 0.37 mmol/L 增加到 0.94 mmol/L），而液相中的臭氧浓度从 0.19 mmol/L 降低到 0.03 mmol/L。因此，在该电流强度下，处理效果受限于液相臭氧浓度，且过量的过氧化氢还会淬灭·OH，从而降低用于降解有机物的自由基数量，导致降解效率降低。在该电流强度下，臭氧的消耗速率高于臭氧由气相向液相的传递速率。因此，该电流下受限于较低的液相臭氧浓度，过臭氧化反应产生的·OH 有限，且过量的过氧化氢又可捕获·OH，导致用于降解有机物的自由基数量减少，降解效率降低。

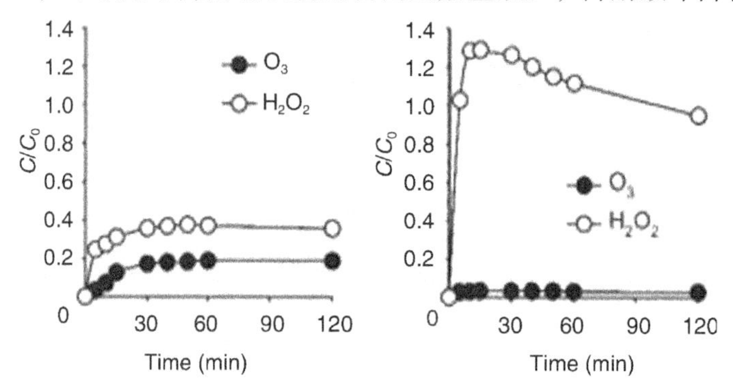

图 4-1-25　350 mA 和 450 mA 电流强度下 H_2O_2 产量对比

5. 臭氧浓度

增加臭氧气体的浓度，可提高臭氧由气相向液相的传递，促进更多的臭氧与过氧化氢反应产生·OH，增强过程的处理效率。在文辛法拉的降解实验中（图 4-1-26），随着臭氧浓度增加，有机物降解速率和 TOC 去除率明显提升，证实了以上结论。

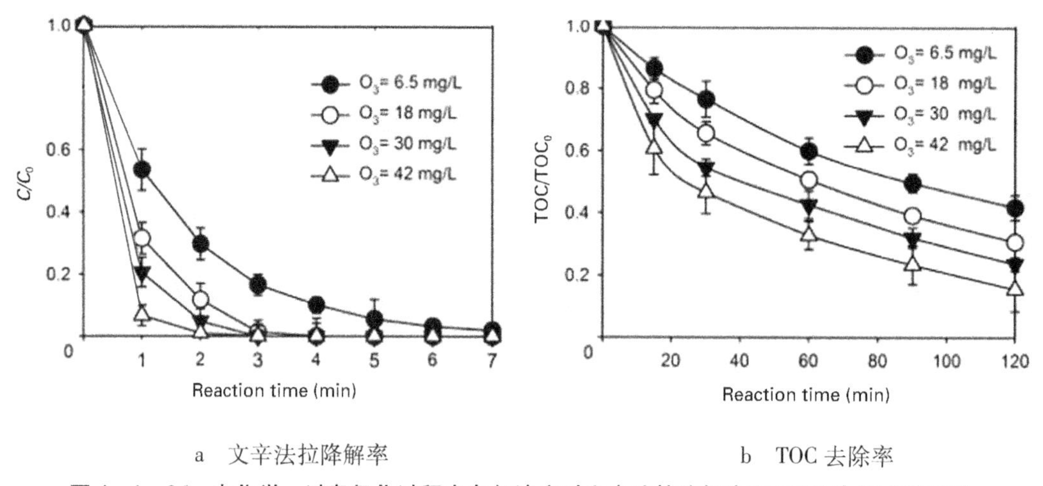

a　文辛法拉降解率　　　　b　TOC 去除率

图 4-1-26　电化学-过臭氧化过程中臭氧浓度对文辛法拉降解率和 TOC 去除率的影响

然而，臭氧浓度并不是越高越好。在草酸降解实验中（图 4-1-27a）[16]，当 O_3 浓度从 10 mg/L 提升到60 mg/L时，降解率从 50%（120 min）提升到 72%（120 min）。进一步提高 O_3浓度到 80 mg/L，草酸降解效率并未增加，这可能是因为 O_3溶解达到饱和所致。为分析电化学-过臭氧化过程中 O_3浓度上限，分别检测了 60 mg/L 和 80 mg/L 两种 O_3浓度下反应体系中溶解 O_3浓度和尾气 O_3浓度。如图4-1-27b 所示，两种 O_3浓度下溶液中溶解 O_3的浓度基本没有区别，而 80 mg/L 的 O_3浓度下的尾气 O_3浓度明显高于60 mg/L的反应体系，而且浓度差接近20 mg/L。这意味着当O_3浓度达到80 mg/L时，多余的O_3未被有效利用而直接被排出，这与O_3有限的溶解度有关。在电化学－过臭氧化过程中，气相O_3必须转化为液相O_3才能发挥作用。适当增加气相O_3浓度可以加速O_3的溶解，提高反应速率，但这只是加速O_3溶解而不能提高O_3的溶解度，在O_3浓度已能满足O_3快速达到饱和溶解度的情况下，进一步提高O_3浓度没有任何帮助，反而会造成资源浪费。因此，提高溶液中O_3的利用率是提高过程处理效率的关键。

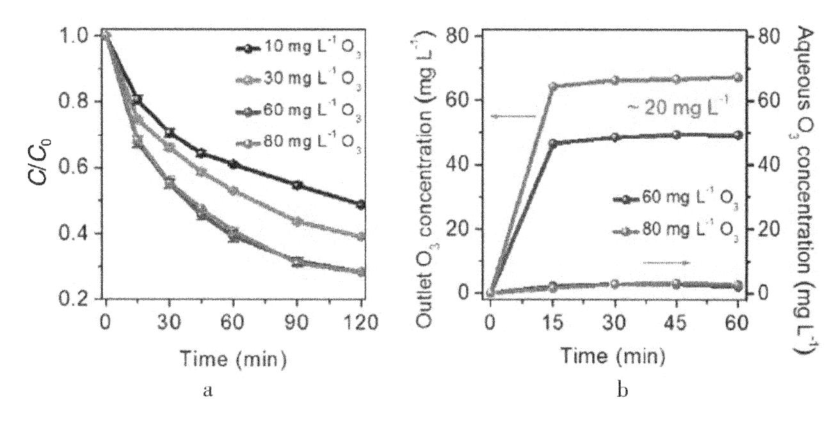

图4－1－27　电化学－过臭氧化过程中不同臭氧浓度下的草酸降解效率对比及液相臭氧浓度和尾气臭氧浓度对比

（三）技术应用

由于电化学－过臭氧化过程可生成大量高活性的羟基自由基，可用于水体中难降解有机物的高效去除。在前期研究报道中，将电化学－过臭氧化技术应用于 Orange Ⅱ染料废水、二噁烷废水和文辛法拉废水处理，降解效果较好（图4－1－28）。

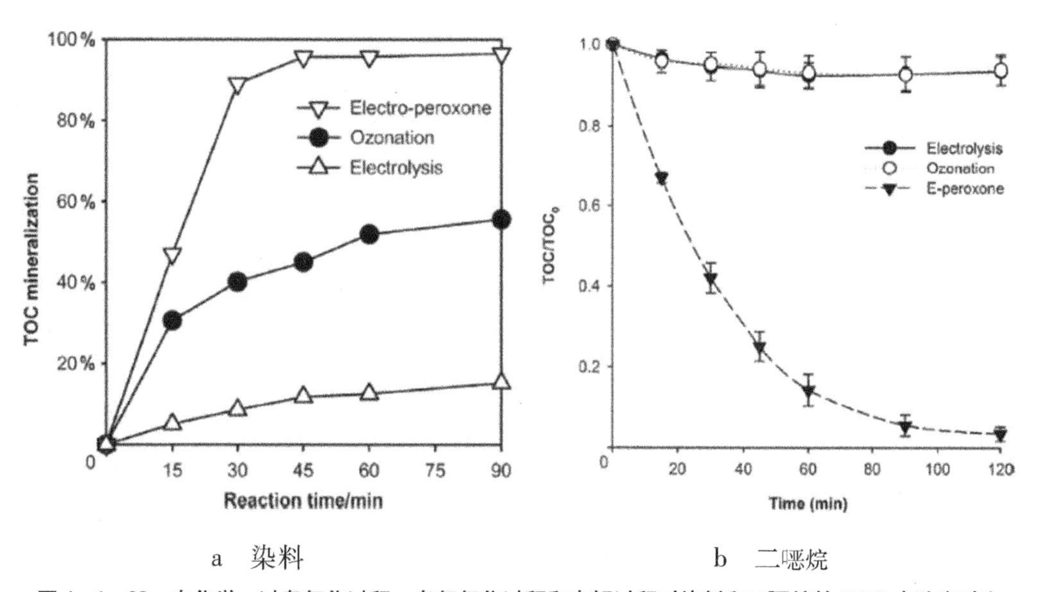

图4－1－28　电化学－过臭氧化过程、臭氧氧化过程和电解过程对染料和二噁烷的TOC去除率对比

Bakheet 等[20]对比了电化学-过臭氧化过程、电化学氧化过程和臭氧氧化技术分别对模拟 OrangeⅡ废水的处理效率。结果表明，电化学-过臭氧化过程在 4 min 内可将废水完全脱色，45 min 内 TOC 去除率达 95.7%，远远高于电化学氧化过程（15.3%）和臭氧氧化过程（55.6%），TOC 去除率高于后两种过程的加和，这充分说明两种技术组合后极大地提升了有机污染物处理效率[21]。Wang 等[22]在处理二噁烷时发现，电化学-过臭氧化过程的 TOC 去除率（96.6%）明显高于电化学氧化过程（6.3%）和臭氧氧化技术（6.1%）。采用对氯苯甲酸作为羟基自由基捕获剂，发现电化学-过臭氧化技术、电化学氧化技术和臭氧氧化过程中的羟基自由基准稳定浓度分别依次约为 0.744×10^{-9} mmol/L、0.004×10^{-9} mmol/L 和 0.072×10^{-9} mmol/L。可见电化学-过臭氧化过程可大幅提升羟基自由基产率，从而提升有机物的降解效率。此外，电化学-过臭氧化过程在降低能耗方面同样具有优势，经计算电化学-过臭氧化过程的单位能量消耗为 0.376（kW·h）/g，低于电化学氧化技术［0.558（kW·h）/g］和臭氧氧化技术［2.43（kW·h）/g］。因此，无论是去除效率还是能量消耗，电化学-过臭氧化过程都强于电化学氧化技术和臭氧化技术（图 4-1-29）。

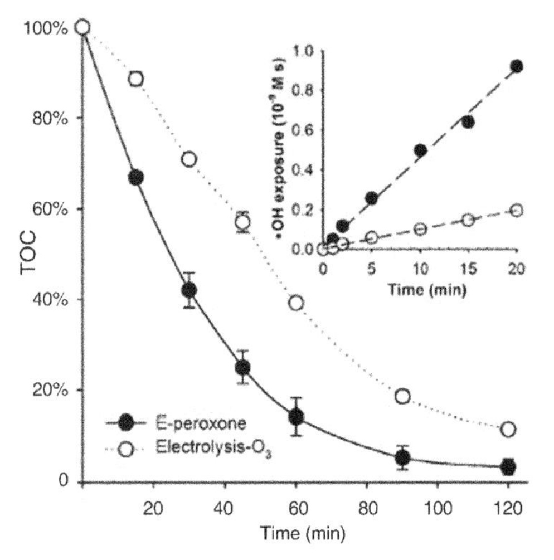

图 4-1-29 电化学-过臭氧化过程和臭氧电解过程对二噁烷的 TOC 去除率对比

综上所述，电化学-过臭氧化过程是在臭氧电解技术上改进形成的，通过引入炭黑电极形成了新的自由基生成路径。Wang 等通过实验数据对比了二者的区别，在臭氧电解过程中羟基自由基浓度约为 0.163×10^{-9} mmol/L，电化学-过臭氧化过程中羟基自由基浓度是臭氧电解过程的 4.6 倍。因为电化学-过臭氧化过程主要通过过臭氧化反应产生·OH，而臭氧电解和阴极附近的臭氧化反应产生·OH 的数量十分有限。因此，电化学-过臭氧化过程在臭氧电解技术的基础上，大幅提升羟基自由基产量。再对比降解二噁烷过程中的 TOC 去除效果，也发现电化学-过臭氧化过程明显强于臭氧电解技术。

随着研究不断深入，电化学-过臭氧化技术的应用对象从模拟废水转至实际废水。Yao 等[23]组装了一套中试系统，分别对地下水、地表水和二沉池废水进行处理。中试系统如图 4-1-30 所示，由臭氧制备装置、蓄水装置、反应器和尾气处理装置等 4 部分组成。其中反应器由 3 个相同的平行柱状反应器组成，分别对应于臭氧氧化过程、电化学-过臭氧化过程和紫外-臭氧氧化过程。测试结果表明，电化学-过臭氧化过程不仅能将不同水源中双氯酚酸、萘普生、吉非贝齐和苯扎贝特等臭氧可降解物质快速去除，而且能显著提升布洛芬、降固醇酸和氯霉素等臭氧难降解物质的去除效率，分别提升 15%~43%、5%~15% 和 5%~10%。

在工业应用过程中，除了考虑不同技术的处理效率，还需对技术的能耗进行评价。

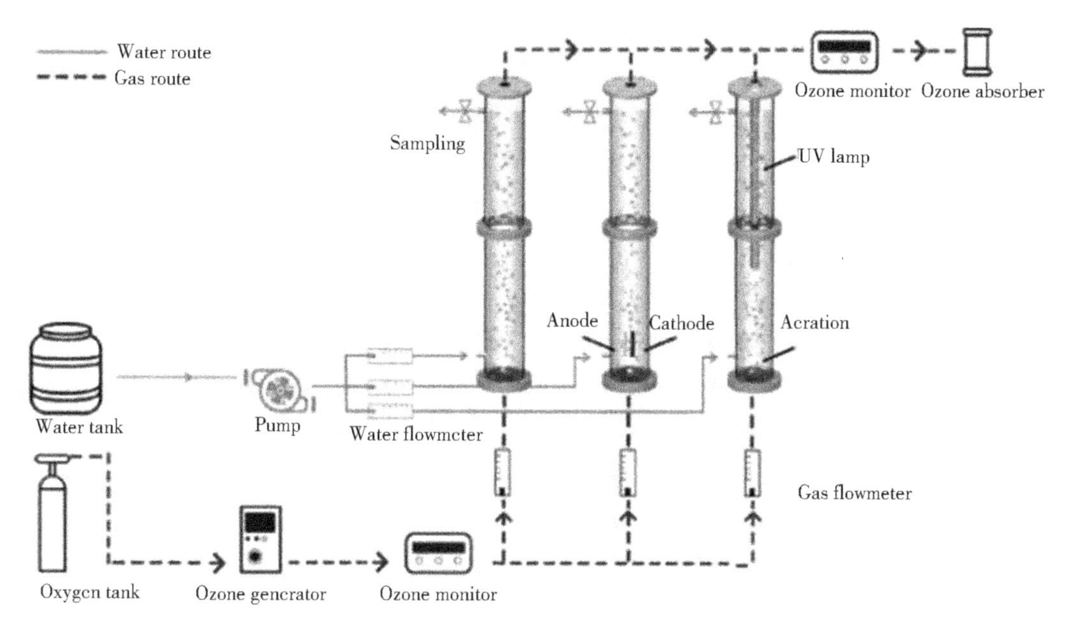

图 4-1-30　电化学-过臭氧化过程中试装置示意

采用式（4-1-19）至式（4-1-21）对不同过程的能耗进行计算：

$$E_{E_0}(O_3)=\frac{0.06r\,C_{O_3}Q_{O_3}}{Q\log\left(\frac{C_i}{C_e}\right)} \tag{4-1-19}$$

$$E_{E_0}(EP)=\frac{0.06r\,C_{O_3}Q_{O_3}+IU}{Q\log\left(\frac{C_i}{C_e}\right)} \tag{4-1-20}$$

$$E_{E_0}(O_3)=\frac{0.06r\,C_{O_3}Q_{O_3}+P}{Q\log\left(\frac{C_i}{C_e}\right)} \tag{4-1-21}$$

式中，E_{E_0}代表1立方废水中去除1个量级污染物所需的电能，r为制备臭氧所需能量，C_{O_3}为氧气/臭氧混合气中气相臭氧浓度，Q_{O_3}为氧气/臭氧混合气流速，Q为水流速，C_i为有机污染物的最初浓度，C_e为有机污染物的出水浓度，I为施加电流，U为平均电压，P为低压紫外汞灯的功率。

对于双氯酚酸和苯扎贝特两种有机污染物，电化学-过臭氧化处理过程的E_{E_0}明显高于臭氧氧化过程，因为两种物质都属于臭氧易降解物质，单纯臭氧就可将其快速降解，因此，电化学-过臭氧化过程不能进一步提升降解效率，反而因为臭氧和氧气电还原而造成能耗增加。而对于臭氧难降解物质（氯霉素），由于活性氧自由基快速生成，电化学-过臭氧化过程处理地表水和二沉池废水的E_{E_0}分别较臭氧氧化过程降低30%~53%和10%~16%。地表水中氯霉素的降幅仅约为10%，因为地表水导电性差，制备过氧化氢需要消耗更多的电能。尽管如此，该过程在处理臭氧难降解物质的能耗明显低于臭氧氧化过程。紫外-臭氧技术虽然处理臭氧难降解物质的效率与电化学-

过臭氧化过程相近，但由于紫外光照射需要消耗较高的能量，导致紫外－臭氧技术的 E_{E_O} 值比电化学－过臭氧化过程高4～10倍。因此，电化学－过臭氧化技术是一种经济实用的废水处理技术（图4－1－31）。

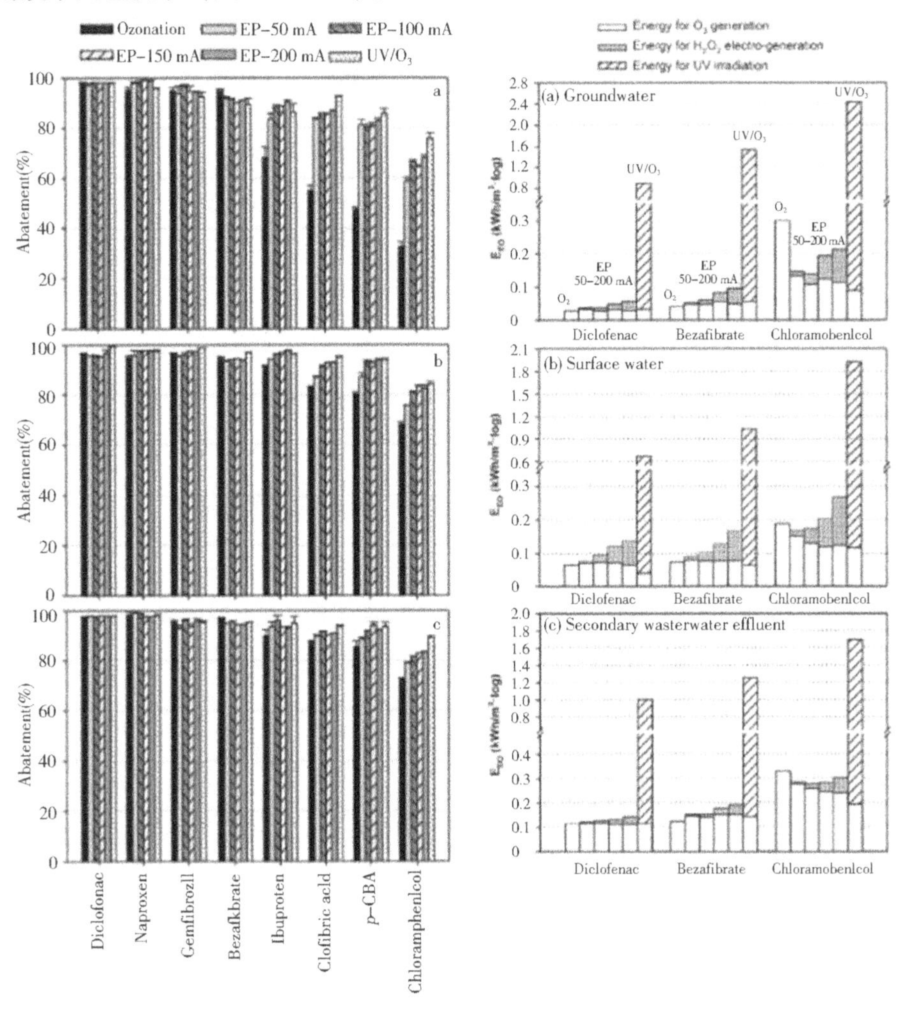

图4－1－31　臭氧氧化过程、电化学－过臭氧化过程和臭氧－紫外技术对地下水、地表水和二沉池出水中各有机物的去除率对比和对应的能耗对比

电化学－过臭氧化技术还可应用于饮用水的净化消毒，如抑制水体中溴酸盐的形成。若使用单纯臭氧氧化处理含溴废水，Br^- 会被臭氧化生成致癌物溴酸盐，会提高处理之后的饮用水毒性。而采用电化学－过臭氧氧化过程处理，H_2O_2 会与 $HOBr/OBr^-$ 反应生成 Br^-，抑制溴酸盐的形成。因为饮用水通常 pH 为6.5～8.5，在该 pH 范围下过氧化氢与臭氧的反应速率明显低于与 $HOBr/OBr^-$ 的反应速率。例如，在 pH 7～8 时，过氧化氢与臭氧的反应速率常数在 150～1500 mol/（L·s），而过氧化氢与 OBr^- 的反应速率常数高达约 1.2×10^6 mol/（L·s）。因此，电化学－过臭氧化过程中原位生成的过氧化氢会优先与 OBr^- 反应生成 Br^-，从而抑制水体中溴酸盐的生成。Li 等[24]利用电化学－过臭氧化技术过程处理含溴废水，可将初始浓度为 150 μg/L 的含溴废水中溴酸盐浓度维持在 10 μg/L 以下，而臭氧氧化处理会使溴酸盐的浓度高达 60 ~ 120 μg/L。因此，电化学－过臭氧化过程不仅可以去除饮用水中有机污染物，而且可以有效抑制溴酸盐的形成。

第二节　过氧化氢耦合强化臭氧氧化技术

为提高废水处理时污染物降解效率，臭氧经常与其他技术（如过氧化氢、紫外线和过硫酸盐）结合使用，特别是将 O_3 和 H_2O_2 结合使用（即 Peroxone 过程）对有机降解具有显著的协同作用。这种协同作用主要是因为 O_3 与 H_2O_2 反应形成 · OH，快速氧化大多数有机污染物。而且 H_2O_2 和 O_3 反应不会产生二次污染物，副产物只有 H_2O 和 O_2 [25]。因此，Peroxone 过程被认为是一种环境友好型高级氧化技术。

一、均相耦合强化臭氧氧化技术

（一）反应机制

Peroxone 过程要通过复杂的链式反应产生 · OH，将废水中难降解的有机物氧化去除或者降解成水和二氧化碳。对于 Peroxone 工艺，之前一直认为 O_3 的 · OH 产率为 100%，但是近年的实验研究发现，产率可能要低得多，约为 50%。在应用 Peroxone 工艺时必须考虑 · OH 产率，并需要对其机制进行详细讨论。

$$H_2O_2 \rightleftharpoons H^+ + HO_2^- \quad (4-2-1)$$

$$HO_2^- + O_3 \longrightarrow HO_2^{\cdot} + O_3^{\cdot -} \quad (4-2-2)$$

$$HO_2^{\cdot} \rightleftharpoons O_2^{\cdot -} + H^+ \quad (4-2-3)$$

$$O_2^{\cdot -} + O_3 \longrightarrow O_2 + O_3^{\cdot} \quad (4-2-4)$$

$$O_3^{\cdot -} + H^3 \rightleftharpoons HO_3^{\cdot} \quad (4-2-5)$$

$$HO_3^{\cdot} \longrightarrow \cdot OH + O_2 \quad (4-2-6)$$

臭氧与过氧化氢首先发生反应生成 HO_2^- 和 · O_3^-，$HO_2^{\cdot}$ 可以生成 $O_2^{\cdot -}$，$O_2^{\cdot -}$ 和 O_3 可以生成 $O_3^{\cdot -}$，$O_3^{\cdot -}$ 通过质子化解离生成 · OH。这是一开始研究人员对于 Peroxone 过程形成 · OH的认知，但没有考虑6 个反应中的竞争反应：

$$HO_2^- + O_3 \rightleftharpoons HO_5^- \quad (4-2-7)$$

$$HO_5^- \longrightarrow HO_2^{\cdot} + O_3^{\cdot -} \quad (4-2-8)$$

$$O_3^{\cdot -} \rightleftharpoons O_2 + O^{\cdot -} \quad (4-2-9)$$

$$O^{\cdot -} + H_2O \rightleftharpoons \cdot OH + OH^- \quad (4-2-10)$$

假设式（4－2－2）是在式（4－2－7）之前发生的，并且 $O_3^{\cdot -}$ 转化为 · OH 通过式（4－2－9）和式（4－2－10）进行，而不是通过式（4－2－5）和式（4－2－6），在式（4－2－7）中形成加合物作为中间产物，加合物也可以衰变为 OH^- 和两个处于基态（$^3O_2$）的 O_2分子［式（4-2-11）］，和式（4-2-8）形成竞争。

$$HO_5^- \longrightarrow 2\,^3O_2 + OH^- \qquad (4-2-11)$$

Fischbacher[21]通过 3 种方法：用·OH 的竞争反应研究·OH 的形成和产率，用 t-BA清除·OH 研究 t-BA 衍生产物，用·OH 与二甲基亚砜（DMSO）反应的产物分析·OH，发现 Peroxone 过程中 O_3的·OH 产率为 50%。

（二）参数影响

不同的实验条件也影响降解效果，本节主要对 Peroxone 过程中不同的影响因素进行总结。

1. pH

随初始 pH 增大，·OH 浓度也增加，大部分大分子有机物被氧化生成乙酸等难降解小分子。在氧化反应后期溶液 pH 变成酸性，H_2O_2 与 O_3的催化速率降低，会减慢对污染物的去除速率。

陆曦等[26]在对苯二酚溶液浓度为 125 mg/L、O_3投加量为 180 mg/（L· min）、30% H_2O_2投加量为 0.125%、反应温度为（25±1）℃条件下，研究了 pH 对反应的影响，发现提高体系 pH 会提高 O_3/H_2O_2氧化有机物的效率。选取反应 10 min 作为取样时间点，当初始 pH 从 2.0 升高到 7.0 时，对苯二酚的去除率由 28%增加到 45%；当 pH 升高到 9.0 时，去除率提高到 91%；在 pH=9.0 时反应 15 min 后对苯二酚的去除率基本达 100%，说明 pH 为 9 是去除对苯二酚的最适宜 pH（图 4-2-1）。

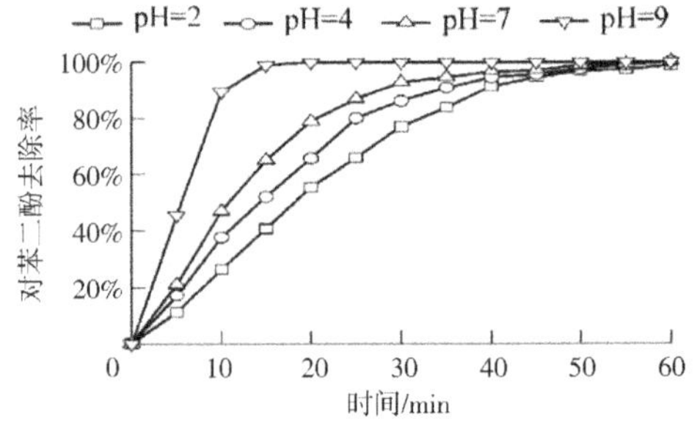

图 4-2-1　不同 pH 对对苯二酚去除率的影响

［对苯二酚溶液浓度为 125 mg/L，O_3投加量为 180 mg/（L·min），30% H_2O_2投加量为 0.125%，反应温度为（25±1）℃］

傅宏俊等[27]在过氧化氢质量浓度 110 g/L、处理时间 30 min、处理温度 65 ℃、臭氧质量浓度 40 mg/L、带液率 80% 的实验条件下，处理仪纶纤维。研究发现 pH 较低时纤维的脱色效果更好。纤维的断裂强力总体上随白度降低呈上升趋势，但是上升不明显，pH 为 2.5 时纤维的白度最高为 89.86，但是强力损失较大；pH 为 3 时白度为 89.58，能够达到生产需求，此时纤维断裂强力为 7.188 N，强力损失较低。因此，综合考虑纤维白度和断裂强力，选取 pH 为 3 最佳处理条件。臭氧与过氧化氢在酸性条件下氧化还原电位更高，O_3性质也更稳定，因此降低溶液的 pH，减少了润湿仪纶纤维过程中过氧化氢的无效分解保证过氧化氢在臭氧脱色阶段充分与臭氧作用生成更多·OH，与臭氧协同氧化纤维中的有色物质（图 4-2-2）。

Amaral-Silva 等[28]研究了 Peroxone 对提高垃圾渗滤液的生物降解性的作用。氧化实验如下：将 500 mL 废水加入反应器中，臭氧氧化温度为 65 ℃，实验一开始就有氧气流动，搅拌速度保持在 750 r/min，研究 pH 对实验的影响。通过图 4-2-3a 至图4-2-3c 可以看出，氧化过程强烈依赖于初始 pH。过臭氧化遵循两个主要途径：在酸性 pH 下过氧化氢不易分解，可与臭氧协同降解垃圾渗滤液；在碱性 pH 可促进臭氧分解生成 · OH；在中性 pH 这两种途径结合在一起，其效率根据废水的特性而变化。高 pH 提高了工艺的处理效率，低 pH 下 COD 的去除效果最差。

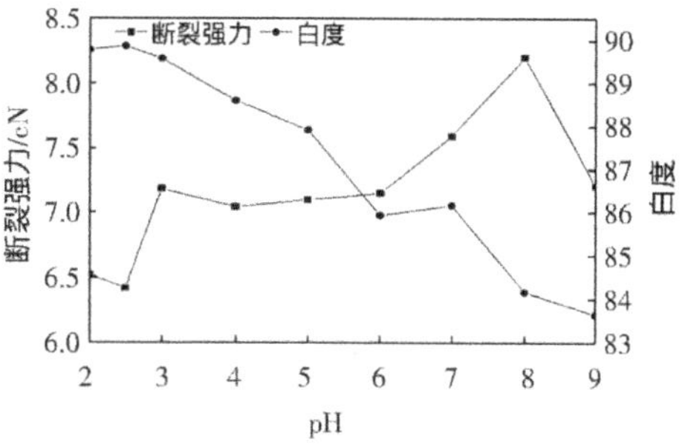

图 4 - 2 - 3b 描绘了臭氧处理对渗滤液颜色的影响。pH 3 和 pH 9 时，脱色率分别为 79% 和 95%。污染物的发色团非常容易受到臭氧分子的直接攻击，在酸性条件下可有效脱色。pH = 9 时，BOD_5/COD 从 0.05 增加到 0.33（图 4 - 2 - 3c），但随时间增加，BOD_5/COD 均低于 0.33。氧化处理后，废水的生物降解性有所改善，其中 pH = 5 最有利于后续生物处理。

图 4 - 2 - 2　不同 pH 对纤维断裂强度和白度的影响

{$[H_2O_2]_0$ = 110 g/L，反应时间为 30 min，反应温度为 65 ℃，$[O_3]_0$ = 40 mg/L，带液率为 80%}

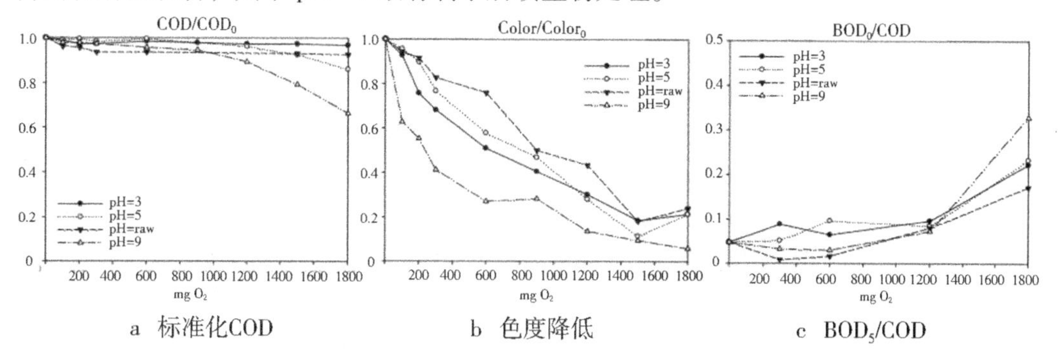

图 4 - 2 - 3　pH 对渗滤液单次臭氧氧化的影响

因此，Peroxone 处理不同的污染物需要对 pH 进行探究，酸性 pH 下一部分污染物更容易降解，过氧化氢也不易分解。但是要根据实际工程需要考虑经济条件与实验效果的前提下，寻找最适合的 pH 降解污染物。

2. O_3投加量

臭氧投加量增多会促进污染物降解，但随着水体中的臭氧浓度接近饱和，反应速率不会继续增加，投加过多的臭氧分子作用不大[29]。

刘烈等[29]分别调节 O_3的质量浓度为 25 mg/L、50 mg/L、75 mg/L、100 mg/L，臭氧的体积流量为 50 mL/min，探究了臭氧浓度对 Peroxone 过程的影响。当 O_3的质量浓度低于 75 mg/L 时，草酸（OA）的去除率随 O_3质量浓度增加而增加，O_3含量增加促进了臭氧气液间传质。更多 O_3溶于水相促进了 · OH 的产生，提高了 OA 的降解速率；但当 O_3质量浓度高于 75 mg/L 时，去除率不再升高，说明此时 O_3传质不再是限制因素，而是电还原生成 H_2O_2相对不足。过多的 O_3与 OA 反应较慢，难以提高 OA 的降解效率。因此，O_3的质量浓度达 75 mg/L 后，OA 的去除率不再提高（图 4 - 2 - 4）。

Amaral 在 Peroxone 处理提高垃圾渗滤液的生物降解性实验中[28]研究了臭氧浓度的影响。图4 - 2 - 5a 显示了臭氧入口浓度的影响，反应 60 min 时 COD 去除率最高可达

10%。氧化 3 h 后，当臭氧气体用量为 5 mg/min,最终 COD 仅减少 7% 时，当臭氧气体用量为 10 mg/min、15 mg/min 和 20 mg/min时，COD 分别减少 33%、40% 和43%。

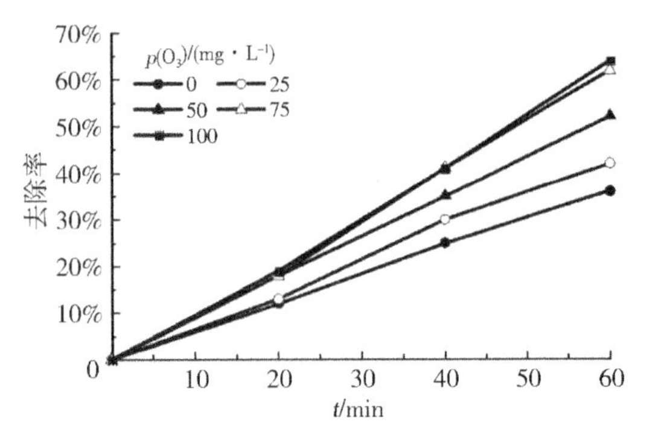

图4-2-4　不同 O_3 含量下草酸（OA）的去除率随时间的变化

（O_3的质量浓度为 25 mg/L、50 mg/L、75 mg/L、100 mg/L，O_3的体积流量为 50 mL/min）

在图 4-2-5b 中，对于 5 mg/min 和 20 mg/min 臭氧用量除色率分别为 75% 和 95%，臭氧用量为 15 mg/min 时，达到最佳除色率 95%。随着臭氧浓度增加，脱色效果越来越好，因为颜色主要来源于不饱和键和特定官能团，臭氧和 · OH 氧化促进了废水脱色。图 4-2-5c 显示 BOD_5/COD 从 0.05 提高到 0.33，当臭氧通入量大于 10 mg/min 时，COD 去除提高，导致可生物降解的有机物浓度降低，因为大多数可生物降解有机物被氧化。

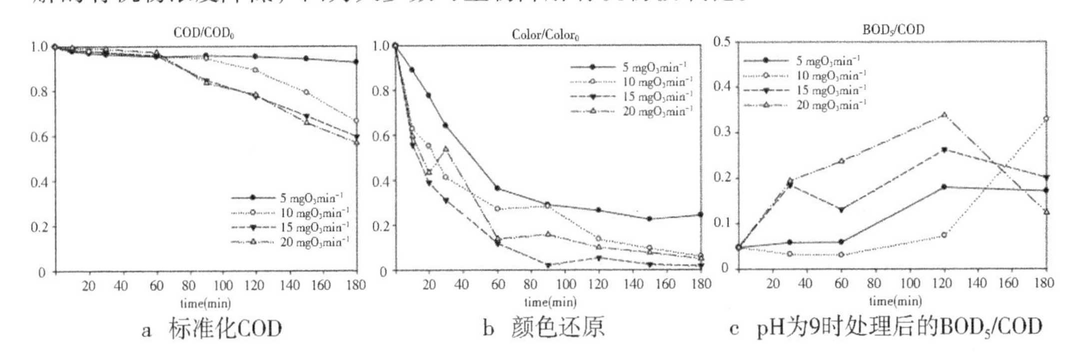

图4-2-5　臭氧浓度对渗滤液单次臭氧氧化的影响随时间变化的曲线

以上研究表明，臭氧浓度不是越高越好。在一定范围内臭氧浓度升高可以提高 · OH的生成量，促进对污染物的降解；过高的臭氧浓度有可能引发竞争反应，减少过氧化氢的生成量，· OH 生成量也减少。另外，过高的臭氧浓度也会提高处理成本。因此，要根据实际情况选择合适的臭氧浓度。

3. H_2O_2投加量

H_2O_2易解离产生激发 · OH 链式反应的引发剂 HO_2^-，提高难降解有机物的去除率。增加 H_2O_2投加量可加快污染物的降解速率，但投加量达到一定值时，继续投加 H_2O_2 降解效果不明显。

在 Peroxone 降解苯二酚的实验中[26]，控制初始 pH 7，O_3 投加量 210 mg/（L · min），苯二酚初始质量浓度 150 mg/L，考察 H_2O_2 投加量（0.05%、0.10%、0.15%、0.20%）对氧化降解对苯二酚的影响（图 4-2-6）。

可以看出 H_2O_2投加量一定时，TOC 的去除率随氧化时间延长而增大，增大 H_2O_2投加量可促进对苯二酚降解，但当 H_2O_2浓度达到一定值，继续增大 H_2O_2的投加量无明显的促进作用，可能是超量的 H_2O_2与 · OH 发生反应，降低了 · OH的有效利用率，从而抑制有机污染物降解。

对纤维的脱色实验中[27]，处理时间30 min、处理温度65 ℃、臭氧质量浓度40 mg/L、带液率80%、pH =3，研究过氧化氢浓度影响。随着 H_2O_2 浓度增加，纤维的白度也不断增加；在 H_2O_2 质量浓度为80～120 g/L，纤维白度提高较快，但 H_2O_2 浓度继续升高时，白度提高的速度减缓，H_2O_2 质量浓度从120 g/L增加到160 g/L时，纤维的白度仅从89.97仅提高至91.44。增大 H_2O_2 浓度，HO_2^- 浓度升高，与臭氧反应产生羟基自由基的量增加，因此纤维脱色效率提高。由图4－2－7还可以看出，随着过氧化氢浓度的升高，纤维的断裂强度呈降低趋势。

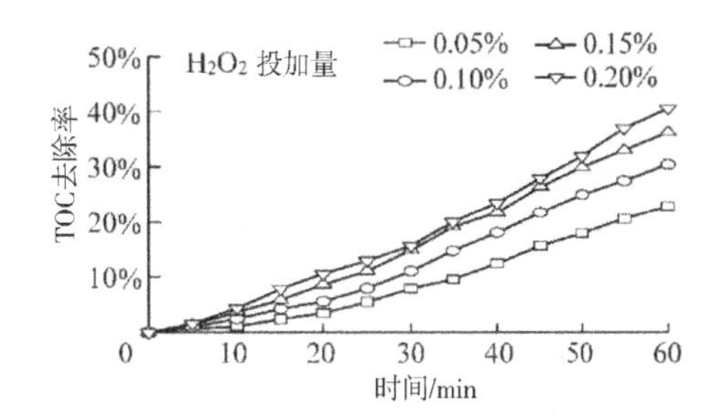

图4－2－6　H_2O_2 投加量对氧化降解对苯二酚的影响

[pH 7，O_3 投加量210 mg/（L·min），苯二酚初始质量浓度150 mg/L]

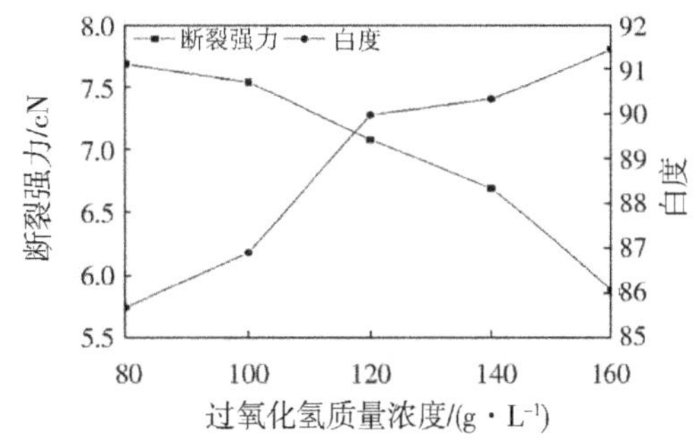

图4－2－7　过氧化氢浓度对纤维断裂强度和白度的影响

（反应时间30 min，反应温度65 ℃，$[O_3]_0$ = 40 mg/L，带液率80%，pH 3）

Tong等[30]在Ti（Ⅳ）催化Peroxone降解醋酸时，发现合适的 H_2O_2 浓度可有效保证 $Ti_2O_5^{2+}$ 生成。不同初始浓度的 H_2O_2 对Ti（Ⅳ）催化 H_2O_2/O_3 过程降解醋酸的影响如图4－2－8所示。

H_2O_2 浓度过高不利于醋酸降解，因为过氧化氢可以淬灭·OH。当初始 H_2O_2 浓

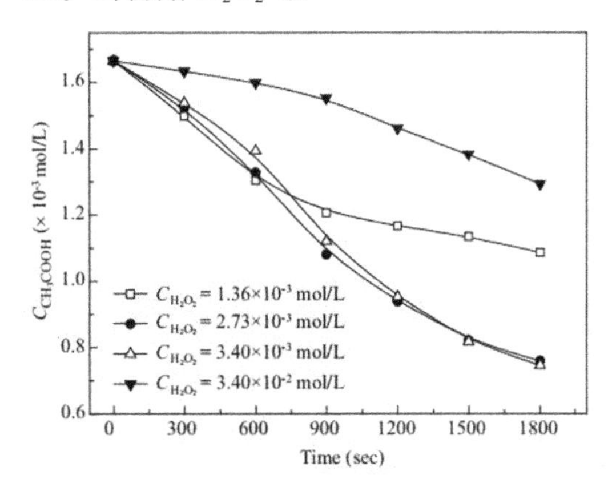

图4－2－8　不同初始浓度 H_2O_2 对氧化反应影响Ti（Ⅳ）催化 H_2O_2/O_3 过程醋酸降解

{$[Ti(IV)]_0 = 5.86 \times 10^{-5}$ mol/L，$[CH_3COOH]_0 = 1.66 \times 10^{-3}$ mol/L，流量臭氧氧化氧速率：0.86 L/min，臭氧输入速率：8.60×10^{-4} mol/min，pH：2.8}

度太低时，$Ti_2O_5^{2+}$ 生成效率低，导致醋酸催化降解率低。因此，选取合适的初始 H_2O_2 浓度范围，才能保证Poroxone处理效果。

4. 温度

傅宝俊[27]在处理时间 30 min、臭氧质量浓度 40 mg/L、液含率 80%、pH 3、过氧化氢质量浓度为 120 g/L 的条件下，研究温度对过臭氧化处理含纤维废水的影响。

反应温度从 25 ℃升至 85 ℃时，纤维白度随温度升高显著提高，高温下，O_3 与 H_2O_2 反应生成·OH 的速率加快，且臭氧和·OH 更易进入纤维中结构疏松的无定形区。但温度高于 85 ℃时，随着温度继续升高白度增加缓慢，因为温度过高会引起 O_3 和 H_2O_2 自分解，不仅直接氧化脱色的臭氧量降低，而且 H_2O_2 和溶解在溶剂中的臭氧量也降低，因此反应产生的·OH 减少，导致氧化脱色的反应速率下降（图 4-2-9）。

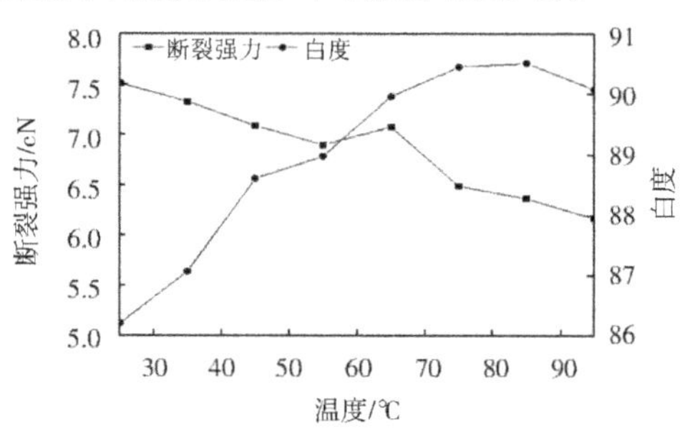

图 4-2-9 温度对纤维断裂强度和白度的影响

De Witte[31]等研究了 Peroxone 过程中温度对降解抗生素环丙沙星的影响，温度（6～62 ℃）对 $k_{1,cipro}$ 值和臭氧消耗的影响如表 4-2-1 所示。环丙沙星在 pH = 6.0 和 35.4 ℃时降解速度明显加快，其降解和臭氧消耗不直接相关。

表 4-2-1 过臭氧化处理环丙沙星的拟一级反应常数和臭氧消耗量

Inlet ozone concentration/(μg/g)	Temperature/℃	pH	H_2O_2/(μmol/L)	$k_{1,cipro}$/min^{-1}	Ozone consumption during 90 min /mmol
660	27.5	7	–	0.0081 ± 0.0004	0.254
2010	27.5	7	–	0.0343 ± 0.0012	0.778
2500	27.5	7	–	0.0453 ± 0.0030	0.841 ± 0.036
3260	27.5	7	–	0.0613 ± 0.0022	1.102
3680	27.5	7	–	0.0660 ± 0.0029	1.253
2500	6.0	7	–	0.0549 ± 0.0027	0.884
2500	13.4	7	–	0.0413 ± 0.0037	0.877
2500	21.0	7	–	0.0436 ± 0.0030	0.877
2500	27.5	7	–	0.0453 ± 0.0030	0.841 ± 0.036
2500	35.4	7	–	0.0561 ± 0.0044	0.897
2500	62.0	7	–	0.0382 ± 0.0022	0.927
2500	27.5	3	–	0.0567 ± 0.0032	0.770
2500	27.5	7	–	0.0453 ± 0.0030	0.841 ± 0.036
2500	27.5	10	–	0.0515 ± 0.0018	0.882
2500	27.5	7	2	0.0496 ± 0.0011	0.841
2500	27.5	7	10	0.0505 ± 0.0014	0.885 ± 0.015

续表

Inlet ozone concentration/(μg/g)	Temperature/℃	pH	H_2O_2/(μmol/L)	$k_{1,cipro}$/min^{-1}	Ozone consumption during 90 min /mmol
2500	27.5	7	50	0.0514 ±0.0009	0.832
2500	27.5	7	100	0.0422 ±0.0013	0.826
2500	27.5	7	360	0.0450 ±0.0011	0.882
2500	27.5	7	990	0.0362 ±0.0011	0.850
2500	27.5	3	10	0.0518 ±0.0021	0.761
2500	27.5	7	10	0.0505 ±0.0014	0.885 ±0.015
2500	27.5	10	10	0.0462 ±0.0010	0.953

在较高的温度下，臭氧的亨利系数较高（如 6 ℃时为 2.23，62 ℃时为 28.18）导致液相中的臭氧较少。臭氧在液相中的扩散速度较快，反应动力学也较快，因此在较高的温度下，臭氧的传质和环丙沙星的降解也较快。

但需注意的是，温度升高同时也会加速 O_3 无效分解，不利于反应进行。因此，实际工程中应选择与进水水温相近的温度以降低能耗。

5. 污染物种类

在 Peroxone 降解对苯二酚中发现，氧化对苯二酚的最优参数为[26]：温度为 25 ℃，初始 pH 为 7.0，对苯二酚初始浓度为 150 mg/L，O_3 投加量为 210 mg/（L·min），30% H_2O_2 投加量为 0.15%。在该操作条件下反应 60 min 后对苯二酚的去除率基本为 100%，TOC 的去除率为 39%（图 4-2-10）。

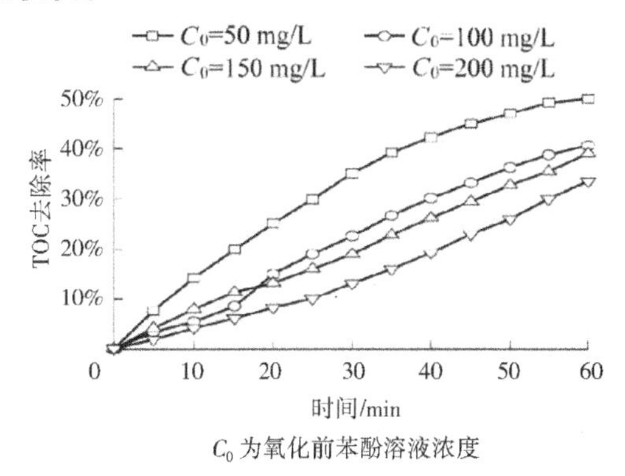

图 4-2-10　不同浓度对苯二酚污染物对降解效果的影响

（T：25 ℃，初始 pH 7.0，C_0 为氧化前苯二酚溶液浓度，对苯二酚初始浓度为 150 mg/L，O_3 投加量为 210 mg/（L·min），30 % H_2O_2 投加浓度为 0.15%）

Gago Ferrero 等[32]研究发现，在标准条件和 pH 为 7 时，二苯甲酮-3（BP-3）在 Peroxone 过程中反应 40～50 min 后去除率为 95%。其中在标准条件下，对 BP-3 进行过臭氧化和臭氧消耗曲线随时间变化如图 4-2-11 所示。

徐泽龙等[33]研究发现该技术可使 COD 去除率提高 27.66%，肼类污染物的降解速率随过氧化氢投加量、紫外线辐射强度、O_3 投加速率提高而升高，随着污染物初始质量浓度提高而下降。在最佳工艺下处理 5000 mg/L 的废水，反应 60 min COD 去除率分别为 98.62%（偏二甲肼）、99.17%（甲基肼）和 99.94%（肼）[27]。研究发现过臭氧化处理对仪纶纤维具有良好的脱色效果，纤维大分子链断裂，破坏了纤维中有色物质的共轭体系，从而使仪纶纤维白度增加；在 H_2O_2 用量 110 g/L、pH 为 3、臭氧质量浓

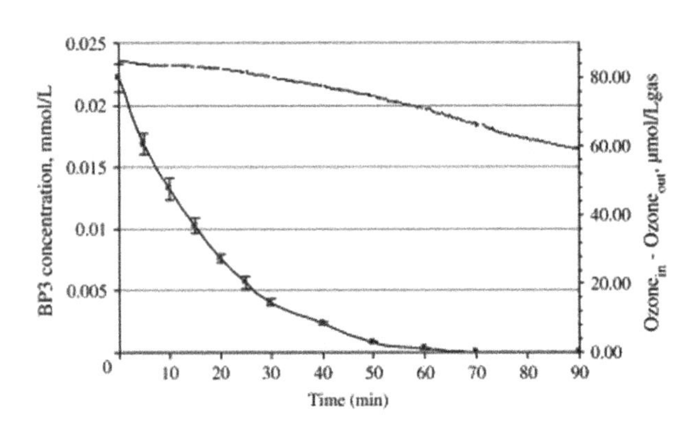

图4-2-11 标准条件下（85.7μmol/L O_3，25 ℃，pH=7）对BP3进行臭氧氧化（全曲线）和臭氧消耗曲线随时间变化（虚线）

度为40 mg/L、温度为65 ℃、时间为30 min、纤维带液率为80%的最佳工艺条件下，纤维亨特白度可达90以上，强度损失率在15%以内。

二、非均相催化强化过臭氧化技术

（一）概述

在加入催化剂或者外加能量场的条件下，O_3、H_2O_2等会被转化为·OH，但这些过程仍然存在催化效率较低、催化剂失活及二次污染等问题。O_3和H_2O_2反应产生·OH的反应速率常数（k）很大程度上取决于水溶液的pH。在pH 11.8［$k=9.6\times10^6$ mol/（L·s）与pH 3［$k<0.1$ mol/（L·s）］条件下，反应速率常数相差8个数量级。因为过臭氧化反应主要由HO_2^-与臭氧之间的反应引发，H_2O_2需在碱性条件下才能有效解离（$pK_a=11.8$）。酸性环境严重抑制了H_2O_2解离形成HO_2^-，因此，过臭氧化反应在酸性条件下的反应速率极慢，开发一种适用于酸性条件下的催化剂可极大拓宽该技术的应用范围。

目前，过臭氧化催化剂有纳米金属催化剂和单原子催化剂，其中一些催化剂通过同时催化O_3和H_2O_2分解来提升过臭氧化过程的处理效率，另一些通过改变原有反应路径，避免受酸性pH制约。

（二）纳米金属催化剂

陈尧等[34]合成了一种TS-1硅钛分子筛，在pH为3时可催化过臭氧化反应快速降解乙酸。推测认为，·OH可能由TS-1分子筛与H_2O_2结合形成的含钛活性氧化物（包括Ti的超氧化物、Ti的氢过氧化物、Ti的过氧化物等）与臭氧分子反应产生。在pH为3的条件下，硅钛比为35:1、70:1、140:1的TS-1分子筛（分别记为TS-1-35、TS-1-70和TS-1-140）催化臭氧氧化草酸的去除率分别为11.4%、7.4%、5.3%，高于臭氧单独氧化过程（1.4%）和分子筛吸附过程（0.5%）。该结果也表明，低硅钛比TS-1具有更好的催化臭氧氧化性能，可能与Ti活性位的相对数量有关。当溶液加入10 μg/g的双氧水时，TS-1-35、TS-1-70和TS-1-140催化H_2O_2/O_3降解草酸的去除率分别为76.8%、70.8%和68.5%，低硅钛比分子筛催化剂仍具有更高的催化活性。这为酸性难降解废水预处理提供了一种新的方法。

Wu 等[35]合成了铜铁氧体修饰的碳纳米管（$CuFe_2O_4$/CNTs），将其作为吸附剂/催化剂用于新兴污染物氟康唑（FLC）的电化学－过臭氧化处理。结果表明，合成的 $CuFe_2O_4$/CNTs 综合了 CNTs 的吸附性能和铁氧体的磁性，能快速去除 FLC，并易于回收再利用。准二阶方程和 Langmuir 等温线模型可以很好地解释 FLC 在催化剂上的吸附行为。与单独处理相比，电化学－过臭氧化处理对 FLC 有协同降解作用。在 $CuFe_2O_4$/CNTs 催化电过氧化过程中约 89% 的 FLC 去除，比没有催化剂的体系高 10%，这意味着 $CuFe_2O_4$/CNTs 能增强过氧化作用。FLC 降解遵循羟基自由基（·HO）氧化机制，$CuFe_2O_4$/CNTs 可以催化臭氧和 H_2O_2 的分解促进·HO 的生成。磁性 $CuFe_2O_4$/CNTs 兼具吸附和催化过氧化作用，可以作为电化学－过臭氧化过程的催化剂。

Ding 等[36]合成了一种氮、CeO_2 共掺杂的石墨烯催化剂（NG－Ce），用于催化过臭氧化去除酸性溶液中有机污染物。实验结果表明，NG－Ce 可大幅提高过臭氧氧化反应去除乙酸的效率。相比过臭氧化反应（6.12%），加入非均相催化剂 NG－Ce 后，乙酸去除率大幅提高（48.64%）。随着溶液酸性增强，NG－Ce/H_2O_2/O_3 的降解效率逐渐降低，但 pH 低至 0.25 时仍可有效降解有机污染物。用 NG－Ce 催化过臭氧化反应处理 pH 为 1 的酸性化工废水时，COD 浓度可降低 1160 mg/L，相比过臭氧化过程（去除 520 mg/L），COD 去除量提高 1 倍以上。研究表明，NG－Ce 表面富含 Ce（Ⅲ）位点可能是具有高催化活性的主要原因，可吸附 H_2O_2 形成 Ce（Ⅲ）－O_2H_2，并引发产生·HO 的链式反应。

（三）单原子催化剂

单原子催化剂是指负载金属以配位键的形式在表面单原子分散的催化剂，具有金属使用率高、催化活性优异及结构稳定等优点，近年来在非均相催化中受到广泛关注。由于金属与载体之间强烈的相互作用改变了金属原子的电子性能，可显著改变某些反应的选择性，表现出与载体材料或纳米颗粒明显不同的催化性能。单原子催化剂的优越性能，可为解决多相催化反应中的瓶颈问题提供一种新思路。近年来也逐步应用于环境催化领域，通过催化氧化反应或还原反应处理有机废水。

本节主要介绍石墨相碳化氮负载的单原子锰催化剂，通过改变反应途径有效地克服了过臭氧化反应在酸性条件下反应速率低的难题，大幅提高了酸性溶液中·OH 的产生效率。实验和理论研究表明，Mn－N_4 作为催化活性中心开辟了一种新的催化途径——通过活化 H_2O_2 来生成 HO_2·，从而摆脱了过臭氧化反应速度受溶液 pH 限制的局限。

单原子 CN_4－Mn 催化剂合成示意如图 4－2－12 所示。

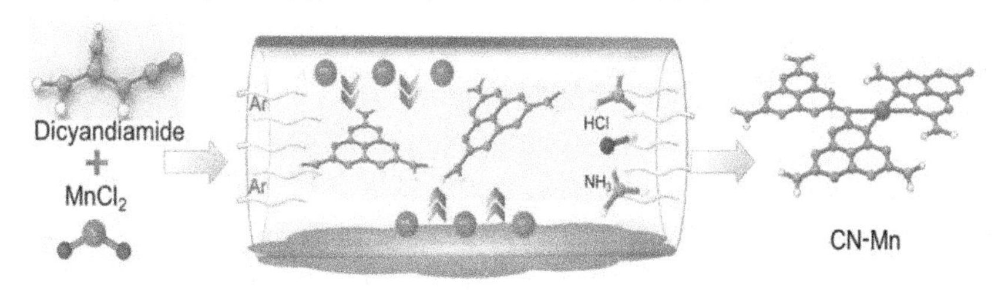

图 4－2－12 单原子 CN_4－Mn 催化剂合成示意

比较不同材料的 XRD 谱（图 4－2－13a）可看出，C_3N_4－Mn 催化剂与 g－C_3N_4都显示了（002）晶面的特征衍射峰，说明两种材料均具有 g－C_3N_4结构特征。C_3N_4－Mn 催化剂未显示任何 Mn 物种的特征峰，说明 Mn 物种在 g－C_3N_4上高度分散，未以任何晶型结构出现。g－C_3N_4和 C_3N_4－Mn 催化剂的 FTIR 谱图类似（图 4－2－13b），均具有相同的七嗪环伸缩峰（806.5 cm^{-1}）和振动峰（1250 ~ 1650 cm^{-1}）。TEM（图 4－2－14a）结果表明，C_3N_4－Mn 催化剂为块状结构，说明负载催化剂仍以 g－C_3N_4为主体，Mn 掺杂未破坏 g－C_3N_4的基本结构。选区电子衍射（SAED，图 4－2－14b）显示 C_3N_4－Mn 催化剂的结晶度差，进一步证实 Mn 以无定型状态存在。

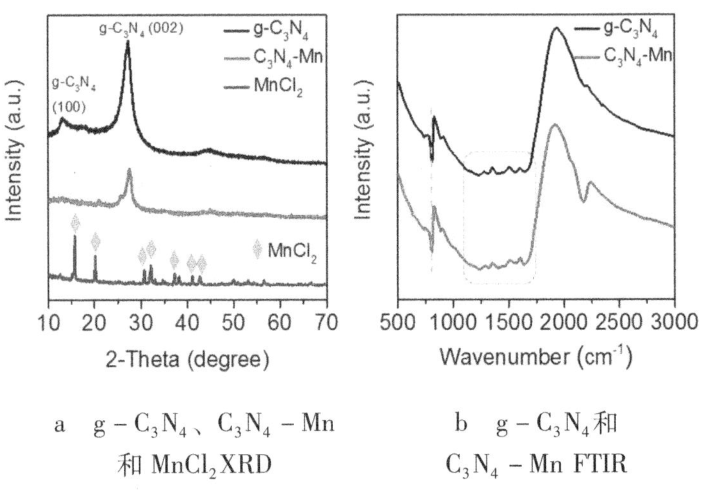

a　g－C_3N_4、C_3N_4－Mn 和 $MnCl_2$ XRD　　b　g－C_3N_4和 C_3N_4－Mn FTIR

图 4－2－13　不同材料的 XRD 谱图（a）和 FTIR 谱图（b）

a　　b

图 4－2－14　C_3N_4－Mn 催化剂的 TEM（a）和 SAED（b）

进一步对 g－C_3N_4和 C_3N_4－Mn 催化剂进行 XPS 表征（图 4－2－15a）。C_3N_4－Mn 催化剂在全扫描谱中出现 Mn 元素出峰。在 N 1s 谱图（图 4－2－15b）中，g－C_3N_4的氮含量较高，并由不同结构的氮组成，如吡啶氮（398.8 eV）、吡咯氮（400.1 eV）和四元氮（401.3 eV）。C_3N_4－Mn 催化剂中吡啶氮与吡咯氮的峰位置向低结合能的方向偏移，表明这些氮原子可能通过配位形式与 Mn 原子结合。进一步分析 Mn 2p 的图谱（图 4－2－15c），Mn $2p_{3/2}$可被裂分为 3 个峰，其中 Mn—N_x 对应的峰强度最高，说明催化剂中 Mn 主要以 Mn—N_x 键存在。如图 4－2－15d 所示，C_3N_4－Mn催化剂中未检测出 Cl 元素，说明前驱体中的 Cl 已在热制备过程中全部脱除，可能以 HCl 气体形式排出。

采用高分辨高角度环形暗场扫描透射电子显微镜（HAADF－STEM）进一步探究 C_3N_4－Mn催化剂中 Mn 的存在形式，如图 4－2－16a 所示。由于金属 Mn 与非金属 C、N 和 O 的衬度不同，在 2 nm 标尺下发现非常细小的亮点均匀地分布在 g－C_3N_4基体上，可推断该亮点为 Mn 物种。亮点尺寸小于 1 nm，而且没有团聚体出现，说明C_3N_4－Mn

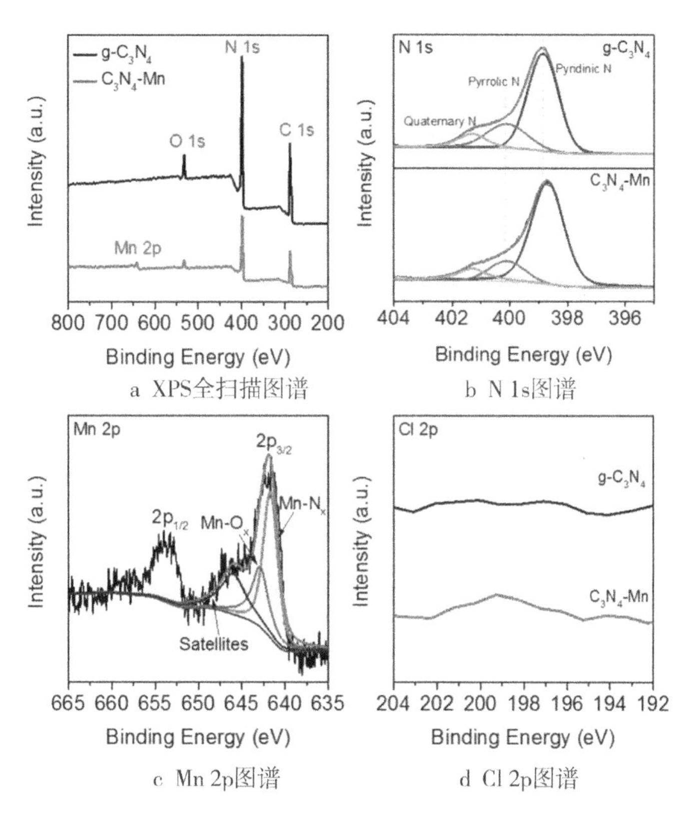

图 4-2-15　C_3N_4-Mn 催化剂的 XPS 表征

催化剂中 Mn 主要以单原子形式存在，而非 Mn 团簇。元素分布图（mapping，图 4-2-16b）证实 Mn 原子均匀分布于 g-C_3N_4基体上。通过电子能量损失谱（EELS）分析（图 4-2-16c）在所选区域内仅能检测到 Mn、C、N 元素，表明 Mn 的存在形式与 C 和 N 元素有关，这与 XPS N1s 谱图分析结果吻合。

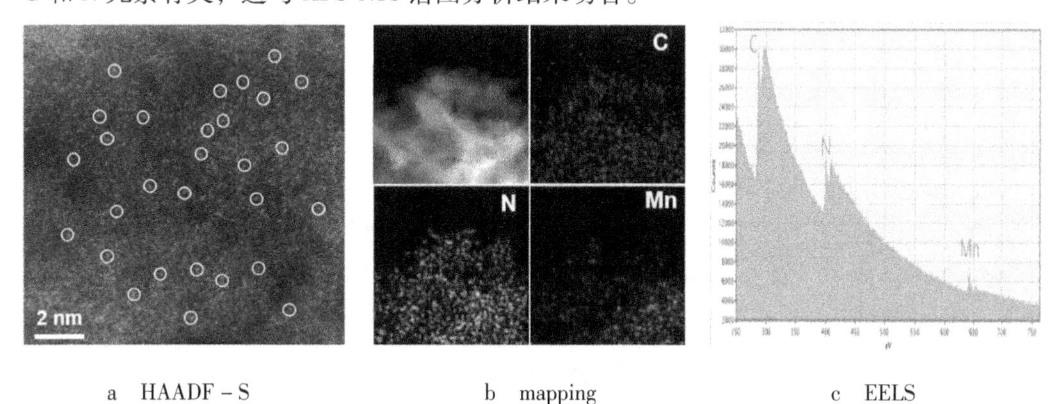

图 4-2-16　C_3N_4-Mn 催化剂的 HAADF-S TEM 表征、元素 mapping 和 EELS

通过 X 射线吸收近边结构（XANES）和扩展 X 射线吸收精细结构（EXAFS）谱图分析 C_3N_4-Mn 催化剂的电子结构与配位信息。如图 4-2-17a 所示，吸收边位置越往高能量方向偏移，说明元素的化合价越高。C_3N_4-Mn 催化剂的吸收边位置在 Mn 箔片和 Mn_3O_4之间，说明 Mn 的价态在 0 价与 +2、+3 价之间，且与 $MnCl_2$样品吸收边位置重合，结合 XPS Mn 2p 谱图中 646.0 eV 位置出现明显的卫星峰，表明即催化剂中 Mn 的化合价为 +2 价。

通过对 k^3 - weighted $\chi(k)$ 数据的傅里叶变换处理，得到各催化剂的配位信息。如图 4-2-17b，明显区别于 Mn 箔片样品中 2.3 Å 的Mn—Mn 键和 Mn_3O_4 样品中 1.4 Å 的 Mn—O 键，C_3N_4—Mn催化剂的 Mn 出峰位置位于 1.7 Å，既不是单质态，也不是氧化物，进一步猜测锰物种可能以原子分散形式存在。另外，C_3N_4 - Mn催化剂中 Mn 的出峰位置与 $MnCl_2$ 重合，但 XPS 分析（图 4-2-15d）未检测到 Cl，说明 Mn 也不是以离子化合物的形式存在，最可能通过 Mn—N 配位键形成单原子结构。

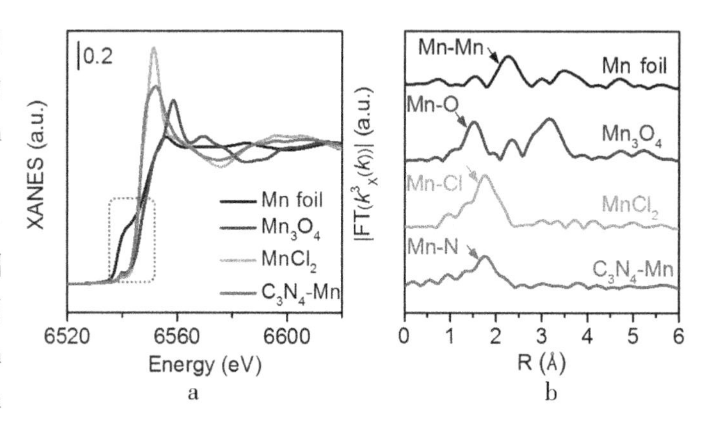

图 4-2-17　Mn 箔片、Mn_3O_4、$MnCl_2$和 C_3N_4 - Mn 材料的 XANES（a）和 EXAFS（b）表征

为了获得 Mn—N 结构的具体配位形式，对 EXAFS 曲线进行拟合（图 4-2-18a 至图 4-2-18f)，获得了 C_3N_4—Mn 催化剂的结构参数，如表 4-2-2 所示。C_3N_4—Mn 催化剂中 Mn 的配位数近似为 4，键长为 2.21 Å，表明孤立的 Mn 原子与 N 原子以 4 配位的形式键合。

表 4-2-2　Mn 箔片、$MnCl_2$、Mn_3O_4和 C_3N_4 - Mn 催化剂的 EXAFS 拟合结果

样品	结合键	*R*（Å）	*N*	σ^2（Å）	ΔE^0（eV）
Mn 箔片	Mn—Mn	2.66 ±0.04	12	0.00001	-6.81
$MnCl_2$	Mn—Cl	2.476 ±0.021	2	0.0047	-2.03
Mn_3O_4	Mn—O	1.933 ±0.009	6	0.0031	0.76
C_3N_4—Mn	Mn—N	2.217 ±0.028	4.89 ±1.31	0.0078	1.78

进一步应用 DFT 计算验证 C_3N_4 - Mn 催化剂的配位结构。通过元素分析可得到 g - C_3N_4的实际组分为 $C_3N_{4.4}H_{2.1}$。建模得到的 g - C_3N_4结构如图 4-2-19a 所示，每个晶胞包含 12 个氢原子、24 个碳原子和 36 个氮原子。假定 Mn—N 分别以 2 配位、3 配位和 4 配位的方式结合，在单层 g - C_3N_4结构中添加 Mn 原子，结果如图 4-2-19b 至图 4-2-19f所示。与 2 配位构型（2.046 eV）和 3 配位构型（2.044 eV）相比，4 配位构型形成能（~1.3 eV）明显更低，说明 4 配位构型更加稳定，这与表 4-2-2 中 EXAFS 拟合结果吻合。考虑 4 配位构型存在多种 Mn 配位形式，分别以失去 1、2 和 3 个氢原子为原则进行计算模拟，发现失去 1 个或者 2 个氢原子的形成能（1.3 eV 左右）显著低于失去 3 个氢原子构型（2.709 eV），因此排除失去 3 个 H 的构型。

对 Mn - N_4单原子催化活性进行评价，装置如图 4-2-20 所示，采用草酸和青霉

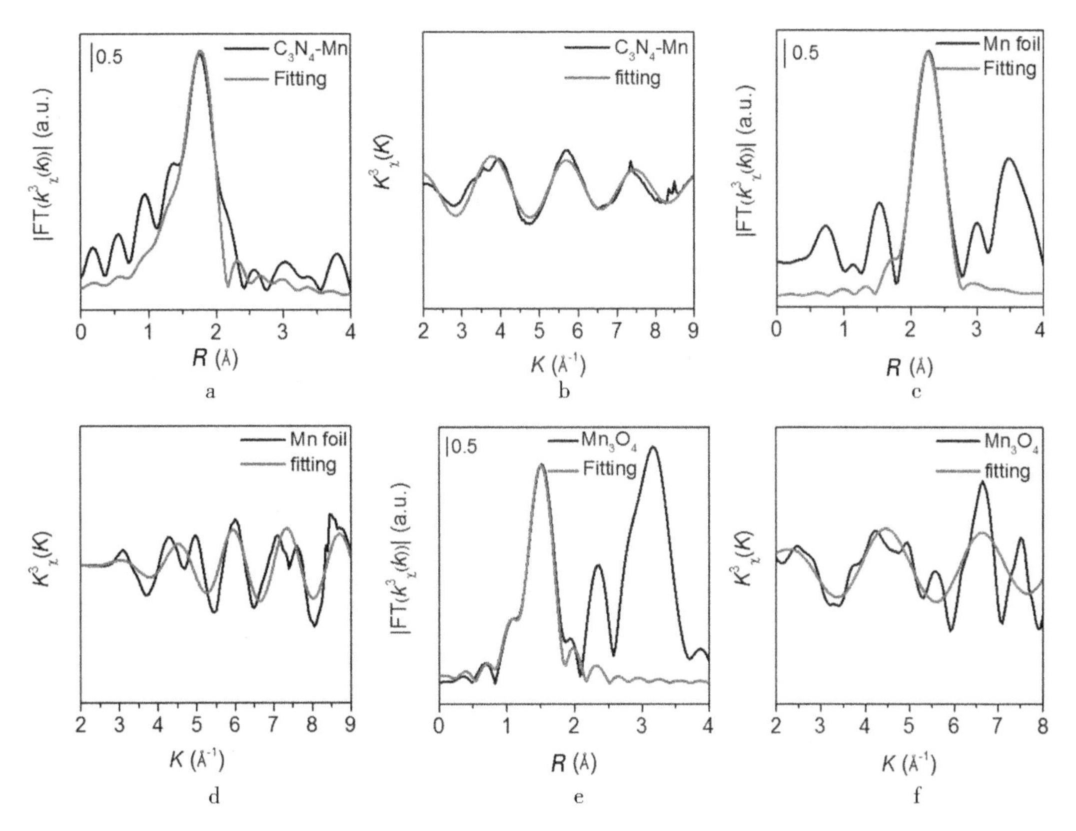

图4-2-18　C_3N_4-Mn、Mn箔片和Mn_3O_4的EXAFS *R* 空间拟合曲线（a，c，e）和 *K* 空间拟合曲线（b、d、f）*R* 空间拟合曲线，（b，d，f）*K* 空间拟合曲线

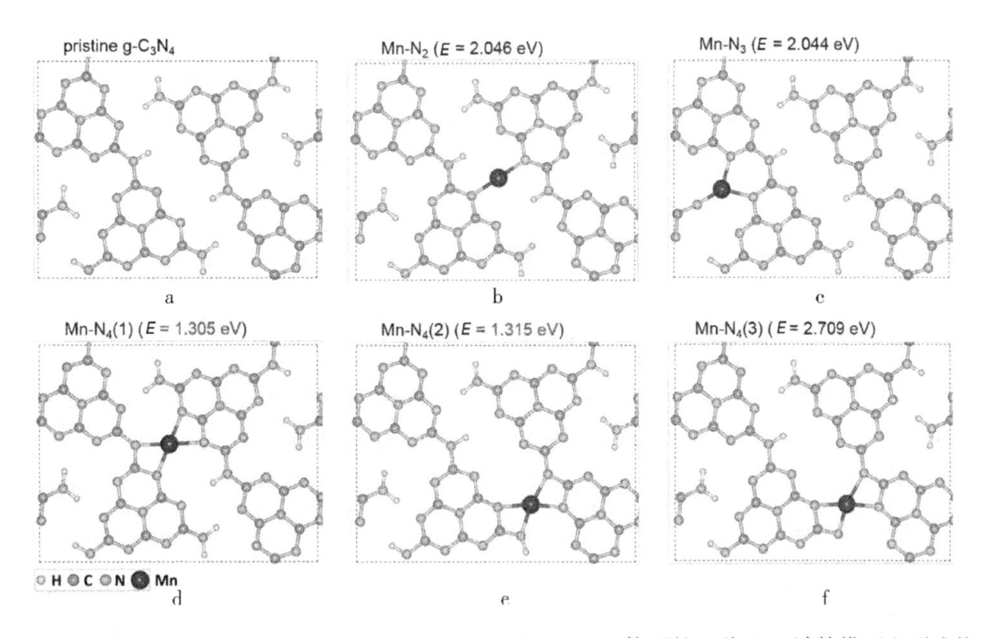

（a）g-C_3N_4，（b）Mn-N_2，（c）Mn-N_3，（d-f）Mn-N_4构型的3种DFT计算模型和形成能

图4-2-19　g-C_3N_4材料的实际结构模型和形成能

素钠作为降解底物。

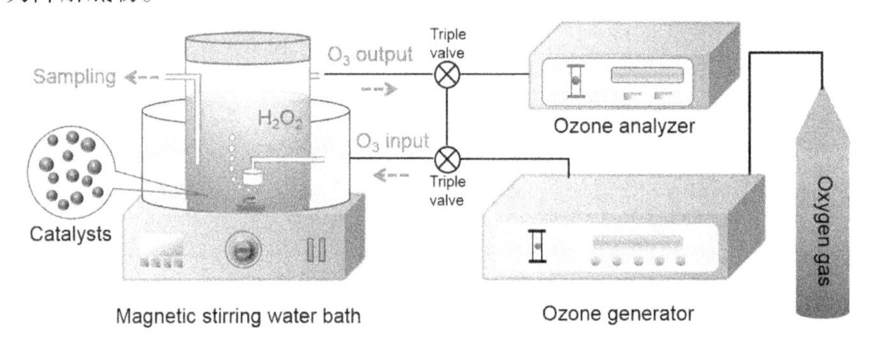

图 4-2-20　催化过臭氧化过程降解体系装置示意

如图 4-2-21a 所示，单纯 O_3 或 H_2O_2 对草酸无明显降解作用。而过臭氧化 60 min 内可去除 28% 的草酸。加入 C_3N_4-Mn 催化剂后，过臭氧化反应在 45 min 内就可将草酸完全降解，催化效果明显。进一步探究 C_3N_4-Mn 催化剂对 H_2O_2 或者 O_3 的催化氧化效果，结果显示 C_3N_4-Mn 催化 H_2O_2 对草酸降解无任何效果，而 C_3N_4-Mn 催化 O_3 在 60 min 内只降解 50% 的草酸，这说明在 O_3 和 H_2O_2 共存体系下，C_3N_4-Mn 主要通过催化过臭氧化降解草酸，而不是催化 H_2O_2 或 O_3 的单一途径。此实验结果证实，在酸性条

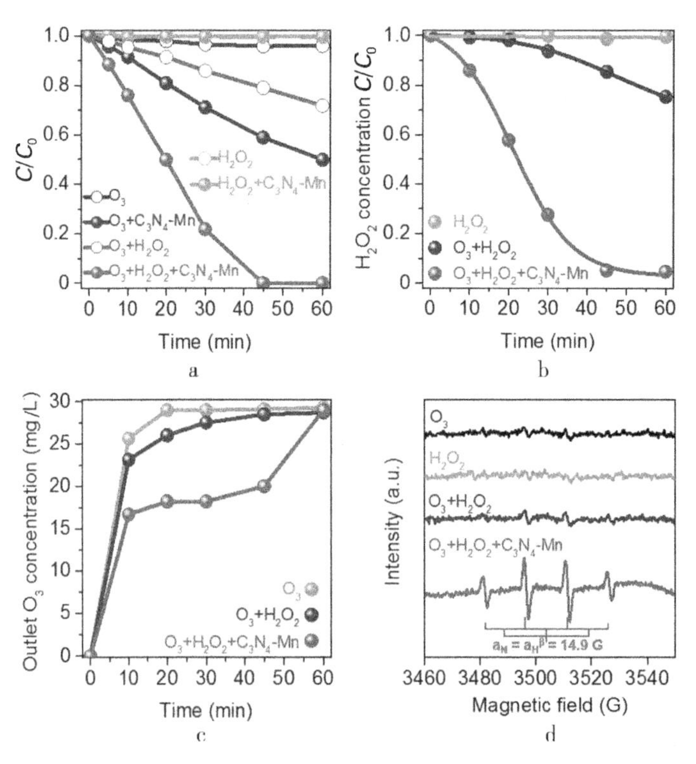

（a）C_3N_4-Mn 催化不同过程降解草酸曲线；（b）过臭氧化和 C_3N_4-Mn 催化过臭氧化过程中 H_2O_2 浓度衰减曲线；（c）臭氧化、过臭氧化和 C_3N_4-Mn 催化过臭氧氧化过程中尾气 O_3 浓度变化；（d）臭氧氧化、H_2O_2 氧化、过臭氧化和催化过臭氧化过程中 EPR 图谱

图 4-2-21　C_3N_4-Mn 催化剂对过臭氧化过程的催化作用

件下催化剂 C_3N_4 – Mn 具有催化过臭氧化反应的活性。

为深入揭示 C_3N_4 – Mn 催化剂对过臭氧化过程的催化作用，检测了溶液中的 H_2O_2 浓度和尾气中 O_3浓度，如图4 – 2 – 21b 和图4 – 2 – 21c 所示。在单独 H_2O_2或者 O_3条件下，草酸未被降解，H_2O_2或者 O_3也几乎未被消耗，与降解效果相吻合。对于过臭氧化过程，H_2O_2和 O_3浓度均随着反应时间延长略微降低，证实过臭氧化过程中可能产生了 · OH 并降解了少量草酸。当加入 C_3N_4 – Mn 催化剂后，H_2O_2和 O_3浓度明显降低，说明催化剂同时加速了 H_2O_2和 O_3消耗。

通过比较不同反应过程中 · OH 的产量进一步验证催化剂对过臭氧化过程的催化作用。以 DMPO 作为自由基自旋捕获剂，采用电子顺磁共振波谱（EPR）进行分析，如图4 – 2 – 21d 所示。在臭氧氧化过程和过臭氧化过程中的 DMPO – · OH 加合物的特征峰均很弱，表明 · OH 产生效率较低，而在 H_2O_2处理过程中未检测到 · OH 特征信号峰。当催化剂加入过臭氧化过程后，观察到非常强的 · OH 信号。由于 EPR 峰强度与 · OH 的产率正相关，加入催化剂前后 · OH 出峰强度差异巨大，证实 C_3N_4 – Mn 催化剂提高了反应中 · OH 的产率，因此草酸的降解效率大幅提升。

除了以常见的短链羧酸草酸作为目标污染物之外，还可催化过臭氧化降解其他复杂有机物，以更全面评价 C_3N_4 – Mn 催化剂的催化活性。目前，我国抗生素类药品使用泛滥，在生产废水或其他水体中检测到不同浓度的抗生素，其中青霉素钠就是一种典型的抗生素药物，研究青霉素钠降解可为处理制药废水提供有效的技术参考。

在臭氧氧化青霉素钠的过程中，COD 去除效率较低。主要有两方面原因：一是形成羧酸类中间产物使溶液 pH 迅速下降到 3 ~ 4，酸性溶液不利于 O_3分解产生活性氧；二是反应生成的中间产物不易继续被 O_3氧化，所以总体 COD 去除率不理想（图4 – 2 – 22a）。当加入 C_3N_4 – Mn 催化剂后，COD 去除率略有提升。采用过臭氧化反应处理青霉素钠时，由于反应过程中溶液 pH 下降，过臭氧化过程的 COD 去除效果也不佳，反应 90 min 仅去除 40%，略高于单独 O_3处理（35%）。当 C_3N_4 – Mn 催化剂加入后，60 min 内 COD 去除率达 80%，提升效果明显。说明C_3N_4 – Mn单原子催化剂催化过臭氧化反应也可深度矿化复杂有机物，通过对比催化 O_3或 H_2O_2氧化过程的 COD 去除率也可得到证实。

青霉素钠降解时，溶液中 H_2O_2浓度以及尾气中 O_3浓度变化趋势与草酸降解实验相同，如图4 – 2 – 22b 和图4 – 2 – 22c 所示。当加入 C_3N_4 – Mn 催化剂后，H_2O_2和 O_3消耗量同时加大。说明单原子催化剂的活性并未受到复杂有机物的结构影响，依旧可以催化过臭氧化反应消耗H_2O_2和 O_3高效产生 · OH。如图4 – 2 – 22d 所示，在青霉素钠降解的多次循环实验中均表现出较高的 COD 去除效率，表明催化剂在处理复杂有机物时也具有极好的催化稳定性。

对 C_3N_4 – Mn 催化剂进行电化学表征，分析反应过程中氢氧化物的变化情况如图4 – 2 – 23a 所示。将C_3N_4 – Mn 催化剂加入 H_2O_2溶液后，H_2O_2氧化电流增加，而在纯水中加入催化剂前后电流无变化，推测 C_3N_4 – Mn 与 H_2O_2作用可能生成自由基，如 $HO_2^{\cdot}$ 。

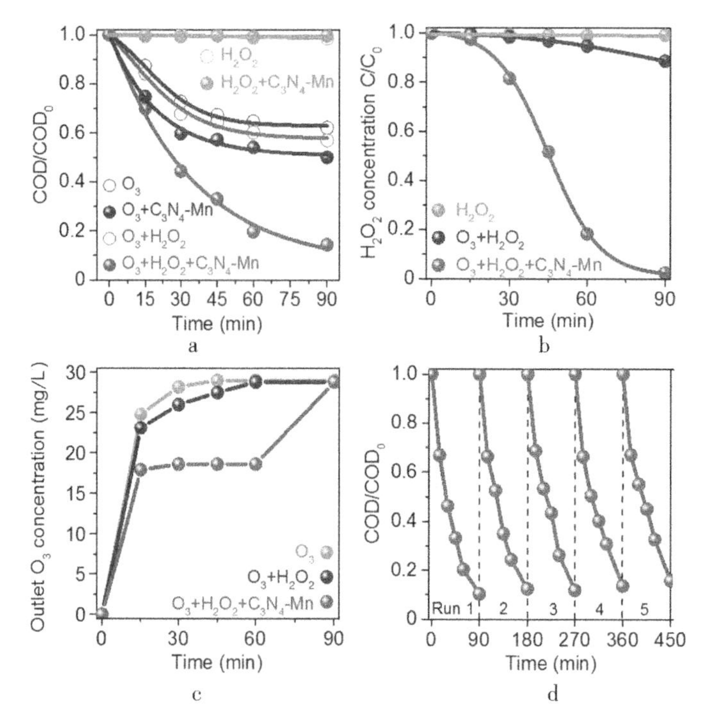

(a) C_3N_4 – Mn 催化臭氧氧化和催化过臭氧化降解青霉素钠的 COD 去除曲线；(b) 过臭氧化过程和 C_3N_4 – Mn 催化剂过臭氧化过程中 H_2O_2 浓度衰减曲线；(c) 臭氧氧化、过臭氧化和催化过臭氧化过程中尾气 O_3 浓度变化；(d) C_3N_4 – Mn 催化剂多次降解青霉素钠效率对比

图 4 – 2 – 22 C_3N_4 – Mn 催化剂的催化活性

为进一步验证 C_3N_4 – Mn 与 H_2O_2 作用生成 $HO_2^{\cdot}$，用 DMPO 作为自旋捕获剂和甲醇作为 · OH 淬灭剂进行 EPR 测试。如图 4 – 2 – 23b 所示，在 H_2O_2 和 C_3N_4 – Mn 催化剂共存体系下，检测到 DMPO – $HO_2^{\cdot}$ 加合物的特征峰。$HO_2^{\cdot}$ 可能通过 HOO—Mn—N_4 产生，而 HOO – Mn – N_4 源于 H_2O_2 在 Mn – N_4 位点的吸附，是 H_2O_2 激活研究中被广泛提及的一条路径。因此，H_2O_2 在 Mn – N_4 位点上吸附，自分解产生 $HO_2^{\cdot}$，而 $HO_2^{\cdot}$ 与 $O_2^{\cdot -}$ 可以共存转化，于是 $O_2^{\cdot -}$ 与 O_3 发生链式反应产生 · OH，促进有机物降解。当 O_3 加入上述体系时，DMPO – $HO_2^{\cdot}$ 加合物的特征峰强度大

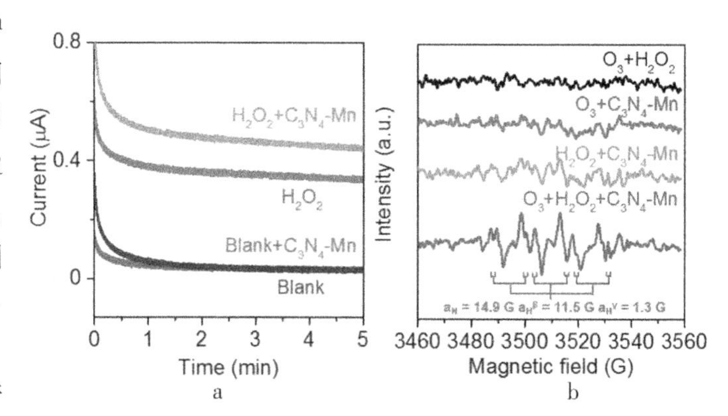

a H_2O_2 溶液和纯水中加入 C_3N_4 – Mn 催化剂前后 H_2O_2 氧化电流对比；b 过臭氧化、催化臭氧氧化、催化 H_2O_2 氧化过程和催化过臭氧化过程中 $O_2^{\cdot -}$ 的 EPR 谱图

图 4 – 2 – 23 C_3N_4 – Mn 催化剂的电化学表征

幅增加，对比过臭氧化过程和催化臭氧氧化过程未发现明显的 $HO_2^{\cdot}$ 信号，可以排除 O_3 分解对 DMPO - $HO_2^{\cdot}$ 信号峰的影响，因此最可能是 O_3 加速了 HOO—Mn—N_4 键分解。从 $HO_2^{\cdot}$ 信号强度判断，HOO—Mn—N_4 自分解速率较慢，加入 O_3 能促进 HOO—Mn—N_4 断键的断裂加速 · OH的生成。

为验证上述反应机制，采用 DFT 计算 O_3、H_2O_2 和 Mn - N_4 位点的作用关系，如图 4 - 2 - 24 所示。设定 Mn - N_4 的电子数为 298 来模拟 Mn^{2+} 阳离子掺杂到 g - C_3N_4 模型，而在中性条件下其电子数应为 300。Bader 电荷分析显示 Mn 阳离子吸附能量为 + 1.44 eV，然后引入一个 H_2O_2 分子到 Mn - N_4 位点上。1.04 eV 时，能量计算表明，H_2O_2 在 Mn 位点上稳定吸附。由于质子能量的不确定性，从 H_2O_2—Mn—N_4 到 HOO—Mn—N_4 的能量变化约为 1.798 eV，证实 HOO—Mn—N_4 成键的合理性。

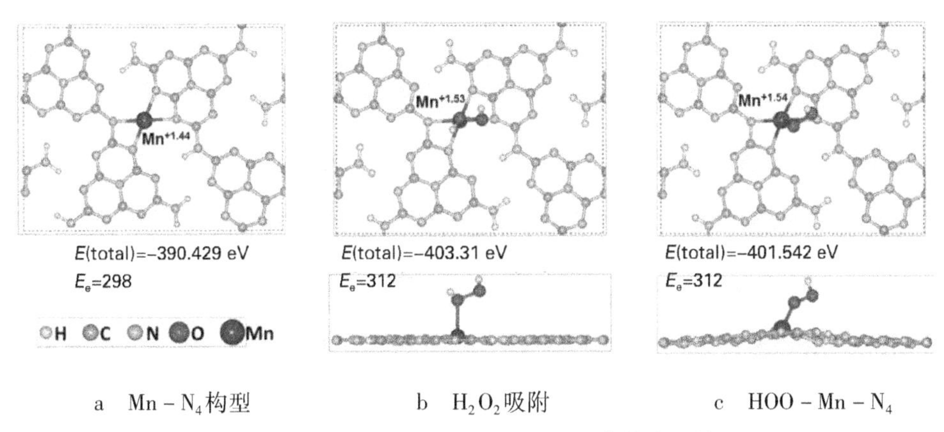

a Mn - N_4 构型　　b H_2O_2 吸附　　c HOO - Mn - N_4

图 4 - 2 - 24 O_3、H_2O_2、Mn - N_4 位点的作用关系

如图 4 - 2 - 25 所示，无 O_3 参与时，HOO—Mn—N_4 键断裂及生成 $HO_2^{\cdot}$ 形成为吸热反应，对应能量变化为 + 1.537 eV，表明该过程不易发生。引入 O_3 后，O_3 攻击 HOO—Mn—N_4 键形成 $HO_2^{\cdot}$ 和 $O_3^{\cdot-}$，该过程能量变化为负值（ - 1.476 eV)，为易于发生的放热反应这充分证实了 O_3 可以促进 HOO—Mn—N_4 键断裂及 $HO_2^{\cdot}$ 生成，与 EPR 数据完全吻合。

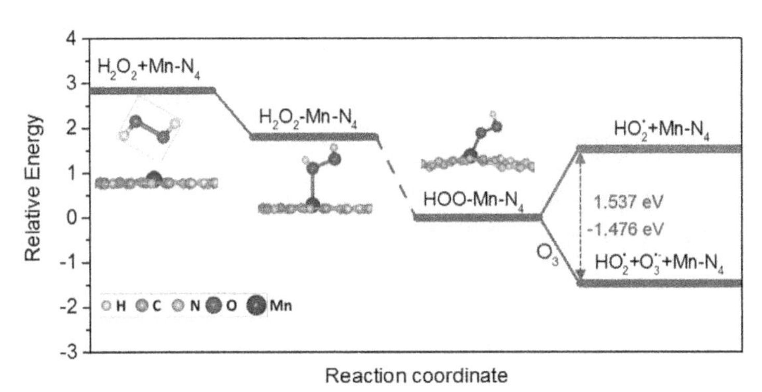

图 4 - 2 - 25 O_3、H_2O_2 与 Mn - N_4 位点相互作用能量变化

结合以上实验数据及 DFT 计算结果，得到 Mn—N_4位点催化过臭氧化反应的反应机制，如图4-2-26所示。首先，Mn—N_4作为活性位点吸附 H_2O_2形成 HOO—Mn—N_4键，然后 O_3攻击 HOO—Mn—N_4键加速—OOH与 Mn 之间断键形成 $HO_2^{\cdot}$ 和 $O_3^{\cdot -}$ 自由基，$O_2^{\cdot -}$ 作为 $HO_2^{\cdot}$ 的共轭碱与 O_3反应生成 $O_3^{\cdot -}$ 自由基，在酸性条件下 $O_3^{\cdot -}$ 与 H^+ 作用快速转变成·OH，促进有机污染物降解。

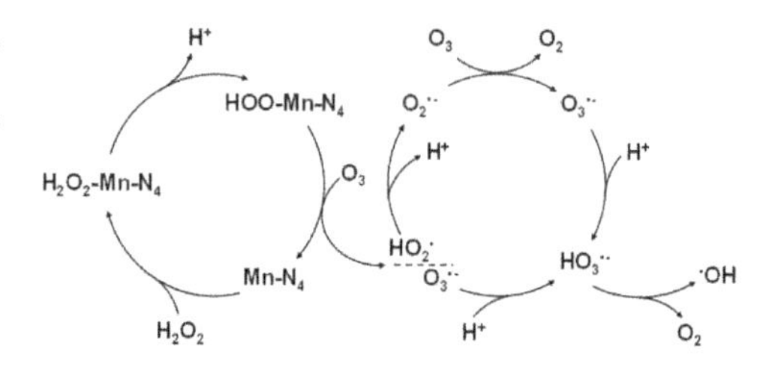

图4-2-26 C_3N_4-Mn 催化过臭氧化的反应机制

第三节 膜过滤耦合强化臭氧氧化技术

20世纪以来，膜过滤技术在水处理领域的应用得到了蓬勃发展，纳滤、反渗透、电渗析技术在纯水制备、海水淡化、高盐废水处理方面展现了良好的效果。在膜技术的应用过程中，膜污染是造成水处理成本提高、膜使用寿命缩短的主要难题。研究者发现，采用臭氧氧化作为膜过滤的预处理手段可有效缓解膜污染情况[31-42]，而膜的微孔结构可成为臭氧的高效曝气器和微反应器，从而显著提高臭氧氧化效率[43-44]。因此，膜过滤与臭氧的耦合可优势互补、协同强化，受到越来越多的关注。

一、陶瓷膜耦合强化臭氧氧化技术

陶瓷膜是以无机材料加工而成的非对称多孔膜，包括 TiO_2、ZrO_2、Al_2O_3、SiO_2等材质。它具有选择透过性，主要根据处理对象物理性质（质量、体积、几何尺寸）和化学性质（解离度、荷电性）的差异实现混合物的分离。与有机膜相比，陶瓷膜具有耐高温高压、耐腐蚀性溶液和极端 pH 条件等优势，且使用寿命长，因此应用范围更广。根据膜的外观形貌不同，陶瓷膜可分为平板膜、管式膜（单通道和多通道）、蜂窝陶瓷膜和陶瓷纤维膜。一般情况下，陶瓷膜的结构主要分为三层：支撑层、过渡层和分离层。其中支撑层为陶瓷膜提供足够的机械强度，具有较大的孔径、孔隙率和透过性；过渡层介于支撑层和分离层之间，可阻止较小颗粒向支撑层渗透从而堵塞孔道；分离层是陶瓷膜的核心结构，溶质的截留、浓缩、分离过程主要取决于分离层的性能。对陶瓷膜的分离层进行修饰，可将 Mn、Fe、Ti、Co 等金属催化剂掺入膜结构中，得到具有催化性能的陶瓷膜。可以预见，陶瓷膜与臭氧氧化耦合技术在水处理领域具有广阔的应用前景。

（一）陶瓷膜与臭氧耦合方式

近年来，研究者多以板式膜或管式膜的形式，将陶瓷膜与催化臭氧氧化工艺耦合，通过发挥陶瓷膜的分离、曝气、接触反应等功能来强化臭氧氧化过程。目前，陶瓷膜与臭氧联用主要包括以下几种情况。

1. 陶瓷膜分离回收催化剂

Chen 和 Wang 等[40,45]采用纳米 TiO_2粉末（P25，30nm）作为臭氧氧化过程的催化剂，由于纳米粉末粒径小、不易固液分离，导致催化剂随水流损失。如图 4－3－1 所示，臭氧与陶瓷膜联用可很好地解决这个难题。纳米 TiO_2催化剂与原水在液箱中搅拌混合，然后通过 Y 型混合器与臭氧气体充分混合、接触反应。催化臭氧氧化处理后的悬浊液进入超滤膜组件（Tami Industries，ZA Les Laurons，Nyons，France，7 孔道陶瓷膜，截留分子量 5000 Da)，被截留的纳米 TiO_2催化剂返回液箱并持续回用。

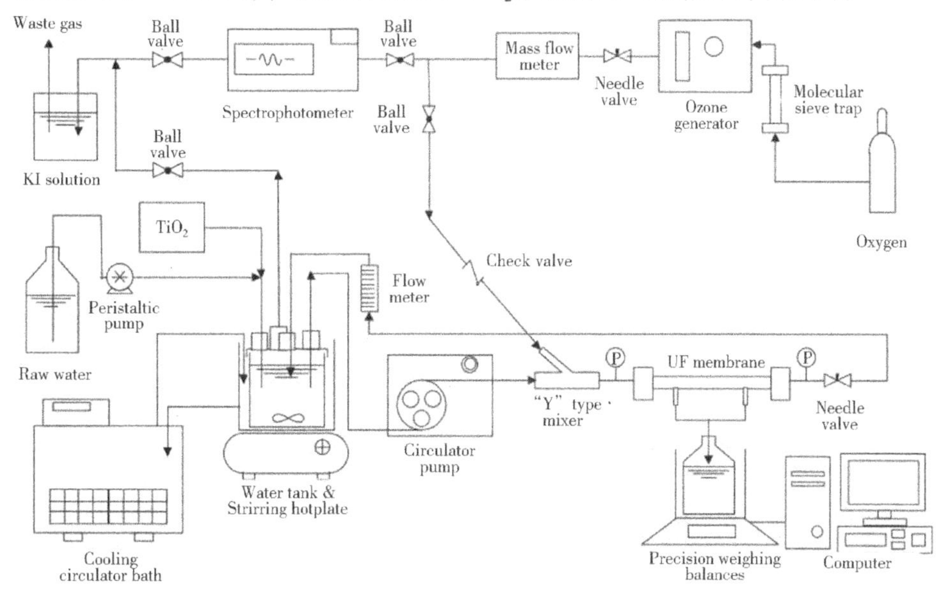

图 4－3－1 陶瓷膜回收与臭氧氧化催化剂

2. 陶瓷膜臭氧曝气

常温常压下，臭氧气体在水溶液中的溶解度较小。为了提高臭氧的溶解量，需要使臭氧气体以小气泡的方式进入液相，且气泡尺寸越小越有利于臭氧分子的溶解。陶瓷膜的孔为微米、纳米级别，因此具有良好的曝气效果。Wang 等[46]采用石英砂和水泥制备平板陶瓷膜用于臭氧曝气。如图 4－3－2 所示，反应塔中平行安置 2 个平板陶瓷膜，臭氧发生器产生的气体由反应塔底部进入，经过第 1 个陶瓷膜布气后气泡变小，气体溶解效率提高，再经过第 2 个陶瓷膜发

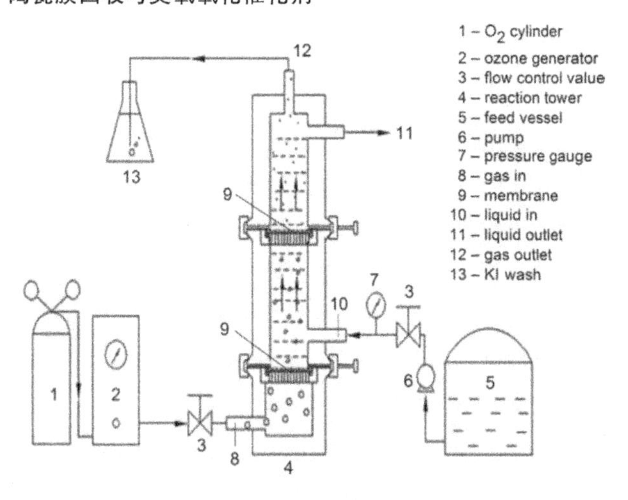

图 4－3－2 陶瓷膜提高臭氧曝气效率

生催化臭氧氧化反应。

3. 陶瓷膜作为臭氧氧化的接触反应器

陶瓷膜的微孔道具有较大的比表面积，有利于臭氧和有机污染物在陶瓷膜表面或孔道内发生接触氧化反应。陶瓷膜作为臭氧氧化的催化反应器，比传统流化床、固定床反应器更高效并且节省占地、容易维护和自动化管理。根据臭氧混合方式的不同，陶瓷膜作为接触反应器包括以下几种应用模式。

（1）臭氧先溶解再过膜

在 Lee[47]、Cheng[48]等的研究中，臭氧气体通入低温纯水中获得较高浓度的臭氧水溶液，与待处理水溶液混合后进入陶瓷膜组件，经过接触、氧化、过滤之后进入出水罐，如图 4－3－3 所示。

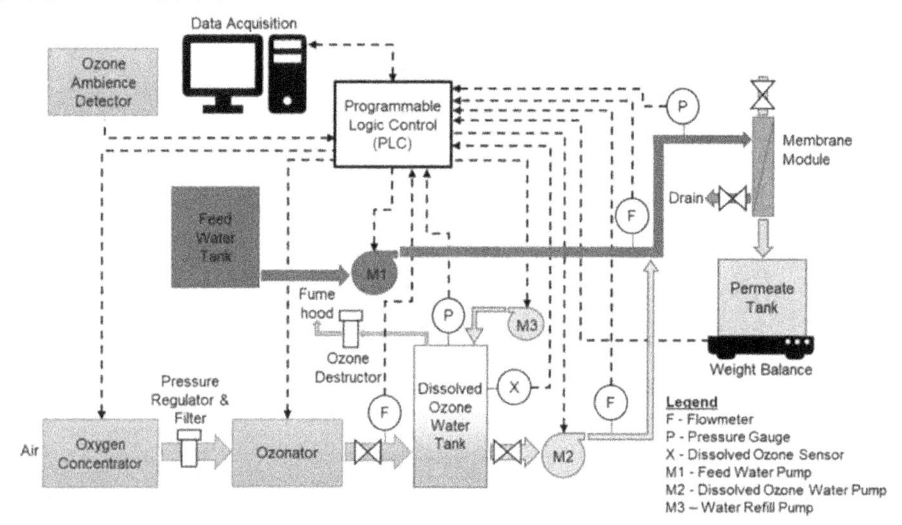

图 4－3－3　陶瓷膜作为臭氧氧化接触反应器

（2）通过气液混合器混合臭氧与水溶液

水射器、Y 型混合器、气液混合泵等常用于气液预混，可帮助臭氧气体与水溶液在较短时间内充分混合。如图 4－3－4 所示，臭氧与混合液经过陶瓷膜层，在膜过滤的过程中发生接触氧化反应[49]。

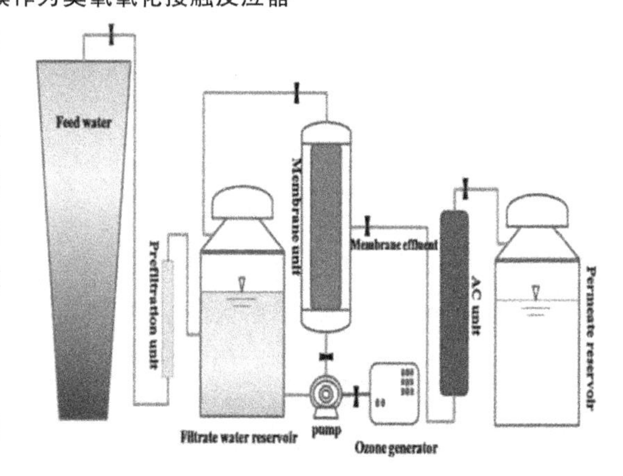

图 4－3－4　陶瓷膜、气液混合器与臭氧耦合

（3）臭氧在浸没式膜反应器中曝气

如图 4－3－5 所示，负压式陶瓷膜浸没于容纳待处理水溶液的反应器中，臭氧经由底部的曝气装置进入水溶液。混合臭氧分子的水溶液在压力作用下经过陶瓷膜的催化层，在膜表面或膜孔内发生臭氧、有机污染物、催化剂的接触氧化反应[50]。

（二）陶瓷催化膜制备

在陶瓷膜上负载活性组分，可使其具备催化性能。常用的活性组分包括过渡金属氧化物、复合金属氧化物、钙钛矿，负载方法主要包括溶胶 - 凝胶法、水热合成法和固相粒子烧结法等。

1. 溶胶 - 凝胶法

Lee[47] 以 α - Al_2O_3 管式陶瓷膜（孔径 600nm、Deltapore 公司）作为基体膜，将 Ce（NO_3）$_2$、Mn（NO_3）$_2$（浓度 0.5mol/L）与柠檬酸（浓度 1mol/L）同时溶于去离子水中，剧烈搅拌混合 1 h 得到溶胶，将基体膜浸没于溶胶中并超声震荡 0.5 h，取出后在 90 ℃烘箱内干燥 1 h，重复若干次浸没过程后，将基体膜和溶胶在 90 ℃下老化 12 h，取出基体膜并于 120 ℃干燥 3 h，最后放入马弗炉中 400 ℃焙烧 5 h。

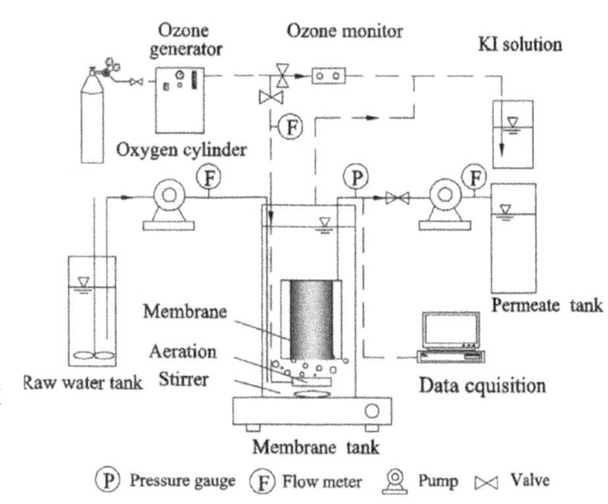

图 4 - 3 - 5　负压式陶瓷膜与臭氧耦合

基体膜简称为 CM，负载铈、锰的陶瓷催化膜分别简称为 Ce - CCM、Mn - CCM，它们的微观形貌如图 4 - 3 - 6 所示。可以看出，CeO_x、MnO_x 催化剂在 Al_2O_3 颗粒上分散均匀、粒径细微，没有堵塞膜孔。在陶瓷催化膜的截面上也可看到催化剂，说明催化剂被成功负载于膜孔内外。如图 4 - 3 - 7 所示，FESEM - EDX 分析结果也证明了 Ce、Mn 元素在催化膜内外都存在，且分布均匀。XRD 分析表明，CeO_x 的主要成分为 CeO_2，MnO_x 的主要成分为 Mn_2O_3。

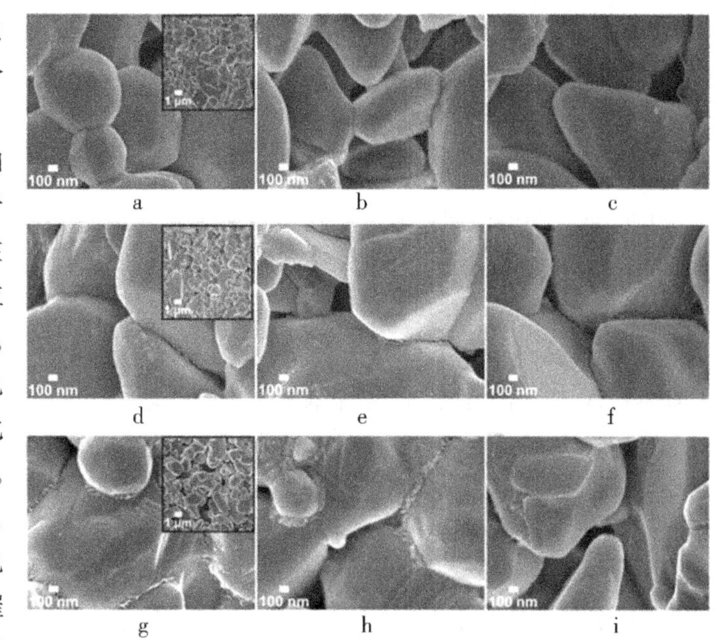

图 4 - 3 - 6　Ce - CCM、Mn - CCM 的 FESEM 表征

（a - c）CM 外、内、截面，（d - f）Ce - CCM 外、内、截面，（g - i）Mn - CCM 外、内、截面

Ce - CCM、Mn - CCM 的 AFM 表征如图 4 - 3 - 8 所示，可以看出，Ce - CCM、Mn - CCM的外表面与 CM 无明显差异。负载金属氧化物明显改变陶瓷膜外表面的粗糙

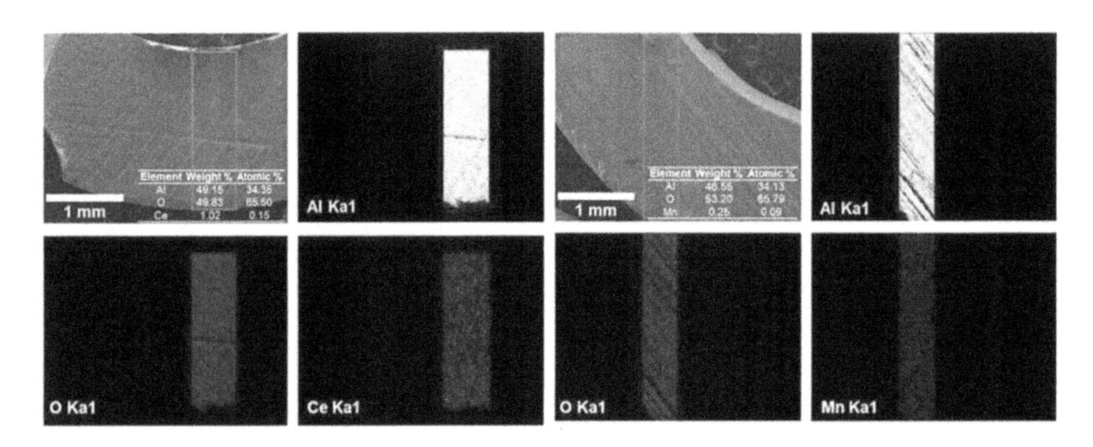

a Ce－CCM　　　　b Mn－CCM

图4－3－7　Ce－CCM、Mn－CCM 的 FESEM－EDX 表征

度，这与 FESEM 表征结果相一致，溶胶－凝胶负载法使 CeO_x、MnO_x 在基体膜上分散均匀，且粒径细微，没有明显改变陶瓷膜的表观结构和孔结构。

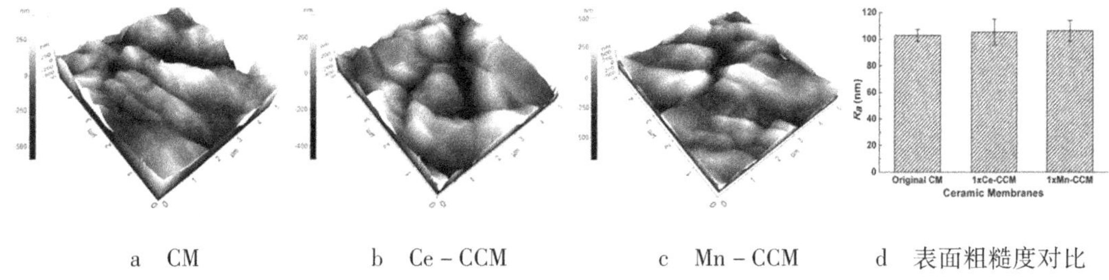

a CM　　b Ce－CCM　　c Mn－CCM　　d 表面粗糙度对比

图4－3－8　Ce－CCM、Mn－CCM 的 AFM 表征

陶瓷催化膜的金属负载量、水通量和接触角如表 4－3－1 所示，Ce－CCM、Mn－CCM 的亲水性明显高于基体膜 CM，其中 Mn－CCM 的亲水性最强，接触角比 CM 降低了约 16°。经过 1 次凝胶浸渍的催化膜 1xMn－CCM、1xCe－CCM 中 Ce、Mn 的负载量分别为 4.2 mg/g 和 10.1 mg/g，1xMn－CCM 的水通量比 CM 膜降低了约 17%，而 1xCe－CCM 的水通量与 CM 相比基本无差异。增加凝胶浸渍次数可明显提高金属负载量，5xCe－CCM 中的 Ce 负载量可达 19.8 mg/g，接触角进一步降低至 23.3°。随着活性金属负载量的提高，陶瓷膜的孔道出现一定程度堵塞，导致 5xCe－CCM 的水通量比基体膜降低了约 24%。

表4－3－1　陶瓷催化膜的催化剂负载量、水通量和接触角的性质

陶瓷膜	催化剂负载量/（mg/g）	水通量/［L/（m^2·h·bar］	接触角/°
CM	—	331±25	28.9±1.8
1xMn－CCM	4.2	275±9	12.6±2.0
1xCe－CCM	10.1	334±4	26.0±1.6
3xCe－CCM	15.9	300±5	25.4±2.2
5xCe－CCM	19.8	254±3	23.3±1.4

溶胶-凝胶法的反应条件温和，催化剂负载均匀，因此用这种方法制备陶瓷催化膜较多。例如，Mei[51]在基体膜上浸涂 TiO_2 溶胶，经过老化、焙烧得到超滤膜，平均孔径 5.5 nm，膜面积 23.6 cm^2，纯水通量 155 L/（m^2·h·bar）。Guo[52]在 $\alpha-Al_2O_3$ 平板膜上浸涂 Ti-Zr 混合溶胶，通过调节水解过程中醇盐的比例可改变溶胶中的微粒尺寸，经过 400~500 ℃焙烧之后得 TiO_2/ZrO_2 纳滤膜，膜孔径 1.2~1.5nm、截留分子量 620~860 Da。

2. 水热合成法

Zhang[44]以阳极氧化铝平板膜（AAO，厚度 70 μm）为模板，采用水热合成法负载 ZnO 催化剂，得到两端直通、孔径均一的 ZnO 纳米管阵列陶瓷膜。根据 AAO 孔径不同（分别为 10 nm、26 nm、61 nm、96 nm 和 168 nm），将制备的催化膜分别命名为 MCR-10、MCR-26、MCR-61、MCR-96 和 MCR-168。

以 MCR-168 为例，ZnO 纳米管阵列陶瓷膜的性质表征如图 4-3-9 所示，AAO 较薄且透明，负载催化剂之后透明度有所降低（图 4-3-9b）。图 4-3-9c 至图 4-3-9f 是 MCR-168 的电镜照片，可以看出膜孔规整，负载催化剂之后的膜孔内表面不光滑，但由图 4-3-9g 的 AFM 照片可知，膜孔内表面的相对粗糙度低于 1/16。图 4-3-9h 的 XRD 图谱表明，制备的 ZnO 为六角纤锌矿，图 4-3-9i 为催化膜的 N_2 吸附-脱附曲线，MCR-168 的比表面积达 428.5 m^2/g，而 AAO 的比表面积仅为 7.9 m^2/g，

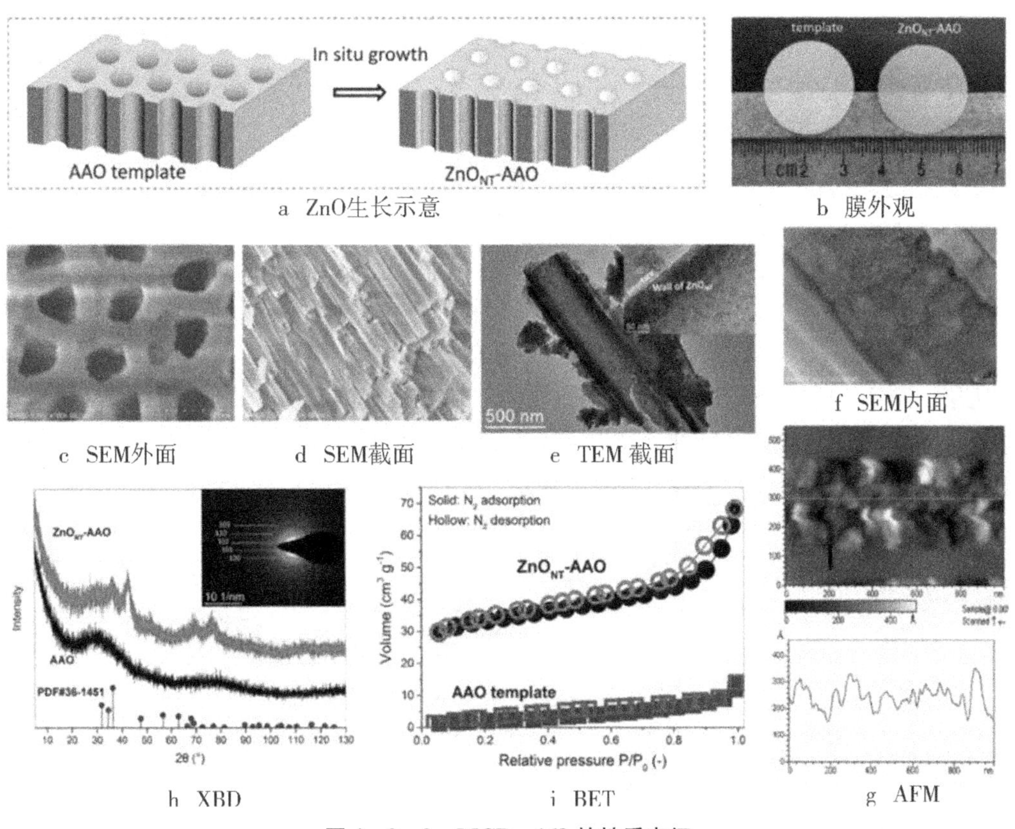

a　ZnO生长示意　b　膜外观　c　SEM外面　d　SEM截面　e　TEM 截面　f　SEM内面　g　AFM　h　XRD　i　BET

图 4-3-9　MCR-168 的性质表征

说明在膜孔内负载 ZnO 显著提高了材料的比表面积。其他几种催化膜的 SEM 表征如图 4 -3 -10所示，可看出 ZnO 催化剂负载于膜孔内，且膜孔间隔有序、孔径一致，说明 ZnO 负载均匀。

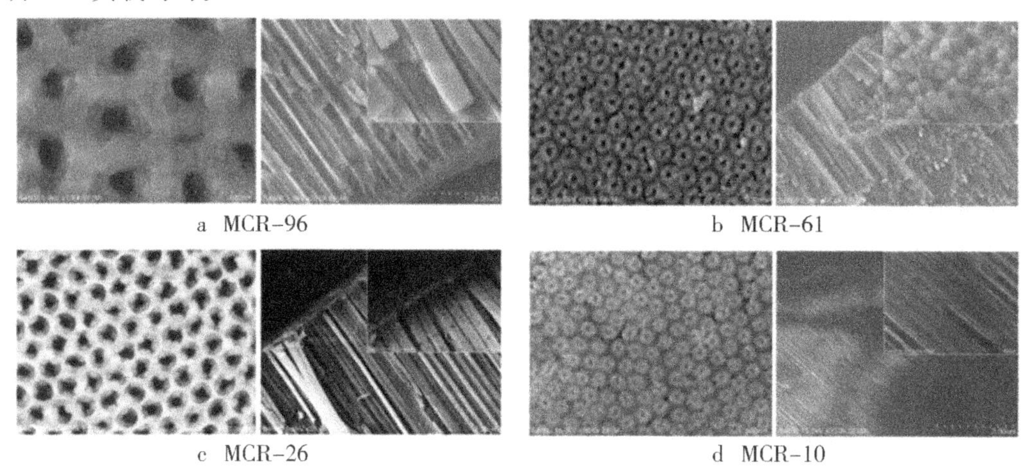

a MCR-96　　b MCR-61　　c MCR-26　　d MCR-10

图 4 -3 -10　MCR 催化膜的 SEM 表征

3. 固相粒子烧结法

通过高温烧结的方式将微细粉末催化剂固定于陶瓷膜表面也是制备催化膜的常用方法。Cheng[48]以 3 种 MnO_2颗粒作为催化层材料来制备陶瓷催化膜，其中 1 种为商品 C - MnO_2（平均粒径 14.2 μm，BET 33.7 m^2/g，等电点 2.45），另 2 种为实验室制备的 M - MnO_2（平均粒径 7.4 μm，BET 75.5 m^2/g，等电点 1.89）和 S - MnO_2（平均粒径 51.6 nm，BET 157.0 m^2/g，等电点 1.58）。3 种 MnO_2陶瓷催化膜的 SEM、AFM 表征如图 4 -3 -11 所示。图 4 -3 -12a 为基体膜的 SEM，图 4 -3 -12b 至图 4 -3 -12d 依次为 C - MnO_2、M - MnO_2、S - MnO_2负载陶瓷膜的 SEM。基体膜的膜孔分布比较均匀，C - MnO_2的颗粒粒径大于膜孔径，因此堆积在基体膜的表面，相比之下，M - MnO_2、S - MnO_2的粒径细小，在基体膜表面负载地更均匀。图 4 -3 -12e 为 S - MnO_2更高放大倍数的电镜照片，可以看出，MnO_2 在基体膜表面完全覆盖并形成了一个致密、均匀的催化层。图 4 -3 -12f 至图4 -3 -12i 为基体膜和催化膜的 AFM，负载 C - MnO_2、M - MnO_2催化剂的膜表面起伏不平，而 S - MnO_2催化膜的表面与基体膜无明显差别。MnO_2陶瓷膜的表面平均粗糙度如表 4 -3 -2 所示。

表 4 -3 -2　MnO_2陶瓷膜的表面平均粗糙度

陶瓷膜	基体膜	C - MnO_2膜	M - MnO_2膜	S - MnO_2膜
Ra/nm	44.62	315.00	218.84	52.73

Guo[53]采用氧化还原 - 共沉淀法制备了纳米 MnO_2 - Co_3O_4混合催化剂（粒径 7 nm，其中 MnO_2为无定形，Co_3O_4结晶良好），并用作陶瓷膜的催化层材料。

MnO_2 - Co_3O_4陶瓷催化膜的微观形貌如图 4 -3 -12 所示，其中图 4 -3 -12a、4 -3 -12d 分别为基体膜外表面和横截面的 SEM，ZrO_2过渡层和 α - Al_2O_3支撑层紧密结

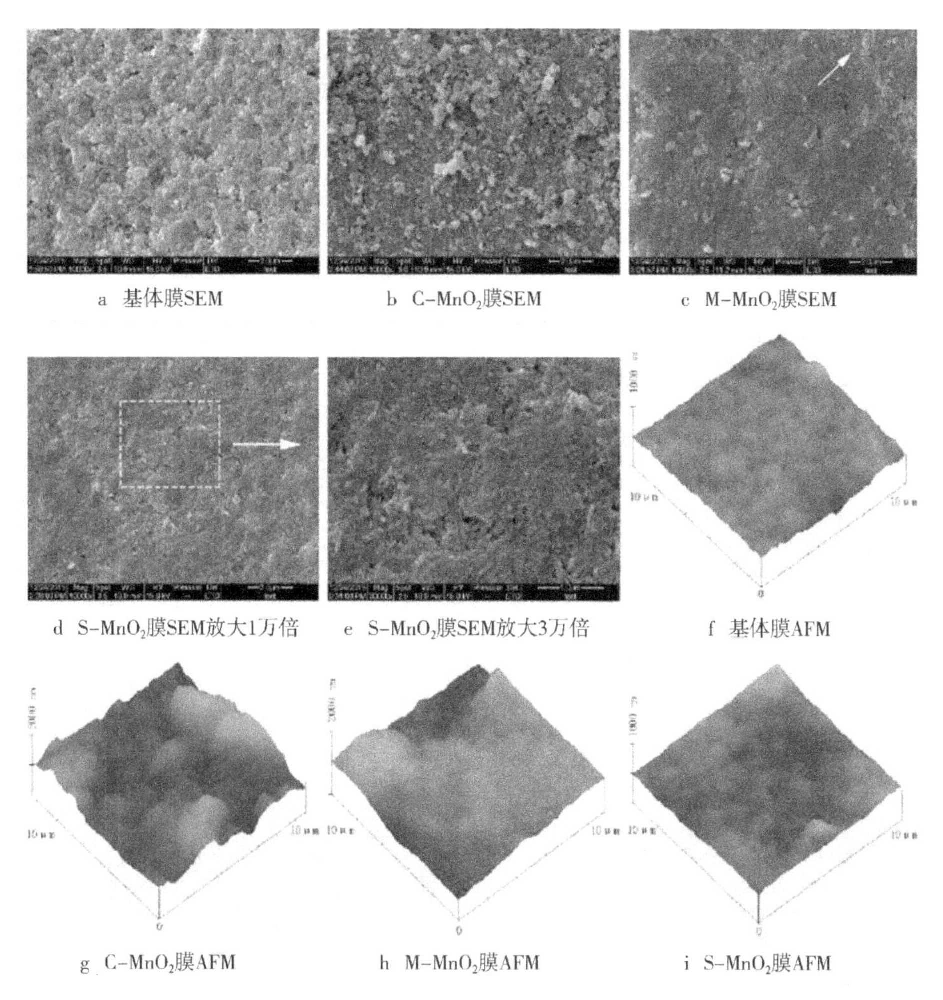

图4-3-11　MnO_2陶瓷膜的微观形貌

合，过渡层的厚度约为 20 μm，表面可见膜孔，但是有较多大块颗粒聚结堆积在表面上。图4-3-12b、4-3-12c 分别为 $MnO_2-Co_3O_4$陶瓷催化膜使用前、使用后的表面 SEM，图4-3-12e、4-3-12f 分别为截面 SEM。可看出，催化膜的外表面明显比基体膜更光滑，膜孔径更细小、均一，说明纳米 $MnO_2-Co_3O_4$催化剂均匀地覆盖在过渡层。从截面图看出催化层比较致密，厚度为 10~15 μm。EDS 分析表明，Mn、Co 元素在催化层分布均匀。催化膜使用后微观形貌未发生改变，说明稳定性较强。

$MnO_2-Co_3O_4$陶瓷催化膜的 AFM 表征如图4-3-13 所示，与 SEM 表征结果一致，负载催化层使陶瓷膜表面变得更平滑。由图4-3-13d 可知，基体膜和催化膜的表面平均粗糙度分别为 308 nm、192 nm，负载金属显著降低了陶瓷膜的表面粗糙度，有助于提高陶瓷膜的抗污性能[54]。

（三）技术应用

陶瓷膜与臭氧耦合可提高臭氧氧化效率，使溶液中的疏水性、大分子有机污染物转变为亲水性、小分子有机物，从而有助于缓解膜污染。陶瓷膜耦合臭氧氧化工艺具有较强的协同作用，其应用优势可表现为以下几个方面。

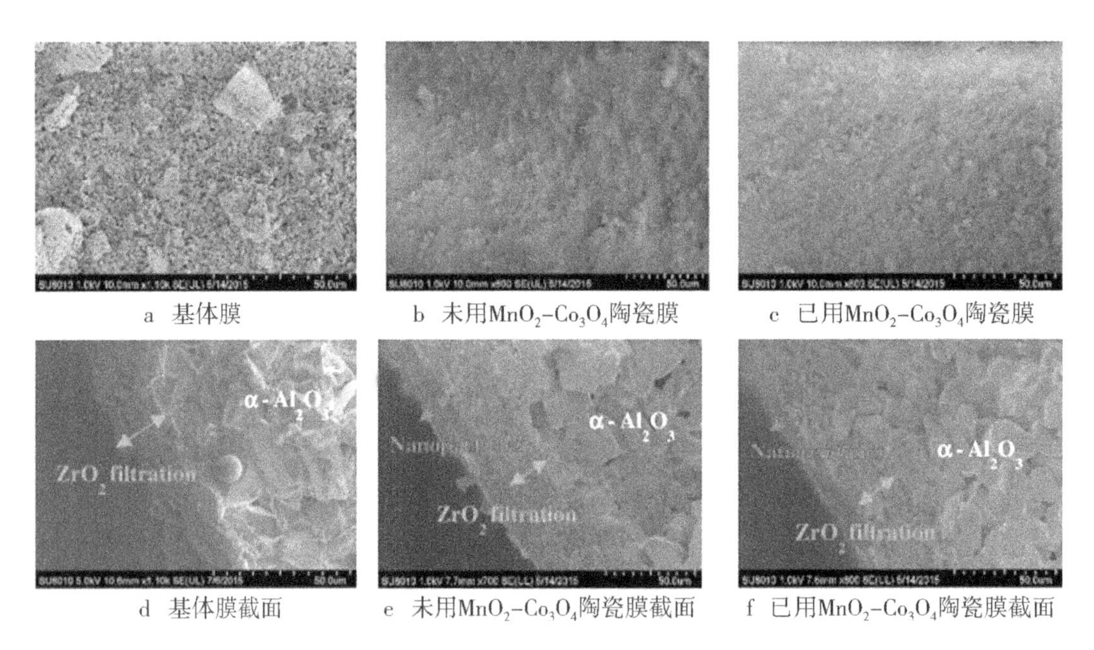

a 基体膜　b 未用MnO_2-Co_3O_4陶瓷膜　c 已用MnO_2-Co_3O_4陶瓷膜

d 基体膜截面　e 未用MnO_2-Co_3O_4陶瓷膜截面　f 已用MnO_2-Co_3O_4陶瓷膜截面

图4-3-12　MnO_2-Co_3O_4陶瓷膜的微观形貌

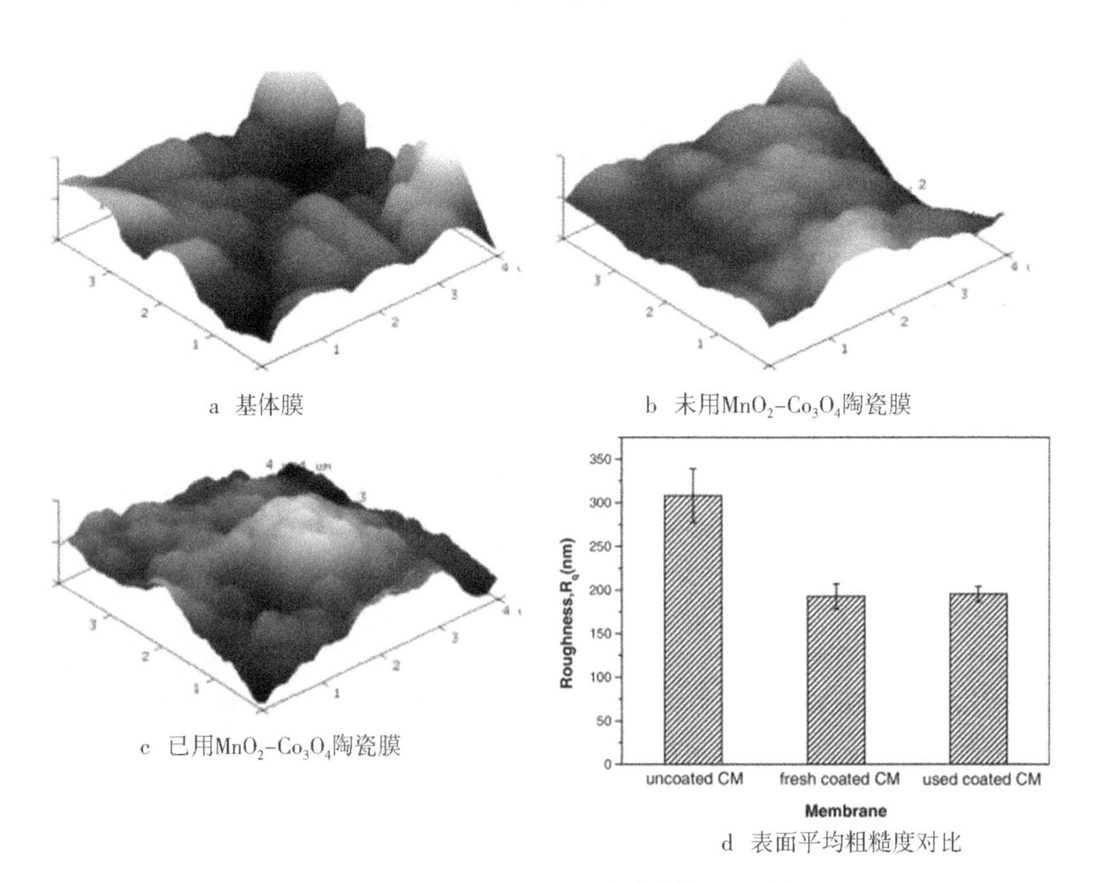

a 基体膜　b 未用MnO_2-Co_3O_4陶瓷膜

c 已用MnO_2-Co_3O_4陶瓷膜　d 表面平均粗糙度对比

图4-3-13　MnO_2-Co_3O_4陶瓷膜的AFM表征

1. 增强臭氧传质

陶瓷膜中的活性催化组分可促进溶液中的臭氧分子分解，使液相臭氧浓度不断降低。臭氧气体的溶解平衡被打破，促使更多臭氧气体分子不断溶入液相。此外，陶瓷膜具有丰富的孔道结构，膜孔径非常小，臭氧氧化反应发生在微尺度的区域中，可显著降低传质阻力。

例如，Lee[47] 考察了 Ce－CCM、Mn－CCM 陶瓷催化膜对液相臭氧分子的分解情况，结果如图 4－3－14 所示。无基体膜或催化膜存在时，溶液中的臭氧分子经过 1 h 自分解反应后，浓度降低了 36%。而 CM、Ce－CCM、Mn－CCM 分别使液相臭氧浓度降低了 46%、86% 和 100%，显然陶瓷膜负载 CeO_x、MnO_x 后具有较强的催化分解臭氧的能力。

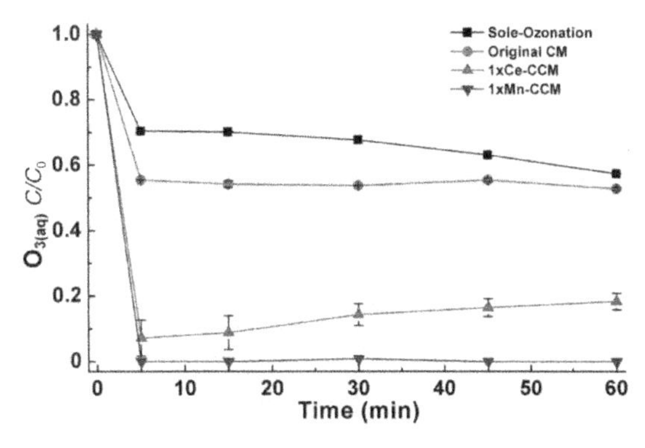

图 4－3－14　Ce－CCM、Mn－CCM 陶瓷催化膜对液相臭氧的分解情况

{$[O_3]_0$ = 5 mg/L，HRT 为 13.7 s}

Zhang[44] 对比了一系列不同孔径的 ZnO 纳米管阵列陶瓷膜对臭氧传质过程的影响，通过理论计算得到反应体系的臭氧传质系数 k_m、臭氧催化转化常数 k_c（臭氧在催化剂作用下转化为自由基的反应常数）、臭氧分解反应速率常数 k_{O_3}，以 k_m/k_c 和 k_{O_3} 为变量可得 ZnO 纳米管阵列陶瓷膜的孔径对臭氧传质过程的影响图 4－3－15。MCR－10、MCR－26、MCR－61、MCR－96、MCR－168 分别是孔径为 10 nm、26 nm、61 nm、96 nm、168 nm 的 ZnO 纳米管阵列陶瓷膜，为了对比孔径的影响作用，作者以同样方法制备了孔径分别为 180 μm、850 μm 的 ZnO 催化膜 MH－180、MH－850。可以看出，k_m/k_c 随着催化膜孔径的减小而增大，MCR 系列催化膜的 k_m/k_c 均高于 720，意味着臭氧的传质速率远高于反应速率。而 MH 系列催化膜的 k_m/k_c 相对较小。例如，MH－850 的 k_m/k_c 仅为 1.7，臭氧传质速率与转化速率几乎接近，此时臭氧传质过程是氧化反应的限速步骤。由此可见，MCR 系列催化膜的膜孔径处于纳米尺度时，传质效率具有绝对优势。另外，臭氧分解反应速率常数 k_{O_3} 也随着催化膜孔径的减小而增大。催化膜的孔径越小，对臭氧催化分解的作用越强，

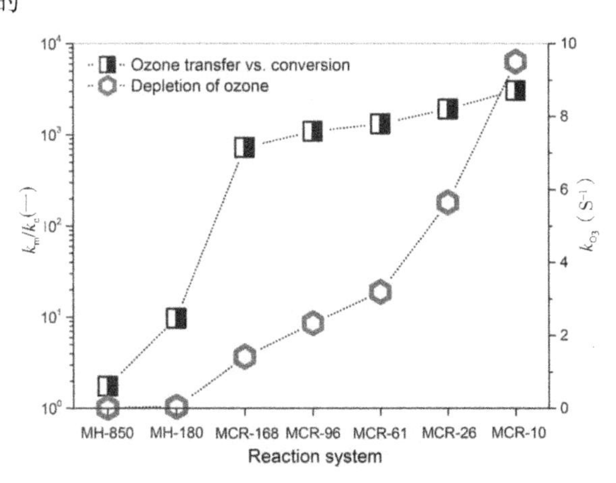

图 4－3－15　ZnO 纳米管阵列陶瓷膜的孔径对臭氧传质过程的影响

（k_m 为臭氧传质系数，k_c 为臭氧催化转化常数，k_{O_3} 为臭氧分解伪一级反应速率常数）

促进臭氧转化为羟基自由基的能力也越强。由图4－3－16可知，MCR－10反应体系的R_{ct}约为MH－180体系的1000倍。如图4－3－17所示，催化膜孔径缩小至纳米尺度时，溶液中的臭氧分子与催化层之间的传输距离极短，而接触面积超大，每个膜孔道都可发挥微反应器的作用，因此，臭氧的传质效率和催化反应效率显著提高（大约提高2个数量级）。

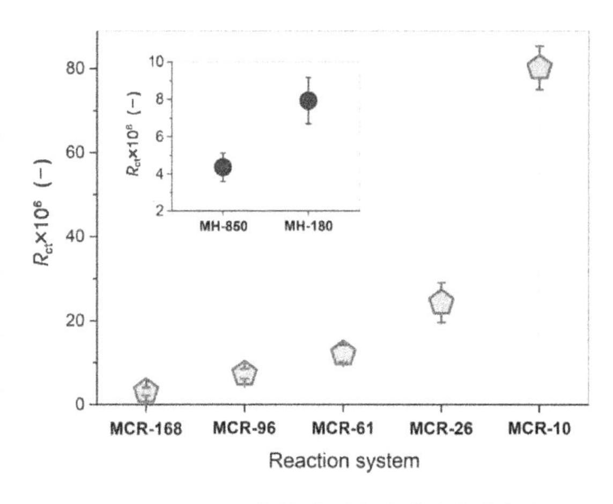

图4－3－16　ZnO纳米管阵列陶瓷膜催化臭氧氧化体系的R_{ct}值

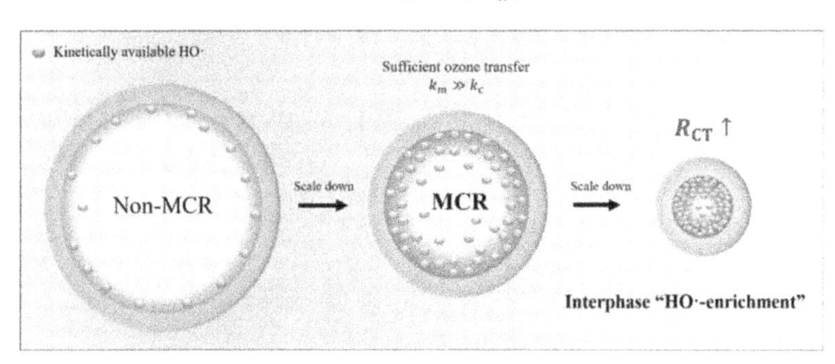

图4－3－17　ZnO纳米管阵列陶瓷膜促进催化臭氧氧化过程示意

2. 促进自由基生成

研究发现，以金属氧化物为催化层的陶瓷膜可促进臭氧生成羟基自由基、超氧自由基、单线态氧等氧化性物种，其催化机制与悬浊体系中的金属氧化物粉末有类同之处，即金属氧化物表面的羟基、氧空位、Lewis酸性位等是引发臭氧分解并产生自由基的关键活性位。

Wang[46]以石英砂、水泥为原料制备了含Al、Si、Ca、Fe等多种金属元素的平板陶瓷膜，将其用于催化臭氧氧化溶液中的对氯硝基苯（p－CNB）。叔丁醇抑制实验结果表明p－CNB的降解主要由·OH起主导作用，如图4－3－18a所示。采用DMPO捕获溶液中的·OH，并用EPR检测其信号，结果如图4－3－18b所示，平板陶瓷膜耦合臭氧反应体系中的·OH信号非常强烈，进一步证实，平板陶瓷膜可促进臭氧转化为·OH。研究者认为，平板陶瓷膜表面的金属在水溶液中形成的表面羟基和碱性基团是催化臭氧转化为自由基的活性位。

Zhang[44]采用DMPO捕获ZnO纳米管阵列陶瓷膜耦合臭氧体系中的自由基，并用EPR顺磁共振波谱仪进行检测，结果如图4－3－19所示，其中图4－3－19a、图4－3－19b对应的检测介质分别为纯水和甲醇。图4－3－19a中·OH和$^1O_2$的信号峰明显，图4－3－19b中还出现了·O_3^-的信号峰（甲醇淬灭羟基自由基），由此可知，ZnO纳

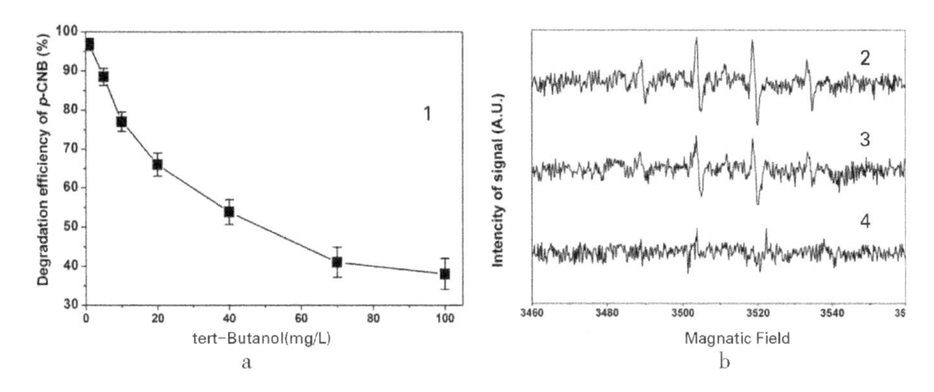

图 4-3-18　平板陶瓷膜耦合臭氧体系中羟基自由基的间接、直接检测

（1-叔丁醇抑制 p-CNB 降解实验；2-双层陶瓷膜耦合臭氧体系 DMPO-OH·的 EPR 检测；3-单层陶瓷膜耦合臭氧体系 DMPO-OH·的 EPR 检测；4-单独臭氧体系 DMPO-OH·的 EPR 检测）

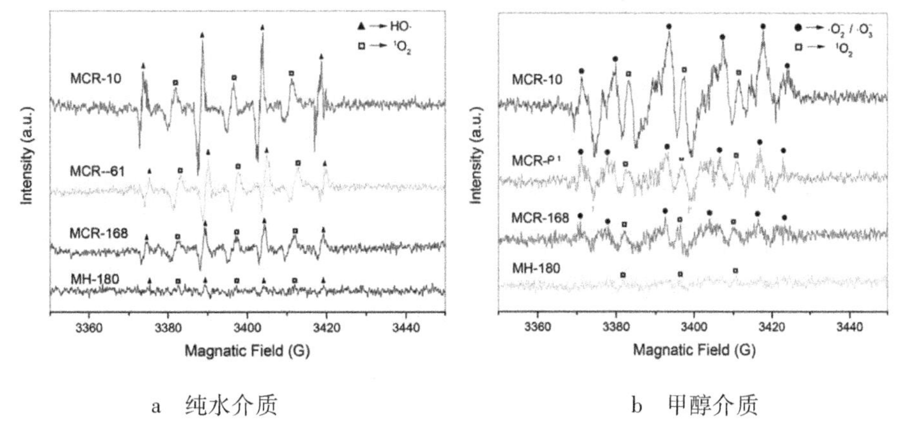

图 4-3-19　ZnO 纳米管阵列陶瓷膜耦合臭氧体系中自由基的 EPR 检测

米管阵列陶瓷膜可将臭氧转化为羟基自由基、超氧自由基和单线态氧等氧化性物种。另外，催化膜的孔径越小，越有利于产生自由基，其中 MCR-10 体系的自由基信号最强，因为其具有最高的臭氧传质效率和催化效率（图 4-3-15）。研究者采用密度泛函理论推导臭氧转化为自由基的过程，可由反应式（4-3-1）至式（4-3-5）表达。

$$2O_3 \xrightarrow{ZnO} \cdot O_2^- + {}^1O_2 + O_2 \tag{4-3-1}$$

$$ {}^1O_2 \xrightarrow{ZnO} \cdot O_2^- \tag{4-3-2}$$

$$\cdot O_2^- + O_3 \xrightarrow{k_1} \cdot O_3^- + O_2 \quad [k_1 \approx 1 \times 10^9 \text{ L/(mol} \cdot \text{s)}] \tag{4-3-3}$$

$$\cdot O_3^- + H_2O \xrightarrow{k_2} HO_3 + OH^- \quad [k_2 \approx 5.2 \times 10^{10} \text{ L/(mol} \cdot \text{s)}] \tag{4-3-4}$$

$$HO_3 \xrightarrow{k_3} HO\cdot + \cdot O_2^- \quad [k_3 \approx 1.1 \times 10^5 \text{ L/(mol} \cdot \text{s)}] \tag{4-3-5}$$

3. 提高有机污染物降解效率

相较于传统的三相接触反应装置，陶瓷膜在臭氧传质和催化方面具有优势，可有效提高有机污染物的氧化降解效率。例如，Zhang[44] 选择苯磺酸钠（SBS）作为目标物，它与臭氧、羟基自由基的反应速率常数分别为 0.23 L/(mol·s)、4×10^9 L/(mol·s)，说明它几乎不与臭氧发生反应，但却可被羟基自由基快速氧化。几种 ZnO 纳米管阵列陶瓷膜催化臭氧氧化降解苯碘酸钠的效率如图 4 - 3 - 20 所示，SBS 和臭氧混合溶液在经过膜层时被氧化去除，SBS 的去除率随着停留时间的延长而增大。即使停留时间非常短暂（不超过 0.61 s），SBS 也获得了良好的降解。MCR 系列催化膜的催化效率远高于 MH 系列催化膜（见插图），其中 MCR - 10 耦合臭氧对 SBS 的降解效率最高，当停留时间为 0.1 s，SBS 去除率可高达 86%。对 SBS 的降解过程进行伪一级反应动力学拟合，其反应速率常数如表 4 - 3 - 3 所示，MCR - 10 催化臭氧氧化反应的速率常数约是 MH - 850 的 860 倍，纳米孔径陶瓷催化膜的优势明显。

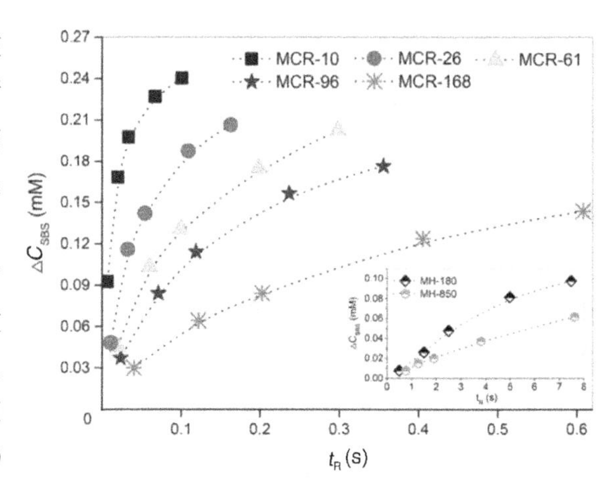

图 4 - 3 - 20　几种 ZnO 纳米管阵列陶瓷膜催化臭氧氧化降解苯磺酸钠的效率

{[SBS] = 0.28 mmol/L, [O_3] = 225μmol/L, pH 为 7.5，反应温度为 22 ℃}

表 4 - 3 - 3　ZnO 纳米管阵列陶瓷膜耦合臭氧降解苯磺酸钠的伪一级反应速率常数

陶瓷膜	MCR - 10	MCR - 168	MH - 180	MH - 850
k/s	8.6	0.85	0.047	0.01

Lee[47] 制备 Ce - CCM、Mn - CCM 催化膜来强化臭氧降解溶液中的双酚 A（BPA）、苯并三唑（BTZ）和氯贝酸（CA），结果如图 4 - 3 - 21 所示。基体膜 CM 和 Ce - CCM 催化膜对 3 种目标有机物的吸附能力均较弱，几乎可忽略不计，而 Mn - CCM 对 BPA 吸附作用较强，吸附后溶液 TOC 降低约 11%。单独臭氧氧化过程对 BPA、BTZ、CA 的去除率分别为 84%、57%、49%，但是几乎未降低 TOC 值，说明目标有机物并没有被矿化。Ce - CCM、Mn - CCM 耦合臭氧氧化反应分别使溶液 TOC 值降低了 38% 和 11%。Mn - CCM 对 BPA 的吸附作用是促使溶液 TOC 降低的主要原因，而 Ce - CCM 则具有较强的催化臭氧氧化活性，显著提高了臭氧氧化过程对有机污染物的矿化率。研究者认为，CeO_x 催化剂的表面羟基基团（Ce - OH_2^+）及 Ce（Ⅲ）/Ce（Ⅳ）电对与臭氧之间的电子传递过程是诱发臭氧分解生成自由基的主要活性位点。

Zhang[49] 采用固相粒子烧结法在管式陶瓷膜（材质：Al_2O_3，孔径：2μm，孔隙率：40%）表面负载 TiO_2 作为过渡层，然后采用溶胶凝胶法负载 Ti - Mn 复合氧化物作为催化层，得到陶瓷催化膜（孔径：100nm，孔隙率：37%）。将催化膜与臭氧耦合应用于染料废水深度处理，结果如图 4 - 3 - 22 所示。单纯膜过滤使废水 COD 降低约 27%，基体膜过滤结合臭氧，可使废水 COD 降低 34%；而催化膜和臭氧共同作用可使 COD 去除率达到 46%。对比可知，催化膜表面的 Ti - Mn 复合氧化物有效提高了臭氧的氧化效率和废水中有机污染物的降解效率。

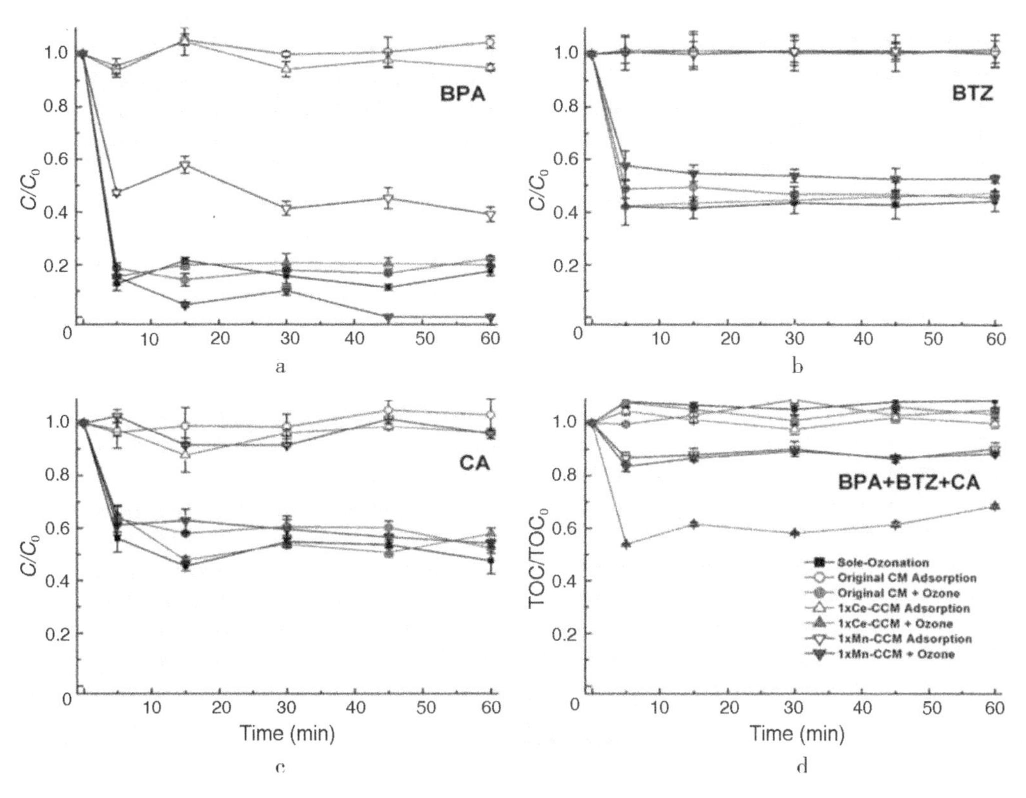

图 4-3-21 Ce-CCM、Mn-CCM 催化臭氧氧化降解 BPA、BTZ、CA 混合溶液

{$[O_3]_0$ =4 mg/L, $[BPA]_0$ =3 mg/L, $[BTZ]_0$ =3 mg/L, $[CA]_0$ =3 mg/L, $[TOC]_0$ =6 mg/L, HRT 为 13.7 s}

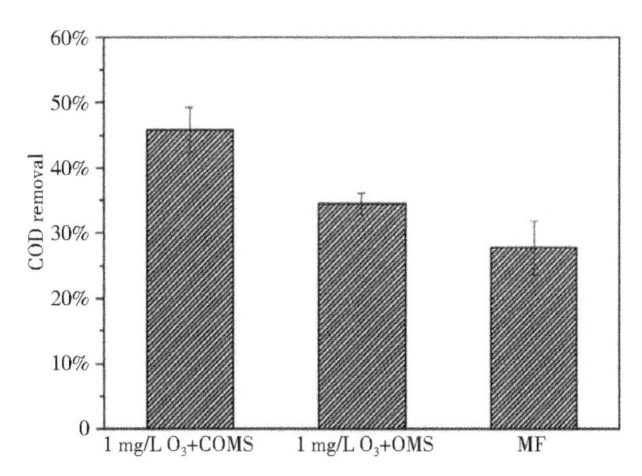

图 4-3-22 Ti-Mn 陶瓷催化膜耦合臭氧氧化降解印染废水的效率

[COMS 为催化膜，OMS 为基体膜，MF 为单纯膜滤压强为 0.15 MPa，COD 为（100±20）mg/L，pH 为 7.5，反应时间为 4 h]

4. 缓解膜污染

在膜处理运行过程中不可避免地伴随着膜污染现象，导致膜污染的原因较多，其中有机物在膜表面或孔道内堆积是造成膜堵塞和膜通量下降的一个重要原因。将臭氧与陶瓷膜联用可有效促进有机污染物的分解，从而抑制有机物在膜结构中的致密堆积，减缓膜污染过程。

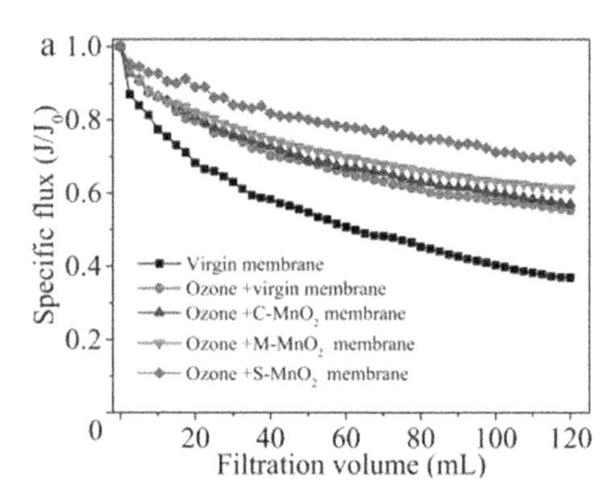

图 4-3-23　MnO_2 陶瓷膜运行过程中的膜污染情况

{$[O_3]_0$ = 2.0 mg/L, $[SA]_0$ = 5.0 mg/L}

例如，Cheng[48]采用制备的C-MnO_2、M-MnO_2、S-MnO_2陶瓷膜过滤海藻酸钠溶液，Ti-Mn膜通量变化情况如图 4-3-23 所示。基体膜在单独运行过程中，膜通量下降非常快（约降低了63%），而臭氧和基体膜联用有助于使膜通量保持相对稳定，相同条件下，膜通量降低了约45%，实验说明臭氧在一定程度上缓解了膜污染。MnO_2陶瓷催化膜与臭氧联用时，膜污染过程进展更慢，C-MnO_2、M-MnO_2和S-MnO_2催化膜的通量分别降低了43%、39%和31%。S-MnO_2催化膜表面最光滑（图 4-3-11），因此抗污性能最强。

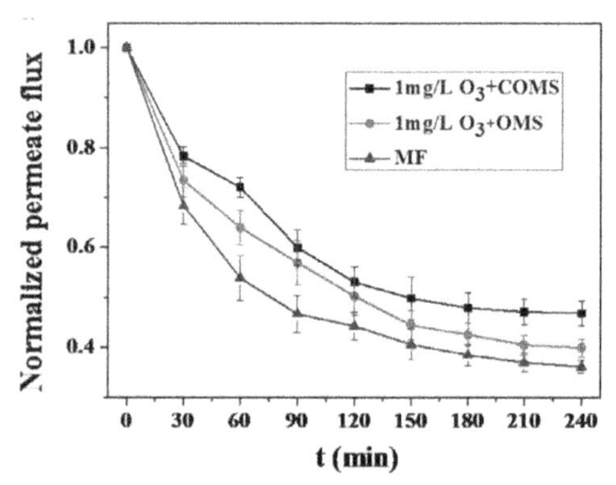

图 4-3-24　Ti-Mn 陶瓷催化膜的通量变化情况

[COMS 为催化膜，OMS 为基体膜，MF 为单纯膜滤压强为 0.15 MPa，COD 为 (100±20) mg/L，pH 为 7.5，反应时间 4 h]

Zhang[49]采用 Ti-Mn 陶瓷催化膜深度处理印染废水，催化膜通量变化情况如图 4-3-24 所示。单独膜过滤运行4 h后，基体膜的通量下降了约63%，说明污染物在膜表面持续积累并造成了一定程度的膜堵塞。在体系中投加1 mg/L臭氧，可使膜通量少下降 3%。当催化膜和臭氧联用时，膜通量下降更缓慢，4 h 后降低了 53%，催化膜和臭氧协同作用在缓解膜污染方面显然具有更大的优势[54]。

二、有机膜耦合强化臭氧氧化技术

臭氧与有机膜联用最早可追溯至 20 世纪末，研究者们尝试采用低浓度臭氧来减缓膜污染。由于臭氧具有强氧化性，因此联用的有机膜应具备较强的抗氧化性，如聚丙烯（PP）、聚偏氟乙烯（PVDF）、聚四氟乙烯（PTFE）及聚酰胺等有机膜，其中 PTFE 膜和 PVDF 膜的相关研究较多[55]。

（一）有机膜与臭氧耦合方式

根据应用目的不同，臭氧与有机膜的耦合方式可分为以下几种。

1. 臭氧作为有机膜的预处理工艺

臭氧氧化作为预处理工艺可改变原水中有机物的分子量分布和亲水、疏水性质，对减缓膜污染发挥积极作用。因此，臭氧预氧化/膜过滤成为一种常用的组合处理工艺，如图 4-3-25 所示，废水首先进入臭氧反应塔发生氧化反应，随后进入膜组件进行过滤处理。

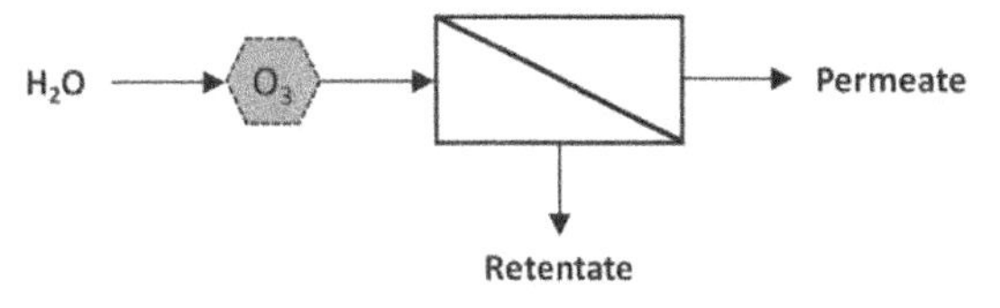

图 4-3-25　有机膜与臭氧耦合应用方式 I

2. 有机膜作为催化剂的固液分离装置

随着催化臭氧氧化与膜过滤结合工艺的兴起，臭氧、催化剂、有机膜可被共置于一个反应器内。如图 4-3-26 所示，有机膜组件浸没于反应器内，臭氧曝气装置被安装在反应器底部，粉末态催化剂分散于反应器内并与废水混合。臭氧在催化剂的作用下对水中有机污染物进行催化氧化降解，膜组件的过滤作用使催化剂被截留在反应器内持续发挥催化效能[41]。

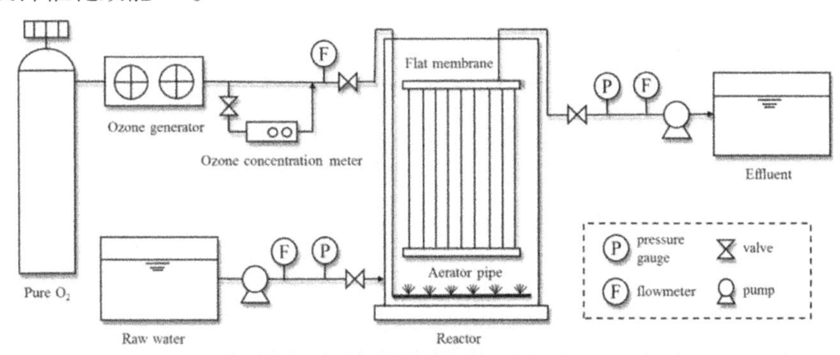

图 4-3-26　有机膜与臭氧耦合应用方式 II

3. 有机膜作为臭氧的曝气装置和接触反应装置

有机膜具有丰富的微孔结构和巨大的比表面积，使它可成为高效的臭氧曝气装置及接触反应装置。如图 4-3-27 所示，臭氧气体经过膜纤维的微孔以细小气泡的方式进入溶液中，溶解效率高，而混合液中的臭氧分子、有机污染物可在膜孔或膜面接触发生氧化反应，再经膜过滤实现更好的净化效果[43]。

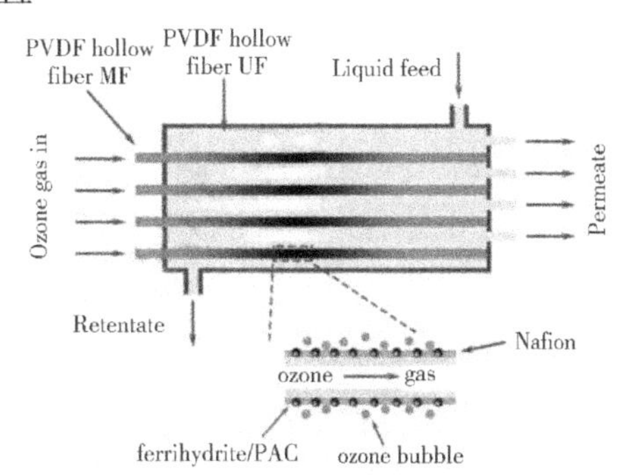

图 4-3-27　有机膜与臭氧耦合应用方式 III

（二）有机膜催化改性

为了更好地发挥有机膜与臭氧耦合工艺对废水的处理效果，研究者也尝试用催化剂对有机膜进行改性，以获得具有催化臭氧氧化活性的有机膜。有机膜的改性方法主要包括以下两种。

1. 浸涂法

Yu[56]选择纳米 MnO_2 颗粒作为催化剂，对 PVDF 中空纤维膜（平均孔径 0.03 μm，纤维内径 0.7 mm、外径 1.1 mm，天津膜天膜科技股份有限公司）进行改性。根据质量计算，膜的催化剂负载量为 200 mg/m^2。中空纤维膜的 SEM 表征结果如图 4-3-28 所示，其中图 4-3-28a、图 4-3-28b 分别为改性前、MnO_2 改性后的 PVDF 膜，可以看出，纳米 MnO_2颗粒在 PVDF 膜表面负载比较均匀。图 4－3－28c、图 4－3－28d 分别为使用 70 d 之后的原膜和纳米 MnO_2 改性膜，原膜的表面出现了较厚的沉积层，几乎将膜孔完全堵塞，而纳米 MnO_2改性膜表面的絮体更少、滤饼层更薄，说明 PVDF 膜经过改性之后其抗污性能得到较大提高。

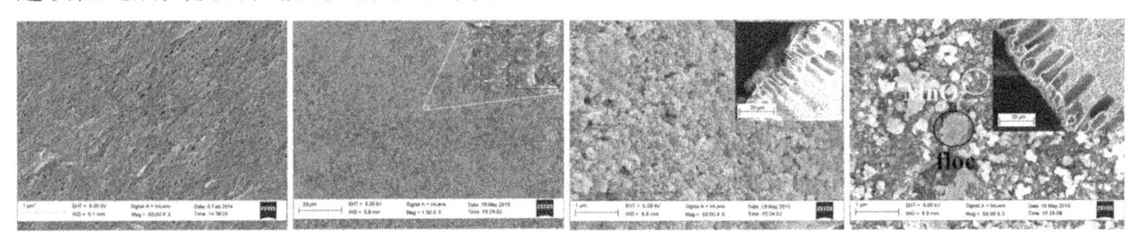

a　PVDF 新膜　　b　MnO_2/PVDF 新膜　　c　PVDF 70 d 原膜　d　MnO_2/PVDF 70 d 膜

图 4－3－28　纳米 MnO_2/PVDF 膜的 SEM 表征

2. 胶黏法

Li[43]制备了铁氧化物复合活性炭作为催化剂（CAT），采用高分子胶黏剂（Nafion ionomer）将催化剂粉末交联在 PVDF 膜表面，得到具有催化臭氧活性的有机膜。对改性膜进行 SEM 表征，结果如图 4－3－29 所示。其中图 4－3－29a 和图 4－3－29b 分别为 PVDF 膜、CAT/PVDF 膜的剖面形貌，可以看出改性膜表面有比较清晰的分层，CAT 在 PVDF 膜上形成了厚度大概为 20 μm 的致密表层。图 4－3－29c 和图 4－3－29d 分别为 PVDF 膜、CAT/PVDF 膜的正面微观形貌，可以看出，催化剂颗粒被镶嵌在膜孔内。气水冲刷实验证明，催化剂颗粒在 PVDF 膜上负载较牢固，未出现粉末脱落现象。

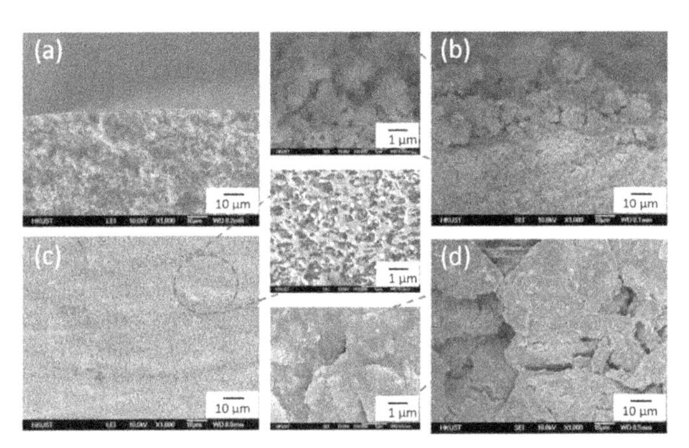

图 4－3－29　PVDF 膜、CAT/PVDF 膜的 SEM 表征

（三）技术应用

有机膜与臭氧耦合在减缓膜污染方面可发挥重要作用。另外，水中的有机污染物在“氧化＋过滤”的双重作用下被更高效地去除。例如，Yu[56]用纳米 MnO_2/PVDF 膜与臭氧联合处理模拟废水，连续运行 70 d，水通量维持 20 L/（m·h），跨膜压差（TMP）的变化情况如图 4－3－30 所示。在工艺运行的起初 10 d 内，PVDF 膜和纳米 MnO_2/PVDF 膜的 TMP 均没有发生太大变化，推测是由于臭

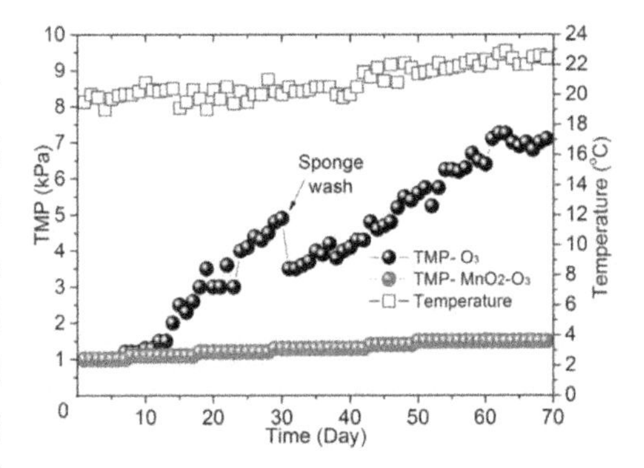

图 4－3－30　纳米 MnO_2/PVDF 膜耦合臭氧运行过程中跨膜压差的变化情况

氧的杀菌作用阻碍了微生物在膜表面积累，使TMP在起初阶段保持相对稳定。工艺运行30 d，PVDF膜的跨膜压差（TMP）逐渐增大（由1 kPa增大到5 kPa），将膜清洗之后，TMP降至3 kPa，但在随后的运行中逐渐升至7kPa。反观纳米MnO_2/PVDF膜，在70 d的运行周期中，TMP的增加值不超过0.5kPa，说明它的抗污能力明显强于未改性的PVDF膜。研究者认为，纳米MnO_2颗粒与水中的臭氧分子接触，催化分解产生羟基自由基，对水中的腐殖酸、蛋白质、细菌胞外聚合物等有机物进行更彻底的氧化降解，抑制了它们在膜表面的积累，从而减缓了膜污染过程。

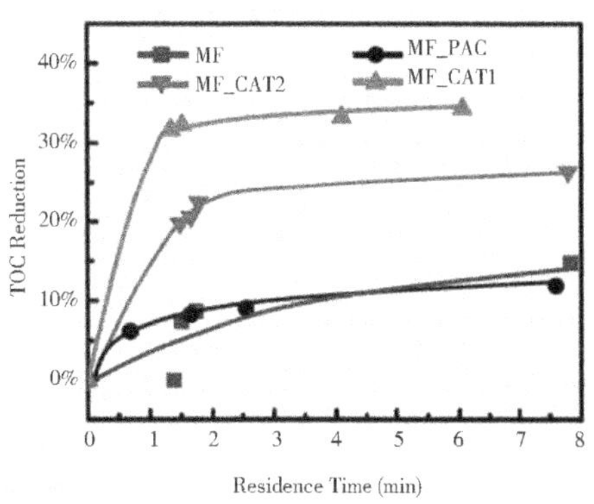

图4-3-31　CAT/PVDF膜催化臭氧氧化降解DEET废水的效率

{O_3通入量为7.2 mg/min，[DEET]=200 mg/L}

Li[43]应用CAT/PVDF膜催化臭氧氧化降解*N*、*N*-二乙基间甲苯胺（DEET）废水，结果如图4-3-31所示。PVDF膜、PAC/PVDF膜与臭氧共同作用时，废水的TOC去除率约为10%，而CAT/PVDF膜催化臭氧氧化可去除废水中TOC约35%，显然CAT的催化作用提高了臭氧对DEET的氧化效率。

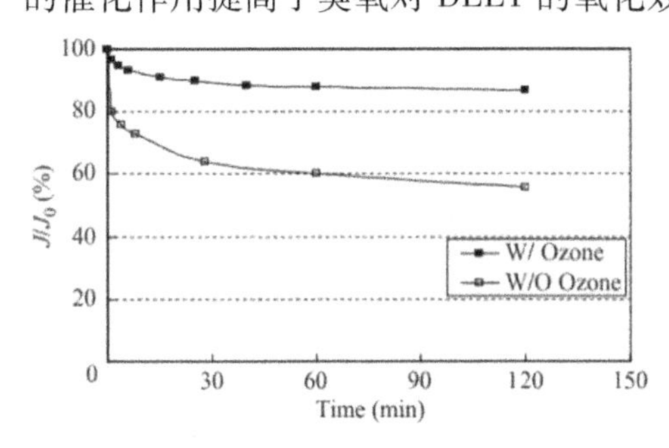

图4-3-32　臭氧预氧化对PVDF超滤膜水通量的影响

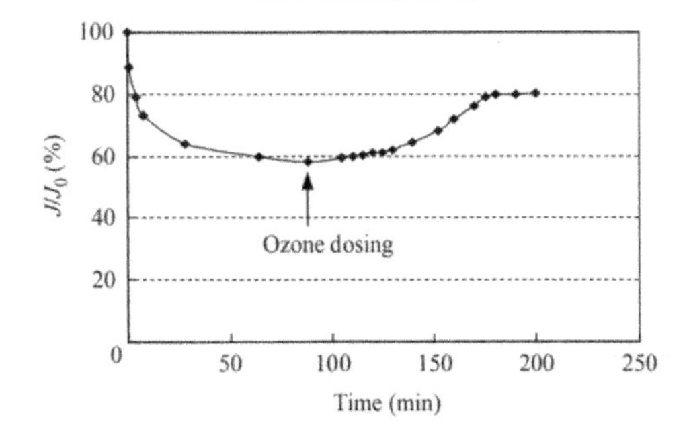

图4-3-33　臭氧预氧化对PVDF超滤膜水通量的恢复作用

You[57]采用臭氧预氧化/PVDF超滤组合工艺深度处理工业园区废水，臭氧连续进气浓度8.79 mg/min，在进入膜组件之前废水中臭氧浓度达4.02 mg/L。臭氧预氧化对PVDF超滤膜水通量的影响如图4-3-32所示，对照组实验未采用臭氧预氧化，超滤工艺运行1 h后膜通量降低了60%，说明污染物在膜表面的积累速度很快。废水经过臭氧预氧化之后，超滤膜的水通量一直维持在90%左右，对比可知，臭氧预氧化有效减缓了膜污染过程。研究者还做了另一组对照实验，超滤膜单独运行90 min后，再开始向进水中投加臭氧，膜通量的变化情况如图4-3-33所示，超滤膜的水通量在90 min内下降了60%，水中投加臭氧以后，膜通量开始逐渐升高至80%，说明臭氧可破坏已经在膜表面形成的堆积层从而使膜通量得到恢复。SEM-EDX分析表明，溶液中的臭氧分子可使膜表面滤饼层厚度缩小，并可抑制碳酸钙在膜表面沉淀，因此有效防止了在膜表面生成致密滤饼层。

He[41]将三维中空 MnO_2 微球催化剂、臭氧、PVDF 膜联用处理含双酚 A 和腐殖酸的有机废水。MnO_2 催化剂悬浮分散于反应器内，臭氧气体由底部曝气盘进入反应器，PVDF 膜浸没于反应器内，经过催化臭氧氧化降解的废水被 PVDF 膜过滤后流出反应器。过膜水通量保持为 15L/（m^2·h），跨膜压差（TMP）的变化情况如图 4－3－34 所示。在单独膜过滤过程中（MF），超滤膜的 TMP 一直稳步上升，说明膜污染比较严重，污染物在膜面上持续堆积造成 TMP 不断上升。而在 MnO_2 催化臭氧氧化耦合膜过滤体系中（HCOMF），超滤膜的 TMP 几乎没有变化，MnO_2 微球催化臭氧分解生成·OH 并对溶液中的双酚 A 和腐殖酸进行高效降解，避免了它们在膜表面堆积堵塞，造成膜污染。对比溶液比吸光度值 $SUVA_{254}$（UV_{254}/TOC，溶液中天然有机物的芳香性指标，反映有机物的疏水性和大分子物质含量）的变化情况，结果如图 4－3－35 所示，进水 $SUVA_{254}$ 为 9.46 L/（mg·m），远远超过分界值 4 L/（mg·m），表明水中含有芳香性强、分子量大、疏水性强的天然有机物。经过单独膜过滤之后，出水 $SUVA_{254}$ 降至 7.5 L/（mg·m），说明 PVDF 膜截留了一部分大分子有机物，但出水中有机物的芳香性、疏水性仍较强。MnO_2 催化臭氧氧化/PVDF 膜联合工艺出水的 $SUVA_{254}$ 为 1.24 L/（mg·m），低于分界值，表明臭氧、自由基进攻使水中有机物的芳环打开、长链断开、亲水性增强。除此之外，有机膜的亲水性也是抗污染性的一个重要指标。一般情况下，膜的亲水性越强，其抗污能力越强。PVDF 膜的接触角测试如图 4－3－36 所示。未使用过的 PVDF 膜的接触角为 70.1°，经过 MF 和 HCOMF 运行过程后，PVDF 膜的接触角分别为 69.4° 和 55.9°。MF 过程对膜的亲水性没有太大改变，而 HCOMF 过程使膜的亲水性得到显著提高。研究推测，MnO_2 微球被截留在膜表面，它的水化羟基基团 Mn—OH 是造成膜亲水性改善的主要原因。综上所述，三维中空 MnO_2 微球催化臭氧氧化双酚 A、腐殖酸，使它们不易在膜表面形成滤饼层，另外，掺杂 MnO_2 使 PVDF 膜的亲水性增强，这两方面显著缓解了 HCOMF 过程的膜污染。

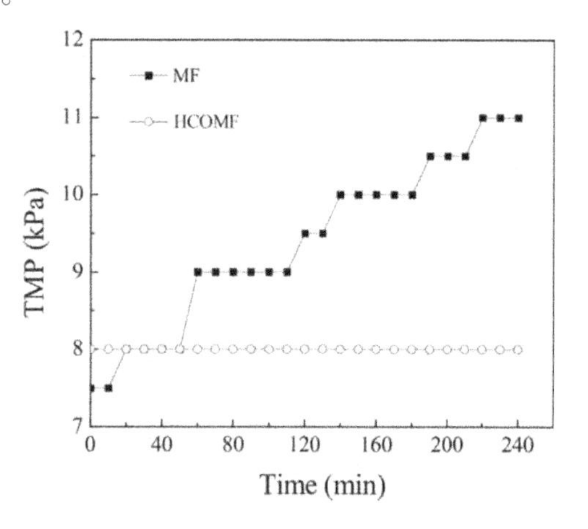

图 4－3－34 MnO_2 催化臭氧氧化耦合 PVDF 膜滤过程中 TMP 的变化情况

（MF 为 PVDF 膜，HCOMF 为 MnO_2/O_3/PVDF 膜）

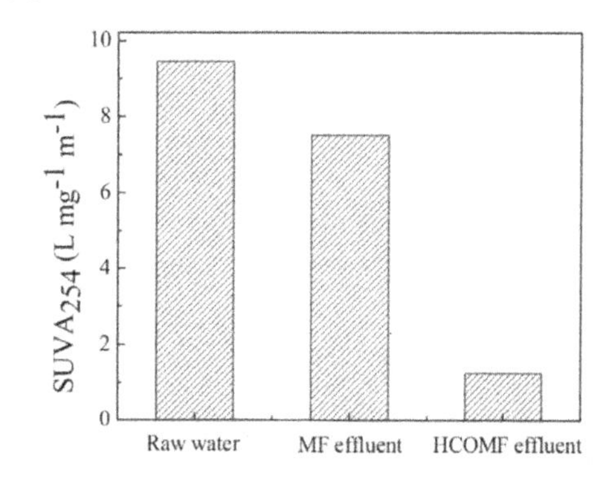

图 4－3－35 MnO_2 催化臭氧氧化耦合 PVDF 膜滤过程对废水 SUVA 的去除

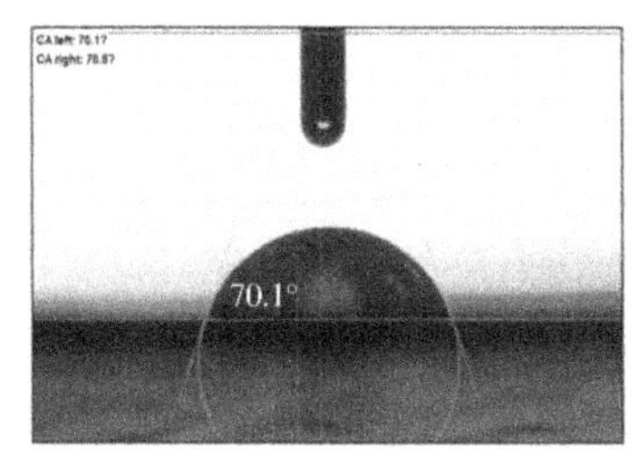

a　新膜

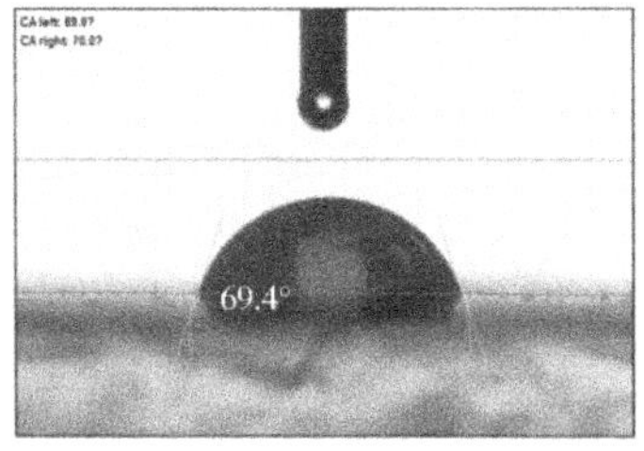

b　MF 系统用过膜

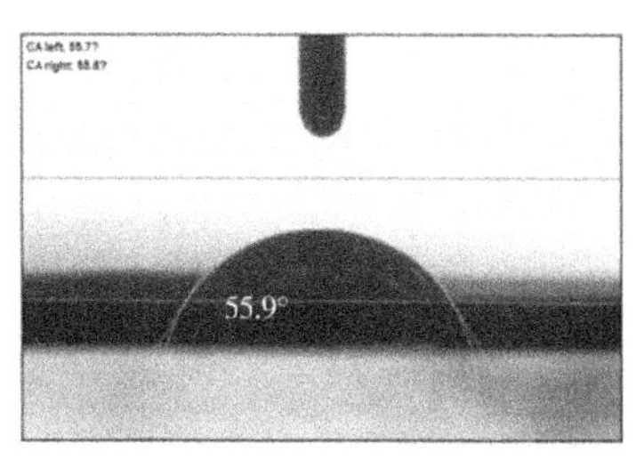

c　HCOMF 系统过膜

图 4-3-36　PVDF 膜的接触角测试

第四节　过硫酸耦合强化臭氧氧化技术

基于硫酸根自由基（$SO_4^{\cdot -}$）的过硫酸盐氧化法，是近年来国内外快速发展的一种新型氧化技术。与·OH 相比，$SO_4^{\cdot -}$具有与之相当的氧化还原电位（2.5～3.1 V），对含不饱和键或芳香环的污染物有较高的选择性和效率。$SO_4^{\cdot -}$主要由过二硫酸盐（PS，$S_2O_8^{2-}$）和过一硫酸盐（PMS，HSO_5^-）活化产生。主要活化方法有光活化、热活化、碱活化、金属离子和金属氧化物催化活化等。与 PS 相比，PMS 具有不对称结构，更容易被活化，因此成为过硫酸盐氧化研究中的主要氧化剂。

近年来研究发现，加入过硫酸盐可以显著提高臭氧氧化有机污染物的效率。由于过硫酸盐本身很容易离子化，对臭氧分解有很强的促进作用。而且反应后过硫酸盐的残留量很小，在后续处理过程中不需要添加额外的氯。与单一过程相比，过硫酸盐与臭氧的耦合作用可产生更多的活性自由基，将有助于提高难降解有机污染物的去除率改善废水的生物可降解性，本节将从均相和非均相反应两个方面来介绍过硫酸盐耦合臭氧氧化的反应机制和影响因素。

一、均相耦合强化臭氧氧化技术

（一）反应机制

2015 年，Cong 等[58]发现过硫酸盐可以显著增强臭氧氧化过程对对氯苯甲酸（pC-BA）的降解。通过对比 O_3、O_3/H_2O_2、O_3/PS 和 O_3/PMS 4 种体系对 pCBA 的降解效果，在相同的反应时间和条件下，O_3/PMS 和 O_3/PS 体系表现出高的降解效率，O_3/PMS 可在 5 min 内完全降解 pCBA，而 O_3和 O_3/H_2O_2对 pCBA 的去除率仅为 48.9% 和 54.7%（图 4-4-1）。叔丁醇（t-BA）对 4 种体系下 pCBA 的降解均有不同程度的抑制作用，反应 30 min 后，O_3、O_3/H_2O_2、O_3/PS 和 O_3/PMS 4 种体系中 pCBA 的降解效率分别为 57.2%、58.1%、68.4% 和 90.2%。在 t-BA 的存在下 O_3/PMS 降解 pCBA 的速率依然很快，这说明 O_3/PMS 体系中 $SO_4^{\cdot -}$对 pCBA 的降解起主导作用。

Yang 等[59]发现 O_3/PMS 在 10 min 内可去除 81% 的农药扑灭通（PMT），而 O_3/PS

对 PMT 几乎无降解效果（图4-4-2 a）。因为 PS 所含的过硫酸盐基团与 O_3 的反应性较低，PS 无法与 O_3 有效反应。为研究 O_3/PMS 体系中自由基的种类，研究了叔丁醇（t-BA）对 O_3/PMS 体系降解活性的影响。实验结果（图4-4-2 b）表明，加入 2 mmol/L t-BA 后，硝基苯（NB）的降解被完全抑制，而在相同条件下 ATZ 的去除率为 62%。这表明 ·OH和 $SO_4^{\cdot -}$ 共同作用于 ATZ 降解，证实在 O_3/PMS 体系中有 ·OH和 $SO_4^{\cdot -}$ 的产生。

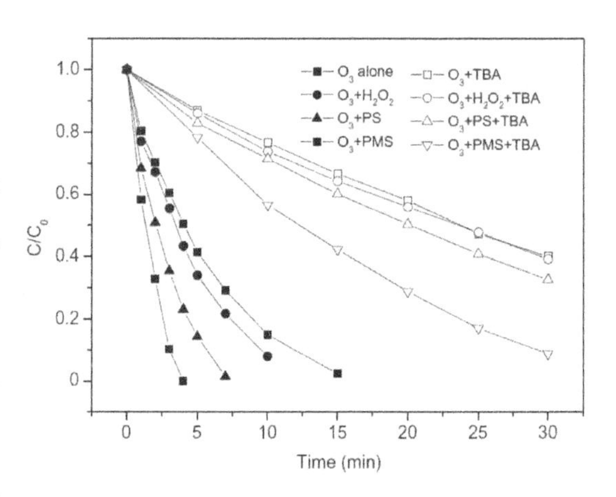

图4-4-1　在 O_3、O_3/H_2O_2、O_3/PS 和 O_3/PMS 体系中 p-CBA 的降解效果

{反应温度为 293 K, pH 为 6.0, $[p-CBA]_0$ = 9 μmol/L, $[PMS/PS/H_2O_2]_0$ = 0.103 mmol/L, $[O_3]_0$ = 0.103 mmol/L, $[t-BA]_0$ = 1 mmol/L}

该研究进一步提出了 O_3/PMS 体系的反应机制。PMS 中的 SO_5^{2-} 首先与 O_3 结合生成 SO_8^{2-}［式（4-4-1）］，SO_8^{2-}

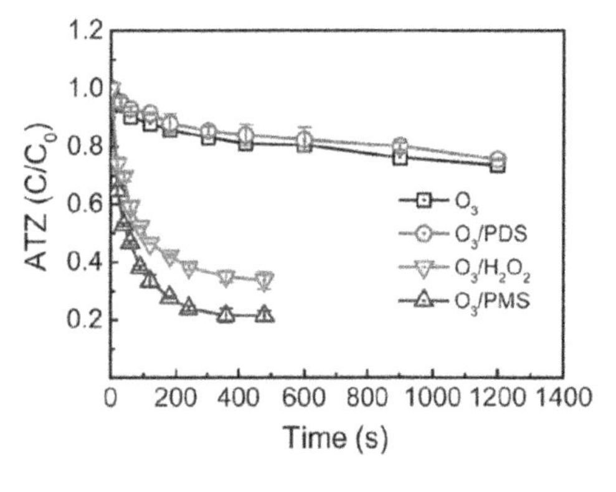

a　ATZ 降解效果

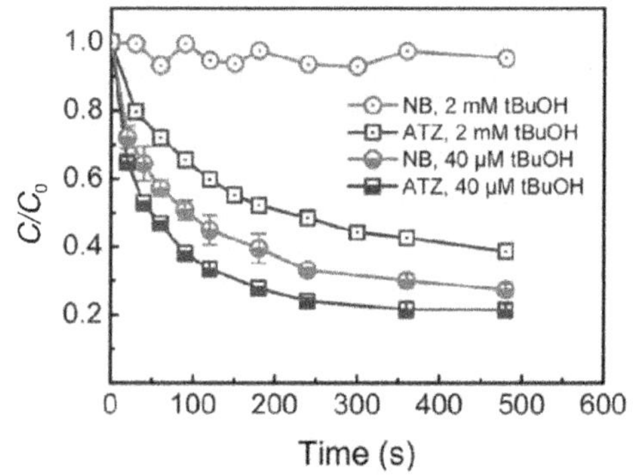

b　ATZ 及 NB 降解活性的抑制情况

图4-4-2　在 O_3、O_3/H_2O_2、O_3/PDS 和 O_3/PMS 体系中 ATZ 的降解效果和自由基淬灭剂对 O_3/PMS 体系中 ATZ 及 NB 降解活性的抑制情况

{$[ATZ/NB]_0$ = 1μmol/L, $[O_3]_0$ = 1 mg L^{-1}, $[t-BuOH]_0$ = 40 μmol/L, $[H_2O_2]_0$ = 10 μmol/L, $[PMS]_0$ = 10 μmol/L, $[PDS]_0$ = 20 μmol/L, pH 为 8.0}

进一步分解生成 $SO_5^{\cdot -}$ 和 $O_3^{\cdot -}$［式（4-4-2）至式(4-4-3)］。$SO_5^{\cdot -}$ 与 O_3 反应生成 $SO_4^{\cdot -}$ 和 O_2［式（4-4-4）］，同时 $SO_5^{\cdot -}$ 也会发生双分子衰减［式（4-4-5）至式（4-4-6）］。而 $O_3^{\cdot -}$ 则会进一步转换成 ·OH［式(4-4-7）至式（4-4-8）］。

$$SO_5^{2-} + O_3 \longrightarrow SO_8^{2-} \quad (4-4-1)$$

$$SO_8^{2-} \longrightarrow SO_5^{\cdot -} + O_3^{\cdot -} \quad (4-4-2)$$

$$SO_8^{2-} \longrightarrow SO_4^{2-} + 2O_2 \quad (4-4-3)$$

$$SO_5^{\cdot -} + O_3 \longrightarrow SO_4^{\cdot -} + 2O_2 \quad (4-4-4)$$

$$2SO_5^{\cdot -} \longrightarrow 2SO_4^{\cdot -} + O_2 \tag{4-4-5}$$

$$2SO_5^{\cdot -} \longrightarrow S_2O_8^{2-} + O_2 \tag{4-4-6}$$

$$O_3^{\cdot -} \rightleftharpoons O^{\cdot -} + O_2 \tag{4-4-7}$$

$$O^{\cdot -} + H_2O \rightleftharpoons \cdot OH + OH^- \tag{4-4-8}$$

在 O_3/PS 体系中，PS 不易与 O_3 直接发生反应，但是 $S_2O_8{}^{2-}$ 会与 O_3 分解产生的 · OH反应生成 $SO_4^{\cdot -}$［式（4-4-9）至式（4-4-13）］[60]。因此，O_3/PS 和 O_3/PMS 过程均会产生大量的 · OH 和 $SO_4^{\cdot -}$，共同提升污水中有机污染物的处理效果。

$$O_3 + OH^- \longrightarrow HO_2^- + O_2 \tag{4-4-9}$$

$$O_3 + HO_2^- \longrightarrow HO_2 \cdot + O_3^{\cdot -} \tag{4-4-10}$$

$$O_3^{\cdot -} + H_2O \longrightarrow \cdot OH + O_2 + OH^- \tag{4-4-11}$$

$$S_2O_8^{2-} + \cdot OH \longrightarrow HSO_4^{\cdot -} + SO_4^{\cdot -} + \frac{1}{2}O_2 \tag{4-4-12}$$

$$SO_4^{\cdot -} + OH^- \longrightarrow SO_4^{2-} + \cdot OH \tag{4-4-13}$$

尽管 O_3/PS 和 O_3/PMS 两种技术去除有机污染物的效率均高于臭氧，但是去除有机污染物的主要活性物种不明确。Deniere 等[61]通过添加不同的自由基淬灭剂，评估了 3 种主要氧化活性物种（O_3、· OH 和 $SO_4^{\cdot -}$）在臭氧氧化和 O_3/PMS 体系中对有机污染物的贡献，重点选取与臭氧反应较慢的微污染物［$k_{O_3} \leqslant 250$ mol/（L · s）］，如氯苯甲酸（pCBA）、酪洛芬（KET）、莠去津（ATZ）和甲硝唑（METR）。如图 4-4-3 所示，单独臭氧氧化过程中，pCBA、KET 和 ATZ 的去除高度依赖于 · OH（贡献率大于 74%）。而在 O_3/PMS 过程中，$SO_4^{\cdot -}$ 对 pCBA 和 KET 去除约贡献 50%，对 ATZ 和 METR 去除中约贡献 70%。$SO_4^{\cdot -}$的重要作用使痕量污染物降解受水体基质中 · OH 淬灭剂的影响较小。因此与单独臭氧氧化过程相比，O_3/PMS 技术可以更有效地去除与臭氧反应慢的有机污染物。

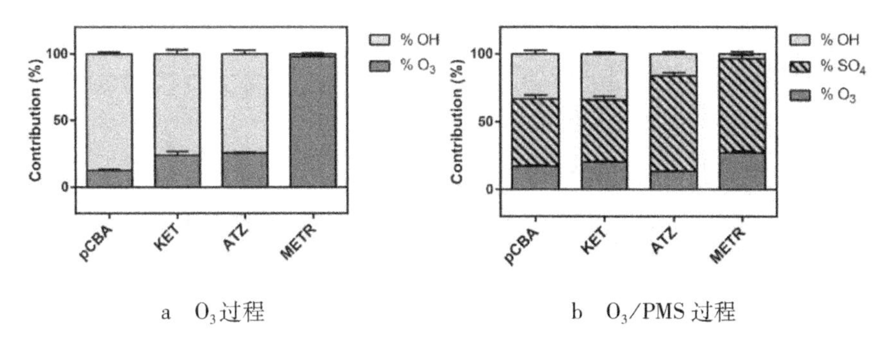

a　O_3过程　　　　b　O_3/PMS 过程

图 4-4-3　不同过程反应 10 min 后 O_3、· OH 和 $SO_4^{\cdot -}$ 对 4 种臭氧氧化反应中化合物去除的贡献

（二）参数影响

过硫酸盐-臭氧强化技术中，pH、PMS（PS）/O_3摩尔比、反应温度、污染物初始浓度和腐殖酸等因素均会对有机污染物的处理效率造成直接影响。

1. pH 的影响

溶液 pH 是该处理过程的关键参数，对 PMS（PS）的形态，O_3分解和自由基的转化有显著影响。Yang 等[62]研究了不同 pH（3.0、7.0 和 9.0）下双酚 A（BPA）在 O_3/PS 体系中的降解情况。如图 4－4－4 所示，碱性条件下 BPA 的去除率高于酸性和中性条件下的去除率。在碱性条件下溶液中 OH^- 浓度较高，引发 O_3分解形成更多 · OH。而在酸性条件下，$S_2O_8^{2-}$ 与 H_2O 反应生成 · OH，· OH 会相互结合生成H_2O_2，消耗大量的活性自由基。此外，在酸性体系中，$SO_4^{\cdot -}$ 会与 $S_2O_8^{2-}$ 发生反应生成氧化能力较低的中间体，如 $HS_2O_8^-$ 和 $H_2S_2O_5$。

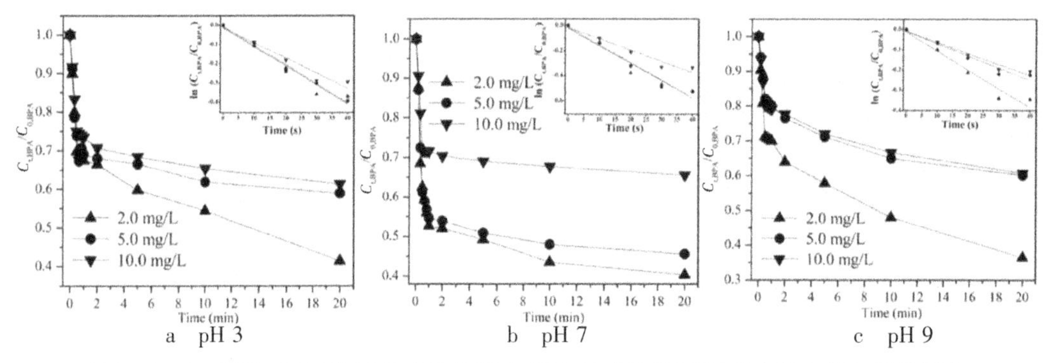

图 4－4－4 不同 pH 条件下 O_3/PS 体系中 BPA 的降解效果及不同 BPA 投加量的影响

Wu 等[63]研究了 pH 5 ~ 9 条件下农药扑灭通（PMT）在 PMS、O_3 和 O_3/PMS 体系中的降解情况（图 4－4－5）。结果表明，PMT 几乎不能被 PMS 氧化（去除率小于1%），而在单独臭氧氧化过程中，PMT 的降解效率随 pH 增加而增加。对于 O_3/PMS 系统，在 6.0 ~ 9.0 的 pH 范围内 PMS 对 PMT 降解表现出明显的协同作用，在碱性条件下 PMT 的去除率超过 99%。随着 pH 增大，HSO_5^- 的浓度也减小，SO_5^{2-} 的浓度增大，因此，体系中 $SO_4^{\cdot -}$ 的浓度随之增大。同时在碱性条件下，$SO_4^{\cdot -}$ 会转化为 · OH。因此，碱性条件比酸性条件更有利于 O_3/PMS 体系降解有机污染物。

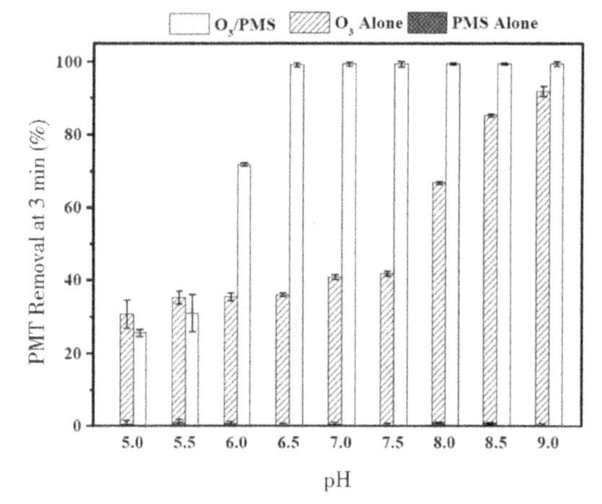

图 4－4－5 pH 5 ~ 9 下 O_3/PMS 体系中 PMT 的降解效率

{$[PMT]_0$ = 2 mg/L, $[O_3]_0$ = 7.5 mg/min, $[PMS]_0$ = 100 mg/L, 反应时间为 3 min}

2. PMS（PS）/O_3摩尔比的影响

Cong 等[58]研究了不同的 PMS（PS）/O_3摩尔比（1∶0.25 ~ 1∶10）对 O_3分解的影响，研究结果如表 4－4－1 所示，结果表明 O_3的分解速率取决于过硫酸盐用量。PMS（PS）浓度在一定范围内（0.026 ~ 0.103 mmol/L），添加 PMS（PS）可增强 O_3分解。但高于该范围时，O_3的分解速率随 PMS（PS）用量增加而降低。当 PMS/O_3摩尔比为

1:1时，O_3的分解速率达到最大。而在 PS/O_3体系中，PS/O_3摩尔比为1:5 时，O_3的分解速率最大。

表4-4-1　不同体系的反应过程中（O_3、PMS/O_3、PS/O_3），不同 PMS（PS）/O_3摩尔比下 O_3分解的伪一级动力学模型｛反应条件：［O_3］=0.103 mmol/L，pH 6.0，反应温度为 293 K｝

Process	Oxidant dosage	Formula	R^2
O_3 alone	$[O_3]_0$ = 0.103 mmol/L	$y = -0.0157x$	0.98
O_3/PMS	$n(O_3):n(PMS)$ = 1:0.25	$y = -0.3749x$	0.92
	$n(O_3):n(PMS)$ = 1:0.5	$y = -0.4222x$	0.89
	$n(O_3):n(PMS)$ = 1:1	$y = -0.7734x$	0.97
	$n(O_3):n(PMS)$ = 1:2	$y = -0.6070x$	0.86
	$n(O_3):n(PMS)$ = 1:5	$y = -0.5480x$	0.95
	$n(O_3):n(PMS)$ = 1:10	$y = -0.4728x$	0.84
O_3/PS	$n(O_3):n(PMS)$ = 1:0.25	$y = -0.0261x$	0.95
	$n(O_3):n(PMS)$ = 1:0.5	$y = -0.0277x$	0.99
	$n(O_3):n(PMS)$ = 1:1	$y = -0.0300x$	0.99
	$n(O_3):n(PMS)$ = 1:2	$y = -0.0310x$	0.99
	$n(O_3):n(PMS)$ = 1:5	$y = -0.0378x$	0.97
	$n(O_3):n(PMS)$ = 1:10	$y = -0.0251x$	0.99

Deniere[61]等研究了不同 PMS/O_3摩尔比对 4 种有机污染物（p-CBA、KET、ATZ 和 METR）降解效果的影响。由图 4-4-6 可知，METR 降解不受 PMS/O_3摩尔比的影响，而 p-CBA、KET 和 ATZ 的影响趋势一致。PMS/O_3摩尔比为 1:1 和 1:2 时，有机污染物的降解效率无明显差异。进一步降低 PMS 用量会降低有机污染物的去除率，即使少量的 PMS 也明显提高了有机污染物的去除率。反应 10 min 后，PMS/O_3 摩尔比为 1:10 时 p-CBA、KET 和 ATZ 的去除率仅比摩尔比 1:1 时低 5%～10%。在 PMS/O_3摩尔比为 1:10 的情况下，在完全反应后无 PMS 残留，说明在较低的剂量下 PMS 的利用效率得到了提高（图 4-4-6e）。此外，反应 10 min 后 O_3的消耗量与 PMS 剂量无关，但在高 PMS 剂量下，反应 1 min 后的 O_3残留浓度更低。说明添加更多的 PMS 时，O_3的初始分解速率也会加快。以上结果说明，尽管较高的 PMS 剂量可促进 O_3分解，加快去除有机污染物的速度，但在较低的 PMS 剂量下，PMS 转化为 $SO_4^{\cdot -}$ 的效率更高，PMS 残留更少。

Yang[62]等研究 PS/O_3 体系降解 BPA，结果表明，在不同 O_3浓度下 PS 的用量对降解效果的影响各不相同（图 4-4-7）。随着 O_3浓度从 0.5mg/L 增至 1.0 mg/L，2 min 内 BPA 的去除率增加了约 1.5 倍。但当 O_3浓度进一步增加到 2.0 mg/L 时，增加 PS 用量抑制了 BPA 降解。可能因为浓度过高的 O_3分解生成大量的 ·OH与 PS 反应，因而抑制了 BPA 降解。

3. 反应温度的影响

Ge 等[64]研究了反应温度对 O_3/Fe^{2+}/PS 体系降解甲基橙速率的影响（图 4-4-

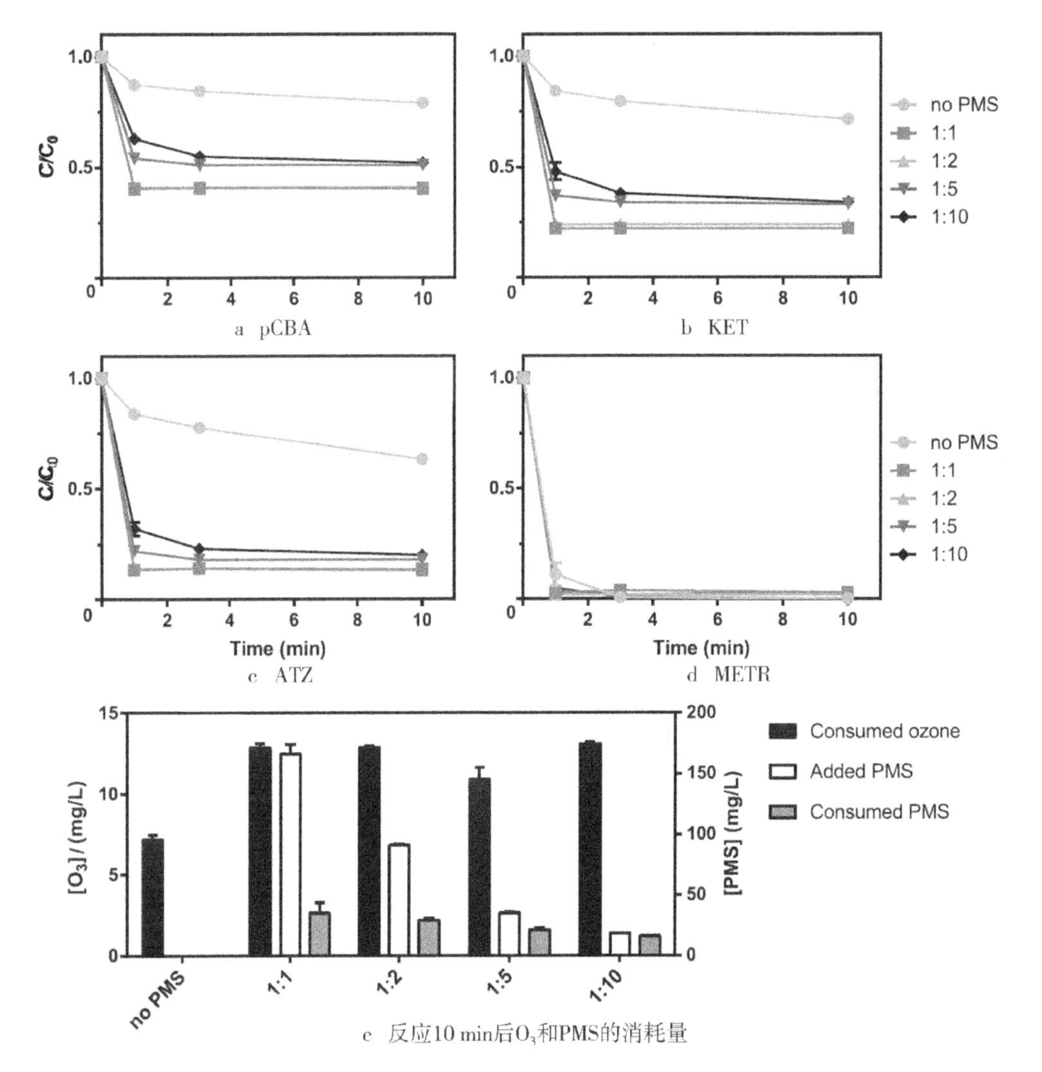

图4-4-6 4种化合物混合溶液中不同PMS/O_3摩尔比对4种有机污染物的降解效果

{[p-CBA/KET/ATZ/METR]$_0$ = 5 μmol/L, [O_3]$_0$ = 20 mg/L, [t-BuOH]$_0$ = 2.8 mmol/L, [MeOH]$_0$ = 10 mmol/L}

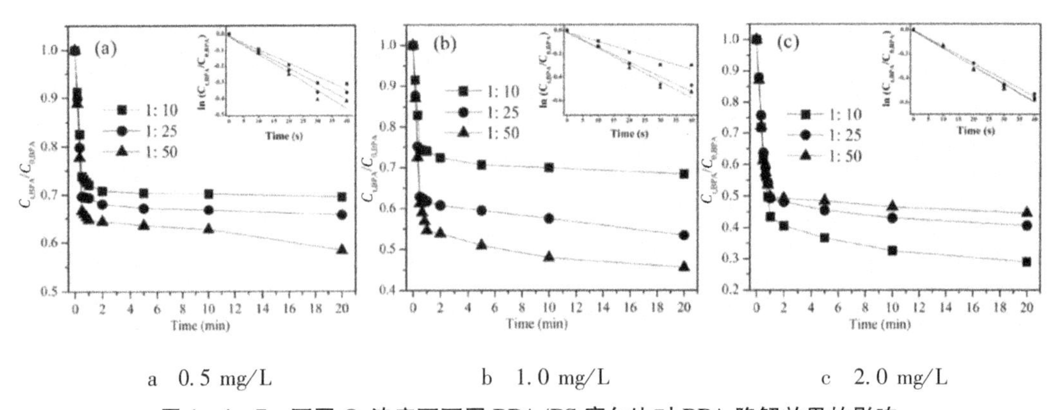

图4-4-7 不同O_3浓度下不同BPA/PS摩尔比对BPA降解效果的影响

8)。甲基橙去除率在25 ℃达到最大，然后随温度升高会降低。较高的温度可以提高 O_3 分解速率及臭氧分子与甲基橙的反应速率，但同时也会降低 O_3 在溶液中的溶解度。高于25 ℃时，臭氧溶解度降低的不利影响占主导地位，导致甲基橙的降解速率下降。在25 ℃时，$O_3/Fe^{2+}/PS$ 和 O_3/Fe^{2+} 体系中甲基橙的去除率分别为88%和79%，在50 ℃时，相应的去除率分别为84%和67%。

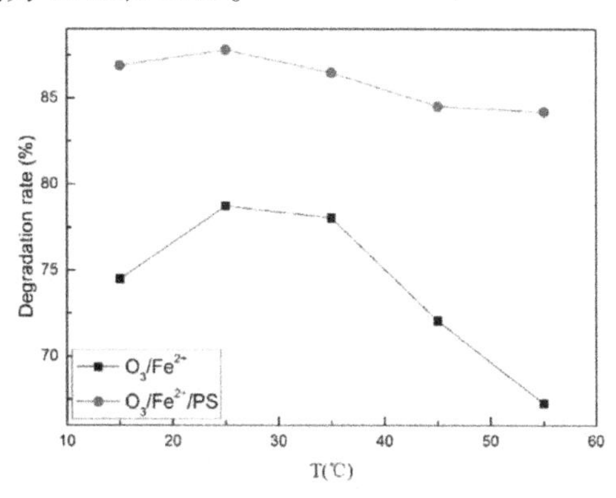

图4-4-8 温度对甲基橙降解效率的影响

{[PS]$_0$ = 2.0 mmol/L, [O_3]$_0$ = 40 mg/L, [Fe^{2+}]$_0$ = 1.0 mmol/L, [甲基橙] = 200 mg/L, 转速为1000 r/min}

Wu 等[63]研究反应温度对 O_3/PMS 体系降解 PMT 的影响，发现温度从10 ℃升高到40 ℃，PMT 降解效率明显提高，伪一阶反应速率常数 k_{obs} 从0.1717/min 升高到1.6258/min（图4-4-9）。较高的反应温度极大地促进PMS活化生成 $SO_4^{\cdot-}$，并且提高 O_3、PMS、活性自由基和PMT之间的反应速率，从而提高了PMT的降解效率。

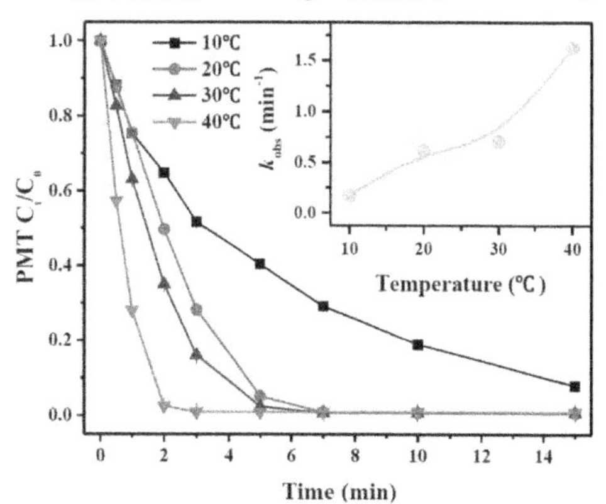

图4-4-9 温度对PMT降解效率的影响

{[PMT]$_0$ = 2 mg L^{-1}, [O_3]$_0$ = 7.5 mg min^{-1}, [PMS]$_0$ = 100 mg L^{-1}, pH = 6.0}

4. 污染物初始浓度的影响

污染物的初始浓度对实际废水处理效果和所需时间有重要影响。Yang 等[62]研究发现在 O_3/PS 体系中，BPA 初始浓度分别为2.0 mg/L、5.0 mg/L 和10.0 mg/L 时，反应20 min 时 BPA 的去除率分别为58.58%、41.28%和38.59%（图4-4-4）。

Wu 等[63]研究了 O_3/PMS 体系中不同初始浓度（0.5~8.0 mg/L）对 PMT 降解效率的影响。如图4-4-10所示，当 PMT 初始浓度为0.5 mg/L、1.0 mg/L、2.0 mg/L、4.0 mg/L 和8.0 mg/L 时，反应2 min 后 PMT 的降解效率分别为98.11%、96.11%、93.24%、74.90%和58.89%。随着 PMT 浓度增加，k_{obs} 值从2.4109/min 逐渐下降至0.6655/min。而当 PMT 浓度超过2 mg/L 时，TOC 去除率急剧下降。随着污染物初始浓度的增加，氧化剂 O_3 或 PMS（PS）与污染物的摩尔比降低，也导致污染物被氧化的概率降低。

5. 腐殖酸的影响

天然有机物（NOM）广泛分布在地表水、地下水和废水中，NOM 中的特定成分（如酚和胺）会直接与 O_3 反应生成·OH，并且 NOM 会与·OH 反应加快 O_3 的消耗。NOM 还会与有机污染物竞争氧化物种，进而降低有机污染物的去除率。腐殖酸（HA）作为 NOM 的重要组成部分，常被用于模拟天然有机质，以探究 NOM 对 O_3/PMS（PS）体系降解有机污染物的影响。Yang 等[59]研究了不同浓度 HA 对农药莠去津（ATZ）和硝基苯（NB）降解效率的影响（图 4-4-11）。结果表明，增加 HA 浓度加快了 O_3 消耗和形成·OH。同时，HA 还是·OH 和 $SO_4^{\cdot -}$ 的淬灭剂。在 pH 7 时，当 HA 浓度从 0.1 mg/L 增加到 0.5 mg/L 时，ATZ 和 NB 的去除率分别降低了 18% 和 10%。NOM 与有机污染物竞争消耗 $SO_4^{\cdot -}$ 和·OH，是有机污染物降解效率降低的重要原因。

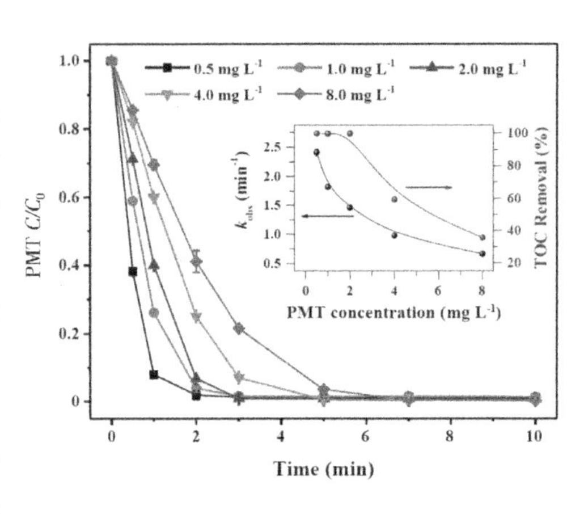

图 4-4-10 O_3/PMS 体系中 PMT 初始投加量对 PMT 降解效率的影响

{$[O_3]_0$ = 7.5 mg/min，$[PMS]_0$ = 100 mg/L，pH 为 6.0}

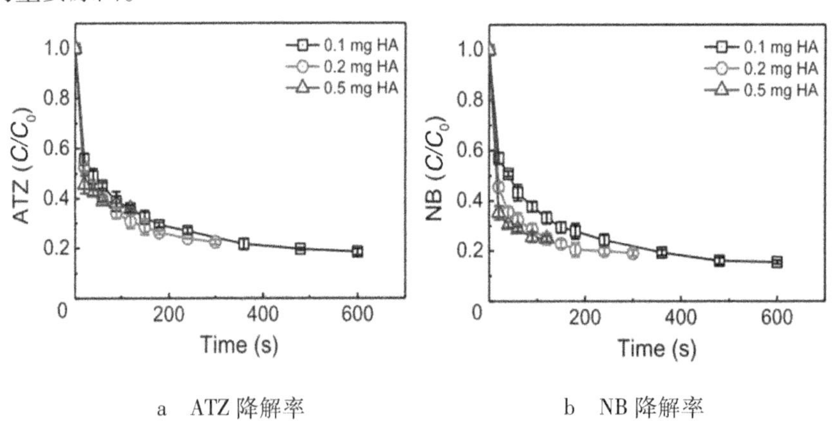

a ATZ 降解率　　b NB 降解率

图 4-4-11 不同浓度的腐殖酸对 ATZ 和 NB 降解效率的影响

{$[ATZ/NB]_0$ = 1 μmol/L，$[O_3]_0$ = 1 mg/L，$[PMS]_0$ = 10 μmol/L，pH 为 7.0}

（三）技术应用

近年来过硫酸盐-臭氧氧化技术已成功应用于实际废水处理并完成中试规模实验。Amr 等[65]将过硫酸盐-臭氧氧化技术用于处理稳定的垃圾填埋场渗滤液（图4-4-12）。结果表明，在最佳操作条件下［氧化时间为 210 min，m（COD）：m（$S_2O_8^{2-}$）= 1：7，pH 10］的条件下，COD、色度和 NH_3—N 去除率分别为 72%、93% 和 55%。生物可降解性（BOD_5/COD）从 0.05 提高到 0.29。去除单位 COD 的臭氧消耗量为 0.76 kg O_3/kg COD。与单独使用臭氧和过硫酸盐相比，过硫酸盐-臭氧耦合氧化在稳定渗滤液处理中表现出更高的效率。

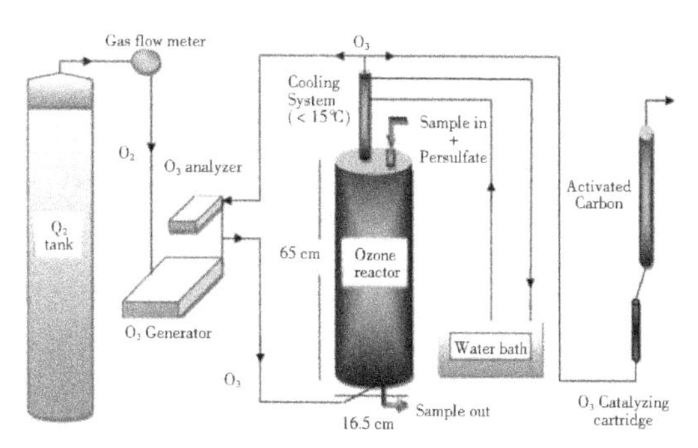

图 4－4－12　臭氧装置和实验流程示意

Wu 等[66]将过硫酸盐－臭氧氧化工艺用于干纺丙烯酸纤维（DAF）废水预处理的中试实验，反应塔的组成如图 4－4－13 所示。当反应时间、反应温度、臭氧添加量和过硫酸盐添加量为 4.44 h、61.82 ℃、40 g/h 和 1.3 kg/t 时，DAF 废水的 COD 和 TN 去除效率最高达 42.36% 和 28.51%。DAF 废水的（BOD_5）/COD 从 0.078 增加到 0.315，表明处理后废水的生物可降解性显著提高。通过比较废水中的氮组成，发现有机氮被转化为氨氮、硝酸盐氮和氮气。该研究表明过硫酸盐－臭氧氧化技术有效提高 DAF 废水的生物降解性，可作为生物处理的预处理工艺。但在实际应用中，还应该考虑水体中有机物和其他无机成分对自由基的淬灭作用。

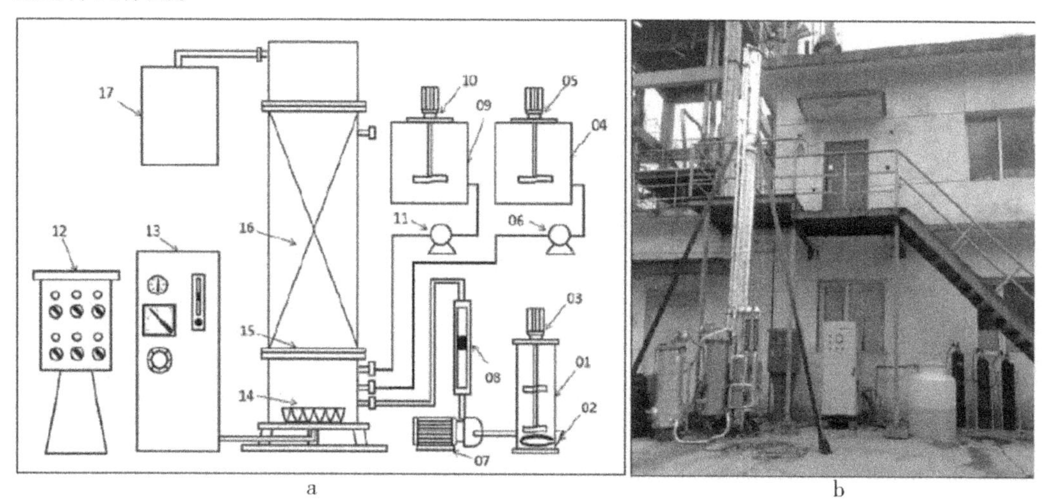

图 4－4－13　中试反应塔的流程（a）和现场照片（b）

（1—调节水库；2—加热器；3—机械搅拌器；4—计量箱；5—机械搅拌器；6—计量泵；7—水泵；8—流量计；9—计量箱；10—机械搅拌器；11—计量泵；12—控制柜；13—臭氧发生器；14—微孔气体板；15—支持层；16—催化剂床层；17—臭氧阱）

二、非均相催化强化臭氧氧化技术

在无催化剂的情况下，臭氧与过硫酸盐耦合体系降解有机污染物具有协同作用，在污水处理方面展现出了较大潜力。而非均相催化剂能提供较多的表面活性位点，促进氧化剂分解形成活性自由基，有少数研究者进一步将非均相催化剂用于 O_3/PMS 体系催化降解水中有机污染物。在这种非均相反应体系中，涉及液固反应（PMS/非均相催化剂）、液气反应（PMS/O_3）和气固反应（O_3/非均相催化剂），开辟了新的高级氧化组合方式。

（一）反应机制

Wang 等[67]提出了以 MnO_2/rGO 催化 PMS/O_3 混合氧化体系降解 4－硝基苯酚（4－NP）。已有研究证明，Mn/rGO 催化剂活化 PMS 降解苯酚非常有效[68－69]，但降解4－硝基苯酚的效果较差。PMS 用量降至 0.5 g/L 时，50 mg/L 的 4－硝基苯酚的降解率仅为 5%。如图 4－4－14 所示，在 MnO_2/rGO 的催化作用下，通入 30 mL/min O_3 和 0.1 g/L PMS 时，4－硝基苯酚降解率和 TOC 去除率与单独臭氧氧化非常接近，表明 O_3 和 PMS 之间无协同作用。但当 PMS 的用量增至 0.5 g/L 时，在相同的 O_3 剂量下，反应速率明显加快，4－硝基苯酚在 45 min 内被完全降解，TOC 去除率也提高到 80% 以上，处理效果与通入 50 mL/min 的 O_3 体系相当。这表明 PMS 达到一定浓度后，可促进催化臭氧氧化过程产生更多活性自由基，促进 4－硝基苯酚降解和 TOC 去除。当 PMS 用量提高到 1 g/L 时，4－硝基苯酚的降解率和 TOC 的去除率未进一步提高。可能因为活性氧化物种浓度较高，一部分通过自由基之间反应被消耗，但此过程中自由基的生成及演变过程尚不清楚，需进一步研究。在较低臭氧用量下投加过硫酸盐可强化有机物降解，并且过硫酸盐浓度存在最佳值，这为污染物降解和矿化提供了一种新型解决方案。

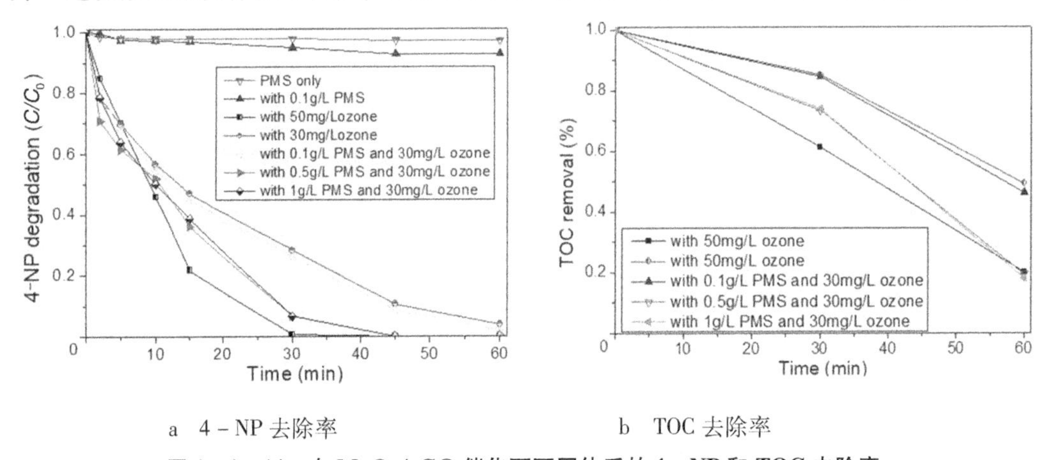

a　4－NP 去除率　　　　b　TOC 去除率

图 4－4－14　在 MnO_2/rGO 催化下不同体系的 4－NP 和 TOC 去除率

{催化剂用量为 0.1 g/L，$[4-NP]_0$＝50 μg/g，臭氧流速为 100 mL/min，反应温度为 25 ℃}

此外，Wang 等[67]合成了一种钙钛矿 $La_{0.5}Ba_{0.5}Co_{0.8}Mn_{0.2}O_{3-\delta}$（$LBC_{0.8}M_{0.2}$）材料活化 PMS，催化降解苯酚时 TOC 去除率仅为 43%。在苯酚氧化过程中，仅有 58% 的 PMS 被分解转换成活性氧（ROS）。为提高 PMS 体系的矿化效率，进一步与 O_3 氧化体系耦合。如图 4－4－15 所示，$LBC_{0.8}M_{0.2}$催化 O_3/PMS 催化体系（C－PMS/O_3）可在 20 min 内将苯酚完全降解，反应速率常数为 0.24/min，大于催化臭氧氧化（Cat－O_3，0.05/min）和催化 PMS 过程（Cat－PMS，0.13/min）的总和，证明 O_3 和 PMS 间发生协同作用（效率提高了 21%）。在同样反应条件下，C－PMS/O_3 耦合体系将苯酚矿化率提高至 95% 以上，PMS 利用率也相应地提高至 75%，这两种结果进一步证明该混合体系中 ROS 生成量增加，但对该反应体系的机制探究较少。

Jaafarzadeh 等[70]通过共沉淀法合成了一种 $CuFe_2O_4$ 磁性纳米颗粒（MCFNs），如图 4－4－16 所示，用于催化 O_3/PMS 降解 2，4－二氯苯氧乙酸（2，4－D）。

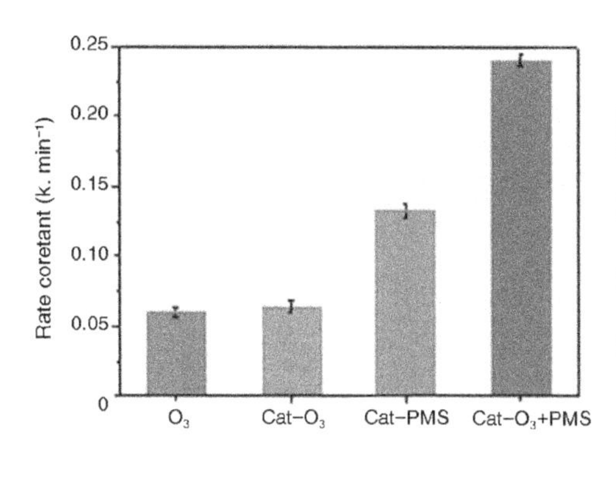

a　苯酚降解的拟一级反应速率常数

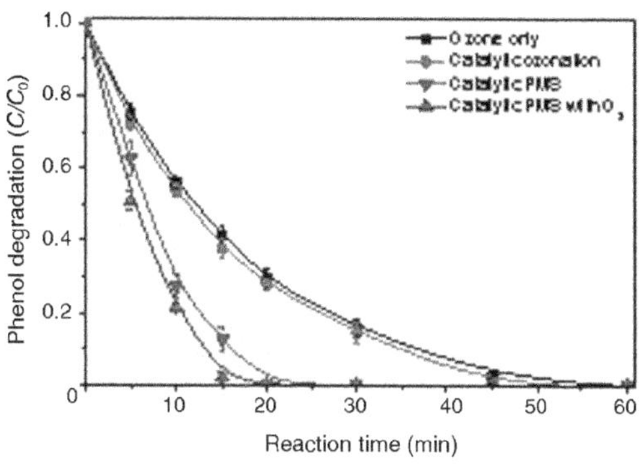

b　苯酚去除率

图 4-4-15　在 $LBC_{0.8}M_{0.2}$ 催化下不同体系苯酚降解的拟一级反应速率常数和去除率

{催化剂用量为 0.1 g/L，$[PMS]_0$ = 1 g/L，［苯酚］ = 25 mg/L，$[O_3]_0$ = 15 mg/L，臭氧流速为 50 mL/min，反应温度为 25 ℃，pH 6.5}

对比 O_3/PMS、MCFNs/PMS、MCFNs/O_3 和 MCFNs/O_3/PMS 4 种体系对 2，4-D 的降解效果，发现 MCFNs/O_3/PMS 体系对底物去除和 TOC 矿化率最高（图 4-4-17）。不使用 MCFNs 催化剂时，O_3/PMS 体系化 2，4-D 的降解率为 43.5%，与 MCFNs/PMS、MCFNs/O_3 降解率相当，在 MCFNs/O_3/PMS 体系中，自由基产生方式有 3 种，包括 PMS/MCFNs、O_3/MCFNs 和 PMS/O_3，这 3 种不同的过程共同促进了2，4-D降解。进一步将 MCFNs 活性与其他催化剂进行对比（图 4-4-17），在相同条件下对比了不同氧化剂组成的非均相催化体系，包括 CuO/O_3/PMS、Fe_2O_3/O_3/PMS、

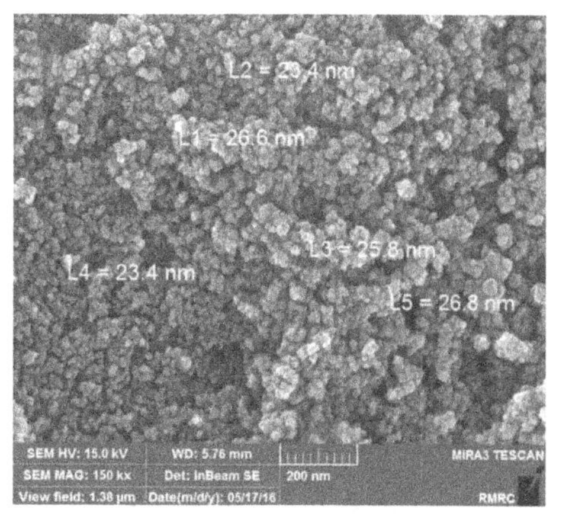

图 4-4-16　$CuFe_2O_4$ 的 FESEM 图像

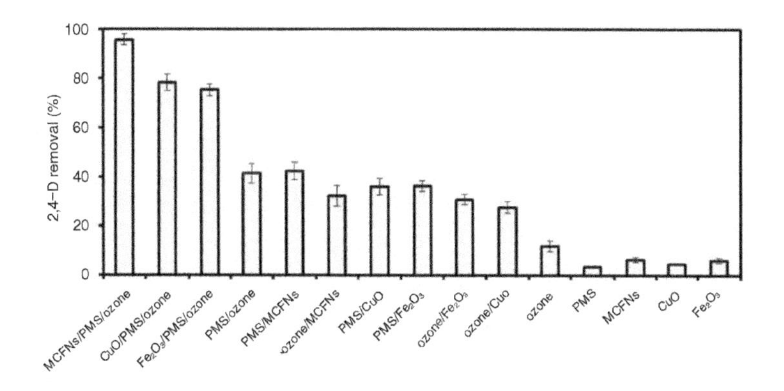

图 4-4-17　不同体系对 2，4-D 的降解效果

{$[MCFNs]_0$ =0.20 g/L，$[PMS]_0$ =2.0 mmol/L，$[2,4-D]_0$ =20.0 mg/L，$[O_3]_0$ =16.0 mg/L，pH 6.0，反应时间为 30 min}

$MCFNs/O_3/PMS$ 等。与 $CuO/O_3/PMS$、$Fe_2O_3/O_3/PMS$ 体系相比，$MCFNs/O_3/PMS$ 体系降解效果最佳。在 $MCFNs/O_3/PMS$ 体系中，二价铜 Cu（Ⅱ）催化 HSO_5^- 产生 $SO_4^{\cdot-}$ 和高价态铜［Cu（Ⅲ）］。然后，Cu（Ⅲ）与 HSO_5^- 反应生成 Cu（Ⅱ）和 $SO_5^{\cdot-}$。催化剂表面上相邻的 $SO_5^{\cdot-}$ 可以结合在一起产生 $SO_4^{\cdot-}$ 和 O_2，而且还可通过键合的 $SO_5^{\cdot-}$ 与 O_3 反应生成 $SO_4^{\cdot-}$，从而加快 2，4－D 降解。MCFNs 表面上的 Fe（Ⅲ）会将 PMS 分解为 $SO_5^{\cdot-}$，产生的 Fe（Ⅱ）能够活化 PMS 生成 $SO_4^{\cdot-}$。Fe（Ⅲ）/Fe（Ⅱ）、Cu（Ⅲ）/Cu（Ⅱ）和 HSO_5^-/HSO_4^- 的标准还原电位分别为 0.77 V、2.3 V 和 1.82V。因此，生成的 Cu（Ⅲ）可以被 Fe（Ⅱ）和 PMS 还原。在 MCFNs 中，Fe（Ⅲ）/Fe（Ⅱ）和 Cu（Ⅲ）/Cu（Ⅱ）的还原/氧化循环促进了协同作用。因此，与 CuO 和 Fe_2O_3 相比，MCFNs 具有更好的催化效果。

为确定反应机制，采用淬灭实验研究了反应过程中的自由基种类。在催化臭氧氧化过程中，O_3 可能与金属氧化物表面的羟基反应生成超氧自由基（$O_2^{\cdot-}$），PMS 自分解也会产生单线态氧（$^1O_2$），$^1O_2$ 和 $O_2^{\cdot-}$ 会对有机污染物的降解起作用。进一步研究了 NaN_3 淬灭 $^1O_2$、p－BQ 淬灭 $O_2^{\cdot-}$、t－BA 淬灭·OH 和苯甲酸（BA）淬灭 $SO_4^{\cdot-}$，以及·OH 对 $MCFNs/O_3/PMS$ 体系降解效果的影响。从图 4－4－18 可看出，BA 显著降低了 2，4－D 的去除率（去除率仅为 20%），表明 $SO_4^{\cdot-}$ 和·OH 被淬灭。而加入 t－BA 使 2，4－D 的去除率超过 60%，表明 $SO_4^{\cdot-}$ 对 2，4－D 降解的贡献比·OH 更高。此外，NaN_3 也明显抑制了 2，4－D 的降解，因此，此处理过程也可能产生 $^1O_2$。但是，NaN_3 和·OH 的反应速率与 $^1O_2$ 相当，但 t－BA 和 NaN_3 对 2，4－D 降解抑制程度不同，也可以证明 $^1O_2$ 对 2，4－D 降解起作用。此外，p－BQ 对 2，4－D 降解也有轻微的抑制作用，也证明了 $O_2^{\cdot-}$ 的存在。以上结果表明，$MCFNs/O_3/PMS$ 体系中产生了 $SO_4^{\cdot-}$、·OH、$O_2^{\cdot-}$ 和 $^1O_2$ 4 种自由基。图 4－4－19 为 $MCFNs/O_3/PMS$ 体系的反应机制。

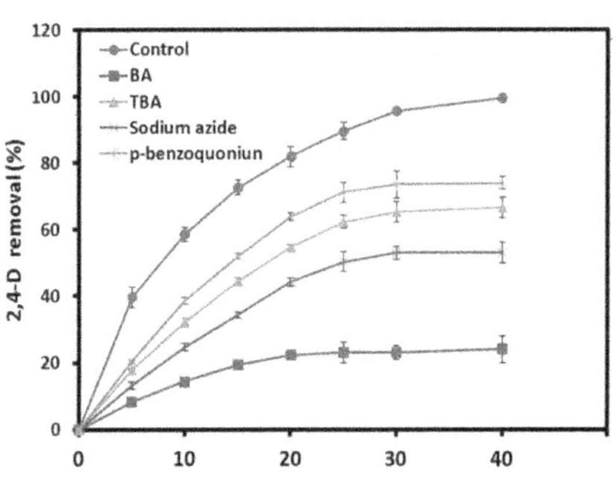

图 4－4－18　4 种自由基淬灭剂对 2，4－D 降解效率的影响

{[MCFNs]$_0$ = 0.20 g/L，[PMS]$_0$ = 2.0 mmol/L，[2，4－D]$_0$ = 20.0 mg/L，[O_3]$_0$ = 16.0 mg/L，[BQ/BA/t－BA/NaN_3]$_0$ = 20 mmol/L，pH 为 6.0}

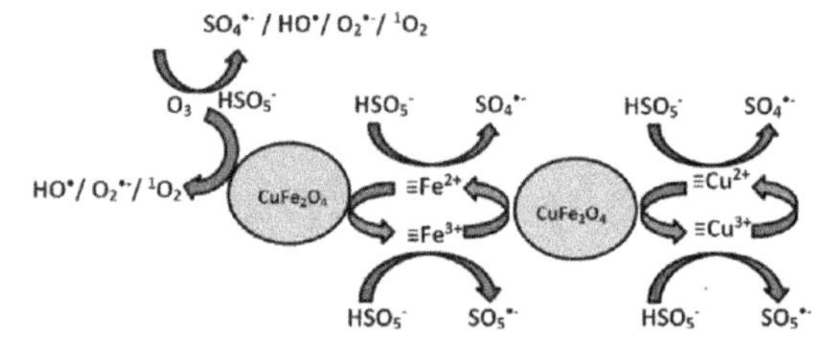

图 4－4－19　$MCFNs/O_3/PMS$ 体系的反应机制

（二）参数影响

1. 溶液 pH 的影响

溶液的 pH 是所有化学氧化过程的关键参数。Jaafarzadeh 等[70]研究了 pH 3.0～10.0 范围内 $MCFNs/O_3/PMS$ 降解 2，4－D 的情况，结果如图 4－4－20 所示。pH 在 5.0～7.0 时，2，4－D 的去除率较高，但在强碱性和酸性条件下降解效率较低。尽管臭氧在高 pH 下分解产生 · OH 更高效，PMS 也更容易在碱性条件下分解。但是，在碱性溶液中 MCFNs 表面带负电荷，会与 HSO_5^- 或 SO_5^{2-} 产生静电斥力，从而导致自由基的产率降低。此外，由于 2，4－D 含有氯官能团而带负电，在碱性条件下，2，4－D 也与催化剂表面之间存在排斥力，导致 2，4－D 在 MCFNs 表面吸附效果差。而在酸性条件下，过量的 H^+ 会与 $SO_4^{\cdot-}$ 和 · OH 发生反应。此外，在溶液中添加 PMS 后会使 pH 迅速降低。因此，pH 6.0 时 2，4－D 的去除率达到最大。

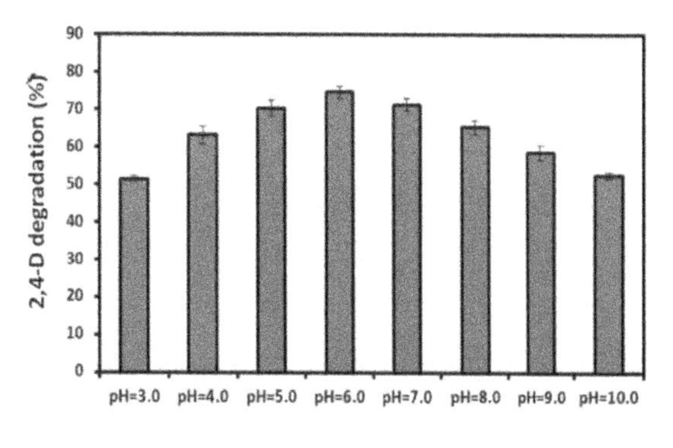

图 4－4－20　pH 对 $MCFNs/O_3/PMS$ 体系降解 2，4－D 的影响

{[MCFNs]$_0$ = 0.10 g/L, [PMS]$_0$ = 1.0 mmol/L, [2, 4－D]$_0$ = 20.0 mg/L, [O_3]$_0$ = 16.0 mg/L, 反应时间 40 min}

2. 臭氧浓度的影响

图 4－4－21 显示了 0～20 mg/L 的臭氧浓度对 $MCFNs/O_3/PMS$ 降解 2，4－D 的影响。随着臭氧浓度增加，2，4－D 的去除率也随之增加。无臭氧时，2，4－D 的去除率仅为 33.6%，通入 4.0 mg/L 的臭氧后，去除率提高至 50.6%，因为臭氧与 PMS 或 MCFN 接触产生了更多的自由基。臭氧浓度为 16 mg/L 时，2，4－D 的去除率显著提高至 74.6%，但继续增加臭氧浓度对降解效率无明显作用，因为过量的臭氧会淬灭 $SO_4^{\cdot-}$ 和 · OH，不利于高效产生自由基。

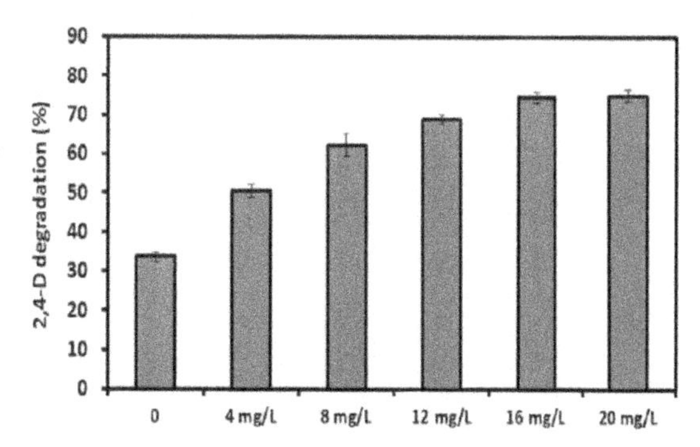

图 4－4－21　臭氧浓度对 $MCFNs/O_3/PMS$ 体系降解 2，4－D 的影响

{[MCFNs]$_0$ = 0.10 g/L, [PMS]$_0$ = 1.0 mmol/L, [2, 4－D]$_0$ = 20.0 mg/L, 反应时间 40 min, pH 6.0}

3. PMS 浓度的影响

在 $MCFNs/O_3$ 体系下添加 0.5 mmol/L 的 PMS 后，2，4－D 的去除率从 32.4% 提高到 60.2%（图 4－4－22）。将 PMS 浓度增加到 2 mmol/L 时，2，4－D 的降解率达到 88.9%。这可能是因为 PMS 活化分解生成 $SO_4^{\cdot-}$。但当 PMS 浓度增加到 4 mmol/L 时，2，4－D 的去除率反而降低到 85.6% 时，这说明过量的 PMS 会产生抑制作用。研究表明，未反应的 PMS 会淬灭 $SO_4^{\cdot-}$ 和 · OH［速率常数为 1×10^5 mol/（L · s）］，生成一种

氧化能力更弱的氧化剂 $SO_5^{\cdot -}$[71]，导致降解效率降低。此外，增加 PMS 浓度会增加溶液中质子（H^+）的浓度并降低 pH。因此，该体系下 PMS 的最佳浓度为 2.0 mmol/L。

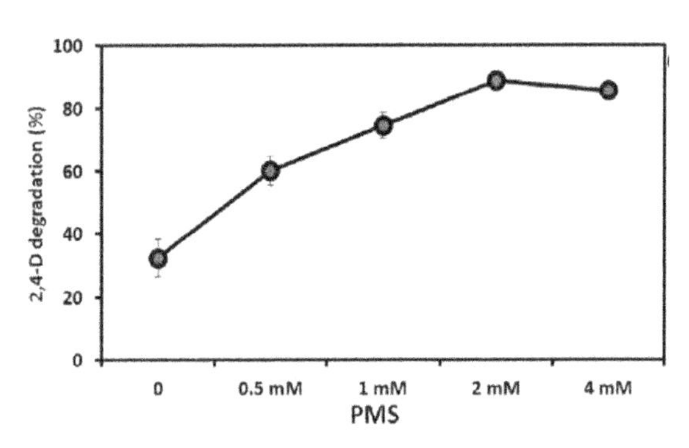

图 4-4-22　PMS 浓度对 MCFNs/O_3/PMS 体系降解 2，4-D 的影响

{$[MCFNs]_0$ = 0.10 g/L，$[2,4-D]_0$ = 20.0 mg/L，$[O_3]_0$ = 16.0 mg/L，反应时间为 40 min，pH 为 6.0}

4. 催化剂投加量的影响

该研究发现在 O_3/PMS 体系中加入更多的催化剂（MCFNs）会增强 2，4-D 的降解。如图 4-4-23 所示，采用 0.05 g/L、0.10 g/L、0.20 g/L、0.30 g/L 和 0.40 g/L 的 MCFNs 催化剂时，2，4-D 去除率分别为 67.8%、88.9%、99.5%、98.9% 和 99.8%。这可能有两个原因：一是 PMS 和 O_3 在催化剂表面被活化，而 MCFNs 对 PMS 和 O_3 同时活化显示出优异的活性；二是增加 MCFNs 用量为氧化剂和 2，4-D 提供了更多的吸附活性位点，从而促进污染物的降解。

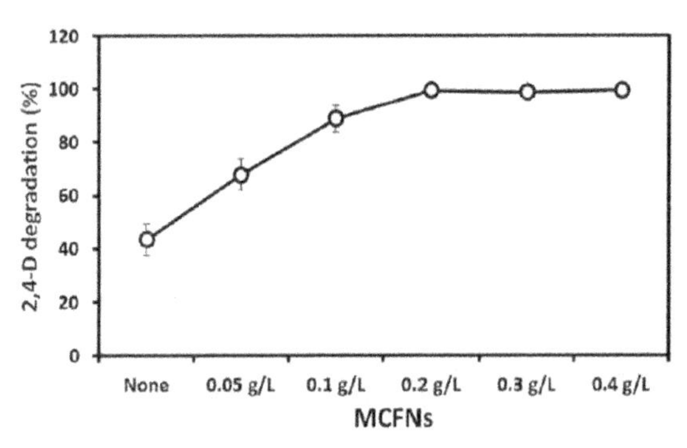

图 4-4-23　MCFNs 投加量对 MCFNs/O_3/PMS 体系降解 2，4-D 的影响

{$[PMS]_0$ = 2.0 mmol/L，$[2,4-D]_0$ = 20.0 mg/L，$[O_3]_0$ = 16.0 mg/L，反应时间为 40 min，pH 为 6.0}

5. 污染物初始浓度的影响

如图 4-4-24 所示，2，4-D 初始浓度分别为 5.0 mg/L、10.0 mg/L 和 20.0 mg/L 时，分别在 20 min、25 min 和 40 min 被完全去除，而当 2，4-D 初始浓度增加到 50.0 mg/L 时，60 min 内的去除率为 93.2%。通过动力学拟合发现，随着 2，4-D 初始浓度增加，反应速率降低，浓度为 50.0 mg/L 的 2，4-D 降解的一级反应速率常数仅为 5 mg/L 时的 1/3。说明在较低的 2，4-D 初始浓度下，用于攻击单个污染物分子的自由基比例更高，因此可以迅速除去较低浓度的 2，4-D。

6. 反应温度的影响

不同温度下 2，4-D 降解的速率常数（k）如图 4-4-25 所示。可以看出，当温度低于 25 ℃时，速率常数随着温度升高而增加，但进一步升温，反应速率常数反而下降。这可能有两个原因：一是 PMS 的 O-O 键在高温下易断裂，升高温度有利于 PMS 活化产生 $SO_4^{\cdot -}$[72]；二是高温下臭氧在水溶液中的溶解度降低，影响臭氧产生自由基的效率[73]。与臭氧相比，PMS 对温度变化更加敏感。

以上研究均证明了非均相催化剂/O_3/PMS 耦合体系存在协同效应，能够显著增强对污水中有机污染物的降解。但相关耦合技术的研究还较少，还需进一步研究反应机制及开发高效催化剂。

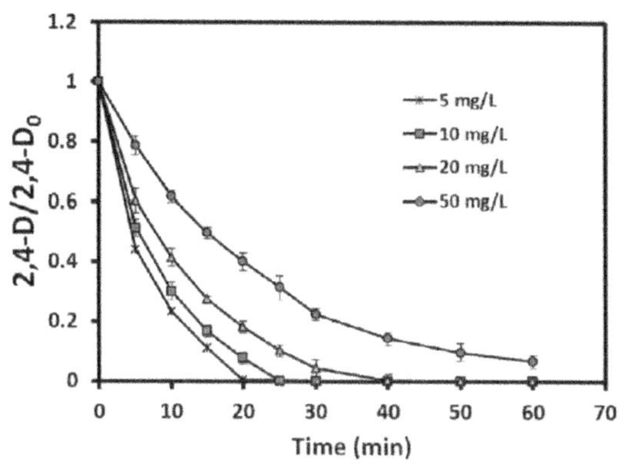

图4-4-24　2，4-D初始浓度对MCFNs/O_3/PMS体系降解2，4-D的影响

{[MCFNs]$_0$ =0.20 g/L,[PMS]$_0$ =2.0 mmol/L,[O_3]$_0$ =16.0 mg/L,pH为6.0}

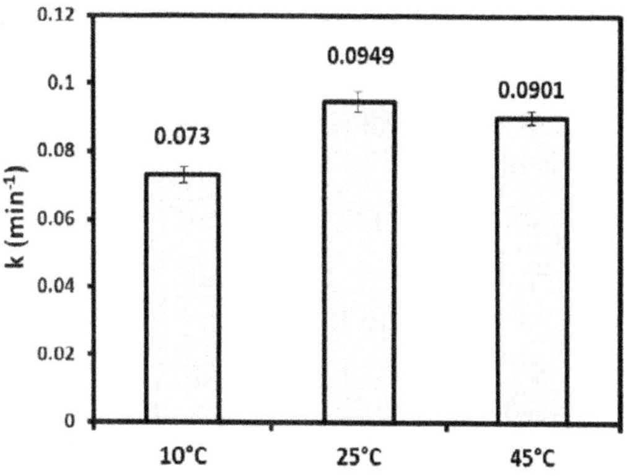

k (min^{-1})
0.073　0.0949　0.0901
10°C　25°C　45°C

图4-4-25　反应温度对MCFNs/O_3/PMS体系降解2，4-D的影响

{[MCFNs]$_0$ =0.20 g/L,[PMS]$_0$ =2.0 mmol/L,[2,4-D]$_0$ =20.0 mg/L,[O_3]$_0$ =16.0 mg/L,pH为6.0}

参考文献

[1] PANIZZA M, MICHAUD G P A, CERISOI A G, et al. Anodic oxidation of 2 - naphthol at boron - doped diamond electrodes [J]. Journal of electroanalytical chemistry, 2001 (507): 206 - 214.

[2] COMNINELLIS C, NERINI A. Anodic oxidation of phenol in the presence of NaCl for wastewater treatment [J]. Journal of applied electrochemistry, 1995 (25): 23 - 28.

[3] SARATALE R G, HWANG K J, SONG J Y. Electrochemical oxidation of phenol for wastewater treatment using Ti/PbO_2 electrode [J]. Journal of environmental engineering, 2016, 142 (2): 9.

[4] MURPHY O J, HITCHENS G D, KABA L. Direct electrochemical oxidation of organics for wastewater treatment [J]. Water research, 1992 (26): 443 - 451.

[5] MIYATA M, HARA I, YOSHID G, et al. Electrochemical oxidation of tetracycline antibiotics using a Ti/IrO_2 anode for wastewater treatment of animal husbandry [J]. Water science and technology, 2011, 63 (3): 456 - 461.

[6] KISHIMOTO N, MORITA Y, TSUNO H, et al. Advanced oxidation effect of ozonation combined with electrolysis [J]. Water research, 2005, 39 (19): 4661 - 4672.

[7] KISHIMOTO N, NAKAGAWA T, ASANO M, et al. Ozonation combined with electrolysis of 1, 4 - dioxane using a two - compartment electrolytic flow cell with solid electrolyte [J]. Water research, 2008, 42 (1 - 2): 379 - 385.

[8] STAEHELLN J, HOLGNE J. Decomposition of ozone in water: rate of initiation by hydroxide ions and hydrogen peroxide [J]. Environmal science and technology, 1982 (16): 676 - 681.

[9] YUAN S, LI Z X, WANG Y J. Effective degradation of methylene blue by a novel electrochemically driven process [J]. Electrochemistry communications, 2013 (29): 48 - 51.

[10] LIANG Y, LI Y G, WANG H, et al. Co_3O_4 nanocrystals on graphene as a synergistic catalyst for oxy-

gen reduction reaction [J]. Nature materials, 2011, 10 (10): 780 - 786.

[11] ASSUMPCAO M, DE SOUZA K F B, RASCIO D C, et al. A comparative study of the electrogeneration of hydrogen peroxide using vulcan and printex carbon supports [J]. Carbon, 2011, 49 (8): 2842 - 2851.

[12] GUO Z, XIE Y B, WANG Y X, et al. Towards a better understanding of the synergistic effect in the electro - peroxone process using a three electrode system [J]. Chemical engineering journal, 2018 (337): 733 - 740.

[13] SEIN M M, ZEDDA M, TURK J, et al. Oxidation of diclofenac with ozone in aqueous solution [J]. Environmental science and technology, 2008, 42 (17): 6656 - 6662.

[14] GUO Z, ZHOU L, CAO H, et al. C_3N_4 - Mn/CNT composite as a heterogeneous catalyst in the electro - peroxone process for promoting the reaction between O_3 and H_2O_2 in acid solution [J]. Catalysis science and technology, 2018, 8 (23): 6241 - 6251.

[15] HOU M F, CHU Y F, LI X, et al. Electro - peroxone degradation of diethyl phthalate: cathode selection, operational parameters, and degradation mechanisms [J]. Journal of hazardous materials, 2016 (319): 61 - 68.

[16] GUO Z, CAO H B, WANG Y X, et al. High activity of g - C_3N_4/multiwall carbon nanotube in catalytic ozonation promotes electro - peroxone process [J]. Chemosphere, 2018 (201): 206 - 213.

[17] YANG S B, FENG X L, WANG X G, et al. Graphene - based carbon nitride nanosheets as efficient metal - free electrocatalysts for oxygen reduction reactions [J]. Angewandte chemie - international edition, 2011, 50 (23): 5339 - 5343.

[18] GUO D H, SHIBUYA R, ARIBA C, et al. Active sites of nitrogen - doped carbon materials for oxygen reduction reaction clarified using model catalysts [J]. Science, 2016, 351 (6271): 361 - 365.

[19] LI X, WANG Y J, ZHAO J, et al. Electro - peroxone treatment of the antidepressant venlafaxine: Operational parameters and mechanism [J]. Journal of Hazardous Materials, 2015 (300): 298 - 306.

[20] BAKHEET B, YUAN S, LI Z X, et al. Electro - peroxone treatment of Orange II dye wastewater [J]. Water research, 2013, 47 (16): 6234 - 6243.

[21] FISCHBACHER A, JUSTUS V S, SONNTAG C V, et al. The (OH) - O - center dot radical yield in the $H_2O_2 + O_3$ (peroxone) reaction [J]. Environmental science and technology, 2013, 47 (17): 9959 - 9964.

[22] WANG H J, et al. Kinetics and energy efficiency for the degradation of 1, 4 - dioxane by electro - peroxone process [J]. Journal of hazardous materials, 2015 (294): 90 - 98.

[23] YAO W K, REHMAN S W, WANG H J, et al. Pilot - scale evaluation of micropollutant abatements by conventional ozonation, UV/O_3, and an electro - peroxone process [J]. Water research, 2018 (138): 106 - 117.

[24] LI Y K, SHEN W H, FU S J, et al. Inhibition of bromate formation during drinking water treatment by adapting ozonation to electro - peroxone process [J]. Chemical Engineering Journal, 2015 (264): 322 - 328.

[25] POCOSTALES J P, MYINT M S, WOLFGANG K, et al. Degradation of ozone - refractory organic phosphates in wastewater by ozone and ozone/hydrogen peroxide (peroxone): the role of ozone con-

sumption by dissolved organic matter [J]. Environmental science and technology, 2010, 44 (21): 8248 - 8253.

[26] 陆曦，于杨，沈丽娜，等. 臭氧耦合过氧化氢预处理褐煤气化废水的研究 [J]. 工业水处理，2018，38 (3)：58 - 60.

[27] 傅宏俊，贺欣欣，陈娇娇，等. 臭氧 - 过氧化氢协同氧化在仪纶纤维脱色中的应用 [J]. 天津工业大学学报，2018 (37)：36 - 41.

[28] AMARAL - SILVA N, MARTINS R C, SILVA C S, Ozonation and perozonation on the biodegradability improvement of a landfill leachate [J]. Journal of environmental chemical engineering, 2016, 4 (1): 527 - 533.

[29] 刘烈，李魁岭，徐莉莉，等. 电催化臭氧技术去除水中草酸的研究 [J]. 水处理技术，2019，45 (8)：89 - 93，102.

[30] TONG S P, ZHAO S Q, LAN X F, et al. A kinetic model of Ti (Ⅳ) - catalyzed H_2O_2/O_3 process in aqueous solution [J]. Journal of environmental sciences, 2011, 23 (12): 2087 - 2092.

[31] DE WITTE B, DEWULF J, DEMEESTERE K, et al. Ozonation and advanced oxidation by the peroxone process of ciprofloxacin in water [J]. Journal of hazardous materials, 2009, 161 (2 - 3): 701 - 708.

[32] GAGO - FERRERO P, DEMEESTERE K, DIAZ - CRUZ S M, et al. Ozonation and peroxone oxidation of benzophenone - 3 in water: effect of operational parameters and identification of intermediate products [J]. Science of the total environment, 2013 (443): 209 - 217.

[33] 徐泽龙，谷鹏程，赵冰，等. 过氧化氢/紫外线/臭氧氧化技术处理肼类污水的应用 [J]. 南京航空航天大学学报，2019，51 (S1)：125 - 132.

[34] 陈尧. TS - 1 分子筛催化过氧化氢/臭氧降解乙酸 [D]. 杭州：浙江工业大学，2015.

[35] WU D H, LUG H, YAO J J, et al. Adsorption and catalytic electro - peroxone degradation of fluconazole by magnetic copper ferrite/carbon nanotubes [J]. Chemical engineering journal, 2019 (370): 409 - 419.

[36] DING Y L, BAO H J, QIAN R Y, et al. N - Graphene - CeO_2 nanocomposite enriched with Ce (Ⅲ) sites to improve the efficiency of peroxone reaction under acidic conditions [J]. Separation and Purification Technology, 2019 (225): 80 - 87.

[37] BYUN S, DAVIES S H, AIPATOVA AL, et al. Mn oxide coated catalytic membranes for a hybrid ozonation - membrane filtration: comparison of Ti, Fe and Mn oxide coated membranes for water quality [J]. Water Research, 2011, 45 (1): 163 - 170.

[38] ZHU S M, DONG B Z, YU Y H, et al. Heterogeneous catalysis of ozone using ordered mesoporous Fe_3O_4 for degradation of atrazine [J]. Chemical engineering journal, 2017 (328): 527 - 535.

[39] VATANKHAH H, CONNER C, MURRAY J, et al. Effect of pre - ozonation on nanofiltration membrane fouling during water reuse applications [J]. Separation and purification technology, 2018 (205): 203 - 211.

[40] WANG Y H, CHEN K C, CHEN C R. Combined catalytic ozonation and membrane system for trihalomethane control [J]. Catalysis today, 2013 (216): 261 - 267.

[41] HE Z Y, XIA D H, HUANG Y J, et al. 3D MnO_2 hollow microspheres ozone - catalysis coupled with flat - plate membrane filtration for continuous removal of organic pollutants: efficient heterogeneous catalytic system and membrane fouling control [J]. Journal of hazardous materials, 2018 (344): 1198 - 1208.

[42] KIM J, SHAN W Q, SIMON H R, et al. Interactions of aqueous NOM with nanoscale TiO_2: implications for ceramic membrane filtration - ozonation hybrid process [J]. Environmental science and technology, 2009, 43 (14): 5488 - 5494.

[43] LI Y, YEUNG K L. Polymeric catalytic membrane for ozone treatment of DEET in water [J]. Catalysis today, 2019 (331): 53 - 59.

[44] ZHANG S, QUAN X, WANG D. Catalytic ozonation in arrayed zinc oxide nanotubes as highly Efficient mini - column catalyst reactors (MCRs): augmentation of hydroxyl radical exposure [J]. Environmental science and technology, 2018, 52 (15): 8701 - 8711.

[45] CHEN C J, FANG P Y, CHEN K C. Permeate flux recovery of ceramic membrane using TiO_2 with catalytic ozonation [J]. Ceramics international, 2017 (43): S758 - S764.

[46] WANG Z, CHEN Z L, CHANG J, et al. Fabrication of a low - cost cementitious catalytic membrane for p - chloronitrobenzene degradation using a hybrid ozonation - membrane filtration system [J]. Chemical engineering journal, 2015 (262): 904 - 912.

[47] LEE W J, BAO Y P, HU X, et al. Hybrid catalytic ozonation - membrane filtration process with CeO_x and MnO_x impregnated catalytic ceramic membranes for micropollutants degradation [J]. Chemical engineering journal, 2019 (378): 12.

[48] CHENG X X, LIANG H L, QU F S, et al. Fabrication of Mn oxide incorporated ceramic membranes for membrane fouling control and enhanced catalytic ozonation of p - chloronitrobenzene [J]. Chemical engineering journal, 2017 (308): 1010 - 1020.

[49] ZHANG J L, YU H T, QUAN X, et al. Ceramic membrane separation coupled with catalytic ozonation for tertiary treatment of dyestuff wastewater in a pilot - scale study [J]. Chemical engineering journal, 2016 (301): 19 - 26.

[50] SONG J, ZHANG Z H, ZHAGN X H. A comparative study of pre - zonation and in - situ ozonation on mitigation of ceramic UF membrane fouling caused by alginate [J]. Journal of membrane science, 2017 (538): 50 - 57.

[51] MEI H W, XU H, ZHANG H K, et al. Application of airlift ceramic ultrafiltration membrane ozonation reactor in the degradation of humic acids [J]. Desalination and water treatment, 2015, 56 (2): 285 - 294.

[52] GUO H L, ZHAO S F, XU X X, et al. Fabrication and characterization of TiO_2/ZrO_2 ceramic membranes for nanofiltration [J]. Microporous and mesoporous materials, 2018 (260): 125 - 131.

[53] GUO Y, XU B B, QI F. A novel ceramic membrane coated with $MnO_2 - Co_3O_4$ nanoparticles catalytic ozonation for benzophenone - 3 degradation in aqueous solution: fabrication, characterization and performance [J]. Chemical engineering journal, 2016 (287): 381 - 389.

[54] ZHU Y Q, CHEN S, QUAN X, et al. Hierarchical porous ceramic membrane with energetic ozonation capability for enhancing water treatment [J]. Journal of membrane science, 2013 (431): 197 - 204.

[55] BAMPERNG S, SUWANNACHART T, ATCHAR IYAWUT S, et al. Ozonation of dye wastewater by membrane contactor using PVDF and PTFE membranes [J]. Separation and purification technology, 2010, 72 (2): 186 - 193.

[56] YU W Z, BROWN M, GRAHAM N J D. Prevention of PVDF ultrafiltration membrane fouling by coating MnO_2 nanoparticles with ozonation [J]. Scientific reports, 2016 (6): 12.

[57] YOU S H, TSENG D H, HSU W C. Effect and mechanism of ultrafiltration membrane fouling removal by ozonation [J]. Desalination, 2007, 202 (1-3): 224-230.

[58] CONG J, WENG, HUANG T I, et al. Study on enhanced ozonation degradation of para-chlorobenzoic acid by peroxymonosulfate in aqueous solution [J]. Chemical engineering journal, 2015 (264): 399-403.

[59] YANG Y, JIN J, LU X L, et al. Production of sulfate radical and hydroxyl radical by reaction of ozone with peroxymonosulfate: a novel advanced oxidation process [J]. Environmental science and technology, 2015, 49 (12): 7330-7339.

[60] ABU AMR S S, AZIZ H A, ADLAN M N. Optimization of stabilized leachate treatment using ozone/persulfate in the advanced oxidation process [J]. Waste management, 2013, 33 (6): 1434-1441.

[61] DENIERE E, HULLE S J, LANGENHOVE H V, et al. Advanced oxidation of pharmaceuticals by the ozone-activated peroxymonosulfate process: the role of different oxidative species [J]. Journal of Hazardous Materials, 2018 (360): 204-213.

[62] YANG Y, GUO H G, ZHANG Y L, et al. Degradation of bisphenol a using ozone/persulfate process: Kinetics and mechanism [J]. Water air and soil pollution, 2016, 227 (2): 12.

[63] WU G Y, QIN WL, SUN L, et al. Role of peroxymonosulfate on enhancing ozonation for micropollutant degradation: performance evaluation, mechanism insight and kinetics study [J]. Chemical engineering journal, 2019 (360): 115-123.

[64] GE D M, ZENG Z Q, AROWO M, et al. Degradation of methyl orange by ozone in the presence of ferrous and persulfate ions in a rotating packed bed [J]. Chemosphere, 2016 (146): 413-418.

[65] ABU AMR S S, AZIZ H A, ADIAN N M, et al. Pretreatment of stabilized leachate using ozone/persulfate oxidation process [J]. Chemical engineering journal, 2013 (221): 492-499.

[66] WU Z W, XU X C, JIANG H B, et al. Evaluation and optimization of a pilot-scale catalytic ozonation-persulfate oxidation integrated process for the pretreatment of dry-spun acrylic fiber wastewater [J]. Rsc advances, 2017, 7 (70): 44059-44067.

[67] WANG Y X, XIE Y B, SUN H Q, et al. 2D/2D nano-hybrids of gamma-MnO_2 on reduced graphene oxide for catalytic ozonation and coupling peroxymonosulfate activation [J]. Journal of hazardous materials, 2016 (301): 56-64.

[68] YAO Y J, XU C, YU S M, et al. Facile synthesis of Mn_3O_4-reduced graphene oxide hybrids for catalytic decomposition of aqueous organics [J]. Industrial and Engineering Chemistry Research, 2013, 52 (10): 3637-3645.

[69] ZHANG L S, ZHAO L J, LIAN J S. Nanostructured Mn_3O_4-reduced graphene oxide hybrid and its applications for efficient catalytic decomposition of orange Ⅱ and high lithium storage capacity [J]. Rsc advances, 2014, 4 (79): 41838-41847.

[70] JAAFARZADEH N, GHANBARI F, AHMADI M. Efficient degradation of 2, 4-dichlorophenoxyacetic acid by peroxymonosulfate/magnetic copper ferrite nanoparticles/ozone: a novel combination of advanced oxidation processes [J]. Chemical engineering journal, 2017 (320): 436-447.

[71] JAAFARZADEH N, GHANBARI F, AHMADI M, et al. Efficient integrated processes for pulp and paper wastewater treatment and phytotoxicity reduction: permanganate, electro-fenton and Co_3O_4/UV/peroxymonosulfate [J]. Chemical engineering Journal, 2017 (308): 142-150.

[72] SHI P H, SU R J, ZHU S B, et al. Supported cobalt oxide on graphene oxide: highly efficient catalysts for the removal of orange Ⅱ from water [J]. Journal of hazardous materials, 2012 (229): 331 - 339.
[73] BELTRÁN F J, RIVAS F J, MONTRO - de - ESPINOSA R. Catalytic ozonation of oxalic acid in an aqueous TiO_2 slurry reactor [J]. Applied catalysis B: environmental, 2002 (39): 221 - 231.